普通高等教育"十三五"规划教材
电工电子基础课程规划教材

电工电子技术基础

成开友　主　编

周　磊　姚志树　沈翠凤　吴　帆　**副主编**

电子工业出版社

Publishing House of Electronics Industry

北京·BEIJING

内 容 简 介

本书按照教育部电工电子基础课程教指委制订的教学基本要求编写,突出一条主线,注重理论联系实际,应用电路由浅入深。全书共 15 章,主要内容包括:电路的基本概念与基本定律、电阻电路的分析方法、一阶电路的暂态分析、正弦交流电路的分析、三相电路、磁路与变压器、三相交流异步电动机、继电接触器控制、工业企业供电与安全用电、半导体器件、基本放大电路、集成运算放大器及其应用、直流稳压电源、基本门电路和组合逻辑电路、触发器与时序逻辑电路等,并提供配套电子课件和习题参考答案。

本书可作为普通高等学校工科非电类专业电工学课程的本科生教材,也可作为高职高专院校的教材,亦可供工程技术人员自学参考。

图书在版编目(CIP)数据

电工电子技术基础/成开友主编. —北京:电子工业出版社,2019.3

电工电子基础课程规划教材

ISBN 978—7—121—35843—2

Ⅰ. ①电… Ⅱ. ①成… Ⅲ. ①电工技术—高等学校—教材②电子技术—高等学校—教材 Ⅳ. ①TM②TN

中国版本图书馆 CIP 数据核字(2018)第 296073 号

责任编辑:王羽佳

印　　刷:北京盛通数码印刷有限公司

装　　订:北京盛通数码印刷有限公司

出版发行:电子工业出版社

　　　　　北京市海淀区万寿路 173 信箱　邮编　100036

开　　本:787×1 092　1/16　印张:22.75　字数:657 千字

版　　次:2019 年 3 月第 1 版

印　　次:2024 年 8 月第 18 次印刷

定　　价:59.00 元

凡所购买电子工业出版社图书有缺损问题,请向购买书店调换。若书店售缺,请与本社发行部联系,联系及邮购电话:(010)88254888,88258888。

质量投诉请发邮件至 zlts@phei.com.cn,盗版侵权举报请发邮件至 dbqq@phei.com.cn。

本书咨询服务热线:(010)88254535,wyj@phei.com.cn。

前　言

"电工电子基础"是高等学校工科非电类专业重要的技术基础课程。随着科学技术的发展，电工电子技术的应用日新月异，日益渗透到其他学科领域，并促进其发展。由于新器件、新方法的不断出现，电工电子基础课程的教学内容在不断丰富和更新。而近年来高等学校教学改革又对培养计划的课内学时实行了多次大幅度压缩，使内容多与学时少的矛盾更加突出，迫切需要优化课程的体系结构和整合教学内容，编写出注重工程基础、反映新技术和新方法、便于自学的新教材。为此，我们进行了多年的教学改革，在完成"电工电子学课程（群）建设""电工电子学课程教学改革研究"和"电工学课程综合改革的研究"等教学改革项目的基础上，编写了本书。本书在保证电气工程基础内容的前提下，压缩传统内容，增加应用性和新技术内容，强化系统概念，拓宽学生的知识面，培养学生分析问题和解决问题的能力。

《电工电子基础》出版至今已近 5 年，在教学过程中我们征求和听取了教师和学生对教材的意见，为了进一步适应电工电子技术发展的需要和教学内容改革的要求，我们对教材内容进行相应修订、调整和补充，重新编写了本书，并增加了第 9 章工业企业供电和安全用电内容，选编了许多新的习题，并为各章习题配套了电子课件和习题参考答案，请登录华信教育资源网http://www.hxedu.com.cn 免费注册下载。

本书突出一条主线，注重理论联系实际，应用电路由浅入深，且各部分内容前后贯通，有机结合。主要内容包括电路的基本概念与基本定律、电阻电路的分析方法、一阶电路的暂态分析、正弦交流电路的分析、三相电路、磁路与变压器、三相交流异步电动机、继电接触器控制、工业企业供电与安全用电、半导体器件、基本放大电路、集成运算放大器及其应用、直流稳压电源、基本门电路和组合逻辑电路、触发器与时序逻辑电路等。

本书力图在以下几方面体现特色。

理念：在中国高等教育从精英教育向大众化教育的转型阶段，教材必须适应这个变化，才能在现代高等教育中很好地发挥提高教学质量、培养高水准人才的作用。几十年来体系内容变化缓慢的教材已不能适应今天的快节奏，教材的编写应该充分体现"以学生为中心"的理念，才能找准方向。

定位：我国普通高等教育分成"重点"和"一般"两个层次。一般理工科院校基本上都是教学型学校，培养的是应用型人才。在这个定位下，本教材应该体现"知行并重、实践育人"的特色和理念，应该在教材内容和体系上有所侧重。

思路：注重基本概念和知识性，不在计算上花费太多时间和精力，习题要注重考察和帮助理解相关概念与知识。

结合：教材中突出元器件和电路结合、电路和实际结合、电路典型环节和系统结合，要使学生感到学有所用。电路与器件要注重应用，要与工程实际结合。

简明:简明扼要,力争做到适用、实用和好用。

本书第 1、2、4、13 和 14 章由成开友副教授编写,第 11、12 和 15 章由周磊老师编写,第 6、7 和 8 章由姚志树老师编写,第 3、10 章由沈翠凤老师编写,第 5、9 章由吴帆老师编写。本书由成开友副教授担任主编,周磊、姚志树、沈翠凤和吴帆老师担任副主编。本书在编写过程中得到了盐城工学院电气学院的领导和同事的大力支持和帮助。本书的出版得到了盐城工学院教材出版基金的支持,在此表示感谢!

承蒙盐城工学院电气学院院长何坚强教授和胡国文、王吉林教授在百忙中仔细审阅了全书,提出了很多建设性的修改意见。在此,谨向他们表示衷心感谢和敬意!

最后,感谢使用本书的各高校老师和读者。由于编者水平有限,书中不妥和错误之处在所难免,恳切希望读者给予批评指正。

编 者

2019 年 1 月

目　录

第 1 章
电路的基本概念与基本定律

电路是电工技术和电子技术的基础。学习电路是为学习后面的电子电路、电机电路以及控制与测量电路打基础。

本章主要讨论电路基本物理量、电路元件的特性、电源的工作状态以及基尔霍夫定律等,这些内容都是分析与计算电路的基础。

1.1　电路基本物理量

1. 电路和电路模型

1）电路

电路是根据某种需要由电源、电子元器件或设备按一定方式连接起来的流过电流的闭合路径。以供电系统和有线广播系统为例,电路示意图如图 1.1.1 所示。

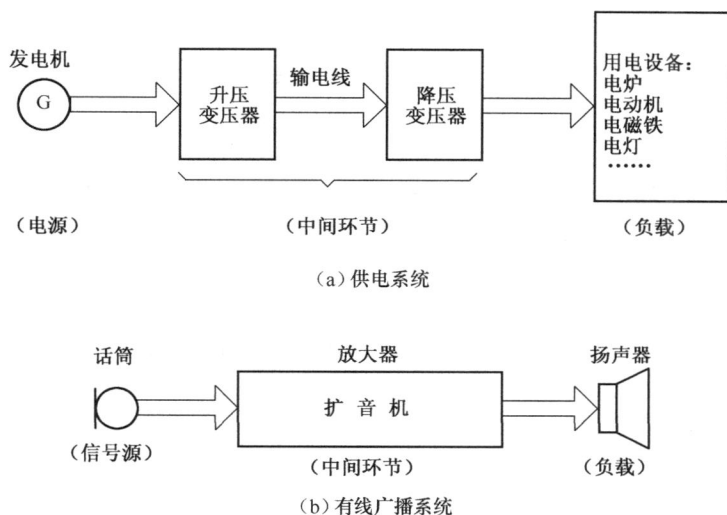

（a）供电系统

（b）有线广播系统

图 1.1.1　电路示意图

电路的结构和形式是多种多样的,根据电路的作用,大致可以分为两类:一类是用于实现电能的传输、分配和转换的供电系统,另一类是用于信号的传递、处理及运算的信息系统。

无论哪一种电路,都可以划分为 3 个主要部分:电源(或信号源)、中间环节和负载。

2）电路模型

实际的电路元件一般都不仅有一种特性，例如：电灯泡的灯丝用钨丝绕制成螺旋状，它不仅具有电阻的性质，还具有一定的电感的性质；电感线圈不仅具有电感的性质，还有一定的电阻的性质等。但是，在一定条件下忽略某些次要因素时，如电灯泡的灯丝在电源频率较低时，它的电感性很弱，就可以把它理想化为具有单一特性的理想电阻元件；当电感线圈的导线足够粗，且匝数不多时，就可以把它看成仅有电感性质的理想元件。各种电路元件用规定的图形符号表示，因此，一个实际电路就可以用几个理想元件组合表示，由一些理想电路元件组成的电路就是实际电路的电路模型，它是对实际电路电磁性质的科学抽象和概括。在电工基础理论中，一般采用电路模型进行分析研究。

2. 电流、电压及其参考方向

1）电流及其参考方向

电路中带电粒子的定向移动形成电流。在金属导体中可以移动的带电粒子是带负电荷的自由电子，半导体中的带电粒子是自由电子和空穴（它们被称为载流子），电解液中的带电粒子是正、负离子。因此，电流是由正电荷或负电荷的定向移动形成的。习惯上规定正电荷移动的方向为电流的实际方向。电流的大小是指单位时间内流过导体横截面的电荷量，即

$$i = \frac{\mathrm{d}q}{\mathrm{d}t} \tag{1-1-1}$$

式中，q 为电荷量，t 为时间，i 为电流即电荷量对时间的变化率。如果电流的大小和方向随时间变化，称为时变电流；时变电流做周期性变化且平均值为零，称为交流电流（Alternatingcurrent，AC），用小写字母 i 表示。如果电流的大小和方向都不随时间变化，称为直流电流（Directcurrent，DC），用大写字母 I 表示。式（1-1-1）可以改写为

$$I = \frac{q}{t} \tag{1-1-2}$$

电流的 SI 单位是安［培］（Ampere，A），此外，还有毫安（mA）、微安（μA），它们之间的换算关系是 $1\mathrm{A} = 10^3\,\mathrm{mA} = 10^6\,\mathrm{\mu A}$。

在进行电路的分析计算时，往往需要设定一个方向，这个设定的方向为参考方向（或正方向），用箭头在电路图中标出，如图 1.1.2 所示。在计算后，如果电流值为正，则说明电流的实际方向与参考方向相同；如果电流值为负，则说明电流的实际方向与参考反向相反。电流参考方向也可以用双下标方法表示，如 $I_{ab} = -I_{ba}$。

2）电压、电位、电动势及其参考方向

图 1.1.3 所示为一个简单电路实例。电源的电动势为 E、内电阻为 R_0。电动势是电源中非电场力（如化学力、机械力等）对电荷做功的物理量，它在数值上等于非电场力在电源内部将单位正电荷从负极移动到正极所做的功。

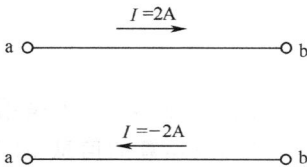

图 1.1.2　电流的参考方向

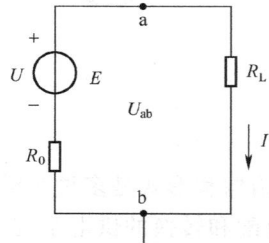

图 1.1.3　简单电路实例

　　电荷在电场力作用下,在电路中形成电流,电场力推动电荷运动做功。电压就是衡量电场力对电荷做功能力的物理量。图 1.1.3 中 a、b 两点之间的电压为

$$U_{ab} = \frac{W_{ab}}{q} \qquad\qquad (1-1-3)$$

式中,W_{ab} 为电场力驱动正电荷从 a 点移到 b 点所做的功。电压等于电场力驱动单位正电荷从 a 点移动到 b 点所做的功。

　　如果电压的大小和方向随时间作周期性变化,且平均值为零,则称为交流电压,用小写字母 u 表示。

　　电路中某点电位是指该点对参考点之间的电压,在图 1.1.3 中 b 点上画了接地⊥符号,就表示设定 b 点为参考点,这一点即为零电位点。a 点电位 V_a 就是 a 点与参考点 b 间的电压值,即 $V_a = U_{ab}$,a、b 两点之间的电压就是两点之间的电位差 $U_{ab} = V_a - V_b$。

　　电压、电动势、电位的 SI 单位均为伏[特](Voltage,V),此外,还有毫伏(mV)、微伏(μV),它们之间的换算关系为:$1V = 10^3 mV = 10^6 μV$。

　　电压的方向一般指电位降低的方向,而电动势的方向是指电位升高的方向。

　　在进行电路分析时,往往需要事先设定一个参考方向,电压参考方向一般用正负极性表示,从高电位"+"指向低电位"−"。有时也可以采用双下标,如 U_{ab} 表示电压参考方向由 a 节点指向 b 节点。

　　在设定参考方向后,计算所得电压为正时,表示电压的实际方向与参考方向一致,否则相反。

　　电流与电压的参考方向可以任意设定,但在电路分析时往往把它们的方向设为一致,称为关联参考方向,否则称为非关联参考方向。例如,R_L 上的电压 U_{ab} 和电流 I 就是关联参考方向,而电源上的 U 和 I 即为非关联参考方向。

　　参考方向具有实际意义,如在测量电流时,就已经设定了电流的参考方向是由红表笔经过电流表指向黑表笔方向。尤其是现在数字电流表显示的正负值就是在此参考方向下的值。同理,测量电压时也是已经确定了参考极性是红表笔为高电位端。

3. 电路的功率

电功率(Power)表示单位时间内电流所做的功,即

$$P = \frac{W}{t} = \frac{UIt}{t} = UI \qquad\qquad (1-1-4)$$

已知电阻上电压和电流的实际方向总是一致的,它是耗能元件,把电能转换为热能,是负载。当电阻元件上电压、电流设为关联参考方向时,所计算的功率值肯定大于零。由此可知,当任意元件上所设电压、电流为关联参考方向时,若 $P = UI > 0$,则说明该元件为负载,吸收功率;若 $P = UI < 0$,则该元件就是电源,发出功率,如图 1.1.4 所示。同理可知,当电压、电流设为非关联参考方向时,用 $P = -UI$ 计算。若 $P = -UI > 0$,则说明该元件为负载,吸收功率;若 $P = -UI < 0$,则说明该元件就是电源,发出功率,如图 1.1.5 所示。总之,关联参考方向时 $P = UI$,非关联参考方向时 $P = -UI$,都是把元件当成负载来对待的,计算出的数值均为二端元件吸收的功率值,求出 $P > 0$ 则为真正的负载,求出 $P < 0$ 则实际为电源。

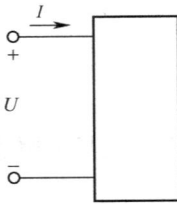

图 1.1.4　关联参考方向

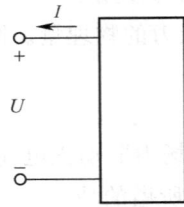

图 1.1.5　非关联参考方向

【例 1.1.1】　已知图 1.1.4 中，$U=10\text{V}$，$I=-2\text{A}$，求该元件吸收的功率，并判别它是电源还是负载。

解：因为 UI 是关联参考方向，$P=UI=10\times(-2)=-20\text{W}<0$，所以该元件为电源。它吸收的功率为 -20W（实际上发出功率 20W）。

【例 1.1.2】　在图 1.1.5 所示的电路中，元件发出的功率是 10W，电压 $U=-5\text{V}$，求电流 I。

解：首先把元件当成负载对待，它吸收的功率为 $P=-10\text{W}$，因为 UI 是非关联参考方向，$P=-UI$，则

$$I=\frac{P}{-U}=\frac{-10}{-(-5)}=-2\text{A}$$

各种电气设备的电压、电流和功率都有一个额定值（Ratedvalue），它是制造厂为了使产品能够在给定的工作条件下正常运行而规定的允许值。电压、电流、功率的额定值用 U_N、I_N、P_N 表示。但是电气设备实际上并不一定总是工作在额定状态下。

【例 1.1.3】　有一个额定功率 1W、阻值 100Ω 的电阻，它的额定电流是多少？在使用时通入的电流为 500mA，是否超出额定值，是否安全？

解：
$$P_\text{N}=I_\text{N}^2R$$
$$I_\text{N}=\sqrt{\frac{P_\text{N}}{R}}=\sqrt{\frac{1}{100}}=0.1\text{A}=100\text{mA}$$

电阻的额定电流为 100mA，若通入 500mA 电流，超出了额定值，不能安全使用。

【例 1.1.4】　图 1.1.3 所示的电路中，已知 $U=10\text{V}$，$R_0=1\Omega$，$R_\text{L}=9\Omega$，求各元件的功率，并验证功率平衡关系。

解：
$$I=\frac{U}{R_0+R_\text{L}}=\frac{10}{1+9}=1\text{A}$$

R_L 吸收的功率为
$$P_{R_\text{L}}=I^2R_\text{L}=1^2\times9=9\text{W}$$

R_0 吸收的功率为
$$P_{R_0}=I^2R_0=1^2\times1=1\text{W}$$

电源 U 吸收的功率为
$$P_U=-UI\ (\text{非关联参考方向})=\ -10\times1=-10\text{W}\ (\text{实际发出功率 10W})$$
$$\Sigma P=P_{R_\text{L}}+P_{R_0}+P_U=[9+1+(-10)]=0$$

所以功率平衡。

1.2　电压源与电流源

电源是电路中提供能量的装置或元件。常用的直流电源有干电池、蓄电池、光电池、直流发电机、直流稳压电源等。常用的交流电源有交流发电机、交流稳压电源,以及能够产生多种波形和信号的函数发生器等。实际电源是由理想电压源或理想电流源与相关联的元件组合而成的。

1. 电压源

理想电压源是一个理想的二端电路元件,它的端电压为 $u(t) = u_s(t)$,式中 $u_s(t)$ 为给定的时间函数或为定值,与通过元件的电流无关,而电流的大小则由外电路决定。理想直流电压源电路和外特性曲线如图 1.2.1 所示。由外特性曲线可见,无论电流 I 为何值,输出电压 $U \equiv E$。

实际电压源是电动势 E 和内电阻 R_0 的串联组合,它的电路和外特性曲线如图 1.2.2 所示。电压源的外特性即端口上的伏安关系为

$$U = E - IR_0 \text{ 或 } I = -\frac{U}{R_0} + \frac{E}{R_0} \tag{1-2-1}$$

从外特性可以看出,由于有内电阻 R_0,随着输出电流增大,输出电压下降。曲线的斜率与 R_0 有关,R_0 愈小,曲线与电流轴的交点 B 离原点 O 愈远。$R_0 = 0$ 时,曲线与 I 轴平行,即为理想电压源的特性。可见,理想电压源就是实际电压源在 $R_0 = 0$ 时的特例。

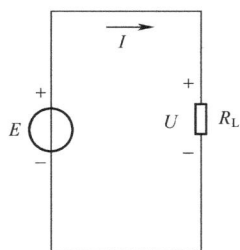

（a）理想电压源电路　　（b）理想电压源的外特性

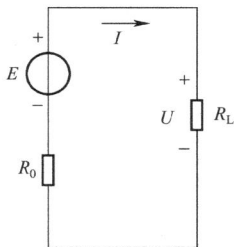

图 1.2.1　理想电压源电路及外特性曲线

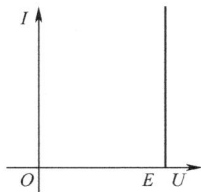

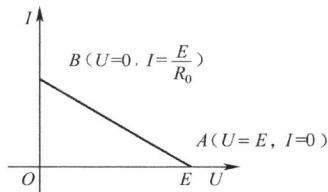

（a）电压源电路　　（b）电压源的外特性

图 1.2.2　实际电压源电路及外特性曲线

【例 1.2.1】　如图 1.2.2(a)所示,已知 $E = 12\text{V}$, $R_0 = 2\Omega$。求该电压源的开路电压 U_{OC} 和短路电流 I_{SC},并绘出伏安特性曲线。

解:开路电压即为电源电动势 $U_{OC} = E = 12\text{V}$,短路电流 $I_{SC} = \dfrac{E}{R_0} = \dfrac{12}{2}\text{A} = 6\text{A}$。

伏安特性曲线如图 1.2.3 所示。

2. 电流源

与理想电压源对应,理想电流源是一个理想的二端电路元件,它发出的电流为 $i(t) = i_S(t)$。式中,$i_S(t)$ 为给定的时间函数或为定值,与它两端的电压无关,而电压的大小则由外电路决定。理想直流电流源电路和外特性曲线如图 1.2.4 所示。由外特性曲线可见,无论电压 U 为何值,输出电流 $I \equiv I_S$。

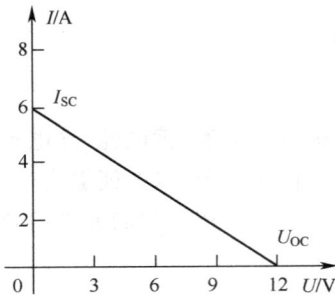

图 1.2.3　例 1.2.1 的伏安特性曲线

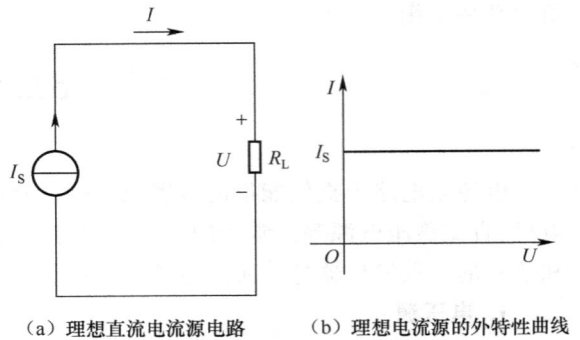

（a）理想直流电流源电路　（b）理想电流源的外特性曲线

图 1.2.4　理想直流电流源电路及外特性曲线

实际电流源是电流 I_S 和内电阻 R_0 的并联,它的电路和外特性如图 1.2.5 所示。电流源的外特性即端口上的伏安关系为

$$I = I_S - \frac{U}{R_0} \qquad (1-2-2)$$

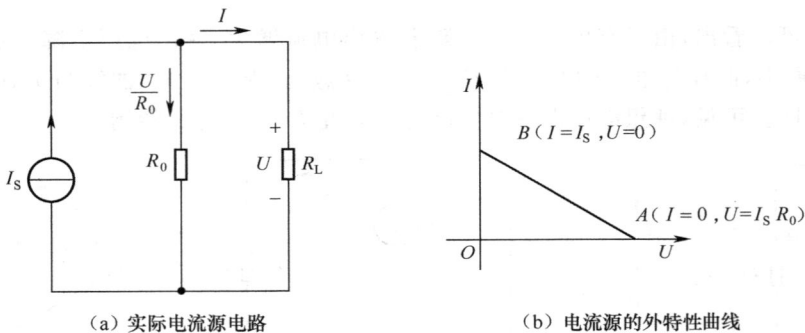

（a）实际电流源电路　　　　　　（b）电流源的外特性曲线

图 1.2.5　实际电流源电路及外特性曲线

从外特性可以看出,由于有内电阻 R_0,随着输出电流的增大,输出电压下降。曲线的斜率与 R_0 有关,R_0 愈大,曲线与电压轴的交点 A 离原点 O 愈远。$R_0 = \infty$ 时,曲线与 U 轴平行,即为理想电流源的特性。可见,理想电流源就是实际电流源在 $R_0 = \infty$ 时的特例。

【例 1.2.2】 如图 1.2.4 所示,已知 $I_S = 2A$,分别求 $R_L = 1\Omega$、5Ω、10Ω、∞ 时的电压 U 和理想电流源的输出功率 P。

解： $R_L = 1\Omega$ 时,$U = I_S R_L = 2 \times 1 = 2V$。

$P = -UI = -2 \times 2 = -4W$（电流源输出功率 4W）。

$R_L = 5\Omega$ 时,$U = I_S R_L = 2 \times 5 = 10V$。

$P = -UI = -2 \times 10 = -20W$（电流源输出功率 20W）。

$R_L = 10\Omega$ 时,$U = I_S R_L = 2 \times 10 = 20V$。

$P = -UI = -2 \times 20 = -40W$（电流源输出功率 40W）。

$R_L = \infty$ 时,$U = I_S R_L = 2 \times \infty = \infty$。

$P = -UI = -2 \times \infty = -\infty$（电流源输出功率无穷大）。

可见,理想电流源的输出电压随负载的增大而增大。R_L 吸收的功率就是电流源发出的功率,当负载 $R_L = \infty$(开路)时,输出功率为 ∞。理想电流源和理想电压源是无穷大的功率源,实际上是不存在的。

人们实际接触到的电源,与电压源接近的比较多。例如,直流稳压电源在一定输出电流时,输出电压比较稳定,接近于理想电压源。新出厂的干电池内电阻很小,在一定范围内电流变化时输出电压变化不大,但使用一段时间以后,由于内部的化学反应使得内电阻增大,当输出电流增大时,输出电压就会下降。现在使用的半导体光电池在光照一定的情况下,产生的电流基本一定,但由于半导体材料本身就有导电性,所以自成回路,就与电流模型很接近了。

1.3　电阻元件与欧姆定律

1. 电阻的分类

一般,遵从欧姆定律的电阻是最常用的电阻元件之一,在此基础上要对其概念进行扩展。电阻元件的一般定义:如果一个二端元件在任意时刻的伏安关系可以由 U-I 平面上的一条(特性)曲线确定,则此二端元件称为二端电阻元件。

根据电阻的特性曲线(按关联参考方向绘制)可以分为 4 类,如图 1.3.1 所示。

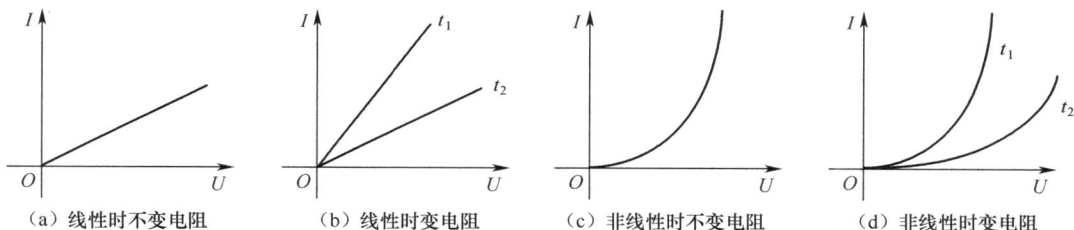

|(a) 线性时不变电阻|(b) 线性时变电阻|(c) 非线性时不变电阻|(d) 非线性时变电阻|

图 1.3.1　电阻的特性曲线

图 1.3.1(a)、(b)为线性电阻的特性,图 1.3.1(c)、(d)为非线性电阻的特性曲线。图 1.3.1(b)、(d)所示的曲线随时间而变化,是时变电阻的特性,图 1.3.1(a)、(c)是时不变电阻的特性。

按照功能电阻又可以分为热敏电阻、光敏电阻等。

2. 欧姆定律

只有线性电阻才符合欧姆定律。如图 1.3.2(a)所示,在关联参考方向下

$$U = RI \ \text{或} \ I = \frac{U}{R} \qquad (1-3-1)$$

式中,R 为电路中的电阻,单位为 Ω。此外,还有 $k\Omega$、$M\Omega$,它们之间的关系是 $1M\Omega = 10^3 k\Omega = 10^6 \Omega$。

如图 1.3.2(b)所示,在非关联参考方向下

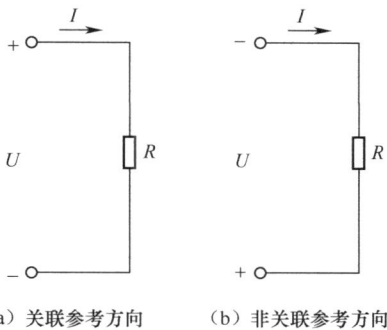

(a) 关联参考方向　　(b) 非关联参考方向

图 1.3.2　欧姆定律

$$U = -RI \quad \text{或} \quad I = -\frac{U}{R} \qquad (1-3-2)$$

应注意,一个式子中有两套正负号,式(1-3-1)、式(1-3-2)中的正负号是根据电压和电流的参考方向得出的。此外,电压和电流本身还有正值和负值之分。

【例 1.3.1】 图 1.3.2(a)所示电路中,$U=10\text{V}$,$I=5\text{A}$,求 R。图 1.3.2(b)中,$U=-10\text{V}$,$I=5\text{A}$,求 R。

解: 图 1.3.2(a)中 U、I 为关联参考方向,则

$$R = \frac{U}{I} = \frac{10}{5} = 2\Omega$$

图 1.3.2(b)中 U、I 为非关联参考方向,则

$$R = -\frac{U}{I} = -\frac{-10}{5} = 2\Omega$$

在电路分析中常使用解析法或图解法。

【例 1.3.2】 如图 1.2.2 所示电路,$E=10\text{V}$,$R_0=1\Omega$,$R_\text{L}=4\Omega$。应用解析法和图解法分别求 I。

由解析法计算得

$$I = \frac{E}{R_0 + R_\text{L}} = \frac{10}{1+4} = 2\text{A}$$

应用图解法,首先求电压源的开路电压 U_OC 和短路电流 I_SC。开路电压为

$$U_\text{OC} = E = 10\text{V}$$

短路电流为

$$I_\text{SC} = \frac{E}{R_0} = \frac{10}{1} = 10\text{A}$$

绘出电压源外特性曲线如图 1.3.3(a)所示。

由于 $R_\text{L}=4\Omega$,可知负载电阻 R_L 的伏安特性曲线如图 1.3.3(b)所示。

把图 1.3.3(a)和图 1.3.3(b)所示的两条曲线放置于同一直角坐标系中,如图 1.3.3(c)所示。两条曲线的交点 Q 称为工作点,即它们的公共解,在电流轴上的投影截距即电路中的实际电流值 I。

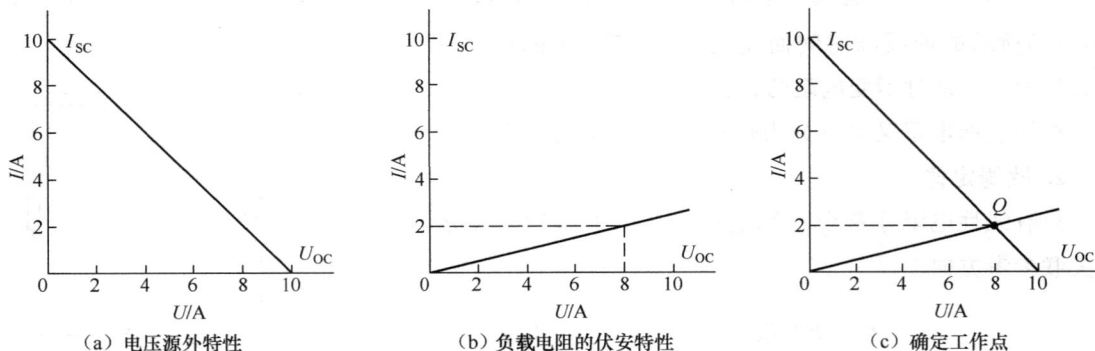

(a) 电压源外特性　　　　　(b) 负载电阻的伏安特性　　　　　(c) 确定工作点

图 1.3.3　例 1.3.2 图

可知 $I=2A$。与解析法所得结果一致。

解析法比较简单,但只适用于线性电路,而图解法可以用于线性和非线性电路的分析。

1.4　电感和电容元件

1. 电感元件

电流通过导体时,在它周围会产生磁场,如果把导体绕成线圈通入电流,就可以增强线圈内的磁场,这样的线圈称为电感(Inductance)。线性电感的定义:一个二端元件的磁通量($\Psi = N\Phi$)与电流之间的关系由 Ψ-i 平面内的一条直线确定,则称此二端元件为线性电感。电感元件的符号和线性电感的特性曲线,如图 1.4.1 所示。

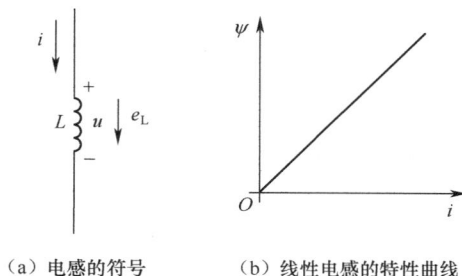

(a) 电感的符号　　　(b) 线性电感的特性曲线

图 1.4.1　电感元件

电感元件的参数 L 为

$$L = \frac{\Psi}{i} \qquad (1-4-1)$$

电感的 SI 单位是 H,此外还有 mH、μH,它们之间的关系为 $1H = 10^3 mH = 10^6 \mu H$。

图 1.4.1(a)所示电压、电流取关联参考方向,设自感电动势参考方向与电压降方向一致。假定线圈绕向与自感电动势方向符合右手螺旋定则,则

$$e_L = -\frac{d\Psi}{dt} = -L\frac{di}{dt} \qquad (1-4-2)$$

根据所设方向 $u = -e_L$,则

$$u = -e_L = L\frac{di}{dt} \qquad (1-4-3)$$

由式(1-4-3)可见,当电感中通入直流电流时, $\frac{di}{dt}=0$,电感上电压为零,可视为短路。

在电压与电流取关联参考方向时,电感吸收的功率为

$$p = ui = L\frac{di}{dt}i$$

如果初始能量为零,则 $0\sim t$ 时间内所储存的能量为

$$W = \int_0^t p\,dt = \int_0^i Li\,di = \frac{1}{2}Li^2 \qquad (1-4-4)$$

当电感中电流增大时,磁场能量增大,电能转换为磁场能,电感从电源取用能量;当电流减小时,磁场能量减小,磁场能转化为电能,向电源返还能量。可见,电感不消耗能量,只有能量的吞吐,是储能元件。

2. 电容元件

两个相互绝缘的导体就组成了电容器,简称电容(Copacitance)。如果在电容极板上施加电压,必然有相应的电荷储存,两极板的电荷量相等,极性相反。电容两个极板上电压发生变化时,储存的电荷量发生变化,此时电路中就有电流产生。线性电容的定义:如果一个二端元件

储存的电荷量 q 与其上电压的关系由 u-q 平面内的一条直线确定,则称此二端元件为线性电容,电容的符号和线性电容的特性曲线,如图 1.4.2 所示。

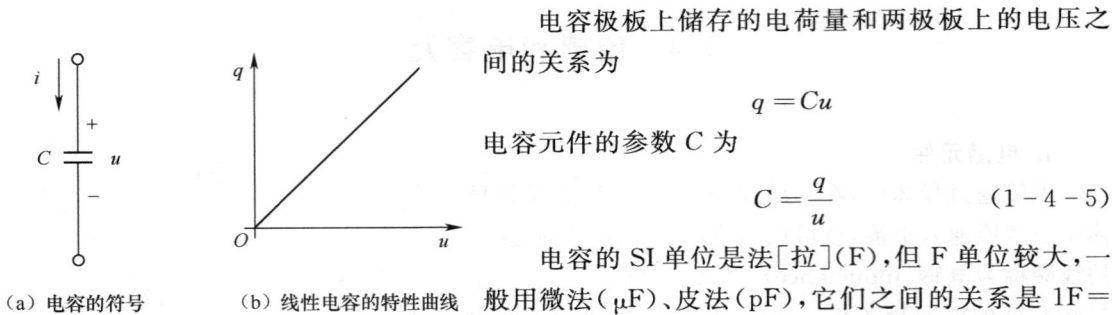

（a）电容的符号　　　（b）线性电容的特性曲线

图 1.4.2　电容元件

电容极板上储存的电荷量和两极板上的电压之间的关系为

$$q = Cu$$

电容元件的参数 C 为

$$C = \frac{q}{u} \qquad (1-4-5)$$

电容的 SI 单位是法［拉］(F),但 F 单位较大,一般用微法(μF)、皮法(pF),它们之间的关系是 $1\text{F} = 10^6\ \mu\text{F} = 10^{12}\ \text{pF}$。

在采用电压与电流关联参考方向下,可以得到

$$i = \frac{\mathrm{d}q}{\mathrm{d}t} = \frac{\mathrm{d}(Cu)}{\mathrm{d}t} = C\,\frac{\mathrm{d}u}{\mathrm{d}t} \qquad (1-4-6)$$

说明电容上电流与其上电压对时间的变化率成正比。如果电压恒定(直流)$\frac{\mathrm{d}u}{\mathrm{d}t}=0$,则电流为零,可视为开路。

在电压与电流取关联参考方向时,电容吸收的功率为

$$p = ui = uC\,\frac{\mathrm{d}u}{\mathrm{d}t}$$

如果初始能量为零,则 $0 \sim t$ 时间内所储存的能量为

$$W = \int_0^t p\,\mathrm{d}t = \int_0^u Cu\,\mathrm{d}u = \frac{1}{2}Cu^2 \qquad (1-4-7)$$

当电容上的电压上升时,电场能量增大,电能转换为电场能,电容充电;当电压下降时,电场能量减小,电场能转化为电能,向电路返还能量。可见,电容不消耗能量,只有能量的吞吐,是储能元件。

1.5　电源有载工作、开路与短路

以图 1.5.1 所示的直流电路为例,分别讨论电源有载工作、开路与短路时的电流、电压和功率。此外,还要讨论几个电路中的概念问题。

1. 电源有载工作

将图 1.5.1 中的开关合上,接通电源与负载,这就是电源有载工作。应用欧姆定律可列出电路中的电流

$$I = \frac{E}{R_0 + R} \qquad (1-5-1)$$

和负载电阻两端的电压

$$U = RI$$

并由上两式得出

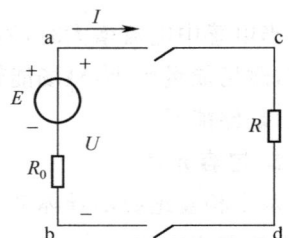

图 1.5.1　电源有载工作电路

$$U = E - R_0 I \qquad (1-5-2)$$

式(1-5-2)各项乘以电流 I,则得功率平衡式

$$UI = EI - R_0 I^2$$
$$P = P_E - \Delta P \qquad (1-5-3)$$

式中,$P_E = EI$,为电源产生的功率;$\Delta P = R_0 I^2$,为电源内阻上损耗的功率;$P = UI$,为电源输出的功率。可见,在一个电路中,电源产生的功率和负载取用的功率以及内阻上所损耗的功率是平衡的。

2. 电源开路

在图 1.5.1 所示的电路中,当开关断开时,电源处于开路(空载)状态。开路时外电路的电阻对电源而言等于无穷大,因此电路中电流为零。这时电源的端电压(称为开路电压或空载电压 U_{OC})等于电源电动势,电源不能输出电能。

如上所述,电源开路时的特征为

$$I = 0, U = U_{OC} = E, P = 0 \qquad (1-5-4)$$

3. 电源短路

在图 1.5.1 所示的电路中,当电源的两端由于某种原因而连在一起时,电源被短路,如图 1.5.2 所示。电源短路时,外电路的电阻可视为零,电流有捷径可通,不再流过负载。因为在电流的回路中仅有很小的电源内阻 R_0,所以这时的电流很大,此电流称为短路电流 I_{SC}。短路电流可能使电源遭受机械的与热的损伤或毁坏。短路时电源所产生的电能全被内阻所消耗。

电源短路时,由于外电路的电阻为零,所以电源的端电压也为零。这时电源的电动势全部降在内阻上。

图 1.5.2　电源短路

如上所述,电源短路时的特征为

$$I = I_{SC} = \frac{E}{R_0}, U = 0, P = 0, P_E = \Delta P = R_0 I^2 \qquad (1-5-5)$$

短路也可能发生在负载端或线路的任何位置。

短路通常是一种严重事故,应该尽力预防。产生短路的原因往往是绝缘损坏或接地不慎,因此,经常检查电气设备和线路的绝缘情况是一项很重要的安全措施。此外,为了防止短路事故所引起的后果,通常在电路中接入熔断器或自动断路器,以便发生短路时,能迅速将故障电路自动切除。

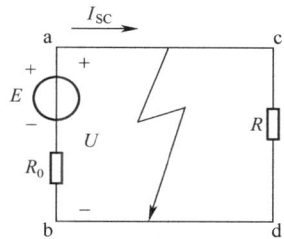

1.6　基尔霍夫定律

分析和计算电路重要的基本定律除前面研究的线性电路元件的伏安特性关系外,还有基尔霍夫定律。基尔霍夫定律确定了节点上各支路电流和回路上各电压之间的约束关系。

如图 1.6.1 所示,一般而言,可以把电路中每一个二端元件看成一条支路。但为了分析问题方便,常把两个元件首尾相接且中间无分支的部分看作为一条支路。电阻 R_1 和电压源 U_{S1} 构成一条支路,电阻 R_2 和电压源 U_{S2} 构成一条支路,电阻 R_3 单独构成一条支路。图中一共有 3 条支路。R_1、R_2 所在支路都含有电源,所以称为有源支路,R_3 所在支路没有电源,故称为无

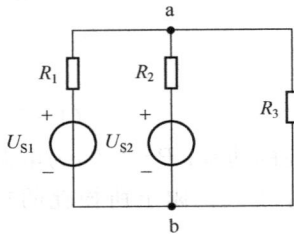

图 1.6.1　电路举例

源支路。3 条及 3 条以上支路的连接点称为节点,本电路有两个节点,分别为 a 和 b。电路中由支路构成的闭合路径称为回路。图中共有 3 个回路:一是由电阻 R_1、R_2 和电压源 U_{S1}、U_{S2} 构成的回路;二是由电阻 R_2、R_3 以及电压源 U_{S2} 构成的回路;三是由电阻 R_1、R_3 以及电压源 U_{S1} 构成的回路。网孔是一些特殊的回路,这些回路的特征:内部不包含其他支路。图中由电阻 R_1、R_2 和电压源 U_{S1}、U_{S2} 构成的回路,以及由电阻 R_2、R_3 和电压源 U_{S2} 构成的回路都属于网孔,而由电阻 R_1、R_3 以及电压源 U_{S1} 构成的回路就不是网孔,因为该回路中有一条支路(R_2 所在支路)被包含其中。

1. 基尔霍夫电流定律

基尔霍夫电流定律(Kirchhoff's Currentlaw,KCL)确定了连接在同一个节点上的各支路电流的关系。由于电流的连续性,电路中任何一点均不能使电荷堆积或消失,因此在任一个瞬时,流入节点的电流之和必定等于流出该节点的电流之和。如图 1.6.2 所示,对节点 A 可以写出

$$i_1 = i_2 + i_3 \tag{1-6-1}$$

式(1-6-1)可改写成

$$i_1 - i_2 - i_3 = 0$$

即

$$\sum i = 0 \tag{1-6-2}$$

基尔霍夫电流定律可以表述为:在任一瞬时,一个节点上的电流的代数和等于零。如果设定流向节点的电流为正,则流出该节点的电流为负。也可以全部按相反的方向设定。

基尔霍夫电流定律也可以推广应用于任意几何封闭面,如图 1.6.3 所示,虚线内包含的任意复杂电路可以微缩为一个广义节点,它全部引出线上电流的代数和为零,即

$$i_1 + i_2 + i_3 = 0$$

对于两个独立的电路,如图 1.6.4 所示,中间用一根导线将它们连接起来,则导线上的电流 I 是多少? 如果用闭合面包住其中的一个独立的电路,根据广义节点的基尔霍夫电流定律,显然 $I = 0$。

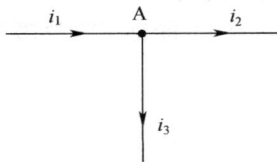

图 1.6.2　基尔霍夫电流定律举例

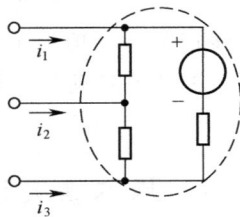

图 1.6.3　广义节点的 KCL 举例

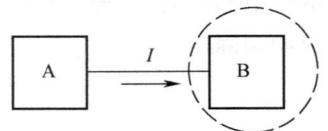

图 1.6.4　两个独立电路用
一根导线相连

【例 1.6.1】　求图 1.6.5 所示电路中的电流 I_1 和 I_2。

解:用闭合面 S 包围右侧电路,如图 1.6.5 所示。

根据广义节点的基尔霍夫电流定律,有

$$I_1 + 2 + 3 + (-6) = 0$$

得 $I_1 = 1A$。

根据节点 A 的基尔霍夫电流定律,有

$$I_2 - I_1 - 4 = 0$$

得

$$I_2 = I_1 + 4 = 5A$$

应用基尔霍夫电流定律求解电路时,要注意两套正负号的关系:一个是根据电流参考方向与节点的关系,列出的公式每一项前的正、负号;另一个是每个电流本身数值的正、负号。因此,建议初学者先列写公式后再代入数字进行计算,就不容易出错了。

【例 1.6.2】 图 1.6.6 中,已知 $I_1 = 2A$、$I_3 = -3A$,用基尔霍夫电流定律求 I_2。

解:无论内部电路如何复杂,都可以把它看成一个广义节点,根据基尔霍夫电流定律可以列出

$$I_1 + I_2 + I_3 = 0$$
$$I_2 = -I_1 - I_3$$
$$I_2 = -2 - (-3) = 1A$$

虽然设定电流方向全部流向网络内,但是数值有正有负,说明电流 I_1、I_2 实际流入 3A,I_3 实际流出 3A。

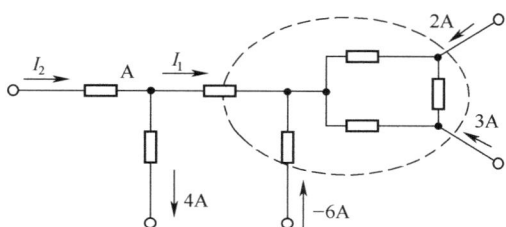

图 1.6.5 例 1.6.1 电路

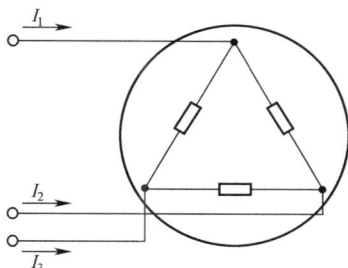

图 1.6.6 例 1.6.2 电路

2. 基尔霍夫电压定律

基尔霍夫电压定律(Kirchhoff's Voltagelaw,KVL)确定了回路中各段电压之间的关系。由于能量守恒,如果从回路中任意一点出发,沿回路绕行一周,则在此方向上的电压降之和等于电压升之和。在图 1.6.7 所示电路中,从 a 点出发沿 a—b—c—a 绕行一周,回路中电压降为 $R_1 I + R_2 I + R_3 I$,沿绕行方向上的电压升(电动势)为 $-E_2 + E_1$。因此,可以列出 $R_1 I + R_2 I + R_3 I = -E_2 + E_1$,即

$$\sum (RI) = \sum E \qquad (1-6-3)$$

式(1-6-3)可以写成 $R_1 I + R_2 I + R_3 I + E_2 - E_1 = 0$,即

$$\sum U = 0 \qquad (1-6-4)$$

基尔霍夫电压定律还可以表述为:在任一瞬时、任一回路的绕行方向上,电压降的代数和等于零。如果设定绕行方向上的电压降为正,则电压升为负。

基尔霍夫电压定律不仅应用于闭合回路,而且可以推广应用于回路的部分电路。以图 1.6.8 所示的两个电路为例,根据基尔霍夫定律列式。对图 1.6.8(a)所示电路可列出

$$\sum U = U_A - U_B - U_{AB} = 0$$

$$U_{AB} = U_A - U_B$$

对图 1.6.8(b)所示电路可列出

$$E - U - R_0 I = 0$$

或

$$U = E - R_0 I$$

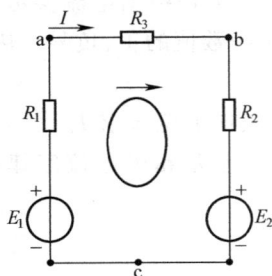

图 1.6.7　基尔霍夫电压定律举例

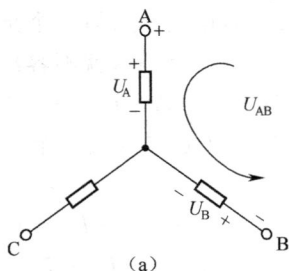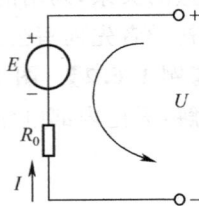

图 1.6.8　基尔霍夫电压定律的推广应用

【例 1.6.3】　电路如图 1.6.9 所示,各支路的元件是任意的,但已知:$U_{AB} = 5V$,$U_{BC} = -4V$,$U_{DA} = -3V$。试求:(1) U_{CD};(2) U_{CA}。

　　解:(1)由基尔霍夫电压定律可列出

$$U_{AB} + U_{BC} + U_{CD} + U_{DA} = 0$$

即

$$5 + (-4) + U_{CD} + (-3) = 0$$

得

$$U_{CD} = 2V$$

　　(2) ABCA 不是闭合回路,也可应用基尔霍夫电压定律列出

$$U_{AB} + U_{BC} + U_{CA} = 0$$

即

$$5 + (-4) + U_{CA} = 0$$

得

图 1.6.9　例 1.6.3 电路

$$U_{CA} = -1V$$

【例 1.6.4】　求图 1.6.10 所示电路中电压 U。

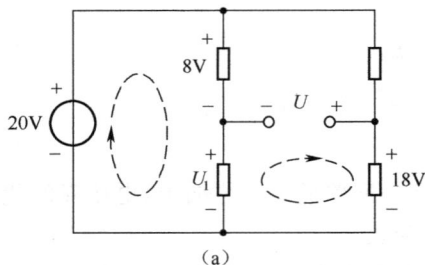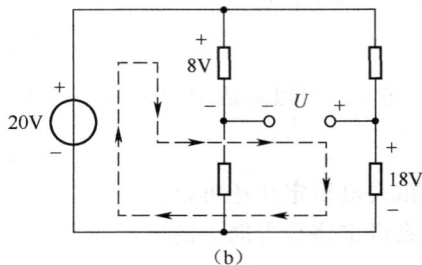

图 1.6.10　例 1.6.4 电路

　　解法 1:按照图 1.6.10(a)所示回路的绕行方向,对左侧网孔应用基尔霍夫电压定律首先计

算出 U_1

$$-20+8+U_1=0$$

得 $U_1=12\text{V}$ 。

对右下侧广义回路用基尔霍夫电压定律,得

$$-U+18-U_1=0$$

得 $U=6\text{V}$ 。

解法 2:对照图 1.6.10(b)所示广义回路,按照顺时针绕行方向,应用基尔霍夫电压定律列写方程

$$8-U+18-20=0$$

得 $U=6\text{V}$ 。

利用基尔霍夫定律和欧姆定律,可以分析各种稳态直流电阻电路的响应问题。

【**例 1.6.5**】　计算图 1.6.11 所示电路中电压 U。

解:假设各支路电流的大小分别为 I_1、I_2 和 I_3,由节点 KCL 方程得

$$I_1+I_2-I_3=0$$

左网孔列写基尔霍夫电压定律方程得

$$10I_1+20I_3-80=0$$

右网孔列写基尔霍夫电压定律方程得

$$50I_2+20I_3-160=0$$

将上述 3 个方程联立成方程组解,得 $I_3=3\text{A}$ 。根据欧姆定律

$$U=20I_3=60\text{V}$$

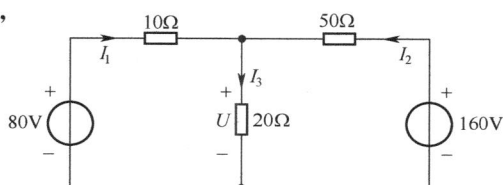

图 1.6.11　例 1.6.5 电路

1.7　电路中电位的概念及计算

在电路分析时,通常要应用电位这个概念。前面只引出了电压这个概念。两点间的电压就是两点的电位差。电压只能说明一点的电位高,另一点的电位低,以及两点的电位相差多少,至于电路中某一点的电位究竟是多少,将在本节中讨论。

以图 1.7.1 所示的电路为例,下面讨论该电路中各点的电位。根据图 1.7.1 可得

$$U_{ab}=V_a-V_b=6\times10=60\text{V}$$

这是 a、b 两点间的电压值或两点的电位差,即 a 点电位 V_a 比 b 点电位 V_b 高 60V,但不能算出 V_a 和 V_b 各是多少。因此,计算电位时,必须选定电路中某一点作为参考点,它的电位称为参考电位,通常设参考电位为零。而其他各点的电位都与它比较,比它高的为正,比它低的为负。正数值愈大则电位愈高,负数值愈大则电位愈低。

参考点在电路图上标上接地符号。所谓接地,并非真与大地相接。

将图 1.7.1 所示电路中的 b 点接地,作为参考点(见图 1.7.2),则

$$V_b=0,V_a=60\text{V}$$

反之,如将 a 点作为参考点,则

$$V_a=0,V_b=-60\text{V}$$

可见,某电路中任意两点间的电压值是一定的,是绝对的;而各点的电位值因所设参考点的不同而不同,是相对的。

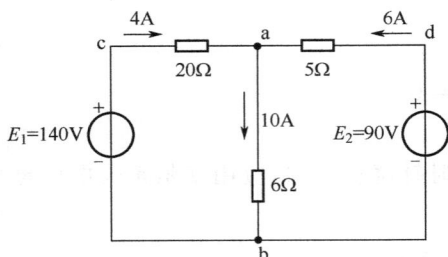

图 1.7.1　电路举例

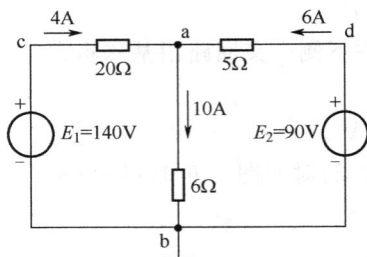

图 1.7.2　b 为参考点点

图 1.7.2 也可简化为图 1.7.3(a)或(b)所示电路,不画电源,各端标上电位值。

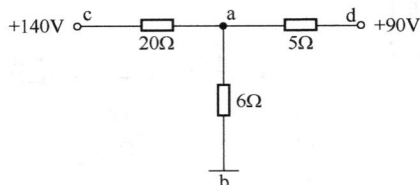

（a）

（b）

图 1.7.3　图 1.7.2 的简化电路

【例 1.7.1】　计算图 1.7.4(a)所示电路中 B 点的电位。

解:$I = \dfrac{V_A - V_C}{R_1 + R_2} = \dfrac{6 - (-9)}{(100 + 50) \times 10^3} = \dfrac{15}{150 \times 10^3}$

$\qquad = 0.1 \times 10^{-3} A = 0.1 mA$

$\qquad U_{AB} = V_A - V_B = R_2 I$

$\qquad V_B = V_A - R_2 I = [6 - (50 \times 10^3) \times (0.1 \times 10^{-3})] = 1V$

图 1.7.4(a)所示电路也可简化成图 1.7.4(b)所示电路。

【例 1.7.2】　电路如图 1.7.5 所示。已知 $E_1 = 6V$,$E_2 = 4V$,$R_1 = 4\Omega$,$R_2 = R_3 = 2\Omega$。求 A 点电位 V_A。

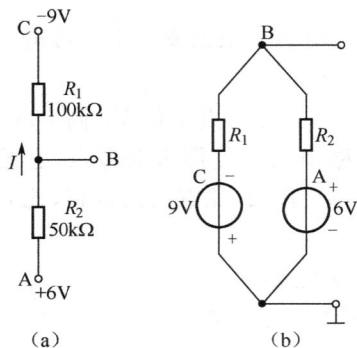

（a）

（b）

图 1.7.4　例 1.7.1 的电路

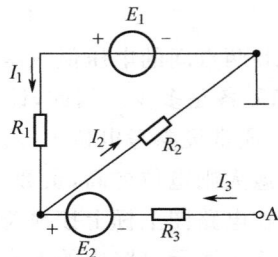

图 1.7.5　例 1.7.2 的电路

解：

$$I_1 = I_2 = \frac{E_1}{R_1 + R_2} = \frac{6}{4+2}A = 1A, \qquad I_3 = 0$$

$$V_A = R_3 I_3 - E_2 + R_2 I_2 = (0 - 4 + 2 \times 1)V = -2V$$

或

$$V_A = R_3 I_3 - E_2 - R_1 I_1 + E_1 = (0 - 4 - 4 \times 1 + 6)V = -2V$$

习题

1.1　分别判断题 1.1 图中电源和负载上电压、电流方向是否为关联参考方向。

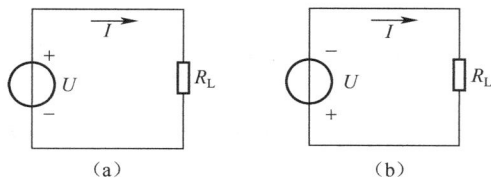

（a）　　　　　　　　　　　　（b）

题 1.1 图

1.2　求题 1.2 图各电路的未知量。

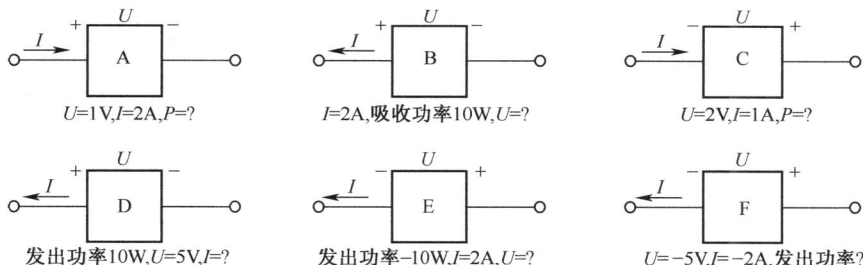

题 1.2 图

1.3　求题 1.3 图中各元件的功率，并验证功率平衡关系。

1.4　判别题 1.3 图中各元件是电源还是负载。

1.5　图 1.1.3 中，已知 $E = 10V$，$R_0 = 2\Omega$，$R_L = 3\Omega$。分析三种情况下的功率平衡关系：(1) R_L 开路时；(2) R_L 短路时；(3) R_L 接入时。

1.6　电路如题 1.6 图所示，分析各元件哪个是电源，哪个是负载？并验证功率平衡关系。

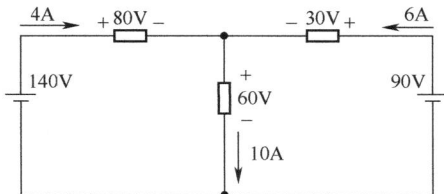

题 1.3 图

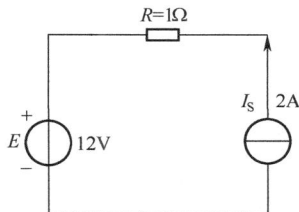

题 1.6 图

1.7　1 只 100Ω/10W 的电阻，接在 220V 电源上，能否长时间正常工作？其最高工作电压是多少？

1.8　额定电压为 220V 的白炽灯接于 380V 电源上，能否正常工作？会出现什么问题？为什么?

1.9 图 1.2.1(a)所示理想电压源电路中,已知 $E=10\text{V}$, $R_L=9\Omega$、4Ω;图 1.2.2(a)所示电路中已知 $E=10\text{V}$, $R_0=1\Omega$, $R_L=9\Omega$、4Ω。分别求 I 和 U 并进行比较。

1.10 图 1.2.4(a)所示理想电流源电路中,已知 $I_S=10\text{A}$, $R_L=9\Omega$、4Ω;图 1.2.5(a)所示电路中已知 $I_S=10\text{A}$, $R_0=1\Omega$, $R_L=9\Omega$、4Ω。分别求 I 和 U,并进行比较。

1.11 图 1.2.2(a)所示实际电压源电路,若当负载开路时开路电压为 10V;当负载短路时短路电流为 2A。绘出它的外特性曲线。

1.12 图 1.2.5(a)所示实际电流源电路,若当负载开路时开路电压为 10V;当负载短路时短路电流为 2A。绘出它的外特性曲线。

1.13 题 1.13 图所示为干电池的电路模型,试定性说明如何测量它的电动势和内电阻。是否可以用万用表的电阻挡直接测出内电阻?

1.14 题 1.14 图所示电路,当只有开关 S_1 闭合时,电压表读数是 10V;当只有 S_2 闭合时,电压表读数是 6V。求电源的外特性。

题 1.13 图

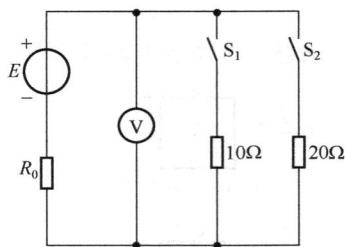

题 1.14 图

1.15 求题 1.15 图所示各电阻元件上的未知量。

1.16 求题 1.15 图所示各电阻元件的功率。

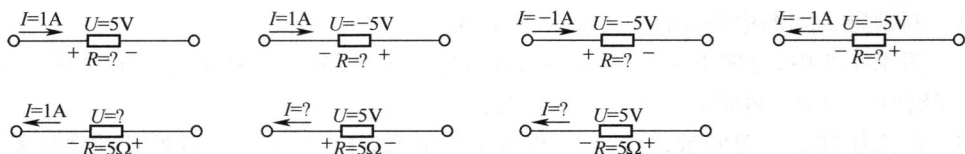

题 1.15 图

1.17 一个线性电感线圈,已知电感匝数 $N=200$, $L=500\text{mH}$,通入电流 $I=1\text{A}$ 时,产生的磁通是多少?

1.18 当给一个 1H 的电感通入 10A 直流电流时,电感上的电压降是多少? 如果通入的是 $10\sin100t\,\text{A}$ 的交流电流,电压是多少?

1.19 已知电容 $C=100\mu\text{F}$,当电容上充电电压 $U=10\text{V}$ 时,极板上储存的电荷量是多少?

1.20 当给一个 $C=100\mu\text{F}$ 电容极板上加 10V 直流电压时,流过的电流是多少? 如果极板上加 $10\sin100t\,\text{V}$ 交流电压,电流是多大?

1.21 在题 1.21 图中,已知 $I_1=0.01\mu\text{A}$, $I_2=0.3\mu\text{A}$, $I_5=9.61\mu\text{A}$,试求电流 I_3、I_4 和 I_6。

1.22 设 $U_{ab}=0$,试求题 1.22 图所示部分电路中的电流 I、I_1 和电阻 R。

1.23 试求题 1.23 图所示电路中 A 点的电位。

1.24　在题 1.24 图中,在开关 S 断开和闭合的两种情况下试求 A 点的电位。

1.25　在题 1.25 图中,试求 A 点的电位。

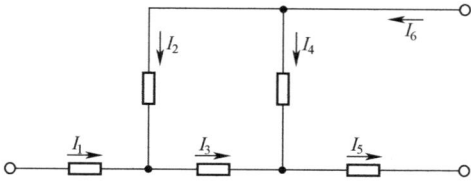

题 1.21 图

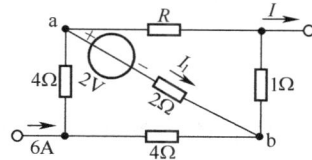

题 1.22 图

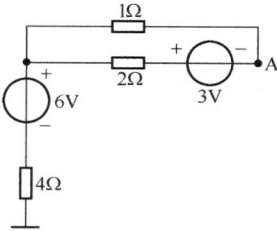

题 1.23 图

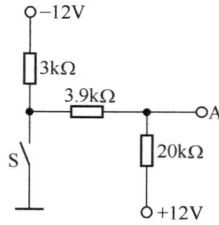

题 1.24 图

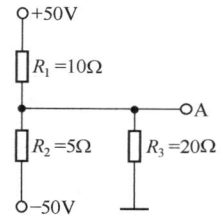

题 1.25 图

第 2 章
电阻电路的分析方法

　　根据实际需要,电路的结构形式是很多的。最简单的电路只有一个回路,即单回路电路。有的电路虽然有很多回路,但能够不太复杂地用串并联的方法化简为单回路电路。然而,有的多回路电路(含有一个或多个电源)则不然,或者不能用串并联的方法化简为单回路电路,或者即使能化简也是相当复杂的。这种多回路电路称为复杂电路。

　　分析与计算电路要应用欧姆定律和基尔霍夫定律,往往由于电路复杂,计算过程极为繁复。因此,要根据电路的结构特点去寻找分析与计算的简便方法。在本章中以电阻电路为例,简要讨论几种常用的电路分析方法,如等效变换、支路电流法、节点电压法、叠加定理、戴维南定理及诺顿定理等,它们都是电路的基本分析方法。

2.1　电阻串并联连接的等效变换

　　在介绍电阻串并联连接的等效变换之前,首先介绍等效变换的概念,如果两个电路具有完全相同的伏安特性,就称这两个电路为等效电路或等效网络,如图 2.1.1(a)和(b)所示的两个二端电路就是等效电路,因为它们的伏安特性表达式都是 $U=2RI$ 。

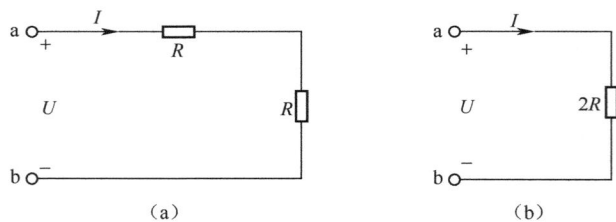

图 2.1.1　等效电路

　　值得注意的是,等效的含义并不是说这两个二端网络本身是一样的,而是说这两个二端网络对除自身之外的其他部分电路具有相同的电学效果。例如,图 2.1.2(a)所示为一个复杂的二端网络 N 接在一个 10V 电压源上,10V 电压源的输出电流为 1A。图 2.1.2(b)所示为一个 10Ω 电阻连接在与前者一样的电源上,电压源输出电流也是 1A。从 10V 电压源的角度来看,接二端网络 N 与接一个 10Ω 电阻的效果是完全一样的,但二端网络 N 与 10Ω 电阻本身显然并不相同。

　　将电路某个部分用其等效电路来替代,该过程称为等效变换。因为替代前后,对于被等效部分的外电路,其电流、电压响应均不会发生变化,所以在电路分析过程中,常用这种方法化简电路,降低电路分析的难度。电路等效变换的方法是电路分析方法中一个非常重要的方法。

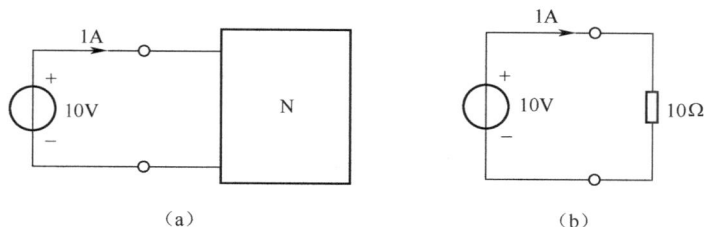

图 2.1.2　等效范围的说明

在电路中,电阻的连接形式是多种多样的,其中最简单和最常用的是串联和并联。

1. 电阻的串联

如果电路中有两个或更多个电阻依次相接,并且在这些电阻中通过同一电流,则这样的连接法就称为电阻的串联,图 2.1.3(a)所示为两个电阻串联的电路。

两个串联电阻可用一个等效电阻 R 来代替,如图 2.1.3(b)所示。等效条件是在同一电压 U 的作用下电流 I 保持不变。等效电阻等于各个串联电阻之和,即

$$R = R_1 + R_2 \qquad (2-1-1)$$

电路中的电流为

$$I = \frac{U}{R_1 + R_2}$$

每个电阻上的电压分别为

$$U_1 = R_1 I = \frac{U}{R_1 + R_2}R_1 = \frac{U}{R}R_1$$
$$(2-1-2)$$

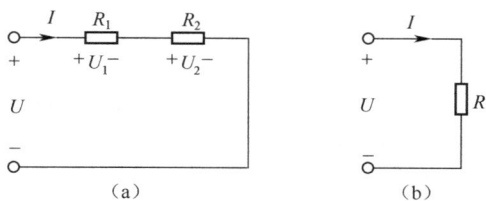

图 2.1.3　电阻的串联

$$U_2 = R_2 I = \frac{U}{R_1 + R_2}R_2 = \frac{U}{R}R_2$$
$$(2-1-3)$$

由式(2-1-2)和式(2-1-3)可见,串联电阻上电压的分配与电阻成正比,当其中某个电阻较其他电阻小很多时,在它两端的电压也较其他电阻上的电压低很多,因此,这个电阻的分压作用常可忽略不计。

电阻串联的应用很多,如在负载的额定电压低于电源电压的情况下,通常需要与负载串联一个电阻,以降低一部分电压。有时为了限制负载中通过过大的电流,也可以与负载串联一个限流电阻。如果需要调节电路中的电流,一般也可以在电路中串联一个变阻器来进行调节。另外,改变串联电阻的大小以得到不同的输出电压,这也是常见的。

【例 2.1.1】　图 2.1.3(a)电路中,已知 $R_1 = 40\Omega$,$R_2 = 60\Omega$,$U = 10\text{V}$。求各电阻上的分压。

解:等效电阻为

$$R = R_1 + R_2 = 40 + 60 = 100\Omega$$

电流为

$$I = \frac{U}{R} = \frac{10}{100} = 0.1\text{A}$$

R_1 的分压为

$$U_1 = R_1 I = 0.1 \times 40 = 4\text{V}$$

R_2 的分压为

$$U_2 = R_2 I = 0.1 \times 60 = 6\text{V}$$

【例 2.1.2】 图 2.1.3(a)电路中,已知 $R_1 = 1\text{M}\Omega$,$R_2 = 100\Omega$。用估算法求等效电阻 R。

解: 因为 $R_1 \gg R_2$,所以 $R \approx R_1 = 1\text{M}\Omega$。

当两个电阻串联,一个电阻的阻值远远大于(10 倍及以上)另一个电阻时,等效电阻可以约等于这个最大的电阻。

2. 电阻的并联

如果电路中有两个或更多个电阻连接在两个公共的节点之间,则这样的连接法就称为电阻的并联。图 2.1.4(a)所示为两个电阻并联的电路,两个并联电阻可用一个等效电阻 R 来代替。

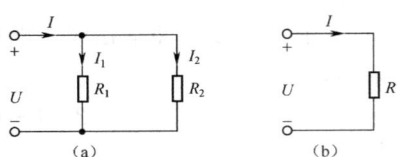

图 2.1.4 电阻的并联

等效电阻的倒数等于各并联电阻的倒数之和,即

$$\frac{1}{R} = \frac{1}{R_1} + \frac{1}{R_2} \qquad (2-1-4)$$

式(2-1-4)也可以写成

$$G = G_1 + G_2 \qquad (2-1-5)$$

式中,G 为电导,是电阻的倒数。在国际单位制中,电导的单位是西门子(S)。并联电阻用电导表示,在分析计算多支路并联电路时可以简便些。

电路中的电压为

$$U = RI = \frac{R_1 R_2}{R_1 + R_2} I$$

每个电阻上的电流为

$$I_1 = \frac{U}{R_1} = \frac{\frac{R_1 R_2}{R_1 + R_2} I}{R_1} = \frac{R_2}{R_1 + R_2} I \qquad (2-1-6)$$

$$I_2 = \frac{U}{R_2} = \frac{\frac{R_1 R_2}{R_1 + R_2} I}{R_2} = \frac{R_1}{R_1 + R_2} I \qquad (2-1-7)$$

由式(2-1-6)和式(2-1-7)可见,两个并联电阻上电流的分配与电阻成反比。当其中某个电阻比其他电阻大很多时,通过它的电流就较其他电阻上的电流小很多,因此,这个电阻的分流作用常可忽略不计。

一般负载都是并联运用的。负载并联运用时,它们处于同一电压之下,任何一个负载的工作情况基本上不受其他负载的影响。

并联的负载电阻愈多(负载增加),则总电阻愈小,电路中总电流和总功率也就愈大。但是每个负载的电流和功率却没有变动(严格地讲,基本上不变)。

有时为了某种需要,可将电路中的某一段与电阻或变阻器并联,以起分流或调节电流的作用。

【例 2.1.3】 图 2.1.4 电路中,已知 $R_1 = 30\Omega$,$R_2 = 60\Omega$,$I = 9\text{A}$。求等效电阻 R 和在

R_2 上的分流 I_2。

解：等效电阻为

$$R = \frac{R_1 R_2}{R_1 + R_2} = \frac{30 \times 60}{30 + 60} = 20\Omega$$

R_2 上的分流为

$$I_2 = \frac{I}{R_1 + R_2} R_1 = \frac{9}{30 + 60} \times 30 = 3\text{A}$$

【**例 2.1.4**】　图 2.1.4 电路中，已知 $R_1 = 1\text{M}\Omega$，$R_2 = 100\Omega$。用估算法求等效电阻 R。

解：因为 $R_2 \ll R_1$，所以 $R \approx R_2 = 100\Omega$。

当两个电阻并联，一个电阻的阻值远远小于另一个电阻时，等效电阻可以约等于该最小的电阻。

3. 电桥电路

在检测电路中常用到电桥电路，如图 2.1.5 所示。它有 4 个桥臂(R_1、R_2、R_3、R_4)，在 c、d 端加电源 U，则 a、b 两点电位为

$$V_a = \frac{U}{R_1 + R_2} R_2 , \quad V_b = \frac{U}{R_3 + R_4} R_4$$

当 a、b 两点等电位($V_a = V_b$)时，称为电桥平衡，则

$$\frac{R_2}{R_1 + R_2} = \frac{R_4}{R_3 + R_4}$$

即

$$\frac{R_1}{R_2} = \frac{R_3}{R_4}$$

或

$$R_1 R_4 = R_2 R_3$$

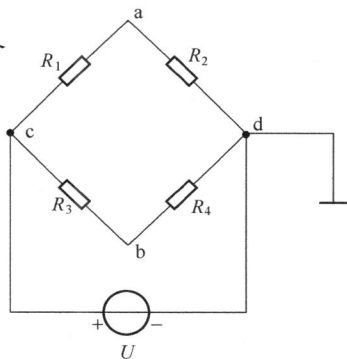

图 2.1.5　电桥电路

当有一个桥臂电阻值发生变化时，如 R_1 变化为 $R_1 + \Delta R$，则打破了电桥的平衡，a、b 端便有输出电压，即

$$U_{ab} = V_a - V_b = \frac{R_2}{R_1 + \Delta R + R_2} U - \frac{R_4}{R_3 + R_4} U = \frac{R_2}{R_1 + R_2 + \Delta R} U - \frac{R_2}{R_1 + R_2} U$$

设 $R = R_1 + R_2$，则

$$U_{ab} = \left(\frac{1}{R + \Delta R} - \frac{1}{R} \right) R_2 U = \frac{-\Delta R}{R(R + \Delta R)} R_2 U$$

当 $\Delta R \ll R$ 时，$R + \Delta R \approx R$，所以

$$U_{ab} = \frac{-R_2 U}{R^2} \Delta R \qquad (2-1-8)$$

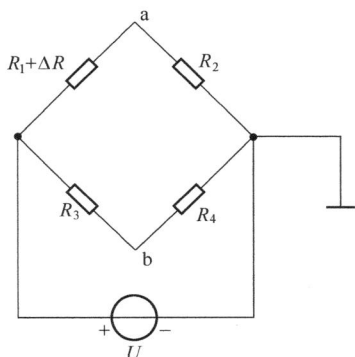

图 2.1.6　单臂工作电桥

输出电压与 ΔR 成正比，这个电压信号经放大后既可以送入仪表进行显示，也可以作为控制信号，这样的电桥称为单臂工作电桥，如图 2.1.6 所示。R_1 可以是电阻应变片，也可以是热电阻传感器或光敏电阻传感器等。为了提高电桥电路的灵敏度，也可以采用双臂工作电桥或全桥电路，如图 2.1.7 和 图 2.1.8 所示。

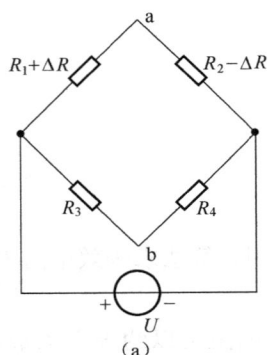

图 2.1.7　双臂工作电桥

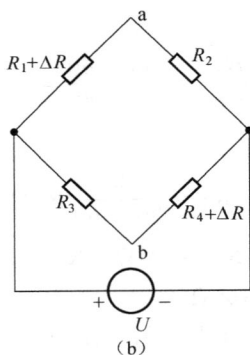

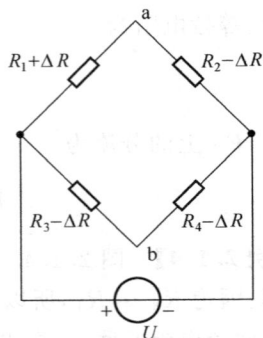

图 2.1.8　全桥电路

【**例 2.1.5**】　图 2.1.9 是电子秤电路的一部分,其中 $R_1=R_2=R_3=R_4=300\Omega$,电源电压 $U=5\text{V}$ 。

(1) 假设在秤盘上没有放重物,$\Delta R=0$,试证明此时电桥平衡,即 $V_a=V_b$,输出电压 $U_{ab}=0$ 。

(2) 如果在秤盘上放入 500g 重物,$\Delta R=5\Omega$ 。求电桥的输出电压 U_{ab} 。

(3) 如果秤盘上放入的重物是 1kg,$\Delta R=10\Omega$,输出电压是多少?

图 2.1.9　例 2.1.5 电路

解:设 d 点为参考点,如图 2.1.9 所示。

(1) $I_1=\dfrac{U}{R_1+R_2}=\dfrac{5}{300+300}=0.00833\text{A}$

$I_2=\dfrac{U}{R_3+R_4}=\dfrac{5}{300+300}=0.00833\text{A}$

$V_a=R_2I_1=300\times0.00833=2.5\text{V}$

$V_b=R_4I_2=300\times0.00833=2.5\text{V}$

$V_a=V_b=2.5\text{V}$,输出电压 $U_{ab}=0$,电桥平衡。

(2) 在秤盘上放入 500g 重物,$\Delta R=5\Omega$ 。电流为

$$I_1=\frac{U}{R_1+\Delta R+R_2}=\frac{5}{300+5+300}=0.008264462\text{A}$$

$$I_2=\frac{U}{R_3+R_4}=\frac{5}{300+300}=0.00833\text{A}(不变)$$

电位为

$$V_a=R_2I_1=300\times0.008264462=2.4793388\text{V}$$

$$V_b=R_4I_2=300\times0.00833=2.50\text{V}$$

输出电压为 $U_{ab}=V_a-V_b=2.4793388-2.50=-0.020662\text{V}$ 。

(3) 在秤盘上放入 1kg 重物,$\Delta R=10\Omega$ (I_1 变化, V_a 变化, V_b 不变)。

$$I_1=\frac{U}{R_1+\Delta R+R_2}=\frac{5}{300+10+300}=0.0081967\text{A}$$

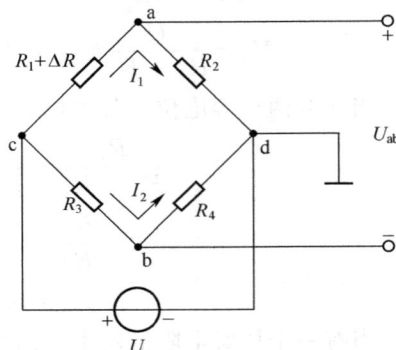

$$V_a = R_2 I_1 = 300 \times 0.0081967 = 2.459016 V$$

$$U_{ab} = V_a - V_b = 2.459016 - 2.50 = -0.040984 V$$

可见,重物增加 1 倍,输出电压(绝对值)增加 1 倍。

【**例 2.1.6**】 计算图 2.1.10 所示无源二端电阻网络 ab 的等效电阻。

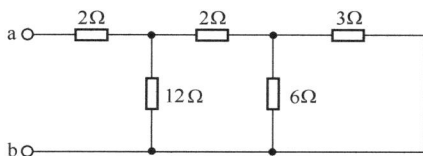

图 2.1.10 例 2.1.6 图

解:电路中 6Ω 电阻和 3Ω 是并联关系,这个并联部分的电路可以用一个电阻 R_1 来等效,其中

$$R_1 = 6 \ /\!/ \ 3 = \frac{6 \times 3}{6 + 3} = 2\Omega$$

将图 2.1.10 中 6Ω 并联 3Ω 的电路用其等效电阻 R_1 替代,等效电路如图 2.1.11(a)所示。

图 2.1.11(a)中,电阻 R_1 与其串联的 2Ω 电阻又可以等效成一个电阻 R_2,如图 2.1.11(b)所示,R_2 的大小为

$$R_2 = R_1 + 2 = 2 + 2 = 4\Omega$$

电阻 R_2 与 12Ω 电阻又是并联关系,这条并联支路又可以等效成一个电阻 R_3,如图 2.1.11(c)所示,R_3 的阻值为

$$R_3 = R_2 \ /\!/ \ 12 = 4 \ /\!/ \ 12 = \frac{4 \times 12}{4 + 12} = 3\Omega$$

电阻 R_3 与 2Ω 电阻是串联关系,所以端 ab 间的等效电阻为 5Ω,即

$$R_{ab} = R_3 + 2 = 3 + 2 = 5\Omega$$

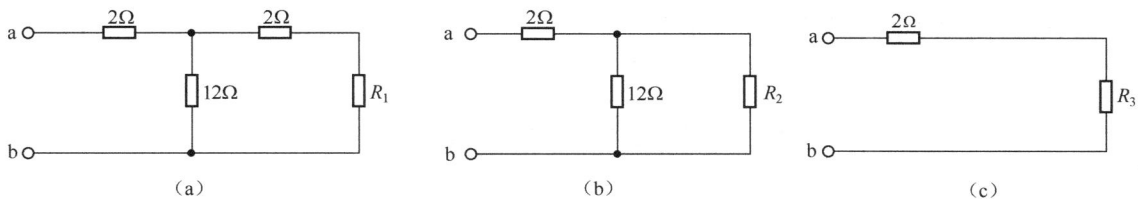

图 2.1.11 例 2.1.6 等效过程电路

【**例 2.1.7**】 用等效的方法计算图 2.1.12(a)所示电路中的电流 I、I_1、I_2 和电压 U。

解:24kΩ 与 8kΩ 电阻是并联关系,先将它等效成电阻 R_1,如图 2.1.12(b)所示,R_1 的大小为

$$R_1 = 24 \ /\!/ \ 8 = \frac{24 \times 8}{24 + 8} = 6k\Omega$$

从电压源端看,R_1 与 12kΩ 电阻串联,等效电阻为

$$R = R_1 + 12k\Omega = 18k\Omega$$

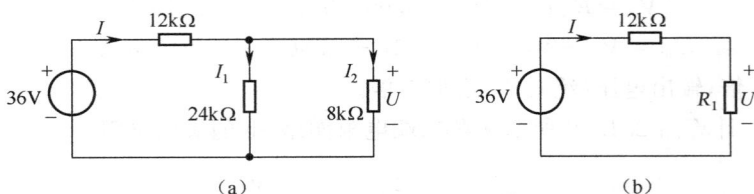

图 2.1.12　例 2.1.7 图

根据欧姆定律

$$I = \frac{36\text{V}}{18\text{k}\Omega} = 2\text{mA}$$

由分流定律

$$I_1 = \frac{8}{24+8} \times 2 = 0.5\text{mA}$$

$$I_2 = \frac{24}{24+8} \times 2 = 1.5\text{mA}$$

再根据欧姆定律

$$U = 8\text{k}\Omega \times I_2 = 8\text{k}\Omega \times 1.5\text{mA} = 12\text{V}$$

当然,分析电路的思路往往不止一条。本题也可以根据图 2.1.12(b)用分压定律先求出 U

$$U = \frac{6}{6+12} \times 36\text{V} = 12\text{V}$$

回到图 2.1.12(a),再由欧姆定律计算 I_1、I_2

$$I_1 = \frac{12\text{V}}{24\text{k}\Omega} = 0.5\text{mA}$$

$$I_2 = \frac{12\text{V}}{8\text{k}\Omega} = 1.5\text{mA}$$

最后,根据节点的基尔霍夫电流定律求电流 I

$$I = I_1 + I_2 = 2\text{mA}$$

2.2　电源两种模型的等效变换

在第 1 章已经研究过电源的两种模型,现在把这两种模型及外特性曲线放在一起,如图 2.2.1 所示。可以发现两个外特性曲线有相似之处,它们都是 $U-I$ 平面上的斜直线。不难看出,如果两个电源的开路点 A 坐标相同,短路点 B 坐标也相同,则两条曲线就是完全相同的。在这种条件下它们的外特性是相同的,接于相同的外电路所输出的 U、I 也相同,即两个电源就是等效的。因此,电源两种模型的等效条件为

$$E = I_\text{S}R_0 \quad \text{或} \quad \frac{E}{R_0} = I_\text{S} \tag{2-2-1}$$

由于外特性曲线的斜率是由电源内电阻 R_0 决定的,外特性相同的两个电源内电阻 R_0 必定相同,因此电源的两种模型的等效变换条件如图 2.2.2 所示。

但是理想电压源和理想电流源之间没有等效的关系。因为对理想电压源（$R_0=0$）而言，其短路电流 I_S 为无穷大；对理想电流源（$R_0=\infty$）而言，其开路电压 U_0 为无穷大，都不能得到有限的数值，故两者之间不存在等效变换的条件。

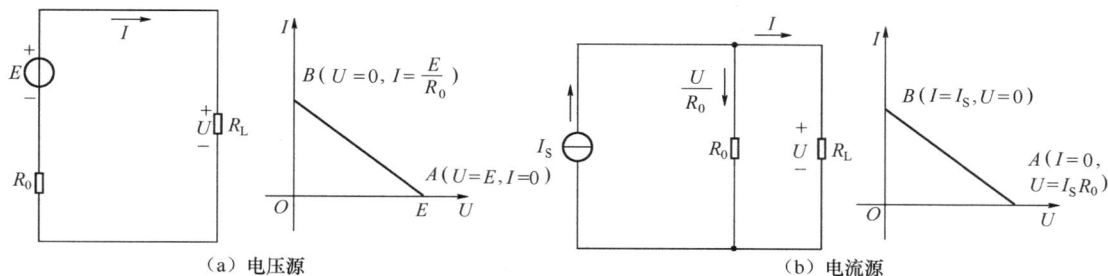

图 2.2.1　电源的两种模型及外特性曲线

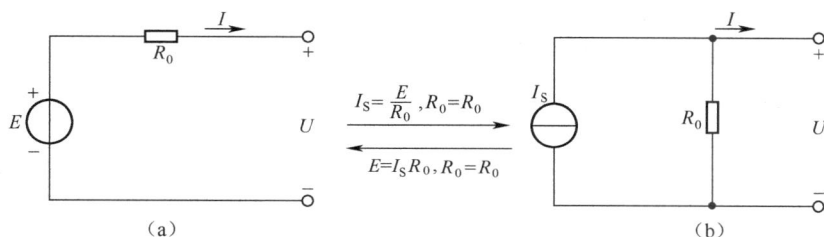

图 2.2.2　电源两种模型的等效变换条件

【例 2.2.1】　（1）在图 2.2.1(a)所示的电压源模型中，已知 $E=10\text{V}$，$R_0=1\Omega$，$R_L=9\Omega$。求电流 I。（2）如果把电压源转换成电流源如图 2.2.1(b)所示，再求电流 I，并对这两个结果进行比较。（3）两个等效电源的输出相同时，内电阻上的功率损耗各是多少？

解：（1）电压源电路

$$I=\frac{E}{R_0+R_L}=\frac{10}{1+9}=1\text{A}$$

（2）等效电流源

$$I_S=\frac{E}{R}=\frac{10}{1}=10\text{A},R_0=1\Omega$$

$$I=\frac{I_S}{R_0+R_L}R_0=\frac{10}{1+9}\times1=1\text{A}$$

可见所得结果相同，说明 $E=10\text{V}$，$R_0=1\Omega$ 的电压源和 $I_S=10\text{A}$，$R_0=1\Omega$ 的电流源是等效的。

（3）电压源内电阻吸收的功率 $P=R_0I^2=1\times1^2=1\text{W}$。

电流源内电阻吸收的功率 $P=R_0(I_S-I)^2=1\times(10-1)^2=81\text{W}$。

可见，两个电源等效只是说它们对相同的外电路作用效果相同，而它们的内部是不同的。

由于电压源和电流源的模型可以等效变换，这给电路分析带来很大方便，其主要思路：如果需求某一条支路的电流，可先把该支路以外的含源网络化简，最后只对简单电路进行分析计算即可。化简电路有一定的规律和方法：将各并联支路化简为电流源再合并，各串联支路化简为电压源再合并，进而可以简化分析。

【例 2.2.2】 已知图 2.2.3 电路中的各参数,应用电源等效变换求 R_L 上的电流 I_L 。

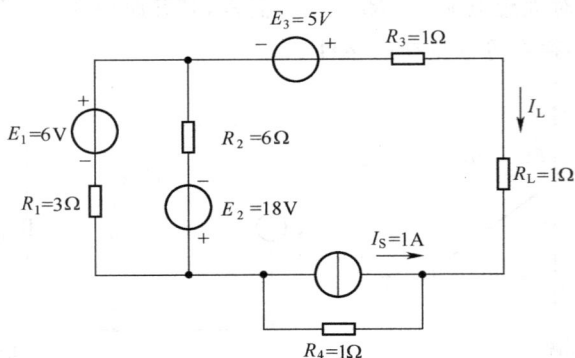

图 2.2.3 例 2.2.2 的电路

解:思路:把 R_L 以外的含源网络划分为三个部分,这三部分是串联关系。其中左侧部分两条支路是并联关系。首先把并联部分化为两个电流源进行合并,然后把三部分都化成电压源再次合并,最后成为简单电路再求 I_L ,解题步骤如图 2.2.4 所示。

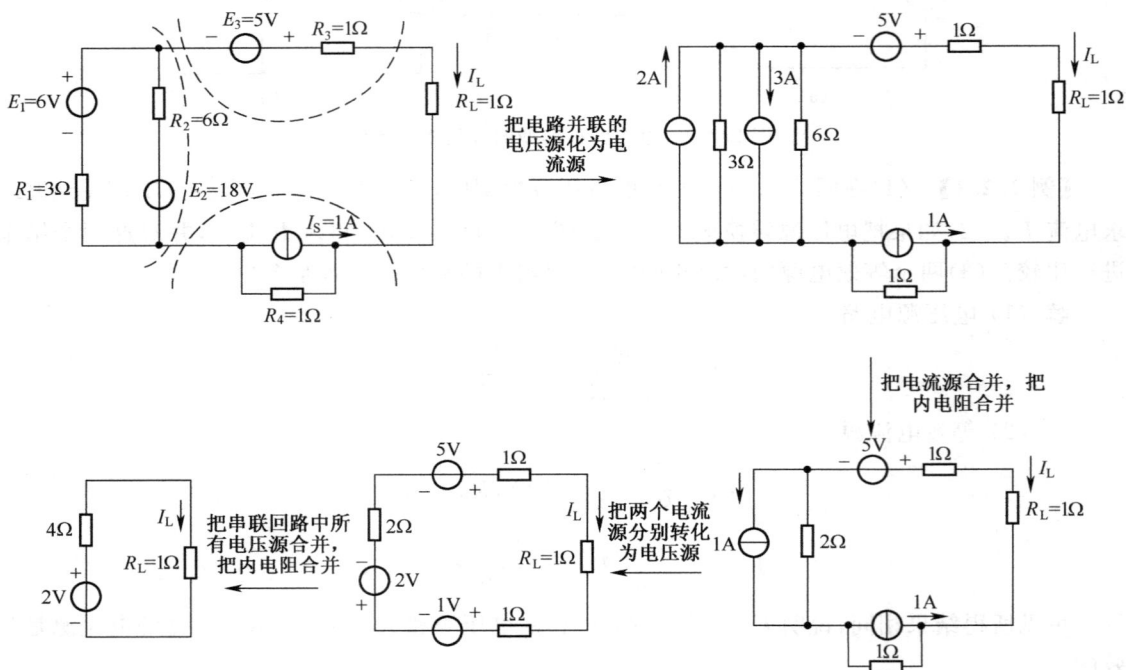

图 2.2.4 例 2.2.2 的解题步骤和方法

根据变换后的简单回路求得

$$I_L = \frac{E_0}{R_0 + R_L} = \frac{2}{4+1} = 0.4\text{A}$$

应用电源等效变换求解电路应该注意以下几点:

(1)并联的各有源支路应该先化为电流源再合并。

(2)串联的各有源支路应该先化为电压源再合并。

（3）各部分之间的串并联关系不要搞错。

（4）特别要注意方向，电压源转换为电流源时，正极性一端对应等效电流源流出电流一端；电流源转换为电压源时，流出电流一端对应等效电压源的正极。

【例 2.2.3】　化简图 2.2.5 所示的有源二端网络。

解：先分析电路结构，然后找到电源模型，再由里向外逐步等效，如图 2.2.6 所示。

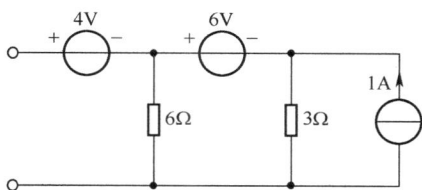

图 2.2.5　例 2.2.3 电路

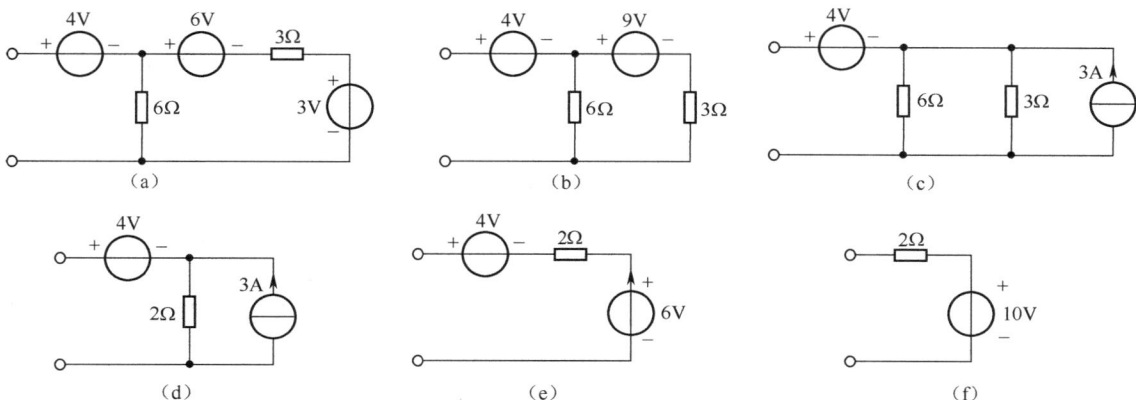

图 2.2.6　用电源模型等效变换的方法化简有源二端网络的过程

（1）将 3Ω 电阻与 1A 电流源构成的电流源模型等效成电压源模型，如图 2.2.6(a) 所示。电压源模型中电压源的电压为 3Ω×1A＝3V，模型中的电阻阻值为 3Ω。

（2）将图 2.2.6(a) 中 6V 和 3V 串联的电压源等效成一个 9V 电压源，如图 2.2.6(b) 所示。

（3）将图 2.2.6(b) 中 9V 电压源与 3Ω 电阻构成的电压源模型等效成电流源模型，如图 2.2.6(c) 所示。其中，电流源模型中的电流源的电流为 9V/3Ω＝3A，模型中的电阻阻值为 3Ω。

（4）将图 2.2.6(c) 中 6Ω 并联 3Ω 的两个电阻等效成一个 2Ω 的电阻，如图 2.2.6(d) 所示。

（5）将图 2.2.6(d) 中 2Ω 电阻并联 3A 的电流源模型等效成电压源模型，如图 2.2.6(e) 所示。其中，电压源的电压为 2Ω×3A＝6V，与之串联的电阻阻值为 2Ω。

（6）将图 2.2.6(e) 中两个串联的电压源等效成一个电压源，电压源的电压为 6＋4＝10V。最后得到如图 2.2.6(f) 所示的最简等效电路。

【例 2.2.4】　利用电源模型等效变换的方法求图 2.2.7 中电流 I。

解：将 7Ω 电阻看成负载，负载两端向左侧看过去是有源二端网络，通过电源模型的等效变换可以将其化到最简。过程如下：

（1）将图 2.2.7 中 6V 电压源串联 2Ω 电阻支路等效为电流源模型，如图 2.2.8(a) 所示，电流源的电流为 6V/2Ω＝3A，电阻为 2Ω。

（2）将图 2.2.8(a) 中 6A 电流源并联 3A 电流源等效成一个 9A 电流源，将 2Ω 电阻并联 2Ω 电阻等效成一个 1Ω 电阻，如图 2.2.8(b) 所示。

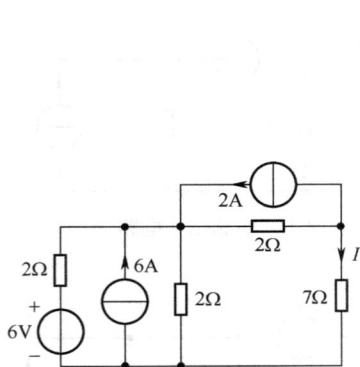

图 2.2.7 例 2.2.4 电路

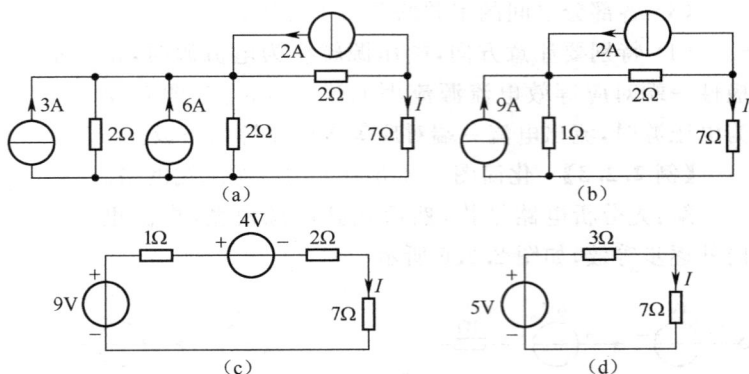

图 2.2.8 电路的等效过程

(3) 将图 2.2.8(b)中 9A 电流源并联 1Ω 电阻构成的电流源模型等效成电压源模型,电压源的电压是 $1Ω × 9A = 9V$,串联的电阻为 1Ω;将 2A 电流源与 2Ω 电阻并联构成的电流源模型也等效成电压源模型,其中电压源的电压为 $2Ω × 2A = 4V$,串联的电阻为 2Ω,如图 2.2.8(c)所示。

(4) 将图 2.2.8(c)中 9V 电压源反向串联 4V 电压源等效成一个 5V 电压源,1Ω 电阻串联 2Ω 电阻等效成一个 3Ω 电阻,该电路被简化为图 2.2.8(d)所示电路。

根据欧姆定律

$$I = \frac{5}{3+7} = 0.5A$$

部分有源支路的化简等效规律如图 2.2.9 所示。

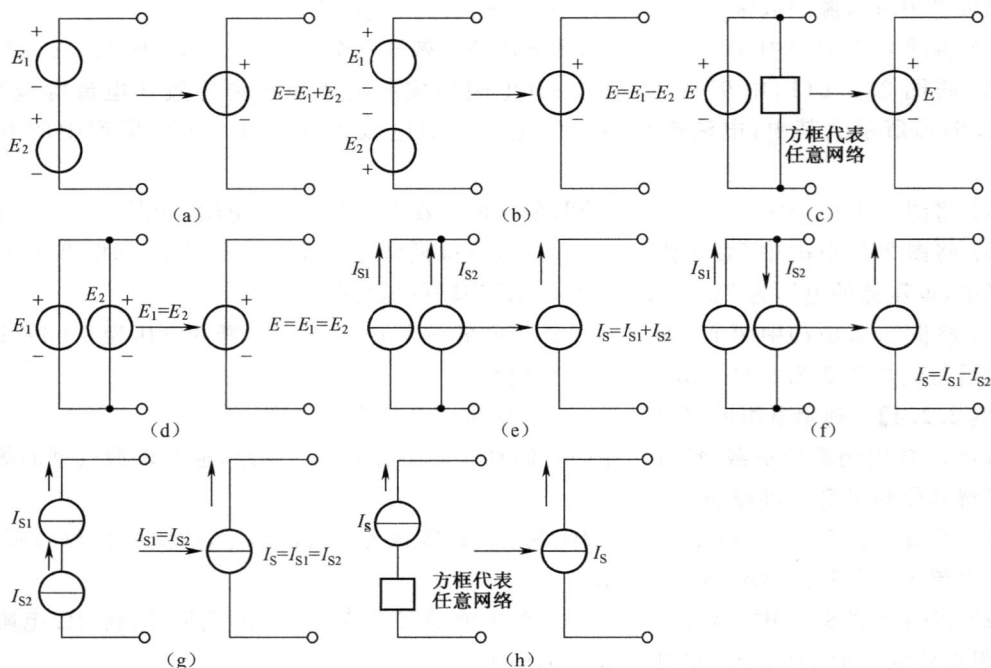

图 2.2.9 部分有源支路的化简等效规律

2.3　支路电流法

支路电流法是基本的电路分析方法,支路电流法是以电路中各支路电流为独立变量,应用基尔霍夫电压定律和基尔霍夫电流定律以及元件的 VCR 列出电路的方程组求解独立变量的方法。应用支路电流法分析计算电路的一般步骤为:

(1) 选择各支路电流的参考方向。

(2) 选定 $n-1$ 个独立节点,列写其基尔霍夫电流定律方程。

(3) 选定 $b-(n-1)$ 个网孔回路,标出回路的绕行方向,列写基尔霍夫电压定律方程。

(4) 联立求解上述方程,得到 b 个支路电流。

(5) 求解其他待求量。

【例 2.3.1】　应用支路电流法列写图 2.3.1(a)所示电路的方程。

解:首先选择各支路电流的参考方向、网孔回路及绕行方向如图 2.3.1(b)所示,列出节点 a、b、c 的基尔霍夫电流定律方程

$$-i_1 + i_2 + i_6 = 0$$
$$-i_2 + i_3 + i_4 = 0$$
$$-i_5 + i_6 + i_4 = 0$$

根据基尔霍夫电压定律,对网孔回路 1、2、3 列写电压方程

$$R_1 i_1 + R_2 i_2 + R_3 i_3 = -u_{S3}$$
$$-R_3 i_3 + R_4 i_4 + R_5 i_5 = u_{S3}$$
$$-R_2 i_2 - R_4 i_4 + R_6 i_6 = u_{S6}$$

联立求解 6 个方程即可得到各支路电流。

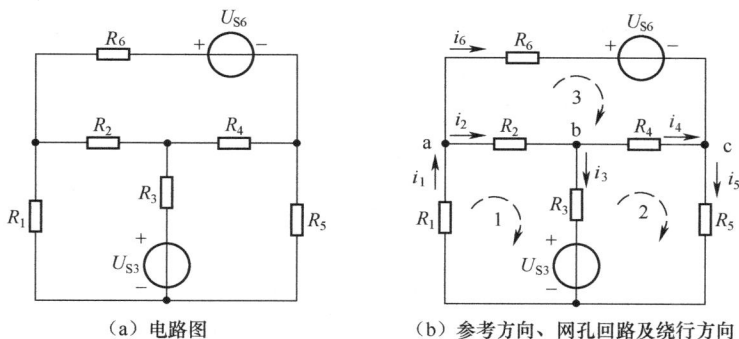

(a) 电路图　　　　　　　(b) 参考方向、网孔回路及绕行方向

图 2.3.1　例 2.3.1 图

从例 2.3.1 可见,应用支路电流法求解 6 个支路电流,需要解 6 个联立方程,当电路的支路数比较多、结构比较复杂时,意味着所列写的六元一次方程组的求解过程很烦琐,计算量很大,这就是支路电流法的缺点。

【例 2.3.2】　图 2.3.2 所示的桥式电路中,设 $E = 12\text{V}$,$R_1 = R_2 = 5\Omega$,$R_3 = 10\Omega$,$R_4 = 5\Omega$。中间支路是一个检流计,其电阻 $R_G = 10\Omega$。试求检流计中的电流 I_G。

解:这个电路的支路数 $b=6$,节点数 $n=4$。因此应用基尔霍夫定律列出下列 6 个方程

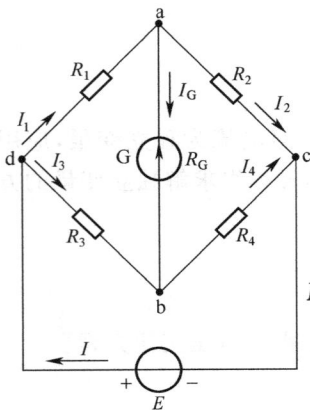

图 2.3.2   例 2.3.2 的电路

对节点 a $I_1 - I_2 - I_G = 0$

对节点 b $I_3 - I_4 + I_G = 0$

对节点 c $I_2 + I_4 - I = 0$

对回路 abda $R_1 I_1 + R_G I_G - R_3 I_3 = 0$

对回路 acba $R_2 I_2 - R_G I_G - R_4 I_4 = 0$

对回路 dbcd $R_3 I_3 + R_4 I_4 = E$

解得

$$I_G = \frac{E(R_2 R_3 - R_1 R_4)}{R_G(R_1 + R_2)(R_3 + R_4) + R_1 R_2(R_3 + R_4) + R_3 R_4(R_1 + R_2)}$$

将已知条件代入,得

$$I_G = 0.126 \text{A}$$

当 $R_2 R_3 = R_1 R_4$ 时,$I_G = 0$,这时电桥平衡。

2.4   节点电压法

前面用支路电流作为基本变量对电路进行分析。但是,当电路中的支路数较多时,应用支路电流法需要列的方程数目多、计算量大。节点电压法正是基于这种需要提出来的。

节点电压法的基本方法是:选择电路中的某一节点为参考节点,令其电位为零,其余节点到该参考节点之间的电压称为节点电压,在 n 个节点的电路中有 $(n-1)$ 个节点电压。以 $(n-1)$ 个节点电压为独立变量,按照基尔霍夫电流定律列写方程并求解电路的方法称为节点电压法。

图 2.4.1 所示电路有 3 个节点,如果以节点③作为参考节点,则节点①、②对参考节点③的电压称为节点电压,分别用 u_{n1}、u_{n2} 表示,则各支路电压可以用节点电压表示为

$$u_1 = u_{n1}, \quad u_2 = u_{n2}, \quad u_3 = u_{n1} - u_{n2}$$

对于 G_1、G_2、G_3 组成的回路则有

$$u_1 - u_2 - u_3 = u_{n1} - u_{n2} - (u_{n1} - u_{n2}) = 0$$

上式说明,沿着任一回路以节点电压表示的各支路电压的代数和恒等于零,即节点电压自动满足基尔霍夫电压定律。

可见,节点电压是一组独立变量,对于具有 n 个节点的电路,每个独立节点对应一个独立的基尔霍夫电流定律方程,独立方程数为 $(n-1)$。与支路电流法相比,方程数目减少了 $b-(n-1)$。

对于图 2.4.1 所示电路,对节点①、②分别列基尔霍夫电流定律方程

$$i_1 + i_3 - i_{S1} - i_{S3} = 0$$
$$i_2 - i_3 - i_{S2} + i_{S3} = 0$$

根据欧姆定律,支路电流与节点电压的关系为

$$i_1 = G_1 u_{n1}$$
$$i_2 = G_2 u_{n2}$$
$$i_3 = G_3(u_{n1} - u_{n2})$$

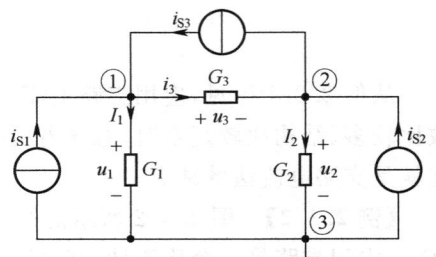

图 2.4.1   节点电压法

整理得到该电路节点电压方程为

$$(G_1 + G_3)u_{n1} - G_3 u_{n2} = i_{S1} + i_{S3}$$
$$-G_3 u_{n1} + (G_2 + G_3)u_{n2} = i_{S2} - i_{S3}$$

【例 2.4.1】　求图 2.4.2 所示电路的节点电压 U。

解：各支路的电流可应用基尔霍夫电压定律或欧姆定律得出，即

$$U = E_1 - R_1 I_1 \ , \ I_1 = \frac{E_1 - U}{R_1}$$

$$U = E_2 - R_2 I_2 \ , \ I_2 = \frac{E_2 - U}{R_2}$$

$$U = E_3 + R_3 I_3 \ , \ I_3 = \frac{-E_3 + U}{R_3}$$

$$U = R_4 I_4 \ , \ I_4 = \frac{U}{R_4}$$

计算节点电压可应用基尔霍夫电流定律得出，即

$$I_1 + I_2 - I_3 - I_4 = 0$$

将 I_1、I_2、I_3、I_4 代入上式得

$$\frac{E_1 - U}{R_1} + \frac{E_2 - U}{R_2} - \frac{-E_3 + U}{R_3} - \frac{U}{R_4} = 0$$

经整理后得到

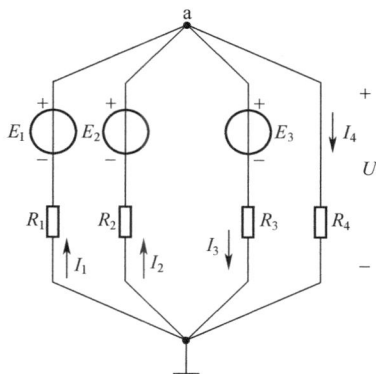

图 2.4.2　例 2.4.1 图

$$U = \frac{\dfrac{E_1}{R_1} + \dfrac{E_2}{R_2} + \dfrac{E_3}{R_3}}{\dfrac{1}{R_1} + \dfrac{1}{R_2} + \dfrac{1}{R_3} + \dfrac{1}{R_4}}$$

在上式中，分母的各项总为正；分子的各项可以为正，也可以为负。当电动势和节点电压的参考方向相反时取正号，相同时则取负号，而与各支路电流的参考方向无关。

2.5　叠 加 定 理

叠加定理是线性电路中的重要定理，在线性电路分析计算中起着重要作用。叠加定理适用于多个独立电源共同作用的线性电路中，以图 2.5.1(a)所示电路为例，电路中有两个独立电源，利用节点电压法列写方程，有

$$\left(\frac{1}{2} + \frac{1}{2} \right) u_{n1} = \frac{u_S}{2} + i_S$$

解得

$$u_{n1} = \frac{1}{2} u_S + i_S$$

则支路电压 u_{10} 和支路电流 i_1、i_2 分别为

$$u_{10} = \frac{1}{2} u_S + i_S$$

$$i_1 = \frac{1}{4} u_S - \frac{1}{2} i_S$$

$$i_2 = \frac{1}{4}u_S + \frac{1}{2}i_S$$

可见,在具有两个独立电源的电路中,支路电压和支路电流均由两部分组成:一部分与电压源成正比;另一部分与电流源成正比,即电压、电流响应等于每一个独立电源单独作用于电路时所产生响应的叠加。

将图 2.5.1(a)所示电路分解为图 2.5.1(b)和(c)所示电路。

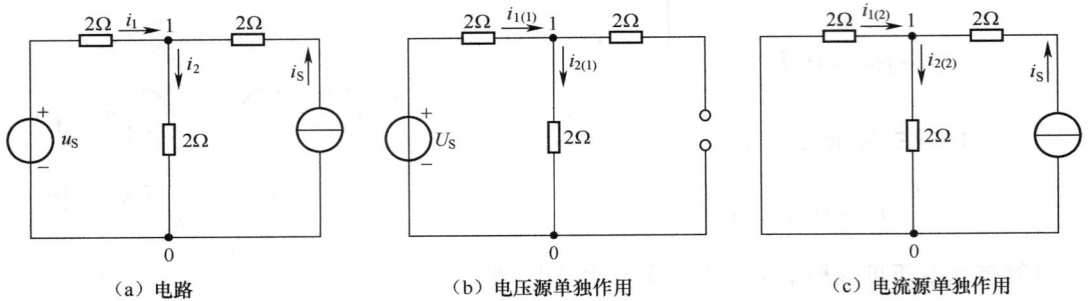

| (a) 电路 | (b) 电压源单独作用 | (c) 电流源单独作用 |

图 2.5.1　叠加定理

图 2.5.1(b)所示电路中,电压源单独作用,电流源不作用(即电流源电流为零,电流源开路),则支路电压和支路电流分别为

$$i_{1(1)} = i_{2(1)} = \frac{u_S}{2+2} = \frac{u_S}{4}$$

$$u_{10(1)} = 2i_{2(1)} = \frac{u_S}{2}$$

图 2.5.1(c)所示电路中,电流源单独作用,电压源不作用(即电压源电压为零,电压源短路),则支路电压和支路电流分别为

$$i_{1(2)} = -i_{2(2)} = -\frac{1}{2}i_S$$

$$u_{10(2)} = 2i_{2(2)} = i_S$$

由此可见,图 2.5.1(a)所示电路中支路电压、电流与图 2.5.1(b)和(c)所示电路中各支路电压、电流的关系为

$$i_1 = i_{1(1)} + i_{1(2)}$$
$$i_2 = i_{2(1)} + i_{2(2)}$$
$$u_{10} = u_{10(1)} + u_{10(2)}$$

这个特例具有普遍意义。

叠加定理:在多个电源共同作用的线性电路中,任一支路的电压、电流响应等于电路中每个独立源单独作用于电路产生的响应的代数和。每一个电源单独作用是指其他独立源置零(电压源短路,电流源开路)。需要注意的是:叠加时各分电路中的电压和电流的参考方向可以取为与原电路中的相同或相反。取代数和时,应注意各分量前的＋、－号。原电路的功率不等于按各分电路计算所得功率的叠加,这是因为功率是电压和电流的乘积,与激励不成线性关系。

【例 2.5.1】 图 2.5.2(a)所示电路,已知 $R_1 = 20\Omega$, $R_2 = 5\Omega$, $R_3 = 6\Omega$, $E_1 = 140V$, $E_2 = 90V$ 。应用叠加定理求各支路电流。

解:绘出每个电源单独作用时的电路,如图 2.5.2(b)和(c)所示。

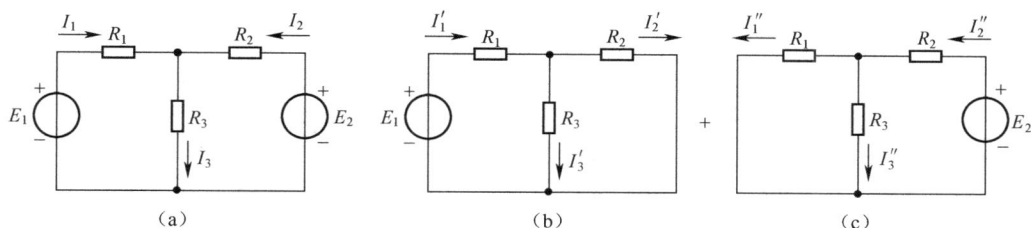

图 2.5.2　例 2.5.1 图

由图 2.5.2(b)得

$$I'_1 = \cfrac{E_1}{R_1 + \cfrac{R_2 R_3}{R_2 + R_3}} = \cfrac{140}{20 + \cfrac{5 \times 6}{5 + 6}} = 6.16\text{A}$$

$$I'_2 = \frac{I'_1}{R_2 + R_3} R_3 = \frac{6.16}{5 + 6} \times 6 = 3.36\text{A}$$

$$I'_3 = I'_1 - I'_2 = 6.16 - 3.36 = 2.80\text{A}$$

由图 2.5.2(c)得

$$I''_2 = \cfrac{E_2}{R_2 + \cfrac{R_1 R_3}{R_1 + R_3}} = \cfrac{90}{5 + \cfrac{20 \times 6}{20 + 6}} = 9.36\text{A}$$

$$I''_1 = \frac{I''_2}{R_1 + R_3} R_3 = \frac{9.36}{20 + 6} \times 6 = 2.16\text{A}$$

$$I''_3 = I''_2 - I''_1 = 9.36 - 2.16 = 7.20\text{A}$$

由图 2.5.2(a)叠加　　$I_1 = I''_1 - I''_1 = 6.16 - 2.16 = 4\text{A}$

$$I_2 = -I'_2 + I''_2 = -3.36 + 9.36 = 6\text{A}$$

$$I_3 = I'_3 + I''_3 = 2.80 + 7.20 = 10\text{A}$$

由此可知,应用叠加定理求解电路的方法和步骤如下:

(1) 首先在给出的电路图上标出各电压、电流的参考方向。

(2) 画出各电源单独作用于该电路的分电路图,并标出各电压、电流的参考方向。不作用的电源应置零(不作用的电压源用短路线代替,不作用的电流源应该开路)。

(3) 求分电路中各支路电压或电流。

(4) 叠加。如果分电路上某支路的电压、电流方向与原电路上该支路的电压、电流方向相同,则该电压或电流取正号,否则为负号。

【例 2.5.2】　用叠加定理求如图 2.5.3(a)所示的电桥电路的各支路电流。

解:将电路分解为单一电源作用的两个电路,如图 2.5.3(b)和(c)所示。

由图 2.5.3(b)得

$$I'_1 = I'_2 = \frac{E}{R_1 + R_2} = \frac{18}{3 + 6} = 2\text{A}$$

$$I_3' = I'_4 = \frac{E}{R_3 + R_4} = \frac{18}{2 + 4} = 3\text{A}$$

$$I'_5 = I'_1 + I'_3 = 2 + 3 = 5\text{A}$$

由图 2.5.3(c)可知,因为 $R_1 R_4 = R_2 R_3$,所以电桥平衡,$I''_5 = 0$。

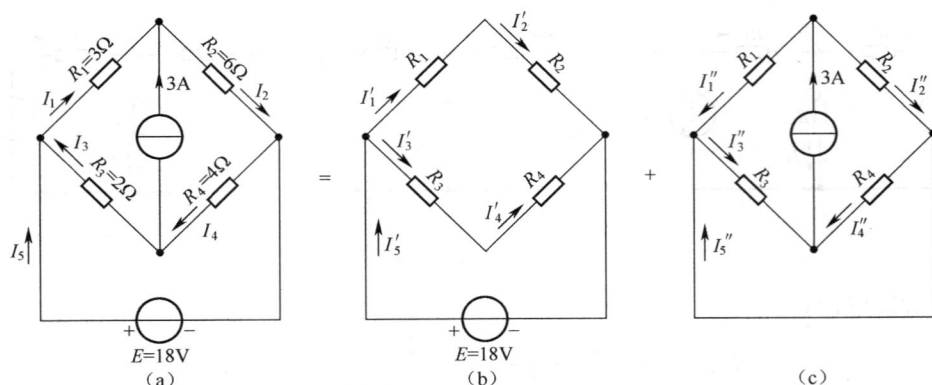

图 2.5.3　例 2.5.2 图

$$I_1'' = I_3'' = \frac{I}{(R_1 + R_3) + (R_2 + R_4)}(R_2 + R_4) = \frac{3}{(3+2) + (6+4)}(6+4) = 2\text{A}$$

$$I_2'' = I_4'' = I - I_1'' = 3 - 2 = 1\text{A}$$

叠加得

$$I_1 = I_1' - I_1'' = 0\text{A}，I_2 = I_2' + I_2'' = 2 + 1 = 3\text{A}$$

$$I_3 = -I_3' - I_3'' = -3 - 2 = -5\text{A}，I_4 = I_4'' - I_4' = 1 - 3 = -2\text{A}$$

$$I_5 = I_5' + I_5'' = 5 + 0 = 5\text{A}$$

2.6　等效电源定理

　　在某些实际问题中，如果只需计算电路中某一支路的电压和电流，则无需顾及其他支路的电压和电流，只需求出待求支路以外的有源二端线性网络的等效电路即可。这个等效电路有两种模型，一种是实际电压源模型，一种是实际电流源模型。这两种模型统称为等效电源模型，又称为等效电源定理。将有源二端线性网络等效为实际电压源模型，称为戴维南定理；将有源二端线性网络等效为实际电流源模型，称为诺顿定理。可见，等效电源定理可分为戴维南定理和诺顿定理，下面分别加以介绍。

1. 戴维南定理

　　戴维南定理是有源二端线性网络的串联型等效电路定理，有源二端线性网络是指含有独立电源的二端线性网络。定理的内容：任何一个有源二端线性网络就其外部性能而言，可以用一个实际电压源（理想电压源与电阻的串联组合）等效代替；电压源的电压等于原有源二端线性网络的开路电压；电压源的内阻等于原有源二端线性网络除源后的无源二端线性网络的等效电阻。

　　应用戴维南定理的关键在于正确求出有源二端线性网络的开路电压和等效电阻。开路电压是指外电路（负载）断开后两端的电压 u_{oc}。等效电阻是指将原有源二端线性网络除源变为无源二端线性网络后（独立电压源短路，独立电流源开路）的入端电阻 R_{eq}。戴维南定理的应用过程通过图 2.6.1 说明。图 2.6.1(b)所示为计算开路电压的电路，图 2.6.1(c)所示为计算等效电阻的电路，图 2.6.1(d)所示为最后得到的戴维南定理等效电路。其中，N_S 为有源二端线性网络,N₀ 为有源二端线性网络除源后的无源二端线性网络。

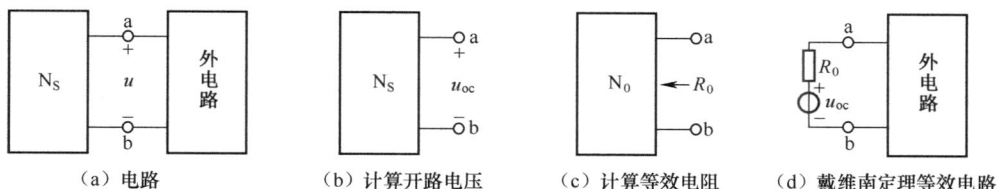

（a）电路　　　　（b）计算开路电压　　　（c）计算等效电阻　　　（d）戴维南定理等效电路

图 2.6.1　戴维南定理的应用过程

【例 2.6.1】　应用戴维南定理计算图 2.6.2(a)所示电路中的电流 i 。

解：首先求开路电压 u_{oc} ，如图 2.6.2(b)所示。即

$$u_{oc} = u_S + R_1 i_S = 10 + 2 \times 5 = 20\text{V}$$

再求戴维南等效电阻,将独立源置零(独立电压源短路,独立电流源开路),如图 2.6.2(c)所示。

$$R_{eq} = R_1 + \frac{R_4(R_3 + R_5)}{R_3 + R_4 + R_5} = 2 + 1 = 3\Omega$$

戴维南等效电路如图 2.6.2(d)所示。

$$i = \frac{20}{3+1} = 5\text{A}$$

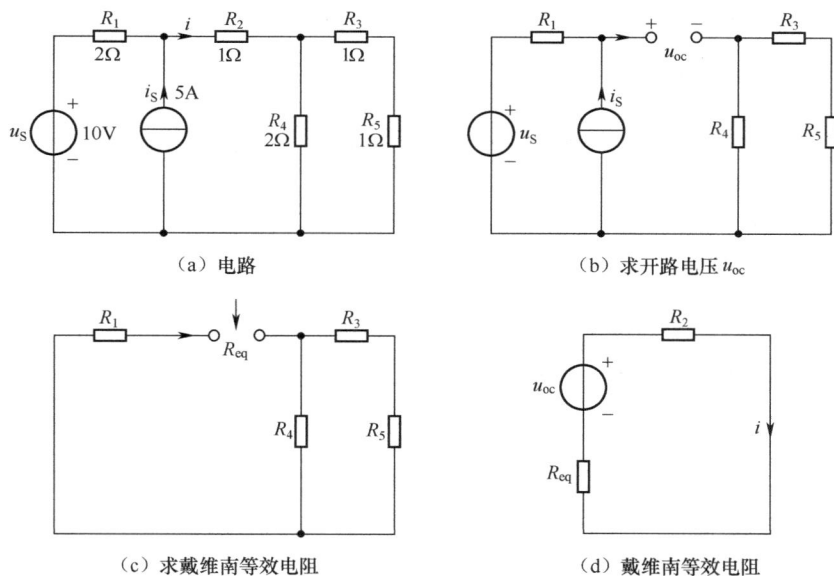

（a）电路　　　　　　　　　（b）求开路电压 u_{oc}

（c）求戴维南等效电阻　　　　（d）戴维南等效电阻

图 2.6.2　例 2.6.1 图

综上所述,应用戴维南定理求解电路的方法和步骤如下：

(1) 断开待求支路,求有源二端线性网络的开路电压 u_{oc} 。

(2) 将有源二端线性网络内电源置零(独立电压源短路,独立电流源开路),求所得无源二端线性网络的等效电阻 R_{eq} 。

(3) 作戴维南等效电路,接入待求支路,求该支路的电流或电压。

2. 诺顿定理

既然实际电压源和实际电流源之间可以进行等效转换,那么有源二端线性网络也可以用实际电流源(电导和理想电流源的并联组合)等效,即诺顿定理。诺顿定理是有源二端线性网络的并联型等效电路定理。诺顿定理:任何一个有源二端线性网络就其外部性能而言,可以用一个实际电流源(电导和理想电流源的并联组合)等效代替,电流源的电流等于原有源二端线性网络的短路电流,电流源的内电导(电阻)等于原有源二端线性网络除源后的无源二端线性网络的等效电导(电阻)。应用诺顿定理的关键在于,正确求出有源二端线性网络的短路电流和等效电导(电阻)。短路电流是指外电路(负载)短路后两端的短路电流 i_{SC},等效电导(电阻)是指将原有源二端线性网络除源变为无源二端线性网络后(独立电压源短路,独立电流源开路)的入端电导 G_{eq}(电阻 R_{eq})。诺顿定理的应用过程通过图 2.6.3 说明:图 2.6.3(b)所示为计算短路电流的电路;图 2.6.3(c)所示为计算等效电导(电阻)的电路;图 2.6.3(d)所示为最后得到的诺顿等效电路。

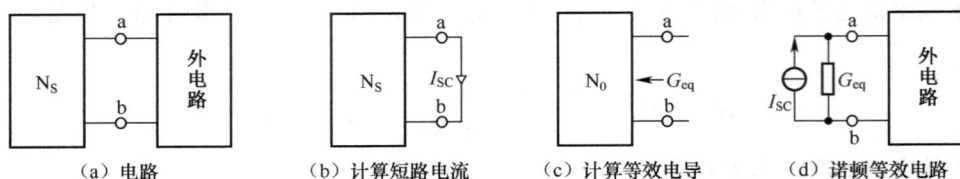

（a）电路　　　　（b）计算短路电流　　　　（c）计算等效电导　　　　（d）诺顿等效电路

图 2.6.3　诺顿定理应用过程

【例 2.6.2】 应用诺顿定理计算图 2.6.4(a)所示电路中的电流 I。

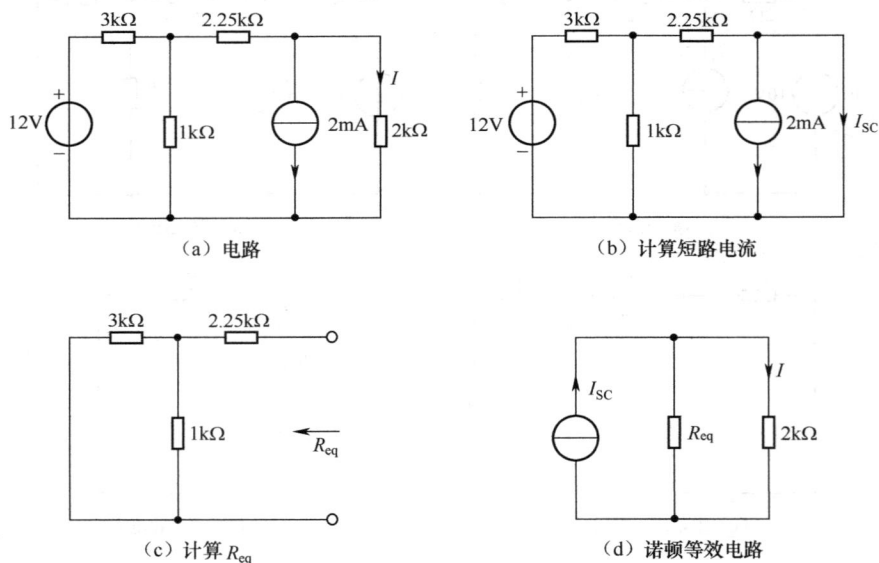

（a）电路　　　　　　　　　　　（b）计算短路电流

（c）计算 R_{eq}　　　　　　　　　　　（d）诺顿等效电路

图 2.6.4　例 2.6.2 图

解:首先求短路电流 I_{SC},将 2kΩ 电阻短路如图 2.6.4(b)所示。经电源等效变换可求得

$$I_{SC} = -1\text{mA}$$

再求诺顿等效电阻,如图 2.6.4(c)所示。可求得

$$R_{eq} = 2.25 + \frac{3 \times 1}{3 + 1} = 3 \text{k}\Omega$$

最后得到诺顿等效电路如图 2.6.4(d)所示,得出电流为

$$I = (-1) \times \frac{3}{3 + 2} = -0.6 \text{mA}$$

3. 最大功率传输

在电子技术中,常常在给定电源或信号源的情况下,分析计算负载所获得的最大功率,如图 2.6.5 所示,图中 U_S 和 R_S 为已知电源的电压和内阻,R_L 为负载,流经负载的电流为

$$I = \frac{U_S}{R_S + R_L}$$

负载 R_L 吸收的功率为

$$P = I^2 R_L = \left(\frac{U_S}{R_S + R_L} \right)^2 R_L$$

为得到 R_L 获得最大功率的条件,令

$$\frac{\mathrm{d}P}{\mathrm{d}R_L} = U_S^2 \times \left(\frac{(R_S + R_L)^2 - R_L \times 2(R_S + R_L)}{(R_S + R_L)^2} \right) = 0$$

即 $R_L = R_S$ 时,R_L 所获得功率最大,其最大功率为

$$P_{max} = \frac{U_S^2}{4R_S}$$

图 2.6.5　最大功率传输

可见,当负载电阻等于电压源的内阻时,负载可以获得最大功率,此时称为负载与电源匹配。需要说明,当负载获得最大功率时,传输效率仅为 50%,因此最大功率问题一般用在传输功率不大的电路中,也可以推广应用在可变负载从有源二端线性网络获得功率的情况。

【例 2.6.3】　电路如图 2.6.6(a)所示,当负载电阻 R_L 的值多大时,可以获得最大功率,并计算出最大功率的值。

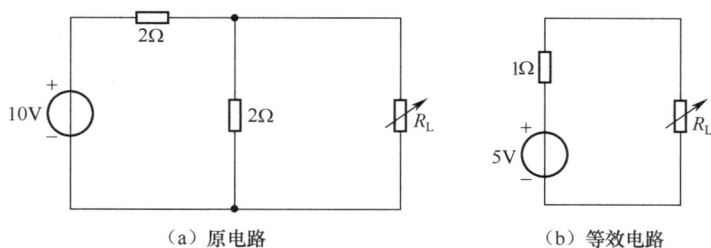

（a）原电路　　　　　　（b）等效电路

图 2.6.6　例 2.6.3 图

解:首先求开路电压 U_{oc},将负载 R_L 电阻开路得

$$U_{oc} = \frac{2}{2 + 2} \times 10 = 5 \text{V}$$

再求戴维南等效电阻,将电路中 10V 独立电压源短路,得

$$R_{eq} = \frac{2 \times 2}{2 + 2} = 1\Omega$$

戴维南等效电路如图 2.6.6(b)所示。可见,当负载电阻 $R_L = 1\Omega$ 时,负载获得最大功率,最大

功率为

$$P_{\max} = \frac{U_{oc}^2}{4R_{eq}} = \frac{5^2}{4 \times 1} = 6.25\text{W}$$

习题

2.1 在题 2.1 图电路中，$R_1 = R_2 = R_3 = R_4 = 300\Omega$，$R_5 = 600\Omega$，试求开关 S 断开和闭合时 a 和 b 之间的等效电阻。

2.2 在题 2.2 图电路中，$R_1 = 3\Omega, R_2 = 6\Omega, R_3 = 12\Omega, R_4 = 24\Omega$，试计算等效电阻 R_{ab}。

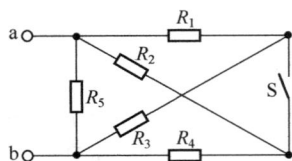

题 2.1 图

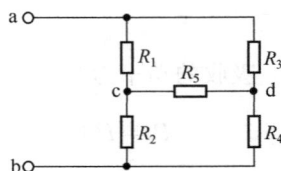

题 2.2 图

2.3 在题 2.3 图电路中，计算无源二端电阻网络 ab 的等效电阻。

2.4 用等效变换的方法计算题 2.4 图所示电路中的电流 I、I_1、I_2 和电压 U。

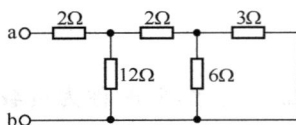

题 2.3 图

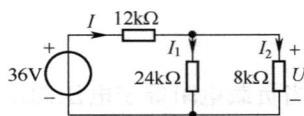

题 2.4 图

2.5 试计算题 2.5 图所示电路中 5Ω 电阻上的电流 I，以及 10V 电压源的电流 I_1。

2.6 试化简题 2.6 图所示的有源二端网络。

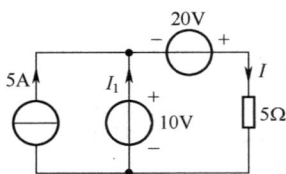

题 2.5 图

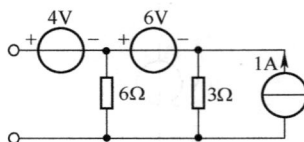

题 2.6 图

2.7 利用电源模型等效变换的方法求题 2.7 图中电流 I。

2.8 在题 2.8 图所示的电路中，求各理想电流源的端电压、功率及各电阻上消耗的功率。

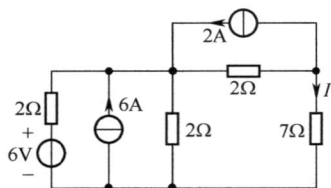

题 2.7 图

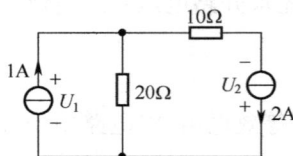

题 2.8 图

2.9　在题 2.9 图所示的电路中,试求 I 、I_1、U_S 并判断 20V 的理想电压源和 5A 的理想电流源是电源还是负载?

2.10　计算题 2.10 图中的电流 I 。

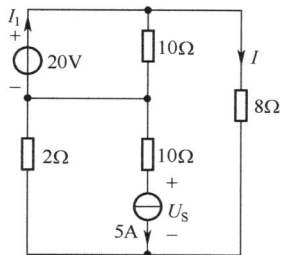

题 2.9 图

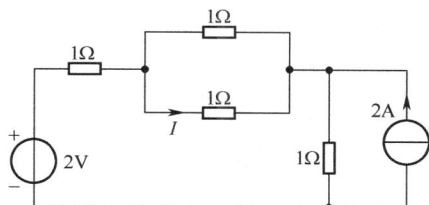

题 2.10 图

2.11　计算题 2.11 图中的电压 U 。

2.12　试用电压源与电流源等效变换的方法计算题 2.12 图中 2Ω 电阻中的电流 I 。

2.13　在题 2.13 图所示的电路中,已知 $R_1=1\Omega$, $R_2=2\Omega$, $R_3=3\Omega$, $R_4=3\Omega$, $R_5=2\Omega$, $R_6=1\Omega$, $U_{S1}=12V$, $U_{S2}=6V$, $I_S=-2A$ 。用支路电流法求各支路电流。

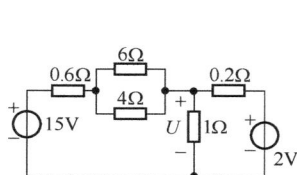

题 2.11 图

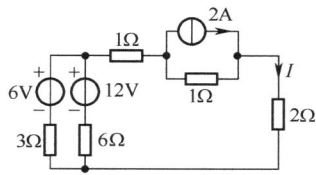

题 2.12 图

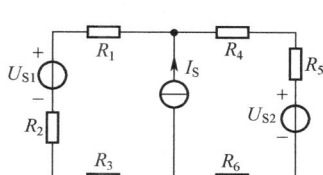

题 2.13 图

2.14　在题 2.14 图的电路中,已知 $R_1=R_2=R_3=R_4=R_5=R_6=10\Omega$, $E_1=E_2=10V$ 。用支路电流法求各支路电流。

2.15　试用支路电流法或节点电压法求题 2.15 图中的各支路电流,并求 3 个电源的输出功率和负载电阻 R_L 取用的功率。0.8Ω 和 0.4Ω 分别为两个电压源的内阻。

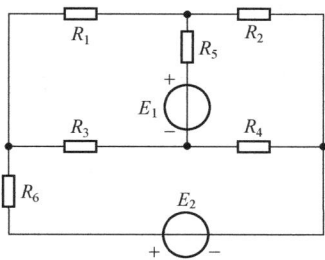

题 2.14 图

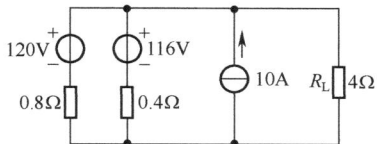

题 2.15 图

2.16　试用节点电压法求题 2.16 图所示电路中的各支路电流。

2.17　试用节点电压法求题 2.17 图中电压 U ,并计算理想电流源的功率。

2.18　用叠加定理求题 2.13 图所示电路中各支路电流。

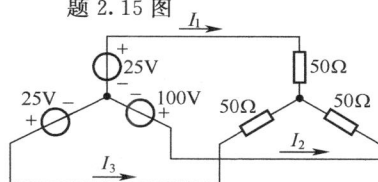

题 2.16 图

2.19 用叠加定理求题 2.19 图所示电路中各支路电流。

2.20 用叠加定理求题 2.20 图所示电路中 R_5 支路电流 I_5。

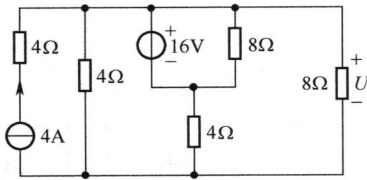

题 2.17 图

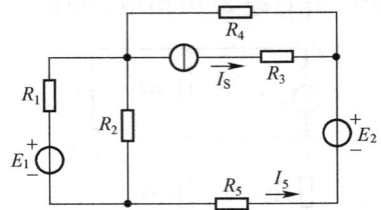

题 2.20 图

2.21 在题 2.21 图的电路中，已知 $R_1 = 5\Omega$，$R_2 = 4\Omega$，$R_3 = 5\Omega$，$R_4 = 6\Omega$，$U = 10V$，$I_S = 2A$。用叠加定理求各支路电流。

2.22 在题 2.21 图的电路中，已知 $R_1 = 5\Omega$，$R_2 = 4\Omega$，$R_3 = 5\Omega$，$R_4 = 6\Omega$，$U = 10V$，$I_S = 2A$。用戴维南定理求 R_1 支路电流。

2.23 应用戴维南定理计算题 2.23 图中 1Ω 电阻中的电流。

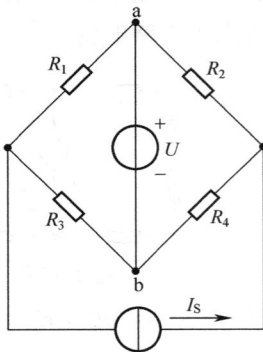

题 2.21 图

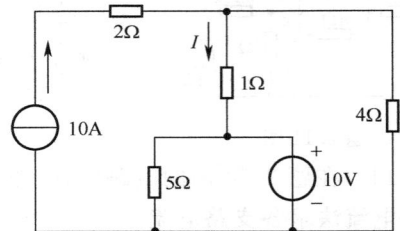

题 2.23 图

2.24 应用戴维南定理计算题 2.12 图中 2Ω 电阻中的电流 I。

2.25 应用戴维南定理计算题 2.25 图所示电路中的电流 I。

2.26 应用戴维南定理和诺顿定理分别计算题 2.26 图所示桥式电路中电阻 R_1 上的电流。

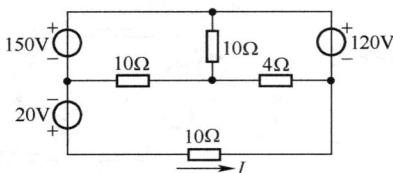

题 2.25 图

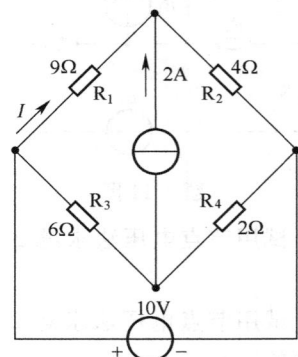

题 2.26 图

2.27　试计算题 2.27 图中电阻 R_L 上的电流 I_L：(1)用戴维南定理；(2)用诺顿定理。

2.28　在题 2.28 图中，(1)试求电流 I；(2)计算理想电压源和理想电流源的功率，并说明是取用的还是发出的功率。

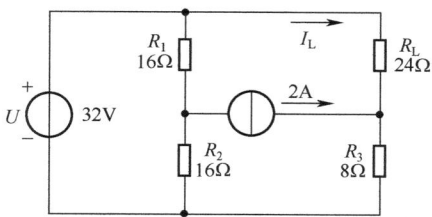
题 2.27 图

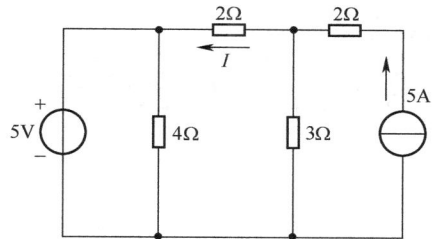
题 2.28 图

第 3 章
一阶电路的暂态分析

在第 1 章和第 2 章讨论的电阻元件电路中,一旦接通电源或断开电源,电路中电压、电流立即达到稳定值,电路立即处于稳定状态。但当电路中含有电容元件或电感元件时,情况有所不同。例如在物理学中观察过的电容充放电实验,当电源接通后,电容上的电压逐渐增加到稳定值,而电路中的电流逐渐衰减到零,电路需要经过一定的短暂时间才能过渡到稳态,即需要有一个从一种稳态变化到另一种稳态的过渡过程,称暂态过程。

鉴于电路暂态过程中的一些特殊现象,需要对电路的暂态过程进行分析研究。

1. 电路暂态分析的主要内容

(1) 暂态过程中电压、电流随时间变化的规律。

(2) 影响暂态过程快慢的电路的时间常数。

2. 研究暂态过程的实际意义——用其利、避其害

(1) 利用电路暂态过程产生特定波形的电信号,如锯齿波、三角波、尖脉冲等,应用于电子电路。

(2) 暂态过程开始的瞬间可能产生过电压、过电流使电气设备或元件损坏,因此要控制、预防电路暂态过程可能产生的危害。

直流电路、交流电路都存在暂态过程,下面介绍的重点是直流电路的暂态过程。

3.1　一阶电路和换路定律

在电路分析中,通常将电路在外部输入或内部储能的作用下所产生的电压或电流称为响应。本章讨论的换路后电路中电压或电流随时间变化的规律称为时域响应。

1. 一阶电路

对于只含有一个储能元件(电感或电容)或可等效为一个储能元件的线性电路,它们的微分方程都是一阶常系数线性微分方程,这种电路称为一阶电路。常见的一阶电路有 RC 电路和 RL 电路。

2. 换路定律

为了分析计算表达方便,假设 $t=0$ 为换路瞬间,用 $t=0_-$ 表示换路前的终了瞬间,在数值上等于 0,在 t 轴上指 t 从负值趋近于零;用 $t=0_+$ 表示换路后的初始瞬间,在数值上也等于 0,但从 t 轴上看是指 t 从正值趋近于零。

通过两个电路来分析电路中产生暂态过程的原因。

考查图 3.1.1 所示的纯电阻电路:

S 闭合前,$i=0$、$u_2=0$。

S 闭合后,根据欧姆定律,电流 i 随电压 u_2 的比例变化,所以电阻电路不存在暂态过程。

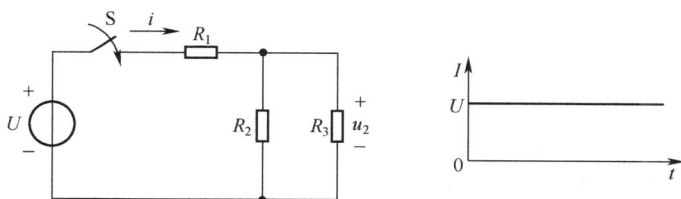

图 3.1.1　纯电阻电路

再考查图 3.1.2 所示的含有储能元件电容 C 的电路:

S 闭合前,$i_C=0$、$u_C=0$。

S 闭合后,电容充电,u_C 由零逐渐增加到 U,所以电容电路存在暂态过程。这是因为电容元件的储能发生了变化,而物体所具有的能量不能跃变,根据 $W_C=\dfrac{1}{2}Cu_C^2$,电容电压 u_C 也不能跃变,必须有一个渐变的暂态过程。在图 3.1.1 所示的纯电阻电路中,由于只含有耗能元件 R,不含储能元件,所以没有暂态过程。

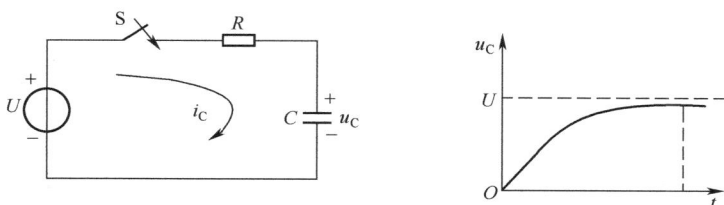

图 3.1.2　含电容电路

同理,在含有电感元件的电路中,如果电路的状态发生改变,根据 $W_L=\dfrac{1}{2}Li_L^2$,电感电流 i_L 也不能跃变,必须有一个渐变的暂态过程。

概括起来,电路的暂态过程是由于物体所具有的能量不能跃变而造成的,产生暂态过程的必要条件是:

(1) 电路中含有储能元件(内因)。

(2) 电路发生换路(外因)。

所谓换路,即电路状态的改变,如电路接通、切断、短路、电压改变或参数改变等。

在换路瞬间储能元件的能量不能跃变,根据电容 C 的储能公式 $W_C=\dfrac{1}{2}Cu_C^2$ 和电感 L 的储能公式 $W_L=\dfrac{1}{2}Li_L^2$,在换路瞬间电容电压 u_C 和电感电流 i_L 也不能突变,称为换路定律。

换路定律可以用数学的方法描述如下

$$\begin{cases} i_L(0_+)=i_L(0_-) \\ u_C(0_+)=u_C(0_-) \end{cases} \tag{3-1-1}$$

换路定律仅用于换路瞬间来确定暂态过程中 u_C、i_L 初始值。

3. 初始值的确定

换路定律不仅可以用来确定暂态过程中 $t=0_+$ 时，u_C、i_L 的初始值，也可以求得电路中各 u、i 在 $t=0_+$ 时的初始值。

求解步骤如下：

(1) 先由 $t=0_-$ 的电路求出 $u_C(0_-)$、$i_L(0_-)$，然后根据换路定律求出 $u_C(0_+)$、$i_L(0_+)$。

(2) 画出 $t=0_+$ 时的等效电路(电容用电压源 $u_C(0_+)$ 替代，电感用电流源 $i_L(0_+)$ 替代)，分析该电路求出其他电量的初始值。

【例 3.1.1】 电路如图 3.1.3(a)所示。已知：换路前处于稳态，C、L 均未能储能。试求：电路中各电压和电流的初始值。

解：(1) 由换路前电路求 $u_C(0_-)$、$i_L(0_-)$，由已知条件知：$u_C(0_-)=0$、$i_L(0_-)=0$。

根据换路定律得

$$\begin{cases} i_L(0_+)=i_L(0_-)=0 \\ u_C(0_+)=u_C(0_-)=0 \end{cases}$$

(2) 由 $t=0_+$ 时的等效电路(见图 3.1.3(b))，求其余各电流、电压的初始值。$u_C(0_+)=0$，换路瞬间，电容元件可视为短路；$i_L(0_+)=0$，换路瞬间，电感元件可视为开路。所以有

$$i_C(0_+)=i_1(0_+)=\frac{U}{R}, \qquad i_C(0_-)=0$$

$$u_L(0_+)=u_1(0_+)=U, \ (u_L(0_-)=0), \qquad u_2(0_+)=0$$

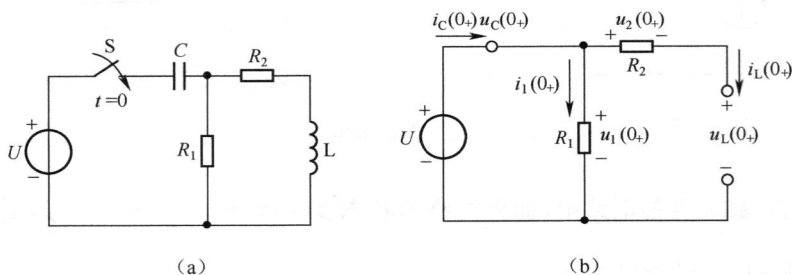

图 3.1.3　例 3.1.1 电路

【例 3.1.2】 换路前电路处于稳态，试求图 3.1.4(a)电路中各电压和电流的初始值。

解：(1) 由 $t=0_-$ 电路求 $u_C(0_-)$、$i_L(0_-)$，换路前电路已处于稳态：电容元件视为开路，电感元件视为短路。

由图 3.1.4(b)电路可求得

$$i_L(0_-)=\frac{R_1}{R_1+R_3}\times\frac{U}{R+\dfrac{R_1 R_3}{R_1+R_3}}=\frac{4}{4+4}\times\frac{U}{2+\dfrac{4\times4}{4+4}}=1\text{A}$$

$$u_C(0_-)=R_3 i_L(0_-)=4\times1=4\text{V}$$

根据换路定律

$$\begin{cases} i_L(0_+)=i_L(0_-)=1\text{A} \\ u_C(0_+)=u_C(0_-)=4\text{V} \end{cases}$$

(2) 画出 $t=0_+$ 时的等效电路(见图 3.1.4(c))电容用电压源 $u_C(0_+)$ 替代，电感用电流源

$i_L(0_+)$ 替代。

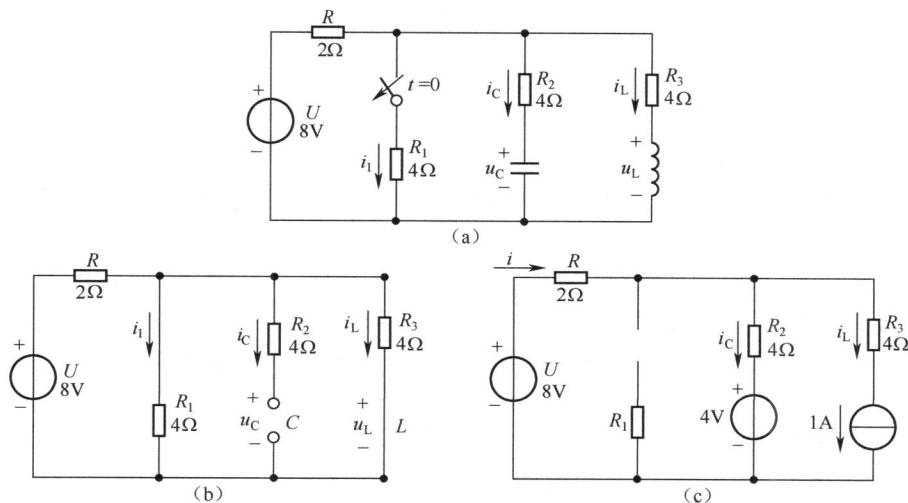

图 3.1.4　例 3.1.2 电路

由 $t=0_+$ 电路可列出

$$\begin{cases} U = Ri(0_+) + R_2 i_C(0_+) + u_C(0_+) \\ i(0_+) = i_C(0_+) + i_L(0_+) \end{cases}$$

代入数据

$$\begin{cases} 8 = 2i(0_+) + 4i_C(0_+) + 4 \\ i(0_+) = i_C(0_+) + 1 \end{cases}$$

解得

$$i_C(0_+) = \frac{1}{3} \text{A}$$

$$u_L(0_+) = R_2 i_C(0_+) + u_C(0_+) - R_3 i_C(0_+)$$

$$= 4 \times \frac{1}{3} + 4 - 4 \times 1 = 1\frac{1}{3} \text{V}$$

计算结果列于表 3.1.1 中。

由计算结果可知,换路瞬间,u_C、i_L 不能跃变,但 u_L、i_C 可以跃变。

表 3.1.1　计算结果

电量	u_C/V	i_L/A	i_C/A	u_L/V
$t=0_-$	4	1	0	0
$t=0_+$	4	1	$\frac{1}{3}$	$1\frac{1}{3}$

结论:

(1) 换路瞬间,u_C、i_L 不能跃变,但其他电量均可以跃变。

(2) 换路前,若储能元件没有储能,换路瞬间($t=0_+$ 的等效电路中),可视电容元件短路,电感元件开路。

(3) 换路前,若 $u_C(0_-) \neq 0$,换路瞬间($t=0_+$ 等效电路中),电容元件可用一个理想电压源替代,其电压为 $u_C(0_+)$;换路前,若 $i_L(0_-) \neq 0$,在 $t=0_+$ 等效电路中,电感元件可用一个理想电流源替代,其电流为 $i_L(0_+)$ 。

3.2 一阶 RC 电路的响应

下面对一阶 RC 电路过渡过程中电压、电流的变化规律进一步加以讨论。如果电路没有初始储能，仅由外界激励源（电源）的作用产生的响应，称为零状态响应。如果无外界激励源作用，仅由电路本身初始储能的作用所产生的响应，称为零输入响应。既有初始储能又有外界激励所产生的响应称为全响应。

分析电路的暂态过程，就是根据激励（电源电压和电流），求电路的响应（电压和电流）。本节主要介绍分析电路暂态过程的经典法。

根据激励（电源电压或电流），通过求解电路的微分方程得出电路的响应（电压和电流），称为经典法。

1. RC 电路的零状态响应

零状态响应，是指储能元件的初始能量为零，仅由电源激励所产生的电路的响应。在 RC 电路中，其实质是电容的充电过程。

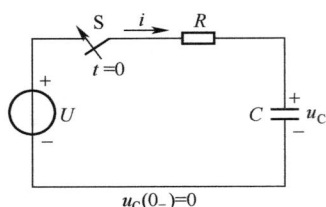

如图 3.2.1 所示，开关 S 断开已久，电容没有储能，$u_C(0_-)=0$。在 $t=0$ 时，合上开关 S，此时，电路实为输入一个阶跃电压 u，即

$$u = \begin{cases} 0, & t < 0 \\ U, & t \geqslant 0 \end{cases}$$

图 3.2.1 RC 电路的零状态响应

$t \geqslant 0$ 时，电路根据基尔霍夫电压定律列回路方程

$$u_R + u_C = U$$

而 $u_R = iR$，$\quad i = i_C = C\dfrac{du_C}{dt}$，即

$$RC\frac{du_C}{dt} + u_C = U \qquad (3-2-1)$$

式（3-2-1）是一阶常系数非齐次线性微分方程，解此方程就可得到电容电压随时间变化的规律。该方程的通解＝方程的特解＋对应齐次方程的通解，即

$$u_C(t) = u'_C + u''_C$$

特解 u'_C 是方程的任一个解，故可设 $u'_C = K$（常数），代入式（3-2-1），即

$$U = RC\frac{dK}{dt} + K$$

解得 $K = U$，即 $u'_C = U$。

由电路工作特性可知电路的最终稳态值也是方程的解，且电路的稳态值很容易求得，故特解 u'_C 也可以直接取电路的稳态值（稳态分量），即

$$u'_C(t) = u_C(\infty) = U$$

u''_C 为对应齐次微分方程

$$RC\frac{du_C}{dt} + u_C = 0$$

的通解，其式为

$$u''_C = A e^{pt}$$

由上式可见，u''_C 是按指数规律衰减的，它只出现在过渡过程中。通常，将 u''_C 称为暂态分量。其中 A 为待定系数，由电路初始条件确定。p 为一阶方程所对应的特征方程 $RCp + 1 = 0$ 的特征根，即

$$p = -\frac{1}{RC}$$

因此

$$u''_C = A e^{pt} = A e^{-\frac{t}{RC}}$$

则式(3 - 2 - 1)的通解为

$$u_C = u'_C + u''_C = U + A e^{-\frac{t}{\tau}}$$

定义 $\tau = RC$，称为 RC 电路的时间常数，具有时间量纲，它决定了电容电压衰减的快慢。

因为开关 S 断开已久，电容没有储能，$u_C(0_-) = 0$。根据换路定律在 $t = 0_+$ 时，$u_C(0_+) = u_C(0_-) = 0$，则 $A = -U$，于是得

$$u_C = U - U e^{-\frac{t}{\tau}} = U(1 - e^{-\frac{t}{\tau}}) \quad, t \geqslant 0 \qquad (3 - 2 - 2)$$

式(3 - 2 - 2)即电容电压 u_C 的变化规律的最终关系式，由稳态分量和暂态分量两个部分组成，各分量曲线及叠加结果如图 3.2.2(a)所示。

由电路可以直接求出电容元件的充电电流为

$$i_C = C \frac{\mathrm{d}u_C}{\mathrm{d}t} = \frac{U}{R} e^{-\frac{t}{\tau}}, t \geqslant 0 \qquad (3 - 2 - 3)$$

充电电流 i_C 随时间变化的曲线如图 3.2.2(b)所示，它是按指数规律衰减的，电容电压 u_C 按指数规律上升。

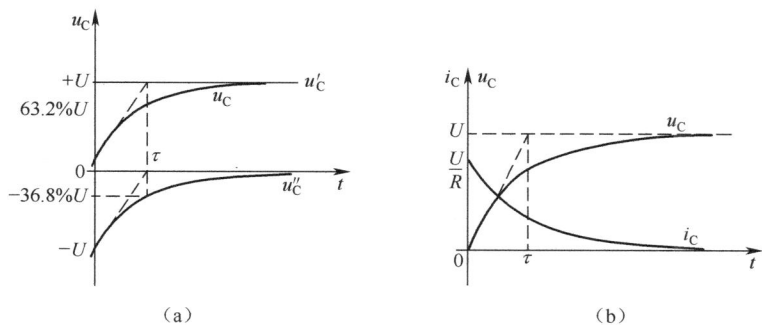

图 3.2.2 RC 电路零状态响应的变化曲线

由变化规律曲线可以看出电容电压 u_C 最终达到稳态值 U，但上升速度与时间常数 τ 有关。

当 $t = \tau$ 时，$u_C(\tau) = U(1 - e^{-1}) = 63.2\%U$，即时间常数 τ 表示电容电压 u_C 从初始值上升到稳态值的 63.2% 时所需的时间。

理论上，电路只有经过 $t = \infty$ 的时间才能达到稳态。但是，由于指数曲线开始变化较快，而后逐渐缓慢，见表 3.2.1。

表 3.2.1　零状态响应时 u_C 随时间的变化关系

t	0	τ	2τ	3τ	4τ	5τ	6τ
u_C	0	$0.632U$	$0.865U$	$0.950U$	$0.982U$	$0.993U$	$0.998U$

所以,实际上当 $t=5\tau$ 时,暂态基本结束,u_C 达到稳态值。

τ 越大,曲线变化越慢,u_C 达到稳态时间越长。对于不同时间常数时的 u_C 变化曲线如图 3.2.3 所示。图中,$\tau_1 < \tau_2 < \tau_3$。

2. RC 电路的零输入响应

零输入响应,是指无电源激励,输入信号为零,仅由储能元件的初始储能所产生的电路的响应。在 RC 电路中,其实质是电容的放电过程。

如图 3.2.4 所示 RC 电路的零输入响应,换路前电路已处于稳态,$u_C(0_-)=U$,$t=0$ 时开关 S 由位置 2 拨到位置 1,电容 C 经电阻 R 放电。

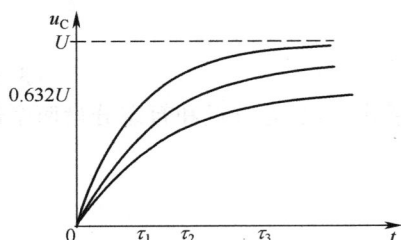

图 3.2.3　不同时间常数时 u_C 的变化曲线

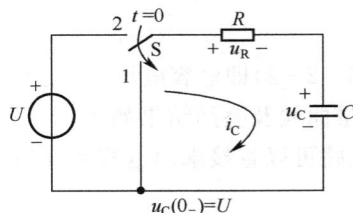

图 3.2.4　RC 电路的零输入响应

当 $t \geqslant 0$ 时,根据 KVL 列回路方程,即

$$u_R + u_C = 0$$

则电路的微分方程为

$$RC \frac{du_C}{dt} + u_C = 0$$

经过求解可得

$$u_C = A e^{-\frac{t}{RC}}$$

再由初始值确定积分常数 A,根据换路定律:$t=0_+$ 时,$u_C(0_+)=U$,可得

$$A = U$$

则微分方程的解为

$$u_C = U e^{-\frac{t}{RC}} = u_C(0_+) e^{-\frac{t}{\tau}}, t \geqslant 0 \qquad (3-2-4)$$

由式(3-2-4)可见电容电压 u_C 从初始值按指数规律衰减,衰减的快慢由 RC 决定。其随时间的变化曲线如图 3.2.5 所示。

当 $t \geqslant 0$ 时,也可以求出,电路中电容元件的放电电流和电阻元件 R 上的电压,即放电电流为

$$i_C = C \frac{du_C}{dt} = -\frac{U}{R} e^{-\frac{t}{RC}} \qquad (3-2-5)$$

电阻电压为

$$u_{\mathrm{R}} = i_{\mathrm{C}} R = -U \mathrm{e}^{-\frac{t}{RC}} \qquad (3-2-6)$$

式(3-2-5)、式(3-2-6)中负号表示电流及电阻上电压的实际方向与图 3.2.4 中标注的参考方向相反。u_{C}、i_{C} 和 u_{R} 的变化曲线如图 3.2.5 所示。

当 $t=\tau$ 时，$u_{\mathrm{C}} = U \mathrm{e}^{-1} = 36.8\%U$，即时间常数 τ 等于电压 u_{C} 衰减到初始值 U 的 36.8% 所需的时间。

$u_{\mathrm{C}} = U \mathrm{e}^{-\frac{t}{RC}} = U \mathrm{e}^{-\frac{t}{\tau}}$，$RC$ 增大则 τ 增大，τ 越大，曲线变化越慢，u_{C} 达到稳态所需要的时间越长，即电容元件放电越慢。对于不同时间常数时的 u_{C} 变化曲线如图 3.2.6 所示。图中 $\tau_1 < \tau_2 < \tau_3$。

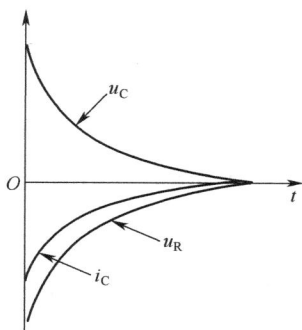

图 3.2.5　RC 零输入响应的 u_{C}、i_{C}、u_{R} 变化曲线

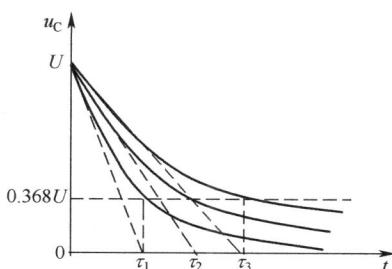

图 3.2.6　不同时间常数时的 u_{C} 变化曲线

理论上认为 $t \to \infty$、$u_{\mathrm{C}} \to 0$ 电路达稳态，但是，由于指数曲线开始变化较快，而后逐渐缓慢，零输入响应时 u_{C} 随时间的变化关系见表 3.2.2。

表 3.2.2　零输入响应时 u_{C} 随时间的变化关系

t	τ	2τ	3τ	4τ	5τ	6τ
$\mathrm{e}^{-\frac{t}{\tau}}$	e^{-1}	e^{-2}	e^{-3}	e^{-4}	e^{-5}	e^{-6}
u_{C}	$0.368U$	$0.135U$	$0.050U$	$0.018U$	$0.007U$	$0.002U$

工程上认为 $t = (3 \sim 5)\tau$、$u_{\mathrm{C}} \to 0$ 电容放电结束。由表 3.2.2 中数据可知，当 $t = 5\tau$ 时，过渡过程基本结束，u_{C} 达到稳态值。

3. RC 电路的全响应

RC 电路的全响应是指电源激励、储能元件的初始能量均不为零时，电路中的响应。

如图 3.2.7 所示，开关 S 断开已久，电容有储能，$u_{\mathrm{C}}(0_-) = U_0$。在 $t=0$ 时，合上开关 S。当 $t \geqslant 0$ 时，电路根据基尔霍夫电压定律列回路方程为

$$u_{\mathrm{R}} + u_{\mathrm{C}} = U$$

即

$$RC \frac{\mathrm{d}u_{\mathrm{C}}}{\mathrm{d}t} + u_{\mathrm{C}} = U$$

与式(3-2-1)相同，因此

$$u_{\mathrm{C}}(t) = u'_{\mathrm{C}} + u''_{\mathrm{C}} = U + A \mathrm{e}^{-\frac{t}{RC}}$$

需注意：积分常数 A 与零状态响应时不同，在 $t = 0_+$ 时，$u_{\mathrm{C}}(0_+) = u_{\mathrm{C}}(0_-) = U_0$，则 $A = U_0 - U$。所以

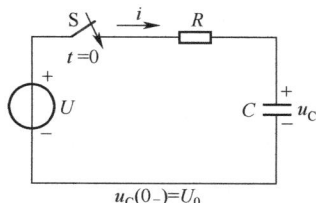

图 3.2.7　RC 电路的全响应

$$u_{\mathrm{C}} = U + (U_0 - U)\mathrm{e}^{-\frac{t}{RC}}, \quad t \geqslant 0 \qquad (3-2-7)$$

由式(3-2-7),等式右边第一项是固定量(稳态分量),第二项为变化量(暂态分量),因此全响应可以看成稳态分量加暂态分量,即

全响应＝稳态分量＋暂态分量

式(3-2-7)可以改写为

$$u_{\mathrm{C}} = U_0 \mathrm{e}^{-\frac{t}{RC}} + U(1 - \mathrm{e}^{-\frac{t}{RC}}) \quad , t \geqslant 0 \qquad (3-2-8)$$

将式(3-2-8)与式(3-2-2)及式(3-2-4)对比,显然等式右边第一项为 RC 电路的零输入响应,第二项为 RC 电路的零状态响应,即

全响应＝零输入响应＋零状态响应

这就是叠加定理在电路暂态分析中的体现。

3.3　一阶电路的三要素法分析法

对于一阶线性电路,可以通过求初始值、稳态值和时间常数三要素来直接写出响应,称为三要素法。

上述的 RC 电路是一阶线性电路,根据经典法推导结果。全响应为

$$u_{\mathrm{C}} = U + (U_0 - U)\mathrm{e}^{-\frac{t}{\tau}}$$

式中,$u_{\mathrm{C}}(\infty) = U$ 为稳态解,$u_{\mathrm{C}}(0_+) = u_{\mathrm{C}}(0_-) = U_0$ 为初始值,τ 为时间常数。
写成一般形式

$$u_{\mathrm{C}} = u_{\mathrm{C}}(\infty) + [u_{\mathrm{C}}(0_+) - u_{\mathrm{C}}(\infty)]\mathrm{e}^{-\frac{t}{RC}}$$

推而广之,在直流电源激励的情况下,一阶线性电路微分方程解的通用表达式为

$$f(t) = f(\infty) + [f(0_+) - f(\infty)]\mathrm{e}^{-\frac{t}{\tau}} \qquad (3-3-1)$$

式(3-3-1)中,$f(t)$ 为一阶电路中任一电压、电流函数,$f(0_+)$ 为初始值,$f(\infty)$ 为稳态值,τ 为时间常数。

显而易见,凡是一阶电路,只要求得 $f(0_+)$、$f(\infty)$ 和 τ 三个要素,就能直接写出电路的响应(电压或电流)。利用求三要素的方法求解暂态过程称为三要素法。

对于电路响应 $f(t)$ 的变化曲线如图 3.3.1 所示,都是按指数规律变化。

三要素法求解暂态过程的要点如下:

(1) 求初始值、稳态值、时间常数。

(2) 将求得的三要素结果代入暂态过程通用表达式。

(3) 画出暂态电路电压、电流随时间变化的曲线。

响应中三要素的确定:

(1) 稳态值 $f(\infty)$ 的计算。求换路后电路达到稳态时的电压和电流,其中,C 视为开路,电感 L 视为短路,即求解直流电阻性电路中的电压和电流。

(2) 初始值 $f(0_+)$ 的计算。

第 1 步:由 $t = 0_-$ 时的电路求 $u_{\mathrm{C}}(0_-)$、$i_{\mathrm{C}}(0_-)$。

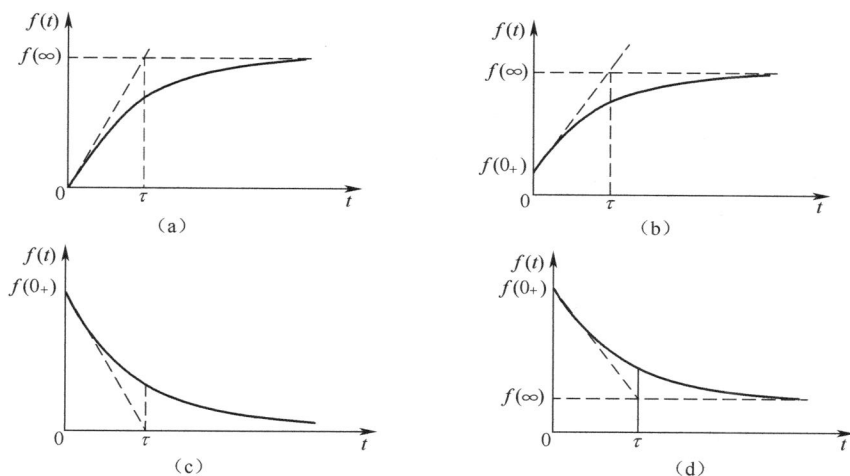

图 3.3.1　$f(t)$ 的变化曲线

第 2 步:根据换路定律求出 $u_C(0_+) = u_C(0_-)$,$i_L(0_+) = i_L(0_-)$。

第 3 步:由 $t = 0_+$ 时的电路,求所需其他各量的 $u(0_+)$ 或 $i(0_+)$。

在换路瞬间 $t = 0_+$ 的等效电路中,$u_C(0_-) \neq 0$ 若 $u_C(0_-) = U_0 \neq 0$,电容元件用恒压源代替,其值等于 U_0;若 $u_C(0_-) = 0$,电容元件视为短路;若 $i_L(0_-) = I_0 \neq 0$,电感元件用恒流源代替,其值等于 I_0;若 $i_L(0_-) = 0$,电感元件视为开路。

(3) 时间常数 τ 的计算。对于一阶 RC 电路,$\tau = R_0 C$。

R_0 为换路后的电路除去电源和储能元件后,在储能元件两端所求得的无源二端网络的等效电阻。

R_0 的计算类似于应用戴维南定理解题时计算电路等效电阻的方法,即从储能元件两端看进去的等效电阻。

下面举例说明三要素法的应用。

【例 3.3.1】 电路如图 3.3.2(a)所示,S 闭合前电路已处于稳态,$t = 0$ 时合上开关 S,试求电容电压 u_C 和电流 i_2、i_C。

解: 用三要素法求解得

$$u_C = u_C(\infty) + [u_C(0_+) - u_C(\infty)] e^{-\frac{t}{\tau}}$$

(1) 确定初始值 $u_C(0_+)$。由 $t = 0_-$ 时的电路(见图 3.3.2(b))可求得

$$u_C(0_-) = 9 \times 10^{-3} \times 6 \times 10^3 = 54 \text{V}$$

换路定律为

$$u_C(0_+) = u_C(0_-) = 54 \text{V}$$

(2) 确定稳态值 $u_C(\infty)$。由换路后电路(见图 3.3.2(d))求稳态值 $u_C(\infty)$,即

$$u_C(\infty) = 9 \times 10^{-3} \times \frac{6 \times 3}{6 + 3} \times 10^3 = 18 \text{V}$$

(3) 由换路后电路(见图 3.3.2(d))求时间常数 τ,即

$$\tau = R_0 C = \frac{6 \times 3}{6 + 3} \times 10^3 \times 2 \times 10^{-6} = 4 \times 10^{-3} \text{s}$$

将三要素代入表达式,因为

$$u_C = 18 + (54-18)e^{-\frac{t}{4\times10^{-3}}} = 18 + 36e^{-250t}\text{ V}$$

$$i_C = C\frac{du_C}{dt} = 2\times10^{-6}\times36\times(-250)e^{-250t} = -0.018e^{-250t}\text{ A}$$

画出 u_C 的变化曲线如图 3.3.2(e)所示。

i_C 也可以用三要素法求出,即

$$i_C = i_C(\infty) + [i_C(0_+) - i_C(\infty)]e^{-\frac{t}{\tau}}$$

根据 $t=0_+$ 时刻的等效电路(见图 3.3.2(c))得

$$i_C(0_+) = \frac{18-54}{2\times10^3} = -18\text{mA}$$

根据 $t\to\infty$ 时的等效电路(见图 3.3.2(d))得

$$i_C(\infty) = 0$$

代入上式得

$$i_C(t) = -18e^{-250t}\text{ mA}$$

用同样的方法可以求得

$$i_2(t) = \frac{u_C(t)}{3\times10^3} = 6 + 12e^{-250t}\text{ mA}$$

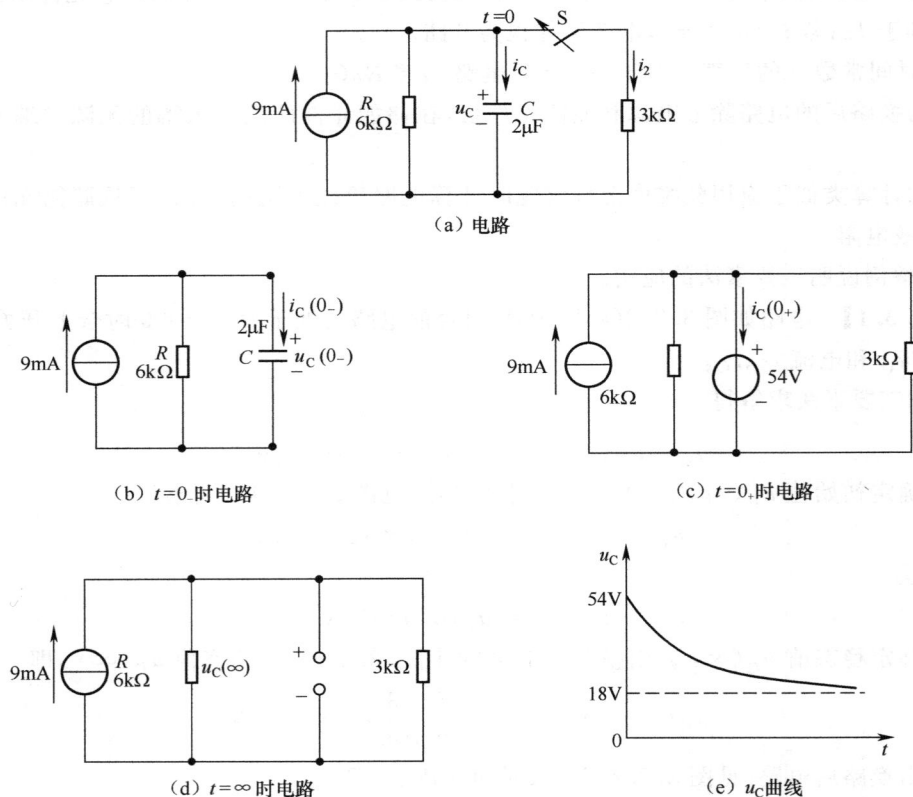

（a）电路

（b）$t=0_-$时电路

（c）$t=0_+$时电路

（d）$t=\infty$时电路

（e）u_C曲线

图 3.3.2　例 3.3.1 图

【例 3.3.2】　电路如图 3.3.3 所示,开关 S 闭合前电路已处于稳态;$t=0$ 时 S 闭合,试求:$t \geqslant 0$ 时电容电压 u_C 和电流 i_C、i_1 和 i_2。

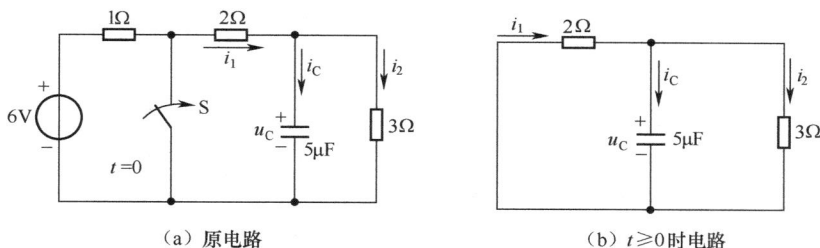

图 3.3.3　例 3.3.2 电路

解:用三要素法求解。

(1) 求初始值 $u_C(0_+)$。

由 $t=0_-$ 时,

$$u_C(0_-) = \frac{6}{1+2+3} \times 3 = 3\text{V}$$

根据换路定律有

$$u_C(0_+) = u_C(0_-) = 3\text{V}$$

(2) 求稳态值 $u_C(\infty)$。

由 $t \to \infty$ 时的等效电路可以求出:$u_C(\infty) = 0$。

(3) 求时间常数 τ。

由图 3.3.3(b)电路可求得

$$\tau = R_0 C = \frac{2 \times 3}{2+3} \times 5 \times 10^{-6} = 6 \times 10^{-6}\text{s}$$

所以　$u_C(t) = u_C(\infty) + [u_C(0_+) - u_C(\infty)]U\mathrm{e}^{-\frac{t}{\tau}}$

$$= 0 + 3\mathrm{e}^{-\frac{10^6}{6}t} = 3\mathrm{e}^{-1.7 \times 10^5 t}$$

$$i_C(t) = C\frac{\mathrm{d}u_C}{\mathrm{d}t} = -2.5\mathrm{e}^{-1.7 \times 10^5 t}\text{A}$$

u_C、i_C 关联

$$i_2(t) = \frac{u_C}{3} = \mathrm{e}^{-1.7 \times 10^5 t}\text{A}$$

$$i_1(t) = i_2 + i_C = \mathrm{e}^{-1.7 \times 10^5 t} - 2.5\mathrm{e}^{-1.7 \times 10^5 t} = -1.5\mathrm{e}^{-1.7 \times 10^5 t}\text{A}$$

3.4　一阶 RL 电路的响应

1. RL 电路的零状态响应

RL 零状态响应电路如图 3.4.1 所示,换路前,开关 S 断开已久,电感 L 中电流为零,电感无储能,即电路处于零状态。在 $t=0$ 时开关闭合,电路与电压为 U 的电源接通。

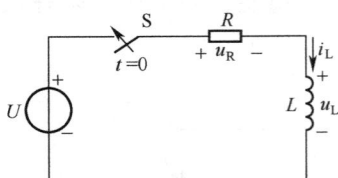

图 3.4.1　RL 零状态响应电路

由 $t \geqslant 0$ 时的电路,根据基尔霍夫电压定律例方程

$$U = u_R + u_L$$

因为 $u_L = L \dfrac{di_L}{dt}$,代入上式

$$U = i_L R + L \frac{di_L}{dt} \qquad (3-4-1)$$

式($3-4-1$)是以电感电流 i_L 为变量的一阶微分方程,因此,根据一阶电路的三要素分析法得到一阶 RL 电路的三要素公式

$$i_L = i_L(\infty) + [i_L(0_+) - i_L(\infty)]e^{-\frac{t}{\tau}} \qquad (3-4-2)$$

式($3-4-2$)中,稳态值 $i_L(\infty)$ 为换路后 $t = \infty$ 时电感两端的短路电流;初始值 $i_L(0_+) = i_L(0_-)$,即为换路前 $t = 0_-$ 时电感两端的电流;时间常数 $\tau = \dfrac{L}{R}$,其中 R 应是换路后电感两端除源网路的等效电阻(即戴维南等效电阻)。

据图 3.4.1 可知三要素分别为

$$i_L(\infty) = \frac{U}{R} \ , \ i_L(0_+) = i_L(0_-) = 0 \ , \ \tau = \frac{L}{R}$$

代入式($3-4-2$)得

$$i_L = \frac{U}{R} + (0 - \frac{U}{R})e^{-\frac{R}{L}t} = \frac{U}{R}(1 - e^{-\frac{R}{L}t}) \qquad (3-4-3)$$

所求电流随时间变化的曲线,如图 3.4.2(a)所示。

同理,过渡过程中电感电压及电阻电压的变化规律为

$$u_L = L \frac{di}{dt} = Ue^{-\frac{t}{\tau}} = Ue^{-\frac{R}{L}t} \qquad (3-4-4)$$

$$u_R = i_L R = U(1 - e^{-\frac{R}{L}t}) \qquad (3-4-5)$$

它们随时间变化的曲线,如图 3.4.2(b)所示。

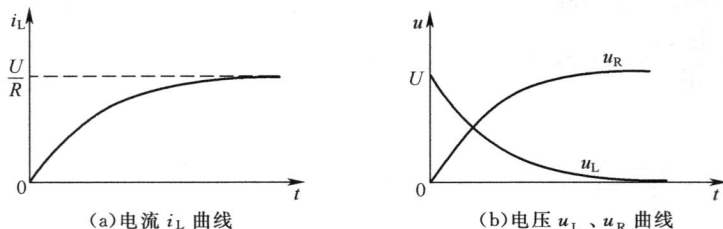

(a)电流 i_L 曲线　　　　　(b)电压 u_L、u_R 曲线

图 3.4.2　RL 零状态响应曲线

2. RL 电路的零输入响应

如图 3.4.3 所示电路中,换路前,开关 S 在 2 位已久,电感 L 中流过电流 I_0,电感中储有能量。在 $t = 0$ 时开关从 2 合到 1 位,使电感脱离电源。

当 $t \geqslant 0$ 时,电路的微分方程为

$$i_L R + L \frac{di_L}{dt} = 0$$

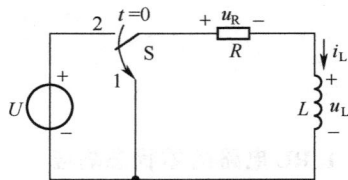

图 3.4.3　RL 零输入响应电路

根据一阶 RL 电路三要素公式，可知方程的通解为

$$i_L = 0 + \left(\frac{U}{R} - 0\right)e^{-\frac{R}{L}t} = \frac{U}{R}e^{-\frac{R}{L}t} \qquad (3-4-6)$$

式中，$i_L(0_+) = i_L(0_-) = \dfrac{U}{R}$ 为初始值，$i_L(\infty) = 0$ 为稳态值，$\tau = \dfrac{L}{R}$ 为电路的时间常数。

电流 i_L 随时间变化的曲线，如图 3.4.4(a)所示。

由式(3-4-6)可得到 $t \geqslant 0$ 时电感电压及电阻电压的变化规律，分别为

$$u_L = L\frac{di}{dt} = -Ue^{-\frac{R}{L}t} \qquad (3-4-7)$$

$$u_R = i_L R = Ue^{-\frac{R}{L}t} \qquad (3-4-8)$$

其变化曲线如图 3.4.4(b)所示。

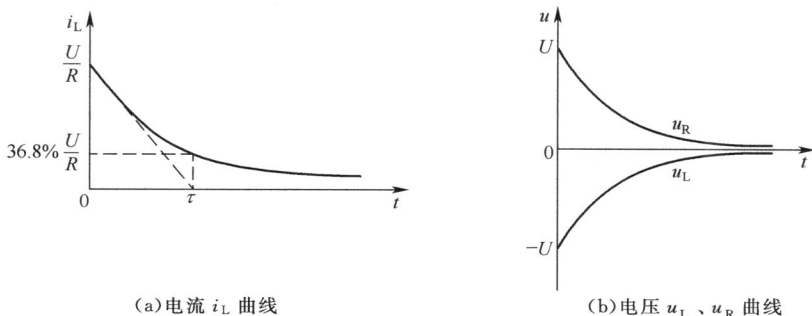

(a)电流 i_L 曲线　　　　　　　(b)电压 u_L、u_R 曲线

图 3.4.4　RL 零输入响应曲线

【例 3.4.1】　电路如图 3.4.5 所示，已知：$U = 220\text{V}$，$L = 10\text{H}$，$R = 80\Omega$，$R_f = 30\Omega$，电路稳态时 S 由 1 合向 2。试问：

(1) $R' = 1000\Omega$，试求开关 S 由 1 合向 2 瞬间线圈两端的电压 u_{RL}。

(2) 在(1)中，若使 U 不超过 220V，则泄放电阻 R' 应选多大？

(3) 根据(2)中所选用的电阻 R'，试求开关接通 R' 后经过多长时间，线圈才能将所储的磁能放出 95%？

(4) 写出(3)中 u_{RL} 随时间变化的表示式。

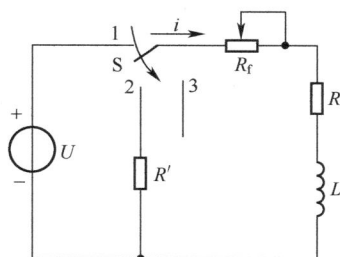

图 3.4.5　例 3.4.1 电路

解：换路前，线圈中的电流为

$$I = \frac{U}{R + R_f} = \frac{220}{80 + 30} = 2\text{A}$$

(1) 开关接通 R' 瞬间线圈两端的电压为

$$u_{RL}(0) = (R_f + R')I = (30 + 1000) \times 2 = 2060\text{V}$$

(2) 如果不使 $u_{RL}(0)$ 超过 220V，则 $(30 + R') \times 2 \leqslant 220$，即 $R' \leqslant 80\Omega$。

(3) 求当磁能已放出 95% 时的电流

$$\frac{1}{2}Li^2 = (1 - 0.95)\frac{1}{2}LI^2$$

$$\frac{1}{2} \times 10 i^2 = 0.05 \frac{1}{2} \times 10 \times 2^2$$

$$i = 0.446 \mathrm{A}$$

求所经过的时间

$$i = I \mathrm{e}^{-\frac{R + R_{\mathrm{f}} + R'}{L} t} = 2 \mathrm{e}^{-19t}$$

$$0.446 = 2 \mathrm{e}^{-19t} \quad , \quad t = 0.078 \mathrm{s}$$

（4）若按 $R' = 80\Omega$ 计算得

$$u_{\mathrm{RL}} = -i(R_{\mathrm{f}} + R')$$

$$u_{\mathrm{RL}} = -i(30 + 80) = -220 \mathrm{e}^{-19t} \mathrm{V}$$

3. RL 电路的全响应

RL 全响应电路（$U \neq 0, i_{\mathrm{L}}(0_-) \neq 0$）如图 3.4.6 所示,开关 S 断开已久,在 $t = 0$ 时开关闭合。由于电感初始储能不为零,所以是完全响应问题。

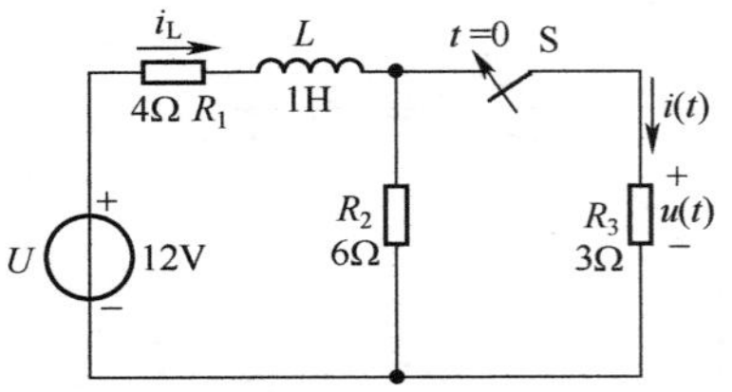

根据三要素法

$$i_{\mathrm{L}} = i_{\mathrm{L}}(\infty) + [i_{\mathrm{L}}(0_+) - i_{\mathrm{L}}(\infty)] \mathrm{e}^{-\frac{t}{\tau}}$$

由已知条件可得

$$i_{\mathrm{L}}(0_+) = i_{\mathrm{L}}(0_-) = \frac{U}{R_1 + R_2} = \frac{12}{4 + 6} = 1.2 \mathrm{A}$$

图 3.4.6　RL 全响应电路

$$i_{\mathrm{L}}(\infty) = \frac{U}{R_1 + \dfrac{R_2 \times R_3}{R_2 + R_3}} = 2 \mathrm{A}$$

$$\tau = \frac{L}{R_0} = \frac{L}{R_1 + \dfrac{R_2 \times R_3}{R_2 + R_3}} = \frac{1}{6} \mathrm{s}$$

所以

$$i_{\mathrm{L}} = 2 + (1.2 - 2) \mathrm{e}^{-6t} = 2 - 0.8 \mathrm{e}^{-6t}, t \geqslant 0$$

$$u = i R_3 = \frac{R_2}{R_2 + R_3} \times i_{\mathrm{L}} \times R_3 = 4 - 1.6 \mathrm{e}^{-6t} \mathrm{V}, t \geqslant 0$$

电压与电流变化曲线如图 3.4.7 所示。

图 3.4.7　RL 全响应曲线

【**例 3.4.2**】　电路如图 3.4.8(a)所示,换路前电路处于稳态。S 在 $t = 0$ 时闭合,求电感电流 i_{L} 和电压 u_{L}。

解:用三要素法求解。

（1）求 $u_{\mathrm{L}}(0_+)$ 和 $i_{\mathrm{L}}(0_+)$

由 $t=0_-$ 等效电路(见图 3.4.8(b))可求得

$$i_L(0_-) = \frac{2}{1+2} \times 3 = 2\text{A}$$

根据换路定律　　　　　　$i_L(0_+) = i_L(0_-) = 2\text{A}$

由 $t=0_+$ 等效电路(图 3.4.8(c))可求得

$$u_L(0_+) = -i_L(0_+) \times \left(\frac{2 \times 2}{2+2} + 1\right) = -4\text{V}$$

(2) 求稳态值 $i_L(\infty)$ 和 $u_L(\infty)$

由 $t=\infty$ 等效电路(图 3.4.8(d))可求得

$$i_L(\infty) = 0\text{V}, \quad u_L(\infty) = 0$$

(3) 求时间常数

$$\tau = \frac{L}{R_0} = \frac{1}{2} = 0.5\text{s}$$

$$i_L = 0 + (2-0)\text{e}^{-2t} = 2\text{e}^{-2t}\,\text{A}$$

$$u_L = 0 + (-4-0)\text{e}^{-2t} = -4\text{e}^{-2t}\,\text{V}$$

u_L 和 i_L 变化曲线如图 3.4.8(e)所示。

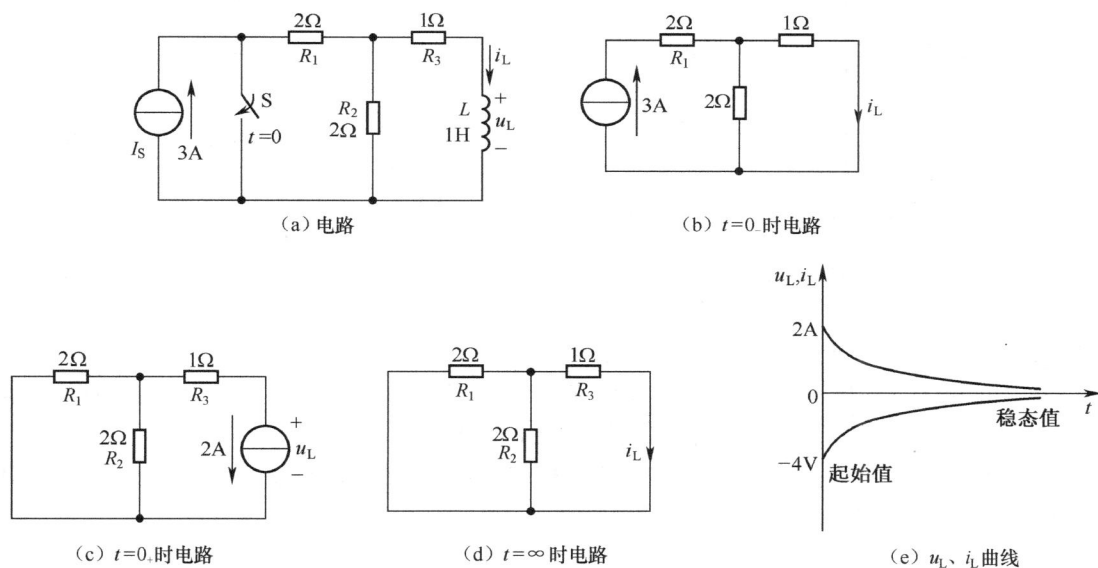

图 3.4.8　例 3.4.2 电路

习题

3.1　除电容电压 $u_C(0_+)$ 和电感电流 $i_L(0_+)$ 外,电路中其他电压和电流的初始值应在什么电路中确定。在 0_+ 电路中,电容元件和电感元件有什么特点?

3.2　(1) 什么叫一阶电路? 分析一阶电路的简便方法是什么?

(2) 一阶电路的三要素公式中的三要素指什么?

(3) 在电路的暂态分析时,如果电路没有初始储能,仅由外界激励源的作用产生的响应称为什么响应? 如果无外界激励源作用,仅由电路本身初始储能的作用所产生的响应称为什么响应? 既有初始储能又有外界激励所产生的响应称为什么响应?

3.3　电路如题 3.3 图所示,原处于稳态。试确定换路初始瞬间所示电压和电流的初始值。

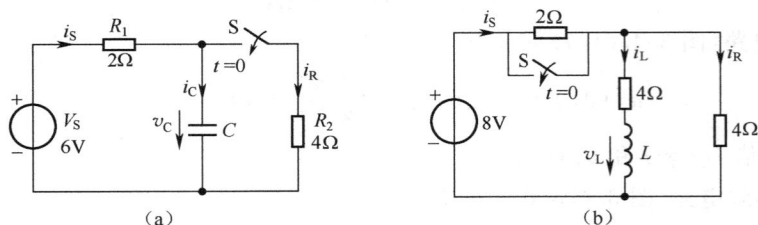

题 3.3 图

3.4　电路如题 3.4 图所示,原处于稳态。试确定换路初始瞬间所示电压和电流的初始值。

3.5　电路如题 3.5 图所示。试求:开关 S 闭合后瞬间各元件中电流及其两端电压的初始值。当电路达到稳态时的各稳态值又是多少? 设开关 S 闭合前储能元件未储能。

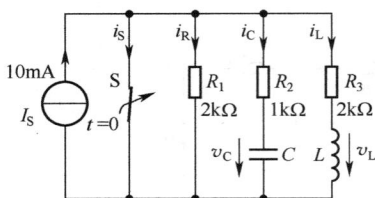

题 3.4 图

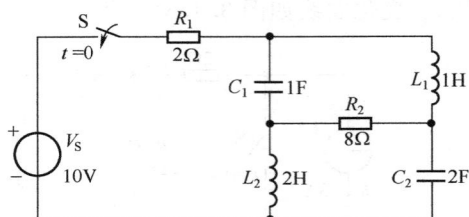

题 3.5 图

3.6　在题 3.6 图所示电路中,已知 $E=20\text{V}$, $R=5\text{k}\Omega$, $C=100\mu\text{F}$,设电容初始储能为零。试求:(1)电路的时间常数 τ;(2)开关 S 闭合后的电流 i,各元件的电压 v_C 和 v_R,并作出它们的变化曲线;(3)经过一个时间常数后的电容电压值。

3.7　在题 3.7 图所示电路中, $E=40\text{V}$, $R_1=R_2=2\text{k}\Omega$, $C_1=C_2=10\mu\text{F}$,电容元件原先均未储能。试求开关 S 闭合后电容元件两端的电压 $v_C(t)$。

3.8　在题 3.8 图所示电路中,电路原处于稳态。在 $t=0$ 时将开关 S 闭合,试求开关 S 闭合后电容元件两端的电压 $v_C(t)$。

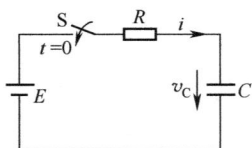

题 3.6 图

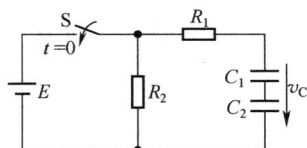

题 3.7 图

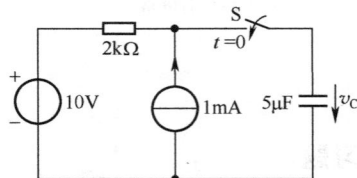

题 3.8 图

3.9　在题 3.9 图所示电路中,电路原处于稳态。在 $t=0$ 时将开关 S 闭合,试求开关 S 闭合后电容元件两端的电压 $v_C(t)$。

3.10　题 3.10 图所示电路原处于稳态。已知 $R_1=3\text{k}\Omega$, $R_2=6\text{k}\Omega$, $I_S=3\text{mA}$, $C=5\mu\text{F}$,

在 $t=0$ 时将开关 S 闭合,试求开关 S 闭合后电容的电压 $v_C(t)$ 及各支路电流。

3.11　题 3.11 图所示电路原处于稳态。已知 $V_S=20\text{V}$,$C=4\mu\text{F}$,$R=50\text{k}\Omega$。在 $t=0$ 时闭合 S_1,在 $t=0.1\text{s}$ 时闭合 S_2,求 S_2 闭合后的电压 $v_R(t)$。

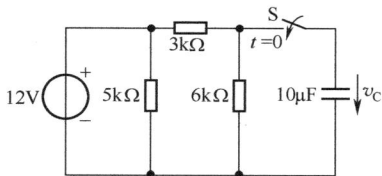
题 3.9 图

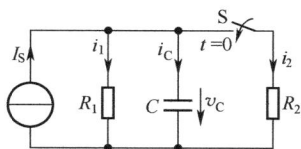
题 3.10 图

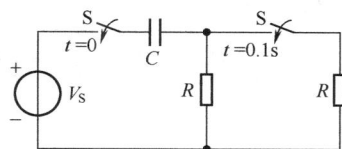
题 3.11 图

3.12　题 3.12 图所示电路原处于稳态。在 $t=0$ 时将开关 S 打开,试求开关 S 打开后电感元件的电流 $i_L(t)$ 及电压 $v_L(t)$。

3.13　题 3.13 图所示电路原处于稳态。在 $t=0$ 时将开关 S 闭合,试求开关 S 闭合后电路所示的各电流和电压,并画出其变化曲线(已知 $L=2\text{H}$,$C=0.125\text{F}$)。

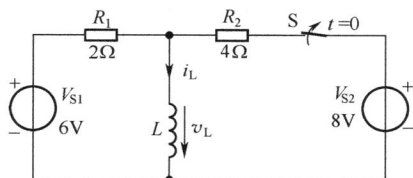
题 3.12 图

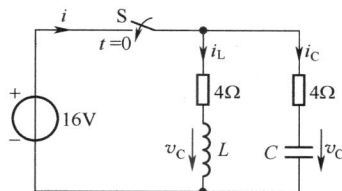
题 3.13 图

第4章
正弦交流电路的分析

第 2 章研究的电路是在直流电源作用下的稳态电路,其特点是激励和响应都是常数。本章将分析研究线性电路在正弦激励下的稳态响应问题。可以证明,在线性电路中,如果全部激励都是同一频率的正弦函数,则电路中的全部稳态响应也将是同频率的正弦函数。这类电路称为正弦交流电路。

目前,世界上电力工程中所用的电压、电流,几乎都采用正弦函数的形式。其中大多数问题,都可以按正弦交流电路的问题来加以分析处理。另外,正弦函数是周期函数的一个重要的特例。电工技术中的非正弦的周期函数,都可以分解为一个频率成整数倍的正弦函数的无穷级数。这类问题也可以按正弦交流电路的方式来分析处理。

4.1 正弦量的三要素

电路中按正弦规律变化的电压或电流,统称为正弦量。对正弦量的数学描述,可以采用 sin 函数,也可采用 cos 函数。本书采用 sin 函数。

正弦量可用瞬时表达式或波形图来描述。正弦电压 $u(t)$ 瞬时表达式为

$$u(t) = U_m \sin(\omega t + \varphi_u)$$

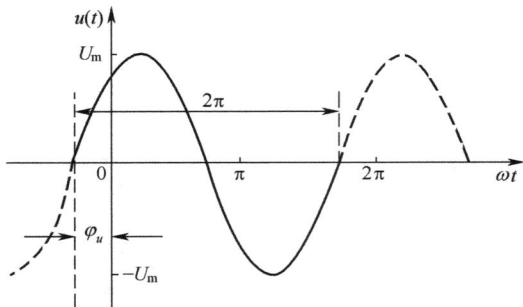

图 4.1.1 正弦电压 $u(t)$ 的波形

式中,U_m 为正弦电压的最大值,又称振幅或者幅值;ω 为角频率,反映正弦量变化的快慢;φ_u 为初相角或初相位,反映正弦量起始位置。幅值、角频率和初相位合称为正弦量的三要素。正弦电压 $u(t)$ 的波形图如图 4.1.1 所示。

1. 频率、周期及角频率

正弦量是时间的函数,通常把正弦量完成一个循环所需要的时间定义为正弦量的周期,用 T 表示,周期的单位为 s。把在单位时间内完成周期的个数定义为频率,用 f 表示,则

$$f = \frac{1}{T}$$

式中,频率 f 的单位为 Hz。我国工业用电的频率为 50Hz,周期为 0.02s。

$\omega t + \varphi_u$ 为正弦电压的相位角,角频率就是相位角随时间变化的速度,即

$$\omega = \frac{\mathrm{d}}{\mathrm{d}t}(\omega t + \varphi_u)$$

式中，ω 的单位是 rad/s。它与正弦量的周期 T 和频率 f 有如下关系

$$\omega = \frac{2\pi}{T} = 2\pi f$$

可见，频率、周期及角频率都能反映正弦量变化的快慢。

2. 幅值与有效值

正弦量在任一瞬间的值称为瞬时值，用小写字母来表示，如 i、u 及 e 表示电流、电压及电动势的瞬时值。瞬时值中最大的值称为幅值或最大值，用带下标 m 的大写字母来表示，如 I_m、U_m 及 E_m 分别表示电流、电压及电动势的幅值。

正弦电流、电压的瞬时值是随时间变化的，在电工技术中，往往并不需要知道每一瞬间的大小，在这种情况下，就需要为它规定一个表征它大小的特定值，这就是有效值。

交流电的有效值的定义：将交流电流 $i(t)$ 和直流电流 I 分别加到两个阻值相同的电阻上，如果两个电阻在相同时间内消耗的电能一样，则把直流电流 I 的大小定义为交流电流 $i(t)$ 的有效值。

设电阻的阻值为 R，交流电流加到电阻上，在一个电流周期 T 内消耗的电能为

$$P = \int_0^T p(t)\,\mathrm{d}t = \int_0^T i^2 R\,\mathrm{d}t = R\int_0^T i^2\,\mathrm{d}t$$

当直流电流加到电阻 R 上，电阻在 T 时间内消耗的电能为

$$P = I^2 RT$$

根据有效值的定义，有

$$I^2 RT = R\int_0^T i^2\,\mathrm{d}t$$

交流电流的有效值与瞬时值之间的关系为

$$I = \sqrt{\frac{1}{T}\int_0^T i^2\,\mathrm{d}t} \tag{4-1-1}$$

把正弦交流电流表达式

$$i(t) = I_m \sin(\omega t + \varphi_i)$$

代入式(4-1-1)得

$$I = \frac{I_m}{\sqrt{2}} \approx 0.707 I_m \tag{4-1-2}$$

类似地，可得

$$U = \frac{U_m}{\sqrt{2}} \approx 0.707 U_m \tag{4-1-3}$$

$$E = \frac{E_m}{\sqrt{2}} \approx 0.707 E_m \tag{4-1-4}$$

由此可见，正弦量的有效值等于其振幅的 0.707 倍，与正弦量的频率、初相位无关。有效值可以代替振幅作为正弦量三要素中的一个要素。正弦量的瞬时表达式还可以写成如下形式

$$u(t) = \sqrt{2}\,U\sin(\omega t + \varphi_u)$$

$$i(t) = \sqrt{2}\,I\sin(\omega t + \varphi_i)$$

交流电气设备铭牌上标的电流值、电压值,以及交流电压表、电流表测量的数值一般都是指有效值。我们日常生活中用的交流电的电压为 220V,指的就是有效值,其最大值为 $220\sqrt{2}$,约为 310V。但各种器件和电气设备的绝缘水平——耐压值,则按最大值来考虑。

3. 初相位

正弦量是随时间而变化的,要确定一个正弦量还需注意计时起点($t=0$)。所取的计时起点不同,正弦量的初始值($t=0$ 时的值)就不同,到达幅值或某一特定值所需的时间也就不同。正弦电压可表示为 $u(t)=U_m\sin(\omega t+\varphi_u)$,它的初始值为 $u(0)=U_m\sin\varphi_u$,不等于 0。

式中的 $(\omega t+\varphi_u)$ 为正弦电压的相位角或相角,反映出正弦量变化的进程。$t=0$ 时的相位角称为初相角或初相位,即 $(\omega t+\varphi_u)|_{t=0}=\varphi_u$,单位是°或 rad,通常在主值 $|\varphi_u|\leqslant\pi$ 范围内取值,初相角的大小与计时起点的选择有关。

在正弦交流电路的分析中,经常要比较同频率正弦量的相位差。设任意两个同频率的正弦量,如一个是正弦电压,另一个是正弦电流,即

$$u=\sqrt{2}U\cos(\omega t+\varphi_u)$$
$$i=\sqrt{2}I\cos(\omega t+\varphi_i)$$

它们之间的相角或相位之差称为相位差,用 φ 来表示,即

$$\varphi=(\omega t+\varphi_u)-(\omega t+\varphi_i)=\varphi_u-\varphi_i$$

可见,对两个同频率的正弦量而言,相位差在任何瞬时下都是一个常数,等于它们的初相之差,而与计时起点无关。相位差是区分两个同频率正弦量的重要标志之一。相位差也在主值 $|\varphi|\leqslant\pi$ 范围内取值,用角度或弧度来表示。电路常采用"超前"和"滞后"等概念来说明两个同频率的正弦量相位比较的结果。

如果 $\varphi=\varphi_u-\varphi_i>0$,即 $\varphi_u>\varphi_i$,称正弦量 $u(t)$ 超前 $i(t)$,或者 $i(t)$ 滞后 $u(t)$,相位差如图 4.1.2 所示。从图上不难看出,$u(t)$ 到达正的最大值的时刻总是领先 $i(t)$。

如果 $\varphi=\varphi_u-\varphi_i=0$,即 $\varphi_u=\varphi_i$,称正弦量 $u(t)$ 与 $i(t)$ 同相,波形图如图 4.1.3(a)所示。如果 $\varphi=\varphi_u-\varphi_i=\dfrac{\pi}{2}$,称这两个正弦量的相位关系为正交,波形图如图 4.1.3(b)所示。如果 $\varphi=\varphi_u-\varphi_i=\pi$,则称两个正弦量的相位关系为反相,波形图如图 4.1.3(c)所示。

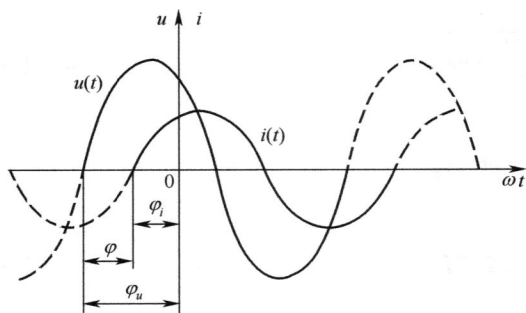

图 4.1.2 相位差

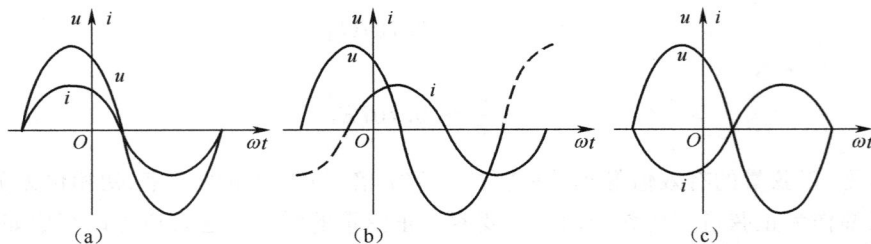

图 4.1.3 三种特殊的相位关系波形图

【例 4.1.1】　已知正弦电压有效值 $U=220\text{V}$,频率 $f=50\text{Hz}$,初相位 $\varphi=45°$。求这个正弦电压的瞬时值式。

解:因 $U=220\text{V}$,所以 $U_m=\sqrt{2}U=220\sqrt{2}\text{V}=310\text{V}$,又因 $f=50\text{Hz}$,所以

$$\omega=2\pi f=100\pi\ \text{rad/s}$$

正弦电压的瞬时值式为

$$u=220\sqrt{2}\sin(100\pi t+45°)=310\sin(100\pi t+45°)\text{V}$$

【例 4.1.2】　已知正弦电流的波形图如图 4.1.4 所示,写出该正弦电流的瞬时表达式,并计算其有效值。

解:正弦电流的最大值为

$$I_m=2\text{A}$$

有效值为

$$I=\sqrt{2}\approx1.414\text{A}$$

周期为

$$T=0.0175-(-0.0025)=0.02\text{s}$$

角频率为

$$\omega=\frac{2\pi}{T}=100\pi\approx314\text{rad/s}$$

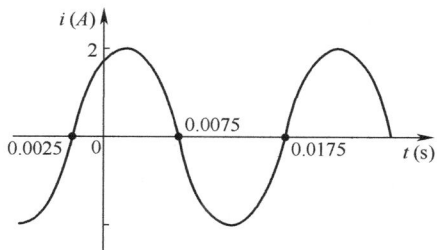

图 4.1.4　例 4.1.2 的波形图

初相位为

$$\varphi_i=\omega t_0=\frac{\pi}{4}\ \text{rad}$$

所以,该正弦电流的瞬时表达式为

$$i(t)=2\sin(100\pi t+45°)\text{A}$$

【例 4.1.3】　已知两正弦电流的表达式为

$$i_1(t)=5\sin(\omega t+\frac{3}{4}\pi)\text{A}$$

$$i_2(t)=3\sin(\omega t-\frac{\pi}{2})\text{A}$$

求两个电流之间的相位差,并说明它们的波形的相位超前与滞后关系。

解:电流 $i_1(t)$ 和 $i_2(t)$ 的相位差

$$\varphi=\varphi_1-\varphi_2=\frac{3\pi}{4}-\left(-\frac{\pi}{2}\right)=\frac{5\pi}{4}$$

显然,$|\varphi|>\pi$,这个角度在坐标里是第三象限角,用 $|\varphi|\leqslant\pi$ 的角度表述就应该是

$$\varphi=\frac{5\pi}{4}-2\pi=-\frac{3\pi}{4}$$

电流 $i_1(t)$ 的波形滞后 $i_2(t)$ 的波形 $\frac{3\pi}{4}$,即 135°,或电流 $i_2(t)$ 超前电流 $i_1(t)$ 135°。

4.2 正弦量的相量表示

相量是用来代表某一个频率正弦量的复数,引进相量之后,可以把正弦交流电路中三角函数的运算转变成复数之间的运算,从而降低了正弦交流电路的分析难度。在讲相量之前,首先复习一下有关复数的基本知识。

1. 复数的基本知识

1) 复数的表示

一个复数有多种表示形式,各形式之间又可以相互转换。

(1) 代数形式。复数 F 的代数形式为

$$F = a + \mathrm{j}b$$

式中,a 为复数 F 的实部;b 为复数 F 的虚部;j 为虚数符号,$\mathrm{j}^2 = -1$。

(2) 复平面中的向量表示

复数在实轴和虚轴构成的平面直角坐标系中,还可以用有向线段即向量来表示,复数的复平面表示法如图 4.2.1 所示。

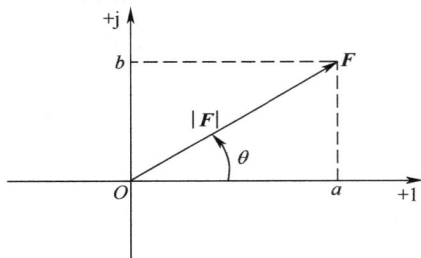

图 4.2.1　复数的复平面表示法

向量 $\boldsymbol{F}$ 的长度 $|\boldsymbol{F}| = OF$ 称为复数 F 的模,模总是正值。向量 $\boldsymbol{F}$ 与正实轴的夹角称为复数的辐角。复平面中用向量表示的复数,由其模和辐角的大小确定。

(3) 三角函数形式

由图 4.2.1 可知,如果将向量表示的复数转变成代数形式,则

实部　　　　　$a = |\boldsymbol{F}| \cos\theta$

虚部　　　　　$b = |\boldsymbol{F}| \sin\theta$

这样,复数又可以用三角函数形式表示

$$F = |\boldsymbol{F}|(\cos\theta + \mathrm{j}\sin\theta)$$

式中

$$|\boldsymbol{F}| = \sqrt{a^2 + b^2}$$

$$\theta = \arctan(b/a)$$

(4) 复指数形式。根据欧拉公式

$$\mathrm{e}^{\mathrm{j}\theta} = \cos\theta + \mathrm{j}\sin\theta$$

复数可以用复指数形式表示

$$F = |F|\mathrm{e}^{\mathrm{j}\theta}$$

在电路分析中为方便起见,常把这种复指数形式的复数写成极坐标形式

$$F = |F|\underline{/\theta}$$

【例 4.2.1】 将下列复数化为代数形式:(1) $2\underline{/45°}$;(2) $1\underline{/90°}$;(3) $1\underline{/-90°}$;(4) $1\underline{/0°}$;(5) $1\underline{/180°}$。

解:(1) $2\underline{/45°} = 2(\cos45° + \mathrm{j}\sin45°) = \sqrt{2} + \mathrm{j}\sqrt{2}$

(2) $1\underline{/90°} = 1(\cos90° + \mathrm{j}\sin90°) = \mathrm{j}$

(3) $1\underline{/-90°}=1[\cos(-90°)+j\sin(-90°)]=-j$

(4) $1\underline{/0°}=1(\cos0°+j\sin0°)=1$

(5) $1\underline{/180°}=1(\cos180°+j\sin180°)=-1$

【例 4.2.2】　将下列复数化为极坐标形式：(1) $F_1=1+j$；(2) $F_2=1-j$；(3) $F_3=-1+j\sqrt{3}$；(4) $F_4=-\sqrt{3}-j$。

解：(1) $|F_1|=\sqrt{1^2+1^2}=\sqrt{2}$ ，$\theta_1=\arctan1=45°$

F_1 的极坐标形式为

$$F_1=\sqrt{2}\underline{/45°}$$

(2) $|F_2|=\sqrt{1^2+(-1)^2}=\sqrt{2}$，$\theta_2=\arctan(-1)=-45°$

F_2 的极坐标形式为

$$F_2=\sqrt{2}\underline{/-45°}$$

(3) $|F_3|=\sqrt{1^2+(\sqrt{3})^2}=2$，$\theta_3=180°+\arctan(-\sqrt{3})=120°$

F_3 的极坐标形式为

$$F_3=2\underline{/120°}$$

(4) $|F_4|=\sqrt{(-\sqrt{3})^2+(-1)^2}=2$，$\theta_4=-180°+\arctan(1/\sqrt{3})=-150°$

F_4 的极坐标形式为

$$F_4=2\underline{/-150°}$$

2）复数的运算

（1）复数的加减法运算

复数的加减法可以用复数的代数形式进行。设 $F_1=a_1+jb_1$，$F_2=a_2+jb_2$，则

$$F_1\pm F_2=(a_1+jb_1)\pm(a_2+jb_2)=(a_1\pm a_2)+j(b_1\pm b_2)$$

即两个复数相加减，等于它们的实部相加减、虚部相加减。

复数的加减法还可以在复平面内用向量的形式进行。以 $\boldsymbol{F}_1$ 和 $\boldsymbol{F}_2$ 为平行四边形相邻的两个边作平行四边形，则平行四边形的对角线就是 $\boldsymbol{F}_1$ 与 $\boldsymbol{F}_2$ 的和 $\boldsymbol{F}$，这个方法称为平行四边形法则，如图 4.2.2(a)所示。将 $\boldsymbol{F}_1$ 或 $\boldsymbol{F}_2$ 平移到平行四边形的对边，则两个加数向量首尾相接，由图 4.2.2(b)可以看出，连接加数向量始端与末端的向量也是它们的和，这种作图的方法称为三角形法则。

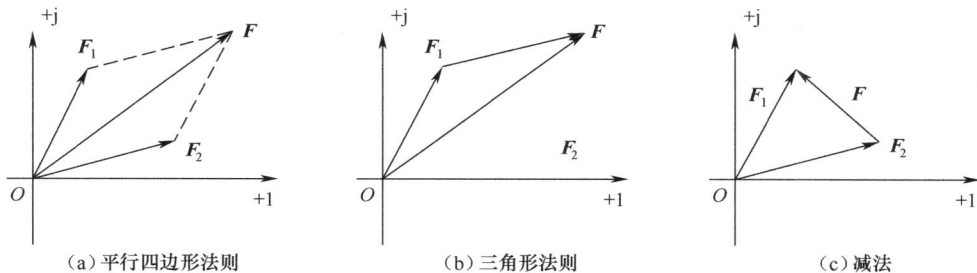

(a)平行四边形法则　　　(b)三角形法则　　　(c)减法

图 4.2.2　复数加法的几何运算

复数的减法可以化成加法来运算

$$F_1 - F_2 = F_1 + (-F_2)$$

由平行四边形法则可知,平行四边形的另一条对角线就是两者之差,差向量的箭头指向被减数,如图 4.2.2(c)所示。

如果相加减的两个复数是极坐标形式,可以先将它们的形式转换成代数形式然后再进行加法或减法运算。

(2)复数的乘除法运算

复数的乘除法运算则以复数的复指数形式或极坐标形式计算较为方便。设 $F_1 = |F_1|e^{j\theta_1} = |F_1|\angle\theta_1$,$F_2 = |F_2|e^{j\theta_2} = |F_2|\angle\theta_2$,则

$$F_1 \cdot F_2 = |F_1|e^{j\theta_1} \cdot |F_2|e^{j\theta_2} = |F_1| \cdot |F_2|e^{j(\theta_1+\theta_2)}$$

或

$$F_1 \cdot F_2 = |F_1|\angle\theta_1 \cdot |F_2|\angle\theta_2 = |F_1| \cdot |F_2|\angle\theta_1+\theta_2$$

$$\frac{F_1}{F_2} = \frac{|F_1|e^{j\theta_1}}{|F_2|e^{j\theta_2}} = \frac{|F_1|}{|F_2|}e^{j(\theta_1-\theta_2)}$$

或

$$\frac{F_1}{F_2} = \frac{|F_1|\angle\theta_1}{|F_2|\angle\theta_2} = \frac{|F_1|}{|F_2|}\angle\theta_1-\theta_2$$

可见,两个复数相乘是它们的模相乘,辐角相加;两个复数相除是它们的模相除,辐角相减。

在复数中,有一个特殊的复数 j,它是一个模为 1,辐角为 90° 的复数。任何一个复数乘以它之后,模不变,辐角加 90°。在复平面坐标里,相当于把原来那个复数向量逆时针旋转 90°。另一个特殊的复数是 −j,它是一个模为 1,辐角为 −90° 的复数。一个复数乘以 −j 之后,模不变,辐角减少 90°。在复平面坐标里面,相当于把原来的那个复数向量顺时针旋转 90°。

通常,把模相同、辐角互为相反数的两个复数称为共轭复数,如 $F_1 = |F|\angle\theta = a+bj$ 与 $F_2 = |F|\angle-\theta = a-bj$ 就是一对共轭复数,它们的共轭关系可表示为 $F_1 = F_2^*$。共轭的两个复数相乘等于复数模的平方,即

$$F_1 \cdot F_2 = |F|\angle\theta \cdot |F|\angle-\theta = |F|^2\angle0° = |F|^2 = a^2+b^2$$

在代数形式进行复数除法时,常用这个特点实现分母的实化,即

$$\frac{F_1}{F_2} = \frac{a_1+jb_1}{a_2+jb_2} = \frac{(a_1+jb_1)(a_2-jb_2)}{(a_2+jb_2)(a_2-jb_2)} = \frac{a_1a_2+b_1b_2}{a_2^2+b_2^2} + j\frac{a_2b_1-a_1b_2}{a_2^2+b_2^2}$$

乘法也可以用复数的代数形式直接计算结果,即

$$F_1 \cdot F_2 = (a_1+jb_1)(a_2+jb_2) = (a_1a_2-b_1b_2) + j(a_1b_2+a_2b_1)$$

【例 4.2.3】 已知:$F_1 = 5\sqrt{2}+5\sqrt{2}j$,$F_2 = 10\sqrt{2}\angle135°$,试计算 F_1+F_2、$F_1 \cdot F_2$ 的值。

解:计算两个复数之和时,先把复数化为代数形式;计算两个复数之积时,先把两个复数化成极坐标形式,即

$$F_1 = 5\sqrt{2}+5\sqrt{2}j = 10\angle45°,\ F_2 = 10\sqrt{2}\angle135° = -10+j10$$

$$F_1+F_2 = (5\sqrt{2}-10) + j(5\sqrt{2}+10) \approx -2.929+j17.071$$

$$F_1 \cdot F_2 = 100\sqrt{2}\angle180° = -100\sqrt{2}$$

2. 正弦量的相量表示

根据欧拉公式

$$e^{j\theta} = \cos\theta + j\sin\theta$$

令 $\theta = \omega t + \varphi$,则

$$e^{j(\omega t+\varphi)} = \cos(\omega t + \varphi) + j\sin(\omega t + \varphi)$$

显然

$$\cos(\omega t + \varphi) = \text{Re}[e^{j(\omega t+\varphi)}]$$
$$\sin(\omega t + \varphi) = \text{Im}[e^{j(\omega t+\varphi)}]$$

式中,Re[ ]为对括号中复数取实部;Im[ ]为对括号中的复数取虚部。

因此,正弦电压 $u(t) = U_m \sin(\omega t + \varphi_u)$ 可以表示为

$$u(t) = \text{Im}[U_m e^{j(\omega t+\varphi_u)}]$$
$$= \text{Im}[U_m e^{j\varphi_u} \cdot e^{j\omega t}]$$
$$= \text{Im}[\dot{U}_m \cdot e^{j\omega t}]$$

式中

$$\dot{U}_m = U_m e^{j\varphi_u} = U_m \angle \varphi_u$$

$\dot{U}_m$ 为一个与时间无关的复数,其模是正弦电压的振幅,其辐角是正弦电压的初相位。称 $\dot{U}_m$ 为 $u(t)$ 的振幅相量或最大值相量。

在单一频率的线性电路中,所有响应都是同频率的正弦量,不同的是各响应的振幅和初相位。而这两个信息全部包含在振幅相量之中。因此在电路分析时,常用相量代表正弦量来分析计算,使得正弦交流电路的分析变得简单。

如果以正弦量的有效值为模,初相位为辐角,这样构成的相量称为有效值相量。例如,正弦电压的有效值相量可写为 $\dot{U} = U\angle \varphi_u$ 。

显然: $\dot{U}_m = \sqrt{2}\dot{U}$ 。

关于正弦量与相量的关系有一个重要的结论:多个正弦量和的相量等于这些正弦量相量的和。现以两个正弦量的和为例证明。

设两个正弦量 $u_1(t) = U_{1m}\sin(\omega t + \varphi_{u1})$, $u_2(t) = U_{2m}\sin(\omega t + \varphi_{u2})$,则

$$u(t) = u_1(t) + u_2(t) = \text{Im}[U_{1m}e^{j(\omega t+\varphi_{u1})}] + \text{Im}[U_{2m}e^{j(\omega t+\varphi_{u2})}]$$
$$= \text{Im}[U_{1m}e^{j(\omega t+\varphi_{u1})} + U_{2m}e^{j(\omega t+\varphi_{u2})}]$$
$$= \text{Im}[(U_{1m}e^{j\varphi_{u1}} + U_{2m}e^{j\varphi_{u2}})e^{j\omega t}]$$
$$= \text{Im}[(\dot{U}_{1m} + \dot{U}_{2m})e^{j\omega t}]$$
$$= \text{Im}[\dot{U}_m e^{j\omega t}]$$

因此,正弦量 $u(t)$ 的振幅相量: $\dot{U}_m = \dot{U}_{1m} + \dot{U}_{2m}$ 。这个结论很有用,它是推导出 KCL、KVL 相量形式的理论基础。

将相量用复平面中的有向线段表示,以展示电路中各物理量之间相对大小和相位关系的图称为相量图。

【例 4.2.4】 已知 $i_1(t) = 10\sin(\omega t + 30°)$A , $i_2(t) = 8\sqrt{2}\sin(\omega t + 150°)$A 。试求 $i(t) = i_1(t) + i_2(t)$ 的瞬时表达式,绘出相量图。

解:写出 $i_1(t)$ 、$i_2(t)$ 的有效值相量

$$\dot{I}_1 = 5\sqrt{2}\,\underline{/30°}\ \mathrm{A},\ \dot{I}_2 = 8\,\underline{/150°}\ \mathrm{A}$$

因为　　$i(t) = i_1(t) + i_2(t)$

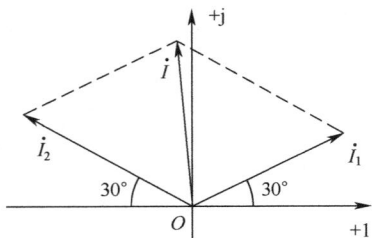

图 4.2.3　例 4.2.4 的相量图

所以　　$\dot{I} = \dot{I}_1 + \dot{I}_2 = 5\sqrt{2}\,\underline{/30°} + 8\,\underline{/150°} \approx 7.58\,\underline{/96°}\ \mathrm{A}$

因此　　$i(t) = 7.58\sqrt{2}\sin(\omega t + 96°)\mathrm{A}$

相量图如图 4.2.3 所示。

在使用相量时要注意:①相量代表正弦量,但是不等于正弦量;②只有代表正弦量的复数才是相量,有些量尽管也是复数,但是它不代表正弦量,所以它不是相量。③注意相量符号书写的规范性,相量变量的符号是在大写字母上加一点,不可用小写字母。

4.3　单一电路元件交流电路分析

分析各种正弦交流电路,不外乎要确定电路中电压与电流之间的关系(大小和相位),并讨论电路中能量的转换和功率问题。

分析各种交流电路时,必须首先掌握单一参数(电阻、电感、电容)元件电路中电压与电流之间的关系,因为其他电路无非是一些单一参数元件的组合而已。

1. 电阻元件的交流电路

图 4.3.1(a)为一个线性电阻元件的交流电路,电阻值为 R,电流和电压的参考方向关联。两者的关系由欧姆定律确定,即

$$u = Ri$$

设流过电阻的电流为

$$i(t) = I_{\mathrm{m}}\sin(\omega t + \varphi_i)$$

则电阻两端的电压为

$$u(t) = Ri(t) = RI_{\mathrm{m}}\sin(\omega t + \varphi_i) = U_{\mathrm{m}}\sin(\omega t + \varphi_u)$$

电阻上电压和电流大小、相位关系分别为

$$U_{\mathrm{m}} = RI_{\mathrm{m}}, U = RI, \varphi_u = \varphi_i \tag{4-3-1}$$

式(4-3-1)的结果表明:当线性电阻通过正弦电流时,电阻两端的电压与电流是同频率的正弦量,且相位同相,电压和电流的振幅、有效值之间均满足欧姆定律。

用相量表示电压与电流的关系,得到

$$\dot{I}_{\mathrm{m}} = I_{\mathrm{m}}\,\underline{/\varphi_i}, \dot{U}_{\mathrm{m}} = RI_{\mathrm{m}}\,\underline{/\varphi_u} = R\dot{I}_{\mathrm{m}}$$

$$\frac{\dot{U}_{\mathrm{m}}}{\dot{I}_{\mathrm{m}}} = \frac{RI_{\mathrm{m}}\,\underline{/\varphi_u}}{I_{\mathrm{m}}\,\underline{/\varphi_i}} = R$$

则有　　　　　　　$\dot{U}_{\mathrm{m}} = R\dot{I}_{\mathrm{m}}$　　或者　　$\dot{U} = R\dot{I}$ 　　　　　(4-3-2)

可见,用相量既可以表示出数量关系,也可以表示出相位关系。电阻的相量模型和相量图如图 4.3.1(b)和图 4.3.1(c)所示。

已知电压与电流的变化规律和相互关系,便可计算出电路中的功率。在任意瞬间,电压瞬时值 u 与电流瞬时值 i 的乘积称为瞬时功率,用小写字母 p 代表,即

$$p = ui = U_m I_m \sin^2 \omega t = \frac{U_m I_m}{2}(1 - \cos 2\omega t) = UI(1 - \cos 2\omega t) \qquad (4-3-3)$$

由式(4-3-3)可见,p 由两部分组成:①常数 UI;②幅值为 UI,并以 2ω 的角频率随时间而变化的交变量 $UI\cos 2\omega t$。p 随时间而变化的波形如图 4.3.1(d)所示。

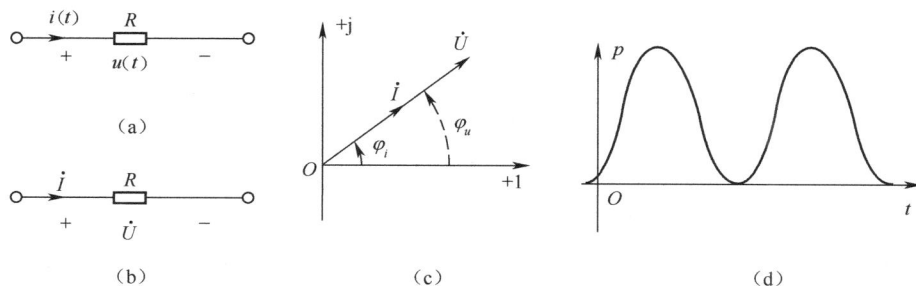

图 4.3.1　正弦交流电路中的电阻元件

由于在电阻元件的交流电路中 u 与 i 同相,它们同时为正,同时为负,所以瞬时功率总是正值,即 $p \geqslant 0$。瞬时功率为正,表示外电路从电源取用能量。在这里就是电阻元件从电源取用电能而转换为热能。

一个周期内电路消耗电能的平均速度,即瞬时功率的平均值,称为平均功率。在电阻元件电路中,平均功率为

$$P = \frac{1}{T}\int_0^T p\,dt = \frac{1}{T}\int_0^T UI(1 - \cos 2\omega t)\,dt = UI = RI^2 = \frac{U^2}{R} \qquad (4-3-4)$$

平均功率的单位为 W。

【例 4.3.1】　把一个 100Ω 的电阻元件接到频率为 $50\,\text{Hz}$、电压有效值为 $10\,\text{V}$ 的正弦电源上,问电流是多少? 如果保持电压值不变,而电源频率改变为 $5000\,\text{Hz}$,这时电流是多少?

解:因为电阻与频率无关,所以电压有效值保持不变时,电流有效值相等,即

$$I = \frac{U}{I} = \frac{10}{100} = 0.1\,\text{A}$$

2. 电感元件的交流电路

在图 4.3.2(a)所示的电感元件的正弦交流电路中,u、i 设为关联参考方向,两者的关系是

$$u = L\frac{di}{dt}$$

设 $i(t) = I_m \sin(\omega t + \varphi_i)$ 为参考正弦量,则将电流表达式代入得

$$u(t) = \omega L I_m \cos(\omega t + \varphi_i) = \omega L I_m \sin(\omega t + \varphi_i + 90°) = U_m \sin(\omega t + \varphi_u)$$

电感上电压和电流大小、相位关系分别为

$$U_m = \omega L I_m \qquad U = \omega L I \qquad \varphi_u = \varphi_i + 90° \qquad (4-3-5)$$

式(4-3-5)结果表明:当线性电感通过正弦电流时,电感两端的电压与电流是同频率的正弦量,在相位上电压超前电流 $90°$,它们的最大值、有效值之间满足类似于欧姆定律的关系,其中

$$X_{\mathrm{L}} = \frac{U_{\mathrm{m}}}{I_{\mathrm{m}}} = \frac{U}{I} = \omega L = 2\pi f L$$

显然，ωL 起到了阻碍电流的作用，即当电压一定时，ωL 愈大，电流愈小，它的单位是 Ω，称为感抗，它与 f 成正比，因此电感对高频电流的阻碍作用很大，而对直流（$f=0$），$X_{\mathrm{L}}=0$ 相当于短路。

用相量表示电压与电流的关系，得到

$$\dot{I}_{\mathrm{m}} = I_{\mathrm{m}}\angle\varphi_i \;,\; \dot{U}_{\mathrm{m}} = \omega L I_{\mathrm{m}}\angle(\varphi_i + 90°) = U_{\mathrm{m}}\angle(\varphi_i + 90°)$$

$$\frac{\dot{U}_{\mathrm{m}}}{\dot{I}_{\mathrm{m}}} = \frac{U_{\mathrm{m}}\angle(\varphi_i + 90°)}{I_{\mathrm{m}}\angle\varphi_i} = \frac{U_{\mathrm{m}}}{I_{\mathrm{m}}}\angle 90° = \frac{U}{I}\angle 90° = X_{\mathrm{L}}\angle 90° = \mathrm{j}X_{\mathrm{L}}$$

则有
$$\dot{U}_{\mathrm{m}} = \mathrm{j}X_{\mathrm{L}}\dot{I}_{\mathrm{m}} = \mathrm{j}\omega L\dot{I}_{\mathrm{m}}\,,\; \dot{U} = \mathrm{j}X_{\mathrm{L}}\dot{I} = \mathrm{j}\omega L\dot{I} \qquad (4-3-6)$$

电感的相量模型和相量图如图 4.3.2(b)、(c)所示。

知道了电压与电流的变化规律和相互关系后，便可找出瞬时功率的变化规律，即

$$p = ui = U_{\mathrm{m}}I_{\mathrm{m}}\sin\omega t\sin(\omega t + 90°) = \frac{U_{\mathrm{m}}I_{\mathrm{m}}}{2}\sin 2\omega t = UI\sin 2\omega t \qquad (4-3-7)$$

式中，p 为一个幅值为 UI，并以 2ω 的角频率随时间而变化的交变量，其变化波形如图 4.3.2(d)所示。

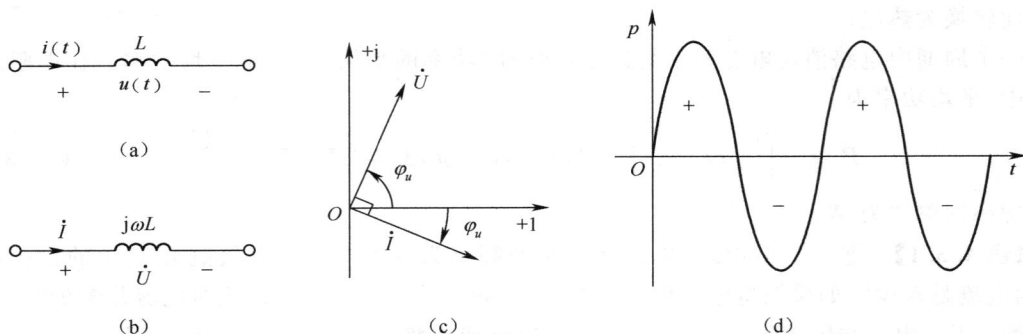

图 4.3.2　正弦交流电路中的电感元件

在第一个和第三个 $\frac{1}{4}$ 周期内，p 是正的（u 和 i 正负相同）；在第二个和第四个 $\frac{1}{4}$ 周期内，p 是负的（u 和 i 一正一负）。瞬时功率的正负可以这样来理解：当瞬时功率为正值时，电感元件处于受电状态，它从电源取用电能；当瞬时功率为负值时，电感元件处于供电状态，它把电能归还电源。

在电感元件电路中，平均功率为

$$P = \frac{1}{T}\int_0^T p\,\mathrm{d}t = \frac{1}{T}\int_0^T UI\sin 2\omega t\,\mathrm{d}t = 0$$

从上述可知，在电感元件的交流电路中，没有能量消耗，只有电源与电感元件间的能量互换。这种能量互换的规模用无功功率 Q 来衡量。这里规定无功功率等于瞬时功率的幅值，即

$$Q = UI = X_{\mathrm{L}}I^2 \qquad (4-3-8)$$

它并不等于单位时间内互换了多少能量。无功功率的单位是乏(var)或千乏(kvar)。

　　应当指出,电感元件和后面将要讲的电容元件都是储能元件,它们与电源间进行能量互换是工作所需。这对电源,也是一种负担。但对储能元件本身,没有消耗能量,故将往返于电源与储能元件之间的功率命名为无功功率。因此,平均功率也可称为有功功率。

　　【例 4.3.2】　把一个 0.1H 的电感元件接到频率为 50Hz、电压有效值为 10V 的正弦电源上,电流是多少? 如保持电压值不变,而电源频率改变为 5000Hz,这时电流将为多少?

　　解: 当 $f = 50\text{Hz}$ 时,有

$$I = \frac{U}{X_L} = \frac{10}{2 \times 3.14 \times 50 \times 0.1} = 0.318\text{A}$$

　　当 $f = 5000\text{Hz}$ 时,有

$$I = \frac{U}{X_L} = \frac{10}{2 \times 3.14 \times 5000 \times 0.1} = 0.00318\text{A} = 3.18\text{mA}$$

可见,在电压有效值一定时,频率愈高,通过电感元件的电流有效值愈小。

　　3. 电容元件的交流电路

　　如图 4.3.3(a) 所示的电容元件的正弦交流电路中,u、i 设为关联参考方向,设 $u(t) = U_m \sin(\omega t + \varphi_u)$,则由电容元件伏安特性的瞬时表达式为

$$i(t) = C \frac{\mathrm{d}u(t)}{\mathrm{d}t}$$

将正弦电压代入得

$$i(t) = \omega C U_m \cos(\omega t + \varphi_u) = \omega C U_m \sin(\omega t + \varphi_u + 90°) = I_m \sin(\omega t + \varphi_i)$$

　　由此可见,在正弦交流电路中,电容电流和电压是同频率的正弦量,大小、相位关系为

$$I_m = \omega C U_m \quad 或 \quad I = \omega C U \,, \quad \varphi_u = \varphi_i - 90° \tag{4-3-9}$$

　　式(4-3-9)结果表明:当线性电容通过正弦电流时,电容两端的电压与电流是同频率的正弦量,在相位上电流超前电压 90°,它们的最大值、有效值之间满足类似于欧姆定律的关系,其中

$$X_C = \frac{U_m}{I_m} = \frac{U}{I} = \frac{1}{\omega C} = \frac{1}{2\pi f C}$$

显然,$\frac{1}{\omega C}$ 起到了阻碍电流的作用,即当电压一定时,$\frac{1}{\omega C}$ 愈大,电流愈小,它的单位是 Ω,称为容抗,它与 f 成反比,因此电容对高频电流的阻碍作用相对较小。而对直流($f = 0$),$X_C = \infty$,电容相当于开路,具有"隔直"作用。

　　用相量表示电压与电流的关系,得到

$$\dot{U}_m = U_m \angle 0° \,, \quad \dot{I}_m = \omega C U_m \angle 90° = I_m \angle 90°$$

$$\frac{\dot{U}_m}{\dot{I}_m} = \frac{U_m \angle 0°}{I_m \angle 90°} = \frac{U_m}{I_m} \angle -90° = \frac{U}{I} \angle -90° = X_C \angle -90° = -\mathrm{j}X_C$$

则有　　　　　　$$\dot{U}_m = -\mathrm{j}X_C \dot{I}_m = -\mathrm{j}\frac{1}{\omega C}\dot{I}_m \quad 或 \quad \dot{U} = -\mathrm{j}X_C \dot{I} = -\mathrm{j}\frac{1}{\omega C}\dot{I} \tag{4-3-10}$$

　　电容的相量模型和相量图如图 4.3.3(b) 和图 4.3.3(c) 所示。

　　知道了电压与电流的变化规律和相互关系后,便可找出瞬时功率的变化规律,即

$$p = ui = U_m I_m \sin\omega t \sin(\omega t + 90°) = \frac{U_m I_m}{2}\sin 2\omega t = UI \sin 2\omega t \tag{4-3-11}$$

式中，p 为一个幅值为 UI，是以 2ω 的角频率随时间而变化的交变量，其变化波形如图 4.3.3(d) 所示。

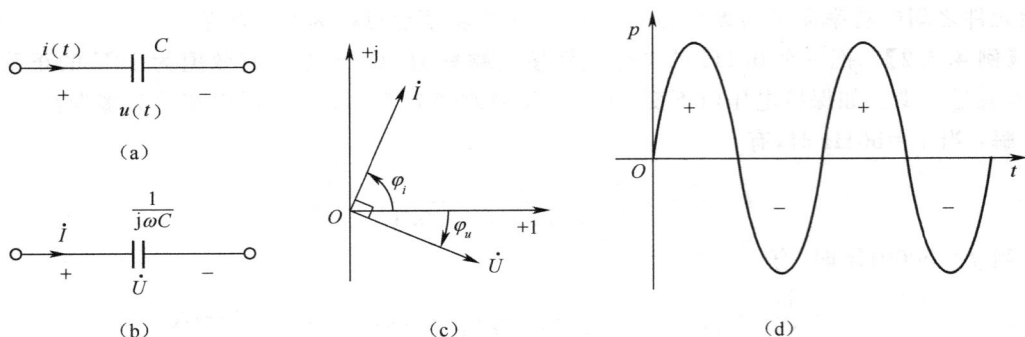

图 4.3.3 正弦交流电路中的电容元件

在第一个和第三个 $\frac{1}{4}$ 周期内，p 是正的（u 和 i 正负相同）；在第二个和第四个 $\frac{1}{4}$ 周期内，p 是负的（u 和 i 一正一负）。瞬时功率的正负可以这样来理解：当瞬时功率为正值时，电容元件处于充电状态，它从电源取用电能；当瞬时功率为负值时，电容元件处于放电状态，它把电能归还电源。

在电容元件电路中，平均功率为

$$P = \frac{1}{T}\int_0^T p\,\mathrm{d}t = \frac{1}{T}\int_0^T UI\sin2\omega t\,\mathrm{d}t = 0$$

从上述可知，在电容元件的交流电路中，没有能量消耗，只有电源与电容元件间的能量互换。这种能量互换的规模，用无功功率 Q 来衡量。这里规定无功功率等于瞬时功率的幅值，即

$$Q = -UI = -X_C I^2 \tag{4-3-12}$$

即电容性无功功率取负值，而电感性无功功率取正值。

【例 4.3.3】 把一个 $25\,\mu F$ 的电容元件接到频率为 50Hz、电压有效值为 10V 的正弦电源上，问电流是多少？如果保持电压值不变，而电源频率改变为 5000Hz，这时电流是多少？

解：当 $f = 50Hz$ 时，有

$$X_C = \frac{1}{2\pi f C} = \frac{1}{2\times3.14\times50\times25\times10^{-6}} = 127.4\Omega$$

$$I = \frac{U}{X_C} = \frac{10}{127.4} = 0.078A = 78mA$$

当 $f = 5000Hz$ 时，有

$$X_C = \frac{1}{2\pi f C} = \frac{1}{2\times3.14\times5000\times25\times10^{-6}} = 1.274\Omega$$

$$I = \frac{U}{X_C} = \frac{10}{1.274} = 7.8A$$

可见，在电压有效值一定时，频率愈高，通过电容元件的电流有效值愈大。

4.4　RLC 串联的交流电路分析

电阻、电感与电容元件串联的交流电路如图 4.4.1(a)所示。电路的各元件通过同一电流。电流与各电压的参考方向如图 4.4.1(a)所示。分析这种电路可以应用 4.3 节的内容。

1. 电压和电流关系

如图 4.4.1(a)所示,根据基尔霍夫电压定律列出相量表示的电压与电流关系为

$$\dot{U} = \dot{U}_R + \dot{U}_L + \dot{U}_C = R\dot{I} + jX_L\dot{I} - jX_C\dot{I} = [R + j(X_L - X_C)]\dot{I} \qquad (4-4-1)$$

式(4-4-1)即基尔霍夫电压定律的相量表示式。

将式(4-4-1)写成

$$\frac{\dot{U}}{\dot{I}} = R + j(X_L - X_C) \qquad (4-4-2)$$

式中,$R + j(X_L - X_C)$ 为电路的阻抗,用大写的 Z 代表,即

$$Z = R + j(X_L - X_C) = \sqrt{R^2 + (X_L - X_C)^2}\, e^{j\arctan\frac{X_L - X_C}{R}} = |Z|\, e^{j\varphi} \qquad (4-4-3)$$

式中

$$|Z| = \sqrt{R^2 + (X_L - X_C)^2} = \sqrt{R^2 + \left(\omega L - \frac{1}{\omega C}\right)^2} \qquad (4-4-4)$$

为阻抗的模,即

$$\frac{U}{I} = \sqrt{R^2 + (X_L - X_C)^2} = |Z| \qquad (4-4-5)$$

阻抗的单位是 Ω,也具有对电流起阻碍作用的性质。

$$\varphi = \arctan\frac{X_L - X_C}{R} \qquad (4-4-6)$$

是阻抗的辐角,即为电压与电流之间的相位差。

式(4-4-1)所示的 RLC 串联交流电路中电压与电流的关系还可以用图 4.4.1(b)所示的相量图来表示。

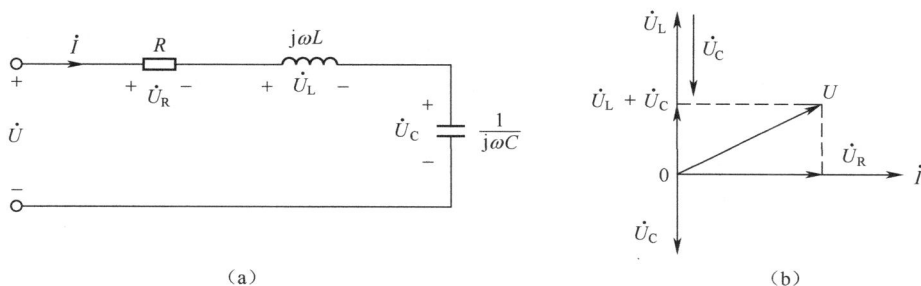

图 4.4.1　RLC 串联的交流电路及相量图

由式(4-4-6)可见,电压 u 和电流 i 之间的相位差大小取决于电路的参数。

若 $X_L > X_C$,即 $U_L > U_C$,则 $\varphi > 0$,这时电路是电感性的。电感性电路中的电压 u 的相位

超前于电流 i 。

若 $X_L < X_C$，即 $U_L < U_C$，则 $\varphi < 0$，这时电路是电容性的。电容性电路中的电压 u 的相位滞后于电流 i 。

若 $X_L = X_C$，即 $U_L = U_C$，则 $\varphi = 0$，这时电路是电阻性的。电阻性电路中的电压 u 与电流 i 是同相的。

【例 4.4.1】 试计算如图 4.4.2 所示的二端网络 ab 在角频率：$\omega_1 = 10\text{rad/s}$、$\omega_2 = 100\text{rad/s}$ 以及 $\omega_3 = 1000\text{rad/s}$ 三种情况下的阻抗，并说明阻抗的性质。

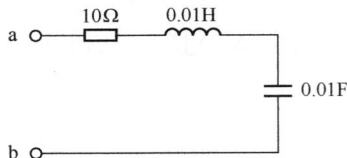

图 4.4.2　例 4.4.1 图

解：3 个元件串联，等效阻抗等于 3 个元件阻抗之和，即

$$Z = R + j\omega L + \frac{1}{j\omega C} = R + j\left(\omega L - \frac{1}{\omega C}\right)$$

当 $\omega = \omega_1 = 10\text{rad/s}$ 时，$Z = 10 + j(0.1 - 10) = 10 - 9.9j\,\Omega$，是电容性阻抗。

当 $\omega = \omega_2 = 100\text{rad/s}$ 时，$Z = 10 + j(1-1) = 10\,\Omega$，是电阻性阻抗。

当 $\omega = \omega_3 = 1000\text{rad/s}$ 时，$Z = 10 + j(10 - 0.1) = 10 + j9.9\,\Omega$，是电感性阻抗。

因为电感、电容元件的阻抗与频率有关，所以在求含有电感、电容元件无源二端网络的等效阻抗时必须给定频率，否则就无法确定阻抗的大小和性质。

2. 功率

1）瞬时功率

若以电流为参考相量，设电压 u 和电流 i 之间的相位差为 φ，则电压可表示为 $u = U_m \sin(\omega t + \varphi)$，此时电路的瞬时功率为

$$\begin{aligned}
p = ui &= U_m I_m \sin(\omega t + \varphi) \sin(\omega t) \\
&= 2UI \sin(\omega t + \varphi) \sin(\omega t) \\
&= UI \cos\varphi - UI \cos(2\omega t + \varphi)
\end{aligned}$$

可见，p 是一个常量与一个正弦量的叠加。

2）平均功率

$$P = \frac{1}{T} \int_0^T p\,\mathrm{d}t = \frac{1}{T} \int_0^T [UI\cos\varphi - UI\cos(2\omega t + \varphi)]\mathrm{d}t = UI\cos\varphi \qquad (4-4-7)$$

由式（4-4-7）可以看出，电路的平均功率并不是电压有效值与电流有效值的乘积，而是在该乘积的基础上打一个折扣，这个折扣系数 $\cos\varphi$ 称为功率因数。只有当电路呈电阻性时，$\varphi = 0$，$\cos\varphi = 1$，$P = UI$ 。

平均功率实际上就是电阻元件上消耗的有功功率，因此平均功率还可以表示为

$$P = UI\cos\varphi = U_R I = I^2 R = \frac{U_R^2}{R} \qquad (4-4-8)$$

对于有多个电阻元件的网络，总有功功率是各电阻元件消耗的有功功率之和。

3）无功功率

电感和电容元件与电源之间进行能量互换，相应的无功功率为

$$Q = IU_L - IU_C = I(U_L - U_C) = I^2(X_L - X_C) = UI\sin\varphi \qquad (4-4-9)$$

4）视在功率

在正弦交流电路中,电压有效值与电流有效值的乘积称为视在功率,用 S 表示,单位为 V・A。

$$S = UI = I^2 \mid Z \mid \tag{4-4-10}$$

视在功率通常用来表示设备(如变压器、发电机)的容量,它又表示可能取用有功功率的最大值,而实际取用功率的多少与电路参数有关。

由于平均功率 P 、无功功率 Q 和视在功率 S 三者所代表的意义不同,为区别起见,各采用不同的单位。

这三个功率之间有一定的关系,即

$$S^2 = P^2 + Q^2$$

显然,它们可以用一个直角三角形即功率三角形来表示,如图 4.4.3 所示。

另外,由式(4-4-5)可见,$\mid Z \mid$、R、$(X_L - X_C)$ 三者之间的关系以及由表 4.4.1 可见,U 、U_R、$(U_L - U_C)$ 三者之间的关系也都可以用直角三角形表示,它们分别称为阻抗三角形和电压三角形,功率、电压和阻抗三角形是相似的。

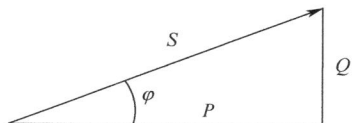

图 4.4.3　功率三角形

应当注意:功率和阻抗都不是正弦量,所以不能用相量表示。

在本节中,分析了电阻、电感与电容元件串联的交流电路,但在实际中常见到的是电阻与电感元件串联的电路(电容的作用可忽略不计)和电阻与电容元件串联的电路(电感的作用可忽略不计)。

交流电路中电压与电流的关系(大小和相位)有一定的规律性。现将几种正弦交流电路中电压与电流的关系列入表 4.4.1 中,以帮助读者总结和记忆。

表 4.4.1　正弦交流电路中电压与电流的关系

电路	一般关系式	电压和电流相位差	大小关系	相量关系
R	$u = iR$	$\varphi = 0$	$U = RI$	$\dot{U} = R\dot{I}$
L	$u = L\dfrac{\mathrm{d}i}{\mathrm{d}t}$	$\varphi = 90°$	$U = \omega L I$	$\dot{U} = jX_L\dot{I} = j\omega L\dot{I}$
C	$u = \dfrac{1}{C}\int i\,\mathrm{d}t$	$\varphi = -90°$	$I = \omega C U$	$\dot{U} = -jX_C\dot{I} = -j\dfrac{1}{\omega C}\dot{I}$
RL 串联	$u = iR + L\dfrac{\mathrm{d}i}{\mathrm{d}t}$	$\varphi > 0$	$U = \sqrt{R^2 + X_L^2}\,I$	$\dot{U} = (R + jX_L)\dot{I}$
RC 串联	$u = iR + \dfrac{1}{C}\int i\,\mathrm{d}t$	$\varphi < 0$	$U = \sqrt{R^2 + X_C^2}\,I$	$\dot{U} = (R - jX_C)\dot{I}$
RLC 串联	$u = iR + L\dfrac{\mathrm{d}i}{\mathrm{d}t} + \dfrac{1}{C}\int i\,\mathrm{d}t$	$\varphi > 0$ $\varphi = 0$ $\varphi < 0$	$U = \sqrt{R^2 + (X_L - X_C)^2}\,I$	$\dot{U} = [R + j(X_L - X_C)]\dot{I}$

【例 4.4.2】　图 4.4.4(a)所示的电路中,$i_S = 5\sqrt{2}\sin(10^3 t + 30°)$A , $R = 30\Omega$,$L = 0.12$H,$C = 12.5\,\mu$F,求电阻、电感、电容串联电路端电压 u_{ad} 和电感、电容串联电路端电压 u_{bd}。

解:建立电路 4.4.4(a)的相量模型图如图 4.4.4(b)所示。

图中 $\dot{I}_S = 5\underline{/30°}$A , $j\omega L = j120\Omega$, $-j\dfrac{1}{\omega C} = -j80\Omega$。

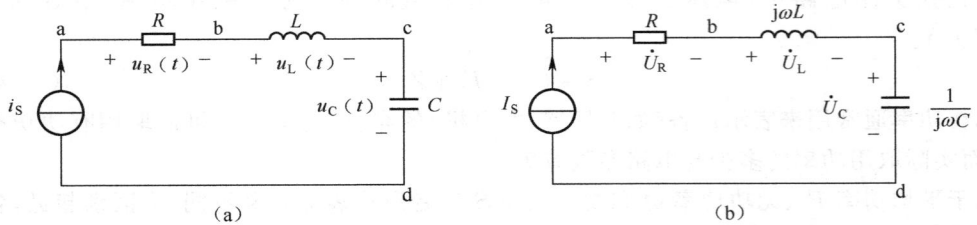

图 4.4.4　例 4.4.2 图

根据元件伏安特性（VCR）的相量形式

$$\dot{U}_R = R\dot{I} = 150\underline{/30°}\,V$$

$$\dot{U}_L = j\omega L\dot{I} = 600\underline{/120°}\,V$$

$$\dot{U}_C = -j\frac{1}{\omega C}\dot{I} = 400\underline{/-60°}\,V$$

根据 KVL

$$\dot{U}_{ad} = \dot{U}_R + \dot{U}_L + \dot{U}_C = 250\underline{/83°}\,V$$

$$\dot{U}_{bd} = \dot{U}_L + \dot{U}_C = 200\underline{/120°}\,V$$

将相量还原为正弦量

$$u_{ad} = 250\sqrt{2}\sin(10^3 t + 83°)\,V$$

$$u_{bd} = 200\sqrt{2}\sin(10^3 t + 120°)\,V$$

【例 4.4.3】　在电阻、电感与电容元件串联的交流电路中，已知 $R = 30\Omega$，$L = 127\,mH$，$C = 40\,\mu F$，电源电压 $u = 220\sqrt{2}\sin(314t + 20°)\,V$。求：(1)电流 i 及各部分电压 u_R、u_L、u_C；(2)功率 P 和 Q。

解：(1) $X_L = \omega L = 314 \times 127 \times 10^{-3} = 40\Omega$

$$X_C = \frac{1}{\omega C} = \frac{1}{314 \times 40 \times 10^{-6}} = 80\Omega$$

$$Z = R + j(X_L - X_C) = 30 - j40 = 50\underline{/-53°}\,\Omega$$

$$\dot{U} = 220\underline{/20°}\,V$$

于是得

$$\dot{I} = \frac{\dot{U}}{Z} = \frac{220\underline{/20°}}{50\underline{/-53°}} = 4.4\underline{/73°}\,A$$

$$i = 4.4\sqrt{2}\sin(314t + 73°)\,A$$

$$\dot{U}_R = R\dot{I} = 30 \times 4.4\underline{/73°} = 132\underline{/73°}\,V$$

$$u_R = 132\sqrt{2}\sin(314t + 73°)\,V$$

$$\dot{U}_L = jX_L\dot{I} = j40 \times 4.4\underline{/73°} = 176\underline{/163°}\,V$$

$$u_L = 176\sqrt{2}\sin(314t + 163°)\,V$$

$$\dot{U}_C = -jX_C\dot{I} = -j80 \times 4.4\underline{/73°} = 352\underline{/-17°}\,V$$

$$u_C = 352\sqrt{2}\sin(314t - 17°)\,V$$

(2) $P = UI\cos\varphi = 220 \times 4.4 \times \cos(-53°) = 220 \times 4.4 \times 0.6 = 580.8\,W$

$$Q = UI\sin\varphi = 220 \times 4.4\sin(-53°) = 220 \times 4.4 \times (-0.8) = -774.4\text{var}$$

【例 4.4.4】 已知正弦交流电路如图 4.4.5(a)所示,电压表 V_1 的读数为 100V,V_2 的读数为 100V。求电路中电压表 V_0 的读数。

解:首先把电路转化为相量模型,如图 4.4.5(b)所示。设定参考方向,并设 $\dot{I} = I\angle 0°$ A

由于电阻上电压与电流同相位,所以 $\dot{U}_1 = 100\angle 0°$ V $= 100$V。由于电感上电压超前电流 90°,所以 $\dot{U}_2 = 100\angle 90°$ V $= \text{j}100$V。

根据 KVL,$\dot{U}_0 = \dot{U}_1 + \dot{U}_2 = (100 + \text{j}100)$V $= 100\sqrt{2}\angle 45°$V $= 141\angle 45°$V

$U_0 = 141$V,电压表 V_0 的读数是 141V。

相量图如图 4.4.5(c)所示。

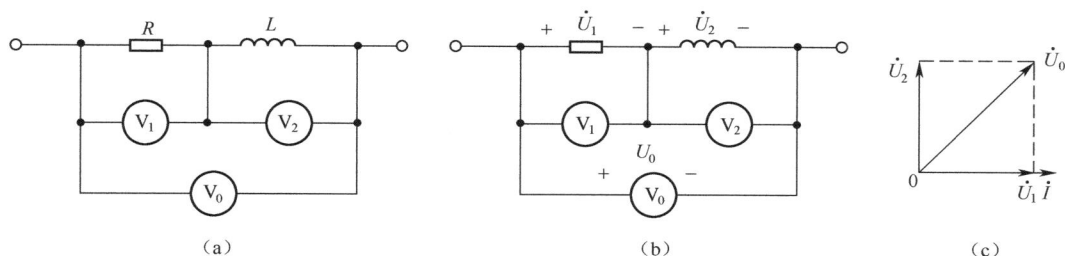

图 4.4.5　例 4.4.4 图

4.5　复杂正弦交流电路的分析

1. 阻抗的串联和并联

1)阻抗的串联

电路如图 4.5.1(a)所示,Z_1、Z_2 串联,流过同一电流。根据 KVL,有

$$\dot{U} = \dot{U}_1 + \dot{U}_2$$

而

$$\dot{U}_1 = Z_1\dot{I}, \dot{U}_2 = Z_2\dot{I}$$

所以

$$\dot{U} = Z_1\dot{I} + Z_2\dot{I} = (Z_1 + Z_2)\dot{I} = Z\dot{I}$$

因此等效阻抗为

$$Z = Z_1 + Z_2$$

阻抗 Z_1、Z_2 上的电压相量分别为

$$\dot{U}_1 = \frac{Z_1}{Z}\dot{U}, \dot{U}_2 = \frac{Z_2}{Z}\dot{U}$$

【例 4.5.1】 图 4.5.1(a)电路中,已知 $Z_1 = (2 + \text{j}2)\Omega$,$Z_2 = (3 + \text{j}4)\Omega$,电流 $\dot{I} = 10\angle -50.2°$A。求 $\dot{U}$。

解:$\dot{U}_1 = Z_1\dot{I} = (2 + \text{j}2) \times 10\angle -50.2° = 2\sqrt{2}\angle 45° \times 10\angle -50.2°$

$\quad\quad = 20\sqrt{2}\angle -5.2°$V $= (28.1 - \text{j}2.53)$V

$$\dot{U}_2 = Z_2 \dot{I} = (3+\text{j}4) \times 10\underline{/-50.2°} = 5\underline{/53.1°} \times 10\underline{/-50.2°} = 50\underline{/2.9°}$$
$$= (49.9 + \text{j}2.53)\ \text{V}$$

$$\dot{U} = \dot{U}_1 + \dot{U}_2 = 28.1 + 49.9 - \text{j}2.53 + \text{j}2.53 = 78\underline{/0°}\text{V}$$

或者

$$Z = Z_1 + Z_2 = 2 + \text{j}2 + 3 + \text{j}4 = 5 + \text{j}6 = 7.8\underline{/50.2°}\ \Omega$$

$$\dot{U} = Z\dot{I} = 7.8\underline{/50.2°} \times 10\underline{/-50.2°} = 78\underline{/0°}\text{V}$$

2）阻抗的并联

电路如图 4.5.1(b)所示，Z_1、Z_2 并联，接于同一电压，根据 KCL，有

$$\dot{I} = \dot{I}_1 + \dot{I}_2$$

而

$$\dot{I}_1 = \frac{\dot{U}}{Z_1}, \ \dot{I}_2 = \frac{\dot{U}}{Z_2}$$

所以

$$\dot{I} = \frac{\dot{U}}{Z_1} + \frac{\dot{U}}{Z_2} = \left(\frac{1}{Z_1} + \frac{1}{Z_2}\right)\dot{U} = \frac{1}{Z}\dot{U}$$

因此

$$\frac{1}{Z} = \frac{1}{Z_1} + \frac{1}{Z_2}$$

两个阻抗并联等效阻抗计算公式为

$$Z = \frac{Z_1 Z_2}{Z_1 + Z_2}$$

分流公式为

$$\dot{I}_1 = \frac{Z_2}{Z_1 + Z_2}\dot{I}$$

$$\dot{I}_2 = \frac{Z_1}{Z_1 + Z_2}\dot{I}$$

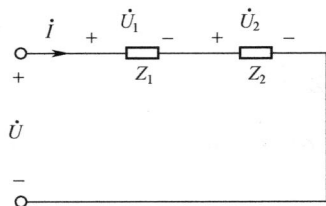 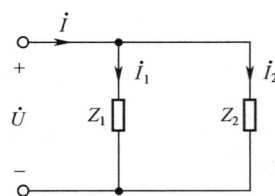

（a）阻抗的串联　　　　　　　　　　　　（b）阻抗的并联

图 4.5.1　阻抗的串联和并联

【例 4.5.2】 图 4.5.1(b)电路中，已知 $Z_1 = 2\sqrt{2}\underline{/45°}\ \Omega$，$Z_2 = -\text{j}2\ \Omega$，电压 $\dot{U} = 100\underline{/0°}\text{A}$。求 $\dot{I}$、$\dot{I}_1$ 和 $\dot{I}_2$。

解：
$$Z = \frac{Z_1 Z_2}{Z_1 + Z_2} = \frac{2\sqrt{2}\underline{/45°} \times (-\text{j}2)}{2 + \text{j}2 - \text{j}2} = \frac{4\sqrt{2}\underline{/-45°}}{2} = 2\sqrt{2}\underline{/-45°}\ \Omega$$

$$\dot{I} = \frac{\dot{U}}{Z} = \frac{100\angle 0°}{2\sqrt{2}\angle -45°} = 25\sqrt{2}\angle 45°\text{ A}$$

由分流公式得

$$\dot{I}_1 = \frac{\dot{I}}{Z_1 + Z_2}Z_2 = \frac{25\sqrt{2}\angle 45°}{2\sqrt{2}\angle 45° - j2}(-j2) = \frac{25\sqrt{2}\angle 45°}{2 + j2 - j2}(-j2) = 25\sqrt{2}\angle -45°\text{ A}$$

$$\dot{I}_2 = \dot{I} - \dot{I}_1 = (25\sqrt{2}\angle 45° - 25\sqrt{2}\angle -45°) = [25 + j25 - (25 - j25)] = j50\text{ A}$$

2. 复杂正弦交流电路的分析

前面已经对简单的正弦交流电路进行了分析,在此基础上可以对较为复杂的电路进行分析。主要分析方法和步骤如下:

(1) 作电路的相量模型,将 R、L、C 分别转换成对应的复阻抗 Z_R、Z_L、Z_C,将 u、i 转换成对应的相量 $\dot{U}$、$\dot{I}$(或 $\dot{U}_m$、$\dot{I}_m$)。

(2) 用前面学到的电路定律、定理和分析方法进行分析和复数运算。

(3) 将求得的 $\dot{U}$、$\dot{I}$(或 $\dot{U}_m$、$\dot{I}_m$)转换成 u、i 或所需要的形式。

(4) 必要时可以画出相量辅助分析图。

【例 4.5.3】 图 4.5.2(a)所示正弦交流电路中,已知 $\dot{U}_{S1} = 10\angle 0°\text{V}$,$\dot{U}_{S2} = 10\angle 90°$ V,$R = 10\Omega$,$jX_L = j10\Omega$,$Z = -j10\Omega$。用支路电流法和戴维南定理分别求电流 $\dot{I}$。

解:(1) 用支路电流法求解。

根据 KCL

$$\dot{I}_1 + \dot{I}_2 - \dot{I} = 0$$

根据 KVL,回路 I

$$R\dot{I}_1 + Z\dot{I} - \dot{U}_{S1} = 0$$

根据 KVL,回路 II

$$jX_L\dot{I}_2 - \dot{U}_{S2} + Z\dot{I} = 0$$

代入参数得

$$\dot{I}_1 + \dot{I}_2 - \dot{I} = 0$$

$$10\dot{I}_1 + (-j10)\dot{I} - 10\angle 0° = 0$$

$$j10\dot{I}_2 - 10\angle 90° + (-j10)\dot{I} = 0$$

联立求解得 $\dot{I} = j2\text{A}$。

(2) 用戴维南定理求解。首先断开待求支路,求开路电压 $\dot{U}_{OC}$,电路如图 4.5.2(b)所示。

$$\dot{I}' = \frac{\dot{U}_{S1} - \dot{U}_{S2}}{R + jX_L} = \frac{10 - j10}{10 + j10} = \frac{10\sqrt{2}\angle -45°}{10\sqrt{2}\angle 45°} = 1\angle -90°\text{A}$$

$$\dot{U}_{OC} = \dot{U}_{S2} + jX_L\dot{I} = 10\angle 90° + j10 \times 1\angle -90° = 10\sqrt{2}\angle 45°\text{V}$$

将一个端口网络内电源置零,求等效内阻抗 Z_0,电路如图 4.5.2(c)所示。

$$Z_0 = \frac{R \times jX_L}{R + jX_L} = \frac{10 \times j10}{10 + j10} = \frac{j100}{10\sqrt{2}\,\angle 45°} = 5\sqrt{2}\,\angle 45°\ \Omega$$

戴维南等效电路如图 4.5.2(d)所示,则

$$\dot{I} = \frac{\dot{U}_{OC}}{Z_0 + Z} = \frac{10\sqrt{2}\,\angle 45°}{5 + j5 - j10} = \frac{10\sqrt{2}\,\angle 45°}{5 - j5} = j2A$$

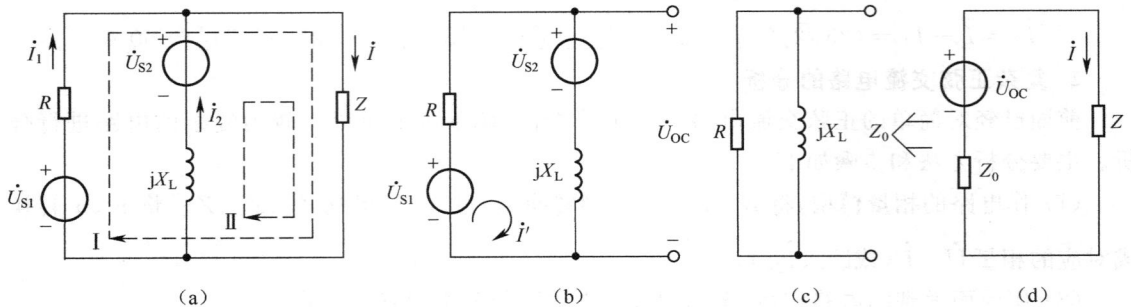

(a)　　　　　　　(b)　　　　　　　(c)　　　　　　　(d)

图 4.5.2　例 4.5.3 图

【例 4.5.4】 图 4.5.3 电路中,各交流电流表的读数均为该支路电流的有效值,其中电流表 A₁ 的读数为 1A,A₂ 的读数为 4A,A₃ 的读数为 3A,求电流表 A 和 A₄ 的读数。

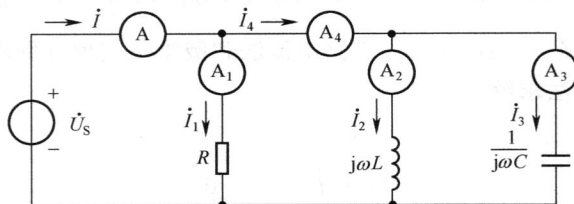

图 4.5.3　例 4.5.4 电路图

解法 1:用复数运算的方法。

设 $\dot{I}_1 = 1\angle 0°$A,则 $\dot{U}_S$ 的辐角为零。

电感电压超前电流 90°,所以:$\dot{I}_2 = 4\angle -90° = -4jA$。

电容电压滞后电流 90°,所以:$\dot{I}_3 = 3\angle 90° = 3jA$。

根据节点的 KCL 相量形式

$$\dot{I}_4 = \dot{I}_2 + \dot{I}_3 = -j = 1\angle -90°A$$

$$\dot{I} = \dot{I}_1 + \dot{I}_2 + \dot{I}_3 = 1 - j = \sqrt{2}\,\angle -45°A$$

所以,电流表 A₄ 的读数为 1A,电流表 A 的读数约为 1.414A。

解法 2:用作相量图的方法。

在用相量图辅助分析电路时,如果所有电压、电流的初相位都未知,可任意假设一个正弦量的初相位为零,其相量辐角为零,称这样的相量为参考相量。本题中选电压 $\dot{U}_S$ 为参考相量,作相量图,如图 4.5.4 所示。

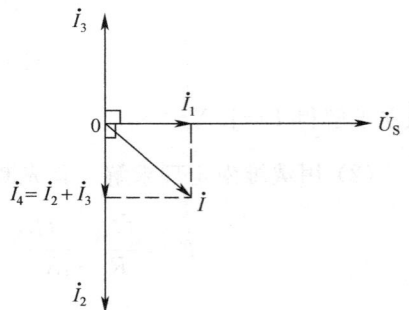

图 4.5.4　例 4.5.4 的相量图

相量图中,相量的长度就是相量的模,即电流的有效值。

电流表 A_4 的读数为

$$| \dot{I}_4 | = | \dot{I}_2 + \dot{I}_3 | = | 4 - 3 | = 1\mathrm{A}$$

电流表 A 的读数为

$$| \dot{I} | = \sqrt{I_4^2 + I_1^2} = \sqrt{2} \approx 1.414\mathrm{A}$$

相量图辅助分析方法是正弦交流电路分析的一个重要方法。

【例 4.5.5】　用等效的概念分析计算图 4.5.5 电路各支路电流相量。

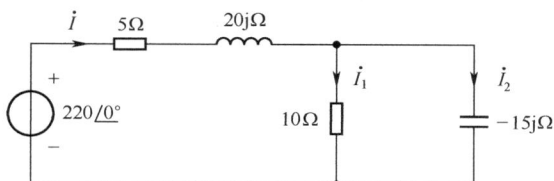

图 4.5.5　例 4.5.5 电路图

解:从电源端向右侧看,二端网络的等效阻抗为

$$Z = 5 + 20\mathrm{j} + 10 // (-15\mathrm{j}) = 5 + 20\mathrm{j} + \frac{10 \times (-15\mathrm{j})}{10 + (-15\mathrm{j})} \approx 19.46\underline{/52.2°}\,\Omega$$

电流 $\dot{I}$ 为

$$\dot{I} = \frac{\dot{U}}{Z} = \frac{220\underline{/0°}}{19.46\underline{/52.2°}} = 11.30\underline{/-52.2°}\mathrm{A}$$

由分流定律得

$$\dot{I}_1 = \frac{-15\mathrm{j}}{10 + (-15\mathrm{j})}\dot{I} = 9.40\underline{/-85.7°}\mathrm{A}$$

$$\dot{I}_2 = \frac{10}{10 + (-15\mathrm{j})}\dot{I} = 6.27\underline{/4.1°}\mathrm{A}$$

【例 4.5.6】　试用叠加定理分析图 4.5.6(a)电路中的电流 $i(t)$,已知:$u_\mathrm{S} = 4\sqrt{2}\sin(t)\mathrm{V}$, $i_\mathrm{S} = \sqrt{2}\cos(t)\mathrm{A}$。

解:建立电路的相量模型,如图 4.5.6(b)所示,其中,$\dot{I}_\mathrm{S} = 1\underline{/90°}\mathrm{A}$,$\dot{U}_\mathrm{S} = 4\underline{/0°}\mathrm{V}$。让电流源单独作用,如图 4.5.6(c)所示。

根据分流定律

$$\dot{I}' = \frac{-5\mathrm{j}}{5 + (-5\mathrm{j})}\dot{I}_\mathrm{S} = 0.5 + 0.5\mathrm{j}\,\mathrm{A}$$

让电压源单独作用,如图 4.5.6(d)所示。

$$\dot{I}'' = \frac{\dot{U}_\mathrm{S}}{5 + (-5\mathrm{j})} = \frac{4\underline{/0°}}{5 + (-5\mathrm{j})} = 0.4 + 0.4\mathrm{j}\,\mathrm{A}$$

根据叠加定理

$$\dot{I} = \dot{I}' + \dot{I}'' = 0.9 + 0.9\mathrm{j} = 0.9\sqrt{2}\underline{/45°}\mathrm{A}$$

正弦电流为

$$i(t) = 1.8\sin(t + 45°)\,A$$

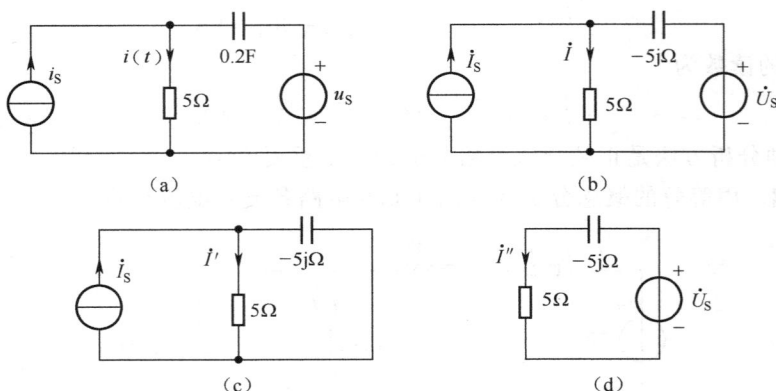

（a）　　　　　　　　　　　　（b）

（c）　　　　　　　　　　　　（d）

图 4.5.6　例 4.5.6 图

【例 4.5.7】　三表法测量电感线圈等效参数 L 和 R 的测量线路如图 4.5.7 所示。若 3 个表的读数分别为：电压表 100V，电流表 1A，瓦特表 50W，电源频率 50Hz。试求该线圈的 R 和 L 参数。

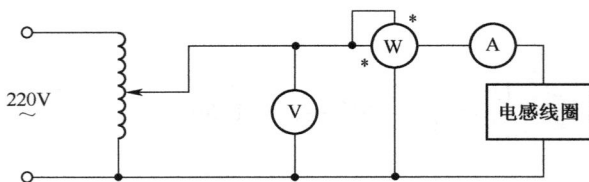

图 4.5.7　例 4.5.7 图

解：瓦特表测量的有功功率等于电阻消耗的功率，于是有

$$P = 50 = I^2 R = 1^2 R$$

则 $R = 50\,\Omega$。

线圈的阻抗模为

$$|Z| = \frac{U}{I} = 100 = \sqrt{R^2 + (\omega L)^2} = \sqrt{50^2 + (314L)^2}$$

得 $L = 0.276\,H$。

4.6　功率因数的提高

1. 提高功率因数的意义

在实际电路中，大量使用的是感性负载，如工厂中大量使用的电路及家用电器中的荧光灯和电风扇、空调机、电冰箱等都是感性负载，因此就造成了电压和电流不同相。电路的有功功率 $P = UI\cos\varphi$，不仅与 UI 的乘积有关，还与功率因数 $\cos\varphi$ 有关，而 φ 就是阻抗角，即电路的电压、电流的相位差。一般电路中的电压 U 是一定的（规定了电压的额定值），如果负载需要输入的

有功功率 P 是一定的,根据 $I=\dfrac{P}{U\cos\varphi}$,如果功率因数较低,可知传输导线中的电流比纯电阻性负载时有所增大,φ 越大,负载与电源间能量交换的规模越大。

电流的增大会产生两方面的问题:①会使导线上的损耗增加,传输相同的有功功率,导线就需要增大截面积;②会使供电设备的容量不能充分利用。由于供电设备的容量 $S_N=U_NI_N$,而 I_N 是它允许输出的最大电流,只有电阻性负载时,$P=UI$ 才有可能在数值上与 S_N 相等。在电压一定时,电流最大被限制在 I_N,功率因数越低,供电设备提供给负载的有功功率就越小。因此,需要想办法改善电路的功率因数,使它尽可能接近于 1。为此,我国供电部门规定:高压供电的工业用户必须保证用电功率因数在 0.9 以上,其他用户功率因数在 0.85 以上,否则将被罚款。

2. 提高功率因数的方法

一般感性负载并联电容可以提高功率因数,电路图和相量图如图 4.6.1(a)和(b)所示。

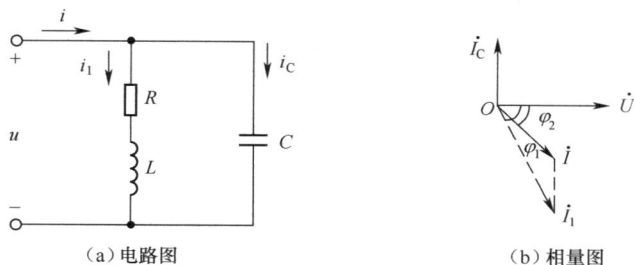

(a)电路图　　　　(b)相量图

图 4.6.1　提高功率因数

当感性负载没有并联电容 C 时,$\dot{I}$ 就是 $\dot{I}_1$,I_1 的数值较大。并联 C 以后,增加了一个超前的电流 $\dot{I}_C$,由相量分析可见总电流 I 减小了。在感性负载上并联了电容器后,整个电路感性变弱,减少了电源与负载间的能量互换,一部分能量互换在 L、C 之间进行。由图 4.6.1(b)可见

$$I_1\sin\varphi_1 = I\sin\varphi_2 + I_C$$
$$I_C = I_1\sin\varphi_1 - I\sin\varphi_2$$

因为

$$I_C = \omega CU \ , \ I_1 = \dfrac{P}{U\cos\varphi_1}$$

$$I = \dfrac{P}{U\cos\varphi_2} \text{(并联电容不会改变有功功率 } P \text{,负载电压 } U \text{ 也不变)}$$

所以

$$\omega CU = \dfrac{P}{U\cos\varphi_1}\sin\varphi_1 - \dfrac{P}{U\cos\varphi_2}\sin\varphi_2 = \dfrac{P}{U}(\tan\varphi_1 - \tan\varphi_2)$$

$$C = \dfrac{P}{\omega U^2}(\tan\varphi_1 - \tan\varphi_2)$$

这就是把功率因数角由 φ_1 变为 φ_2 所需并联电容的值。

感性负载并联电容之后,其本身的电压、电流及功率不变,而提高了电源或电网的功率因数。

【例 4.6.1】　有一个感性负载,额定电压 $U_N=220V$,电源频率 $f=50Hz$,额定功率 $P_N=50kW$,功率因数 $\cos\varphi_1=0.5$。(1)求电源供给的电流 I,无功功率 Q。(2)若并联电容使

$\cos\varphi_2=1$,问需要并联多大的电容？此时电流是多少？

解:(1)
$$P=UI\cos\varphi$$

$$I=\frac{P}{U\cos\varphi}=\frac{50\times10^3}{220\times0.5}=445\text{A}$$

因为 $\cos\varphi_1=0.5$,所以 $\varphi_1=60°$

$$\sin\varphi_1=\sin60°=0.866$$

$$Q=U_{\text{N}}I\sin\varphi_1=220\times455\times0.866=86700\text{var}$$

(2) $C=\dfrac{P}{\omega U^2}(\tan\varphi_1-\tan\varphi_2)=\dfrac{50\times10^3}{314\times220^2}(\tan60°-\tan0°)\text{F}=5698\,\mu\text{F}$

可并联 $6000\,\mu\text{F}/600\text{V}$ 的电容器。此时

$$I=\frac{P}{U_{\text{N}}\cos\varphi_2}\frac{50\times10^3}{220\times1}=227\text{A}$$

一般情况下,只要求将功率因数提高到 $0.9\sim0.95$ 就可以了。

功率因数补偿实际上利用的是电感元件和电容元件与外界能量交换的互补,将原本在电感与电源之间的能量交换,部分或全部转移到与电容之间进行,从而减少了干线电路的电流。

4.7　谐振电路

谐振现象是电路中可能产生的一种特殊现象,在实际电路中,它既被广泛地应用,有时又需避免谐振情况的发生,所以对谐振现象的研究有着重要的意义。

对于任一个由电阻、电感和电容组成的无源二端网络,其入端阻抗通常与电路的频率有关。如果在某种条件下,阻抗的虚部为零,此时电路呈电阻性,使端口电压和电流同相,这种现象称为谐振。下面分别讨论串联谐振和并联谐振。

1. 串联谐振

RLC 串联电路如图 4.7.1(a)所示,当正弦电压源的角频率为 ω 时,电路的等效阻抗为

$$Z=R+\text{j}(X_{\text{L}}-X_{\text{C}})=R+\text{j}\left(\omega L-\frac{1}{\omega C}\right)$$

其中

$$|Z|=\sqrt{R^2+(X_{\text{L}}-X_{\text{C}})^2}=\sqrt{R^2+\left(\omega L-\frac{1}{\omega C}\right)^2}$$

$$\varphi=\arctan\frac{X_{\text{L}}-X_{\text{C}}}{R}=\arctan\frac{\omega L-\dfrac{1}{\omega C}}{R}$$

当 $X_{\text{L}}=X_{\text{C}}$ 时,即 $\omega L=\dfrac{1}{\omega C}$ 时,$\varphi=0$,此时电路发生谐振现象,由于是发生在串联电路中,故称为串联谐振。电路发生谐振时的角频率称为谐振角频率,用 ω_0 表示为

$$\omega=\omega_0=\frac{1}{\sqrt{LC}}$$

串联谐振频率为

$$f = f_0 = \frac{\omega_0}{2\pi} = \frac{1}{2\pi\sqrt{LC}}$$

串联谐振频率仅取决于电路参数 L 和 C，它是电路本身固有的属性，因此 ω_0 又称为电路的固有角频率。只有当外施电压的角频率与电路的固有角频率相同时，电路才会发生串联谐振。在实际应用中，当信号源频率一定时，可以通过调整电路参数 L 或 C 使电路达到谐振，如无线电收音机的接收电路就是采用调节电容 C 的方法使电路对某一频率的信号产生谐振，以达到选择电波信号的目的。

电路发生谐振时，电路的阻抗 $|Z| = \sqrt{R^2 + (X_L - X_C)^2} = R$ 最小。当电源电压一定时，电流将达到最大值，即

$$I_0 = \frac{U}{|Z|} = \frac{U}{R}$$

由于谐振时 u、i 同相位（$\varphi = 0$），电路呈电阻性。电源（或信号源）供给的能量全部被电阻吸收，电源与电路之间不发生能量互换。能量互换只发生在 L、C 间（此时 $|Q_L| = |Q_C|$）。相量图如图 4.7.1(b)所示。

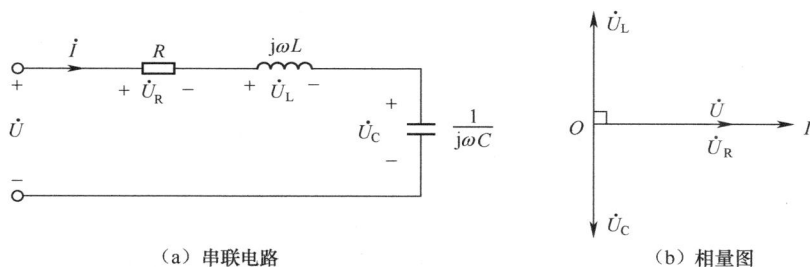

（a）串联电路　　　　　　　　　　　（b）相量图

图 4.7.1　RLC 串联谐振

由图 4.7.1(b)所示的相量图可见，由于 $\dot{U}_L$ 与 $\dot{U}_C$ 大小相同，相位相反（$\dot{U}_L + \dot{U}_C = 0$），相互抵消，因而电源电压 $\dot{U} = \dot{U}_R$。

虽然 $\dot{U}_L + \dot{U}_C = 0$，但是谐振时电感上的电压 $\dot{U}_L$ 和电容上的电压 $\dot{U}_C$ 本身不容忽视。因为

$$U_L = I_0 X_L = \frac{U}{R} X_L = \frac{X_L}{R} U$$

$$U_C = I_0 X_C = \frac{U}{R} X_C = \frac{X_C}{R} U$$

当 $X_L \gg R$，$X_C \gg R$ 时，$U_L \gg U$，$U_C \gg U$，所以串联谐振又称为电压谐振。若电压过高，可能会造成电感线圈或者电容器的绝缘被击穿，发生事故，产生危害。因此，电力系统应特别注意避免串联谐振的发生。通常把 $\frac{U_L}{U}$、$\frac{U_C}{U}$ 用 Q 表示，称为品质因数。

$$Q = \frac{U_L}{U} = \frac{\frac{X_L}{R} U}{U} = \frac{X_L}{R} = \frac{\omega_0 L}{R}$$

$$Q = \frac{U_C}{U} = \frac{\frac{X_C}{R} U}{U} = \frac{X_C}{R} = \frac{1}{\omega_0 CR}$$

品质因数的意义是表示在发生串联谐振时电感上或电容上的电压是电源电压的 Q 倍。

串联谐振在无线电工程中得到广泛应用,半导体收音机的输入电路就是用它来选择信号的。品质因数越高,电路对有用信号选频特性越好。

【例 4.7.1】　图 4.7.2 所示的电路中,已知: $u_S = \sqrt{2}\sin(10^6 t)$ V ,C 为可变电容,问 C 取多少时电路发生谐振? 谐振时电容电压为多少?

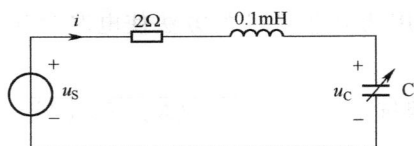

图 4.7.2　例 4.7.1 图

解:输入电压的角频率 $\omega = 10^6$ rad/s,若要电路发生谐振,需

$$\omega = \omega_0 = \frac{1}{\sqrt{LC}}$$

得到

$$C = \frac{1}{\omega^2 L} = \frac{1}{10^{12} \times 10^{-4}} = 10^{-8} \text{F} = 10000 \text{pF}$$

电路的品质因数为

$$Q = \frac{1}{R}\sqrt{\frac{L}{C}} = \frac{1}{2}\sqrt{\frac{10^{-4}}{10^{-8}}} = 50$$

电容电压有效值为

$$U_C(\omega_0) = QU_S = 50 \times 1 = 50 \text{V}$$

串联电路中,电流、电压、阻抗模以及阻抗角随频率的变化关系称为频率特性。电压、电流随频率变化的曲线称为谐振曲线。

阻抗的频率特性为

$$|Z| = \sqrt{R^2 + \left(\omega L - \frac{1}{\omega C}\right)^2}$$

$$\varphi = \arctan\left[\left(\omega L - \frac{1}{\omega C}\right)/R\right]$$

阻抗模、阻抗角的频率特性如图 4.7.3 所示。当 $\omega < \omega_0$,$\varphi < 0$ 时,电路呈容性;当 $\omega = \omega_0$,$\varphi = 0$ 时,电路呈电阻性(谐振状态);当 $\omega > \omega_0$,$\varphi > 0$ 时,电路呈感性。

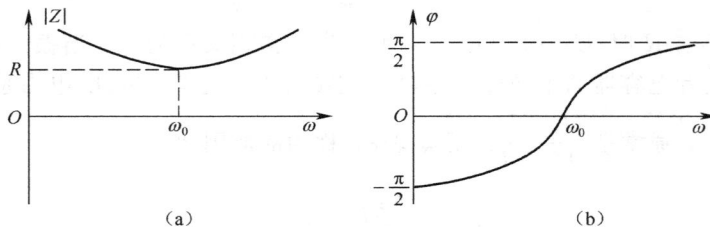

（a）　　　　　　　　　　（b）

图 4.7.3　阻抗的频率特性

当外施电压有效值不变时,电流的频率特性为

$$I(\omega)=\frac{U}{|Z|}=\frac{U}{\sqrt{R^2+\left(\omega L-\dfrac{1}{\omega C}\right)^2}}=\frac{U}{R\sqrt{1+Q^2\left(\dfrac{\omega}{\omega_0}-\dfrac{\omega_0}{\omega}\right)^2}}$$

式中，$Q=\dfrac{\omega_0 L}{R}=\dfrac{1}{\omega_0 RC}$ 为电路的品质因数。定义相对频率变量：$\eta=\dfrac{\omega}{\omega_0}$，并考虑到 $\dfrac{U}{R}=$ $I(\omega_0)$，则电流的频率响应特性为

$$I(\omega)=\frac{I(\omega_0)}{\sqrt{1+Q^2\left(\eta-\dfrac{1}{\eta}\right)^2}}$$

以电流的相对值 $\dfrac{I(\omega)}{I(\omega_0)}$ 为纵轴，以相对频率 η 为横轴作特性曲线，如图 4.7.4 所示。从电流的频率特性曲线可以看出，各种频率的激励在电路中产生的电流响应是不一样的，即 RLC 串联电路对激励的频率具有选择性，因而它是一种频率滤波器。当 $\eta=1$，即当 $\omega=\omega_0$ 时，$I(\omega)/I(\omega_0)$ 达到最大；当 ω 偏离 ω_0 时，$I(\omega)/I(\omega_0)$ 受到抑制，而且离 ω_0 越远，抑制得越严重。称这种滤波器为带通滤波器，固有频率 ω_0 为带通滤波器的中心频率。从特性曲线的最高处向下数 3dB，即取 $I(\omega)/I(\omega_0)$ 最大值 1 的 0.707 倍处，画一根平行于频率轴的直线，与谐振曲线有两个交点，交点间的频率宽度称为该谐振曲线的频带宽度，用 BW 表示。从图 4.7.4 可以看出，当 RLC 电路的品质因数越高，曲线形状在中心点附近就越尖锐，带宽就越小。当外加激励信号稍微偏离中心频率点时，响应就急剧下降，电路对非中心频率的输入具有较强的抑制能力，选择性能好。反之，Q 值较小，曲线在中心频率附近形状平缓，带宽大，选择性就差。图中 $Q_1>Q_2$，则 $\mathrm{BW}_1<\mathrm{BW}_2$。

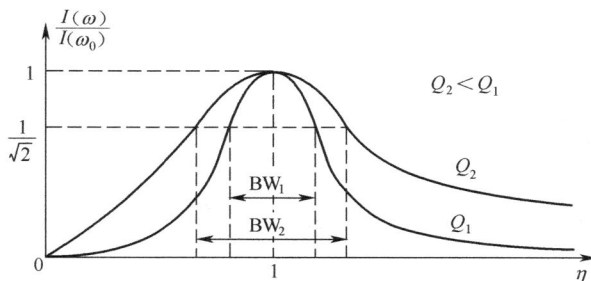

图 4.7.4　电流的频率特性曲线

令 $\dfrac{I(\omega)}{I(\omega_0)}=\dfrac{1}{\sqrt{2}}$，即

$$\frac{1}{\sqrt{1+Q^2\left(\eta-\dfrac{1}{\eta}\right)^2}}=\frac{1}{\sqrt{2}}$$

解得

$$\eta_1=-\frac{1}{2Q}+\sqrt{\frac{1}{4Q^2}+1}\ ,\ \eta_2=\frac{1}{2Q}+\sqrt{\frac{1}{4Q^2}+1}$$

于是有

$$\eta_2 - \eta_1 = \frac{1}{Q}$$

带宽为
$$\mathrm{BW} = \omega_2 - \omega_1 = \frac{\omega_0}{Q}$$

可见,RLC 串联电路的 Q 值越大,带宽 BW 就越小,选择性就越好。

【例 4.7.2】 RLC 串联电路中,$L=50\,\mu\mathrm{H}$,$C=100\mathrm{pF}$,$Q=50$,电源电压有效值 $U=1\mathrm{mV}$。求电路的谐振频率 f_0、谐振时电容的电压 U_C 和频带宽度 BW。

解:电路的谐振频率

$$f_0 = \frac{1}{2\pi\sqrt{LC}} = \frac{1}{2\pi\sqrt{50 \times 10^{-6} \times 100 \times 10^{-12}}} = 2.252\mathrm{MHz}$$

谐振时电容电压有效值为
$$U_\mathrm{C} = QU = 50 \times 1 = 50\mathrm{mV}$$

频带宽度为
$$\mathrm{BW} = \frac{f_0}{Q} = \frac{2.252}{50} \approx 0.045\mathrm{MHz} = 45\mathrm{kHz}$$

2. 并联谐振

串联谐振电路一般应用于信号源内阻较小情况,即适用于电压源。如果信号源为电流源,由于内阻较大,品质因数必降低,致使选择性显著变差,这种情况下应采用并联谐振电路。

图 4.7.5(a)所示为电感线圈与电容并联的谐振电路,R 是线圈的等效电阻,数值很小。等效阻抗为

$$Z = \frac{(R + \mathrm{j}X_\mathrm{L})(-\mathrm{j}X_\mathrm{C})}{(R + \mathrm{j}X_\mathrm{L}) - \mathrm{j}X_\mathrm{C}} = \frac{(R + \mathrm{j}\omega L)\dfrac{1}{\mathrm{j}\omega C}}{(R + \mathrm{j}\omega L) + \dfrac{1}{\mathrm{j}\omega C}} = \frac{R + \mathrm{j}\omega L}{\mathrm{j}\omega CR - \omega^2 LC + 1}$$

如果忽略电阻 R,等效阻抗近似为

$$Z \approx \frac{\mathrm{j}\omega L}{1 - \omega^2 LC + \mathrm{j}\omega CR} = \frac{1}{\dfrac{1}{\mathrm{j}\omega L} + \mathrm{j}\omega C + \dfrac{RC}{L}} = \frac{1}{\dfrac{RC}{L} + \mathrm{j}\left(\omega C - \dfrac{1}{\omega L}\right)}$$

要使 $\dot{U}$、$\dot{I}_\mathrm{S}$ 同相位,必须使 $\omega C = \dfrac{1}{\omega L}$,即

$$\omega_0 = \frac{1}{\sqrt{LC}}$$

得到

$$f_0 = \frac{1}{2\pi\sqrt{LC}}$$

由于谐振时,总阻抗最大,即

$$Z_0 = \frac{1}{\dfrac{RC}{L}} = \frac{L}{RC}$$

因此,电压一定时,总电流很小,这一点与串联谐振正好相反。

另外,从图 4.7.5(b)所示相量图可见,电感电流和电容电流都可能大于总电流,它的品质因数可以对应定义为

$$Q = \frac{I_L}{I} = \frac{I_C}{I}$$

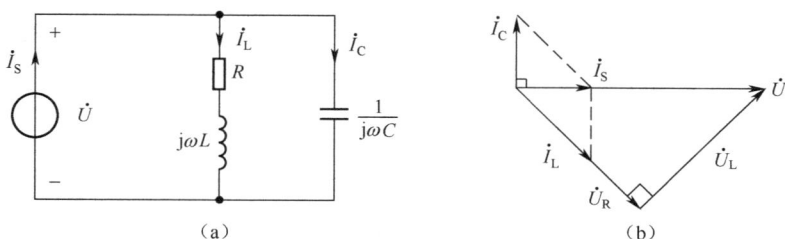

图 4.7.5　实际电感线圈与电容并联的谐振电路及相量图

并联谐振在无线电工程中也得到广泛的应用,例如中频放大电路中晶体管或集成放大电路输出端可以看成是电流源,它的负载就是 LC 并联谐振电路,对于谐振频率,总阻抗最大,电流源电流乘以大的阻抗,就可以得到较高电压,这种放大器称为谐振放大器。

习题

4.1　已知正弦交流电压 $U = 220\text{V}$,$f = 50\text{Hz}$,$\varphi_u = 30°$。写出它的瞬时值式,并画出波形。

4.2　已知正弦交流电流 $I_m = 10\text{V}$,$f = 50\text{Hz}$,$\varphi_i = 45°$。写出它的瞬时值式,并画出波形。

4.3　比较以下正弦量的相位:

(1) $u_1 = 310\sin(\omega t + 90°)\text{V}$,$u_2 = 537\sin(\omega t + 45°)\text{V}$

(2) $u = 100\sqrt{2}\sin(\omega t + 30°)\text{V}$,$i = 10\cos\omega t\text{A}$

(3) $u = 310\sin(100t + 90°)\text{V}$,$i = 10\sin 1000t\text{ A}$

(4) $i_1 = 100\sin(314t + 90°)\text{A}$,$i_2 = 50\sin(100\pi t + 135°)\text{A}$

4.4　将以下正弦量转换为幅值相量和有效值相量,并用代数式、三角式、指数式和极坐标式表示,并分别画出相量图。

(1) $u = 310\sin(\omega t + 90°)\text{V}$　　　　(2) $i = 10\cos\omega t\text{V}$

(3) $u = 100\sqrt{2}\sin(\omega t + 30°)\text{V}$　　(4) $i = 10\cos\omega t\text{V}$

4.5　将以下相量转换为正弦量

(1) $\dot{U} = (50 + j50)\text{V}$　　　　　　(2) $\dot{I}_m = (-30 + j40)\text{A}$

(3) $\dot{U}_m = 100\sqrt{2}\,e^{j30°}\text{V}$　　　　(4) $\dot{I} = 1\angle(-30°)\text{A}$

4.6　已知:$u_1 = 220\sqrt{2}\sin(314t - 120°)\text{V}$,$u_2 = 220\sqrt{2}\cos(314t + 30°)\text{V}$。

(1) 画出它们的波形及确定其有效值,频率 f 和周期 T;

(2) 写出它们的相量并画出相量图,并决定它们的相位差。

4.7　电路如题 4.7 图所示,电压 $u = 310\sin(314t + 30°)\text{V}$,用相量法求电阻的电流和吸收的有功功率。

4.8 电路如题 4.8 图所示,已知 $L=10\text{mH}$,$u=100\sin(100t+30°)\text{V}$,求电流 i。

4.9 电路如题 4.9 图所示,已知 $C=10\,\mu\text{F}$,$u=100\sin(100t+30°)\text{V}$,求电流 i。

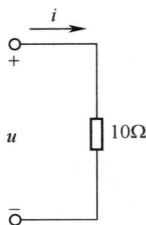 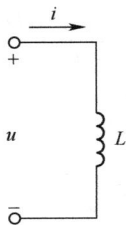 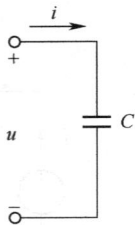

题 4.7 图　　　　　　　　题 4.8 图　　　　　　　　题 4.9 图

4.10 求题 4.10 图所示电路中未知电压表的读数。

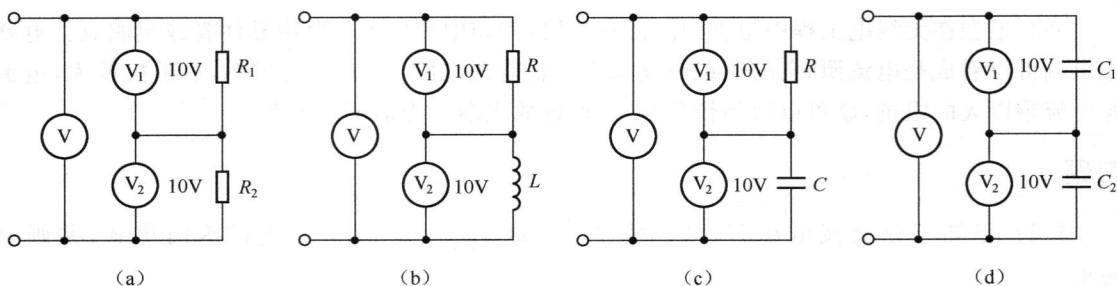

（a）　　　　　　（b）　　　　　　（c）　　　　　　（d）

题 4.10 图

4.11 电路如题 4.11 图所示,已知 $R=10\Omega$,$L=100\text{mH}$,$C=1000\,\mu\text{F}$,$u=141\sin100t\text{V}$。

（1）求电压 u_R、u_L、u_C 和电流 i。

（2）求电路的有功功率 P、无功功率 Q 和视在功率 S。

（3）画出相量图。

4.12 已知题 4.12 图所示电路中 $u=120\sqrt{2}\sin(1000t+90°)\text{V}$,$R=15\Omega$,$L=30\text{mH}$,$C=83.3\,\mu\text{F}$。求电流 i。

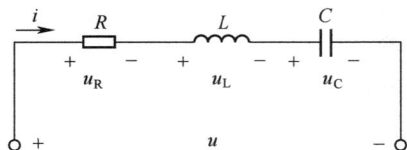　　　　　　　　　　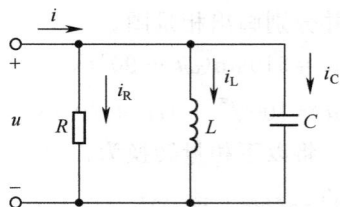

题 4.11 图　　　　　　　　　　　　　　题 4.12 图

4.13 求题 4.13 图所示电路中未知电流表的读数。

4.14 电路由电压源 $u_\text{S}=100\cos(1000t)\text{V}$、$R$ 和 $L=0.025\text{H}$ 串联组成。电感上的最大电压值为 35.4V,试求电阻 R 的值和电流的表达式。

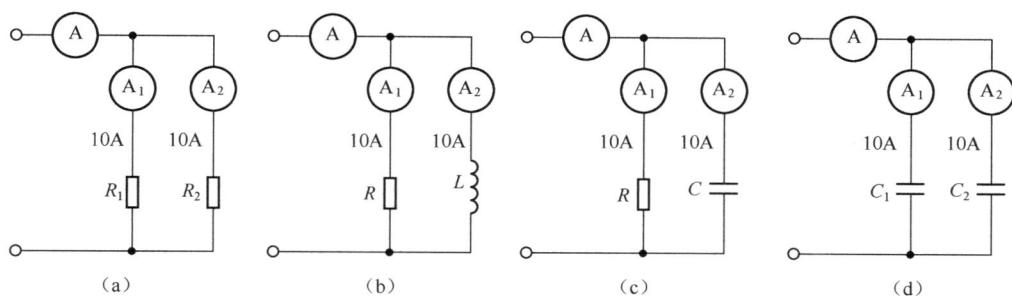

题 4.13 图

4.15　在题 4.15 图电路中，$i_S = 50\sqrt{2}\sin(10t + 53.1°)\text{A}$，$i_1 = 40\sqrt{2}\sin(10t + 90°)\text{A}$，$u = 300\sqrt{2}\sin 10t\,\text{V}$，试判断阻抗 Z_2 的性质，并求出参数。

4.16　求题 4.16 图所示电路中各未知电压表、电流表的读数。

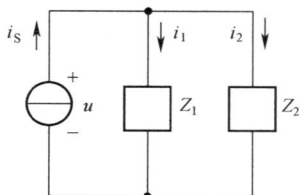

题 4.15 图

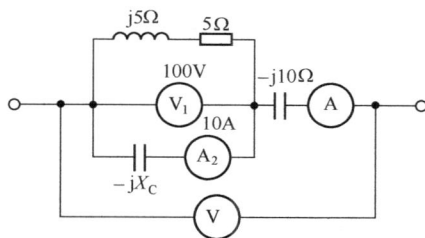

题 4.16 图

4.17　在题 4.17 图所示正弦交流电路中，电源电压 $\dot{U} = 220\angle 0°\text{V}$。（1）求电路的阻抗 Z；（2）求电流 $\dot{I}_1$、$\dot{I}_2$ 和 $\dot{I}$。

4.18　有一个电感线圈当给它通入 10V 直流电时，测得电流是 2A，当给它通入 10V 工频交流电时，测得电流 1.41A。求它的电感 L。

4.19　正弦交流电路如题 4.19 图所示，已知 $R = X_C = 10\Omega$，$U_1 = U_2$，而且 $\dot{U}$、$\dot{I}$ 同相。求复阻抗 Z。

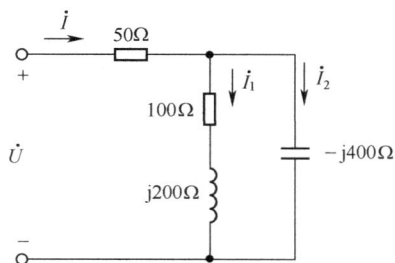

题 4.17 图

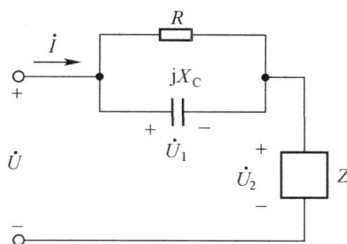

题 4.19 图

4.20　正弦交流电路如题 4.20 图所示，已知 $I_1 = I_2 = 10\text{A}$，电源电压 $U = 100\text{V}$，$\dot{U}$ 与 $\dot{I}$ 同相。求 I、R、X_L、X_C 及总阻抗 Z。

4.21　电路如题 4.21 图所示,当 $\omega = 1000\text{rad/s}$ 时,若 $R = 1000\Omega$,$R' = 500\Omega$,图(a)与图(b)等效。求 C 及 C' 各为多少?

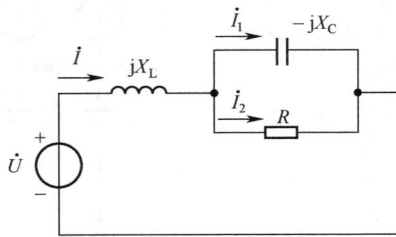

题 4.20 图

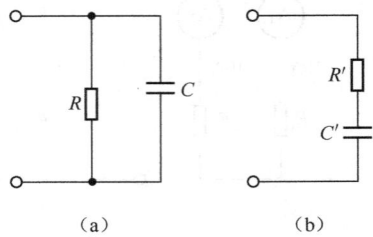

(a)　　　　　　(b)

题 4.21 图

4.22　正弦交流电路如题 4.22 图所示,已知 $I_1 = 10\text{A}$,$I_2 = 10\sqrt{2}\,\text{A}$,$U = 200\text{V}$,$R_1 = 5\Omega$,$R_2 = X_L$。求 I、R_2、X_L 及 X_6。

4.23　用支路电流法求题 4.23 图所示电路的各支路电流。

4.24　用叠加定理求题 4.23 图所示电路的各支路电流。

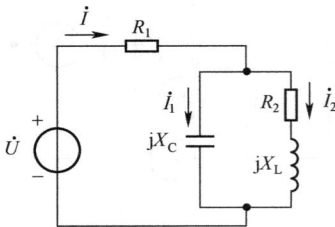

题 4.22 图

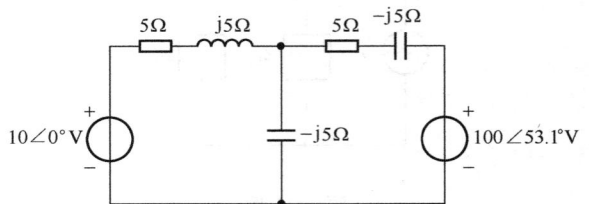

题 4.23 图

4.25　电路如题 4.25 图所示,用戴维南定理求电流 $\dot{I}_L$。

4.26　一个感性负载等效为 R、L 串联组合,电路如题 4.26 图所示。测量得 $U_R = 122\text{V}$,$U_L = 184\text{V}$,电流 $I = 320\text{mA}$,已知电源频率 $f = 50\text{Hz}$。

(1)　计算它的功率因数。

(2)　要使它的功率因数提高到 0.9,需要并联多大的电容?电容器的耐压应该是多少伏?

(3)　功率因数提高到 0.9 以后电流 I 为多少?

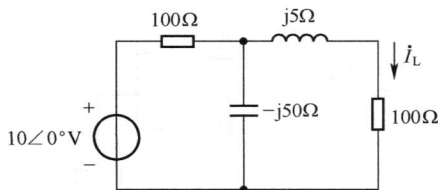

题 4.25 图

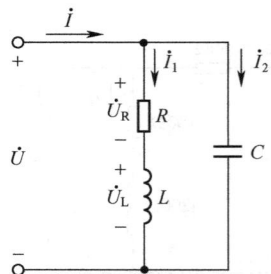

题 4.26 图

4.27　已知 RLC 串联电路在电源频率为 500Hz 时发生谐振,谐振电流 $I_O = 0.2\text{A}$,电容的电抗 $X_C = 314\Omega$,测得电容电压为电源电压的 20 倍。求电阻 R 和电感 L。

4.28　有一台半导体收音机的输入电路电感 $L = 0.5\text{mH}$,电容的可调范围是 $10 \sim 270\text{pF}$。

问它是否能满足收听中波段 535～1605kHz 的要求？

4.29　当 $\omega=5000\text{rad/s}$ 时，R、L、C 串联电路发生谐振，已知：$R=5\Omega$，$L=400\text{mH}$，端电压 $U=1\text{V}$。求电容 C 值及电路中电流和各元件电压的瞬时表达式。

4.30　R、L、C 串联电路的端电压 $u=10\sqrt{2}\cos(2500t+15°)\text{V}$，当电容 $C=8\mu\text{F}$ 时，电路中吸收的功率为最大，$P=100\text{W}$。(1)求电感 L 和电路的 Q 值；(2)作电路的相量图。

第 5 章
三相电路

是成本让人们最终选定了三相交流电。尽管，1832 年发明了单相交流发电机，1885 年发明了两相交流电动机。随后，1888 年俄国的多布罗斯基发明了三相交流制和三相交流异步电动机并推向市场。由于三相交流异步电动机效率高、成本低、功率大、构造简单、稳定性好、用铜少，所以迅速占领了市场。再来看三相发电装置，虽然凡是能被 360 整除的相数都可以用于制造发电机，但是，每多一相就得多一根线，变压器就要多一套铁芯，变电站就要多一套断路器，调度就要多一套监控，故而从成本角度考虑，相数越少越好。而三相是在不使用辅助设备的情况下就能产生稳定旋转磁场的最小相数，所以三相交流电是最优的选择。

本章着重讨论三相交流电的产生及其数学表达式，另外着重讨论平衡三相负载的电压、电流和功率计算等问题。

5.1　三相电路

1. 三相电动势的产生

为了弄清楚三相电压产生的原理，需要先明白单相正弦交流电压是如何产生的。发电的基本原理出自 1831 年迈克尔·法拉第发现的电磁感应现象，法拉第指出当某个导体闭合回路中的磁通发生变化时，闭合回路中会有感应电动势产生，并给出法拉第电磁感应定律（见式 5−1−1）用于计算感应电动势。而俄国物理学家海因里希·楞次（H. F. E. Lenz，1804−1865）在概括了大量实验事实的基础后，总结出判断感应电流方向的方法，称为楞次定律（Lenz Law）。楞次定律指出，闭合回路的感应电流产生的感应磁场总是阻止闭合回路磁通的变化趋势。而电流产生的磁场方向可以根据右手定则来判断。右手定则内容：右手四指沿回路电流方向紧握，伸出右手姆指与四指垂直，右手拇指指向即为磁场的 N 极。

$$e = -N \frac{\mathrm{d}\Phi}{\mathrm{d}t} \tag{5−1−1}$$

式中，e 为感应电动势，N 是闭合回路导体的匝数，Φ 是垂直于闭合回路的磁通量，公式中的负号表示感应电动势产生的感应电流会阻止外加磁通的变化趋势。

如图 5.1.1 所示，在面积为 S 的闭合回路中，当外加的的磁场沿顺时针方向以角速度 ω 匀速循转时，垂直于闭合回路的有效磁通为

$$\Phi = BS\cos\omega t \tag{5−1−2}$$

式中，Φ 为磁通，单位为韦伯（Wb）；B 为匀强磁场的磁感应强度，单位为特斯拉（T）；ω 是磁场旋转的角频率，单位为弧度每秒（rad/s）。

可见,当磁场方向从 90 度转向 0 度的过程中,闭合回路的有效磁通是减少的,根据楞次定律,感应电流的感应磁场方向应该与 B 一致,而最后根据右手定则,可以判断出感应电流的方向为回路顺时针方向。如果,对于单匝线圈回路,u 的两端悬空,则回路中没有感应电流存在,只有感应电动势存在,此时

$$u = e = -N\frac{\mathrm{d}\Phi}{\mathrm{d}t} = N\omega BS\sin(\omega t) = U_{\mathrm{m}}\sin\omega t \qquad (5-1-3)$$

单相正弦交流电压的产生如图 5.1.1 所示。在 90 度到 0 度旋转的过程中,回路中产生的感应电流为顺时针方向,如果此时把感应线圈看作电源,感应电压 u 看作电源电压,则顺时针电流流经外部负载产生的感应电压方向即为左"$-$"右"$+$"。而感应电压的幅值可以表示为

$$U_{\mathrm{m}} = N\omega BS \qquad (5-1-4)$$

至此,单个正弦电压就产生了。

三相发电机的结构如图 5.1.2 所示,外部定子中按照 120 度角度差均匀分布三个相线圈 U_1U_2、V_1V_2、W_1W_2,内部的转子线圈在外力(水、风等)作用下匀速旋转的时候,转子线圈产生的磁场就会旋转起来,这样每个相线圈都会产生一个正弦电压信号。由于三个相线圈的空间角度顺次差 120 度,所以在同一个匀速旋转磁场作用下,三个相线圈必然感应出频率相同、幅值相同、相位互差 120 度的三相对称正弦电压。

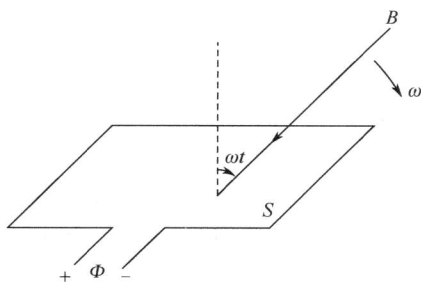

图 5.1.1 单相正弦交流电压的产生

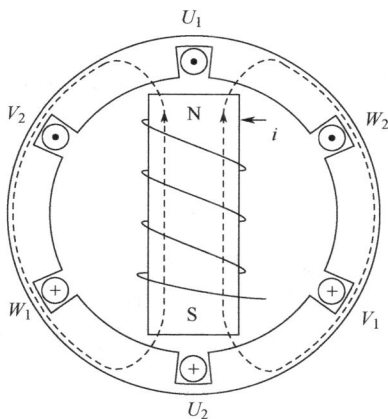

图 5.1.2 三相发电机的结构

三相对称正弦交流电压的瞬时值表达式为

$$u_1 = U_{\mathrm{m}}\sin\omega t$$
$$u_2 = U_{\mathrm{m}}\sin(\omega t - 120°) \qquad (5-1-5)$$
$$u_3 = U_{\mathrm{m}}\sin(\omega t - 240°) = U_{\mathrm{m}}\sin(\omega t + 120°)$$

也可用相量表示

$$\dot{U}_1 = U\underline{/0°} = U$$
$$\dot{U}_2 = U\underline{/-120°} = U\left(-\frac{1}{2} - \mathrm{j}\frac{\sqrt{3}}{2}\right) \qquad (5-1-6)$$
$$\dot{U}_3 = U\underline{/120°} = U\left(-\frac{1}{2} + \mathrm{j}\frac{\sqrt{3}}{2}\right)$$

由式(5－1－6)可见,相电压 $\dot{U}_1$、$\dot{U}_2$ 和 $\dot{U}_3$ 大小相等、频率相同、相位顺次互差 120 度,称具有这样特征的电压为三相对称电压。如果用相量图和正弦波形来表示,如图 5.1.3 和图 5.1.4 所示。

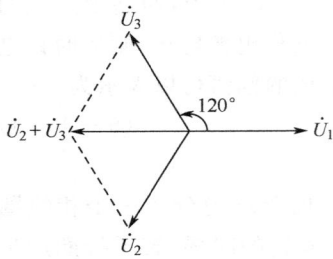

图 5.1.3　三相电压相量图

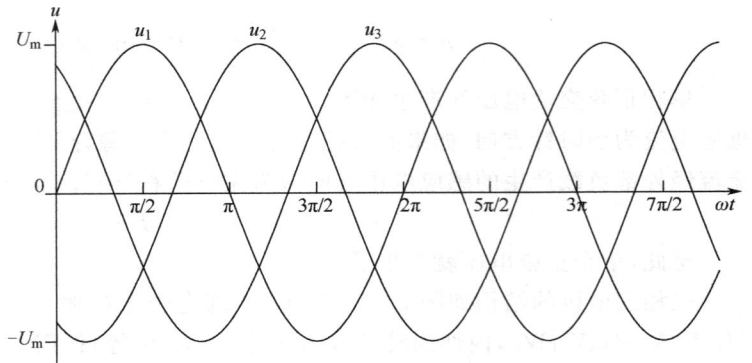

图 5.1.4　三相电压的正弦波形

此处,U_1、V_1 和 W_1 在定子空间上顺时针排列,当转子顺时针匀速转动时,在 UVW 三相相线圈中的感应电动势会顺次到达最大值,如图 5.1.4 所示,称 UVW 为正相序,而 UVW 各相的电压相量 $\dot{U}_1$、$\dot{U}_2$ 和 $\dot{U}_3$ 在相量图中是顺时针排列的;反之,如果转子逆时针转动,W 相会比 V 相先到达最大值,此时称 UWV 为负相序。

由图 5.1.3 很明显可以得到

$$u_1 + u_2 + u_3 = 0$$
$$\dot{U}_1 + \dot{U}_2 + \dot{U}_3 = 0 \tag{5－1－7}$$

2. 三相电源的星形连接

三相发电机绕组的第一种常见接法星形连接如图 5.1.5 所示,各相绕组的感应电动势的负极连在一起,三个相线圈呈星光放射状,称为星形连接或 Y 连接,连接点对外的引出线 N 称为零线或者中性线。而每相的正极对外的引出线 L$_1$、L$_2$ 和 L$_3$ 称为相线、端线或者火线。端线与中性线间(发电机每相绕组)的电压 $\dot{U}_1$、$\dot{U}_2$ 和 $\dot{U}_3$ 称为相电压,端线之间的电压 $\dot{U}_{12}$、$\dot{U}_{23}$ 和 $\dot{U}_{31}$ 称为线电压。

星形连接状态下线电压和相电压关系如下

$$u_{12} = u_1 - u_2$$
$$u_{23} = u_2 - u_3 \tag{5－1－8}$$
$$u_{31} = u_3 - u_1$$

相量表达式如下

$$\dot{U}_{12} = \dot{U}_1 - \dot{U}_2 = \sqrt{3}\,U \angle 30°$$
$$\dot{U}_{23} = \dot{U}_2 - \dot{U}_3 = \sqrt{3}\,U \angle -90° \tag{5－1－9}$$
$$\dot{U}_{31} = \dot{U}_3 - \dot{U}_1 = \sqrt{3}\,U \angle 150°$$

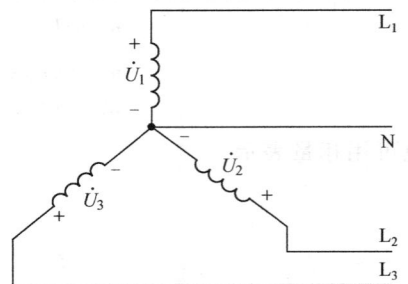

图 5.1.5　星形连接的三相电压源

在 UVW 正相序的情况下,由图 5.1.6 可得,线电压 $\dot{U}_{12}$、$\dot{U}_{23}$ 和 $\dot{U}_{31}$ 依然是对称的三相电压,且在相位上依次超前相电压($\dot{U}_1$、$\dot{U}_2$ 和 $\dot{U}_3$)30°,线电压的有效值 U_l 与相电压有效值 U_p 之间关系为

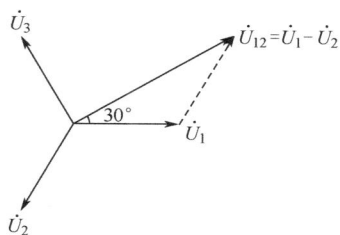

$$U_l = \sqrt{3}\,U_p \qquad (5-1-10)$$

注意,下标 l 是线(line)的第一个字母,而 p 是相(phase)的第一个字母。

图 5.1.6　星形连接的三相电源线电压和相电压相量图

发电机(或变压器)的绕组连成星形时,有 4 根引出导线,其中 3 根相线、1 根零线,称为三相四线制。而星形与三角形连接的负载从星形的三相电源可以得到相电压或者线电压。通常,入户电网中相电压为 220 V,线电压为 380 V(380≈$\sqrt{3}$×220)。

当发电机(或变压器)的绕组连成三角形时,没有中性线,且电源相电压和线电压显然是相等的。

[练习与思考]

5.1.1　欲将发电机的三相绕组连成星形时,误将 U_2、V_2、W_1 连成一点(中性点),是否也可以产生对称三相电压?

5.1.2　当发电机的三相绕组连成星形时,设线电压 $U_{12} = 380\sqrt{2}\sin(\omega t - 30°)$ V,试写出相电压 U_1 的三角函数式。

5.2　负载星形连接的三相电路

三相负载的连接方法有两种——星形连接和三角形连接。本着先简后难的原则,先着重讲解星形连接的三相电源与对称三相负载组成的三相电路的分析。

图 5.2.1 所示为星形连接的负载,在各相负载相同的情况下称为对称三相负载电路。其中,各相负载为

$$Z_1 = Z_2 = Z_3 = Z = R + jX = |Z|\underline{/\varphi_Z}$$
$$|Z| = \sqrt{R^2 + X^2} \qquad (5-2-1)$$
$$\varphi_Z = \arctan\frac{X}{R}$$

图 5.2.1 所示星形连接的对称三相负载电路中,每相负载上的电压是电源相电压。负载上的相电流 $\dot{I}_p$ 和相线中的线电流 $\dot{I}_l$ 满足

$$\dot{I}_l = \dot{I}_p \qquad (5-2-2)$$

设电源对称的三相电压为式(5−1−6)。则每相负载中的相电流为

$$\dot{I}_{p1} = \frac{\dot{U}_1}{Z} = \frac{\dot{U}_1}{|Z|\underline{/\varphi_Z}} = \frac{U\underline{/0°}}{|Z|\underline{/\varphi_Z}} = \frac{U}{|Z|}\underline{/-\varphi_Z}$$

$$\dot{I}_{p2} = \frac{\dot{U}_2}{Z} = \frac{\dot{U}_2}{|Z|\underline{/\varphi_Z}} = \frac{U\underline{/-120°}}{|Z|\underline{/\varphi_Z}} = \frac{U}{|Z|}\underline{/-120°-\varphi_Z} \qquad (5-2-3)$$

$$\dot{I}_{p3} = \frac{\dot{U}_3}{Z} = \frac{\dot{U}_3}{|Z| \angle \varphi_Z} = \frac{U \angle 120°}{|Z| \angle \varphi_Z} = \frac{U}{|Z|} \angle 120° - \varphi_Z$$

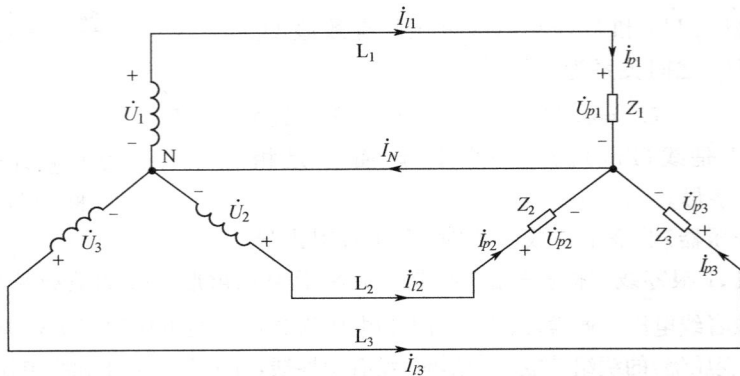

图 5.2.1   星形连接的对称三相负载电路

由式(5-2-3)可见,每相相电流的大小相等,相位顺次互差 120°,$\dot{I}_{p1}$、$\dot{I}_{p2}$ 和 $\dot{I}_{p3}$ 是对称的三相电流。根据基尔霍夫电流定律,图 5.7 中中性线中的电流 $\dot{I}_N$ 为

$$\dot{I}_N = \dot{I}_{p1} + \dot{I}_{p2} + \dot{I}_{p3} = 0$$

可见,负载是对称的情况下,中性线中是没有电流的,说明该中性线完全可以撤去。但在实际电路中,三相负载受限于制造工艺、材料等客观因素的影响,不可能做到完全对称,故一般中性线是保留的。

当三相负载不对称时

$$
\begin{aligned}
Z_1 &= R_1 + jX_1 = |Z_1| \angle \varphi_{Z1} \\
|Z_1| &= \sqrt{R_1^2 + X_1^2} \\
\varphi_{Z1} &= \arctan \frac{X_1}{R_1} \\
Z_2 &= R_2 + jX_2 = |Z_2| \angle \varphi_{Z2} \\
|Z_2| &= \sqrt{R_2^2 + X_2^2} \\
\varphi_{Z2} &= \arctan \frac{X_2}{R_2} \\
Z_3 &= R_3 + jX_3 = |Z_3| \angle \varphi_{Z3} \\
|Z_3| &= \sqrt{R_3^2 + X_3^2} \\
\varphi_{Z3} &= \arctan \frac{X_3}{R_3}
\end{aligned}
\qquad (5-2-4)
$$

此时,负载中的各相电流为

$$\dot{I}_{p1} = \frac{\dot{U}_1}{Z_1} = \frac{\dot{U}_1}{|Z_1| \angle \varphi_{Z1}} = \frac{U \angle 0°}{|Z_1| \angle \varphi_{Z1}} = \frac{U}{|Z_1|} \angle -\varphi_{Z1}$$

$$\dot{I}_{p2}=\frac{\dot{U}_2}{Z_2}=\frac{\dot{U}_2}{\mid Z_2\mid\angle\varphi_{Z2}}=\frac{U\angle-120°}{\mid Z_2\mid\angle\varphi_{Z2}}=\frac{U}{\mid Z_2\mid}\angle-120°-\varphi_{Z2}$$

$$\dot{I}_{p3}=\frac{\dot{U}_3}{Z_3}=\frac{\dot{U}_3}{\mid Z_3\mid\angle\varphi_{Z3}}=\frac{U\angle120°}{\mid Z_3\mid\angle\varphi_{Z3}}=\frac{U}{\mid Z_3\mid}\angle120°-\varphi_{Z3}$$

$$(5-2-5)$$

由式(5－2－5)可见,在三相负载不对称时,各相负载电流大小不同,相位角不同,不再是对称的三相电流,故再计算中性线电流时,$\dot{I}_{N}$ 不再为零。

【例 5.2.1】　有一个星形连接的三相负载(见图 5.2.1),每相的电阻 $R=30\Omega$,感抗 $X_{L}=40\Omega$。电源电压对称,UVW 正相序,设 $u_{12}=380\sqrt{2}\sin(\omega t+30°)$V,试求电流。

解:因为负载对称,只需计算一相(如 L_1 相)即可。

由图 5.6 的相量图可知

$$\dot{U}_{12}=380\angle30°\text{V}$$

$$\dot{U}_1=\frac{380}{\sqrt{3}}\angle30°-30°=220\angle0°\text{V}$$

L_1 相电流为

$$\dot{I}_1=\frac{\dot{U}_1}{Z_1}=\frac{220\angle0°}{30+\text{j}40}=\frac{220\angle0°}{50\angle53°}=4.4\angle-53°\text{A}$$

所以

$$i_1=4.4\sqrt{2}\sin(\omega t-53°)\text{A}$$

因为电流对称,其他两相的电流则为

$$i_2=4\sqrt{2}\sin(\omega t-53°-120°)\text{A}=4.4\sqrt{2}\sin(\omega t-173°)\text{A}$$

$$i_3=4\sqrt{2}\sin(\omega t-53°+120°)\text{A}=4.4\sqrt{2}\sin(\omega t+67°)\text{A}$$

关于负载不对称的三相电路,举下面几个例子来分析一下。

【例 5.2.2】　电源电压对称,UVW 正相序。电源相电压 $U_p=220$V,负载为电灯组,在 220V 额定电压下其电阻分别为 $Z_1=10\Omega$,$Z_2=11\Omega$,$Z_3=22\Omega$。试求,各相负载电流和中性线电流。

解:尽管负载不对称,但有中性线时,负载相电压和电源相电压相等,也是对称的。

计算各相电流为

$$\dot{I}_1=\frac{\dot{U}_1}{Z_1}=\frac{220\angle0°}{10}\text{A}=22\angle0°\text{A}$$

$$\dot{I}_2=\frac{\dot{U}_2}{Z_2}=\frac{220\angle-120°}{11}\text{A}=20\angle-120°\text{A}$$

$$\dot{I}_3=\frac{\dot{U}_3}{R_3}=\frac{220\angle120°}{22}\text{A}=10\angle120°\text{A}$$

根据图中电流的参考方向,中性线电流为

$$\dot{I}_{N}=\dot{I}_1+\dot{I}_2+\dot{I}_3$$

$$=(22\angle0°+20\angle-120°+10\angle120°)$$

$$=[22+(-10-j10\sqrt{3})+(-5+j5\sqrt{3})]$$

$$=7-j5\sqrt{3}\,A$$

【例 5.2.3】 继续探讨图 5.2.2 所示的电路：

(1) L_1 相短路时；

(2) L_1 相短路而中性线又断开时；

(3) L_1 相断路时；

(4) L_1 相断路而中性线又断开时。

试分析各相负载上的电压。

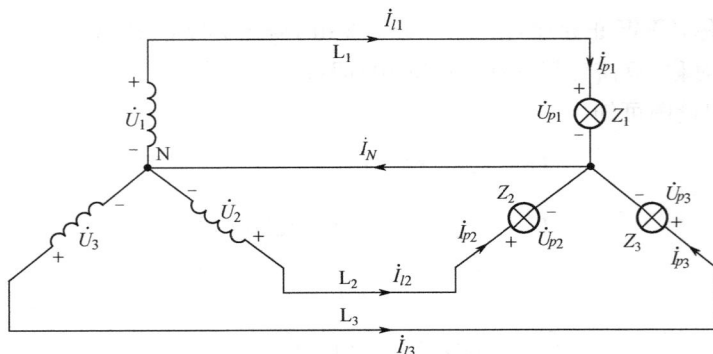

图 5.2.2　例 5.2.3 的电路

解：(1) 此时 L_1 相的负载短路，短路电流会很容易将 L_1 相中的熔断器熔断；由于中性线的存在，Z_2 与 Z_3 不会受到影响，相电压和相电流不变。

(2) L_1 相短路而中性线又断开时，Z_1 上的电压为 0，Z_2 与 Z_3 上的电压为线电压 $\dot{U}_{21}$ 和 $\dot{U}_{31}$。此时，Z_2 与 Z_3 上的电压必然超过电灯的额定电压（220V），这是不允许的。

(3) 此时 L_1 相的电源开路，由于中性线的存在，Z_2 与 Z_3 不会受到影响，相电压和相电流不变。

(4) 此时 L_1 相的电源开路，由于中性线不存在了，Z_2 与 Z_3 变成了串联关系，总的电压为 $\dot{U}_{23}$，Z_2 与 Z_3 上的电压分别为 $\dfrac{\dot{U}_{23}}{3}$ 和 $\dfrac{2\dot{U}_{23}}{3}$，Z_3 上的电压超出了额定值。

从上面所举的几个例题可以看出：

(1) 中性线有利于保护三相负载。在中性线存在的情况下，当三相负载中有一相发生短路或者断路时，其余各相工作状态不受影响。

(2) 为了保护三相电源，熔断器或者闸刀开关应该接在相线上，而不是中性线上。

[练习与思考]

5.2.1　什么是三相负载、单相负载和单相负载的三相连接？三相交流电动机有三根电源线接到电源的 L_1、L_2、L_3 三端，称为三相负载。电灯有两根电源线，为什么不称为两相负载，而称单相负载？

5.2.2　在三相电路中，为什么中性线中不接开关，也不接入熔断器？

5.2.3　有 220V、100W 的电灯 66 个，应如何接入线电压为 380V 的三相四线制电路？求负载在对称情况下的线电流。

    5.2.4   为什么电灯开关一定要接在相线（火线）上？

    5.2.5   在图 5.7 中,三个电流都流向负载,又无中性线可流回电源,请解释。

5.3 负载三角形连接的三相电路

    负载三角形连接的三相电路如图 5.3.1 所示。各相负载的阻抗设为式(5－2－1),三相电源各相电压设为式(5－1－6)。

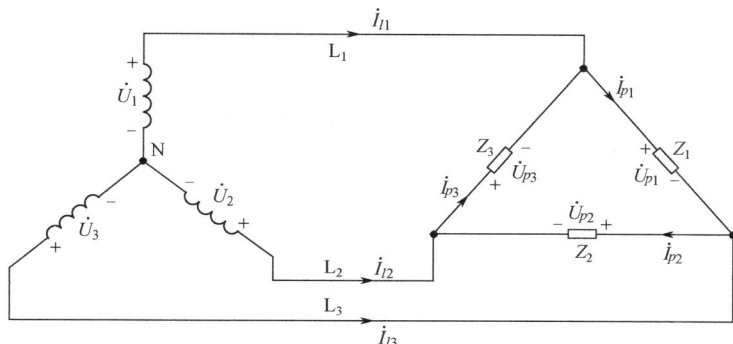

图 5.3.1 三角形连接的对称三相负载电路

    图 5.3.1 中的三相负载负载 $\dot{Z}_1$、$\dot{Z}_2$ 和 $\dot{Z}_3$ 上的电压依次为三相电源的线电压 $\dot{U}_{12}$、$\dot{U}_{23}$ 和 $\dot{U}_{31}$,各相负载电流为

$$\dot{I}_{p1} = \frac{\dot{U}_{12}}{Z} = \frac{\dot{U}_{12}}{|Z|\angle\varphi_Z} = \frac{\sqrt{3}U\angle 30°}{|Z|\angle\varphi_Z}$$

$$= \frac{\sqrt{3}U}{|Z|}\angle 30° - \varphi_Z$$

$$\dot{I}_{p2} = \frac{\dot{U}_{23}}{Z} = \frac{\dot{U}_{23}}{|Z|\angle\varphi_Z} = \frac{\sqrt{3}U\angle -90°}{|Z|\angle\varphi_Z}$$

$$= \frac{\sqrt{3}U}{|Z|}\angle -90° - \varphi_Z \qquad (5-3-1)$$

$$\dot{I}_{p3} = \frac{\dot{U}_{31}}{Z} = \frac{\dot{U}_{31}}{|Z|\angle\varphi_Z} = \frac{\sqrt{3}U\angle 150°}{|Z|\angle\varphi_Z}$$

$$= \frac{\sqrt{3}U}{|Z|}\angle 150° - \varphi_Z$$

    由式(5－3－1)可见,每相相电流的大小相等,相位顺次互差 120°, $\dot{I}_{p1}$、$\dot{I}_{p2}$ 和 $\dot{I}_{p3}$ 是对称的三相电流。此时,对称负载三角形连接时电压与电流的相量图如图 5.3.2 所示,关系为

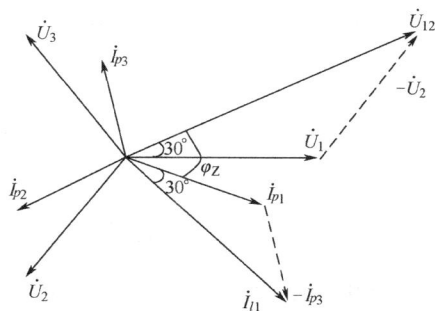

图 5.3.2 对称负载三角形连接时
电压与电流的相量图

$$\dot{I}_{l1} = \dot{I}_{p1} - \dot{I}_{p3} = \sqrt{3}\,\frac{\sqrt{3}\,U}{|Z|}\angle 30° - \varphi_Z - 30°$$

$$= \frac{3U}{|Z|}\angle -\varphi_Z$$

$$\dot{I}_{l2} = \dot{I}_{p2} - \dot{I}_{p1} = \sqrt{3}\,\frac{\sqrt{3}\,U}{|Z|}\angle -90° - \varphi_Z - 30°$$

$$= \frac{3U}{|Z|}\angle -120° - \varphi_Z \qquad\qquad (5-3-2)$$

$$\dot{I}_{l3} = \dot{I}_{p3} - \dot{I}_{p2} = \sqrt{3}\,\frac{\sqrt{3}\,U}{|Z|}\angle 150° - \varphi_Z - 30°$$

$$= \frac{3U}{|Z|}\angle 120° - \varphi_Z$$

很显然,线电流也是对称的,在相位上比相应的相电流滞后30°。从相量图很容易可以得出线电流 I_l 和相电流 I_p 有效值之间的关系为

$$I_1 = \sqrt{3}\,I_p \qquad\qquad (5-3-3)$$

当负载不对称时,负载大小如式(5−2−4)给出,则每相负载电流和各相线的线电流为

$$\dot{I}_{p1} = \frac{\dot{U}_{12}}{Z_1} = \frac{\dot{U}_{12}}{|Z_1|\angle\varphi_{Z1}} = \frac{\sqrt{3}\,U\angle 30°}{|Z_1|\angle\varphi_{Z1}} = \frac{\sqrt{3}\,U}{|Z_1|}\angle 30° - \varphi_{Z1}$$

$$\dot{I}_{p2} = \frac{\dot{U}_{23}}{Z_2} = \frac{\dot{U}_{23}}{|Z_2|\angle\varphi_{Z2}} = \frac{\sqrt{3}\,U\angle -90°}{|Z_2|\angle\varphi_{Z2}} = \frac{\sqrt{3}\,U}{|Z_2|}\angle -90° - \varphi_{Z2} \qquad (5-3-4)$$

$$\dot{I}_{p3} = \frac{\dot{U}_{31}}{Z_3} = \frac{\dot{U}_{31}}{|Z_3|\angle\varphi_{Z3}} = \frac{\sqrt{3}\,U\angle 150°}{|Z_3|\angle\varphi_{Z3}} = \frac{\sqrt{3}\,U}{|Z_3|}\angle 150° - \varphi_{Z3}$$

$$\begin{cases} \dot{I}_{l1} = \dot{I}_{p1} - \dot{I}_{p3} \\ \dot{I}_{l2} = \dot{I}_{p2} - \dot{I}_{p1} \\ \dot{I}_{l3} = \dot{I}_{p3} - \dot{I}_{p2} \end{cases} \qquad\qquad (5-3-5)$$

三角形连接的三相负载不对称时,负载的相电流和线电流也不再对称。三相电动机的绕组可以连接成星形,也可以连接成三角形,而照明负载一般都连接成星形(具有中性线)。

5.4 三 相 功 率

不论负载是星形连接还是三角形连接,总的复功率必定等于各相复功率之和。当负载对称时,每相的复功率是相等的。因此,三相总复功率为

$$\dot{S} = 3\dot{S}_p = 3\dot{U}_p \dot{I}_p^* \qquad\qquad (5-4-1)$$

对于星形连接的对称三相负载而言,必然有

$$U_p = U$$

$$I_p = \frac{U}{|Z|}$$

$$U_l = \sqrt{3}U_p \tag{5-4-2}$$

$$I_l = I_p$$

$$\dot{S} = 3\dot{S}_1 = 3\dot{U}_1 \overset{*}{I}_{p1} = 3U\angle 0° \frac{U}{|Z|}\angle\varphi_Z = 3U_pI_p\angle\varphi_Z = \sqrt{3}U_lI_l\angle\varphi_Z$$

对于三角形连接的对称三相负载而言,必然有

$$U_p = \sqrt{3}U$$

$$I_p = \frac{\sqrt{3}U}{|Z|}$$

$$U_l = U_p \tag{5-4-3}$$

$$I_l = \sqrt{3}I_p$$

$$\dot{S} = 3\dot{S}_1 = 3\dot{U}_1 \overset{*}{I}_{p1} = 3\sqrt{3}U\angle 30° \frac{\sqrt{3}U}{|Z|}\angle\varphi_Z - 30° = 3U_pI_p\angle\varphi_Z = \sqrt{3}U_lI_l\angle\varphi_Z$$

对比式(5—4—2)和式(5—4—3)不难发现,只要负载是对称的情况下,不论是三角形负载还是星形负载,最终的总的复功率公式都是一致的

$$\dot{S} = \sqrt{3}U_lI_l\angle\varphi_Z \tag{5-4-4}$$

而有功功率 P 和无功功率 Q 分别为

$$P = \sqrt{3}U_lI_l\cos\varphi_Z$$

$$Q = \sqrt{3}U_lI_l\sin\varphi_Z \tag{5-4-5}$$

【例 5.4.1】　有一台三相电动机,每相等效电阻 $R = 30\Omega$,等效感抗 $X_L = 40\Omega$。绕组为星形连接接于线电压 $U_l = 380$V 的三相电源上。试求,电动机的相电流、线电流,及从电源输入的功率。

解:

$$I_p = \frac{U_p}{|Z|} = \frac{220}{\sqrt{30^2+40^2}} = 4.4\text{A}$$

$$I_l = 4.4\text{A}$$

$$P = \sqrt{3}U_lI_l\cos\varphi_Z = \sqrt{3}\times 380 \times 4.4 \times \frac{30}{\sqrt{30^2+40^2}}$$

$$= \sqrt{3}\times 380 \times 4.4 \times 0.6 = 1737.6\text{W}$$

【例 5.4.2】　线电压 U_l 为 380V 的三相电源上接有两组对称三相负载:一组是三角形连接的电感性负载,每相阻抗 $Z_\triangle = 30\angle 30°\Omega$;另一组是星形连接的电阻性负载,每相电阻 $Z_Y = 10\Omega$,如图 5.4.1 所示。试求:(1)各组负载的相电流;(2)电路线电流;(3)三相有功功率。

解:设线电压 $\dot{U}_{12} = 380\angle 0°$V,则相电压 $\dot{U}_1 = 220\angle -30°$V。

(1)由于三相负载对称,所以计算一相即可,其他两相可以推知。

对于三角形连接的负载,其相电流为

$$\dot{I}_{p\triangle 1}=\frac{\dot{U}_{12}}{Z_{\triangle}}=\frac{380\angle 0°}{30\angle -30°}=12.7\angle -30°\text{A}$$

对于星形连接的负载,其相电流即为线电流

$$\dot{I}_{lY1}=\dot{I}_{pY1}=\frac{\dot{U}_1}{Z_Y}=\frac{220\angle -30°}{10}\text{A}=22\angle -30°\text{A}$$

(2)先求三角形连接的电感性负载的线电流 $\dot{I}_{1\triangle}$。由式(5-12)可得

$$\dot{I}_{1\triangle 1}=\sqrt{3}\angle -30°\ \dot{I}_{p\triangle 1}=12.7\sqrt{3}\angle -60°\text{A}$$

故总的线电流为

$$\dot{I}_{l1}=\dot{I}_{1\triangle 1}+\dot{I}_{lY1}=(12.7\sqrt{3}\angle -60°+22\angle -30°)=30\angle -45°\text{A}$$

由于星形负载和三角形负载是对称的,故总的线电流也是对称。

(3)三相电路有功功率为

$$P=P_{\triangle}+P_Y$$
$$=\sqrt{3}U_1I_{1\triangle}\cos\varphi_{\triangle}+\sqrt{3}U_1I_{1Y}\cos\varphi_Y$$
$$=(\sqrt{3}\times 380\times 12.7\sqrt{3}\times\frac{\sqrt{3}}{2}+\sqrt{3}\times 380\times 22)$$
$$\approx 27\ \text{kW}$$

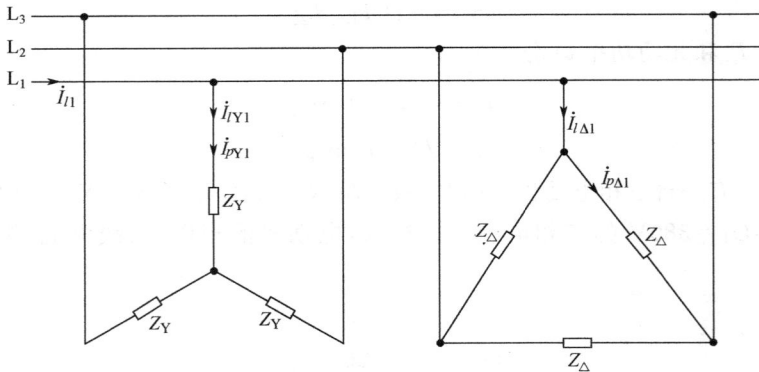

图 5.4.1　例 5.4.2 电路图

习题

5.1　题 5.1 图所示的是三相四线制电路,电源线电压 $U_1=380\text{V}$。3 个电阻性负载接成星形,其电阻为 $R_1=11\Omega$,$R_2=R_3=22\Omega$。(1)试求负载相电压、相电流及中性线电流,并作出它们的相量图;(2)如无中性线,求负载相电压及中性点电压;(3)如无中性线,当 L_1 相短路时求各相电压和电流,并作出它们的相量图;(4)如无中性线,当 L_3 相断路时求另外两相的电压和电流;(5)在(3)、(4)中如有中性线,则又如何?

5.2　有一次某楼电灯发生故障,第二层和第三层楼的所有电灯突然都暗下来,而第一层楼的电灯亮度未变,试问这是什么原因? 这楼的电灯是如何连接的,同时又发现第三层楼的电灯比第二层楼的还要暗些,这又是什么原因? 画出电路图。

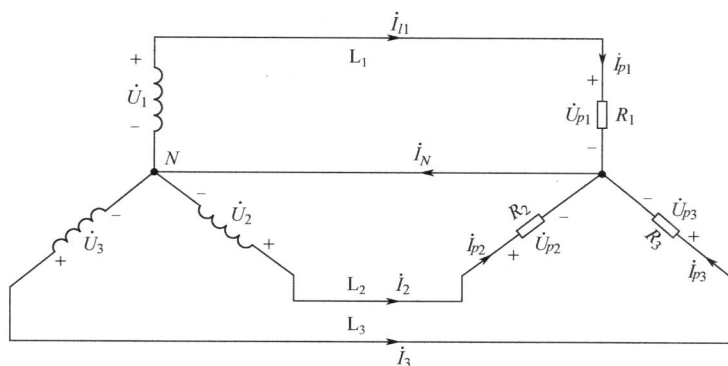

题 5.1 图

5.3 有一台三相发电机,其绕组接成星形,每相额定电压为 220V。在一次试验时,用电压表量得相电压 $U_1 = U_2 = U_3 = 220V$,而线电压则为 $U_{12} = U_{31} = 220V$,$U_{23} = 380V$,试问这种现象是如何造成的?

5.4 在题 5.4 的图所示的电路中,三相四线制电源电压为 380/220V,接有对称星形连接的白炽灯负载,其总功率为 180W。此外,在 L_3 相上接有额定电压为 220V,功率为 40W,功率因数 $\cos\varphi = 0.5$ 的日光灯一支。试求,电流 $\dot{I}_1$、$\dot{I}_2$、$\dot{I}_3$ 及 $\dot{I}_N$。设 $\dot{U}_1 = 220\angle 0°V$。

5.5 题 5.5 图是两相异步电动机的电源分相电路,O 是铁芯线圈的中心抽头。试用相量图说明 $\dot{U}_{12}$ 和 $\dot{U}_{O3}$ 之间相位差为 90°。

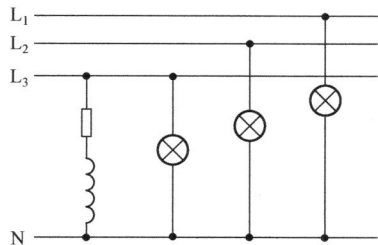

题 5.4 图

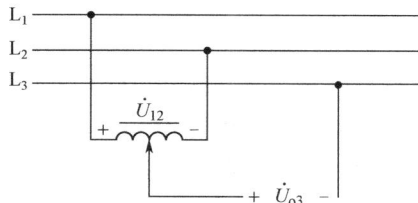

题 5.5 图

5.6 题 5.6 图是小功率星形对称电阻性负载从单相电源获得三相对称电压的电路。已知每相负载电阻 $R = 10\Omega$,电源频率 $f = 50Hz$,试求所需的 L 和 C 的数值。

5.7 在线电压为 380V 的三相电源上,接两组电阻性对称负载,如题 5.7 图所示,试求线电流 I。

5.8 有一台三相异步电动机,其绕组连接成三角形,接在线电压 $U_1 = 380V$ 的电源上,从电源所取用的功率 $P_1 = 11.43kW$,功率因数 $\cos\varphi = 0.87$,试求电动机的相电流和线电流。

5.9 在题 5.9 图中,电源线电压 $U_1 = 380V$。(1)如果图中各相负载的阻抗模都等于 10Ω,是否可以说负载是对称的?(2)试求各相电流,并用电压与电流的相量图计算中性线电流。如果中性线电流的参考方向选定得与电路图上所示的方向相反,则结果有何不同?(3)试求三相平均功率 P。

5.10 在题 5.10 图中,对称负载连接成三角形,已知电源电压 $U_p = 220V$,电流表读数 $I_L = 17.3A$,三相功率 $P = 4.5kW$,试求:(1)每相负载的电阻和感抗;(2)当 L_1、L_2 相断开时,图中各电流表的读数和总功率 P；(3)当 L_1 线断开时，图中各电流表的读数和总功率 P。

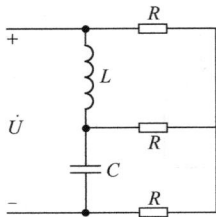

题 5.6 图

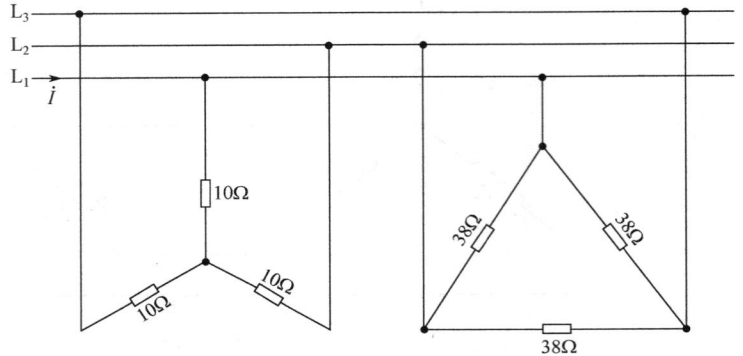

题 5.7 图

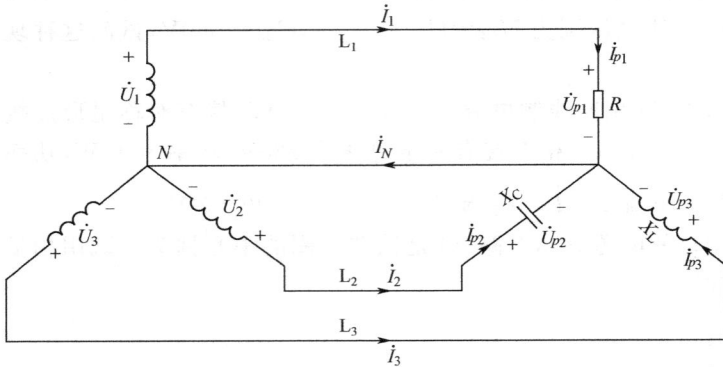

题 5.9 图

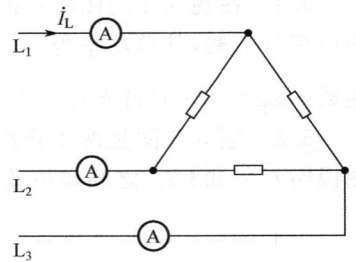

题 5.10 图

5.11　题 5.11 图所示电路中，电源线电压 $U_1 = 380\text{V}$，频率 $f = 50\text{Hz}$，对称电感性负载的功率 $P = 10\text{kW}$，功率因数 $\cos\varphi_1 = 0.5$。为了将线路功率因数提高到 $\cos\varphi = 0.9$，试问在两图中每相并联的补偿电容器的电容值各为多少？采用哪种连接（三角形或星形）方式较好？（提示：每相电容 $C = \dfrac{P(\tan\varphi_1 - \tan\varphi)}{3\omega U^2}$。式中，$P$ 为三相功率（W），U 为每相电容上所加电压。）

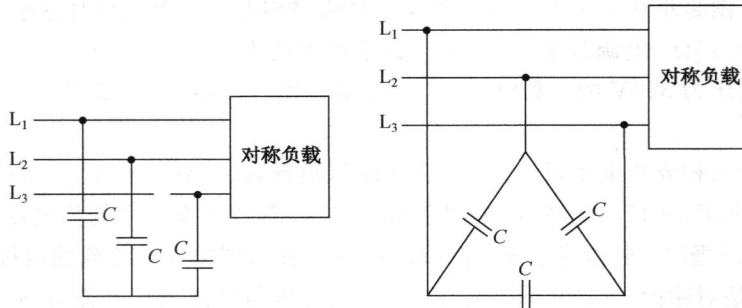

题 5.11 图

5.12　如果电压相等，输送功率相等，距离相等，线路功率损耗相等，则三相输电线（设负载对称）的用铜量为单相输电线的用铜量的 $\dfrac{3}{4}$，试证明之。

第 6 章
磁路与变压器

在很多电工设备中,如变压器、电机和电磁铁等,不仅有电路的问题,同时还有磁路的问题。只有同时掌握了电路和磁路的理论,才能对电工设备的性能进行全面地分析,或者设计出性能良好的电工设备,或者能正确地使用这些设备。

本章首先简要介绍磁路的分析方法,然后讨论铁芯线圈电路,最后讨论变压器与电磁铁,作为应用实例。

6.1　磁路的基本概念与基本定律

对于电路系统来说,在电动势 E 的作用下电流 I 从 E 的正极通过导体流向负极。构成一个完整的电路系统需要电动势、电导体,并可以形成电流。

在磁路系统中,也有一个磁动势 F(类似于电路中的电势),在 F 的作用下产生一个 Φ(类似于电路中的电流),磁通 Φ 从磁动势的 N 极通过一个通路(类似于电路中的导体)到 S 极,这个通路就是磁路(磁通所经过的路径叫磁路)。由于铁磁材料磁导率比空气大几千倍,即空气磁阻比铁磁材料大几千倍,所以构成磁路的材料均使用导磁率高的铁磁材料。然而,非铁磁物质,如空气,也能通过磁通,这就造成了铁磁材料构成的磁路周围的空气中也必然会有磁通 Φ_σ。(由于空气磁阻比铁磁材料大几千倍,因而 Φ_σ 比 Φ 小得多,Φ_σ 常被称为漏磁通,Φ 称为主磁通)。因此,磁路问题比电路问题要复杂得多。

磁路系统广泛应用在电器设备之中,如变压器、电机、继电器等。并且在电机和某些电器的磁路中,一般还需要一段空气隙,或者说空气隙也是磁路的组成部分。

图 6.1.1 所示为几种常用电机电器的磁路结构。图 6.1.1(a)是普通变压器的铁芯磁路,它全部由铁磁材料组成,是有分支的并联磁路。图 6.1.1(b)是电磁继电器铁芯磁路,它除了铁磁材料外,还有一段空气隙,是无分支的串联磁路,由空气隙段和铁磁材料串联组成。图 6.1.1(c)是电机磁路,也是由铁磁材料和空气隙组成的。图中实(或虚)线表示磁通的路径。

1. 磁路的基本物理量

1)磁感应强度 B

描述磁场强弱及方向的物理量称为磁感应强度 B。为了形象地描绘磁场,往往使用磁感应线,常称为磁力线。磁力线是无头无尾的闭合曲线。图 6.1.2 中画出了直线电流及螺线管电流磁场中产生的磁力线。

磁力线的方向与产生它的电流方向满足右手螺旋关系,如图 6.1.2(a)所示。

　　（a）普通变压器铁芯　　　　　　（b）电磁继电器铁芯　　　　　　（c）电机磁路

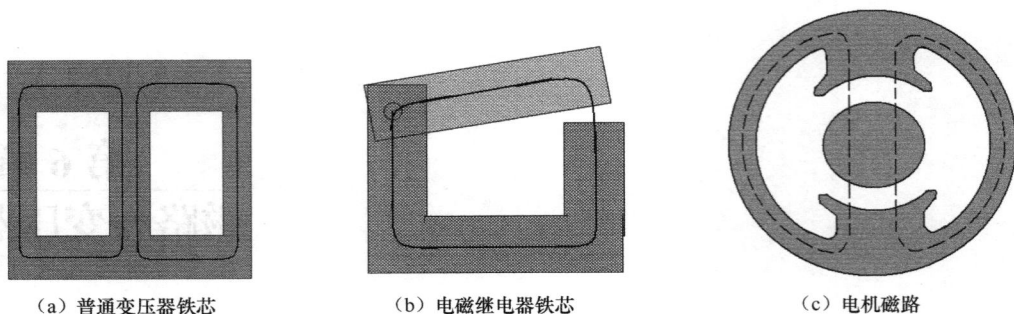

图 6.1.1　几种常用电机电器的磁路结构

　　在国际单位制中,磁感应强度 B 的单位为特(特斯拉),单位符号为 T,即 $1\text{T}=1\text{Wb/m}^2$(韦伯/米^2)。

　　均匀磁场:各点磁感应强度大小相等、方向相同的磁场,也称匀强磁场。

　　2)磁通

　　穿过某一截面 S 的磁感应强度 B 的通量,即穿过截面 S 的磁力线根数称为磁感应通量,简称磁通。用 Φ 表示,即

$$\Phi = \int_S B\,\mathrm{d}S \qquad (6-1-1)$$

　　在均匀磁场中,如果截面 S 与 B 垂直,如图 6.1.3 所示,则式(6-1-1)变为

$$\Phi = BS \text{ 或 } B = \frac{\Phi}{S} \qquad (6-1-2)$$

　　由式(6-1-2)可见,磁感应强度 B 在数值上可以看作与磁场方向垂直的单位面积所通过的磁通,故又称磁通密度。

　　在国际单位制中,Φ 的单位名称为韦(韦伯),单位符号为 Wb。

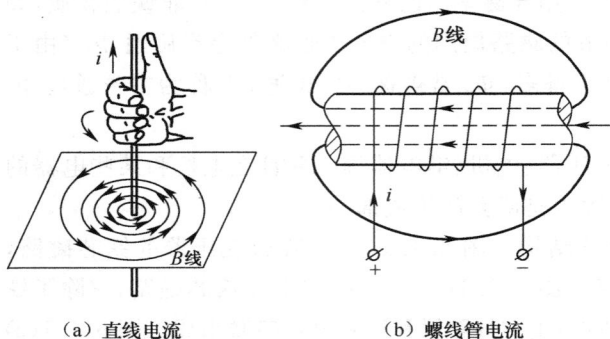

　　（a）直线电流　　　　　　　　（b）螺线管电流

图 6.1.2　电流磁场中的磁力线　　　　　　图 6.1.3　均匀磁场中的磁通截面 S 与 B 垂直

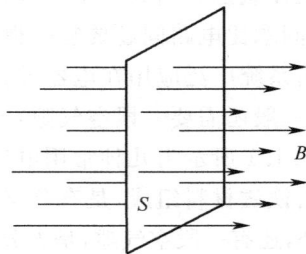

　　3)磁场强度

　　计算导磁物质中的磁场时,引入辅助物理量磁场强度 H,它与磁密 B 的关系为

$$H = \frac{B}{\mu} \qquad (6-1-3)$$

国际单位制中,磁场强度 H 的单位名称为安(安培)每米,单位符号 A/m。

4）磁导率

磁导率是表示磁场媒质磁性的物理量，衡量物质的导磁能力。磁导率 μ 的单位为亨/米（H/m）。

μ 为导磁物质的磁导率。真空的磁导率为常数，用 μ_0 表示，$\mu_0 = 4\pi \times 10^{-7}$ H/m。铁磁材料的 $\mu \gg \mu_0$，例如铸钢的 μ 约为 μ_0 的 1000 倍，各种硅钢片的 μ 为 μ_0 的 6000～7000 倍。

相对磁导率 μ_r：任一种物质的磁导率 μ 和真空的磁导率 μ_0 的比值。

$$\mu_r = \frac{\mu}{\mu_0} = \frac{\mu H}{\mu_0 H} = \frac{B}{B_0}$$

5）磁动势

图 6.1.4 所示为 U 形铁芯磁路示意图。图中，线圈中的磁通 Φ 的多少与线圈通过的电流有关，电流越大，磁通越多。

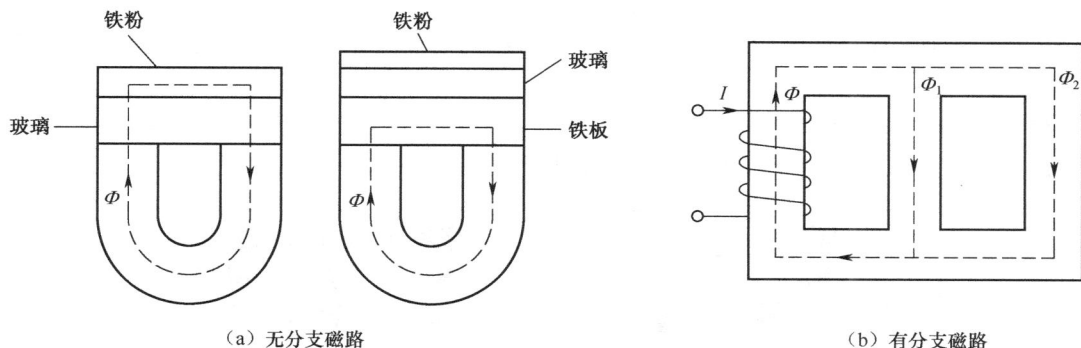

（a）无分支磁路　　　　　　　　　（b）有分支磁路

图 6.1.4　U 形铁芯磁路示意图

线圈中磁通的多少还与线圈的匝数有关。每匝线圈都要产生磁通，只要线圈绕向一致，每一匝线圈的磁通方向就相同，这些磁通就可以相加。可见，线圈的匝数越多，磁通就越多。由此可知，线圈的匝数及通过线圈的电流决定了线圈中磁通的多少。

通过线圈的电流与线圈匝数的乘积称为磁动势 F，可表示为

$$F = IN \qquad\qquad (6-1-4)$$

式中，I 为通过线圈的电流，单位为 A；N 为线圈的匝数；F 为磁动势，单位为 A。

6）磁阻

在图 6.1.4(a) 所示的磁路是从马蹄形磁铁的 N 极—玻璃—铁粉—S 极，最后经马蹄形磁铁回到 N 极。图 6.1.4(b) 所示的磁路是 N 极—扁铁板—S 极，然后经马蹄形磁铁回到 N 极（磁感线基本没有通过玻璃，所以通过玻璃的磁通被忽略）。为什么在图 6.1.4(b) 中磁感线基本没有通过玻璃和铁粉呢？原来各种材料对磁通都有阻碍作用，材料、形状不同，阻碍作用的大小就不同，铁的导磁性能远远优于玻璃。理解了这一点，图 6.1.4(a) 和图 6.1.4(b) 的磁路不同的原因就很容易理解了。磁通有走阻碍作用小的路径的倾向。

磁通通过磁路时所受到的阻碍作用称为磁阻。磁阻用符号 R_m 表示。

磁路中磁阻的大小与磁路的长度 l 成正比，与磁路的横截面积 S 成反比，还与磁路中作用的材料的磁导率 μ 有关，可用公式表示为

$$R_m = \frac{l}{\mu S} \qquad\qquad (6-1-5)$$

式中, l 的单位为米（m）; S 的单位为平方米（m²）; μ 的单位为亨/米（H/m）。

可以推导出 R_m 的单位为 1/亨（1/H）。

2. 磁性材料的磁性能

分析磁性物质前, 先了解非磁性物质, 非磁性物质分子电流的磁场方向杂乱无章, 几乎不受外磁场的影响而互相抵消, 不具有磁化特性。非磁性材料的磁导率都是常数, 有

$$\mu = \mu_0 , \mu_r \approx 1$$

当磁场媒质是非磁性材料时, 有 $B = \mu_0 H$, 即 B 与 H 成正比, 呈线性关系（如图 6.1.6 中虚线所示）。

由于 $B = \dfrac{\Phi}{S}$, $H = \dfrac{NI}{l}$, 所以磁通 Φ 与产生此磁通的电流 I 成正比, 呈线性关系。

磁性物质内部形成许多小区域, 其分子间存在的一种特殊的作用力使每一区域内的分子磁场排列整齐, 显示磁性, 称这些小区域为磁畴。

在没有外磁场作用的普通磁性物质中, 各磁畴排列杂乱无章, 磁场互相抵消, 整体对外不显磁性, 如图 6.1.5（a）所示。

在外磁场作用下, 磁畴方向发生变化, 使之与外磁场方向趋于一致, 物质整体显示出磁性, 称为磁化, 如图 6.1.5（b）所示, 即磁性物质能被磁化。

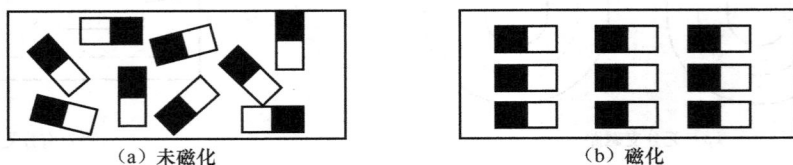

（a）未磁化　　　　　　　　（b）磁化

图 6.1.5　磁材料的磁化

磁性物质的这个磁性能被广泛应用于电工设备中, 如电机、变压器及各种铁磁元件的线圈中都放有铁芯。在这种具有铁芯的线圈中通入不大的励磁电流, 便可产生足够大的磁通和磁感应强度。这就解决了既要磁通大, 又要励磁电流小的矛盾。利用优质的磁性材料可使同一容量的电机的重量减轻、体积减小。

磁性材料主要指铁、镍、钴及其合金等, 它们具有下列磁性能。

1）高导磁性

磁性材料的磁导率通常都很高, 即 $\mu_r \gg 1$（如坡莫合金, 其 μ_r 可达 2×10^5）, 所以磁性材料能被强烈的磁化, 具有很高的导磁性能。

磁性物质的高导磁性被广泛地应用于电工设备中, 如电机、变压器及各种铁磁元件的线圈中都放有铁芯。在这种具有铁芯的线圈中通入不太大的励磁电流, 便可以产生较大的磁通和磁感应强度。

2）磁饱和性

磁性物质由于磁化所产生的磁化磁场不会随着外磁场的增强而无限的增强。当外磁场增大到一定程度时, 磁性物质的全部磁畴的磁场方向都转向与外部磁场方向一致, 磁化磁场的磁感应强度将趋向某一定值。磁化曲线如图 6.1.6 所示。

磁化曲线可分为 4 段: 开始磁化时, 外磁场较弱, 磁通密度增加得不快, 见图 6.1.6 中的 Oa 段。随着外磁场的增强, 磁性材料内部大量磁畴开始转向, 趋向于外磁场方向, 此时 B 值增加

得很快,见图 6.1.6 中的 ab 段。若外磁场继续增加,大部分磁畴已趋向外磁场方向,可转向的磁畴越来越少,B 值亦增加得越来越慢,见图 6.1.6 中的 bc 段,这种现象称为饱和。达到饱和以后,磁化曲线基本上成为与非磁性材料的 $B=\mu_0 H$ 特性相平行的直线,见图 6.1.6 中的 cd 段。磁化曲线开始拐弯的 b 点,称为膝点或饱和点。

由于磁性材料的磁化曲线不是一条直线,所以磁导率 $\mu=B/H$ 也不是常数,将随着 H 值的变化而变化。进入饱和区后,μ 急剧下降,若 H 再增大,μ 将继续减小,直至逐渐趋近于 μ_0。图 6.1.6 中同时还画出了曲线 $\mu=f(H)$,这表明在铁磁材料中,磁阻随饱和度增加而增大。

各种电机、变压器的主磁路中,为了获得较大的磁通量,又不过分增大磁动势,通常把铁芯内工作点的磁通密度选择在膝点附近。

3) 磁滞性

磁性材料在交变磁场中反复磁化,其 $B\text{-}H$ 关系曲线是一条回形闭合曲线($abcdefa$),称为磁滞回线,如图 6.1.7 所示。

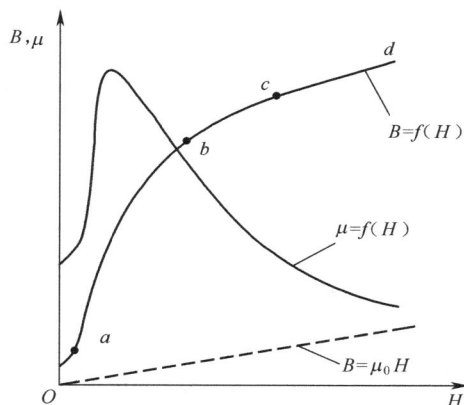

图 6.1.6　磁化曲线　　　　　　　　　　图 6.1.7　磁滞回线

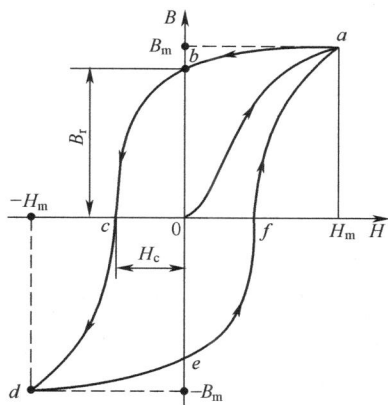

由图 6.1.7 可见,当 H 从零开始增加到 H_m 时,B 相应从零增加到 B_m;以后逐渐减小磁场强度 H,B 值将沿曲线 ab 下降。当 $H=0$ 时,B 值并不等于零,而等于 B_r。这种去掉外磁场之后,铁磁材料内仍然保留的磁通密度 B_r 称为剩余磁通密度,简称剩磁。要使 B 值从 B_r 减小到零,必须加上相应的反向外磁场。此反向磁场强度称为矫顽力,用 H_c 表示。B_r 和 H_c 是磁性材料的两个重要参数。磁性材料所具有的这种磁通密度 B 的变化滞后于磁场强度 H 变化的现象,称为磁滞。呈现磁滞现象的 $B\text{-}H$ 闭合回线,称为磁滞回线,见图 6.1.7 中的 $abcdefa$。磁滞现象是磁性材料的另一个特性。

磁性物质不同,其磁滞回线和磁化曲线也不同(可由实验得出)。图 6.1.8 给出了几种常见磁性物质的磁化曲线。

按磁性物质的磁性能,磁性材料分为三种类型。

(1) 软磁材料。软磁材料的磁滞回线如图 6.1.9(a)所示,磁滞回线较窄,所以磁滞损耗较小,比较容易磁化,撤去外磁场后磁性基本消失,其剩磁与矫顽磁力都较小。一般用来制造电机、电器及变压器等的铁芯。常用的有铸铁、硅钢片、坡莫合金及铁氧体等铁合金材料。铁氧体在电子技术中应用也很广泛,如可制作计算机的磁芯、磁鼓,以及录音机的磁带、磁头。

(2) 永磁材料

永磁材料的磁滞回线如图 6.1.9(b)所示,磁滞回线较宽,所以磁滞损耗较大,剩磁、矫顽力也较大,需要较强的磁场才能磁化,撤去外加磁场后仍能保留较大的剩磁。一般用来制造永久性磁铁(吸铁石)。常用的有碳钢、钨钢、铬钢、钴钢和钡铁氧体及铁镍铝钴合金等。近年来稀土永磁材料发展很快,像稀土钴、稀土钕铁硼等,矫顽磁力更大。

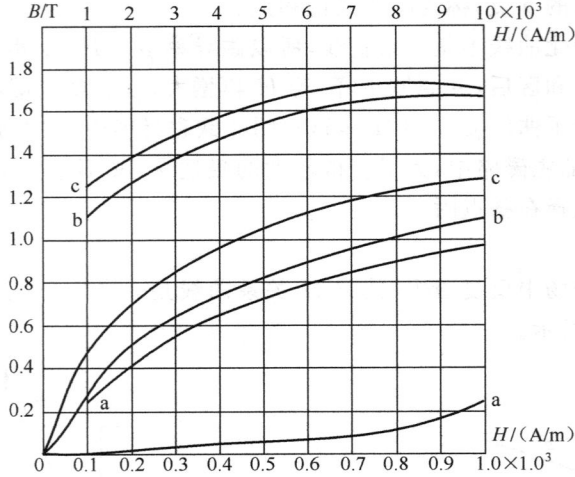

图 6.1.8　不同磁性材料的磁化曲线

注:a—铸铁;b—铸钢;c—硅钢片。

（3）矩磁材料

矩磁材料的磁滞回线如图 6.1.9(c)所示,磁滞回线接近矩形,具有较小的矫顽磁力和较大的剩磁,稳定性也良好。它的特点是只需很小的外加磁场就能使之达到磁饱和,撤去外磁场时,磁感应强度(剩磁)与饱和时一样。在计算机和控制系统中可用作记忆元件、开关元件和逻辑元件。常用的有锰镁铁氧体和锂锰铁氧体及 1J51 型铁镍合金等。

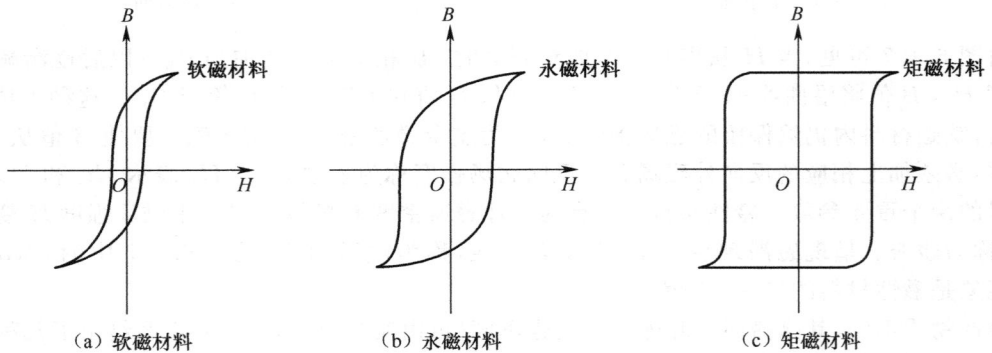

（a）软磁材料　　　　　　　（b）永磁材料　　　　　　　（c）矩磁材料

图 6.1.9　软磁、永磁、矩磁材料的磁滞回线

几种常用磁性材料的最大相对磁导率、剩磁及矫顽力列在表 6.1.1 中。

表 6.1.1　常用磁性材料的最大相对磁导率、剩磁及矫顽力

材料名称	μ_{max}	B_r/T	$H_c(A/m)$
铸铁	200	0.47~0.500	880~1040
硅钢片	8000~10000	0.800~1.200	32~64

（续表）

材料名称	$\mu_{\max}$	B_r/T	$H_c(\mathrm{A/m})$
坡莫合金(78.5%Ni)	20000～200000	1.100～1.400	4～24
碳钢(0.45%C)		0.800～1.100	2400～3200
铁镍铝钴合金		1.100～1.350	40000～52000
稀土钴		0.600～1.000	320000～690000
稀土钕铁硼		1.100～1.300	600000～900000

3. 磁路的基本定律

进行磁路分析和计算时,常用到以下几条定律。

1）安培环路定律

沿着任何一条闭合回线 l,磁场强度 H 的线积分值 $\oint H\mathrm{d}l$ 等于该闭合回线所包围的总电流值 $\sum i$（代数和）,这就是安培环路定律（见图 6.1.10）。用公式表示为

$$\oint H\mathrm{d}l = \sum i \qquad (6-1-6)$$

式（6-1-6）中,若电流的正方向与闭合回线 l 的环行方向符合右手螺旋关系,i 取正,否则取负。例如,在图 6.1.10 中,i_2 取正,i_1 和 i_3 取负,故有 $\oint H\mathrm{d}l = -i_1 + i_2 - i_3$。

若沿着回线 l,磁场强度 H 的大小处处相等（均匀磁场）,且闭合回线所包围的总电流是由通有电流 i 的 N 匝线圈所提供,则式（6-1-6）可简写成

$$Hl = Ni \qquad (6-1-7)$$

2）磁路的欧姆定律

图 6.1.11(a)所示是一个等截面无分支的铁芯磁路,铁芯上有励磁线圈 N 匝,线圈中通有电流 i;铁芯截面积为 A,磁路的平均长度为 l,μ 为材料的磁导率。若不计漏磁通,并认为各截面上磁通密度均匀,且垂直于各截面,则磁通量将等于磁通密度乘以面积,即

$$\Phi = \int B\mathrm{d}A = BA \qquad (6-1-8)$$

而磁场强度等于磁通密度除以磁导率,即 $H = B/\mu$,于是式（6-1-7）可改写成

$$Ni = \frac{B}{\mu}l = \Phi\frac{l}{\mu A} \qquad (6-1-9)$$

或

$$F = \Phi R_{\mathrm{m}} = \frac{\Phi}{\Lambda} \qquad (6-1-10)$$

式中,$F = Ni$ 为作用在铁芯磁路上的安匝数,称为磁路的磁动势;$R_{\mathrm{m}} = \dfrac{l}{\mu A}$ 为磁路的磁阻,它取决于磁路的尺寸和磁路所用材料的磁导率,H^{-1},$1\mathrm{H}^{-1} = 1\mathrm{A/Wb}$;$\Lambda = 1/R_{\mathrm{m}}$ 为磁路的磁导,它是磁阻的倒数,$1\mathrm{H} = 1\mathrm{Wb/A}$。

式（6-1-10）表明,作用在磁路上的磁动势 F 等于磁路内的磁通量 Φ 乘以磁阻 R_{m},此关系与电路中的欧姆定律在形式上十分相似,因此式（6-1-10）称为磁路的欧姆定律。这里,把磁路中的磁动势 F 类比于电路中的电动势 E,磁通量 Φ 类比于电流 I,磁阻 R_{m} 和磁导 Λ 分别

类比于电阻 R 和电导 G 。图 6.1.11(b)所示为相应的模拟电路。

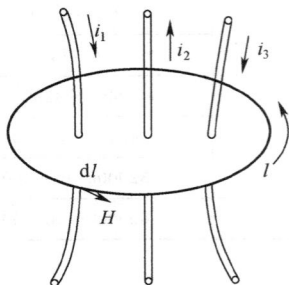

图 6.1.10　安培环路定律

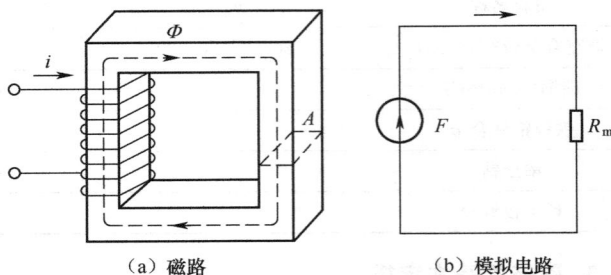

图 6.1.11　等截面无分支铁芯磁路与模拟电路

(a) 磁路　　　　　　(b) 模拟电路

磁阻 R_m 与磁路的平均长度 l 成正比,与磁路的截面积 A 及构成磁路材料的磁导率 μ 成反比。需要注意:导电材料的电导率 γ 是常数,则电阻 R 为常数;铁磁材料的磁导率 μ 和磁阻 R_m 均不为常数,是随磁路中磁感应强度 B 的饱和程度大小而变化的。这种情况称为非线性,因此,用磁阻 R_m 定量对磁路计算时就不很方便,但一般用它定性说明磁路问题还是可以的。

【例 6.1.1】　有一闭合铁芯磁路,铁芯的截面积 $A = 9 \times 10^{-4}\,\mathrm{m}^2$,磁路的平均长度 $l = 0.3\mathrm{m}$,铁芯的磁导率 $\mu_{\mathrm{Fe}} = 5000\mu_0$,套装在铁芯上的励磁绕组为 500 匝。试求,在铁芯中产生 1T 的磁通密度时,需要多少励磁磁动势和励磁电流。

解:用安培环路定律求解。磁场强度为

$$H = B/\mu_{\mathrm{Fe}} = \frac{1}{5000 \times 4\pi \times 10^{-7}} = 159\mathrm{A/m}$$

磁动势为

$$F = Hl = 159 \times 0.3 = 47.7\mathrm{A}$$

励磁电流为

$$i = F/N = \frac{47.7}{500} = 9.54 \times 10^{-2}\mathrm{A}$$

3) 磁路的基尔霍夫定律

(1) 磁路的基尔霍夫第一定律

如果铁芯不是一个简单的回路,而是带有并联分支的磁路,如图 6.1.12 所示。当在中间铁芯柱上加有磁动势 F 时,磁通的路径将如图中虚线所示。若令进入闭合面 A 的磁通为负,穿出闭合面的磁通为正。从图 6.1.12 可见,对闭合面 A 显然有

$$-\Phi_1 + \Phi_2 + \Phi_3 = 0$$

或

$$\sum \Phi = 0 \qquad\qquad\qquad (6-1-11)$$

式(6-1-11)表明,穿出或进入任何一闭合面的总磁通恒等于零,这就是磁通连续性定律。比拟于电路中的基尔霍夫第一定律 $\sum i = 0$,该定律亦称为磁路的基尔霍夫第一定律。

(2) 磁路的基尔霍夫第二定律

电机和变压器的磁路总是由数段不同截面、不同铁磁材料的铁芯组成,还可能含有气隙。磁路计算时,总是把整个磁路分成若干段,每段由同一材料构成、截面积相同且段内磁通密度处处相等,从而磁场强度亦处处相等。例如,图 6.1.13 所示磁路由 3 段组成,其中两段为截面不

同的铁磁材料,第 3 段为气隙。若铁芯上的励磁磁动势为 Ni ,根据安培环路定律(磁路欧姆定律)可得

$$Ni = \sum_{k=1}^{3} H_k l_k = H_1 l_1 + H_2 l_2 + H_\delta \delta = \Phi_1 R_{m1} + \Phi_2 R_{m2} + \Phi_\delta R_{m\delta} \quad (6-1-12)$$

式中, l_1 , l_2 分别为 1、2 两段铁芯的平均长度,其截面积各为 A_1 、A_2 ; δ 为气隙长度; H_1 , H_2 分别为 1、2 两段磁路内的磁场强度; H_δ 为气隙内的磁场强度, Φ_1 , Φ_2 分别为 1、2 两段铁芯内的磁通; Φ_δ 为气隙内磁通; R_{m1} , R_{m2} 分别为 1、2 两段铁芯磁路的磁阻; $R_{m\delta}$ 为气隙磁阻。

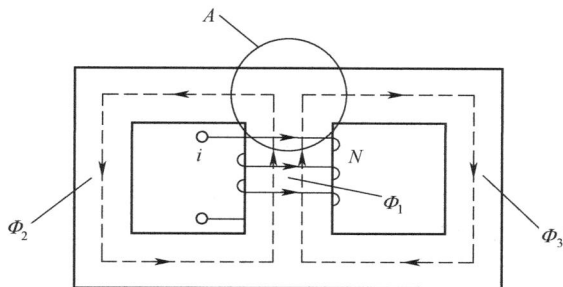

图 6.1.12　磁路的基尔霍夫第一定律

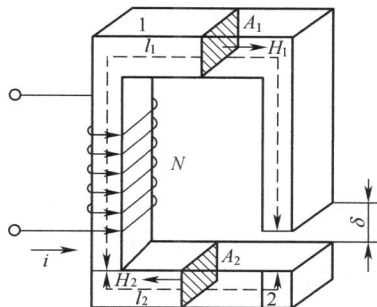

图 6.1.13　磁路的基尔霍夫第二定律

由于 H_k 亦是磁路单位长度上的磁位差, $H_k l_k$ 则是一段磁路上的磁位差,也等于 $\Phi_k R_{mk}$, Ni 是作用在磁路上的总磁动势,故式(6-1-12)表明:沿任何闭合磁路的总磁动势恒等于各段磁路磁位差的代数和。类比于电路中的基尔霍夫第二定律,该定律就称为磁路的基尔霍夫第二定律,此定律实际上是安培环路定律的另一种表达形式。

必须指出,磁路和电流虽然具有类比关系,但是二者性质却是不同的,分析计算时也有以下差别:

(1) 电流中有电流 I 时,就有功率损耗 $I^2 R$;在直流磁路中,维持一定的磁通量 Φ 时铁芯中没有功率损耗。

(2) 在电路中可以认为电流全部在导线中流通,导线外没有电流。在磁路中,则没有绝对的磁绝缘体,除了铁芯中的磁通外,实际上总有一部分漏磁通散布在周围的空气中。

(3) 电路中导体的电阻率 ρ 在一定的温度下是不变的,而磁路中铁芯的磁导率 μ_{Fe} 却不是常值,它是随铁芯的饱和程度大小而变化的。

(4) 对于线性电路,计算时可以应用叠加原理,但对于铁芯磁路,计算时不能应用叠加原理,因为铁芯饱和时磁路为非线性。

所以,磁路与电路仅是一种形式上的类似,而不是物理本质的相似。

【例 6.1.2】 有一个环形铁芯线圈,其内径为 10cm,外径为 5cm,铁芯材料为铸钢。磁路中含有一个空气隙,长度等于 0.2cm。设线圈中通有 1A 的电流,如要得到 0.9T 的磁感应强度,试求线圈匝数。

解: 空气隙的磁场强度

$$H_0 = \frac{B_0}{\mu_0} = \frac{0.9}{4\pi \times 10^{-7}} = 7.2 \times 10^5 \text{A/m}$$

由铸钢铁芯的磁场强度,查铸钢的磁化曲线,$B = 0.9$T 时,磁场强度 $Hl = 500$A/m,磁路的平均总长度为

$$l = \frac{10+15}{2}\pi = 39.2\text{cm}$$

铁芯的平均长度为

$$l_1 = l - \delta = 39.2 - 0.2 = 39\text{cm}$$

各段磁压降为

$$H_0\delta = 7.2 \times 10^5 \times 0.2 \times 10^{-2} = 1440\text{A}$$
$$H_1 l_1 = 500 \times 39 \times 10^{-2} = 195\text{A}$$

总磁动势为

$$NI = H_0\delta + H_1 l_1 = 1440 + 195 = 1635\text{A}$$

线圈匝数为

$$N = \frac{NI}{I} = \frac{1635}{1} = 1635$$

可见,磁路中含有空气隙时,由于其磁阻较大,磁动势几乎都降在空气隙上面。

结论:当磁路中含有空气隙时,由于其磁阻较大,要得到相等的磁感应强度,必须增大励磁电流(设线圈匝数一定)。

6.2　交流铁芯线圈电路

铁芯分为两种。直流铁芯线圈通直流电来励磁(如直流电机的励磁线圈、电磁吸盘及各种直流电器的线圈),交流铁芯线圈通交流电来励磁(如交流电机、变压器及各种交流电器线圈)。分析直流铁芯线圈比较简单。因为励磁电流是直流,产生的磁通时恒定的,在线圈和铁芯中不会感应出电动势;在一定电压 U 下,线圈中的电流 I 只与线圈本身的电阻 R 有关;功率损耗也只有 RI^2。交流铁芯线圈在电磁关系、电压电流关系及功率损耗等方面与直流铁芯有所不同。

1. 电磁关系

图 6.2.1 所示的交流线圈是有铁芯的,下面先来讨论其中的电磁关系。磁动势 Ni 产生的磁通绝大部分通过铁芯而闭合,这部分磁通称为主磁通或工作磁通 Φ。此外,还有很少的一部分磁通主要经过空气或其他非导磁媒介质而闭合,这部分磁通称为漏磁通 Φ_σ。这两个磁通在线圈中产生两个感应电动势,主磁电动势 e 和漏磁电动势 e_σ。这个电磁关系为

$$u \to i(i \cdot N) \begin{cases} \nearrow \Phi \to e = -N\dfrac{\mathrm{d}\Phi}{\mathrm{d}t} \\ \searrow \Phi_\sigma \to e_\sigma = -N\dfrac{\mathrm{d}\Phi_\sigma}{\mathrm{d}t} = -L_\sigma\dfrac{\mathrm{d}i}{\mathrm{d}t} \end{cases}$$

因为漏磁通主要不经过铁芯,所以励磁电流 i 与 Φ_σ 之间可以认为呈线性关系,铁芯线圈的漏磁电感为

$$L_\sigma = \frac{N\Phi_\sigma}{i} = 常数$$

但主磁通通过铁芯,所以 i 与 Φ 之间不存在线性关系(见图 6.2.2)。铁芯线圈的主电感 L 不是一个常数,它随励磁电流而变化的关系与磁导率 μ 随磁场强度而变化的关系相似。因此,

铁芯线圈是一个非线性电感元件。

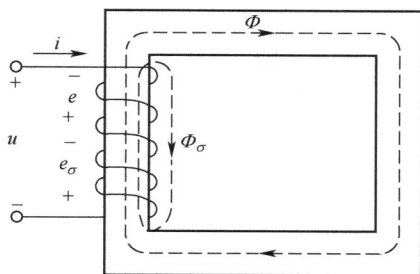

图 6.2.1　铁芯线圈的交流电路

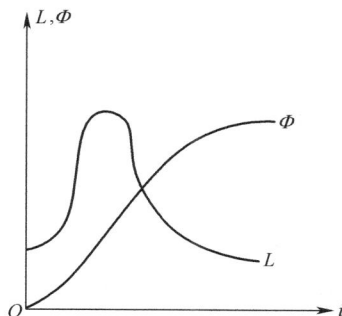

图 6.2.2　L、Φ 与 i 的关系

2. 电压、电流关系

铁芯线圈交流电路(见图 6.2.1)的电压和电流之间的关系也可由基尔霍夫电压定律得出,即

$$u + e + e_\sigma = Ri$$

或

$$u = Ri + (-e_\sigma) + (-e) = Ri + L_\sigma \frac{\mathrm{d}i}{\mathrm{d}t} + (-e) = u_R + u_\sigma + u' \quad (6-2-1)$$

当 u 为正弦电压时,式(6-2-1)中各电压、电流、电动势可视作正弦量,于是式(6-2-1)可用相量表示

$$\dot{U} = R\dot{I} + (-\dot{E}_\sigma) + (-\dot{E}) = R\dot{I} + \mathrm{j}X_\sigma\dot{I} + (-\dot{E}) = \dot{U}_R + \dot{U}_\sigma + \dot{U}' \quad (6-2-2)$$

式中,$\dot{E}_\sigma = -\mathrm{j}X_\sigma\dot{I}$,为漏磁感应电动势;$X_\sigma = \omega L_\sigma$,为漏磁感抗,它是由漏磁通引起的;$R$ 为铁芯线圈的电阻。

至于主磁感应电动势,由于主磁电感或相应的主磁感抗不是常数,应按以下方法计算。

设主磁通 $\Phi = \Phi_\mathrm{m}\sin\omega t$,则

$$e = -N \frac{\mathrm{d}\Phi}{\mathrm{d}t} = -N \frac{\mathrm{d}(\Phi_\mathrm{m}\sin\omega t)}{\mathrm{d}t} = -N\omega\Phi_\mathrm{m}\cos\omega t$$

$$= 2\pi f N\Phi_\mathrm{m}\sin(\omega t - 90°) = E_\mathrm{m}\sin(\omega t - 90°) \quad (6-2-3)$$

式中,$E_\mathrm{m} = 2\pi f N\Phi_\mathrm{m}$,为主磁电动势 e 的幅值,而其有效值则为

$$E = \frac{E_\mathrm{m}}{\sqrt{2}} = \frac{2\pi f N\Phi_\mathrm{m}}{\sqrt{2}} = 4.44 f N\Phi_\mathrm{m} \quad (6-2-4)$$

式(6-2-4)是常用的公式,应特别注意。

由式(6-2-1)或式(6-2-2)可知,电源电压 u 可分为 3 个分量:$u_R = Ri$,是电阻上的电压降;$u_\sigma = -e_\sigma$,是平衡漏磁电动势的电压分量;$u' = -e$,是与主磁电动势相平衡的电压分量。根据楞次定律,感应电动势具有阻碍电流变化的物理性质,所以电源电压必须有一部分来平衡它们。

通常,由于线圈的电阻 R 和感抗 X_σ(或漏磁通 Φ_σ)较小,其上的电压降也较小,与主磁电

动势比较起来,可以忽略不计。于是

$$\dot{U} \approx -\dot{E}$$

$$U \approx E = 4.44f\,N\varPhi_{\mathrm{m}} = 4.44f\,NB_{\mathrm{m}}S \ \mathrm{V} \qquad (6-2-5)$$

式中,B_{m} 为铁芯中磁感应强度的最大值,单位为 T;S 为铁芯截面积,单位为 m^2。若 B_{m} 的单位为 Gs,S 的单位为 cm^2,则式(6-2-5)为

$$U \approx E = 4.44f\,NB_{\mathrm{m}}S \times 10^{-8} \ \mathrm{V} \qquad (6-2-6)$$

3. 功率损耗

交流铁芯线圈的功率损耗主要有铜损和铁损两种。

1)铜损

在交流铁芯线圈中,线圈电阻 R 上的功率耗损称铜损,用 ΔP_{cu} 表示。

$$\Delta P_{\mathrm{cu}} = RI^2 \qquad (6-2-7)$$

式中,R 为线圈的电阻,I 为线圈中电流的有效值。

2)铁损

在交流铁芯线圈中,处于交变磁化下的铁芯内的功率损耗称铁损,用 ΔP_{Fe} 表示。铁损是由磁滞和涡流产生。

由磁滞所产生的铁损称为磁滞耗损 ΔP_{h}。可以证明,交变磁化一周在铁芯的单位体积内所生产的磁滞损耗能量与磁滞回线所包围的面积成正比。

磁滞损耗转化为热能要引起铁芯发热。磁滞损耗的大小:单位体积内的磁滞损耗正比于磁滞回线的面积和磁场交变的频率 f。

减少磁滞损耗的措施:选用磁滞回线狭小的磁性材料制作铁芯。硅钢就是变压器和电机中常用的铁芯材料,其磁滞损耗较小。

由涡流所产生的铁损称为涡流损耗 ΔP_{e}。

在图 6.2.3 中,当线圈中通有交流时,它所产生的磁通也是交变的。因此,不仅要在线圈中产生感应电动势,而且在铁芯内也要产生感应电动势和感应电流。这种感应电流称为涡流,它在垂直于磁通方向的平面内环流着。

涡流损耗也要引起铁芯发热。为了减小涡流损耗,在顺磁场方向铁芯可由彼此绝缘的钢片叠成(见图 6.2.3),这样就可以限制涡流只能在较小的截面内流通。此外,通常所用的硅钢中含有少量的硅(0.8%~4.8%),因而电阻率较大,这也可以使涡流减小。

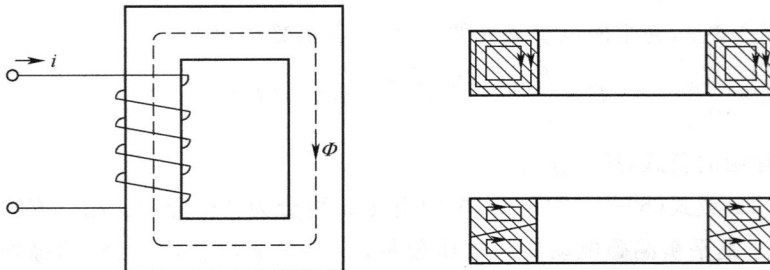

图 6.2.3   铁芯中的涡流

涡流有有害的一面,但在另外一些场合下也有有利的一面。对其有害的一面尽可能地加以

限制,而对其有利的一面则应充分加以利用。例如,利用涡流的热效应来冶炼金属,利用涡流和磁场相互作用产生电磁力的原理来制造感应式仪器、滑差电机及涡流测距器等。

在交变磁通的作用下,铁芯内的这两种损耗合称为铁损 ΔP_{Fe}。铁损几乎与铁芯内磁感应强度的最大值 B_{m} 的平方成正比,故 B_{m} 不宜选得过大,一般取 $0.8 \sim 1.2\text{T}$。

从上述可知,铁芯线圈交流电路的有功功率为

$$P = UI\cos\varphi = RI^2 + \Delta P_{\text{Fe}} \tag{6-2-8}$$

【例 6.2.1】　有一个交流铁芯线圈,电源电压 $U = 220\text{V}$,电路中电流 $I = 4\text{A}$,功率表读数 $P = 100\text{W}$,频率 $f = 50\text{Hz}$,漏磁通和线圈电阻上的电压降可忽略不计。试求:(1)铁芯线圈的功率因数;(2)铁芯线圈的等效电阻和感抗。

解:(1) $\cos\varphi = \dfrac{P}{UI} = \dfrac{100}{220 \times 4} = 0.114$

(2)铁芯线圈的等效阻抗模为　　　$|Z'| = \dfrac{U}{I} = \dfrac{220}{4} = 55\Omega$

等效电阻为　　　$R' = R + R_0 = \dfrac{P}{I^2} = \dfrac{100}{4^2} = 6.25\Omega \approx R_0$

等效感抗为　　$X' = X_\sigma + X_0 = \sqrt{|Z'|^2 - R'^2} = \sqrt{55^2 - 6.25^2} = 54.6\Omega \approx X_0$

【例 6.2.2】　要绕制一个铁芯线圈,已知电源电压 $U = 220\text{V}$,频率 $f = 50\text{Hz}$,今量得铁芯截面为 30.2cm^2,铁芯由硅钢片叠成,设叠片间隙系数为 0.91 (一般取 $0.9 \sim 0.93$)。(1) 如取 $B_{\text{m}} = 1.2\text{T}$,问线圈匝数应为多少?(2)如磁路平均长度为 60cm,问励磁电流应多大?

解:铁芯的有效面积为　　　　　$S = 30.2 \times 0.91 = 27.5\text{cm}^2$

(1) 线圈匝数为　　$N = \dfrac{U}{4.44 f B_{\text{m}} S} = \dfrac{220}{4.44 \times 50 \times 1.2 \times 27.5 \times 10^{-4}} = 300$

(2) 查磁化曲线图 $B_{\text{m}} = 1.2\text{T}$ 时,$H_{\text{m}} = 700\text{A/m}$,则

$$I = \frac{H_{\text{m}} l}{\sqrt{2}\,N} = \frac{700 \times 60 \times 10^{-2}}{\sqrt{2} \times 300} = 1\text{A}$$

6.3　电　磁　铁

电磁铁是利用通电的铁芯线圈吸引衔铁带动执行机构工作的一种电器。

电磁铁有线圈、铁芯及衔铁三部分组成。电磁铁在生产中的应用极为普遍,图 6.3.1 所示的例子是用它来制动机床或起重机的电动机。当接通电源时,电磁铁动作而拉开弹簧,把抱闸提起,放开装在电机轴上的制动轮,这时电动机便可以自由转动。当电源断开时,电磁铁的衔铁落下,弹簧将抱闸装置压在制动轮上,电动机就被制动。起重机采用了这种制动方法可以避免工作过程中突然断电而使重物滑下造成事故。

电磁铁的吸力是它的主要参数之一。吸力的大小与电磁铁气隙截面积 S_0 及气隙中的磁感应强度 B_0 的平方成正比。计算吸力的基本公式为

$$F = \frac{10^7}{8\pi} B_0^2 S_0 \ \text{N} \tag{6-3-1}$$

式中，B_0 的单位是 T，S_0 的单位是 m^2，F 的单位是 N。

交流电磁铁中的磁场是交变的，设

$$B_0 = B_m \sin\omega t$$

则吸力为

$$F = \frac{10^7}{8\pi}B_m^2 S_0 \sin^2\omega t = \frac{10^7}{8\pi}B_m^2 S_0 \left(\frac{1-\cos 2\omega t}{2}\right)$$

$$= F_m\left(\frac{1-\cos 2\omega t}{2}\right) = \frac{1}{2}F_m - \frac{1}{2}F_m\cos 2\omega t \qquad (6-3-2)$$

式中，$F_m = \dfrac{10^7}{8\pi}B_m^2 S_0$ 为吸力的最大值，通常只要考虑吸力的平均值 F 就可以了。

$$F = \frac{1}{T}\int_0^T f\,dt = \frac{1}{2}F_m = \frac{10^7}{16\pi}B_m^2 S_0 \text{ N} \qquad (6-3-3)$$

由(6-3-2)可知，吸力在零与最大值 F_m 之间脉动。因而衔铁以 2 倍的电源频率在颤动，噪声很大，触点也容易损坏。为了消除这种现象，可以在磁极的部分端面上套一个分磁环（见图 6.3.2），于是在分磁环（或短路环）中便产生了感应电流，以阻碍磁通的变化，使磁极两部分的磁通 Φ_1 与 Φ_2 之间产生一个相位差，因而磁极各部分的吸力也就不会同时降为零，从而消除了衔铁的颤动。

在交流磁铁中，为了减小铁损，铁芯是由钢片叠压而成。而在直流磁铁中，铁芯则是用整块软钢制成的。交、直流电磁铁除上述不同外，它们在吸合过程中电流与吸力的变化情况也是不同的。

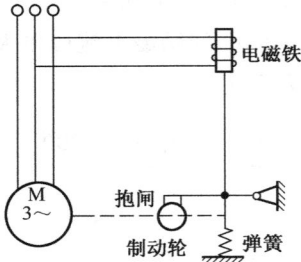

图 6.3.1　电磁铁应用举例

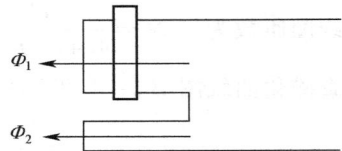

图 6.3.2　分磁环

在直流电磁铁中，励磁电流的大小只与线圈的阻值有关，不因气隙的大小而变化。但在交流电磁铁的吸合过程中，线圈中的电流不仅与线圈的电阻有关而且与线圈的感抗也有关。在吸合时，随着气隙的减小，磁阻也减小，线圈的电感和感抗都增大，因而电流逐渐减小。因此，如果出现机械故障导致衔铁通电后吸合不上，线圈中就会流过较大的电流而使线圈严重发热，甚至烧毁。

【例 6.3.1】　图 6.3.3 所示为一个拍合式交流电磁铁，其磁路尺寸为 $c=4\text{cm}$，$l=7\text{cm}$，铁芯由硅钢片叠压而成。铁芯和衔铁的横截面积都是正方形，每边长度 $a=1\text{cm}$。励磁线圈电压为 220V。现要求衔铁在最大气隙 $\delta=1\text{cm}$（平均值）时需产生吸力 50N，试计算线圈的匝数和此时的电流值。计算时可以忽略漏磁通，并且铁芯和衔铁的磁阻与空气隙相比可以不计。

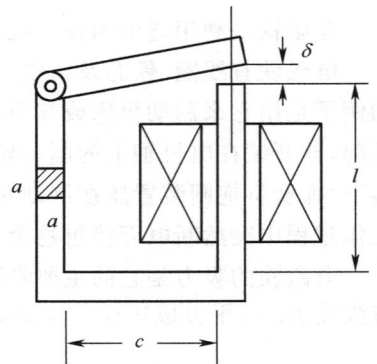

图 6.3.3　例 6.3.1 图

解：按已知吸力求 B_m（认为空气隙的与铁芯中的相等）

$$F = \frac{10^7}{16\pi} B_{\mathrm{m}}^2 S_0$$

$$B_{\mathrm{m}} = \sqrt{\frac{16\pi F}{S_0} \times 10^{-7}} = \sqrt{\frac{16\pi \times 50}{1 \times 10^{-4}} \times 10^{-7}} \approx 1.6\mathrm{T}$$

线圈的匝数为

$$N = \frac{U}{4.44 f B_{\mathrm{m}} S} = \frac{220}{4.44 \times 50 \times 1 \times 10^{-4}}$$

初始励磁电流为

$$\sqrt{2} NI \approx H_{\mathrm{m}}\delta = \frac{B_{\mathrm{m}}}{\mu_0}\delta$$

$$I = \frac{B_{\mathrm{m}}\delta}{\sqrt{2} N\mu_0} = \frac{1.6 \times 1 \times 10^2}{\sqrt{2} \times 6200 \times 4\pi \times 10^{-7}} = 1.5\mathrm{A}$$

6.4　变　压　器

变压器是一种常见的电气设备,在电力系统和电子线路中应用广泛。

在输电方面,当输送功率 $P = UI\cos\varphi$ 及负载功率因素 $\cos\varphi$ 一定时,电压 U 越高,则线路电流 I 越小。这不仅可以减小输电线的截面积,节省材料,同时还可以减小线路的功率损耗。因此在输电时,必须利用变压器将电压升高。在用电方面,为了保证用电的安全,合乎用电设备的电压要求,还要利用变压器将电压降低。

在电子线路中,除电源变压器外,变压器还用来耦合电路、传递信号,并实现阻抗匹配。

此外,还有自耦变压器、互感器及各种专用变压器。变压器的种类很多,但是它们的基本构造和工作原理是一样的。

1. 变压器的基本结构与工作原理

变压器一般由闭合铁芯和高压、低压绕组等主要部分组成。

图 6.4.1 所示电路为变压器的原理图。为了便于分析,将高压绕组和低压绕组分别画在两边。与电源相连的称为原绕组,与负载相连的称为副绕组。原、副绕组的匝数分别为 N_1 和 N_2。

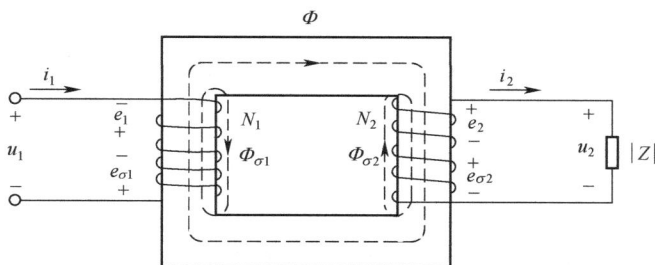

图 6.4.1　变压器的原理图

当原绕组接上交流电压 u_1 时,原绕组中有电流 i_1 流过。原绕组的磁动势 $N_1 i_1$ 产生的磁通大部分通过铁芯而闭合,从而在副绕组中感应出电动势。如果副绕组接有负载,那么副绕组中就有电流 i_2 流过。副绕组的磁动势 $N_2 i_2$ 也产生磁通,其绝大部分也通过铁芯而闭合。因此,铁芯中的磁通是一个由原、副绕组的磁动势共同产生的合成磁通,称为主磁通,用 Φ 表示。主磁通穿过原绕组和副绕组,而在其中感应出的电动势分别为 e_1 和 e_2。此外,原、副绕组的磁动势还分别产生漏磁电动势 $e_{\sigma 1}$ 和 $e_{\sigma 2}$。

上述的电磁关系可表示如下:

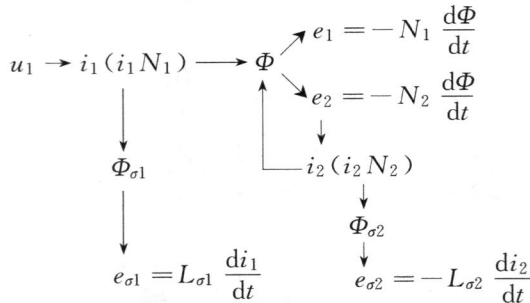

$$u_1 \rightarrow i_1(i_1 N_1) \longrightarrow \Phi \begin{cases} e_1 = -N_1 \dfrac{\mathrm{d}\Phi}{\mathrm{d}t} \\ e_2 = -N_2 \dfrac{\mathrm{d}\Phi}{\mathrm{d}t} \end{cases}$$

$$i_2(i_2 N_2)$$

$$\Phi_{\sigma 1} \qquad\qquad \Phi_{\sigma 2}$$

$$e_{\sigma 1} = L_{\sigma 1} \frac{\mathrm{d}i_1}{\mathrm{d}t} \qquad\qquad e_{\sigma 2} = -L_{\sigma 2} \frac{\mathrm{d}i_2}{\mathrm{d}t}$$

下面分别讨论变压器的电压变换、电流变换及阻抗变换。

1) 电压变换

根据基尔霍夫电压定律,对原绕组电路可列出与式(6-2-1)相同的电压方程,即

$$u_1 + e_1 + e_{\sigma 1} = R_1 i_1$$

或

$$u_1 = R_1 i_1 + (-e_{\sigma 1}) + (-e_1) = R_1 i_1 + L_{\sigma 1} \frac{\mathrm{d}i_1}{\mathrm{d}t} + (-e_1) \tag{6-4-1}$$

通常,原绕组上所加的是正弦交流电 u_1。在正弦交流电电压的作用的情况下,式(6-4-1)可用向量表示为

$$\dot{U}_1 = R_1 \dot{I}_1 + (-\dot{E}_{\sigma 1}) + (-\dot{E}_1) = R_1 \dot{I} + jX_1 \dot{I} + (-\dot{E}) \tag{6-4-2}$$

式中,R_1 和 $X_1 = \omega L_{\sigma 1}$ 分别为原绕组的电阻和感抗(漏磁感抗,由漏磁通产生)。

由于原绕组的电阻 R_1 和感抗 X_1 较小,因而它们两端的电压降也较小,与主磁电动势 E_1 比较起来可以忽略不计。于是

$$\dot{U} \approx -\dot{E}$$

根据式(6-2-4),e_1 的有效值为

$$E_1 = 4.44 f N_1 \Phi_\mathrm{m} \approx U_1 \tag{6-4-3}$$

同理,对副绕组电路可列出

$$e_2 + e_{\sigma 2} = R_2 i_2 + u_2$$

或

$$e_2 = R_2 i_2 + (-L_{\sigma 2}) + u_2 = R_2 i_2 + L_{\sigma 2} \frac{\mathrm{d}i_2}{\mathrm{d}t} + u_2 \tag{6-4-4}$$

如果用相量表示,则为

$$\dot{E}_2 = R_2 \dot{I}_2 + (-\dot{E}_{\sigma 2}) + \dot{U}_2 = R_2 \dot{I}_2 + jX_2 \dot{I}_2 + \dot{U}_2 \tag{6-4-5}$$

式中，R_2 和 $X_2 = \omega L_{\sigma2}$ 分别为副绕组的电阻和感抗；$\dot{U}_2$ 为副绕组的端电压。

感应电势 e_2 的有效值为

$$E_2 = 4.44 f N_2 \Phi_{\mathrm{m}} \tag{6-4-6}$$

在变压器空载时，$I_2 = 0, E_2 = U_{20}$；U_{20} 是空载时副绕组的端电压。

由式（6-4-3）和式（6-4-6）可见，由于原、副绕组的匝数 N_1 和 N_2 不相同，故 E_1 和 E_2 的大小是不等的，因而输入电压 U_1（电源电压）和输出电压 U_2（负载电压）的大小也是不等的。原、副绕组的电压之比为

$$\frac{U_1}{U_{20}} \approx \frac{E_1}{E_2} = \frac{N_1}{N_2} = K \tag{6-4-7}$$

式中，K 为变压器的变比，即原、副绕组的匝数比。可见，当电源电压 U_1 一定时，只要改变匝数比，就可得出不同的输出电压 U_2。

变比在变压器的铭牌上注明，它表示原、副绕组的额定电压之比，如 $6000/400\mathrm{V}(K=15)$。这表示原绕组的额定电压（即原绕组上应加的电源电压）$U_{1\mathrm{N}} = 6000\mathrm{V}$，副绕组的额定电压 $U_{2\mathrm{N}} = 400\mathrm{V}$。副绕组的额定电压是指原绕组加上额定电压时副绕组的空载电压。由于变压器有内阻抗压降，所以副绕组的空载电压一般应较满载时的电压高 $5\% \sim 10\%$。

要变换三相电压可采用三相变压器（见图 6.4.2）。图 6.4.2 中，各相高压绕组的始端和末端分别用 A、B、C 和 X、Y、Z 表示，低压绕组则用 a、b、c 和 x、y、z 表示。

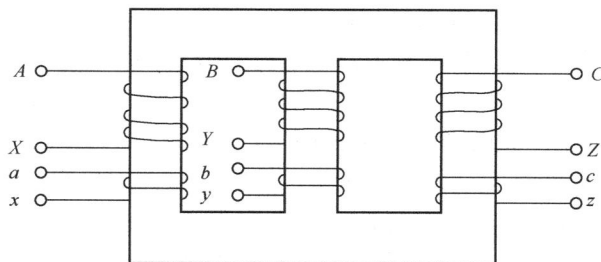

图 6.4.2　三相变压器

图 6.4.3 所示为三相变压器连接的两例，并表明了电压的变换关系。

$\mathrm{Y/Y_0}$ 连接的三相变压器（见图 6.4.3(a)）是供动力负载和照明负载公用的，低压一般为 $400\mathrm{V}$，高压不超过 $35\mathrm{kV}$。$\mathrm{Y/\triangle}$ 连接的变压器（见图 6.4.3(b)），低压一般为 $10\mathrm{kV}$，高压不超过 $60\mathrm{kV}$。高压侧连接成 Y 形，相电压只有线电压的 $1/\sqrt{3}$，可以降低每相绕组的绝缘要求；低压侧连接成△形，相电流只有线电流的 $1/\sqrt{3}$，可以减小每相绕组的导线截面。

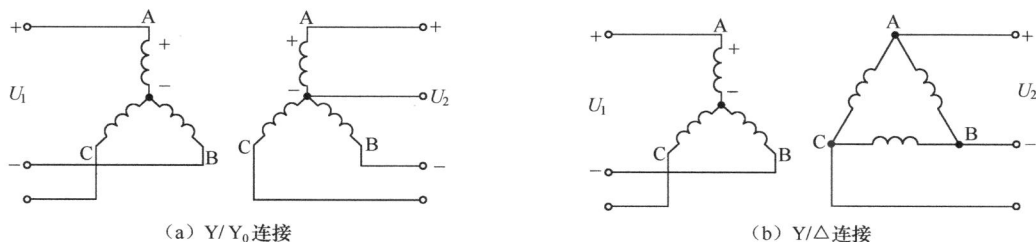

（a）$\mathrm{Y/Y_0}$ 连接　　　　　　　　　　　　　（b）$\mathrm{Y/\triangle}$ 连接

图 6.4.3　三相变压器的连接法举例

SL$_7$－500/10 是三相变压器型号的示例。其中，S 为三相，L 为铝线，7 为设计序号，500 为 500kV · A，10 为高压侧电压 10kV。

2）电流变换

由 $U_1 \approx E_1 = 4.44 f N_1 \Phi_m$ 可见，当电源电压 U_1 和频率 f 不变时，E_1 和 Φ_m 也都接近于常数，即铁芯中主磁通的最大值在变压器空载或有负载时是几乎恒定的。因此，有负载时产生的原、副绕组的合成磁动势（$N_1 i_1 + N_2 i_2$）应该与空载时产生主磁通的原绕组的磁动势 $N_1 i_0$ 几乎相等，即

$$N_1 i_1 + N_2 i_2 \approx N_1 i_0$$

如用相量表示，则为

$$N_1 \dot{I}_1 + N_2 \dot{I}_2 \approx N_1 \dot{I}_0 \tag{6-4-8}$$

变压器的空载电流 i_0 是励磁用的。由于铁芯的磁导率高，空载电流是很小的，它的有效值 I_0 在原绕组额定电流 I_{1N} 的 10% 以内，因此 $N_1 I_0$ 与 $N_1 I_1$ 相比常可忽略。于是式（6-4-8）可写为

$$N_1 \dot{I} \approx - N_2 \dot{I}_2 \tag{6-4-9}$$

由式（6-4-9）可知，原、副绕组的电流关系为

$$\frac{I_1}{I_2} \approx \frac{N_2}{N_1} = \frac{1}{K} \tag{6-4-10}$$

式（6-4-10）表明变压器原、副绕组的电流之比近似等于它们的匝数比的倒数。可见，变压器中的电流虽然由负载的大小确定，但是原、副绕组中电流的比值是几乎不变的；因为当负载增加时，I_2 和 $N_2 I_2$ 随着增大，而 I_1 和 $N_1 I_1$ 也必须相应增大，以抵偿副绕组的电流和磁动势对主磁通的影响，从而维持主磁通的最大值近于不变。

变压器的额定电流 I_{1N} 和 I_{2N} 是指按规定工作方式（长时间连续工作或短时工作或间歇工作）运行时，原、副线圈允许通过的最大电流，它们是根据绝缘材料允许的温度决定的。

副绕组的额定电压与额定电流的乘积称为变压器的额定容量，即

$$S_N = U_{2N} I_{2N} \approx U_{1N} I_{1N} \text{（单相）}$$

式中，S_N 是视在功率（V · A），与输出功率（W）不同。

3）阻抗变换

上面讲过变压器能起变换电压和变换电流的作用。此外，它还有变换负载阻抗的作用，以实现"匹配"。

在图 6.4.4(a) 中，负载阻抗模 $|Z|$ 接在变压器副边，而图 6.4.4(a) 中的虚线框部分可以用一个阻抗模 $|Z'|$ 来等效代替，如图 6.4.4(b) 所示。等效就是输入电路的电压、电流和功率不变。两者的关系可通过下面的计算得出。根据式（6-4-7）和式（6-4-10）可得

$$\frac{U_1}{I_1} = \frac{\dfrac{N_1}{N_2} U_2}{\dfrac{N_2}{N_1} I_2} = \left(\frac{N_1}{N_2}\right)^2 \frac{U_2}{I_2}$$

由图 6.4.4 可知

$$\frac{U_1}{I_1} = |Z'| \quad , \quad \frac{U_2}{I_2} = |Z|$$

代入则得

$$|Z'| = \left(\frac{N_1}{N_2}\right)^2 |Z|$$ (6-4-11)

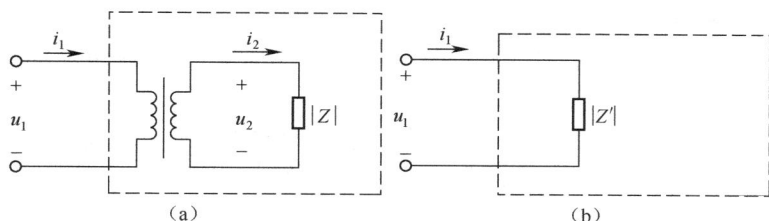

图 6.4.4　负载阻抗的等效变换

匝数比不同,负载阻抗模 $|Z|$ 折算到原边的等效阻抗模 $|Z'|$ 也不同。可以采用不同的匝数比,把负载阻抗模变换为所需要的、比较合适的数值。这种做法通常称为阻抗匹配。

【例 6.4.1】　有一个机床变压器,容量为 $50\text{V}\cdot\text{A}$,$U_1=380\text{V}$,$U_2=36\text{V}$,其绕组已烧毁,要重绕。现测得铁芯截面积是 $22\times41\text{mm}^2$,铁芯材料是 0.35mm 的硅钢片。试计算原、副绕组匝数及导线线径。

解:铁芯有效截面积为

$$S = 2.2\times 4.1\times 0.9 = 8.1\text{cm}^2$$

式中,0.9 为铁芯叠片间歇系数。

对 0.35mm 的硅钢片,可取 $B_m=1.1\text{T}$。

原绕组匝数为

$$N_1 = \frac{U_1}{4.44 f B_m S} = \frac{380}{4.44\times 50\times 1.1\times 8.1\times 10^{-4}} = 1920$$

副绕组的匝数为

$$N_2 = N_1\frac{U_{20}}{U_1} = N_1\frac{1.05U_2}{U_1} = 1920\times\frac{1.05\times 36}{380} = 190$$

设 $U_{20}=1.05U_2$。

副绕组电流为

$$I_2 = \frac{S_N}{U_2} = \frac{50}{36} = 1.39\text{A}$$

原绕组电流为

$$I_1 = \frac{50}{380} = 0.13\text{A}$$

导线的直径 d 可计算如下

$$I = J\left(\frac{\pi d^2}{4}\right),\ d=\sqrt{\frac{4I}{\pi J}}$$

式中,J 为电流密度,一般取 $J=2.5\text{A/mm}^2$。

于是原绕组线径为

$$d_1 = \sqrt{\frac{4\times 0.13}{3.14\times 2.5}} = 0.256\text{mm}（取 0.25\text{mm}）$$

副绕组的线径为

$$d_2 = \sqrt{\frac{4 \times 1.39}{3.14 \times 2.5}} = 0.84\text{mm（取 0.9mm）}$$

2. 变压器的铭牌和技术数据

额定电压 U_{1N}、U_{2N}：变压器二次侧开路（空载）时，一次、二次侧绕组允许的电压值。三相变压器时指线电压。

额定电流 I_{1N}、I_{2N}：变压器满载运行时，一次、二次侧绕组允许的电流值。三相变压器时指线电流。

额定容量 S_N：传送功率的最大能力。

单相：$S_N = U_{2N}I_{2N} \approx U_{1N}I_{1N}$。

三相：$S_N = \sqrt{3}U_{2N}I_{2N} \approx \sqrt{3}U_{1N}I_{1N}$。

输出功率：$P_2 = U_2 I_2 \cos\varphi$。

一次侧输入功率：$P_1 = \dfrac{P_2}{\eta}$，η 为效率。

3. 变压器的运行特性

由式(6-4-2)和式(6-4-5)可以看出，当电源电压 U_1 不变时，随着副绕组电流 I_2 的增加（负载增加），原、副绕组阻抗上的电压降便增加，这将使副绕组的端电压 U_2 发生变动。当电源电压 U_1 和负载功率因数 $\cos\varphi_2$ 为常数时，U_2 和 I_2 的变化关系可用外特性曲线 $U_2 = f(I_2)$ 来表示，如图6.4.5所示。对电阻性和电感性负载而言，电压 U_2 随电流 I_2 的增加而下降。

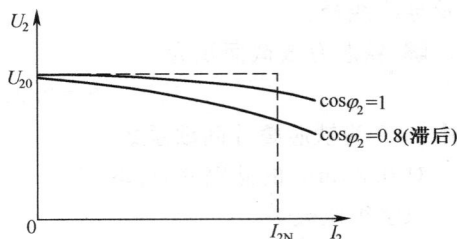

图 6.4.5 变压器的外特性曲线

通常，希望电压 U_2 的变动愈小愈好。从空载到额定负载，副绕组电压的变化程度用电压变化率 ΔU 表示，即

$$\Delta U = \frac{U_{20} - U_2}{U_{20}} \times 100\% \tag{6-4-12}$$

在一般变压器中，由于其电阻和漏磁感抗均甚小，电压变化率是不大的，约为 5%。

4. 变压器的损耗与效率

和交流铁芯线圈一样，变压器的功率损耗包括铁芯中的铁损 ΔP_{Fe} 和绕组上的铜损 ΔP_{Cu} 两部分。铁损的大小与铁芯内磁感应强度的最大值 B_m 有关，与负载大小无关，而铜损则与负载大小（正比于电流平方）有关。

变压器的效率常用下式确定

$$\eta = \frac{P_2}{P_1} = \frac{P_2}{P_2 + \Delta P_{Fe} + \Delta P_{Cu}} \tag{6-4-13}$$

式中，P_2 为变压器的输出功率；P_1 为输入功率。

变压器的功率损耗很小，所以效率很高，通常在 95% 以上。在一般电力变压器中，当负载为额定负载的 50%～75% 时，效率达到最大值。

【例 6.4.2】　有一带电阻负载的三相变压器,其额定数据如下:$S_N = 100kV \cdot A$,$U_{1N} = 6000V$,$U_{2N} = U_{20} = 400V$,$f = 50Hz$。绕组连接 Y/Y_0。由实验测得:$\Delta P_{Fe} = 600W$,额定负载时 $\Delta P_{Cu} = 2400W$。试求:(1)变压器的额定电流;(2)满载和半载时的效率。

解:(1)由三相交流电路视在功率公式求额定电流

$$I_{2N} = \frac{S_N}{\sqrt{3}\,U_{2N}} = \frac{100 \times 10^2}{\sqrt{3} \times 400} = 144A$$

$$I_{1N} = \frac{S_N}{\sqrt{3}\,U_{1N}} = \frac{100 \times 10^2}{\sqrt{3} \times 6000} = 9.62A$$

(2)满载时和半载时的效率分别为

$$\eta_1 = \frac{P_2}{P_2 + \Delta P_{Fe} + \Delta P_{Cu}} = \frac{100 \times 10^2}{100 \times 10^3 + 600 + 2400} = 97.1\%$$

$$\eta_{\frac{1}{2}} = \frac{\frac{1}{2} \times 100 \times 10^3}{\frac{1}{2} \times 100 \times 10^3 + 600 + \left(\frac{1}{2}\right)^2 \times 2400} = 97.6\%$$

5. 变压器绕组的极性与正确连接

在使用变压器或者其他有磁耦合的互感线圈时,要注意线圈的正确连接。例如,一台变压器的原绕组,如图 6.4.6(a)中的 1-2 和 3-4。当接到 220V 的电源上时,两绕组串联,如图 6.4.6(b)所示。接到 110V 的电源上时,两绕组并联,如图 6.4.6(c)所示。如果连接错误,例如串联时将 2 和 4 两端连在一起,将 1 和 3 两端接电源,这样两个绕组的磁动势就互相抵消,铁芯中不产生磁通,绕组中也就没有感应电动势,绕组中将流过很大的电流,把变压器烧毁。

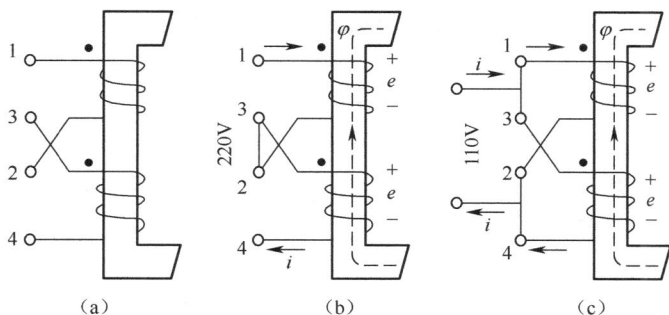

图 6.4.6　变压器原绕组的正确连接

为了正确连接,在线圈上标以记号·。标有·号的两端称为同极性端,图 6.4.6 中的 1 和 3 是同极性端,当然 2 和 4 也是同极性端。当电流从两个线圈的同极性端流入(或流出)时,产生的磁通的方向相同,或者当磁通变化(增大或减小)时,在同极性端感应电动势的极性也相同。在图 6.4.6 中,绕组中的电流正在增大,感应电动势 e 的极性(或方向)如图 6.4.6 所示。

如果将其中一个线圈反绕,如图 6.4.7 所示,则 1 和 4 两端应为同极性端。串联时应将 2 和 4 两端连在一起。可见,哪两端是同极性端,还与线圈绕向有关。只要知道线圈绕向,同极性端就不难定出。

同极性端的测定方法如下。

方法一：交流法。

把两个线圈的任意两端（X—x）连接（见图 6.4.8），然后在 AX 上加一低电压 u_{AX}，测量：U_{AX}、U_{Aa}、U_{ax}。

若 $U_{Aa} = |U_{AX} - U_{ax}|$ 说明 A 与 a 或 X 与 x 为同极性端。

若 $U_{Aa} = |U_{AX} + U_{ax}|$ 说明 A 与 x 或 X 与 a 是同极性端。

方法二：直流法。

如图 6.4.9 所示，在一个线圈上加直流电压，闭合开关 S。

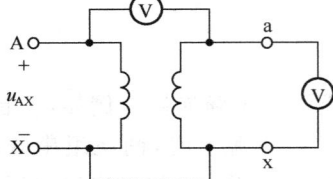

图 6.4.7 线圈反绕

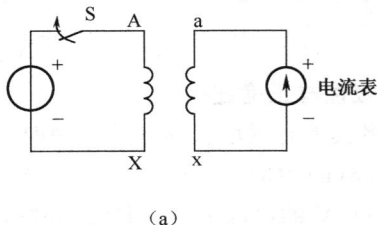

图 6.4.8 交流法测定同极性端

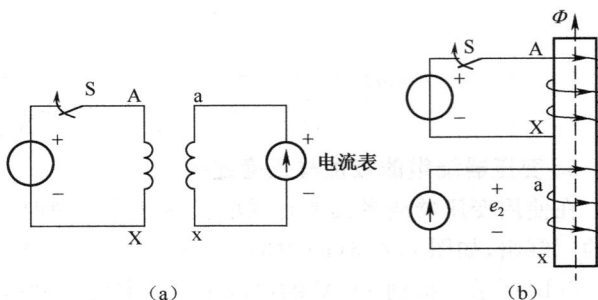

图 6.4.9 直流法测定同极性端

结论：如果当 S 闭合时，电流表正偏，则 A-a 为同极性端；如果当 S 闭合时，电流表反偏，则 A-x 为同极性端。依据：设 S 闭合时 Φ 增加，感应电动势的方向应阻止 Φ 的增加。

习题

6.1 有一个线圈，其匝数 $N = 1000$，绕在由铸钢制成的闭合铁芯上，铁芯的截面积 $S_{Fe} = 20\text{cm}^2$，铁芯的平均长度 $l_{Fe} = 50\text{cm}$。如果要在铁芯中产生磁通 $\Phi = 0.002\text{Wb}$，试问线圈中应该通入多大的直流电流？

6.2 如果题 6.1 铁芯中含有一个长度为 $\delta = 0.2\text{cm}$ 的空气隙（与铁芯柱垂直），由于空气隙较短，磁通的边缘扩散可忽略不计，试问线圈中的电流必须多大才能使铁芯中的磁感应强度保持题 6.1 中的数值？

6.3 为了求出铁芯线圈的铁损，先将它接在直流电源上，测得线圈的电阻为 1.71Ω。然后再接到交流电源上，测得电压 $U = 120\text{V}$，功率 $P = 70\text{W}$，电流 $I = 2\text{A}$，求铁损和线圈的功率因数。

6.4 有一个交流铁芯线圈，接在 $f = 50\text{Hz}$ 的正弦电源上，在铁芯中得到磁通的最大值为 $\Phi_m = 2.25 \times 10^{-2}\text{Wb}$。现在在此线圈上再绕一个线圈，其匝数为 200。当此线圈开路时，求此两端的电压。

6.5 将一个铁芯线圈接到电压 $U = 100\text{V}$，频率 $f = 50\text{Hz}$ 的正弦电源上，其电流 $I_1 = 5\text{A}$，$\cos\varphi_1 = 0.7$。如将此线圈中的铁芯抽出，再接到上述电源上，则线圈中的电流 $I_2 = 10\text{A}$，$\cos\varphi_2 = 0.05$。试求此线圈在有铁芯时的铜损和铁损。

6.6　有一个单项照明变压器,容量为 $10\text{kV} \cdot \text{A}$,电压为 3300/220V 今要在副绕组上接上 60W、220V 的白炽灯,要变压器在额定状态下运行,灯泡可接多少个? 并求原、副边绕组的额定电流。

6.7　SJL 型三相变压器的铭牌数据如下:$S_N = 180\text{kV} \cdot \text{A}$, $U_{1N} = 10\text{kV}$, $U_{2N} = 400\text{V}$, $f = 50\text{Hz}$,按 Y/Y_0 连接。已知每匝线圈的感应电动势为 5.113V,铁芯截面积为 160cm^2 。试求:(1)原、副绕组每相的匝数;(2)变压比;(3)原、副绕组的额定电流;(4)铁芯中磁感应强度 B_m 。

6.8　在题 6.8 图中,将 $R_L = 8\Omega$ 的扬声器接在输出变压器的副绕组上,已知 $N_1 = 300$, $N_2 = 200$,信号源电动势 $E = 6\text{V}$,内阻 $R_0 = 100\Omega$,试求信号源输出的功率。

6.9　如题 6.9 图所示,输出变压器的副绕组中有抽头以便接 8Ω 和 3.5Ω 的扬声器,两者都能达到阻抗匹配。试求副绕组两部分匝数之比 N_2/N_3 。

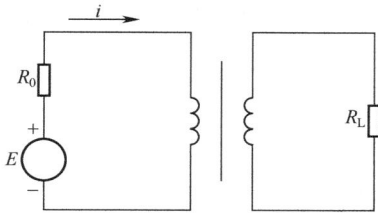
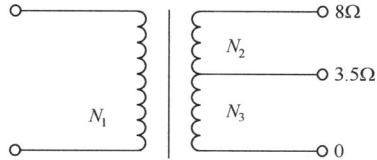

题 6.8 图　　　　　　　　　　　题 6.9 图

6.10　如题 6.10 图所示,一个有 3 个副绕组的电源变压器,试问能够得出多少种输出电源?

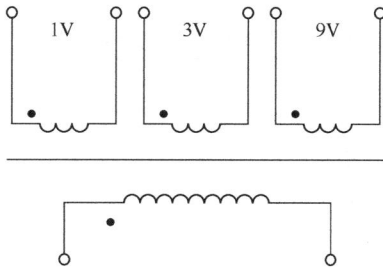

题 6.10 图

6.11　有一个交流接触器,线圈电源380V,匝数为8750匝,导线直径为0.09mm。现在要想使用在 220V 的电源上,问应该如何改装?（即计算线圈匝数和换用导线的直径。）（提示:改装前后的吸力不能变,磁通的最大值 Φ_m 应该保持;改装前后的磁动势也应该不变;电流与导线的截面积成正比。）

第7章
三相交流异步电动机

异步电动机也称感应电动机,是工农业生产中应用最为广泛的一种电动机。例如,中小型轧钢设备、矿山机械、机床、起重机、鼓风机、水泵,以及脱粒、磨粉等农副产品用的加工机械,大多采用异步电动机拖动。与其他电动机相比,异步电动机具有结构简单、坚固耐用、使用方便、运行可靠、效率高、易于制造和维修、价格低廉等许多优点。但是,异步电动机的应用也有一定的限制,这主要是由其调速性能差、功率因数低而引起的。

异步电动机是一种交流电机,它可以是单相的,也可以是三相的。但它的转速和电网频率没有同步电机那样严格不变的关系。

电动机的分类:

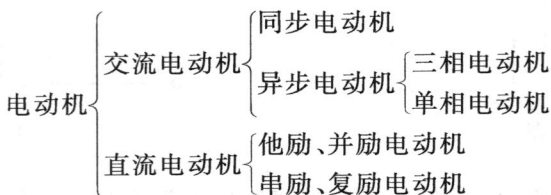

$$电动机\begin{cases}交流电动机\begin{cases}同步电动机\\异步电动机\begin{cases}三相电动机\\单相电动机\end{cases}\end{cases}\\直流电动机\begin{cases}他励、并励电动机\\串励、复励电动机\end{cases}\end{cases}$$

本章主要讲述三相交流异步电动机的基本结构、工作原理、机械特性和控制方法等。

7.1　三相交流异步电动机的构造

图7.1.1所示为三相异步电动机外形。

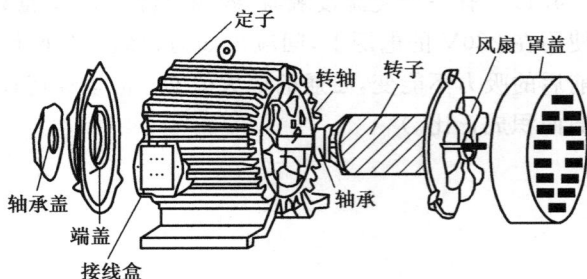

三相异步电动机由两个基本部分组成:定子和转子。转子装在定子内腔里,借助于轴承支撑在两个端盖上。为了保证转子能在定子内自由转动,定子和转子之间必须有一个间隙,称为气隙(一般为0.2～2mm)。电动机的气隙是一个非常重要的参数,其大小及对称性等对电动机的性能有很大影响。图7.1.2所示为三相鼠笼式异步电动机的组成部件。

图7.1.1　三相异步电动机外形　　　　图7.1.2　三相鼠笼式异步电动机的组成部件

1. 定子

定子由定子铁芯、定子绕组和机座 3 部分组成。

定子铁芯是电动机的磁路部分,由于主磁场以同步转速相对定子旋转,为减少铁芯中的涡流损耗,一般用厚 0.35~0.5mm、表面涂有绝缘漆或氧化膜的硅钢片叠压而成。中小型异步电动机定子铁芯一般采用整圆的冲片叠成,大型异步电动机的定子铁芯一般采用扇型冲片拼成。在定子硅钢片的内圆上冲制有均匀分布的槽口,用以嵌放对称的三相绕组。槽的形状由电动机的容量、电压及绕组的形式而定。绕组的嵌放过程在电动机制造厂中称为下线。完成下线并进行浸漆处理后的铁芯与绕组成为一个整体,被一同固定在机座内。

定子绕组是异步电动机的电路部分,在异步电动机的运行中起着很重要的作用,是把电能转换为机械能的关键部件,与三相电源相连,主要作用是通过定子电流产生旋转磁场,实现能量转换。定子绕组由三相对称绕组组成,三相对称绕组按照一定的空间角度依次嵌放在定子槽内,并与铁芯间绝缘。一般,异步电动机多将定子三相绕组的 6 根引线按首端 A、B、C,尾端 X、Y、Z,分别对应接在机座外壳的接线盒 U_1、V_1、W_1,U_2、V_2、W_2 内,可根据需要接成三角形和星形,如图 7.1.3 所示。

机座是电动机的外壳和固定部分,又称机壳,它的主要作用是固定定子铁芯和定子绕组,并以前后两端支承转子轴,同时也承受整个电动机负载运行时产生的反作用力。运行时,由于内部损耗所产生的热量也通过机座向外散发。中、小型电动机的机座一般采用铸铁制成。大型电机因机身较大浇铸不便,常用钢板焊接成型。

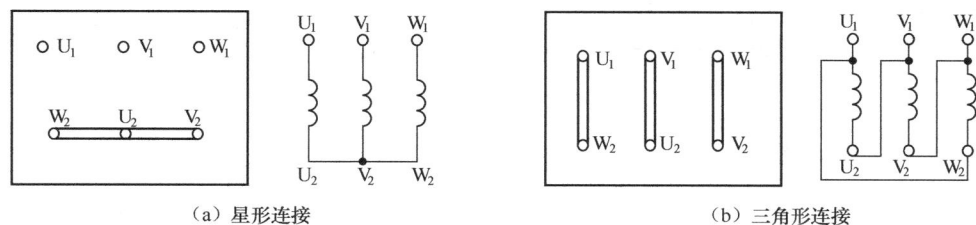

(a) 星形连接　　　　　　　　　　　　　　(b) 三角形连接

图 7.1.3　三相异步电动机的定子接线

2. 转子

转子是异步电动机的旋转部分,由转轴、铁芯和转子绕组三部分组成,它的作用是输出机械转矩,拖动负载运行。

转子铁芯也是电动机磁路的一部分,也由硅钢片叠成。转子铁芯固定在转轴上,呈圆柱形。与定子铁芯冲片不同的是,转子铁芯冲片是在冲片的外圆上开槽,叠装后的转子铁芯外圆柱面上均匀地形成许多形状相同的槽,槽内嵌放转子绕组。

转子绕组是异步电动机电路的另一部分,其作用为切割定子磁场,产生感应电势和电流,并在磁场作用下受力而使转子转动。转子绕组在结构上分为鼠笼式和绕线式两种。这两种转子各自的主要特点是:鼠笼式转子结构简单,制造方便,经济耐用;绕线式转子结构复杂,价格贵,但转子回路可引入外加电阻来改善启动和调速性能。

鼠笼式转子绕组由置于转子槽中的导条和两端的端环构成。为节约用钢和提高生产率,小功率异步电动机的导条和端环一般都是融化的铝液一次浇铸出来的;对于大功率的电动机,由于铸铝质量不易保证,常用铜条插入转子铁芯槽中,再在两端焊上端环。鼠笼式转子绕组自行闭合,不必由外界电源供电,其外形像一个鼠笼,故称鼠笼式转子,如图 7.1.4 所示。

　　鼠笼式转子绕组的各相均由单根导条组成,其感应电势不大,加上导条和铁芯叠片之间的接触电阻较大,所以不必专门把导条和铁芯用绝缘材料分开。

　　绕线式转子绕组是用绝缘导线组成,和定子绕组一样,也是三相对称绕组,但通常接成星形,每相的始端引出线分别接到固定在转轴上且互相绝缘的三个集电环上,再通过安装在端盖上的电刷装置与集电环接触把电流引出来(见图 7.1.5)。这种转子的特点是可以通过集电环和电刷在转子回路中接入附加电阻,用以改善电动机的启动性能,或调节电动机的转速。有的绕线转子异步电动机还装有一种电刷短路装置,当电动机启动完毕而又不需要调节转速时,移动手柄使电刷举起而与集电环脱离接触,同时使三只集电环彼此短接起来,这样可以减少电刷与集电环间的磨损和摩擦损耗,提高运行可靠性。与鼠笼式转子相比,绕线转子的缺点是结构复杂、价格较贵、运行的可靠性也较差。因此,绕线转子异步电动机只用在要求启动电流小、启动转矩大,或需要调节转速的场合,如用来拖动频繁启动的起重设备。

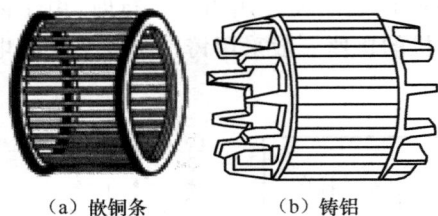

（a）嵌铜条　　　　（b）铸铝

图 7.1.4　鼠笼式转子

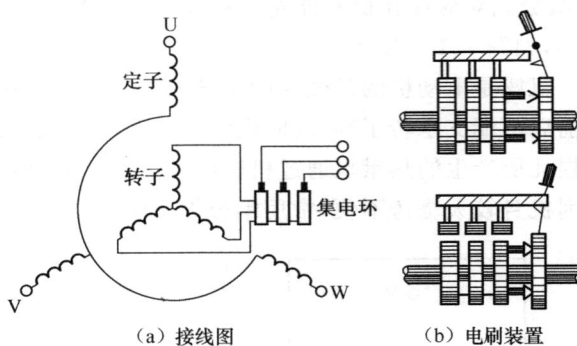

（a）接线图　　　　（b）电刷装置

图 7.1.5　绕线式转子

　　转轴是整个转子部件的安装基础,又是力和机械功率的传输部件,整个转子靠轴和轴承被支撑在定子铁芯内腔中。转轴一般由中碳钢或合金钢制成。

　　三相异步电机的定子绕组产生旋转磁场。转子在旋转磁场作用下,产生感应电动势或电流。

3. 其他部件

　　端盖:安装在机座的两端,它的材料加工方法与机座相同,一般为铸铁件。端盖上的轴承室里安装了轴承来支撑转子,使定子和转子得到较好的同心度,保证转子在定子内腔里正常运转。端盖除了起支撑作用外,还起着保护定、转子绕组的作用。

　　轴承:连接转动部分与不动部分,目前都采用滚动轴承以减少摩擦。

　　轴承端盖:保护轴承,使轴承内的润滑油不致溢出。

　　风扇:冷却电动机。

4. 气隙

　　异步电动机的气隙是很小的,中小型电机一般为 0.2～2mm。气隙越大,磁阻越大,要产生同样大小的磁场,就需要较大的励磁电流。由于气隙的存在,异步电动机的磁路磁阻远比变压器的大,因而其励磁电流也比变压器的大得多。变压器的励磁电流约为额定电流的 3%,异步电动机的励磁电流约为额定电流的 30％。励磁电流是无功电流,因而励磁电流越大,功率因数越低。为提高异步电动机的功率因数,必须减少它的励磁电流,最有效的方法是尽可能缩短气隙长度。但是气隙过小会使装配困难,还有可能使定、转子在运行时发生摩擦或碰撞,因此,气隙的最小值由制造工艺以及运行安全可靠等因素来决定。

7.2　三相交流异步电动机的工作原理

为了说明三相异步电动机的工作原理,做如下演示实验,如图 7.2.1 所示。

（1）演示实验。在装有手柄的蹄形磁铁的两极间放置一个闭合导体,当转动手柄带动蹄形磁铁旋转时,将发现导体也跟着旋转;当改变磁铁的转向时,导体的转向也跟着改变。

（2）现象解释。当磁铁旋转时,磁铁与闭合的导体发生相对运动,鼠笼式导体切割磁力线而在其内部产生感应电动势和感应电流。感应电流又使导体受到一个电磁力的作用,于是导体就沿磁铁的旋转方向转动起来,这就是异步电动机的基本原理。

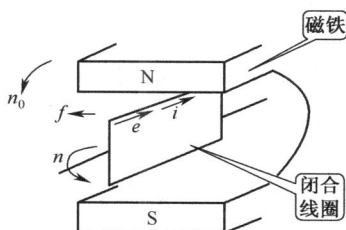

图 7.2.1　三相异步电动机工作原理演示实验

转子转动的方向和磁极旋转的方向相同。

结论:欲使异步电动机旋转,必须有旋转的磁场和闭合的转子绕组。

1. 旋转磁场

图 7.2.2(a)所示为最简单的三相定子绕组 AX、BY、CZ,它们在空间按互差 120°的规律对称排列。并接成星形与三相电源 U、V、W 相连,则三相定子绕组便通过三相对称电流

$$i_A = \sqrt{2}\, I_p \sin\omega t$$
$$i_B = \sqrt{2}\, I_p \sin(\omega t - 120°)$$
$$i_C = \sqrt{2}\, I_p \sin(\omega t + 120°)$$

其波形图如图 7.2.2(b)所示。随着电流在定子绕组中通过,在三相定子绕组中就会产生旋转磁场(见图 7.2.3)。

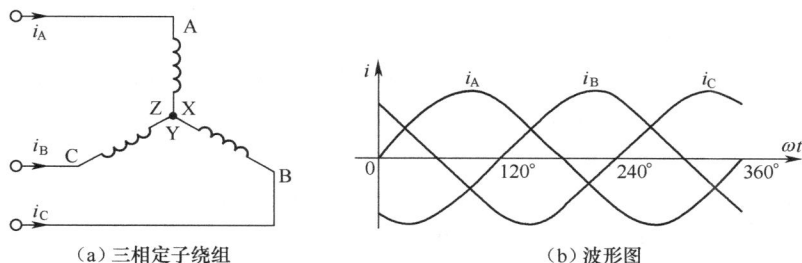

（a）三相定子绕组　　　　　　　　　（b）波形图

图 7.2.2　三相对称电流

当 $\omega t = 0°$ 时,$i_A = 0$,AX 绕组中无电流;i_B 为负,BY 绕组中的电流从 Y 流入,B 流出;i_C

为正,CZ 绕组中的电流从 C 流入,Z 流出;由右手螺旋定则可得合成磁场的方向如图 7.2.3(a)所示。

当 $\omega t = 120°$ 时,$i_B = 0$,BY 绕组中无电流;i_A 为正,AX 绕组中的电流从 A 流入,X 流出;i_C 为负,CZ 绕组中的电流从 Z 流入,C 流出;由右手螺旋定则可得合成磁场的方向如图 7.2.3(b)所示。

当 $\omega t = 240°$ 时,$i_C = 0$,CZ 绕组中无电流;i_A 为负,AX 绕组中的电流从 X 流入,A 流出;i_B 为正,BY 绕组中的电流从 B 流入,Y 流出;由右手螺旋定则可得合成磁场的方向如图 7.2.3(c)所示。

可见,当定子绕组中的电流变化一个周期时,合成磁场也按电流的相序方向在空间旋转一周。随着定子绕组中的三相电流不断地做周期性变化,产生的合成磁场也不断地旋转,因此称为旋转磁场。

旋转磁场的方向是由三相绕组中电流相序决定的,若想改变旋转磁场的方向,只要改变通入定子绕组的电流相序,即将三根电源线中的任意两根对调即可。这时,转子的旋转方向也跟着改变。

2. 电动机的转动原理

静止的转子与旋转磁场之间有相对运动,在转子导体中产生感应电动势,并在形成闭合回路的转子导体中产生感应电流,其方向用右手定则判定。转子电流在旋转磁场中受到磁场力 F 的作用,F 的方向用左手定则判定。电磁力在转轴上形成电磁转矩。电磁转矩的方向与旋转磁场的方向一致。电动机转子转动原理见图 7.2.4。

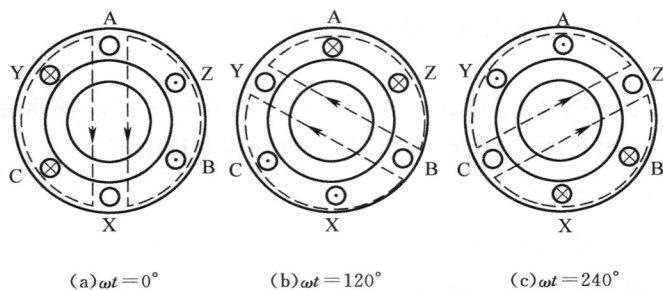

(a)$\omega t = 0°$　　　(b)$\omega t = 120°$　　　(c)$\omega t = 240°$
图 7.2.3　三相电流产生的旋转磁场

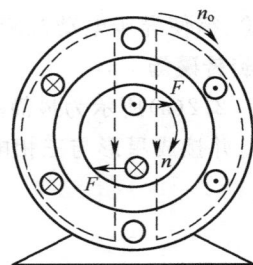

图 7.2.4　电动机转子转动原理

旋转磁场的转速 n_0 常称为同步转速。电动机在正常运转时,其转速 n 总是稍低于同步转速 n_0,因而称为异步电动机。

1）转子电动势和转子电流

定子绕组通入电流后,产生旋转磁场,与转子绕组间产生相对运动,由于转子电路是闭合的,产生转子电流。根据左手定则可知在转子绕组上产生了电磁力。

2）电磁转矩和转子旋转方向

电磁力分布在转子两侧,对转轴形成一个电磁转矩 T,电磁转矩的作用方向与电磁力的方向相同,因此转子顺着旋转磁场的旋转方向转动起来。

3. 转子转速和转差率

1）极数（磁极对数 p）

三相异步电动机的极数就是旋转磁场的极数。旋转磁场的极数和三相绕组的安排有关。

当每相绕组只有一个线圈,绕组的始端之间相差 120°空间角时,产生的旋转磁场具有一对极,即 $p=1$;当每相绕组为两个线圈串联,绕组的始端之间相差 60°空间角时,产生的旋转磁场具有两对极,即 $p=2$;同理,如果要产生三对极,即 $p=3$ 的旋转磁场,则每相绕组必须有均匀安排在空间的串联的三个线圈,绕组的始端之间相差 40°($=120°/p$)空间角。极数 p 与绕组的始端之间的空间角 θ 的关系为

$$\theta = \frac{120°}{p}$$

2)转速 n

三相异步电动机旋转磁场的转速 n_0 与电动机磁极对数 p 有关,它们的关系为

$$n_0 = \frac{60 f_1}{p} \text{ r/min} \tag{7-2-1}$$

由式(7-2-1)可知,旋转磁场的转速 n_0 取决于电流频率 f_1 和磁场的极数 p。对某个异步电动机而言,f_1 和 p 通常是一定的,所以磁场转速 n_0 是个常数。

在我国,工频 $f_1=50\text{Hz}$,因此,对应于不同极对数 p 的旋转磁场转速 n_0,如表 7.2.1 所列。

表 7.2.1　p 与 n_0 对应表

p	1	2	3	4	5	6
n_0	3000	1500	1000	750	600	500

3)转差率 s

电动机转子转动方向与磁场旋转的方向相同,但转子的转速 n 不可能达到与旋转磁场的转速 n_0 相等,否则转子与旋转磁场之间就没有相对运动,因而磁力线就不切割转子导体,转子电动势、转子电流以及转矩也就都不存在。也就是说旋转磁场与转子之间存在转速差,因此把这种电动机称为异步电动机,又因为这种电动机的转动原理是建立在电磁感应基础上的,故又称为感应电动机。

旋转磁场的转速 n_0 常称为同步转速。

转差率 s 用来表示转子转速 n 与磁场转速 n_0 相差的程度的物理量,即

$$s = \frac{n_0 - n}{n_0} = \frac{\Delta n}{n_0} \tag{7-2-2}$$

转差率是异步电动机的一个重要的物理量。

当旋转磁场以同步转速 n_0 开始旋转时,转子则因机械惯性尚未转动,转子的瞬间转速 $n=0$,这时转差率 $s=1$。转子转动起来之后,$n>0$,n_0-n 值减小,电动机的转差率 $s<1$。如果转轴上的阻转矩加大,则转子转速 n 降低,即异步程度加大,才能产生足够大的感受电动势和电流,产生足够大的电磁转矩,这时的转差率 s 增大。反之,s 减小。异步电动机运行时,转速与同步转速一般很接近,转差率很小。在额定工作状态下为 0.06~0.015。

根据式(7-2-2),可以得到电动机的转速常用公式

$$n = (1-s)n_0 \tag{7-2-3}$$

4)三相交流异步电动机的定子电路与转子电路

三相异步电动机中的电磁关系同变压器类似,定子绕组相当于变压器的原绕组,转子绕组(一般是短接的)相当于副绕组。给定子绕组接上三相电源电压,则定子中就有三相电流通过,

此三相电流产生旋转磁场,其磁力线通过定子和转子铁芯而闭合,这个磁场在转子和定子的每相绕组中都要感应出电动势。

【例 7. 2. 1】 有一台三相异步电动机,其额定转速 $n = 975\text{r/min}$,电源频率 $f = 50\text{Hz}$,求电动机的极数和额定负载时的转差率 s。

解: 由于电动机的额定转速接近而略小于同步转速,而同步转速对应于不同的极对数有一系列固定的数值。显然,与 975r/min 最相近的同步转速 $n_0 = 1000\text{r/min}$,与此相应的磁极对数 $p = 3$。因此,额定负载时的转差率为

$$s = \frac{n_0 - n}{n_0} \times 100\% = \frac{1000 - 975}{1000} \times 100\% = 2.5\%$$

【例 7. 2. 2】 有一台 4 极感应电动机,电压频率为 50Hz,转速为 1440r/min,试求这台感应电动机的转差率。

解: 因为磁极对数 $p = 2$,所以同步转速为

$$n_0 = \frac{60 f_1}{p} = \frac{60 \times 50}{2} = 1500\text{r/min}$$

转差率为

$$s = \frac{n_0 - n}{n_0} \times 100\% = \frac{1500 - 1440}{1500} \times 100\% = 4\%$$

总结:

1)三相异步电动机的两个基本组成部分为定子(固定部分)和转子(旋转部分)。

2)欲使异步电动机旋转,必须有旋转的磁场和闭合的转子绕组,并且旋转的磁场和闭合的转子绕组的转速不同,这也是"异步"二字的含义。

3)三相电源流过在空间互差一定角度按一定规律排列的三相绕组时,便会产生旋转磁场。

4)旋转磁场的方向是由三相绕组中电源相序决定的。

5)三相异步电动机旋转磁场的转速 n_0 与电动机磁极对数 p 有关,它们的关系是

$$n_0 = \frac{60 f_1}{p}\text{r/min}$$

6)转差率 s ——用来表示转子转速 n 与磁场转速 n_0 相差的程度的物理量。即

$$s = \frac{n_0 - n}{n_0} = \frac{\Delta n}{n_0}$$

转差率是异步电动机的一个重要的物理量,异步电动机运行时,转速与同步转速一般很接近,转差率很小。在额定工作状态下约为 $0.06 \sim 0.015$。

7)三相异步电动机中的电磁关系同变压器类似,定子绕组相当于变压器的原绕组,转子绕组(一般是短接的)相当于副绕组。

7.3 三相交流异步电动机的电磁转矩和机械特性

三相异步电动机转轴上产生的电磁转矩是决定电动机输出的机械功率大小的一个重要因素,也是电动机的一个重要的性能指标。

1. 三相异步电动机的转矩特性

1）电磁转矩的物理表达式

由三相异步电动机的工作原理可知,电磁转矩是旋转磁场与转子绕组中感应电流相互作用产生的,设旋转磁场每极的磁通量用 Φ 表示,它等于气隙中磁感应强度平均值与每极面积的乘积。Φ 表示了旋转磁场的强度。设转子电流用 I_2 表示。根据电磁力定律,电磁转矩 T_{em} 应与 Φ 成正比、与 I_2 也成正比,即 $T_{em} \propto \Phi I_2$。此外转子绕组是一个感性电路,转子电流 I_2 滞后于感应电动势 E_2,它们之间的相位差角是 φ_2。考虑到电动机的电磁转矩对外做机械功,与有功功率相对应。因此,电磁转矩 T_{em} 还与转子电路的功率因数 $\cos\varphi_2$ 有关,即与转子电流的有功分量 $I_2\cos\varphi_2$(与 E_2 同相位的电流分量)成正比。

总结以上分析,可列出异步电动机的电磁转矩方程

$$T = K_T \Phi I_2 \cos\varphi_2 \qquad (7-3-1)$$

式中,K_T 为一个与电动机本身结构有关的系数。式(7-3-1)是分析异步电动机转矩特性的重要依据。

2）转矩特性

电磁转矩与转差率之间的关系 $T_{em} = f(s)$ 称为电动机的转矩特性。可以推得

$$T_{em} = \frac{K'_T U_1^2 s R_2}{R_2^2 + (s X_{20})^2} \qquad (7-3-2)$$

式(7-3-2)中 K'_T、转子电阻 R_2、转子不动时的感抗 X_{20} 都是常数,且 X_{20} 远大于 R_2。由于式(7-3-2)用电动机定、转子绕组中的电阻和电抗等参数反映电磁转矩 T_{em} 及转差率 s 之间的关系,所以式(7-3-2)又称为电磁转矩的参数表达式。

由转矩的表达式可知,转差率一定时,电磁转矩与外加电压的平方成正比,即 $T_{em} \propto U_1^2$。因此,电源电压有效值的微小变动,将会引起转矩的很大变化。

当电源电压 U_1 为定值时,电磁转矩 T_{em} 是转差率 s 的单值函数。图 7.3.1 画出了异步电动机的转矩特性曲线。

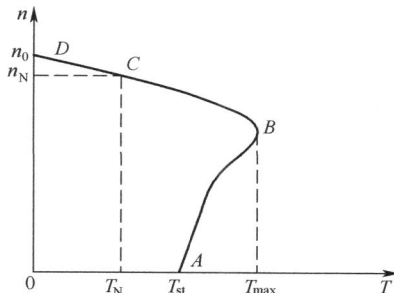

2. 三相异步电动机的机械特性

机械特性曲线可直接从转矩特性曲线变换获得。将图 7.3.1 中的转矩特性曲线顺时针转动 $90°$,并将 s 换成 n 就可以得到三相异步电动机的机械特性曲线,如图 7.3.2 所示。

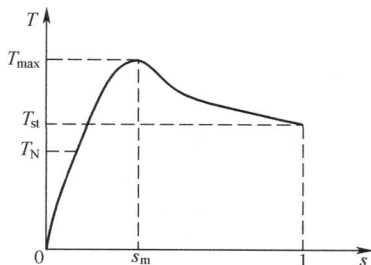

图 7.3.1　异步电动机的转矩特性曲线　　　　　图 7.3.2　异步电动机的机械特性曲线

1）四个工作点

研究转矩特性曲线和机械特性曲线中要抓住以下几个工作点。

(1) 额定工作点 C。三相异步电动机额定状态下运行,$n = n_N$,$s = s_N$,轴上的输出转矩即

为额定机械负载时的额定转矩 T_N、额定转矩 T_N、额定功率 P_N 和额定转速 n_N 关系为

$$T_N = 9550\frac{P_N}{n_N} \qquad (7-3-3)$$

式中，P_N 为电动机轴上输出的额定功率，单位为 kW；n_N 为电动机额定转速，单位为 r/min；T_N 为电动机上的输出额定转矩，单位为 N·m。

在忽略电动机本身的机械损耗转矩（如轴承摩擦等）的情况下，可以认为电磁转矩 T_{em} 与轴上的输出的额定转矩相等，经推导有

$$T_{em} \approx T_N = 9550\frac{P_2}{n_N} \qquad (7-3-4)$$

式中，P_2 为电动机轴上输出的机械功率，单位为 kW；n 为电动机转速，单位为 r/min。

（2）临界工作点 B。从特性曲线中可以看出，曲线的形状以 B 点为界，AB 段与 BC 段的变化趋势是完全不同的，B 点就是一个临界点，并且 B 点对应的电磁转矩即为电动机的最大转矩 T_{max}，B 点对应的转差率为临界转差率 s_m。

可以证明，产生最大转矩时的临界转差率为

$$s_m = \frac{R_2}{X_{20}} \qquad (7-3-5)$$

则最大转矩为

$$T_{max} = K_T'\frac{U_1^2}{2X_{20}} \qquad (7-3-6)$$

从式(7-3-5)、式(7-3-6)可见，T_{max} 与电源电压 U_1 的平方成正比。

不同 U_1 时的机械特性（人为机械特性）曲线如图 7.3.3 所示。由图 7.3.3 可见，对于同一负载转矩 T_2，当电源电压 U_1 下降时，电动机转速也随之下降。如果电源电压 U_1 继续下降，使负载转矩 T_2 超过电动机的最大转矩 T_{max} 时，电动机将停止转动，转速 $n=0$。这时电动机电流马上升高到额定电流的若干倍，电动机将因过热而烧毁，这种现象称为"闷车"或"堵转"。

最大转矩 T_{max} 与转子电阻 R_2 无关，但临界转差率 s_m 与转子电阻 R_2 成正比。改变 R_2 能使 s_m 随之改变，如增加 R_2，$n=f(T_{em})$ 曲线便向下移动（见图 7.3.4）。

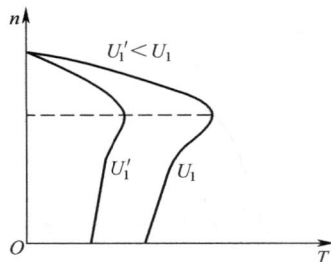

图 7.3.3　异步电动机的人为机械特性曲线

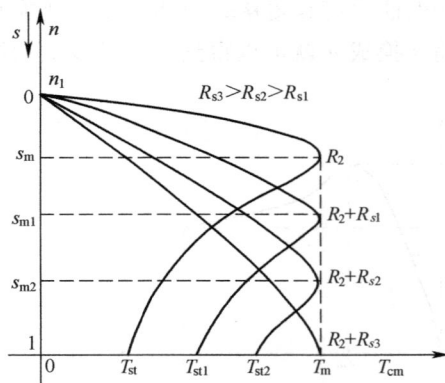

图 7.3.4　人为机械特性曲线

为了保证电动机在电源电压发生波动时仍能够可靠运行，一般规定最大转矩 T_{max} 应为额定转矩 T_N 的数倍，用 λ_m 表示，称为过载系数，即

$$\lambda_m = \frac{T_{max}}{T_N}$$

过载系数 λ_m 表示电动机允许的短时过载运行能力,是异步电动机的一个重要指标。λ_m 越大,电动机适应电源电压波动的能力和短时过载的能力就越强。一般三相异步电动机的过载系数 λ_m 为 1.8～2.5。

(3) 启动工作点 A。电动机启动瞬间,$n=0$,$s=1$,所对应的电磁转矩 T_{st} 称为启动转矩。T_{st} 与电源电压 U_1 的平方以及转子电阻 R_2 成正比。

显然,只有在 T_{st} 大于负载转矩 T_2 时,电动机才能启动。T_{st} 越大,电动机带负载启动的能力就越强,启动时间也越短。T_{st} 与 T_N 的比值称为启动系数,用 K_{st} 表示,即

$$K_{st} = \frac{T_{st}}{T_N}$$

一般鼠笼式转子异步电动机的 K_{st} 为 0.8～2。

由图 7.3.4 可见,改变转子电阻 R_2,可使启动转矩 $T_{st}=T_{max}$,这在生产上具有实际的意义。例如,绕线转子异步电动机启动时,通过在转子电路中串入适当电阻,不仅可以减小转子电流,还可以起到增加启动转矩的作用。

(4) 理想空载转速点 D。曲线与纵坐标的交点即为理想空载转速点 D,此时对应的 $n=n_0$ 为同步转速,$s=0$,电磁转矩 $T_{em}=0$。但实际运行时,由于存在风阻、摩擦等损耗,所以实际转速略低于同步转速 n_0,故称 D 点为理想空载转速点。

2) 稳定工作区与非稳定工作区

如图 7.3.2 所示,机械特性曲线可分为两部分:BD 部分($0<s<s_m$)称为稳定区,AB 部分($s>s_m$)称为不稳定区。电动机稳定运转只限于曲线的 BD 段。电动机在 $0<s<s_m$ 区间运行时,只要负载阻转矩小于最大转矩 T_{max},当负载发生波动时,电磁转矩总能自动调整到与负载阻转矩相平衡,使转子适应负载的增减以稍低或稍高的转速继续稳定运转。

如果电动机在稳定运行中,负载阻转矩增加超过了最大转矩,电动机的运行状态将沿着机械特性曲线的 BD 部分下降越过 B 点而进入不稳定区,导致电动机停止运转。因此,最大转矩又称崩溃转矩。

由机械曲线可推知:

(1) 异步电动机稳定运行的条件是 $s<s_m$,即转差率应低于临界转差率。

(2) 如果从空载到满载时转速变化很小,就称该电动机具有硬机械特性。上述表明,三相异步电动机具有硬机械特性。

(3) 需要说明的是,上述负载是不随转速而变化的恒转矩负载,如机床刀架平移机构等,它不能在 $s>s_m$ 区域稳定运行;但风机类负载,因其转矩与转速的平方成正比,经分析,可以在 $s>s_m$ 区域稳定运行。

7.4　三相交流异步电动机的启动、反转、调速和制动

1. 三相异步电动机的启动

研究三相交流异步电动机的启动,首先应该要对电动机的启动特性进行分析。

1）启动电流 I_{st}

在刚启动时，由于旋转磁场对静止的转子有着很大的相对转速，磁力线切割转子导体的速度很快，这时转子绕组中感应出的电动势和产生的转子电流均很大，同时，定子电流必然也很大。一般中小型鼠笼式电动机定子的启动电流可达额定电流的 4～7 倍。

注意：在实际操作时应尽可能不让电动机频繁启动，如在切削加工时，一般只是用摩擦离合器或电磁离合器将主轴与电动机轴脱开，而不将电动机停下来。

2）启动转矩 T_{st}

电动机启动时，转子电流 I_2 虽然很大，但转子的功率因数 $\cos\varphi_2$ 很低，由公式 $T = C_M \Phi I_2 \cos\varphi_2$ 可知，电动机的启动转矩 T 较小，通常 $K_{st} = \dfrac{T_{st}}{T_N} = 0.8 \sim 2$。

启动转矩小可造成以下问题：①会延长启动时间。②不能在满载下启动。因此应设法提高。但启动转矩如果过大，会使传动机构受到冲击而损坏，所以一般机床的主电动机都是空载启动（启动后再切削），对启动转矩没有什么要求。

综上所述，异步电动机的主要缺点是启动电流大而启动转矩小。因此，必须采取适当的启动方法，以减小启动电流并保证有足够的启动转矩。启动方式主要有以下几种：

（1）直接启动。是利用闸刀开关或接触器将电动机直接接到额定电压上的启动方式，又称为全压启动。异步电动机的直接启动是一种简单、可靠、经济的启动方法。由于直接启动电流可达电动机额定电流的 4～7 倍，过大的启动电流会造成电网电压显著下降，直接影响在同一电网工作的其他电动机，甚至使它们停转或无法启动，故直接启动电动机的容量受到一定限制。可根据启动电动机容量、供电变压器容量和机械设备是否允许来分析，也可用下面经验公式来确定

$$\frac{I_{st}}{I_N} \leqslant \frac{3}{4} + \frac{S}{4P} \tag{7-4-1}$$

式中，I_{st} 为电动机全压启动电流，单位为 A；I_N 为电动机额定电流，单位为 A；S 为电源变压器容量，单位为 kV·A；P 为电动机容量，单位为 kW。

一般容量小于 10kW 的电动机常用直接启动。

（2）降压启动。如果电动机直接启动时所引起的线路电压下降较大，必须采用降压启动，就是在启动时降低加在电动机定子绕组上的电压，以减小启动电流。

① 星形—三角形（Y-△）换接启动。如果电动机在工作时其定子绕组是连接成三角形的，那么在启动时将定子绕组连接成星形，通电后电动机运转，当转速升高到接近额定转速时再换接成三角形（电路如图 7.4.1 所示）。这样，在启动时就把定子绕组上的电压降到正常工作电压的 $1/\sqrt{3}$，启动电流为正常启动时的 $1/3$。由于转矩和电压的平方成正比，所以启动转矩也减小到正常启动时的 $1/3$。

Y-△换接启动的适用范围：正常运行时定子绕组是三角形连接，且每相绕组都有两个引出端子的电动机。

② 自耦降压启动。利用三相自耦变压器将电动机在启动过程中的端电压降低，以达到减小启动电流的目的。自耦变压器备有 40%、60%、80% 等多种抽头，使用时要根据电动机启动转矩的要求具体选择。电路如图 7.4.2 所示。

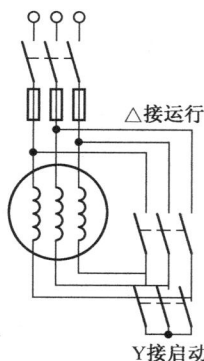

图 7.4.1　Y-△换接启动

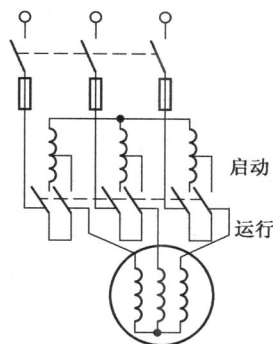

图 7.4.2　自耦降压启动

自耦降压启动适用于容量较大的或者正常运行时为星形连接不能采用星三角启动器的鼠笼式异步电动机。

对于绕线式异步电动机在转子绕组中串入附加电阻后,既可以降低启动电流,又可以增大启动转矩,电路如图 7.4.3 所示。待电动机启动后,随着转速的上升将启动电阻逐段切除。

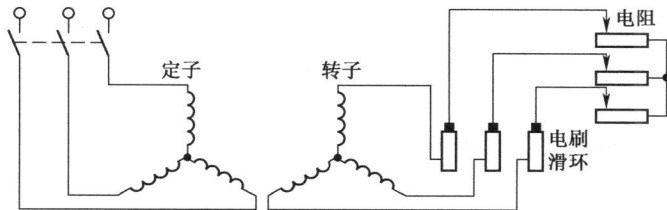

图 7.4.3　转子回路串入电阻启动电路

2. 三相异步电动机的反转

因为三相异步电动机的转动方向是由旋转磁场的方向决定的,而旋转磁场的转向取决于定子绕组中通入三相电流的相序。因此,要改变三相异步电动机的转动方向非常容易,只要将电动机三相供电电源中的任意两相对调,这时接到电动机定子绕组的电流相序被改变,旋转磁场的方向也被改变,电动机就实现了反转。

3. 三相异步电动机的调速

调速就是在同一负载下能得到不同的转速,以满足生产过程的要求。要讨论异步电动机的调速时,首先从三相异步电动机的转速公式开始

$$n = (1-s)n_0 = (1-s)\frac{60f_1}{p}$$

可见,可通过三个途径进行调速:改变电源频率 f_1,改变磁极对数 p,改变转差率 s。前两者是鼠笼式电动机的调速方法,后者是绕线式电动机的调速方法。

1）变频调速

通过变频器把频率为 50Hz 工频的三相交流电源变换成为频率和电压均可调节的三相交流电源,然后供给三相异步电动机,从而使电动机的速度得到调节。变频调速属于无级调速,具有机械特性曲线较硬的特点。

此方法可获得平滑且范围较大的调速效果,且具有硬的机械特性;但需有专门的变频装置——由可控硅整流器和可控硅逆变器组成,设备复杂,成本较高,应用范围不广。

2）变极调速

通过改变电动机的定子绕组所形成的磁极对数 p 来调速。因磁极对数只能是按 1,2,3,…的规律变化,所以用这种方法调速,电动机的转速不能连续、平滑地进行调节。

此方法不能实现无级调速,但它简单方便,常用于金属切割机床或其他生产机械上。

3）变转差率调速

通过改变转子绕组中串接调速电阻的大小来调整转差率实现平滑调速,又称为变阻调速。调速电阻的接法与启动电阻相同。这种方法只适用于绕线式异步电动机。

此方法能平滑地调节绕线式电动机的转速,且设备简单、投资少;但变阻器增加了损耗,故常用于短时调速或调速范围不太大的场合。

以上可知,异步电动机的各种调速方法都不太理想,所以异步电动机常用于要求转速比较稳定或调速性能要求不高的场合。

4. 三相异步电动机的制动

因为电动机的转动部分有惯性,所以把电源切断后,电动机还会继续转动一定时间而后停止。为了缩短辅助工时,提高生产机械的生产率,并为了安全起见,往往要求电动机能够迅速停机和反转。这就需要对电动机进行制动。制动是给电动机一个与转动方向相反的转矩,促使它在断开电源后很快地减速或停转,也就是要求它的转矩与转子的转动方向相反,这时的转矩称为制动转矩。

异步电动机的制动常有下列几种方法。

1）能耗制动

电动机定子绕组切断三相电源后迅速接通直流电源。感应电流与直流电产生的固定磁场相互作用,产生的电磁转矩方向与电动机转子转动方向相反,起到制动作用(见图 7.4.4)。制动转矩的大小与直流电流的大小有关。直流电流的大小一般为电动机额定电流的 0.5～1 倍。

因为这种方法是用消耗转子的动能(转换为电能)来进行制动的,所以称为能耗制动。

能耗制动的特点是制动准确、平稳,但需要额外的直流电源。

2）反接制动

电动机停车时将三相电源中的任意两相对调,使电动机产生的旋转磁场改变方向,电磁转矩方向也随之改变,成为制动转矩(见图 7.4.5)。需要注意的是当电动机转速接近为零时,要及时断开电源防止电动机反转。

反接制动的特点是简单,制动效果好,但由于反接时旋转磁场与转子间的相对运动加快,因而电流较大。对于功率较大的电动机制动时必须在定子电路(鼠笼式)或转子电路(绕线式)中接入电阻,用以限制电流,故能量消耗较大。

3）发电反馈制动

电动机转速超过旋转磁场的转速时,电磁转矩的方向与转子的运动方向相反,从而限制转子的转速,起到了制动作用(见图 7.4.6)。因为当转子转速大于旋转磁场的转速时,有电能从电动机的定子返回给电源,实际上这时电动机已经转入发电机运行,所以这种制动称为发电反馈制动。

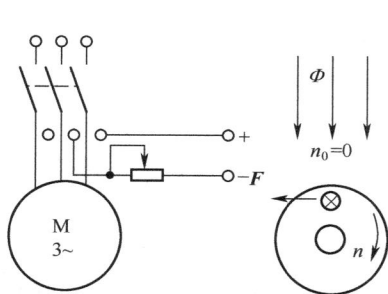

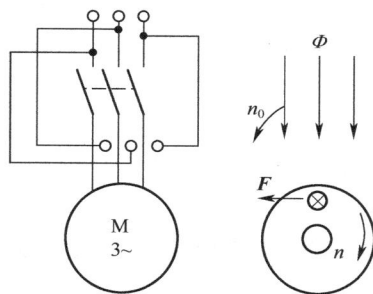

图 7.4.4　能耗制动　　　　　图 7.4.5　反接制动　　　　　图 7.4.6　发电反馈制动

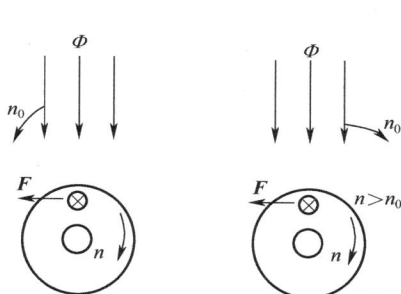

7.5　三相交流异步电动机的铭牌数据

每台异步电动机机壳上都装有铭牌,把它的运行额定值印刻在上面,如图 7.5.1 所示。

三相异步电动机		
型号　Y132M-4	功率　　7.5kW	频率　　50Hz
电压　380V	电流　　15.4A	接法　　△
转速　1440r/min	绝缘等级　B	工作方式　连续
年　月　日	编号	××电机厂

图 7.5.1　铭牌数据

为不同用途和不同工作环境的需要,电机制造厂把电动机制成各种系列,每个系列的不同电动机用不同的型号表示,如图 7.5.2 所示。

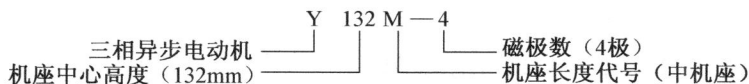

图 7.5.2　型号表示

一般鼠笼式电动机的接线盒中有 6 根引出线,标有 U_1、V_1、W_1、U_2、V_2、W_2。其中,U_1、V_1、W_1 是每一相绕组的始端,U_2、V_2、W_2 是每一相绕组的末端。

三相异步电动机的连接方法有两种:星形(Y)连接和三角形(△)连接。通常,三相异步电动机功率在 4kW 以下者,接成星形;在 4kW(不含)以上者,接成三角形。

电动机的铭牌除了标识电动机型号和绕组接法外还包含以下几个主要参数。

(1)电压。铭牌上所标的电压值是指电动机在额定运行时定子绕组上应加的线电压值。一般规定电动机的电压不应高于或低于额定值的 5%。

必须注意:在低于额定电压下运行时,最大转矩 T_{max} 和启动转矩 T_{st} 会显著地降低,这对电动机的运行是不利的。

三相异步电动机的额定电压有 380V、3000V 及 6000V 等多种。

(2)电流。铭牌上所标的电流值是指电动机在额定运行时定子绕组的最大线电流允许值。

当电动机空载时,转子转速接近于旋转磁场的转速,两者之间相对转速很小,所以转子电流近似为零,这时定子电流几乎全为建立旋转磁场的励磁电流。当输出功率增大时,转子电流和定子电流都随着相应增大。

（3）功率与效率。铭牌上所标的功率值是指电动机在规定的环境温度下，在额定运行时电动机轴上输出的机械功率值。输出功率与输入功率不等，其差值等于电动机本身的损耗功率，包括铜损、铁损及机械损耗等。

效率 η 就是输出功率与输入功率的比值。一般鼠笼式电动机在额定运行时的效率为 $72\%\sim93\%$。

（4）功率因数。因为电动机是电感性负载，定子相电流比相电压滞后一个 φ 角，$\cos\varphi$ 就是电动机的功率因数。三相异步电动机的功率因数较低，在额定负载时为 $0.7\sim0.9$，而在轻载和空载时更低，空载时只有 $0.2\sim0.3$。

选择电动机时应注意其容量，防止"大马拉小车"，并力求缩短空载时间。

（5）转速。铭牌上所标的转速值是指电动机在额定运行时的转子转速，单位为 r/min。

不同的磁极数对应有不同的转速等级。最常用的是四个级的（即同步转速 $n_0=$ 1500r/min）。

（6）绝缘等级。是按电动机绕组所用的绝缘材料在使用时容许的极限温度来分级的。极限温度是指电动机绝缘结构中最热点的最高容许温度。技术数据如表 7.5.1 所列。

表 7.5.1　常用绝缘等级技术参数

绝缘等级	环境温度 40℃时的容许温升/℃	极限允许温度/℃
A	65	105
E	80	120
B	90	130

【例 7.5.1】 某三相异步电动机，铭牌数据如下：△形接法，$P_N=10\text{kW}$，$U_N=380\text{V}$，$I_N=19.9\text{A}$，$n_N=1450\text{r/min}$，$\lambda_N=0.87$，$f=50\text{Hz}$。求：(1)电动机的磁极对数及旋转磁场转速 n_0；(2)电源线电压是 380V 的情况下，能否采用 Y-△方法启动；(3)额定负载运行时的效率 η_N；(4)已知 $T_{st}/T_N=1.8$，直接启动时的启动转矩。

解：(1) 已知 $n_N=1450\text{r/min}$，$n_0=1500\text{r/min}$，则

$$p=\frac{60f}{n_1}=2$$

(2) 电源线电压为 380V 时可以采用 Y-△连接的方法启动。

(3) $\eta_N=\dfrac{P_N}{\sqrt{3}\,U_N\,I_N\,\lambda_N}=0.88$。

(4) $T_{st}=1.8T_N=1.8\times9550\dfrac{P_N}{n_N}=118.6\text{N}\cdot\text{m}$。

【例 7.5.2】 有一台 Y225M－4 型三相鼠笼式异步电动机，额定数据如表 7.5.2 所列。试求：(1)额定电流；(2)额定转差率 s_N；(3)额定转矩 T_N、最大转矩 T_{max}、启动转矩 T_{st}。

表 7.5.2　Y225M－4 型三相鼠笼式异步电动机额定数据

功率/kW	转速/r/min	电压/V	效率/%	功率因数	I_{st}/I_N	T_{st}/T_N	T_{max}/T_N
45	1480	380	92.3	0.88	7.0	1.9	2.2

解：(1)4～10kW 电动机通常都采用 380V，△接法

$$I_{N} = \frac{P_2}{\sqrt{3}\,U_{N}\cos\varphi_{N}\eta} = \frac{45\times10^3}{\sqrt{3}\times380\times0.88\times0.923} = 84.2\text{A}$$

（2）已知电动机是四极的，即 $p=2$，$n_0=1500\text{r/min}$，所以

$$s_{N} = \frac{n_0-n}{n_0} = \frac{1500-1480}{1500} = 0.013$$

（3）

$$T_{N} = 9550\frac{P_{N}}{n_{N}} = 9550\times\frac{45}{1480} = 290.4\text{N}\cdot\text{m}$$

$$T_{st} = \frac{T_{st}}{T_{N}}T_{N} = 1.9\times290.4 = 551.8\text{N}\cdot\text{m}$$

$$T_{max} = \lambda T_{N} = 2.2\times290.4 = 638.9\text{N}\cdot\text{m}$$

7.6　三相交流异步电动机的选择

合理选择电动机关系到生产机械的安全运行和投资效益。可根据生产机械所需功率选择电动机的容量，根据工作环境选择电动机的结构型式，根据生产机械对调速、启动的要求选择电动机的类型，根据生产机械的转速选择电动机的转速。

正确选择电动机的功率、种类、型式是极为重要的。

1. 功率的选择

电动机的功率根据负载的情况选择合适的功率，选大了虽然能保证正常运行，但是不经济，电动机的效率和功率因数都不高；选小了就不能保证电动机和生产机械的正常运行，不能充分发挥生产机械的效能，并使电动机由于过载而过早地损坏。

（1）连续运行电动机功率的选择。对连续运行的电动机，先算出生产机械的功率，所选电动机的额定功率等于或稍大于生产机械的功率即可。

（2）短时运行电动机功率的选择。如果没有合适的专为短时运行设计的电动机，可选用连续运行的电动机。由于发热惯性，在短时运行时可以容许过载。工作时间愈短，则过载可以愈大。但电动机的过载是受到限制的。通常是根据过载系数 λ 来选择短时运行电动机的功率。电动机的额定功率可以是生产机械所要求的功率的 $1/\lambda$。

2. 种类和型式的选择

1）种类的选择

选择电动机的种类是从交流或直流、机械特性、调速与启动性能、维护及价格等方面来考虑的。

（1）交、直流电动机的选择。如没有特殊要求，一般都应采用交流电动机。

（2）鼠笼式与绕线式的选择。三相鼠笼式异步电动机结构简单、坚固耐用、工作可靠、价格低廉、维护方便，但调速困难，功率因数较低，启动性能较差。因此，在要求机械特性较硬而无特殊调速要求的一般生产机械的拖动应尽可能采用鼠笼式电动机。

因此只有在不方便采用鼠笼式异步电动机时才采用绕线式电动机。

2）结构型式的选择

电动机常制成以下几种结构型式：

（1）开启式。在构造上无特殊防护装置，用于干燥无灰尘的场所。通风非常良好。

（2）防护式。在机壳或端盖下面有通风罩，以防止铁屑等杂物掉入。也有将外壳做成挡板状，以防止在一定角度内有雨水滴溅入其中。

（3）封闭式。它的外壳严密封闭，靠自身风扇或外部风扇冷却，并在外壳带有散热片。在灰尘多、潮湿或含有酸性气体的场所，可采用它。

（4）防爆式。整个电动机严密封闭，用于有爆炸性气体的场所。

3）安装结构型式的选择

（1）机座带底脚，端盖无凸缘（B₃）。

（2）机座不带底脚，端盖有凸缘（B₅）。

（3）机座带底脚，端盖有凸缘（B₃₅）。

3. 电压和转速的选择

（1）电压的选择。电动机电压等级的选择，要根据电动机类型、功率以及使用地点的电源电压来决定。Y 系列鼠笼式电动机的额定电压只有 380V 一个等级。只有大功率异步电动机才采用 3000V 和 6000V。

（2）转速的选择。电动机的额定转速是根据生产机械的要求而选定的。但通常转速不低于 500r/min。因为当功率一定时，电动机的转速愈低，则其尺寸愈大、价格愈贵，且效率也较低。因此就不如购买一台高速电动机再另配减速器来得合算。

异步电动机通常采用 4 个极的，即同步转速 $n_0 = 1500$r/min。

习题

7.1　按照转子型式，三相异步电动机可分为哪两大类？

7.2　三相异步电动机主要由哪些部件组成？各部件的作用是什么？

7.3　三相异步电动机铭牌上重要的数据有哪几个？各额定值的含义是什么？

7.4　一台三相异步电动机铭牌上写明，额定电压为 380/220 V，定子绕组接法 Y/△。如果使用时将定子绕组连成△，接在 380 V 的三相电源上，能否空载或带负载运行？为什么？如果将定子绕组连成 Y，接在 220V 的三相电源上，能否空载或带载运行？为什么？

7.5　已知三相异步电动机折额定频率为 50Hz，额定转速为 970r/min，该电动机的极数是多少？额定转差率是多少？

7.6　一台三相异步电动机，额定运行时电压为 380V，电流为 6.5A，输出功率为 3kW，转速为 1430r/min，功率因数为 0.86，求该电动机额定运行时的效率、转差率和输出转矩。

7.7　试述三相异步电动机的启动方法。

7.8　什么叫三相异步时机的速度调节？有哪几种调速方法？如何改变三相异步电动机的转向？

7.9　什么叫三相异步电动机的制动？有哪几种制动方法？

7.10　已知：某三项异步电动机的部分技术数据如下：$P_N = 3$kW，$n = 2880$r/min，$f = 50$Hz。试求额定转差率 s_N、额定转矩 T_N？

7.11　一台三相异步电动机的部分额定数据如下：

50 Hz　　1440 r/min　　7.5 kW　　380V　15.4A　$\cos\varphi_N = 0.85$

试求额定转差率 s_N、额定转矩 T_N、额定效率 η_N。

7.12　一台三相鼠笼式异步电动机技术数据如下：$f_N = 50\text{Hz}$，$n_N = 1440\text{r/min}$，$P_N = 4.5\text{kW}$，$U_N = 380\text{V}$，$I_N = 9.46\text{A}$，$\cos\varphi_N = 0.85$，$T_{st}/T_N = 2.2$。

求：额定转差率 s_N、额定转矩 T_N、额定效率 η_N。

7.13　一台 6 极 50Hz 的三相异步电动机，当转差率 $s = 0.025$ 时，试求其同步转速和电动机的转速。

7.14　有一台三相异步电动机的额定数据如下：$P_N = 3\text{kW}$，$U_N = 220 / 380\text{V}$，$I_N = 11.18 / 6.47\text{A}$，$f = 50\text{Hz}$，$n_N = 1430\text{r/min}$，$\cos\varphi_N = 0.84$，$I_{st}/I_N = 7$，$T_{max}/T_N = 2.0$，$T_{st}/T_N = 1.8$。(1)求磁极对数 p；(2)当电源线电压为 380V 时，定子绕组应如何连接；(3)求额定转差率 s_N、额定转矩 T_N；(4)求直接启动电流 I_{st}，启动转矩 T_{st}，最大转矩 T_{max}。

7.15　已知某三相异步电动机的额定数据如下：

$P_N = 5.5\text{kW}$，$n_N = 1440\text{r/min}$，$U_N = 380\text{V}$，$f = 50\text{Hz}$，$\eta_N = 0.855$，$\cos\varphi_N = 0.84$，$I_{st}/I_N = 7$，$T_{st}/T_N = 2.2$，△形接法。求转差率 s_N、I_N 和 T_N。

7.16　某鼠笼式异步电动机技术数据如下：

$n_N = 1450\text{r/min}$，$U_N = 380\text{V}$，$I_N = 20\text{A}$，$f = 50\text{Hz}$，$\eta_N = 0.875$，$\cos\varphi_N = 0.87$，$I_{st}/I_N = 7$，$T_{st}/T_N = 1.4$，△形接法。(1)试求转轴上输出的额定转矩 T_N；(2)当负载转矩 $T_L = T_N$，电源电压降到多少伏以下，就不能启动？

7.17　三相异步电动机的额定值为：$f = 50\text{Hz}$，$P_N = 1.5\text{kW}$，$n_N = 1410\text{r/min}$，$U_N = 380\text{V}$，Y 接法，$\cos\varphi_N = 0.8$，$\eta_N = 0.78$，$I_{st}/I_N = 7$，$T_{max}/T_N = 2.0$，$T_{st}/T_N = 1.8$。(1)试求：s_N、I_N、T_N；(2)直接启动电流 I_{st}，启动转矩 T_{st}，最大转矩 T_{max}。

7.18　一台额定负载运行的三相异步电动机，极对数 $p = 3$，电源频率 $f = 50\text{Hz}$，转差率 $s_N = 0.02$，额定转矩 $T_N = 360.6\text{N·m}$（忽略机械阻转矩）。

试求：(1)电动机的同步转速 n_0 及转子转速 n_N；(2)电动机的输出功率 P_N。

7.19　一台三相异步电动机，额定功率 $P_N = 55\text{kW}$，电网频率为 50Hz，额定电压 $U_N = 380\text{V}$，额定效率 $\eta_N = 0.79$，额定功率因数 $\cos\varphi_N = 0.89$，额定转速 $n_N = 570\text{r/min}$，试求：(1)同步转速 n_0；(2)极对数 p；(3)额定电流 I_N；(4)额定负载时的转差率 s_N。

第 8 章
继电接触器控制

在工业、农业、交通运输等部门中，广泛使用着各种生产机械，它们大都以电动机作为动力来进行拖动。电动机是通过某种自动控制方式来进行控制的，最常见的是继电接触器控制方式，又称电气控制。

电气控制线路是把各种有触点的接触器、继电器、按钮、行程开关等电器元件，用导线按一定方式连接起来组成的控制线路。

1）作用：实现对电力拖动系统的启动、调速、反转和制动等运行性能的控制，实现对拖动系统的保护，满足生产工艺要求，实现生产过程自动化。

2）特点：线路简单，设计、安装、调整、维修方便，便于掌握，价格低廉，运行可靠。

本章主要介绍几种常用的低压电器、基本的控制环节和保护环节的典型线路。

8.1　常用控制电器

对电动机和生产机械实现控制和保护的电工设备叫做控制电器。低压电器是指额定电压等级在交流 1200V、直流 1500V 以下的控制电器。在我国工业控制电路中最常用的三相交流电压等级为 380V，只有在特定行业环境下才用其他电压等级，如煤矿井下的电钻用 127V、运输机用 660V、采煤机用 1140V 等。

低压电器种类繁多，功能各样，构造各异，用途广泛，工作原理各不相同，常用低压电器的分类方法也很多。按动作方式分类如下。

1）自动电器：依靠自身参数的变化或外来信号的作用，自动完成接通或分断等动作，如接触器、继电器等。

2）手动电器：用手动操作来进行切换的电器，如刀开关、转换开关、按钮等。

1. 刀开关

1）刀开关

刀开关是一种手动电器，常用的刀开关有 HD 型单投刀开关、HS 型双投刀开关、HR 型熔断器式刀开关、HZ 型组合开关、HK 型闸刀开关、HY 型倒顺开关等。

HD 型单投刀开关、HS 型双投刀开关、HR 型熔断器式刀开关主要在成套配电装置中作为隔离开关，装有灭弧装置的刀开关也可以控制一定范围内的负载线路。作为隔离开关的刀开关的容量比较大，其额定电流在 100～1500A 之间，主要用于供配电线路的电源隔离。隔离开关没有灭弧装置，不能操作带负载的线路，只能操作空载线路或电流很小的线路，如小型空载变压器、电压互感器等。操作时应注意,停电时应将线路的负载电流用断路器、负载开关等开关电器切断后再将隔离开关断开,送电时操作顺序相反。隔离开关断开时有明显的断开点,有利于检修人员停电检修。隔离刀开关由于控制负载能力很小,也没有保护线路的功能,所以通常不能单独使用,一般要与能切断负载电流和故障电流的电器(如熔断器、断路器和负载开关等)一起使用。

HZ 型组合开关、HK 型闸刀开关一般用于电气设备及照明线路的电源开关。

HY 型倒顺开关、HH 型铁壳开关装有灭弧装置,一般可用于电气设备的启动、停止控制。

HD 型单投刀开关按极数分为 1 极、2 极、3 极几种,其示意图及图形符号如图 8.1.1 所示。其中图 8.1.1(a)为直接手动操作,(b)为手柄操作,(c)～(h)为刀开关的图形符号和文字符号。其中图 8.1.1(c)为一般图形符号,(d)为手动符号,(e)为三极单投刀开关符号;当刀开关用作隔离开关时,其图形符号上加有一横杠,如图 8.1.1(f)、图 8.1.1(g)、图 8.1.1(h)所示。

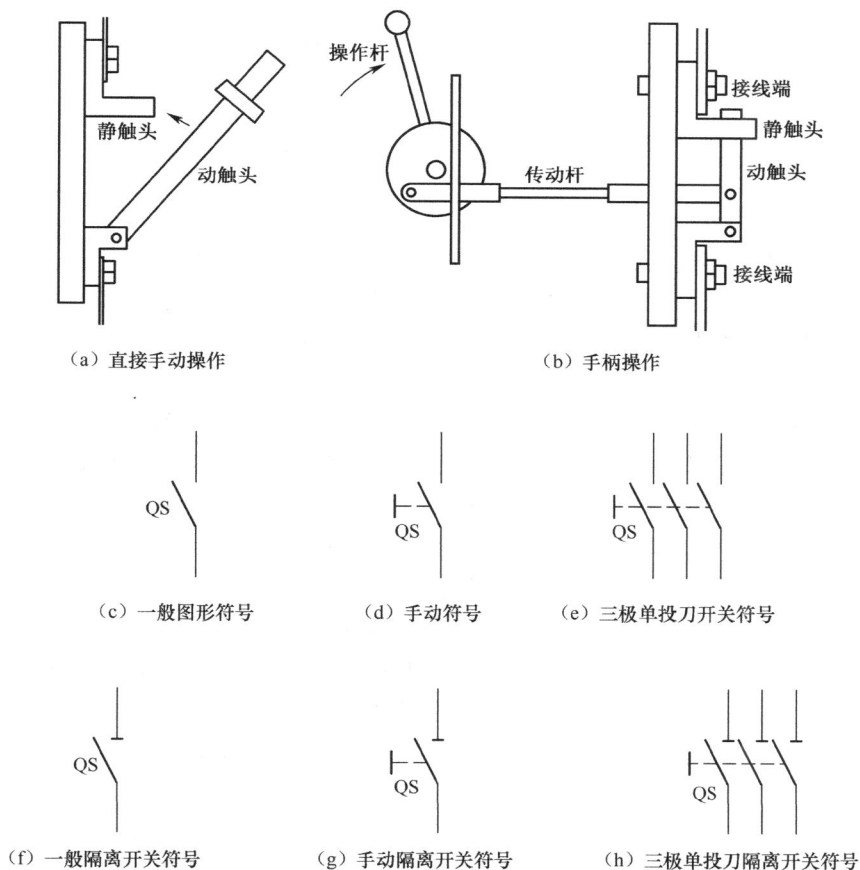

(a) 直接手动操作　　　　　　　(b) 手柄操作

(c) 一般图形符号　　　(d) 手动符号　　　(e) 三极单投刀开关符号

(f) 一般隔离开关符号　　　(g) 手动隔离开关符号　　　(h) 三极单投刀开关隔离开关符号

图 8.1.1　HD 型单投刀开关示意图及图形符号

2) 转换开关

转换开关又称组合开关,控制容量比较小,结构紧凑,常用于空间比较狭小的场所,如机床和配电箱等。转换开关一般用于电气设备的非频繁操作、切换电源和负载以及控制小容量感应电动机和小型电器。

转换开关由动触头、静触头、绝缘连杆转轴、手柄、定位机构及外壳等部分组成。其动、静触头分别叠装于数层绝缘壳内,当转动手柄时,每层的动触片随转轴一起转动。

常用的产品有 HZ5、HZ10 和 HZ15 系列。HZ5 系列是类似万能转换开关的产品,其结构与一般转换开关有所不同;转换开关有单极、双极和多极之分,额定电流有 10A、25A、60A 和 100A 等多种。

转换开关的结构示意图及图形符号如图 8.1.2 所示。

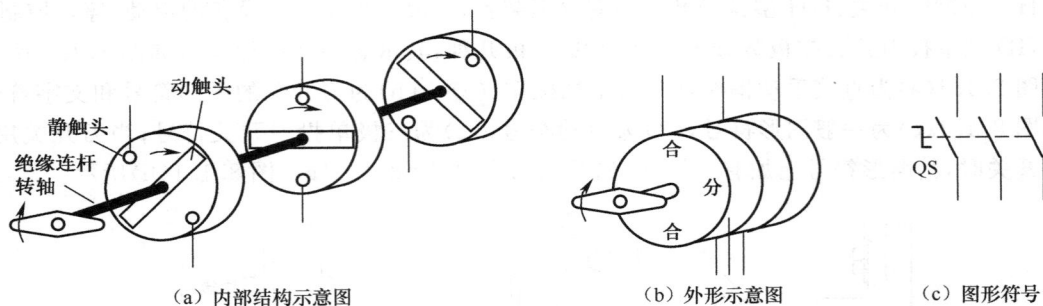

　　（a）内部结构示意图　　　　　　　　（b）外形示意图　　　　　（c）图形符号

图 8.1.2　转换开关的结构示意图和图形符号

2. 熔断器

熔断器在电路中主要起短路保护作用,用于保护线路。熔断器的熔体串接于被保护的电路中,熔断器以其自身产生的热量使熔体熔断,从而自动切断电路,实现短路保护及过载保护。熔断器具有结构简单、体积小、质量轻、使用维护方便、价格低廉、分断能力较高、限流能力良好等优点,因此在电路中得到广泛应用。

熔断器由熔体和安装熔体的绝缘底座(或称熔管)组成。熔体由易熔金属材料铅、锌、锡、铜、银及其合金制成,形状常为丝状或网状。由铅锡合金和锌等低熔点金属制成的熔体,因不易灭弧,多用于小电流电路;由铜、银等高熔点金属制成的熔体,易于灭弧,多用于大电流电路。

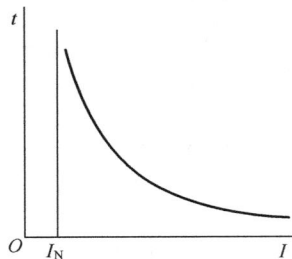

图 8.1.3　熔断器的反时限保护特性

熔断器串接于被保护电路中,电流通过熔体时产生的热量与电流平方和电流通过的时间成正比,电流越大,则熔体熔断时间越短,这种特性称为熔断器的反时限保护特性或安秒特性,如图 8.1.3 所示。图中 I_N 为熔断器额定电流,熔体允许长期通过额定电流而不熔断。

熔断器种类很多,按结构分为开启式、半封闭式和封闭式;按有无填料分为有填料式、无填料式;按用途分为工业用熔断器、保护半导体器件熔断器及自复式熔断器等(常用熔断器的类型及图形符号如图 8.1.4 所示)。

熔断器的主要技术参数包括额定电压、熔体额定电流、熔断器额定电流、极限分断能力等。

（1）额定电压。指保证熔断器能长期正常工作的电压。

（2）熔体额定电流。指熔体长期通过而不会熔断的电流。

（3）熔断器额定电流。指保证熔断器能长期正常工作的电流。

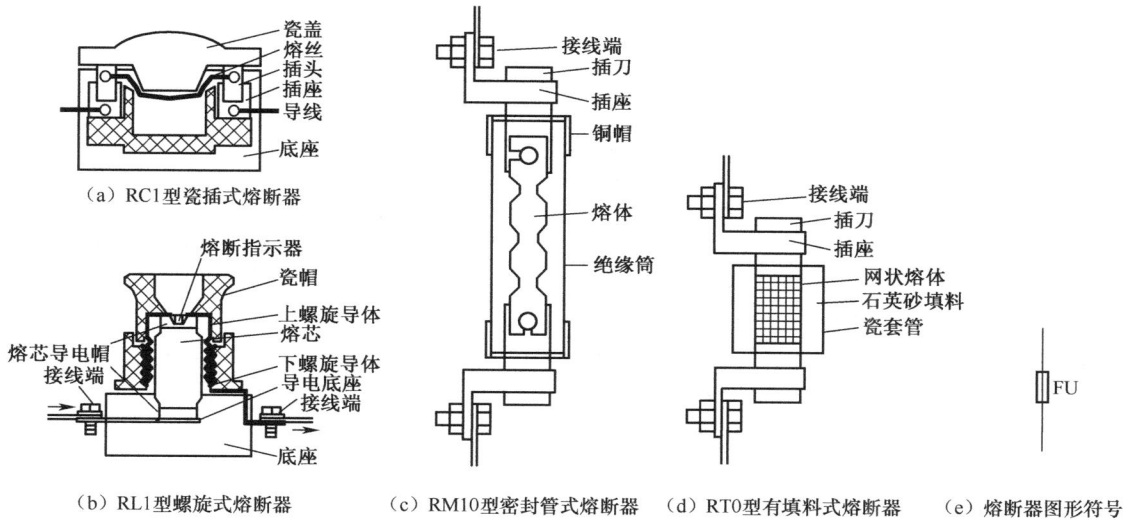

(a) RC1型瓷插式熔断器

(b) RL1型螺旋式熔断器　　(c) RM10型密封管式熔断器　(d) RT0型有填料式熔断器　(e) 熔断器图形符号

图 8.1.4　熔断器的类型及图形符号

（4）极限分断能力。指熔断器在额定电压下所能开断的最大短路电流。在电路中出现的最大电流一般是指短路电流值，所以，极限分断能力也反映了熔断器分断短路电流的能力。

3. 断路器

低压断路器俗称自动开关或空气开关，用于低压配电电路中不频繁的通断控制。在电路发生短路、过载或欠电压等故障时能自动分断故障电路，是一种控制兼保护电器。

断路器的种类繁多，按其用途和结构特点可分为 DW 型框架式断路器、DZ 型塑料外壳式断路器、DS 型直流快速断路器和 DWX 型、DWZ 型限流式断路器等。框架式断路器主要用作配电线路的保护开关，而塑料外壳式断路器除可用作配电线路的保护开关外，还可用作电动机、照明电路及电热电路的控制开关。

断路器主要由 3 个基本部分组成，即触头、灭弧系统和各种脱扣器，包括过电流脱扣器、失压（欠电压）脱扣器、热脱扣器、分励脱扣器和自由脱扣器。

图 8.1.5 所示为断路器工作原理示意图及图形符号。断路器开关是靠操作机构手动或电动合闸的，触头闭合后，自由脱扣机构将触头锁在合闸位置上。当电路发生上述故障时，通过各自的脱扣器使自由脱扣机构动作，自动跳闸以实现保护作用。分励脱扣器则作为远距离控制分断电路之用。

过电流脱扣器用于线路的短路和过电流保护，当线路的电流大于整定的电流值时，过电流脱扣器所产生的电磁力使挂钩脱扣，动触点在弹簧的拉力下迅速断开，实现短路器的跳闸功能。

热脱扣器用于线路的过负荷保护，工作原理和热继电器相同。

失压（欠电压）脱扣器用于失压保护，如图 8.1.5 所示，失压脱扣器的线圈直接接在电源上，处于吸合状态，断路器可以正常合闸。当停电或电压很低时，失压脱扣器的吸力小于弹簧的反力，弹簧使动铁芯向上使挂钩脱扣，实现短路器的跳闸功能。

分励脱扣器用于远方跳闸，当在远方按下按钮时，分励脱扣器得电产生电磁力，使其脱扣跳闸。

不同断路器的保护是不同的，使用时应根据需要选用。在图形符号中也可以标注其保护方式，如图 8.1.5 所示，断路器图形符号中标注了失压、过载、过流 3 种保护方式。

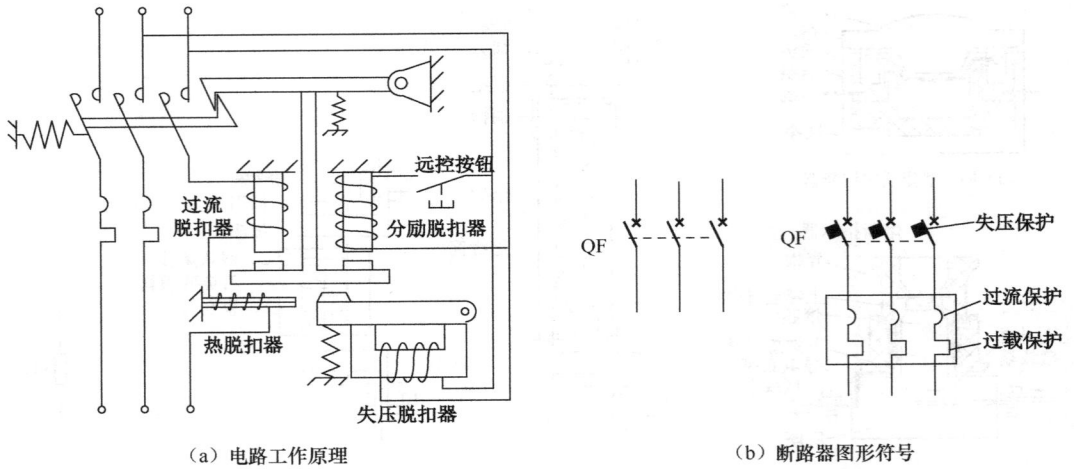

（a）电路工作原理　　　　　　　　　　（b）断路器图形符号

图 8.1.5　断路器工作原理示意图及图形符号

4. 接触器

接触器主要用于控制电动机、电热设备、电焊机、电容器组等,能频繁地接通或断开交直流主电路,实现远距离自动控制。它具有低电压释放保护功能,在电力拖动自动控制线路中被广泛应用。

接触器有交流接触器和直流接触器两大类型。下面介绍交流接触器。

图 8.1.6 所示为交流接触器的结构示意图及图形符号。接触器主要由电磁铁和触点两部分组成。靠电磁铁吸引动铁芯带动触点完成对电路的接通与关断。

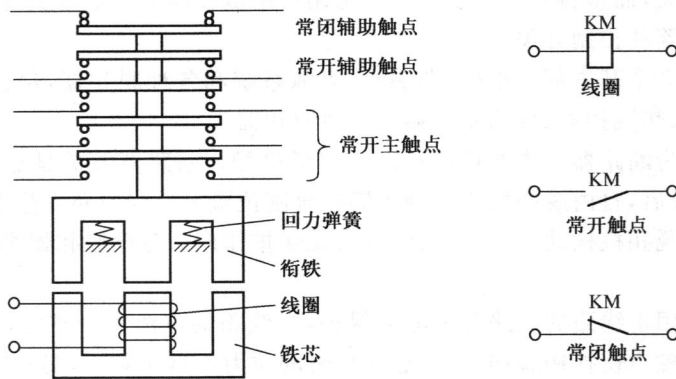

图 8.1.6　交流接触器结构示意图和图形符号

为减小铁损,交流接触器的铁芯由硅钢片叠成;为消除铁芯的颤动和噪声,还要在铁芯的部分端面加上短路环。

根据用途不同,交流接触器的触点分主触点和辅助触点两种。主触点一般比较大,接触电阻较小,用于接通或分断较大的电流,常接在主电路中;辅助触点一般比较小,接触电阻较大,用于接通或分断较小的电流,常接在控制电路(或称辅助电路)中。有时为了接通和分断较大的电流,在主触点上装有灭弧装置,以熄灭由于主触点断开而产生的电弧,防止烧坏触点。

交流接触器的触点一般有 3 个常开主触点,4 个辅助触点(两个常开,两个常闭)。

线圈通电时产生电磁吸力将衔铁吸下,使常开触点闭合,常闭触点断开。线圈断电后电磁吸力消失,依靠弹簧使触点恢复到原来的状态。

选择接触器时应注意触点的数量和允许通过的额定电流;还要注意接触器线圈的额定电压值。CJ10 系列接触器主触点的额定电流有 5A、10A、20A、40A、75A、120A 等。

接触器是电力拖动系统中最主要的控制电器之一。在设计它的触点时已考虑到接通负载时的启动电流问题,因此,选用接触器时主要应根据负载的额定电流来确定。如一台 Y112M－4 三相异步电动机,额定功率为 4kW,额定电流为 8.8A,选用主触点额定电流为 10A 的交流接触器即可。除电流之外,还应满足接触器的额定电压不小于主电路的额定电压。

常用的交流接触器有 CJ10、CJ12、CJ10X、CJ20、CJX1、CJX2、3TB 和 3TD 等系列。

5. 继电器

继电器用于电路的逻辑控制,具有逻辑记忆功能,能组成复杂的逻辑控制电路。继电器用于将某种电量(如电压、电流)或非电量(如温度、压力、转速、时间等)的变化量转换为开关量,以实现对电路的自动控制功能。

继电器的种类很多,按输入量可分为电压继电器、电流继电器、时间继电器、速度继电器、压力继电器等;按工作原理可分为电磁式继电器、感应式继电器、电动式继电器、电子式继电器等;按用途可分为控制继电器、保护继电器等;按输入量变化形式可分为有无继电器和量度继电器。

有无继电器是根据输入量的有或无来动作的,无输入量时继电器不动作,有输入量时继电器动作,如中间继电器、通用继电器、时间继电器等。

量度继电器是根据输入量的变化来动作的,工作时其输入量是一直存在的,只有当输入量达到一定值时继电器才动作,如电流继电器、电压继电器、热继电器、速度继电器、压力继电器、液位继电器等。

1）中间继电器

中间继电器是最常用的继电器之一,它的结构和接触器基本相同(只是其电磁系统小一些),如图 8.1.7(a)所示,其图形符号如图 8.1.7(b)所示。

中间继电器在控制电路中起逻辑变换和状态记忆的功能,以及用于扩展接点的容量和数量。另外,在控制电路中还可以调节各继电器、开关之间的动作时间,防止电路误动作。中间继电器实质上是一种电压继电器,它是根据输入电压的有或无而动作的,一般触点对数多,触点额定电流为 5～10A。中间继电器体积小,动作灵敏度高,一般不用于直接控制电路的负载,但当电路的负载电流在 5～10A 以下时,也可代替接触器起控制负载的作用。中间继电器的工作原理和接触器一样,触点较多,一般为四常开触点和四常闭触点。

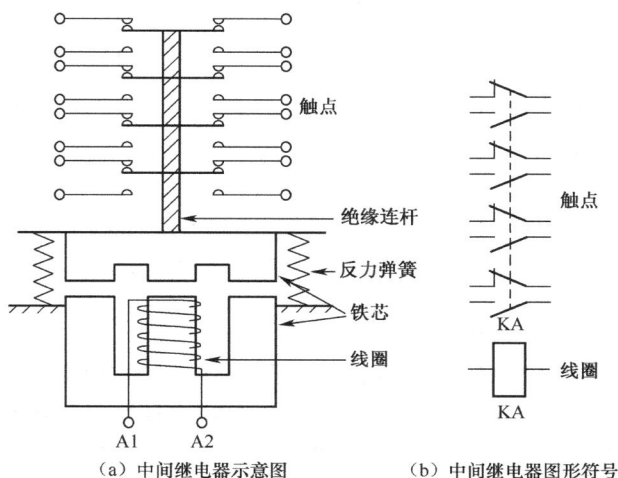

（a）中间继电器示意图　　（b）中间继电器图形符号

图 8.1.7　中间继电器的结构示意图及图形符号

在选用中间继电器时,主要应考虑额定电压及触点的允许额定电流值和触点数量。

常用的中间继电器型号有 JZ7、JZ14 等。

2)电流继电器和电压继电器

电流继电器的输入量是电流,它是根据输入电流大小而动作的继电器。电流继电器的线圈串入电路中,以反映电路电流的变化,其线圈匝数少、导线粗、阻抗小。电流继电器可分为欠电流继电器和过电流继电器。

欠电流继电器用于欠电流保护或控制,如直流电动机励磁绕组的弱磁保护、电磁吸盘中的欠电流保护、绕线式异步电动机启动时电阻的切换控制等。欠电流继电器的动作电流整定范围为线圈额定电流的 30%～65%。需要注意的是,欠电流继电器在电路正常工作时,电流正常不欠电流时,欠电流继电器处于吸合动作状态,常开触点处于闭合状态,常闭触点处于断开状态;当电路出现不正常现象或故障现象导致电流下降或消失时,继电器中流过的电流小于释放电流而动作,所以欠电流继电器的动作电流为释放电流而不是吸合电流。

过电流继电器用于过电流保护或控制,如起重机电路中的过电流保护。过电流继电器在电路正常工作时流过正常工作电流,正常工作电流小于继电器所整定的动作电流,继电器不动作,当电流超过动作电流整定值时才动作。过电流继电器动作时其常开触点闭合,常闭触点断开。过电流继电器整定范围为(110%～400%)额定电流,其中交流过电流继电器为(110%～400%)I_N,直流过电流继电器为(70%～300%)I_N。

常用的电流继电器的型号有 JL12、JL15 等。

电流继电器作为保护电器时,其图形符号如图 8.1.8 所示。

电压继电器的输入量是电路的电压大小,其根据输入电压大小而动作。与电流继电器类似,电压继电器也分为欠电压继电器和过电压继电器两种。过电压继电器动作电压范围为(105%～120%)U_N;欠电压继电器吸合电压动作范围为(20%～50%)U_N,释放电压调整范围为(7%～20%)U_N;零电压继电器当电压降低至(5%～25%)U_N 时动作,它们分别起过压、欠压、零压保护。电压继电器工作时并联在电路中,因此线圈匝数多、导线细、阻抗大,反映电路中电压的变化,用于电路的电压保护。

电压继电器常用在电力系统继电保护中,在低压控制电路中使用较少。

电压继电器作为保护电器时,其图形符号如图 8.1.9 所示。

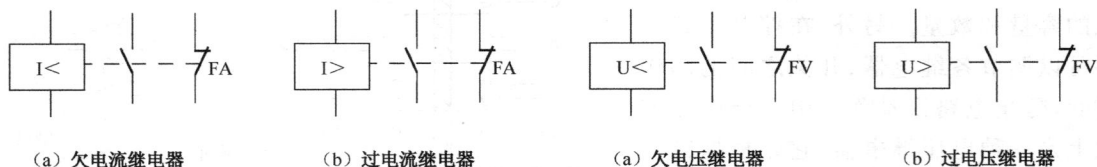

（a）欠电流继电器　　　　（b）过电流继电器　　　　（a）欠电压继电器　　　　（b）过电压继电器

图 8.1.8　电流继电器的图形符号　　　　　　　图 8.1.9　电压继电器的图形符号

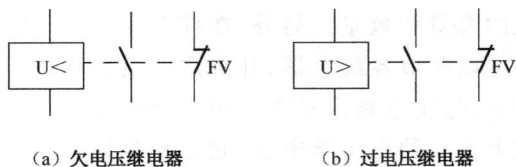

3)热继电器

热继电器主要用于电气设备(主要是电动机)的过载保护。热继电器是一种利用电流热效应原理工作的电器,它具有与电动机容许过载特性相近的反时限动作特性,主要与接触器配合使用,用于对三相异步电动机的过载和断相保护。

三相异步电动机在实际运行中,常会遇到因电气或机械原因等引起的过电流(过载和断相)现象。如果过电流不严重,持续时间短,绕组不超过允许温升,这种过电流是允许的;如果过电流情况严重,持续时间较长,则会加快电动机绝缘老化,甚至烧毁电动机,因此,在电动机回路中应设置电动机保护装置。常用的电动机保护装置种类很多,使用最多、最普遍的是双金属片式热继电器。目前,双金属片式热继电器均为三相式,有带断相保护和不带断相保护两种。

图 8.1.10(a)所示是双金属片式热继电器的结构示意图,图 8.1.10(b)所示是其图形符号。由图可见,热继电器主要由双金属片、热元件、复位按钮、传动杆、拉簧、调节旋钮、复位螺丝、触点和接线端子等组成。

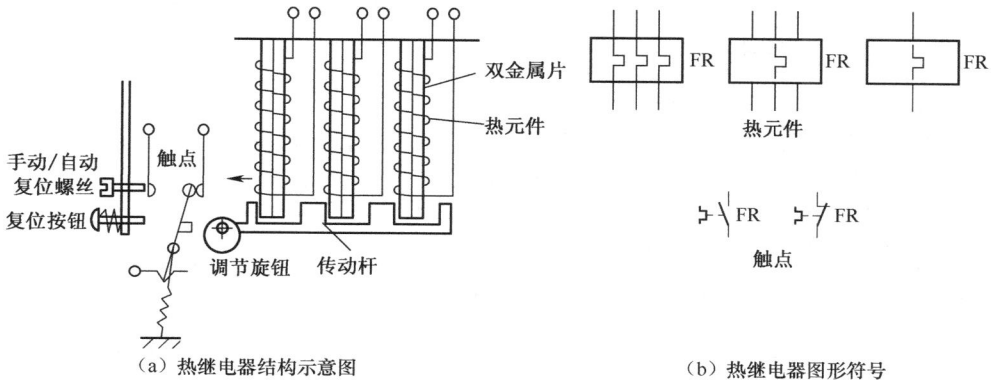

（a）热继电器结构示意图　　　　　　　　　　（b）热继电器图形符号

图 8.1.10　热继电器结构示意图及图形符号

双金属片是一种将两种线膨胀系数不同的金属用机械碾压方法使之形成一体的金属片。膨胀系数大的(如铁镍铬合金、铜合金或高铝合金等)称为主动层,膨胀系数小的(如铁镍类合金)称为被动层。两种线膨胀系数不同的金属紧密地贴合在一起,当产生热效应时,使得双金属片向膨胀系数小的一侧弯曲,由弯曲产生的位移带动触点动作。

热元件一般由铜镍合金、镍铬铁合金或铁铬铝等合金材料制成,其形状有圆丝、扁丝、片状和带材几种。热元件串接于电动机的定子电路中,通过热元件的电流就是电动机的工作电流(大容量的热继电器装有速度饱和互感器,热元件串接在其二次回路中)。当电动机正常运行时,其工作电流通过热元件产生的热量不足以使双金属片变形,热继电器不会动作。当电动机发生过电流且超过整定值时,双金属片的热量增大而发生弯曲,经过一定时间后,使触点动作,通过控制电路切断电动机的工作电源。同时,热元件也因失电而逐渐降温,经过一段时间的冷却,双金属片恢复到原来状态。

热继电器动作电流的调节是通过旋转调节旋钮来实现的。调节旋钮为一个偏心轮,旋转调节旋钮可以改变传动杆和动触点之间的传动距离,距离越长动作电流就越大,反之动作电流就越小。

热继电器复位方式有自动复位和手动复位两种,将复位螺丝旋入,使常开的静触点向动触点靠近,这样动触点在闭合时处于不稳定状态,在双金属片冷却后动触点也返回,为自动复位方式。如将复位螺丝旋出,触点不能自动复位,为手动复位方式。在手动复位方式下,需在双金属片恢复状态时按下复位按钮才能使触点复位。

4)时间继电器

时间继电器在控制电路中用于时间的控制。其种类很多,按其动作原理可分为电磁式、空气阻尼式、电动式和电子式等;按延时方式可分为通电延时型和断电延时型。下面以 JS7 型空气阻尼式时间继电器为例说明其工作原理。

空气阻尼式时间继电器是利用空气阻尼原理获得延时的,它由电磁机构、延时机构和触头系统三部分组成。电磁机构为直动式双 E 型铁芯,触头系统借用 LX5 型微动开关,延时机构采用气囊式阻尼器。

空气阻尼式时间继电器可以做成通电延时型,也可改成断电延时型,电磁机构可以是直流的,也可以是交流的,如图 8.1.11 所示。

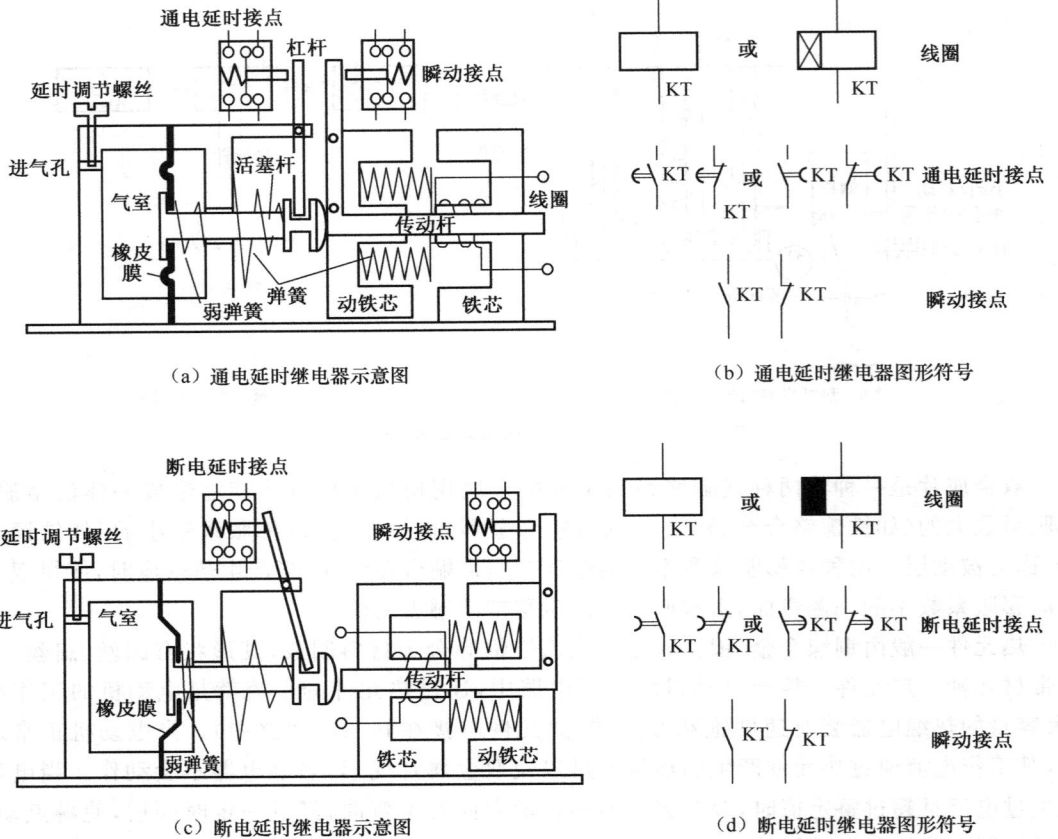

（a）通电延时继电器示意图　　　　　　　　（b）通电延时继电器图形符号

（c）断电延时继电器示意图　　　　　　　　（d）断电延时继电器图形符号

图 8.1.11　空气阻尼式时间继电器示意图及图形符号

现以通电延时型时间继电器为例介绍其工作原理。

图 8.1.11(a)中通电延时型时间继电器为线圈不得电时的情况,当线圈通电后,动铁芯吸合,带动 L 型传动杆向右运动,使瞬动接点受压,其接点瞬时动作。活塞杆在塔形弹簧的作用下,带动橡皮膜向右移动,弱弹簧将橡皮膜压在活塞上,橡皮膜左方的空气不能进入气室,形成负压,只能通过进气孔进气,因此活塞杆只能缓慢地向右移动,其移动的速度和进气孔的大小有关(通过延时调节螺丝调节进气孔的大小可改变延时时间)。经过一定的延时后,活塞杆移动到右端,通过杠杆压动微动开关(通电延时接点),使其常闭触头断开,常开触头闭合,起到通电延时作用。

当线圈断电时,电磁吸力消失,动铁芯在反力弹簧的作用下释放,并通过活塞杆将活塞推向左端,这时气室内中的空气通过橡皮膜和活塞杆之间的缝隙排掉,瞬动接点和延时接点迅速复位,无延时。

如果将通电延时型时间继电器的电磁机构反向安装,就可以改为断电延时型时间继电器,如图 8.1.11(c)中断电延时型时间继电器所示。线圈不得电时,塔形弹簧将橡皮膜和活塞杆推向右侧,杠杆将延时接点压下(注意,原来通电延时的常开接点现在变成了断电延时的常闭接点了,原来通电延时的常闭接点现在变成了断电延时的常开接点),当线圈通电时,动铁芯带动 L 型传动杆向左运动,使瞬动接点瞬时动作,同时推动活塞杆向左运动,如前所述,活塞杆向左运动不延时,延时接点瞬时动作。线圈失电时动铁芯在反力弹簧的作用下返回,瞬动接点瞬时动作,延时接点延时动作。

时间继电器线圈和延时接点的图形符号都有两种画法,线圈中的延时符号可以不画,接点中的延时符号可以画在左边也可以画在右边,但是圆弧的方向不能改变,如图 8.1.11(b)和(d)所示。

空气阻尼式时间继电器的优点是结构简单、延时范围大、寿命长、价格低廉,且不受电源电压及频率波动的影响,其缺点是延时误差大、无调节刻度指示,一般适用延时精度要求不高的场合。常用的产品有 JS7 - A、JS23 等系列,其中 JS7 - A 系列的主要技术参数为延时范围,分 0.4～60s 和 0.4～180s 两种,操作频率为 600 次/h,触头容量为 5A,延时误差为 ±15%。在使用空气阻尼式时间继电器时,应保持延时机构的清洁,防止因进气孔堵塞而失去延时作用。

时间继电器在选用时应根据控制要求选择其延时方式,根据延时范围和精度选择继电器的类型。

5)速度继电器

速度继电器又称为反接制动继电器,主要用于三相鼠笼式异步电动机的反接制动控制。图 8.1.12 为速度继电器的原理示意图及图形符号,它主要由转子、定子和触头三部分组成。转子是一个圆柱形永久磁铁,定子是一个鼠笼式空心圆环,由硅钢片叠成,并装有鼠笼式绕组。其转子的轴与被控电动机的轴相连接,当电动机转动时,转子(圆柱形永久磁铁)随之转动产生一个旋转磁场,定子中的鼠笼式绕组切割磁力线而产生感应电流和磁场,两个磁场相互作用,使定子受力而跟随转动,当达到一定转速时,装在定子轴上的摆锤推动簧片触点运动,使常闭触点断开,常开触点闭合。当电动机转速低于某一数值时,定子产生的转矩减小,触点在簧片作用下复位。

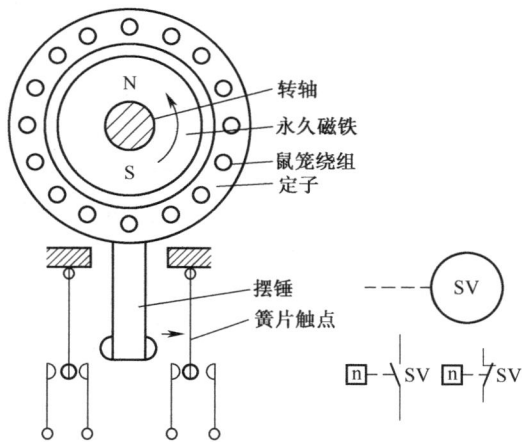

图 8.1.12　速度继电器的原理示意图及图形符号

常用的速度继电器有 JY1 型和 JFZ0 型两种。其中,JY1 型可在 700～3600r/min 范围工作,JFZ0 - 1 型适用于 300～1000r/min,JFZ0 - 2 型适用于 1000～3000r/min。

一般速度继电器都具有两对转换触点,一对用于正转时动作,另一对用于反转时动作。触点额定电压为 380V,额定电流为 2A。通常速度继电器动作转速为 130r/min,复位转速在 100r/min 以下。

6. 主令电器

主令电器用于在控制电路中以开关接点的通断形式来发布控制命令,使控制电路执行对应的控制任务。主令电器应用广泛,种类繁多,常见的有按钮、行程开关、接近开关、万能转换开关、主令控制器、选择开关、足踏开关等。

1)按钮

按钮通常用来接通或断开控制电路(其中电流很小),从而控制电动机或起停电气设备的运行。按钮是一种手动且可以自动复位的主令电器,其结构简单,控制方便。

按钮由按钮帽、复位弹簧、桥式触点和外壳等组成,其内部原理图及各种按钮符号如图8.1.13所示。触点采用桥式触点,额定电流在5A以下。按钮的触点分常闭触点(动断触点)和常开触点(动合触点)两种。常闭触点是按钮未按下时闭合、按下后断开的触点。常开触点是按钮未按下时断开、按下后闭合的触点。按钮按下时,常闭触点先断开,然后常开触点闭合;松开后,依靠复位弹簧使触点恢复到原来的位置。单联按钮只有一组常开触点和常闭触点,还有双联按钮和三联按钮等。

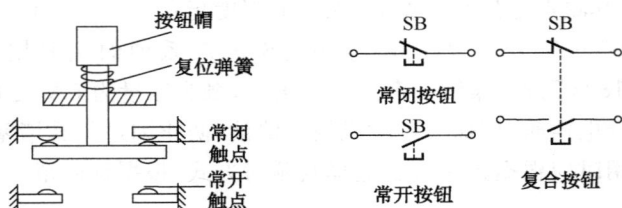

图 8.1.13 按钮内部原理图及各种按钮符号

2)行程开关

行程开关又叫限位开关,它的种类很多,按运动形式可分为直动式、微动式、转动式等;按触点的性质分可为有触点式和无触点式。

有触点行程开关简称行程开关,行程开关的工作原理和按钮相同,区别在于它不是靠手的按压,而是利用生产机械运动的部件碰压而使触点动作来发出控制指令的主令电器。它用于控制生产机械的运动方向、速度、行程大小或位置等,其结构形式多种多样。

图8.1.14所示为几种操作类型的行程开关结构示意图及图形符号。当机械的运动部件撞击触杆时,触杆下移使常闭触点断开,常开触点闭合;当运动部件离开后,在复位弹簧的作用下,触杆恢复到原来位置,各触点恢复常态。

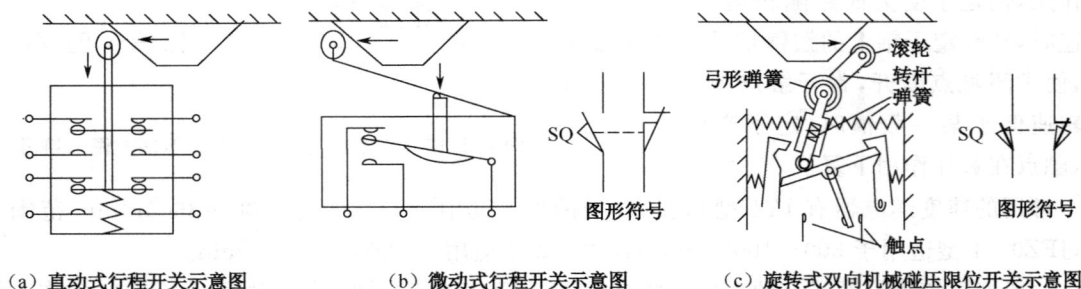

(a) 直动式行程开关示意图　　(b) 微动式行程开关示意图　　(c) 旋转式双向机械碰压限位开关示意图

图 8.1.14 行程开关结构示意图及图形符号

行程开关的主要参数有形式、动作行程、工作电压及触头的电流容量。目前国内生产的行程开关有 LXK3、3SE3、LX19、LXW 和 LX 等系列。

常用的行程开关有 LX19、LXW5、LXK3、LX32 和 LX33 等系列。

无触点行程开关又称接近开关,它可以代替有触头行程开关来完成行程控制和限位保护,还可用于高频计数、测速、液位控制、零件尺寸检测、加工程序的自动衔接等的非接触式开关。由于它具有非接触式触发、动作速度快、可在不同的检测距离内动作、发出的信号稳定无脉动、工作稳定可靠、寿命长、重复定位精度高以及能适应恶劣的工作环境等特点,所以在机床、纺织、印刷、塑料等工业生产中应用广泛。

接近开关的图形符号可用图 8.1.15 表示。

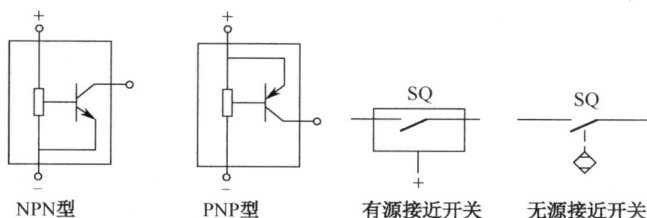

NPN型　　　　PNP型　　　　有源接近开关　　　无源接近开关

图 8.1.15　接近开关的图形符号

接近开关的产品种类十分丰富,常用的国产接近开关有 LJ、3SG 和 LXJ18 等多种系列,国外进口及引进产品亦在国内有大量的应用。

8.2　鼠笼式电动机的启动控制

三相鼠笼式异步电动机具有结构简单、坚固耐用、价格便宜、维修方便等优点,获得了广泛的应用。

为了使电动机能够按照设备的要求运转,需要对电动机进行控制。电动机的控制电路通常由电动机、控制电器、保护电器与生产机械及传动装置组成。传统的电动机控制系统主要由各种低压电器组成,称为继电器—接触器控制系统。

启动,是指电动机通电后转速从零开始逐渐加速到正常运转的过程。

异步电动机在开始启动的瞬间,定子绕组已接通电源,而转子因惯性仍未转动起来,此刻 $n=0,s=1$,转子绕组感应出很大的电流,定子绕组的启动电流也可达到额定电流的 $5\sim 7$ 倍。虽然启动时转子电流很大,但因为转子的功率因数最低,所以启动转矩并不大,最大也只有额定转矩的 2 倍左右。因此,异步电动机启动的主要问题是启动电流大而启动转矩并不大。

在正常情况下,异步电动机的启动时间很短(一般为几秒到十几秒),短时间的启动大电流一般不会对电动机造成损害(但对于频繁启动的电动机,则需要注意启动电流对电动机工作寿命的影响),但它会在电网上造成较大的电压降从而使供电电压下降,影响在同一电网上其他用电设备的正常工作,同时又会造成正在启动的电动机启动转矩减小、启动时间延长甚至无法启动。

另外,由于异步电动机的启动转矩不大,因此有的用异步电动机拖动的机械可让电动机先空载或轻载启动,待升速后再用机械离合器加上负载。但有的设备(如起重机械)要求电动机能带负载启动,因此要求电动机有较大的启动转矩。但过大的启动转矩又可能会使电动机加速过猛,使机械传动机构受到冲击而容易损坏,所以有时又要求电动机在启动时先减小其启动转矩,以消除转动间隙,然后再过渡到所需的启动转矩有载启动。

　　综上所述,对异步电动机启动的基本要求:在保证有足够的启动转矩的前提下尽量减小启动电流,并尽可能采取简单易行的启动方法。

　　一般情况下,如果电动机的容量不超过供电变压器容量的 20％～30％,则可以把电动机直接接到电网上进行启动,称为“直接启动”。直接启动方法简单易行、工作可靠且启动时间短。但要求能够将电动机启动所造成的电网电压降控制在许可范围以内(一般不超过线路额定电压的 5％)。一般 7.5kW 以下的电动机允许直接启动。

　　如果电动机的容量相对于供电变压器的容量较大,就不能采取直接启动,而需要降压启动。“降压启动”,就是启动时采用各种方法先降低电动机定子绕组的电压,以减小启动电流,待电动机升速后再加上额定电压运行。降压启动的主要问题是造成启动转矩的减小,所以应保证有足够的启动转矩。

　　另外,电动机在使用过程中由于各种原因可能会出现一些异常情况,如电源电压过低、电动机电流过大、电动机定子绕组相间短路或电动机绕组与外壳短路等,如不及时切断电源则可能会对设备或人身带来危险,因此必须采取保护措施。常用的保护环节有短路保护、过载保护、零压保护和欠压保护等。

1. 鼠笼式电动机的直接启动控制

　　对于小容量电动机的启动,在控制条件要求不高的场合,可以使用胶盖闸刀、铁壳开关等简单控制装置直接启动。如图 8.2.1 所示为用刀开关控制的三相异步电动机直接启动电路的原理图。

　　电路的工作原理如下。

　　(1)启动。合上电源开关 QS—三相异步电动机通电—电动机启动。

　　(2)停止。断开 QS—电动机断电停转。

　　该电路除电动机外,使用的电器有刀开关和熔断器两种。

2. 鼠笼式电动机的点动控制

　　点动控制电路是用最简单的控制电路(又称为二次电路)控制主电路,完成电动机的全压启动。其电路结构如图 8.2.2 所示。三相电源经过隔离开关 QS、熔断器 FU、交流接触器主触点 KM 到电动机 M 构成主电路。由动合(常开)按钮 SB 和接触器线圈 KM 组成二次电路。二次电路除具有控制功能外,还具有信号指示功能。

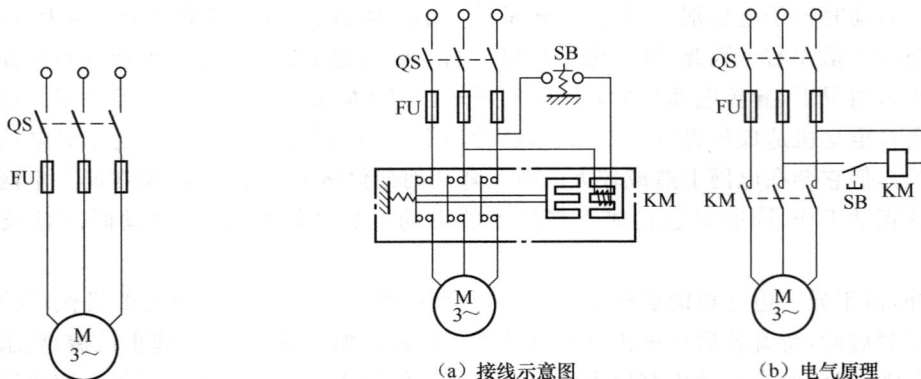

图 8.2.1　直接启动

(a)接线示意图　　　　(b)电气原理

图 8.2.2　点动控制图

电路工作原理如下。

（1）启动。闭合 QS，接通电源—按下动合按钮 SB—控制电路通电—接触器线圈 KM 通电—接触器动合主触点闭合—主电路接通—电动机 M 通电启动。

（2）停止。放开动合按钮 SB—控制电路分断—接触器线圈 KM 断电—接触器动合主触点 KM 分断—主电路分断—电动机 M 断电停转。

该电路只要按 SB 电动机即转动，松开按钮 SB 即停止转动，因此称为点动控制。

3. 鼠笼式电动机的连续运转控制

对于需要较长时间运行的电动机，用点动控制是不方便的。因为一旦放开按钮 SB，电动机立即停转。因此，对于连续运行的电动机，可在点动控制的基础上，保持主电路不变，在控制电路中串联动断（常闭）按钮 SB_2，并在启动按钮 SB_1 上并联一副接触器动合辅助触点 KM 即可成为电动机连续运转控制电路，如图 8.2.3 所示。

从图 8.2.3 可见，主电路与点动控制电路相比，热继电器的热元件 FR 串联在主电路中。在控制电路中，启动按钮 SB_1 是分断的即接常开触点。只要 SB_1 或与之并联的接触器辅助触点 KM 任意一处接通，控制电路即可通电，使接触器线圈通电动作。

图 8.2.3　连续运行控制

电路工作原理如下。

（1）启动。闭合 QS，接通电源—按下启动按钮 SB_1—控制电路闭合—接触器线圈 KM 通电—接触器动合辅助触点 KM 闭合自锁（SB1 释放后 KM 线圈仍然通电）—接触器动合主触点闭合—电动机 M 通电持续运转。

（2）停止。按下动断按钮 SB_2—控制电路分断—接触器 KM 线圈断电—接触器 KM 自锁触点分断（同时接触器主触点分断）—主电路分断—电动机 M 停转。

在图 8.2.3 中，接触器 KM 动合辅助触点在启动按钮 SB_1 松开后，仍能保持闭合通电，这种功能称为自锁。这种具有自锁功能的控制电路称为自锁电路。接触器中起自锁作用的触点称为自锁触点。

图 8.2.3 所示控制电路还可实现短路保护、过载保护和零压保护。

起短路保护的是串接在主电路中的熔断器 FU。一旦电路发生短路故障，熔体立即熔断，电动机立即停转。

起过载保护的是热继电器 FR。当过载时，热继电器的发热元件发热，将其常闭触点断开，使接触器 KM 线圈断电，串联在电动机回路中的 KM 的主触点断开，电动机停转。同时 KM 辅助触点也断开，解除自锁。故障排除后若要重新启动，需按下 FR 的复位按钮，使 FR 的常闭触点复位（闭合）即可。

起零压（或欠压）保护的是接触器 KM 本身。欠压保护，指的是当电压低于电动机额定电压的 85％时，接触器线圈的电流减小，磁场减弱，电磁吸力不足，动铁芯在反作用弹簧推动下释放，使主、辅触点自行复位，切断电源，电动机停转，同时解除自锁。失压保护则是指当电动机在运行当中，如遇线路故障或突然停电，控制电路失去电压，接触器线圈断电，电磁吸力消失，动铁芯复位，将接触器动合主触点、辅助触点全部分断。即使电路恢复供电，电动机也不会转动，必

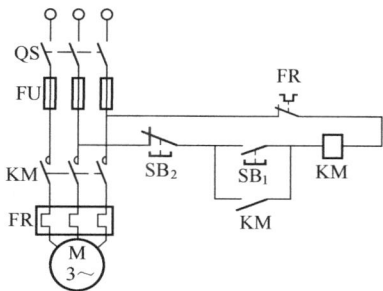

须重新按启动按钮,才能使电动机恢复工作。

有些生产机械,为了操作方便,常需要多个地点进行控制。每个控制点必须要有一个启动按钮和一个停止按钮。多地点控制的方法是将分散在各个控制点的启动按钮并联,停止按钮串联。控制电路如图 8.2.4 所示。

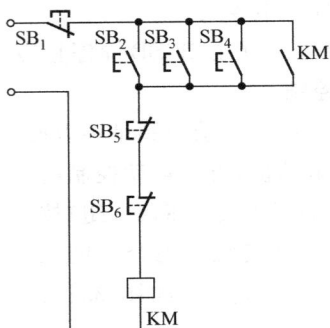

图 8.2.4 单相正弦交流电压的产生

8.3 鼠笼式电动机的正/反转和行程控制

1. 正/反转控制

上节介绍的电路只能控制电动机朝一个方向旋转,而许多机械设备要求实现正、反两个方向的转动。如机床主轴的正/反转、工作台的前进与后退、提升机构的上升与下降、机械装置的夹紧与放松等。因此都要求拖动电动机能够正/反转,所以电动机的正/反转控制电路是经常用到的。根据三相异步电动机的工作原理,只要将电动机主电路三根电源线的其中两根对调就可以实现电动机的正/反转。为此,只要用两个交流接触器就能实现这一要求(见图 8.3.1)。KM_1 为正转接触器,KM_2 为反转接触器,则接通 QS、KM_1 闭合,电动机正转。KM_1 断开,KM_2 闭合,电动机反转。

下面分析几种常用的正/反转控制电路。

1)简单的正/反转控制

图 8.3.2 所示电路可以实现鼠笼式电动机的正/反转,SB_1 和 SB_2 分别为正、反转启动控制按钮,SB_3 为停机按钮。

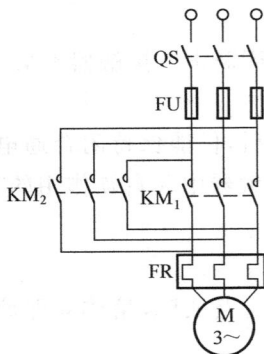

图 8.3.1 鼠笼式电动机正/反转
的主电路

电路工作原理如下。

(1)正向启动过程。合上刀开关 Q—按下正向启动按钮 SB_1—正向接触器 KM_1 线圈通电—KM_1 的主触点和自锁触点闭合—电动机 M 正转。

(2)停机过程:按停止按钮 SB_3—接触器 KM_1 线圈断电—KM_1 的主触点和自锁触点断开—电动机 M 停转。

(3)反向启动过程。合上刀开关 Q—按下反向启动按钮 SB_2—反向接触器 KM_2 线圈通电—KM_2 的主触点和自锁触点闭合—电动机 M 反转。

（4）停机过程。按停止按钮 SB_3—接触器 KM_2 线圈断电—KM_2 的主触点和自锁触点断开—电动机 M 停转。

特别注意：KM_1 和 KM_2 线圈不能同时通电，因此不能同时按下 SB_1 和 SB_2，也不能在电动机正转时按下反转启动按钮，或在电动机反转时按下正转启动按钮。如果操作错误，将引起主回路电源短路。

2）带电气联锁的正/反转控制电路

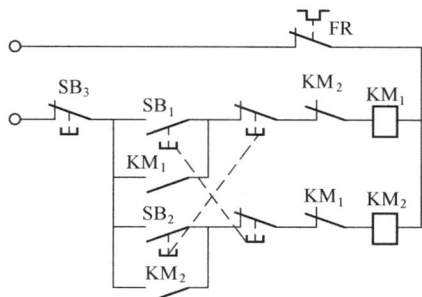

将接触器 KM_1 的辅助常闭触点串入 KM_2 的线圈回路中，从而保证在 KM_1 线圈通电时 KM_2 线圈回路总是断开

图 8.3.2　简单正/反转的控制电路

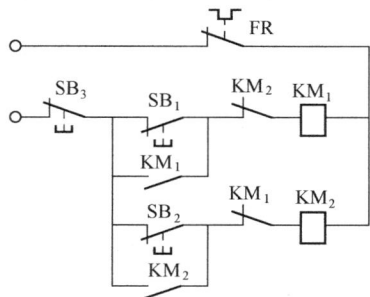

的；将接触器 KM_2 的辅助常闭触点串入 KM_1 的线圈回路中，从而保证在 KM_2 线圈通电时 KM_1 线圈回路总是断开的（见图 8.3.3）。这样接触器的辅助常闭触点 KM_1 和 KM_2 保证了两个接触器线圈不能同时通电，这种控制方式称为联锁或者互锁，这两个辅助常开触点称为联锁或者互锁触点。

存在问题：

电路在具体操作时，若电动机处于正转状态要反转时必须先按停止按钮 SB_3，使联锁触点 KM_1 闭合后按下反转启动按钮 SB_2 才能使电动机反转；若电动机处于反转状态要正转时必须先按停止按钮 SB_3，使联锁触点 KM_2 闭合后按下正转启动按钮 SB_1 才能使电动机正转。

3）同时具有电气联锁和机械联锁的正/反转控制电路

电路如图 8.3.4 所示。采用复式按钮，将 SB_1 按钮的常闭触点串接在 KM_2 的线圈电路中；将 SB_2 的常闭触点串接在 KM_1 的线圈电路中；这样，无论何时，只要按下反转启动按钮，在 KM_2 线圈通电之前就首先使 KM_1 断电，从而保证 KM_1 和 KM_2 不同时通电；从反转到正转的情况也是一样。这种由机械按钮实现的联锁也称为机械联锁或按钮联锁。

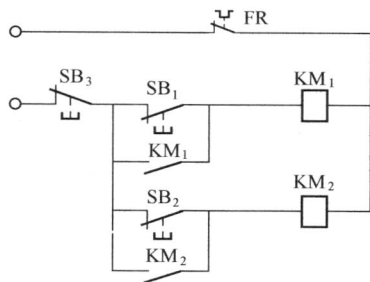

图 8.3.3　带电气联锁的正/反转控制电路　　图 8.3.4　同时具有电气联锁和机械联锁的正/反转控制电路

电路工作原理如下。

（1）正转控制。闭合 QS，接通电源—按下正转启动按钮 SB_1—控制电路闭合—电流通过 SB_2 动断触点—接触器 KM_2 动断辅助触点—接触器线圈 KM_1 通电—同时接触器动合辅助触点 KM_1 闭合自锁—接触器 KM_1 动合主触点闭合—电动机 M 通电正转。

在此过程中，KM_2 没有通电，因此其各触点处于未通电状态：KM_2 动合辅助触点断开，KM_2 动断辅助触点闭合，KM_2 线圈断电，KM_2 主触点断开。

（2）反转控制。按下反转启动按钮 SB_2—控制电路闭合—电流通过 SB_2 动断触点—接触器 KM_1 动断辅助触点—接触器线圈 KM_2 通电—同时接触器 KM_2 动合辅助触点闭合自锁—接触器 KM_2 动合主触点闭合—电动机 M 通电反转。

在此过程中，同样 KM_1 也没有通电，其各触点处于未通电状态：KM_1 动合辅助触点断开，KM_1 动断辅助触点闭合，KM_1 线圈断电，KM_1 主触点断开。

需要指出的是，正转时按下启动按钮 SB_1 的同时，其动合触点 SB_1 闭合，但其动断触点 SB_2 则断开，使得 KM_2 无法通电。反转时按下启动按钮 SB_2 的同时，其动合触点 SB_3 闭合，但其动断触点 SB_2 则断开，使得 KM_1 无法通电。

（3）正转直接到反转控制。在正转过程中，若直接按下反转按钮 SB_2—KM_1 线圈所在控制电路断开—KM_1 线圈断电—KM_1 主触点断开，切断主电路—电动机正转停止—与此同时 KM_1 动断辅助触点复位接通—KM_2 线圈得电—KM_2 主触点接通—电动机 M 通电反转。

（4）反转直接到正转控制。在反转过程中，若直接按下正转按钮 SB_1—KM_2 线圈所在控制电路断开—KM_2 线圈断电—KM_2 主触点断开，切断主电路—电动机反转停止—与此同时 KM_2 动断辅助触点复位接通—KM_1 线圈得电—KM_1 主触点接通—电动机 M 通电正转。

（5）停止。任何时候按下动断按钮 SB_1—控制电路分断—接触器线圈 KM_1 或 KM_2 断电—主触点分断—电动机 M 停转。

2. 行程控制

行程控制，就是控制某些机械的行程，当运动部件到达一定行程位置时利用行程开关进行控制。行程控制是机械设备自动化和生产过程自动化中应用最广泛的控制方法之一。常用的行程控制包含限位控制和自动往返控制。

1）限位控制

当生产机械的运动部件到达预定的位置时压下行程开关的触杆，将常闭触点断开，接触器线圈断电，使电动机断电而停止运行。图 8.3.5 所示为一简单限位控制电路，将行程开关的动断触点 SQ 接在控制电路中，当生产机械运动部件到位后，行程开关 SQ 碰到挡块，开关就开始动作，使动断触点 SQ 断开，接触器 KM 线圈失电，主电路中接触器 KM 的主触点断开，电动机断电停止运行。行程开关起"停止"按钮的作用。

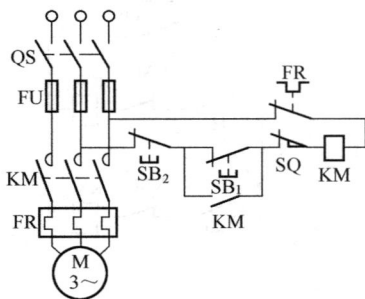

图 8.3.5　限位控制

2）自动往返控制

当生产机械的某个运动部件需在一定行程范围内往复运动，以便能连续加工。这种情况就要求拖动运动部件的电动机能够自动地实现正/反转控制。主电路同图 8.3.1，控制线路如图 8.3.6 所示。

电路工作原理如下。

合上电源开关 Q—按下正向启动按钮 SB_1—接触器 KM_1 通电—电动机正向启动运行，带动工作台向前运动；当运行到 SQ_2 位置时，挡块压下 SQ_2—SQ_2 常闭触点断开—接触器 KM_1 断电释放—M 停止向前；当运行到 SQ_2 位置时，挡块压下 SQ_2—SQ_2 常开触点闭合—KM_2 通电吸合—电动机 M 改变电源相序，电动机反向启动运行—使工作台后退—工作台退到 SQ_1 位置时，挡块压下 SQ_1—SQ_1 常闭触点断开—KM_2 断电释放—M 停止后退；当运行到 SQ_1 位置时，挡块压下 SQ_1—SQ_1 常开触点闭合—KM_1 通电吸合，电动机又正向启动运行，工作台又向

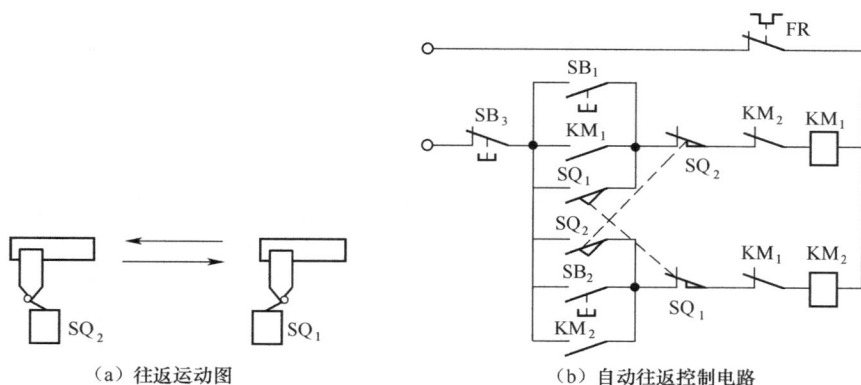

（a）往返运动图　　　　　　　（b）自动往返控制电路

图 8.3.6　自动往返控制

前进……如此一直循环下去，直到需要停止时按下停止按钮 SB_3，KM_1 和 KM_2 线圈同时断电释放，电动机脱离电源停止转动。

8.4　多台鼠笼式电动机的顺序连锁控制

在生产实际中，有些设备往往要求其上的多台电动机按一定顺序实现其启动和停止，如磨床上的电动机就要求先启动液压泵电动机，再启动主轴电动机。

1. 多台电动机先后顺序工作的控制

顺序起停控制线路常见的有顺序启动、同时停止控制线路和顺序启动、顺序停止控制线路。图 8.4.1 为两台电动机顺序控制主电路。图 8.4.2 为两种不同控制要求的控制电路。

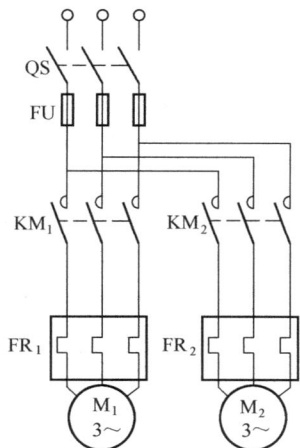

（a）按顺序启动的控制电路

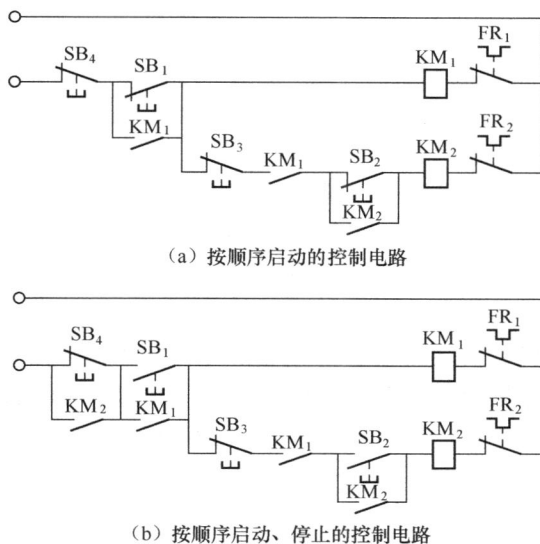

（b）按顺序启动、停止的控制电路

图 8.4.1　顺序控制的主电路　　　　图 8.4.2　两种不同控制要求的控制电路

图 8.4.2(a)为按顺序启动控制电路图,合上主线路与控制线路电源开关,按下启动按钮 SB$_1$,KM$_1$ 线圈通电并自锁,电动机 M$_1$ 启动运转,同时串在 KM$_2$ 线圈控制线路中的 KM$_1$ 常开辅助触头也闭合,此时再按下按钮 SB$_2$,KM$_2$ 线圈通电并自锁,电动机 M$_2$ 启动运转。如果先按下 SB$_2$ 按钮,则因 KM$_1$ 常开辅助触头断开,电动机 M$_2$ 不可能先启动,这样便达到了按顺序启动 M$_1$、M$_2$ 的目的。

生产机械除要求按顺序启动外,有时还要求按一定顺序停止,如传送带运输机,前面的第一台运输机先启动,再启动后面的第二台;停车时应先停第二台,再停第一台,这样才不会造成物料在皮带上的堆积和滞留。图 8.4.2(b)为按顺序启动与停止的控制线路,为此在图 8.4.2(a) 的基础上,将接触器 KM$_2$ 的常开辅助触头并接在停止按钮 SB$_1$ 的两端,这样,即使先按下 SB$_4$, 由于 KM$_2$ 线圈仍通电,电动机 M$_1$ 也不会停转,只有按下 SB$_3$,电动机 M$_2$ 先停后,再按下 SB$_4$ 才能使 M$_1$ 停转,达到先停 M$_2$,后停 M$_1$ 的要求。

2. 利用时间继电器顺序启动控制

在许多顺序控制中,要求有一定的时间间隔,此时往往用时间继电器来实现。时间继电器控制的顺序启动主电路与图 8.4.1 相同,控制电路如图 8.4.3 所示。

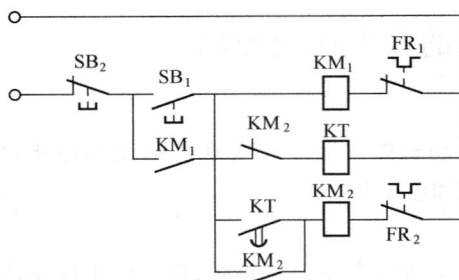

图 8.4.3　时间继电器控制的顺序启动电路

接通主电路与控制电路电源,按下启动按钮 SB$_1$,接触器 KM$_1$ 线圈、时间继电器 KT 线圈同时通电并通过接触器 KM$_1$ 常开辅助触头自锁,电动机 M$_1$ 启动运转,当通电延时型时间继电器 KT 延时时间到时,其延时闭合的常开触头闭合,接通 KM$_2$ 线圈电路并通过接触器 KM$_2$ 常开辅助触头自锁,电动机 M$_2$ 启动旋转,同时 KM$_2$ 常闭辅助触头断开将时间继电器 KT 线圈电路切断,KT 不再工作。

8.5　鼠笼式电动机的制动控制

在生产过程中,有些设备电动机断电后由于惯性作用,停机时间拖得太长,影响生产效率, 并造成停机位置不准确,工作不安全。为了缩短辅助工作时间,提高生产效率和获得准确的停机位置,必须对拖动电动机采取有效的制动措施。

制动是给电动机一个与转动方向相反的转矩,促使它在断开电源后很快地减速或停转。对电动机制动,也就是要求它的转矩与转子的转动方向相反,这时的转矩称为制动转矩。

停机制动有两种类型:①电磁铁操纵机械进行制动的电磁机械制动;②电气制动,使电动机产生一个与转子原来的转动方向相反的转矩来进行制动。常用的电气制动有能耗制动和反接制动。

1. 能耗制动

电动机脱离三相电源的同时,给定子绕组接入直流电源,使直流电流通入定子绕组。于是在电动机中便产生一个方向恒定的磁场,使转子受到一个与转子转动方向相反的力的作用,于是产生制动转矩,实现制动。

直流电流的大小一般为电动机额定电流的 0.5～1 倍。由于这种方法是用消耗转子的动能（转换为电能）来进行制动的,所以称为能耗制动。这种制动能量消耗小,制动准确而平稳,无冲击,但需要直流电流。在有些机床中采用这种制动方法。

图 8.5.1 所示为鼠笼式电动机的能耗制动主电路和控制电路,图中 KM₁ 为单向运行接触器,KM₂ 为能耗制动接触器,KT 为断电延时时间继电器,控制切断直流电源的时间,T 为整流变压器,VC 为桥式整流电路。

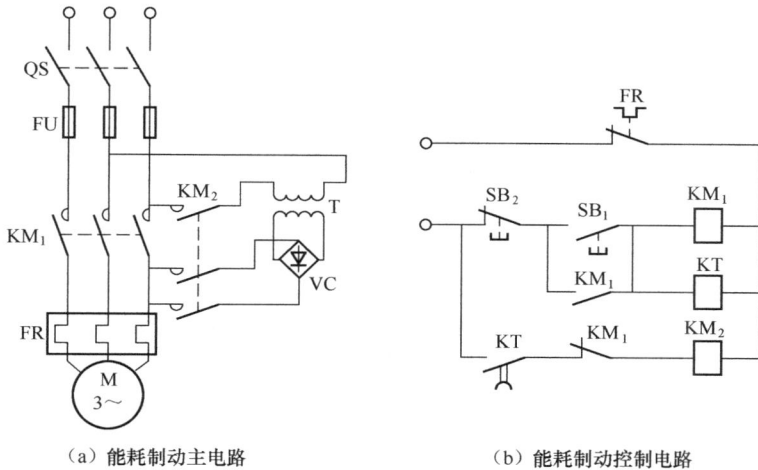

（a）能耗制动主电路　　　　（b）能耗制动控制电路

图 8.5.1　电动机能耗制动电路

正常启动过程:按 SB₁—KM₁ 通电,KM₁ 主触点闭合,电动机运转—KM₁ 辅助常开触点闭合自锁,KT 通电—KM₁ 辅助常闭触点断开—KM₂ 断电。

能耗制动过程:按 SB₂—KM₁ 断电,KM₁ 主触点断开,电动机脱离电源—KM₁ 辅助常闭触点恢复闭合,KM₂ 通电,接入直流电源,制动开始—同时,KM₁ 辅助常开触点恢复断开,KT 断电,延时开始—延时到,KT 的延时常开触点恢复断开,KM₂ 断电,切断直流电源,制动结束。

2. 反接制动

当电动机快速转动而需停转时,改变电源相序,使转子受到一个与原转动方向相反的转矩而迅速停转。

注意:当转子转速接近零时,应及时切断电源,以免电动机反转。

为了限制电流,对功率较大的电动机进行制动时必须在定子电路（鼠笼式电动机）中接入电阻。这种方法比较简单,制动力强,效果较好,但制动过程中的冲击也强烈,易损坏传动器件,且能量消耗较大,频繁反接制动会使电动机过热。对有些中型车床和铣床的主轴的制动采用这种方法。

图 8.5.2 所示为鼠笼式电动机的反接制动主电路和控制电路,图中 KM₁ 为单向旋转接触器,KM₂ 为反接制动接触器,SV 为速度继电器,R 为反接制动电阻。

电路工作情况:

电动机正常启动过程:按 SB₂—KM₁ 通电,KM₁ 主触点闭合,电动机运转—KM₂ 辅助常开触点闭合自锁,速度继电器 SV 动作—SV 常开触点闭合,为反接制动做好准备—KM₁ 辅助常闭触点断开—KM₂ 断电。

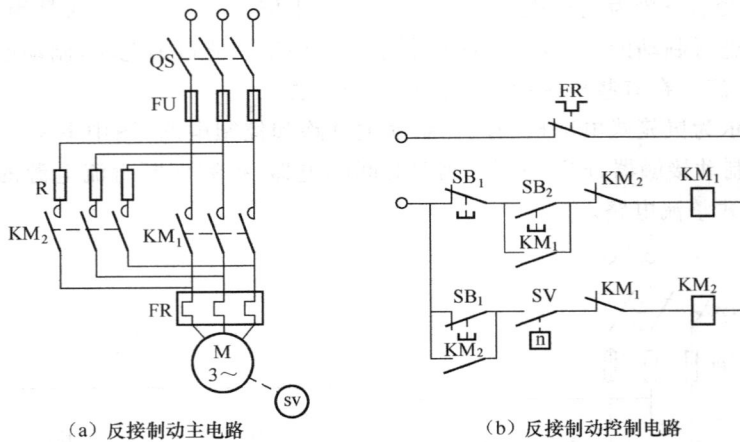

（a）反接制动主电路   （b）反接制动控制电路

图 8.5.2 电动机反接制动电路

能耗制动过程：按下停止按钮 SB_1→KM_1 断电，电动机定子绕组脱离三相电源，但电动机因惯性仍以很高速度旋转，SV 原闭合的常开触点仍保持闭合，将 SB_1 按到底—SB_1 常开触点闭合—KM_2 通电并自锁，电动机定子串接制动电阻接上反序电源，电动机进入反制动状态—电动机转速迅速下降。当电动机转速接近 100r/min 时—SV 常开触点复位—KM_2 断电，电动机及时脱离电源，随后自然停车至零。

习题

8.1 试采用按钮、刀开关、接触器等低压电器，画出鼠笼式电动机点动、连续运行的混合控制线路。

8.2 什么是失压、欠压保护？利用哪些电器电路可以实现失压、欠压保护？

8.3 自动空气断路器有什么功能和特点？

8.4 题 8.4 图所示控制电路，问线路能否实现正常的启动和停止？若不能，请改正之。

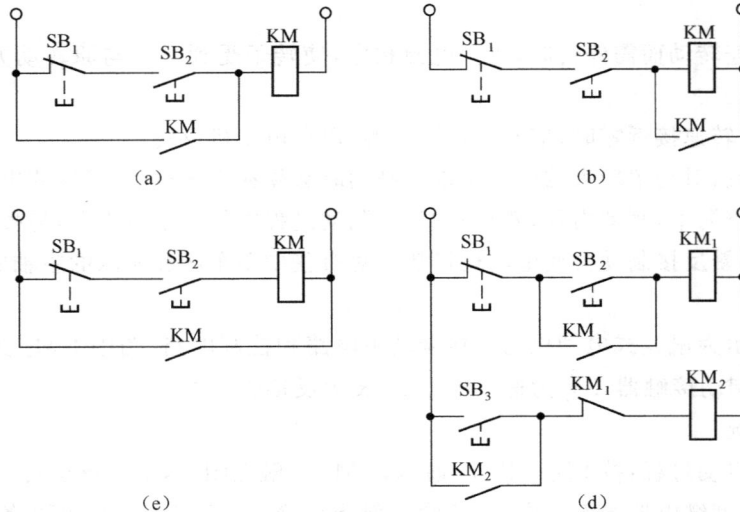

题 8.4 图

8.5　试设计可从两处操作的对一台电动机实现连续运转和点动工作的电路。

8.6　在题 8.6 图电动机可逆运转控制电路图中,已采用了按钮的机械互锁,为什么还要采用电气互锁? 当出现两种互锁触点接错时,电路将出现什么现象?

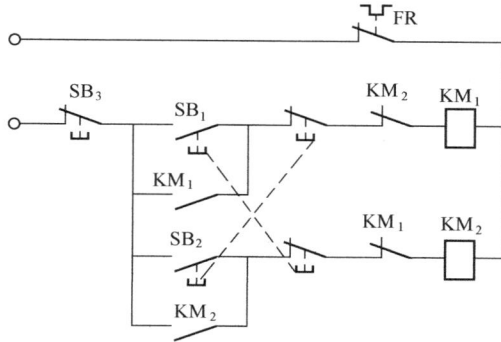

题 8.6 图

8.7　时间继电器的四个延时触点符号各代表什么意思?

8.8　冲压机床的冲头有时用按钮控制,有时用脚踏开关操作,试设计用转换开关选择工作方式的控制电路。提示:按钮控制为"长动",脚踏开关操作为"点动"。

8.9　将题 8.9 图所示电路改为正常工作时,只有 KM_2 通电工作,并用断电延时时间继电器来替代通电延时时间继电器。

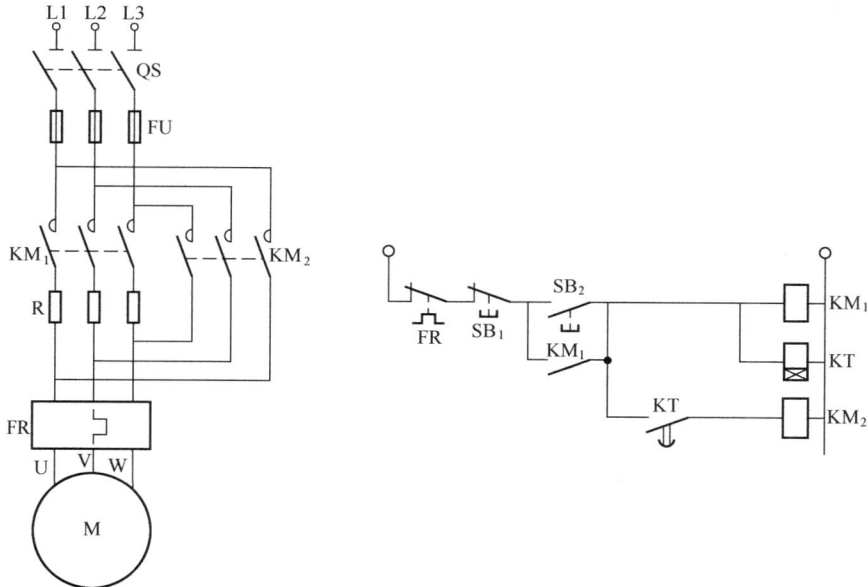

题 8.9 图

8.10　在题 8.10 图中,若接触器 KM 的辅助常开触点损坏不能闭合,则在操作时会发生什么现象?

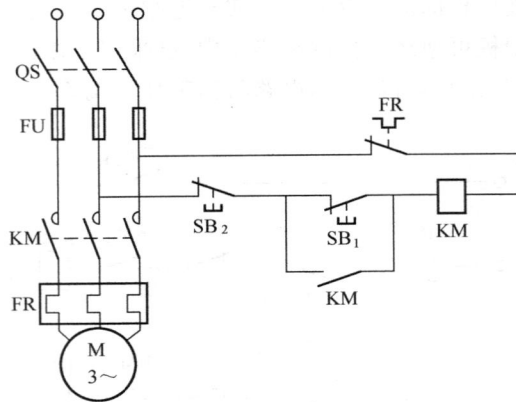

题 8.10 图

8.11 要求三台电动机 M_1、M_2、M_3 按一定顺序启动:即 M_1 启动后,M_2 才能启动;M_2 启动后,M_3 才能启动;停车时则同时停。试设计此控制线路。

8.12 试设计一台异步电动机的控制线路。要求:(1)能实现启停的两地控制;(2)能实现点动调整;(3)能实现单方向的行程保护;(4)要有短路和长期过载保护。

8.13 试设计 M_1 和 M_2 两台电动机顺序启停的控制线路。要求:(1)M_1 启动后,M_2 立即自动启动;(2)M_1 停止后,延时一段时间,M_2 才自动停止;(3)M_2 能点动调整工作;(4)两台电动机均有短路,长期过载保护。

8.14 试设计一个送料装置的控制电路。当料斗内有料信号发出时,电动机拖动料斗前进,到达下料台,电动机自动停止,进行卸料。当卸料完毕发出信号时,电动机反转拖动料斗退回,到达上料台,电动机又自动停止、装料,周而复始地工作。同时要求在无料状态下,电动机能实现点动、正/反向试车工作。

第 9 章

工业企业供电与安全用电

本章主要介绍工厂供电系统的一些基本知识。先简单介绍电力系统的有关知识,电力系统的额定电压和衡量供电质量的重要指标,然后介绍安全用电的基本知识,了解触电的形式、危险性分析、保护接地及保护接零等保护措施。

9.1　工厂供电系统基础知识

电能属二次能源,它是在发电厂中将一次能源(如煤、油、水等)经过多次能量转换而生成的。电能有其独特的优点,在工业生产和人们的日常生活中得到广泛应用。目前,电力已成为现代工农业生产和人们日常生活不可缺少的能源和动力。

由于工厂或企业所需要的电能,绝大多数是由公共电力系统供给的,所以我们先对电力系统作简单的介绍。

1. 工厂供电系统

工厂供电系统由工厂总降压变电所、高压配电线路、车间变配电所、低压配电线路及用电设备组成。

一般的中型工厂的电源进线是 6~10kV,电能先经过高压配电所集中,再由高压配电线路将电能分送给各个车间变电所。大型工厂和某些负荷较大的工厂,采用 35~110kV 电源进线。一般都要经过两次降压,先经过工厂总降压变电所,将 35~110kV 的电源电压降至 6~10kV,然后经过高压配电线路将电能送到各车间变电所。车间变电所内装设有电力变压器,将 6~10kV 的高压降低成一般用电设备所需的电压 220/380V,然后由低压配电线路将电能分送给各用电设备使用。

35~110kV 电源进线供电方式,一般经过两次降压,如图 9.1.1 所示,为二次降压供电方式。6~10kV 电源进线供电方式,一般只需经过一次降压,如图 9.1.2 所示,为一次降压供电方式。

工厂供电系统中,变电所的作用是接收电能、变换电压和分配电能,而配电所的作用是接收电能和分配电能,两者的区别主要是有没有电力变压器。在实际的工厂供电系统中,为了节约用电和投资,往往把变配电设备装设在同一建筑物内,构成接收电能、变换电压和分配电能的变配电所。

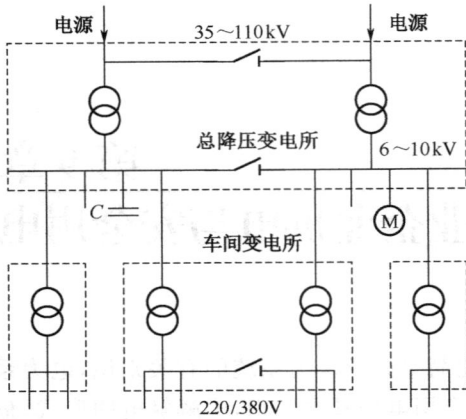

图 9.1.1　工厂二次降压供电方式示意图

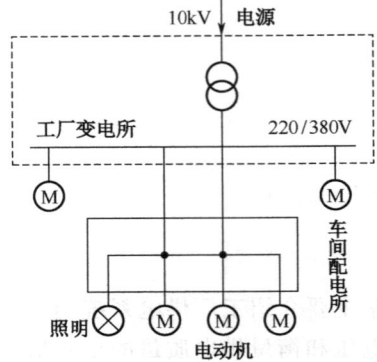

图 9.1.2　工厂一次降压方式示意图

2. 发电厂与电力系统

由于电能的生产、输送、分配和使用的全过程实际是在同一时间内实现的,这个全过程中的各环节是一个紧密联系的整体。

1) 发电厂

发电厂又称发电站,它是将自然界蕴藏的各种一次性能源转换为电能的工厂。

发电厂按其所利用的能源不同,有水力发电厂、火力发电厂、核能发电厂以及风力发电厂、地热发电厂、太阳能发电厂等类型。

水力发电厂简称为水电厂或水电站。它是利用水流的位能来生产电能的,如葛洲坝水力发电厂等。

火力发电厂简称为火电厂或火电站。它是利用燃料的化学能来生产电能的。在我国的火电厂,大部分以煤为主要燃料。

核能发电厂又称为原子能发电,简称为核电厂或核电站。它主要是利用原子核的裂变能来生产电能的。

2) 电力系统

为了充分利用动力资源,节约燃料运输费用,必须在水力资源丰富的地方建造水电站,在燃料资源丰富的地方建造火电厂。但是,这些有动力资源的地方,往往离工业中心、大型城市较远,相距数百千米,甚至数千千米,这就需要建造电力线路输送电能。为减少线路损耗,降低线路投资,都采用高压输电线路进行远距离输电,如图 9.1.3 所示。

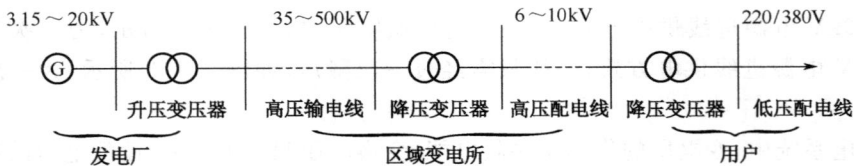

图 9.1.3　从发电厂到用户的送电过程示意图

由各种电压的电力线路将一些发电厂、变电所和电力用户联系起来的一个发电、输电、变电、配电和用电的整体叫电力系统。图 9.1.4 所示为电力系统示意图。

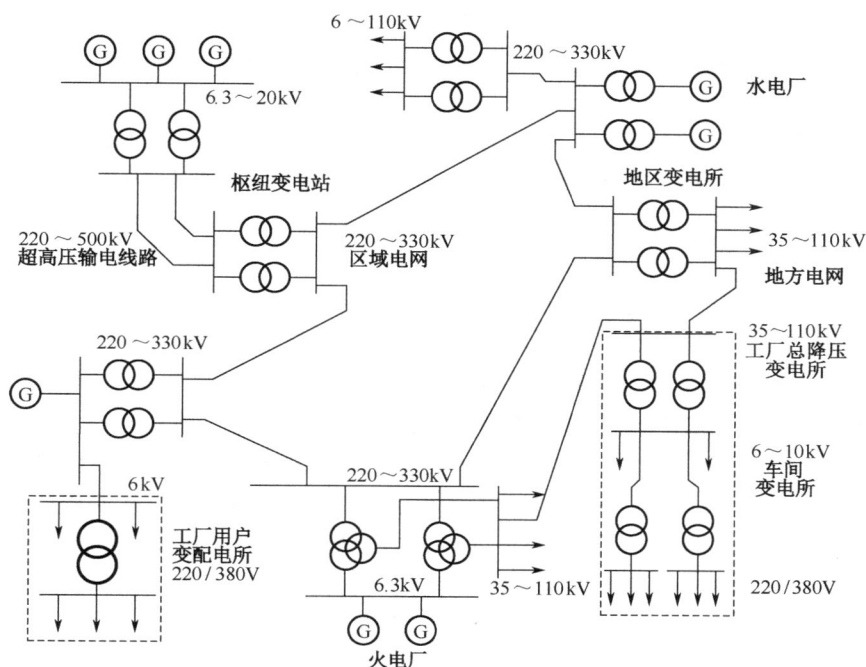

图 9.1.4　电力系统示意图

9.2　电力系统的电压

电力系统中的所有电气设备都是在一定的电压和频率下工作的。电力系统的电压会直接影响电气设备的正常运行。

下面介绍电力系统的额定电压。

所谓额定电压,就是指能使各种用电设备处于最佳运行状态的工作电压。

根据我国国民经济的发展,考虑到技术和经济上的合理性,并使电力设备的生产实现标准化、系列化,我国现阶段各种电力设备的额定电压统一划分等级,共分为 3 类。

第一类额定电压是 100V 以下的电压,这类电压主要用于安全照明、蓄电池及开关设备的操作电源。其中 36V 电压,只作为潮湿环境的局部照明及其他特殊电力负荷用。

第二类额定电压高于 100V,低于 1000V,这类电压主要用于低压三相电动机及照明设备。

第三类额定电压高于 1000V,这类电压主要用于发电机、变压器、配电线路及发电设备。

下面分别对电网和各类电力设备的额定电压作一些说明。

注:我国的国标 GB 156－80《额定电压》规定的额定电压分受电设备和供电设备两大类。而系统的额定电压规定与受电设备的额定电压相同。用电设备及变压器的一次绕组相当于发电设备。而发电机与变压器的二次绕组相当于所称的供电设备。

(1)电网电力线路的额定电压。电网的额定电压等级是国家根据国民经济发展的需要及电力工业水平,经全面的技术经济分析研究后确定的。它是确定各类电力设备额定电压的依据。

(2)用电设备的额定电压。由于用电设备运行时,在线路上会产生压降,所以线路上各点的电位都略有不同。但用电设备的额定电压是不可能按使用处的实际电压来制造的,只能按线路首端与末端的平均电压,即电网的额定电压 U_N 来制造。所以用电设备的额定电压规定与同级电网的额定电压相同。

发电机的额定电压。按规定同一电压的线路,一般允许有 $\pm 5\%$ 的电压偏差,即整个线路允许有 10% 的电压损失。为了维持线路的平均电压为额定值,线路首端(即电源端)的电压应比电网的额定电压高 5%。而线路末端的电压可以比电网的额定电压低 5%。所以,发电机的额定电压规定比同级电网的额定电压高 5%。

电力变压器的额定电压。电力变压器的额定电压有一次绕组和二次绕组的额定电压之分。

电力变压器一次绕组的额定电压分两种情况。如果变压器直接与发电机相连,其一次绕组的额定电压应与发电机的额定电压相同,即比同级电网额定电压高 5%。当变压器接在线路上时,则看作是线路的用电设备,所以其一次绕组的额定电压应与电网额定电压相同。

电力变压器二次绕组的额定电压也分两种情况。由于变压器二次绕组的额定电压是指变压器一次绕组加上额定电压而二次绕组开路的电压,即指开路电压。而在变压器满载时,其二次绕组内约有 5% 的阻抗压降。所以,如果变压器二次侧供电线路较长(高压电网输电)时,则变压器二次侧额定电压一方面要考虑补偿变压器满载时内部 5% 的电压降,另一方面要考虑变压器满载输出时的二次电压还要高于电网额定电压 5%,故要比电网额定电压高 10%,如图 9.2.1 中的 T_1 变压器。若变压器二次侧供电线路不长,如为低压配电网或直接供电给高低压用电设备时,则变压器二次绕组的额定电压,只需高于电网额定电压的 5%,如图 9.2.1 中的 T_2 变压器。

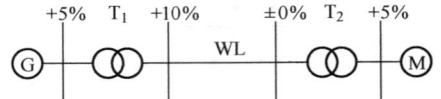
图 9.2.1 电力变压器的额定电压

【例 9.2.1】 如图 9.2.2 所示的供电网络中,变压器 T_1 的二次绕组,变压器 T_2 的一次绕组及线路 WL_2 的额定电压各为多少?

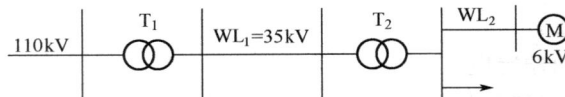
图 9.2.2 供电网络示意图

解:变压器 T_1 的二次绕组额定电压 U_{2N} 应为 $35kV + 10\% \times (35kV) = 38.5kV$,变压器 T_2 的一次绕组额定电压 U_{1N} 应为 $35kV$。线路 WL_2 的额定电压 U_{LN} 应等于用电设备的额定电压,即为 $6kV$。

9.3 衡量电能质量的主要指标

电能与工厂的产品一样,都有表征其质量的指标。衡量电能质量的主要指标是:电压、频率、波形和供电的可靠性。

1. 电压

所有电气设备,都是在额定电压下工作的。所谓电气设备的额定电压,就是指设备正常运行且能获得最佳经济效果的电压。如果电压发生偏差(比额定电压高或者低),则对电气设备安全经济运行会有直接影响。

(1)对照明负荷的影响,电压发生偏差对白炽灯的影响最为明显。当电压降低时,白炽灯的发光效率和光通量都急剧下降;当电压升高时,白炽灯的使用寿命将大为缩短。例如,白炽灯的端电压比额定电压降低 10% 时,其发光效率会降低 30‰,灯光明显变暗,但使用寿命会延长。而比额定电压高 10% 时,白炽灯发光效率明显提高,灯光明显变亮,但其使用寿命将会缩短一半。

(2)对异步电动机的影响。异步电动机的运行特性对电压的变化也是较敏感的,因为其电磁转矩与定子绕组电压的平方成正比,故电源电压的波动对电动机转矩的影响较大。当负载一定时,异步电动机的定子电流、功率因数和效率是随子绕组电压变化而变化的。当电源电压降低,电磁转矩将显著降低,为了与负载转矩平衡,转速要下降,以致转差率增大,使电动机定子、转子电流都显著增大。所以导致电动机的温度上升,严重时会烧坏电动机。如果电压过高将使电动机的铁芯磁通密度增大而饱和,从而使激励电流增大,铁耗增大,导致电动机过热,效率降低,绕组绝缘受损。

由于各类用电负荷的工作情况与电源电压变化有密切的关系,为此规定用户供电电压的允许变化范围为:

(1)35kV 以上电压供电,电压允许变化范围为 $\pm 5\% U_N$。

(2)10kV 及以下电压供电,电压允许变化范围为 $\pm 7\% U_N$。

(3)据《供配系统设计规范》GB 50052-95 规定,在正常运行情况下,用电设备端子处电压偏差允许值应符合下列要求,电动机为 $\pm 5\% U_N$。照明:在一般工作场所为 $\pm 5\% U_N$,对于远离变电所的小面积一般工作场所,难以满足上述要求时可为 $(-10\% \sim +5\%)U_N$,应急照明、道路照明和警卫照明等可为 $(-10\% \sim +5\%)U_N$,其他用电设备当无特殊要求时为 $\pm 5\% U_N$。

2. 频率

频率发生偏差,同样要严重影响电力用户的正常工作。对异步电动机来说,频率降低将使电动机的转速下降,从而使生产效率降低,并会影响电动机的使用寿命。如果频率增高,将使电动机的转速上升,从而增加功率消耗,使经济性能降低。对某些转速要求较严的控制过程中,频率的偏差引起转速变化,会大大影响产品质量,严重时产生废品。

我国的技术标准规定,电力系统的额定频率为 50Hz,此频率一般称为工频。在容量达到 3000MW 及以上时,频率偏差不得超过 $\pm 0.2Hz$,不足 3000MW 的电力系统中,频率偏差不得超过 0.5Hz。

在电力系统中,任一瞬间的频率值全系统是一致的。供电给电力用户的电源频率是由电力系统保证的,要保证频率的偏差不超过规定值,即要保证在任一瞬间电源发出的有功功率等于用户负荷所需要的有功功率。用公式表示为

$$P_1 = P \tag{9-1}$$

式中,P_1 为电源发出的有功功率,单位为 kW;P 为用户负荷所需要的有功功率,单位为 kW。

当发生重大事故($P_1 \neq P$)时,会使频率下降。为保证频率偏差在规定范围内,电力系统除保持适当的备用容量外,常用低频率自动减负荷装置。它就是在电力系统的频率降至预先设定值时,自动切除部分次要负荷。通过自动调节,保护有功功率继续保持平衡,来维持频率的偏差在规定的范围之内。

3. 波形

通常,要求电力系统的供电电压(或电流)的波形应为正弦波。所以要求发电机首先发出符合标准正弦波的电压。并且,在电能输送和分配过程中不应使波形产生畸变。例如,当变压器的铁芯饱和时,或变压器无三角形接法的线圈时,都可能导致波形畸变。还应注意负荷中出现的谐波源(如电弧炼钢炉、电力电子整流装置等)的影响。

当电源波形不是标准的正弦波时,必然是电源中包含有谐波成分,这些谐波成分的出现会导致异步电动机的过热和效率下降,影响其正常运行。还可能使系统发生高次谐波共振而危及设备的安全运行。另外,电源中的谐波成分还要影响电子设备的正常工作,会造成对通信线路和设备的干扰等不良后果。

为保证严格正弦波形,已经在发电机、变压器的设计制造时制订相应的规范。所以运行中严格执行有关规程,注意对出现的一些谐波源及时采取相应的措施加以消除(例如,炼钢电弧炉、电力电子整流装置等必须采用单独变压器,消除谐波对电网的影响)。只有严格执行规程,才能保证电能波形质量。

4. 供电的可靠性（持续性）

供电的可靠性(持续性),也是衡量供电质量的一个重要指标。一般以全部平均供电时间占全年时间的百分数来表示供电可靠性的高低。例如,全年时间为 8760 小时,某电力用户全年平均停电 43.8 小时,则停电时间占全年时间的 0.5%,即供电的可靠性为 99.5%。

供电可靠性的另一意义是指应满足电力用户对供电可靠性的要求。但是,从某种意义上讲,绝对安全可靠的电力系统是不可能存在的。供电的安全可靠是通过采取一系列措施实现的,但电力系统发生故障时,应能借助保护装置迅速将故障从系统中切除,防止故障的进一步扩大,并及时排除故障,尽快恢复供电。

9.4 安全用电

9.4.1 影响触电危险程度的因素

实际证明,绝大部分的触电事故是由电击造成的。影响电击伤害严重程度的因素主要有以下几方面。

1. 通过人体的电流

通过人体的电流越大,人体的生理反应愈明显,引起心室颤动所需的时间愈短,致命的危险就愈大。对于工频电流,按照不同电流强度通过人体时的生理反应,可将作用于人体的电流分为感知电流、反应电流、摆脱电流和室颤电流等。

(1)感知电流。感知电流是指在一定概率下,可引起人的感觉的最小电流。例如,取其平均值,则成年男性的平均感知电流约为 1.1mA(有效值,下同),成年女性的平均感知电流约为 0.7mA 左右。

(2)反应电流。反应电流是指在一定概率下,可引起意外的不自主反应的最小电流。这种预料不到的电流作用,可能导致高空跌落或其他不幸。

(3)摆脱电流。摆脱电流是指在一定概率下人触电后,在不需要任何外来帮助的情况下能自主摆脱电源的最小电流。通常,规定正常成年男子的允许摆脱电流值为 16mA,正常成年女子为 10mA。

(4)室颤电流。室颤电流是指触电后引起心室颤动概率大于 5% 的极限电流。由于心室颤动几乎终将导致死亡,因此可以认为室颤电流即致命电流。大量的试验研究资料表明,当电流大于 30mA 时才有发生室颤的危险,因此可把 30mA 作为室颤电流的极限值。

不同电流对人体的影响见表 9.4.1。

表 9.4.1　不同电流对人体的影响

电流/mA	交流电(50Hz)	直流电
0.6~1.5	开始有感觉,手指有麻感	无感觉
2~3	手指有强烈麻刺、颤抖	无感觉
5~7	手指痉挛	感觉痒、刺痛、灼热
8~10	手部剧痛,勉强可以摆脱带电体	热感增强
20~25	手迅速麻痹,不能摆脱带电体,剧痛,呼吸困难	手部轻微痉挛
50~80	呼吸麻痹,心室开始颤动	手部痉挛,呼吸困难
90~100	呼吸麻痹,持续 3s 或更长时间则心脏麻痹,心室颤动	呼吸麻痹
300 及以上	作用时间 0.1s 以上,呼吸和心脏麻痹,肌体组织遭到电流的热破坏	

2. 触电时间

研究表明,触电的时间越长,越容易引起心室颤动,危险性就越大,其主要原因如下。

(1)能量的积聚。触电的时间越长,能量积累越多,引起室颤的电流减小,使危险性增加。

(2)与易损期重合的可能性增大。在心脏搏动周期中,只有相应于心电图上约 0.2s 的 T 波(特别是 T 波前半部)这一特定时间是对电流最敏感的。该特定时间即易损期。电流持续时间越长,与易损期重合的可能性越大,电击的危险性就越大。当电流持续时间在 0.2s 以下时,重合易损期的可能性较小,电击危险性也较小。

(3)人体电阻下降。触电时间越长,人体电阻因出汗等原因而降低,使通过人体的电流进一步增加,电击危险亦随之增加。

3. 电流通过的途径

电流流经人体的途径,对于触电的伤害程度影响甚大。电流通过心脏、脊椎和中枢神经等要害部位时,触电的伤害最为严重。一般来说,以心脏被伤害的危险性最大。因此,流过心脏的电流越多,电流路径越短的途径,是电击危险性越大的途径。由此可见,左手到前胸是最危险的电流途径。另外,右手至前胸、单手至单(双)脚、头到手和头到脚都是很危险的电流途径。从脚到脚一般危险性较小,但不等于说没有危险。例如,由于跨步电压而造成触电时,开始电流仅通过两脚间,触电后由于双足痉挛而摔倒,此时电流就可能流经其他要害部位而造成严重后果。

电流途径与通过心脏电流的百分数见表 9.4.2。

表 9.4.2　电流途径与通过心脏电流的百分数

电流通过人体的途径	从一只手到另一只手	从左手到脚	从右手到脚	从一只脚到另一只脚
通过心脏电流的百分数	3.3%	6.4%	3.7%	0.4%

4. 人体电阻

人体电阻有表面电阻和体积电阻之分。

表面电阻是沿着人体皮肤表面所呈现的电阻,体积电阻是从皮肤到人体内部所构成的电阻。体积电阻和表面电阻都将对触电后果产生影响,对电击来说,体积电阻的影响最为显著,表面电阻对触电后果的影响是比较复杂的。当整个触电回路总的表面电阻较低时,有可能产生抑制电击的积极影响;反之,当人体局部潮湿时,特别是如果仅仅只有触及带电部分处的皮肤潮湿时,就会大大增加触电的危险性。这是因为人体局部潮湿,对触电回路总的表面电阻值不产生很大的影响,触电电流不会大量从人体表面分流,而触电处皮肤潮湿,将会使人体体积电阻下降,以致使触电的危害性增大。

体积电阻是由皮肤电阻和体内电阻串联组成的。决定体积电阻值的主要因素是皮肤电阻。皮肤电阻随条件不同将在很大范围内变化,使得人体电阻的变化幅度也很大。当人体皮肤处于干燥、洁净和无损伤的状态下时,人体电阻可高达 $40\sim100\text{k}\Omega$;而当皮肤处于潮湿状态如湿手、出汗或受到损伤时,则人体电阻会降到 $1000\text{k}\Omega$ 左右;如果皮肤完全遭到破坏,人体电阻将下降到 $600\sim800\text{k}\Omega$。必须注意的是,这里所讲的皮肤电阻指的是皮肤沿体内方向的电阻值,与前述的表面电阻不应相混淆。

5. 电流类型及频率

电流的频率除会影响人体电阻外,还会对触电的伤害程度产生直接的影响。一般来讲,直流的危险性比交流小。不同频率的电流对人体的危害也不一样。多数研究者认为,$50\sim60\text{Hz}$ 的交流电是对人体伤害最严重的频率,当低于或高于以上频率范围时,其伤害程度就会显著减轻。

直流电的最小感知电流,对于男性约为 5.2mA,对于女性约为 3.5mA;平均摆脱电流,对于男性约为 76mA,对于女性约为 51mA;可能引起心室颤动的电流,通电时间 0.3s 时约为 1300mA,通电时间 3s 时约为 500mA。对直流电来说,一般可取人体能忍耐的极限电流 100mA。

在高频情况下,人体也能耐受较大的电流,当频率高到 1000Hz 时,其伤害程度比工频时将有明显减轻。因此,医生常用高频电流给病人理疗。

9.4.2　安全电流和安全电压

在讨论触电防护措施之前,首先应该关心安全电流和安全电压的问题,因为这和安全工作的关系极大。安全电压是制订安全措施和进行保安设计的依据。

事实上对触电后果产生直接影响的是触电电流而不是电压,如果假定安全电压指的是作用于人体的有效电压,而且取人体电阻为一定数值,这样一个安全电流值就与某一安全电压相对应。在实际使用中,大家之所以习惯用安全电压来作为遵循的指标,是由于在制订安全措施和进行保安设计时,使用安全电压往往比使用安全电流简便。

1. 安全电流

触电的特定条件和场合不同,触电后的危险程度也不同,因此确定安全电流的原则及安全电流的大小也就各不相同。例如,在某些情况下,触电后电源的存在时间是十分短暂的,经过一定时限后即能自动消除,因此当人体触及该电源时,无论是否能自主摆脱,过一定时间后,都会因为触电电源自动消失而摆脱,因此使得触电的持续时间有一定的界限。而触电的后果又和电流的持续时间有密切的关系,这就使得在确定安全电流值时必须考虑触电时间长短的影响,大接地电流系统的接触电压和跨步电压引起的触电就属于这种情况。

在大多数情况下,触电电源不会自动消除,可不计触电时间的影响。但还可能由于触电场合不同,而对触电后果产生影响。例如,在有些场合下发生触电不会产生其他形式的伤害,即所谓的二次灾害;而在某些情况下,则会发生二次灾害。能否造成二次灾害,以及造成二次灾害的危险程度的不同,都将对安全电流的确定产生影响。为此,下面将根据上述不同情况,分别对安全电流值进行讨论。

(1)触电电源能自动消除

越来越多的事实证明,电击致命大多由于心室颤动引起。从这一观点出发,可把不致引起心室颤动,而为人所能忍受的极限电流,作为安全电流值。当触电电源能自动消除时,确定安全电流时应考虑触电持续时间的影响。式(9-4-1)表达了引起心室颤动的极限电流和触电持续时间的关系,显然可以把该式作为触电电源能自动消除情况下的安全电流表示式,则

$$I \leqslant \frac{116}{\sqrt{t}} \tag{9-4-1}$$

式中,I 为安全电流,单位为 mA;t 为触电持续时间,$t=0.01\sim0.5\text{s}$。

(2)触电电源不会自动消失,但无二次灾害

所谓二次灾害,指触电以后引起的其他性质的伤害。例如,游泳池、浴池等场所发生触电后可能招致溺死。触电电源不会自动消失而又没有发生二次灾害的危险,这种情况下,可将人所能忍受的极限电流,作为安全电流值,但考虑到触电时间可能比较长,因此必须取不致引起心室颤动的极限电流值作为以上条件下的安全电流值。前面已提及,当电流大于 30mA 时才有发生心室颤动的危险,故可把 30mA 作为当触电电源不会自动消失时的安全电流值。

(3)触电电源不会自动消失,但有发生二次灾害的危险

显而易见,在这些特别危险的场所,不宜再用室颤电流作为确定安全电流的依据,而应以摆脱电流作为依据。

2. 安全电压

安全电流确定以后,即可很容易地确定安全电压值,因为某一个安全电压总是和一定的安全电流以及人体电阻数值相对应。

(1)触电电源能自动消除

当触电电源能自动消除时,安全电流按式(9-4-1)确定,而其安全电压则一般可由安全电流和人体电阻的乘积来决定,因此以上安全电压随触电时间的变化而变化。例如,大接地电流系统的接触电动势和跨步电动势的允许值,就是按以上原则考虑并计接触电阻的作用所得到的。

(2)触电电源不会自动消除,但无二次灾害

触电电源不会自动消除而又没有发生二次灾害的危险是最常见的一种情况,因此其所对应的安全电压值是最基本的一个指标。我国所采用的基本安全电压为 50V。50V 的安全电压对应的安全电流为 30mA,这是考虑接触电压为 50V 时人体电阻约为 1700Ω 的情况确定的。

(3)触电电源不会自动消失,但有发生二次事故的危险

对特别危险的场合,取安全电流为摆脱电流值,并取人体电阻的平均值为几百欧至几千欧,即可得该情况下的安全电压值(小于 50V,如 6V、12V、24V、36V 等)。

在 GB 3805-1983《安全电压》中规定安全电压额定值的等级为 42V、36V、24V、12V、6V。应注意的是,这个系列上限值在任何情况下(空载、正常或故障),两导体间或任一导体与地之

间的电压均不得超过交流$(50\sim500\,\mathrm{Hz})$有效值 50V。

9.4.3　触电形式

按造成触电的电源的形式，可把触电分为以下几种类型。

1. 直接触电

直接触电指直接触及运行中的带电设备或对带电设备产生接近放电所造成的触电。

直接触电可分为单相触电、两相触电和弧光触电。

(1)单相触电

单相触电是指当处于地电位的人体触及一相带电体所引起的电击，此时人体所承受的电压为相线对地电压，即相电压。

单相触电是最常见的一种触电方式，占全部触电事故的70%以上。由于电网的实际情况不同，发生单相触电后通过人体的电流差异较大，危害程度也各不相同。

(2)两相触电

两相触电是指人体的两个部位同时触及同一系统的两相带电体所引起的电击。此时，人体所承受的电压为三相系统中的线电压，是相电压的$\sqrt{3}$倍，触电危险性比单相触电更为严重，鞋袜、地板电阻都不起作用。

两相触电是最危险的触电方式。

(3)弧光触电

人体过分接近高压带电体造成弧光放电。当人体与带电体的空气间隙小于最小安全距离时，虽未与带电体相接触，也有可能发生触电事故。这是因为空气间隙的绝缘强度是有一定限度的，当绝缘强度小于电场强度时，空气将被击穿。此时，人体常为电弧电流所损伤。因此，安全规程中对不同电压等级的电气设备，都规定了最小允许安全距离。

2. 间接触电

间接触电是指人体触及正常时不带电而故障情况下呈现对地电压的电气设备金属外壳所造成的人身触电事故。

间接触电可分为接触电压触电和跨步电压触电两种方式。

接触电压触电和跨步电压触电的特点是电击均发生在原来是零电位的接地回路上。带电部分发生碰壳接地或直接掉落在地面时，就有接地电流从接地回路和地中流过，并在该回路上产生一定的电压降，使得原来均是零电位的接地回路出现了电位差。当人体的不同部位趋于具有不同电位的两点时，将有可能造成电击，也就是发生了所谓的接触电压或跨步电压触电。所不同的是，后者只发生在带有不同电位的地面上，而前者则在其他接地回路和地面有电位差时发生。

9.4.4　直接触电的危险性分析

发生人身触电事故时，由于各种条件不同，危害程度也就各不相同，本节将讨论电网中性点的运行方式、电网的对地阻抗等因素对人身触电电流的影响。

1. 中性点接地的三相交流电网

发生三相电网相间触电时，后果一般非常严重。人体同时接触到不同的两相时，通过人体的电流为

$$I_r = \frac{\sqrt{3}\,U_{ph}}{R_r} \qquad\qquad (9-4-2)$$

式中，I_r 为通过人体的电流，单位为 A；U_{ph} 为电源的相电压，单位为 V；R_r 为人体电阻，单位为 Ω。

实际上发生最多的还是一相导线触电，即单相触电。

当人体接触中性点接地系统的某一相导线时，如图 9.4.1 所示，通过人体的电流将经过大地与中性点构成回路，加在人体上的电压几乎为全部的电源相电压。根据欧姆定律，很容易求得触电电流为

$$I_r = \frac{U_{ph}}{(R_r + r_n) + R_0} \qquad\qquad (9-4-3)$$

式中，R_0 为电源的工作接地电阻，单位为 Ω；r_n 为人体与地面的接触电阻，单位为 Ω。

在正常情况下，地面接触电阻 r_n 和电源的工作接地电阻 R_0 与人体电阻 R_r 相比数值甚微，可忽略不计，则得 $I_r = \dfrac{U_{ph}}{R_r}$。

因此，当接触某一相导线时，人体接近于承受全部相电压。取 $U_{ph} = 220\text{V}$，$R_r = 1000\,\Omega$，则有 $I_r = \dfrac{220}{1000} = 0.22\text{A}$。

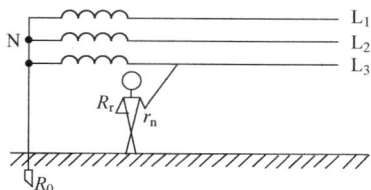

图 9.4.1　接触中性点接地电网某一相导线

显然，该电流超过人身触电电流的安全极限值（30mA）很多，必然是极其危险的。

分析式（9-4-3）还可知，对中性点接地系统来说，人体接触某一相导线时触电电流的大小，主要决定于人体电阻、地面接触电阻和电源的工作接地电阻等，而与电网绝缘好坏及规模无关。另外，如能把接触电阻提高到一个较大的数值，显然对降低低压触电的危险程度，必将有十分明显的效果。

例如，当人站立在干燥的木质地板或橡皮垫上，由于以上材料的电阻可高达 $0.5 \sim 1\text{M}\Omega$，因此，单此一项就可把流经人体的电流限制在 $0.22 \sim 0.44\text{mA}$，显然这对人身是十分安全的。因此，对有可能误接触低压带电部分的电气工作人员来说，在工作时穿戴电工绝缘鞋，以作为辅助安全用具，是十分必要的。

2. 中性点不接地的三相交流电网

对于中性点不接地的三相电网，当发生相间触电时，情况和中性点接地的三相电网完全相同；但如果人体只接触某一相导线，两者的结果就有很大的差别了。在中性点接地系统中，触电电流和电网的绝缘好坏及规模等无关，而中性点不接地的三相电网则不然，它与电网的对地阻抗（对地绝缘电阻及对地电容等）有着密切的关系。

图 9.4.2（a）所示为中性点不接地电网发生人身单相触电时的系统图。假设三相电网对称，且忽略电网各相的纵向参数。图中，Z 为电网的每相对地阻抗，U_{ph} 为电源的相电压值，R_r 为触电者的人体电阻。

求人身触电电流时，根据戴维南原理可得到如图 9.4.2(b)所示的等效电路。等效电路中的电压源为一端口网络的开路电路电压，即在无人触电时该相的对地电压。显然，该电压为该

相的电源相电压 U_{ph}。等效电路中的内阻抗为网络中各电压源全部短路后从该开口看进去的等效阻抗。显然，该阻抗为 $\dfrac{Z}{3}$。

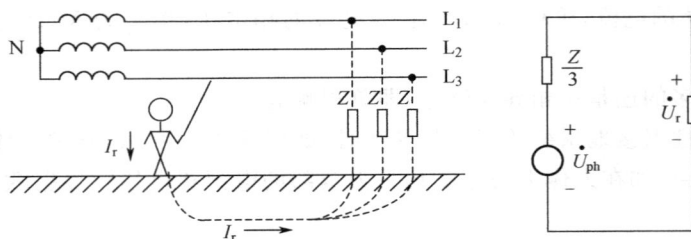

图 9.4.2　接触中性点不接地电网某一相导线

根据等效电路图 9.4.2(b)，可求出加在人体上的电压与流过人体的触电电流分别为

$$\dot{U}_r = \frac{R_r}{R_r + Z/3}\dot{U}_{ph} = \frac{3R_r}{3R_r + Z}\dot{U}_{ph} \tag{9-4-4}$$

$$\dot{I}_r = \frac{\dot{U}_r}{R_r} = \frac{3\dot{U}_{ph}}{3R_r + Z} \tag{9-4-5}$$

式中，$\dot{U}_r$ 为人体承受的电压，单位为 V；$\dot{I}_r$ 为流过人体的电流，单位为 A；$\dot{U}_{ph}$ 为人体接触某一相时，该相的电源相电压，单位为 V；R_r 为人体电阻，单位为 Ω；Z 为电网每相对地复阻抗，也称为电网的零序复阻抗，单位为 Ω。

式(9-4-4)和式(9-4-5)为中性点不接地三相电网中发生单相触电时的一般计算公式。下面根据电网对地阻抗的实际情况给予具体讨论。

电网每相对地复阻抗 Z 实际上为电网每相对地绝缘电阻 R 与对地电容 C 的并联值。对于对地绝缘电阻较低、对地电容较小的情况，计算时可不计对地电容的影响，只考虑绝缘电阻的影响即可。假设三相对地绝缘电阻均为 R，则式(9-4-4)和式(9-4-5)分别可简化为

$$\dot{U}_r = \frac{3R_r}{3R_r + R}\dot{U}_{ph} \tag{9-4-6}$$

$$\dot{I}_r = \frac{3\dot{U}_{ph}}{3R_r + R} \tag{9-4-7}$$

对于对地电容较大，同时对地绝缘电阻又很高的情况，计算时可不计绝缘电阻的影响，只考虑对地电容的影响即可。假设三相对地电容均为 C，则式(9-4-6)式(9-4-7)可简化为

$$\dot{U}_r = \frac{3R_r}{3R_r + (-jX_C)}\dot{U}_{ph} \tag{9-4-8}$$

$$\dot{I}_r = \frac{3\dot{U}_{ph}}{3R_r + (-jX_C)} \tag{9-4-9}$$

在实际计算时，通常只需知道人体承受的电压和流过人体电流的大小(即有效值)，此时只要对式(9-4-8)和式(9-4-9)分别取模即可，则有

$$U_r = \frac{3R_r}{\sqrt{(3R_r)^2 + (X_C)^2}}U_{ph} = \frac{3R_r\omega C}{\sqrt{1 + 9R_r^2\omega^2C^2}}U_{ph} \tag{9-4-10}$$

$$I_r = \frac{3}{\sqrt{(3R_r)^2 + (X_C)^2}} U_{ph} = \frac{3\omega C U_{ph}}{\sqrt{1 + 9R_r^2 \omega^2 C^2}} \qquad (9-4-11)$$

由式(9-4-11)可知,如果电网各相的对地绝缘电阻很高,但各相的对地电容较大,即使在低压配电电网中,电击的危险性仍然很大,实际工作中千万不可掉以轻心。例如,设 $U_{ph}=220V$, $C=1\mu F$, $R_r=1000\Omega$,则由式(9-4-11)可求得触电电流为 $151mA$,远大于室颤电流,足以使人致命。

对于大容量的低压电网,由于其绝缘电阻较低,对地电容又较大,故两者都将对触电后果产生较大的影响。在这种情况下,应按照式(9-4-4)和式(9-4-5)进行计算。

9.4.5　保护接地

1. 保护接地的概念

保护接地是故障情况下可能出现接触电压的电气装置外露可导电部分(如外壳、构架或机座)与独立的接地装置相连接。保护接地应用十分广泛,是防止间接接触电击的重要技术措施之一。

2. 保护接地的原理

(1)中性点不接地系统

如图 9.4.3(a)所示,在中性点不接地的低压配电系统中,如果未采取任何安全措施,则当某一相碰壳时,通过人体的接地电流与电网对地绝缘阻抗形成回路。当各相对地绝缘阻抗相等时,利用戴维南定理,可求得漏电设备对地电压为

$$U_d = \frac{3R_r}{|3R_r + Z|} U_{ph} \qquad (9-4-12)$$

式中,U_d 为漏电设备对地电压,单位为 V;U_{ph} 为电网相电压,单位为 V;R_r 为人体电阻,单位为 Ω;Z 为电网每相对地绝缘复阻抗,单位为 Ω。

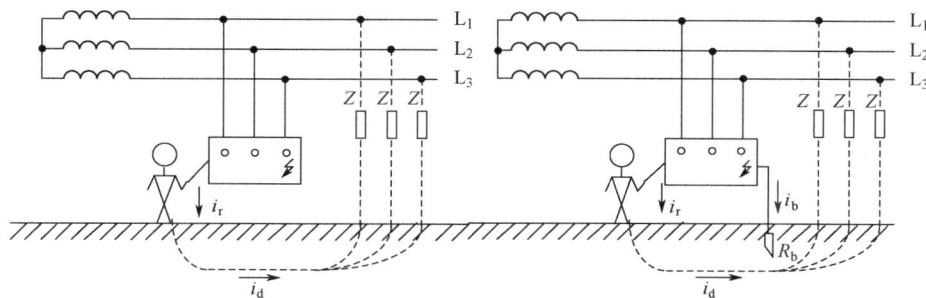

图 9.4.3　保护接地原理

绝缘复阻抗 Z 是绝缘电阻 R 与分布电容 C 的并联阻抗。当电网分布范围小,接用电设备不多,且绝缘电阻较高时,漏电设备对地电压不高;但当电网分布范围大,接用电气设备多,绝缘电阻显著降低时,对地电压可能上升到危险程度。例如,当电网相电压为 220V,设人体电阻为 1000Ω,各相对地绝缘电阻为 0.5MΩ,各相对地分布电容分别为 0.1μF、0.2μF、0.3μF 和 0.4μF 时(井下电网可达 5μF 以上),对地电压分别为 20.56V、40.54V、59.54V 和 77.21V。

当 $R \gg \dfrac{1}{\omega C}$ 或 $R \ll \dfrac{1}{\omega C}$ 时,式(9-4-12)可简化为

$$U_d = \frac{3R_r\omega C}{\sqrt{1+9R_r^2\omega^2 C^2}}U_{ph} \qquad (9-4-13)$$

或

$$U_d = \frac{3R_r\omega}{3R_r+R}U_{ph} \qquad (9-4-14)$$

在这种情况下,若采用如图 9.4.3(b) 所示的保护接地措施,这时保护接地电阻 R_b 与 R_r 并联,又因为 $R_b \ll |Z|$,则一般情况下漏电设备外壳的对地电压为

$$U_d = \frac{3(R_r//R_b)}{|3(R_r//R_b)+Z|}U_{ph} \approx \frac{3R_b}{|3R_b+Z|}U_{ph} \qquad (9-4-15)$$

由式(9-4-15)可见,漏电设备的对地电压大大降低。只要适当控制 R_b 的大小,即可限制漏电设备对地电压在安全范围之内。例如,在上面给定一组数值的情况下,如 $R_b = 4\Omega$,则设备对地电压分别降低为 $0.08V$、$0.17V$、$0.25V$ 和 $0.33V$,触电危险得以消除。

在中性点不接地电网中,单相接地电流主要决定于电网的特征,如电压的高低、供电范围的大小、敷设的方式及绝缘质量等。由于绝缘复阻抗一般都比较大,单相接地电流都比较小,使得有可能通过保护接地,把漏电设备对地电压限制在安全范围之内,保护效果是明显的。

【**例 9.4.1**】 某 380V 系统,由数千米长的电缆线路供电,已知系统对地阻抗 $Z \approx X_C = 7000\Omega$,该系统有人触及故障电动机外壳,试计算在有、无保护接地的情况下通过人身的电流和设备对地电压各是多少?(保护接地电阻等于 4Ω,人体电阻取 1000Ω。)

解:系统相电压 $\qquad U_{ph} = \dfrac{380}{\sqrt{3}} = 220V$

$$R_b = 4\Omega, R_r = 1000\Omega, Z = 7000\Omega$$

设备无保护接地时,通过人体电流为

$$I_r = \frac{3U_{ph}}{|3R_r+Z|} = \frac{3\times 220}{\sqrt{(3\times 1000)^2+7000^2}} = 87\text{mA}$$

对地电压为 $\qquad U_d = I_r R_r = 87V$

设备有保护接地时,对地电压为

$$U_d = \frac{3R_b}{|3R_b+Z|}U_{ph} = \frac{3\times 220\times 4}{\sqrt{(3\times 4)^2+7000^2}} = 0.38V$$

通过人体电流为 $\qquad I_r = \dfrac{U_d}{R_r} = 0.38\text{mA}$

由例 9.4.1 说明当系统对地电容较大时,设备外露可导电部分对地电压可能超过安全电压上限值,从而通过的人体电流超过安全电流。如采用了保护接地,设备对地电压将大大降低,通过人体的电流也大大减少(不足 1mA),从而起到了保护的作用。

(2)中性点直接接地系统

如图 9.4.4 所示,设备无保护接地时当设备绝缘损坏发生单相接地故障,并有人触及外露可导电部分时,则相当于中性点接地系统中人体单相接地,通过人体的电流为 $I_r = \dfrac{U_{ph}}{R_r+R_0}$,则

$$U_d = U_{ph} \frac{R_r}{R_r + R_0}。$$

由于 $R_r \gg R_0$，一般对地电压接近于相电压。

若设备采用保护接地，保护接地电阻和人体电阻并联，由于 $R_r \gg R_b$，此时设备外露可导电部分对地电压为

$$U_d \approx I_d R_b = U_{ph} \frac{R_b}{R_b + R_0} \qquad (9-4-16)$$

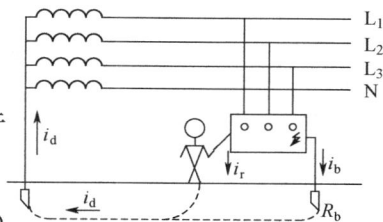
图 9.4.4　系统保护接地效果

U_d 将随 R_b 的减小而降低，从而减小触电伤害程度。

【例 9.4.2】　某 380/220V 中性点接地系统，设 $R_0 = 4\Omega$，$R_b = 4\Omega$，求设备单相接地故障时，在有、无保护接地情况下的对地电压（人体电阻取 1000Ω）。

解：已知系统相电压为 220V，中性点接地电阻为 4Ω，$R_r = 1000\Omega$，接线示意图如图 9.4.5 所示。

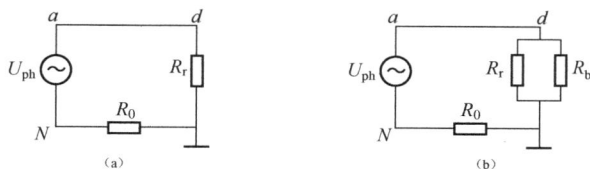
图 9.4.5　例 9.4.2 的等值电路

(1)无保护接地，即 $R_b = \infty$ 时，等值电路如图 9.4.5 (a)所示，由图可知

$$U_d = U_{ph} \frac{R_r}{R_0 + R_r} = 220 \times \frac{1000}{4 + 1000} \approx 220V$$

(2)设备外壳与接地装置相连接且 $R_0 = 4\Omega$，等值电路如图 9.4.5 (b)所示，由图可知

$$U_d \approx U_{ph} \frac{R_b}{R_b + R_0} = 220 \times \frac{4}{4 + 4} = 110V$$

例 9.4.2 告诉我们，中性点直接接地系统中采用了保护接地后，对地电压由 220V 降为 110V，虽然有了大幅度的下降，但 110V 仍然远大于安全电压上限，并未消除间接触电的危险。另外，由于保护接地电阻和电源的中性点接地电阻都是欧姆级的电阻，因此发生单相碰壳事故后，故障电流（从大地返回）不可能太大。这种情况下，一般的过电流保护装置不会动作，不能及时切断电流，使外壳的危险电压长时间延续下去。所以，对于中性点直接接地的供电系统来说，一般不宜采用保护接地措施。

3. 保护接地应满足的条件

从前面分析可知，保护接地的基本原理就是限制故障设备外壳对地电压在安全预期接触电压以内。为保证最大接触电压在允许的持续时间内，不超过表 9.4.3 中预期接触电压值，保护接地必须满足下列条件，即

$$I_{jd} R_b \leqslant U_j \qquad (9-4-17)$$

式中，I_{jd} 为系统可能出现的接地电流，单位为 A；R_b 为保护接地电阻，单位为 Ω；U_j 为预期接触电压，单位为 V。

表 9.4.3　最大接触电压持续时间

预期接触电压/V	交流	<50	50	75	90	110	150	220	280
	直流	<120	120	140	160	175	200	250	310
最大切断时间/s		∞	5	1	0.5	0.2	0.1	0.05	0.03

为满足式(9-4-17)要求可采取下列措施。

(1)降低保护接地电阻

仍以 380/220V 中性点直接接地系统为例,若系统中性点接地电阻仍为 40,要保证 U_d 不大于 50V,即

$$U_d = U_{ph} \frac{R_b}{R_b + R_0} \leqslant 50\text{V}$$

则保护接地电阻 $R_b \leqslant 1.176\Omega$,从理论上说,只要控制 $R_b \leqslant U_j / I_{jd}$,保护接地就能可靠地防止接触电压触电,但实际上,降低 R_b 不是无限制的。要取得较小的接地电阻,必然要提高接地装置的造价,R_b 的降低受经济条件制约,同时在某些地质条件下,使其减小到 10Ω 左右的可能性极低。一般 R_b 取 4Ω 。

(2)采用漏电保护装置

从前面分析可知,低压设备的单相接地故障电流不可能太大,往往不足以过流或短路保护装置(如熔断器)动作,而使危险的对地电压持续存在。如果设备采用漏电保护装置(后面将介绍),几十至几百毫安的接地电流就能使漏电保护器启动,迅速切断电源。设漏电保护器动作电流为 100mA,为满足预期接触电压不大于 50V,显然保护接地电阻只要不大于 500Ω 就能满足要求。

4. 保护接地的适用范围

保护接地适用于各种不接地电网,包括交流不接地电网和直流不接地电网,也包括低压不接地电网和高压不接地电网等。在这类电网中,凡由于绝缘破坏或其他原因而可能呈现危险电压的金属部分,除另有规定外,均应接地。保护接地的适用范围主要包括:

(1)电动机、变压器、携带式或移动式用电器的金属底座和外壳。

(2)电气设备的传动装置。

(3)屋内外配电装置的金属或钢筋混凝土构架以及靠近带电部分的金属遮拦和金属门。

(4)配电、控制、保护用的盘(台、箱)的金属框架和底座。

(5)交、直流电力电缆的接线盒、终端盒的金属外壳和电缆的金属护层、穿线的钢管。

(6)电缆桥架、支架和井架。

(7)装有避雷线的电力线路杆塔。

(8)装在配电线路杆上的电力设备。

(9)在非沥青地面的居民区内,无避雷线的小接地电流架空电力线路的金属杆塔和钢筋混凝土杆塔。

(10)电除尘器的构架。

(11)封闭母线的外壳及其裸露的金属部分。

(12)SF 封闭式组合电器和箱式变电站的金属箱体。

(13)电热设备的金属外壳。

(14)控制电缆的金属护层。

9.4.6　保护接零

1. 保护接零的概念

保护接零就是将电气设备在正常情况下不带电的金属部分与电源接地中性线（俗称零线）紧密连接起来。保护接零也是低压系统防止间接触电的重要措施之一。

2. 保护接零的原理

如图 9.4.6 所示，在中性点直接接地的三相四线制配电网中，采用保护接零的设备发生碰壳故障时，故障电流经电源相线和中性线构成回路，由于回路阻抗很小，使接地故障转变为单相短路故障，短路电流很大，足以使线路上的保护装置（如自动开关或熔断器）迅速可靠地动作，迅速切断故障设备供电，缩短了接触电压持续的时间，从而消除了电击的危险。

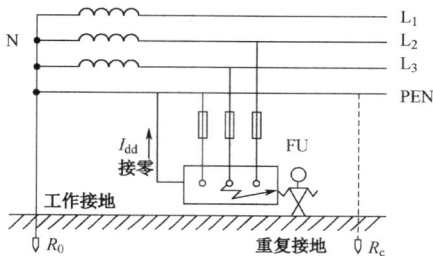

图 9.4.6　保护接零的原理

3. 保护接零应满足的条件及应注意的问题

（1）保护灵敏度应达到要求。保护接零的实质是借相零回路低阻抗形成大的短路电流，迫使继电保护装置动作切断供电。也就是说，接零的保护作用不是由单独接零来实现的，而是要与其他线路保护装置配合使用才能完成。因此，验算单相短路电流与保护装置动作电流的适应性是保护接零能否发挥作用的关键条件。单相短路电流取决于配电网电压和相零线回路阻抗。

当采用自动开关保护时，动作特性是定时限的，只要短路电流达到瞬时脱扣电流的 1.1 倍，就能可靠动作。考虑短路电流计算的误差和开关脱扣电流整定的偏差，要求灵敏度应不小于 1.5 倍。当设备采用熔断器保护时，因为熔丝是靠电源的热效应而切断供电的，电流越大动作越快，即熔丝的安秒特性呈反时限特性。因此，为了保证迅速切断故障，一般要求灵敏度应不小于 4 倍。

（2）低压电网中性点必须有良好的工作接地。接地电阻值 $R_0 < 4\Omega$，这样，如果高、低压绕组相碰或低压绕组一相碰壳，入地的接地电流流过工作接地所造成的中性线对地电压值可以受到接地电阻的限制。

（3）中性线不能断线。在三相四线制供电系统中，中性线既是负荷电流的通路，也是设备单相碰壳故障电流的通路。如果中性线断线、三相负荷不平衡时，中性点位移将使负荷三相电压不对称而无法正常工作，甚至烧坏设备；如果中性线断线，单相碰壳故障将无法形成短路故障，故障点供电不会被切断，保护接零不起作用，且断点后的中性线上及全部与中性线相连的设备外壳均呈现危险的对地电压，使故障范围扩大。为此规定，TN 系统的中性线上不允许装熔断器或单极隔离开关，避免造成断线。同时有关文件还建议低压线路中性线截面采取与相线同截面的导线，以增加中性线的机械强度，减少断线概率。

（4）中性线必须重复接地。保护接零除系统中性点工作接地外，必须将中性线在一处或多处重复接地，其主要作用如下。

①减轻中性线断线或接触不良时触电的危险性。在很多情况下，中性线断开或接触不良的可能性是不能完全排除的。无重复接地时，如果中性线断线，同时断线处后面某电气设备碰壳短路，则断线处两地接零设备的对地电压分别接近零和相电压，见图 9.4.7（a）。

如果像图 9.4.7（b）那样有重复接地电阻 R_c 时，情况就与图 9.4.7（a）不一样了。此时，断线两边的对地电压分别为 $U_0=I_dR_0$ 和 $U_c=I_dR_c$。显然，U_0 和 U_c 都低于相电压，触电危险程度一般就得以降低。

注：图 9.4.7 下方表示的是相应情况下的电位分布曲线。

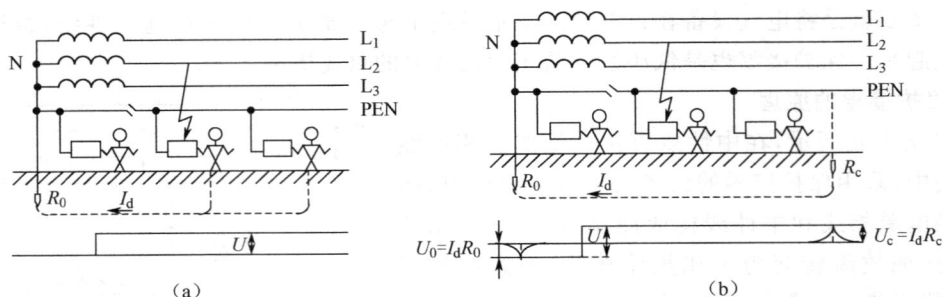

图 9.4.7　中性线断线与设备漏电

②缩短事故持续时间，降低漏电设备对地电压。如图 9.4.8 所示，采用重复接地后，重复接地和工作接地并联，降低了相零回路的阻抗，因此发生短路时，能增加短路电流，加速线路保护装置动作，缩短了事故持续时间。另外，短路电流加大后，变压器内部及相线上的压降增加，从而使中性线上压降减小。这时有了 R_c，中性线对地电压重新分布。显然，设备对地电压只是中性线电压降的一部分。

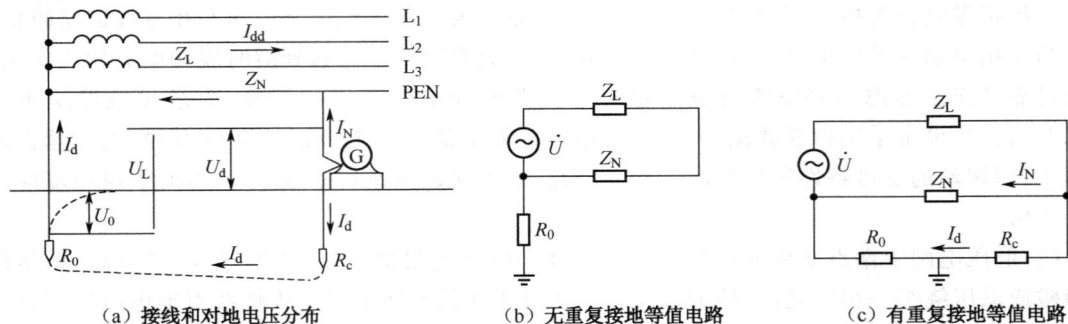

图 9.4.8　重复接地降低漏电设备对地电压

③降低三相不平衡负荷电流造成的中性线电压。系统在设备完全正常运行的情况下，如三相负荷不平衡时，中性线有负荷电流流过，电流的大小随负荷的不平衡程度而增大，该电流在中性线阻抗上也必然产生压降，而使接零设备上呈现对地电压。同理，设有重复接地后，也可降低中性线对地电压，规程要求中性线对地电压应不大于 50V。

应当注意的是，迅速切断电源供电是保护接零的基本保护方式，如不能实现这一基本保护方式，即使重复接地，往往也只能减轻危险，而难以消除危险。

采用重复接地是为了提高保护接零的可靠性。为此，要求以下处所应装设重复接地：架空线路的干线和分支线的终端和沿线每 1km 处，分支线长度超过 200m 的分支处；电缆和架空线在引入车间或大型建筑物处；采用金属管配线时，金属管与保护线连接处；采用塑料管配线时，另行敷设保护线处。

低压线路中性线每个重复接地装置的接地电阻不应大于 10Ω，而电源容量在 100kVA 以下者，不应超过 30Ω，但重复接地不应少于 3 处。中性线的重复接地应充分利用自然接地体。

（5）在由同一台发电机、同一台变压器或同一段母线供电的低压电网中，不宜同时采用接地、接零两种保护方式。否则，当保护接地的用电设备碰壳短路时，接零设备的外壳上将产生 $I_d R_0$ 对地电压，这样将会使故障范围扩大，如图 9.4.9 所示。

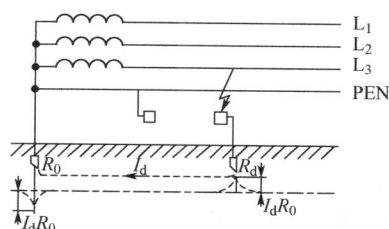

图 9.4.9　同一低压电网中，混用接地、接零时的危险

（6）所有电气设备的保护线，应以"并联"方式连接到零干线上。比如，使用单相三孔插座时，不允许将插座上接电源中性线的孔同保护线的孔串接。因为一旦中性线松脱或断开，就会使设备的金属外壳带电，在中性线、相线接反时也会使外壳带电。正确接法是由接电源中性线的孔和接保护线的孔分别引出导线接到中性线上。

（7）手持式电具要有不带工作电流的专用接中性线芯，不可利用既带工作电流又兼用保护接零的同一线芯。否则当导线中的中性线芯断开时，电具的金属外壳将会出现大小相当于相电压的对地电压。

作为间接触电的防护，接零保护是有很大作用的。

4. 保护接零的适用范围

保护接零适用于三相四线制中性点直接接地的低压配电系统中。

习题

9.1　工厂供电系统由哪些部分组成？

9.2　什么是额定电压？如何划分等级？

9.3　标志供电电能质量的指标是什么？

9.4　变压器的一次绕组和二次绕组的额定电压是如何定义的？

9.5　试确定如题 9.5 图所示的供电网络中，变压器 T_1 的一、二次绕组的额定电压和线路 WL_1、WL_2 的额定电压各为多少？

9.6　试确定如题 9.6 图所示供电系统中发电机和所有变压器的额定电压。

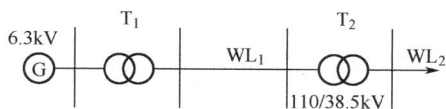

题 9.5　供电系统图

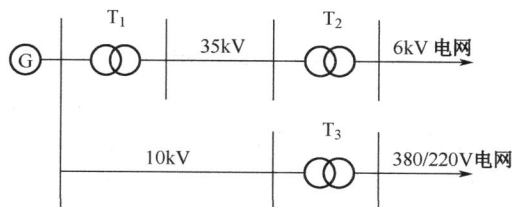

题 9.6　供电系统图

9.7　常见的触电形式有哪些？

9.8　电流对人体伤害的程度与哪些因素有关？

9.9　什么叫安全电压？我国规定的安全电压等级有哪些？

9.10　什么叫保护接地？保护接地的安全原理是什么？保护接地适用于哪些场所？

9.11　什么叫保护接零？保护接零的安全原理是什么？保护接零适用于哪些场所？

第10章
半导体器件

二极管和晶体管是最常用的半导体器件,它们的基本结构、工作原理、特性和参数是学习电子技术和分析电子电路必不可少的基础,而 PN 结又是构成各种半导体器件的共同基础。因此,本章从介绍半导体基础知识入手,然后介绍二极管和晶体管,为以后的学习打下基础。

10.1　半导体基础知识

根据导电能力的不同,可以把自然界的物质划分为导体、绝缘体和半导体 3 类。在常温下导体的导电能力最好,绝缘体的导电能力最差,半导体的导电能力介于导体与绝缘体之间,如硅、锗以及化合物砷化镓等。

很多半导体的导电能力在不同条件下有很大的差别。例如,有些半导体的导电能力对温度的反应特别灵敏,环境温度增高时,它们的导电能力要增加很多。利用这种特性可做成各种热敏电阻。又如,有些半导体的导电能力对光照特别灵敏,光照加强时,它们的导电能力要增加很多。利用这种特性可做成各种光敏电阻。更重要的是,如果在纯净的半导体中掺入微量的某种杂质后,它的导电能力就增加几十万到几百万倍,利用这种特性可做成各种不同用途的半导体器件,如二极管、晶体管及场效应管等。

半导体为什么有这些导电特性呢?根本原因在于其内部的特殊性。下面简单介绍半导体物质的内部结构和导电机理。

1. 本征半导体的导电机理

制造半导体器件用的材料纯度要求很高,化学成分纯净的半导体被称为本征半导体。以硅和锗为例,纯净的硅和锗具有规则的原子排列和晶体结构,原子最外层的 4 个价电子与原子核之间有较强的束缚力,并与相邻 4 个原子的价电子之间组成共价键结构。共价键中的价电子为这些原子所共有,并受这些原子束缚,在空间形成排列有序的晶体,图 10.1.1 为硅晶体共价键结构。

在受到外界能量激发(光照、升温)时,少量的价电子会脱离原子核的束缚成为自由电子,这一现象称为本征激发。激发产生自由电子的同时,在其原来的共价键中留下一个空位,称为空穴。电子带负电,失去了电子的空穴带正电,作为一个整体,材料本身正、负电荷平衡,对外不显示带电。共价键中的空穴,很容易被附近另一共价键中的价电子移过来填充,从而又在移出电子的共价键中出现空穴,如此连续进行,就表现为空穴的移动,相当于正电荷在移动。因为激发而出现的自由电子和空穴是同时成对出现的,所以又称为电子空穴对。游离出来的自由电子也

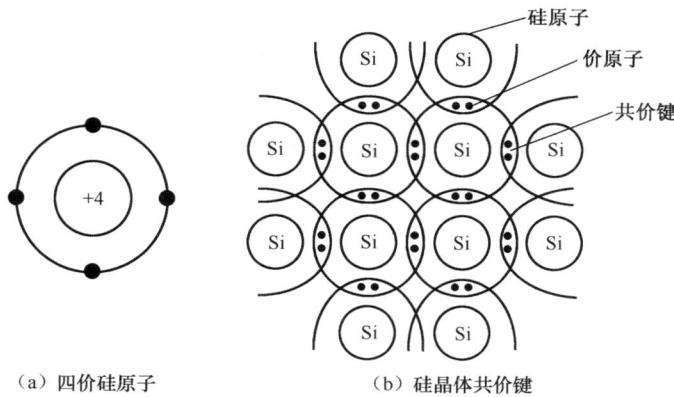

（a）四价硅原子　　　　　　　　（b）硅晶体共价键

图 10.1.1　硅晶体共价键结构

可能回到某空穴中去,这种现象称为复合。激发和复合两种事件的发生在一定温度下会达到动态平衡。这样在电场作用下,自由电子的定向运动将形成电子电流,而空穴不断被价电子填入而形成的定向运动则形成了空穴电流。半导体中的电流是电子电流和空穴电流的总和,自由电子和空穴统称为半导体中的载流子。

2. 杂质半导体

在制作半导体器件时,为了改善半导体材料的导电性能,需要掺入微量的某些有用杂质。掺入了杂质的半导体称为杂质半导体。

1）N 型半导体

在本征半导体中掺入少量五价元素 P、As 等后,杂质原子替代了本征半导体中的原子,因为五价原子中只有四个价电子能与周围四个半导体原子中的价电子形成共价键,而多余的一个电子因不受共价键束缚而容易成为自由电子,如图 10.1.2(a)所示,失去电子的磷原子成为正离子 P^+。于是半导体中的自由电子数目大量增加,使导电能力大大增加,自由电子导电成为这种半导体的主要导电方式。故将这类半导体称为电子型半导体,又称为 N 型半导体。在 N 型半导体中有较多的自由电子,称为多数载流子,它主要由杂质原子提供;由热激发形成的空穴依然存在,称为少数载流子。

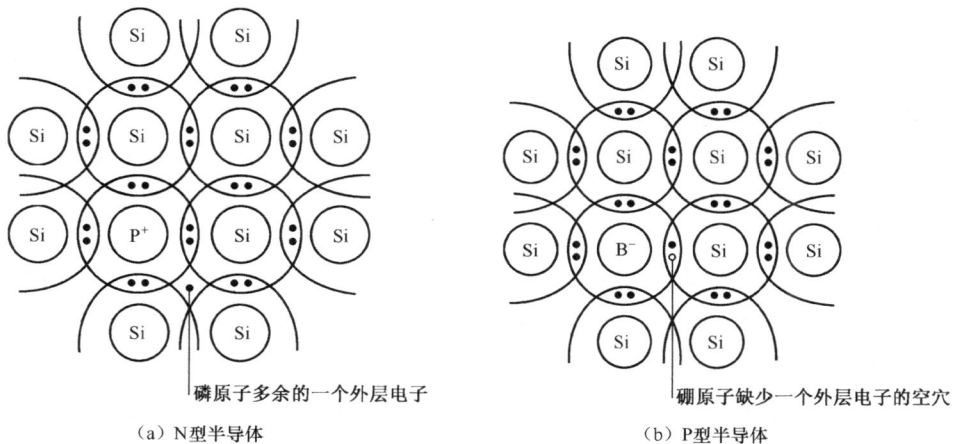

磷原子多余的一个外层电子　　　　　　　硼原子缺少一个外层电子的空穴

（a）N 型半导体　　　　　　　　　（b）P 型半导体

图 10.1.2　N 型和 P 型半导体

2）P 型半导体

在本征半导体中掺入少量三价元素 B、Ga、In 等后,杂质原子替代了本征半导体中的原子,因为三价杂质原子在与硅原子形成共价键时,缺少一个价电子而在共价键中留下一个空穴,如图 10.1.2(b)所示。空穴很容易俘获电子,使硼原子成为负离子 B⁻。于是半导体中的空穴数目大量增加,使导电能力大大增加,空穴导电成为这种半导体的主要导电方式。故将这类半导体称为空穴型半导体,又称为 P 型半导体。在 P 型半导体中有较多的空穴,称为多数载流子,它主要由杂质原子提供;而由热激发形成的自由电子依然存在,称为少数载流子。

应注意,不论是 N 型半导体还是 P 型半导体,虽然它们都有一种载流子占多数,但是整个晶体仍然是不带电的。

3. PN 结及其单向导电性

在一块半导体材料上使一部分为 P 型区,另一部分成为 N 型区,在交界面上就形成了一个特殊的薄层,称为 PN 结,如图 10.1.3 所示。

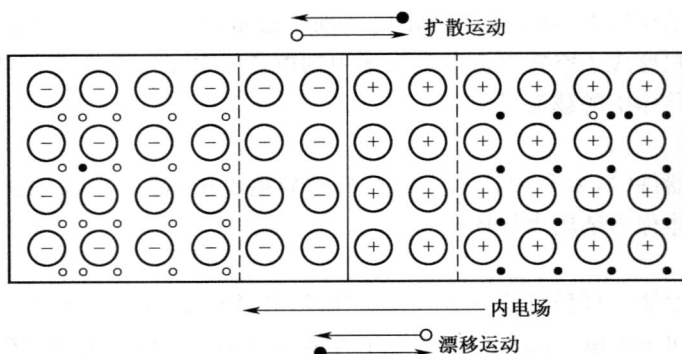

图 10.1.3　PN 结的形成

PN 结形成过程是这样的:

1）电子与空穴的浓度差产生的扩散运动

P 型区空穴浓度远大于 N 型区,因此带正电荷的空穴就向 N 型区扩散。同样 N 型区自由电子浓度也远大于 P 型区,它也要向 P 型区扩散,这个过程称为多子的扩散运动。

2）电子和空穴的复合形成了空间电荷区

电子和空穴带有相反的电荷,它们在扩散的过程中要产生复合,结果使靠近交界面处的 P 区和 N 区中原来的电中性被破坏。P 型区一侧失去空穴留下不能移动的带负电的离子,N 型区一侧失去电子留下不能移动的带正电的离子,这个带正、负电荷的区域是很薄的空间电荷区,这个空间电荷区会产生内电场,内电场的方向为从带正电荷的离子指向带负电荷的离子。

3）内电场阻止了多数载流子的扩散运动,而推动了少数载流子的漂移运动

按照一切带电粒子在电场中都会受到电场力的作用,正电荷受力方向与内电场方向一致,负电荷受力方向与内电场方向相反,所以内电场阻止了多数载流子的扩散运动。而反过来,它推动了少数载流子(P 区的电子和 N 区的空穴)越过 PN 结进入对方区域,把这种少数载流子因受到内电场力作用的运动称为漂移运动。当载流子的漂移运动和扩散运动达到动态平衡时,空间电荷区(也即称为 PN 结)的宽度就稳定下来了。

如果 P 型区与电源高电位端相接,N 型区接低电位端,称为正向偏置。外电场和内电场方

向相反,使空间电荷区变窄,这时 PN 结呈现低电阻,可以通过比较大的(正向)电流,其数值由外电路决定,称为导通状态。如图 10.1.4(a)所示。

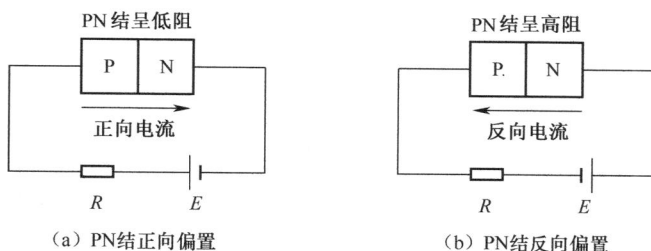

(a) PN结正向偏置　　　　　　　(b) PN结反向偏置

图 10.1.4　PN 结的单向导电性

如果 N 型区与电源高电位端相接,P 型区接低电位端,称为反向偏置。外电场和内电场方向相同,使空间电荷区变宽,这时 PN 结呈现高电阻,通过的(反向)电流极小,处于截止状态。如图 10.1.4(b)所示。

PN 结正向偏置导通,反向偏置截止的这种特性称为单向导电性。

10.2　二　极　管

1. 基本结构

将 PN 结加上引线,封装上管壳就成了二极管,其中由 P 型区引出的是正极(阳极),由 N 型区引出的是负极(阴极)。二极管的符号如图 10.2.1 所示,在图形符号旁标注的 VD 是它的文字符号。按结构分,二极管有点接触型、面接触型和平面型三类。点接触型二极管(一般为锗管)的 PN 结结面积很小(结电容小),因此不能通过较大电流,但其高频性能好,故一般适用于高频和小功率的场合,也可用作数字电路中的开关元件。面接触型二极管(一般为硅管)的 PN 结结面积大(结电容大),因此能通过较大电流,但其工作频率较低,一般用作整流。平面型二极管可用于大功率整流管和数字电路中的开关管。

2. 伏安特性

二极管既然是一个 PN 结,它当然具有单向导电性。不同材料的二极管伏安特性曲线是有差异的,但基本形状相似。图 10.2.2 所示为硅二极管和锗二极管的伏安特性曲线。图中二极管上标的是电压的实际极性。

二极管正向偏置时,当电压小于某一数值,正向电流非常小;超过这一数值正向电流会随着正向电压的增大而很快增加,这个电压称为死区电压或开启电压,其大小与材料及环境温度有关。通常锗管的死区电压约为 0.1 V,硅管的死区电压约为 0.5 V。二极管导通时,正向电流在比较大的范围内变化时,二极管的电压变化不大,锗管导通时的正向压降为 0.2~0.3V,硅管导通时的正向压降为 0.6~0.7V。

二极管反向偏置时,反向电流非常小。反向电流越小,说明单向导电性能越好。反向电流有两个特点:①它随温度的上升增加很快;②在反向电压不超过某一范围时,反向电流的大小基本恒定,而与反向电压的高低无关,故通常称它为反向饱和电流。如果反向电压增大到某一数值时,反向电流会突然增大,这种现象称为击穿,此时二极管已经失去单向导电性,将会产生很大热量,使二极管烧坏。产生击穿时的电压称为反向击穿电压 U_{BR}。不同型号的二极管反向击穿电压是不同的,范围在几十伏至几千伏之间,需要根据情况选择使用。

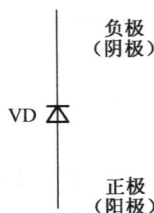

图 10.2.1　二极管的符号

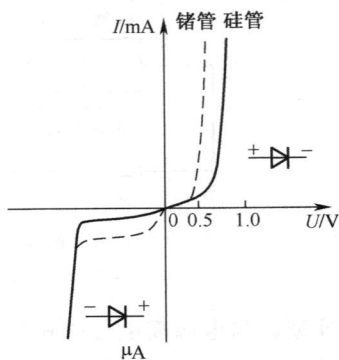

图 10.2.2　二极管的伏安特性曲线

3. 主要参数

二极管的性能可以用特性曲线表示,也可以从参数了解。二极管主要参数有下面几个。

1) 最大整流电流 I_{OM}

二极管的最大整流电流 I_{OM} 是二极管长期使用时所允许通过的最大正向电流。使用时不准超过这一数值,否则会使 PN 结过热损坏。小功率管的 I_{OM} 仅为几十毫安,大功率管为数千安。

2) 反向工作峰值电压 U_{RWM}

它是保证二极管不被击穿而给出的反向峰值电压,反向工作峰值电压 U_{RWM} 为允许加在二极管的反向电压的最大值。一般它是反向击穿电压的 $1/2 \sim 2/3$。

3) 反向峰值电流 I_{RM}

它是指二极管上加反向工作峰值电压时的反向电流值。反向电流大,说明二极管的单向导电性能差,并且受温度的影响大。硅管的反向电流较小,锗管的反向电流较大,因而,硅管单向导电性能优于锗管。

二极管的应用非常广泛,可用于检波、开关、钳位、保护等电路,更多的是用于整流和限幅电路中。由于二极管具有单向导电特性,在电路的分析中常常近似将二极管用开关等效,正向导通时用开关合上表示,反向截止时用开关断开表示。如要考虑正向导通管压降,硅管用 $0.6 \sim 0.8V$,锗管用 $0.2 \sim 0.3V$。

【例 10.2.1】　二极管双向限幅电路如图 10.2.3(a)所示,其中二极管为理想二极管,$U_{S1} = 2V$,$U_{S2} = -2V$,$u_i = 5\sin(100t)V$,试画出输出信号的波形。

解: 对该限幅电路,当 u_i 处于正半周时,VD_2 由于加反向电压而始终截止,其中 $u_i < U_{S1}$ 时,VD_1 也截止,此时两个二极管支路断开,$u_0 = u_i$;而在 $u_i > U_{S1}$ 时,VD_1 就导通(相当于短路),输出限幅在 $u_0 = U_{S1}$。当 u_i 处于负半周时,VD_1 由于加反向电压而始终截止,其中 $u_i > U_{S2}$ 时,VD_2 也截止,此时两个二极管支路断开,$u_0 = u_i$;而在 $u_i < U_{S2}$ 时,VD_2 就导通(相当于短路),输出限幅在 $u_0 = U_{S2}$。由此,可以画出输出信号的波形如图 10.2.3(b)所示。

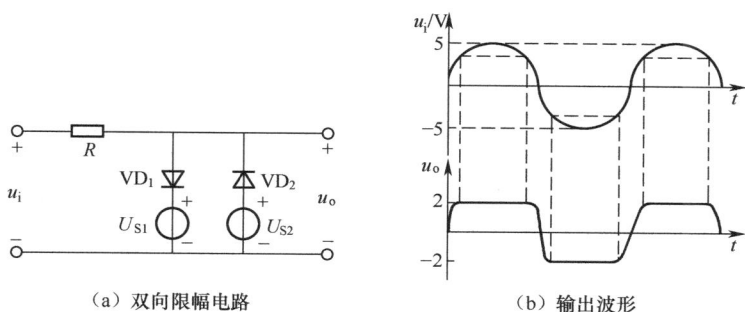

（a）双向限幅电路　　　　　　　　　　　（b）输出波形

图 10.2.3　二极管限幅电路

10.3　特殊二极管

在工艺上突出二极管的某项特性,可以制造出一些特殊用途的二极管。

1. 稳压二极管

稳压二极管是工作在反向击穿区的二极管,稳压二极管的伏安特性曲线与普通二极管的伏安特性曲线类似,它的伏安特性曲线和符号如图 10.3.1 所示,其差异是稳压二极管的反向特性曲线比较陡。从反向特性曲线上可以看出,反向电压在一定范围内变化时,反向电流很小。当反向电压增高到击穿电压时,反向电流突然剧增,稳压二极管反向击穿。此后电流虽然在很大范围内变化,但稳压二极管两端电压变化很小。利用这一特性,稳压二极管在电路中能起稳压作用。普通二极管在外加反向电压达到击穿电压时,将会击穿损坏,而稳压二极管在反向击穿时只要电流限制在 I_{ZM} 以内,就不会造成损坏。

稳压二极管的参数主要有:

（1）稳定电压 U_Z。指稳压二极管在正常工作下管子的两端电压。但同一型号的稳压管的稳压值是有微小差异的。

（2）稳定电流 I_Z。指稳压二极管在稳定电压 U_Z 下,所对应的反向工作电流值。

（3）动态电阻 r_Z。在稳压状态下,稳压二极管两端电压变化量与相应电流变化量之比,即

$$r_Z = \frac{\Delta U_Z}{\Delta I_Z}$$

r_Z 愈小,则反向伏安特性曲线愈陡,稳压性能愈好。

（4）最大稳压电流 I_{ZM}。稳压二极管允许通过的最大反向电流。正常工作时应小于这个电流,否则管子将因过热而损坏。

（5）最大允许耗散功率 P_{ZM}。指稳压二极管不致发生热击穿的最大功率损耗,$P_{ZM} = U_Z I_{ZM}$。

2. 光电二极管

光电二极管的结构与普通二极管类似,但在它的 PN 结处,通过管壳上的玻璃窗口能接收外部的光照。这种器件的 PN 结在反向偏置状态下工作,它的反向电流随着光照强度的增加而上升。光电二极管的符号如图 10.3.2(a)所示,光电二极管是将光信号转换为电信号的常用器

件,常用在光控电路中。

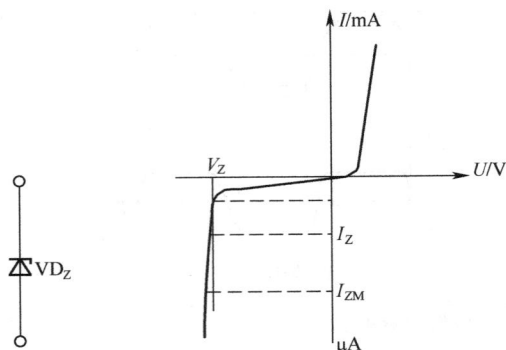

（a）稳压二极管的符号　　（b）稳压二极管的伏安特性曲线

图 10.3.1　稳压二极管的符号和伏安特性曲线

（a）光电二极管的符号　　（b）发光二极管的符号

图 10.3.2　光电二极管和发光二极管的符号

3. 发光二极管

发光二极管通常是用元素周期表中Ⅳ、Ⅴ族元素的化合物（如砷化镓、磷化镓等）制成的。当这种管子通以电流时将发出光来,这是由于电子与空穴直接复合而放出能量的结果。其光谱范围是比较窄的,其波长由所使用的材料而定。发光二极管的符号如图 10.3.2(b)所示。发光二极管常常用来作为显示器件,除单个使用外,也常常做成七段数码管和矩阵阵列应用,其工作电压一般要 2V 左右开始发光,工作电流一般在几毫安到十几毫安之间。发光二极管的另一个重要应用是将电信号转换为光信号,通过光缆传输,然后再用光电二极管接收,复现电信号,在数码信号的远程传输中应用很广。

10.4　双极型晶体管

半导体三极管简称为晶体管,由于它内部有两种载流子参与导电,所以又称为双极晶体管（Bipolar Junction Transistor,BJT）,它由两个 PN 结组合而成,是电流控制电流源（CCCS）器件。晶体管的放大和开关作用促进了电子技术的应用和发展。

1. 双极型晶体管的结构

双极型晶体管的结构和符号如图 10.4.1 所示。晶体管的内部由三层半导体材料（即三个区）和两个 PN 结构成。它有两种类型:NPN 型,如图 10.4.1(a)所示;PNP 型,如图 10.4.1(b)所示。管子中间部分称为基区,基区引出的电极称为基极,用 B 表示（Baser）;基区的下侧为发射区,发射区引出的电极称为发射极,用 E 表示（Emitter）;基区的上侧为集电区,集电区引出的电极称为集电极,用 C 表示（Collector）。处在基极与发射极之间的 PN 结称为发射结,处在基极与集电极之间的 PN 结称为集电结。

双极型晶体管的符号发射极上的箭头代表发射极电流的实际方向。从外表看两个 N 型区（或两个 P 型区）是对称的,实际上发射区的掺杂浓度大,集电区的掺杂浓度小,且集电结的面积大,基区制造得很薄,而且掺杂浓度很小,这样使晶体管具备了放大作用的内部条件,发射极和集电极是不可互换的,否则就失去了放大作用。

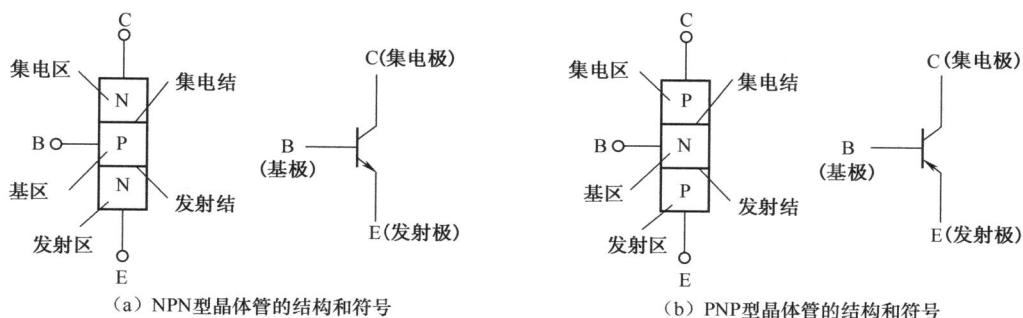

（a）NPN型晶体管的结构和符号　　　　　　　　　（b）PNP型晶体管的结构和符号

图 10.4.1　双极型晶体管的结构和符号

晶体管除分 NPN 型、PNP 型外，根据材料又分为硅管和锗管；根据工艺不同还可分为平面型和合金型；除用于模拟放大外，还有专用的开关管；根据安装方式不同还分为插装和表面贴装（片状）晶体管等。

2. 双极型晶体管的电流放大作用和特性曲线

通过实验可以说明晶体管的电流放大作用。如图 10.4.2 所示，要使晶体管（这里选用 3DG6，NPN 型管）能够起到放大作用，必须使发射结正向偏置，集电结反向偏置。这里电源 E_B 正极通过 R_P 接于 P 型区，E_B 负极接于 N 型区，发射结正偏。E_C 使集电结反向偏置。

这里有两个回路：基极回路和集电极回路。

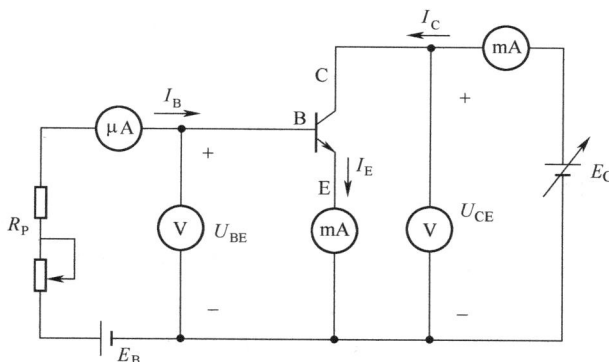

图 10.4.2　晶体管电流放大作用的实验原理

通过调节电位器 R_P，改变基极的输入电流 I_B，可以测出对应的电压 U_{BE}，将所有测试点连接起来，得到一条曲线，该曲线描述了当 U_{CE} 为某一数值时，输入电流 I_B 与输入电压 U_{BE} 之间的关系，即 $I_B = f(U_{BE})|_{U_{CE}=常数}$。改变 U_{CE} 值，重复测试步骤，可得到另一条曲线。图 10.4.3 给出了 U_{CE} 分别为 0 和 1V 两种情况下的输入特性曲线。可以看出这些曲线和二极管的正向特性曲线相似。当 $U_{CE} \geqslant 1V$ 时，曲线右移，基本重合。输入回路的伏安关系曲线

$$I_B = f(U_{BE})|_{U_{CE}=常数}$$

称为晶体管的输入特性曲线。

晶体管的输出特性曲线是指当基极电流 I_B 为常数时，集电极回路中集电极电流 I_C 与集—射极电压 U_{CE} 之间的关系曲线 $I_C = f(U_{CE})|_{I_B=常数}$。调节电位器 R_P，使基极回路的电流表读数为 20μA，再调节 E_C，使它在 0～12V 之间变化，每对应一个 E_C 值，可以记录下一个对

应的 I_C 值,就可以在坐标系中找到一个点,把它们连成一条曲线就是图 10.4.4 中所示 $I_B=$ 20μA 的那条曲线。依此类推,就可以分别绘出 $I_B=40$μA、60μA、80μA 的一组曲线。

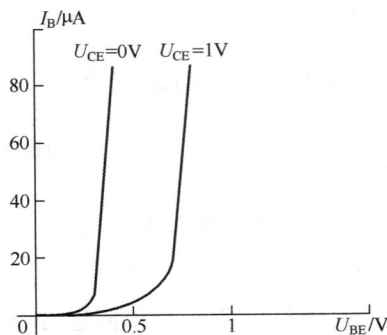

图 10.4.3 晶体管的输入特性曲线

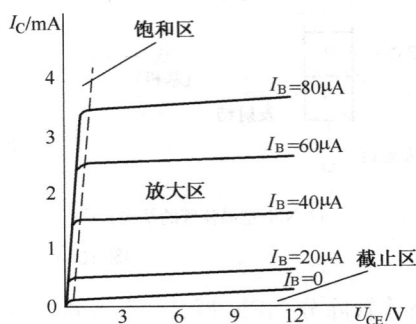

图 10.4.4 晶体管的输出特性曲线

由输出特性曲线可以看出,当基极电流从 40μA 变化到 60μA 时,基极电流的变化量 $\Delta I_B=$ 20μA,而集电极电流 I_C 却从 2mA 变化到 3mA,即变化量 $\Delta I_C=1$mA。这表明晶体管基极电流的微小变化会引起集电极电流的较大变化,这就是电流放大作用。

ΔI_C 与 ΔI_B 的比值称为动态电流(交流)放大系数 β,即

$$\beta=\frac{\Delta I_C}{\Delta I_B}$$

如果用 I_C 与 I_B 的比值,则称为静态电流(直流)放大系数 $\bar{\beta}$,即

$$\bar{\beta}=\frac{I_C}{I_B}$$

β 与 $\bar{\beta}$ 近似相等。

晶体管的输出特性曲线可以分为 3 个区域。

(1)截止区。当 $I_B=0$ 时,集电极仍有很小的电流,此电流称为穿透电流 I_{CEO}。这时晶体管相当于一个开关断开的状态。如果 $I_{CEO}=0$,则是一个理想的开关。

(2)饱和区。当 U_{CE} 很小,且 $U_{CE}<U_{BE}$,集电结处于正向偏置,以致 I_C 不随 I_B 的增大而成比例增大,即 I_C 处于饱和状态。硅管的饱和压降 U_{CES} 约为 0.3V,可以忽略不计,此时晶体管相当于一个开关的接通状态。

如果晶体管工作于以上两个区域就是工作在开关状态。

(3)放大区。在截止区和饱和区之间是放大区。在此区域内有两个特点:① I_C 与 I_B 成正比,即 $I_C=\bar{\beta}I_B$。②当 I_B 一定时,与之对应的 I_C 不随 U_{CE} 变化,具有恒流特性。

以上实验电路中输入回路(基极回路)和输出回路(集电极回路)的公共端是发射极,所以称为共射(极)电路。

【例 10.4.1】 图 10.4.4 所示为晶体管的输出特性曲线,试分析它的电流放大系数。

解:由输出特性曲线可知,当 I_B 从 20μA 变化到 60μA,即 $\Delta I_B=60-20=40$μA$=0.04$mA。此时对应的集电极电流由 1mA 变化为 3mA,即 $\Delta I_C=3-1=2$mA。

$$\beta=\frac{\Delta I_C}{\Delta I_B}=\frac{2}{0.04}=50$$

即电流放大系数为 50。

3. 双极型晶体管的主要参数

1）电流放大系数 β 与 $\overline{\beta}$

共射极电路的交流、直流电流放大系数比较接近，常用晶体管的 β 一般为 $20 \sim 200$。选择使用晶体管时不是 β 愈大愈好，β 过大将会使工作不稳定。

2）穿透电流 I_{CEO}

在基极开路（$I_B = 0$）的情况下，在外加电源 E_C 作用下流经集电极和发射极的电流称为穿透电流。I_{CEO} 愈小愈好。I_{CEO} 受温度影响比较大，所以 I_{CEO} 大的管子工作稳定性差。对于此项参数，硅管性能优于锗管。

3）集电极最大允许电流 I_{CM}

集电极电流超过一定数值时，晶体管的 β 值将下降，一般把使 β 值下降到额定值 $\dfrac{2}{3}$ 时的集电极电流称为集电极最大允许电流。使用时如果 $I_C > I_{CM}$，晶体管也可能不会损坏，但 β 值已经显著下降。

4）集—射极反向击穿电压 $U_{(BR)CEO}$

基极开路，加在集电极和发射极之间的被最大允许电压值称为集—射极反向击穿电压。当 $U_{CE} > U_{(BR)CEO}$ 时，I_{CEO} 大幅度上升，晶体管击穿。

5）集电极最大允许耗散功率 P_{CM}

集电极电流和电压乘积的最大值称为集电极最大允许耗散功率。如果集电极耗散功率超过 P_{CM}，将使晶体管性能变差，甚至烧坏。

β 和 I_{CEO} 是晶体管的性能指标，它表明了晶体管的优劣。I_{CM}、$U_{(BR)CEO}$ 和 P_{CM} 是晶体管的极限参数，是使用限制指标。

习题

10.1　题 10.1 图（a）是输入电压 u_i 的波形，试画出对应于输入电压 u_i 的输出电压 u_o、电阻 R 上电压 u_R 和二极管 VD 上电压 u_D 的波形，二极管的正向压降可忽略不计。

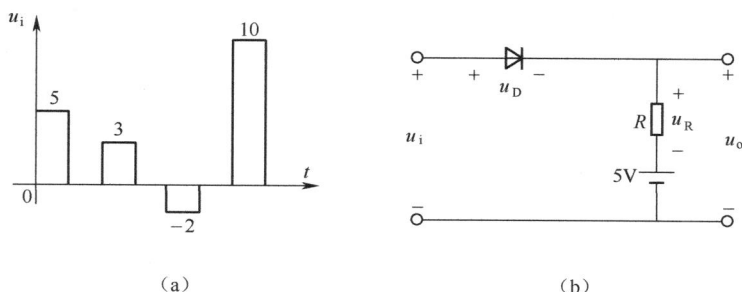

题 10.1 图

10.2　在题 10.2 图的各电路图中，$E = 5\text{V}$，$u_i = 10\sin\omega t\,\text{V}$，二极管的正向压降可忽略不计，试分别画出输出电压 u_o 的波形。

10.3　在题 10.3 图所示的两个电路图中，$u_i = 30\sin\omega t\,\text{V}$，二极管的正向压降可忽略不计，试分别画出输出电压 u_o 的波形。

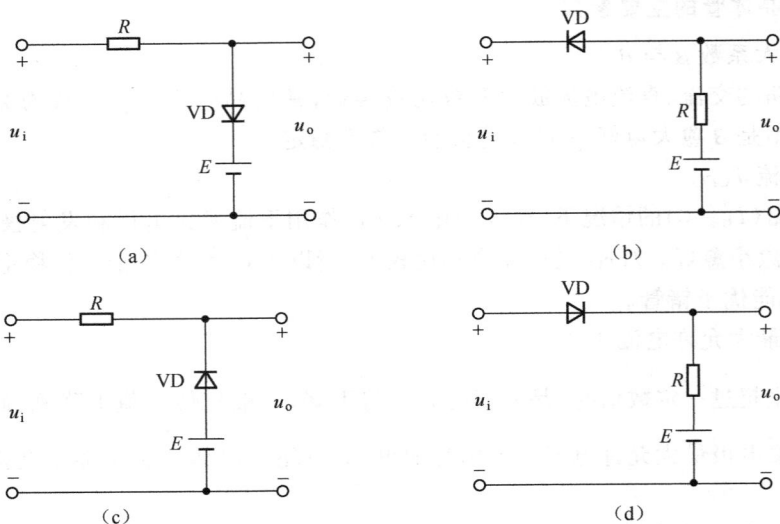

题 10.2 图

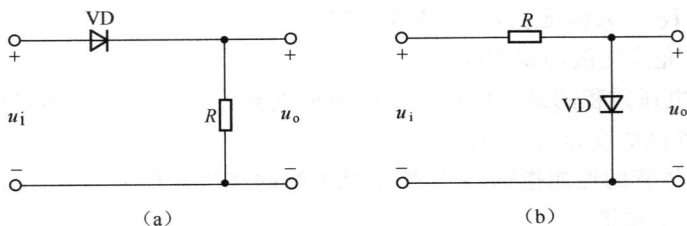

题 10.3 图

10.4　在题 10.4 图中,试求下列几种情况下输出端 Y 的电位 V_Y 及各元件(R 、VD_A 、VD_B)中通过的电流:(1)$V_A=V_B=0V$;(2)$V_A=3V$,$V_B=0V$;(3)$V_A=V_B=3V$。二极管的正向压降可忽略不计。

10.5　在题 10.5 图中,试求下列几种情况下输出端 Y 的电位 V_Y 及各元件中通过的电流:(1)$V_A=10V$,$V_B=0V$;(2)$V_A=6V$,$V_B=5.8V$;(3)$V_A=V_B=5V$。二极管的正向压降可忽略不计。

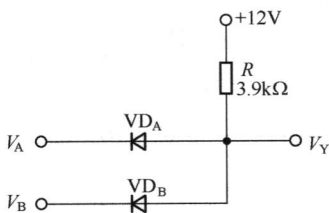

题 10.4 图

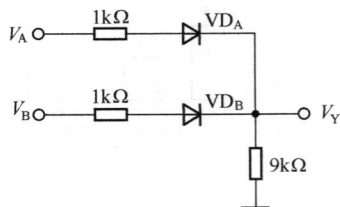

题 10.5 图

10.6　某放大电路中,测得晶体管三个极的静态电位分别为 5V、1.3V 和 1V,判断晶体管是硅管还是锗管,是 PNP 型还是 NPN 型,并判别三极管的三个引脚。

10.7　判断题 10.7 图所示电路中硅晶体管的工作状态。

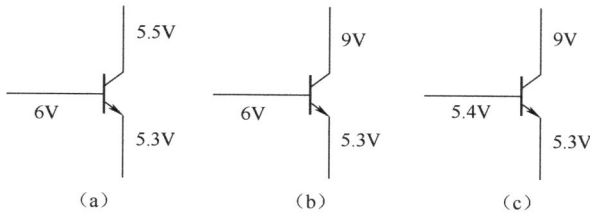

题 10.7 图

10.8　某一晶体管的 $P_{CM}=100\text{mW}$，$I_{CM}=20\text{mA}$，$U_{(BR)CEO}=15\text{V}$，试问在下列几种情况下，哪种是正常工作？

(1)$U_{CE}=3\text{V}$，$I_C=10\text{mA}$；(2)$U_{CE}=2\text{V}$，$I_C=40\text{mA}$；(3)$U_{CE}=6\text{V}$，$I_C=20\text{mA}$。

10.9　题 10.9 图是一声光报警电路。在正常情况下，B 端电位为 0V；若前接装置发生故障，B 端电位上升到 +5V。试分析之，并说明电阻 R_1 和 R_2 起何作用？

10.10　在题 10.10 图中，$E=20\text{V}$，$R_1=900\Omega$，$R_2=1100\Omega$。稳压二极管 VD_Z 的稳定电压 $U_Z=10\text{V}$，最大稳定电流 $I_{ZM}=8\text{mA}$。试求，稳压二极管中通过的电流 I_Z，是否超过 I_{ZM}？如果超过，怎么办？

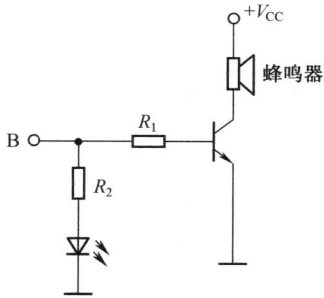

题 10.9 图

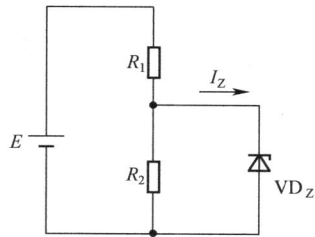

题 10.10 图

第11章
基本放大电路

　　放大电路用途广泛,如各种音响设备、视听设备、精密测量仪器和自动控制系统等。它的主要功能就是对微弱的信号(电压、电流或功率)进行放大。放大电路可以分为交流放大电路和直流放大电路。根据处理信号的频率可将交流放大电路分为低频、中频和高频放大电路;根据输出信号的强弱,可分为电压放大电路、功率放大电路等。此外,还有用集成运算放大器和特殊晶体管作为器件的放大电路。它是电子电路中最复杂多变的电路。本章主要讨论适用于低频信号的、由分立元件组成的共射极和共集电极两种基本放大电路的电路结构、工作原理、分析方法、工作特点和应用。

11.1 共射极放大电路的直流通路

　　如图 11.1.1 所示,三极管 VT 要工作在放大状态,必须满足发射结正偏、集电结反偏的条件。可以通过选择合适的基极偏置电阻 R_B 和集电极负载电阻 R_C 的阻值来实现。此时,整个电路中的电流与电压值均为直流分量,是稳定不变的,故称图 11.1.1 所示的电路为共射极放大电路的直流通路。

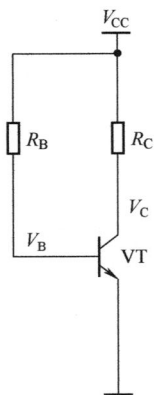

　　电路中的静态工作点,即静态基极电流 I_{BQ}、静态集电极电流 I_{CQ} 和静态集射极电压 U_{CEQ} 的值分别可以根据以下公式求出

$$I_{BQ} = \frac{V_{CC} - U_{BEQ}}{R_B} \qquad (11-1-1)$$

$$I_{CQ} = \beta I_{BQ} \qquad (11-1-2)$$

$$U_{CEQ} = V_{CC} - R_C I_{CQ} \qquad (11-1-3)$$

　　图 11.1.1 中的三极管 VT 的基极电位 $V_B = U_{BEQ}$;集电极电位 $V_C = U_{CEQ}$。对于式(11-1-3),把 I_{CQ} 看作是 U_{CEQ} 的函数时,如下

$$I_C = -\frac{1}{R_C}U_{CE} + \frac{V_{CC}}{R_C} \qquad (11-1-4)$$

图 11.1.1 共射极放大
电路的直流通路

　　可以在三极管的输出特性曲线上画出一条斜率为 $-\dfrac{1}{R_C}$ 的斜线。这条斜线限定了直流电流 I_C 和直流电压 U_{CE} 之间的关系,其斜率又取决于集电极负载电阻 R_C,故被称为直流负载线。而 I_{CQ}、I_{BQ} 和 U_{CEQ} 可以在图 11.1.2 中明确确定一点,该点在电路的各元件选定之后便固定了,故被称为放大电路的静态工作点。图

11.1.2 所示的晶体管特性曲线是在 OrCAD 中针对晶体管 Q2N2222 仿真所得。

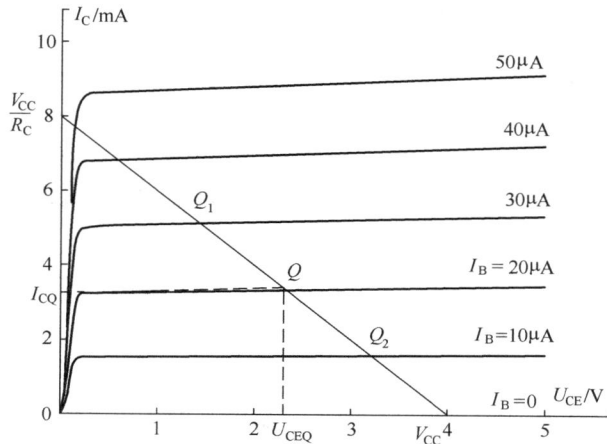

图 11.1.2　晶体管特性曲线

R_C 不变的情况下,图 11.1.2 中的直流负载线不变。随着 R_B 的变化,由式(11-1-1)可得,共射极放大电路直流通路中的基极电流 I_B 会不断变化,式(11-1-2)可得,I_C 亦会随之变化,这就引起了 Q 点在图 11.1.2 所示的直流负载线上上下滑动。Q 点向上滑动时,三极管有进入饱和区的趋势;Q 点向下滑动时,有进入截止区的趋势。为了避免三极管进入截止区,由式(11-1-1)可知,选择的基极偏置电阻 R_B 不能太大;而为了避免三极管进入饱和区,又要求基极偏置电阻 R_B 不能选择得太小。一般,通过选择合适的 R_B 和 R_C 来保证 Q 点尽量处于直流负载线的中间,但是在一些特殊的应用中,如功率放大电路中,对 Q 点设置又会有一些特殊的要求。

在图 11.1.2 中:

(1) 直流负载线在 X 轴上的截距为 4V。此时,三极管处于截至状态,说明图 11.1.1 所示的共射极电路中的电源电压 V_{CC} 为 4V。

(2) 直流负载线在 Y 轴上的截距为 8mA。此时,三极管处于完全饱和导通状态,说明图 11.1.1 所示的共射极电路中的集电极负载电阻 R_C 为 4V/8mA=0.5kΩ。

(3) 从图中可以看出 Q 点的三个参量分别为:$I_{BQ}=20\mu A$,$I_{CQ}\approx3.2mA$,$U_{CEQ}\approx2.3V$。

(4) 根据仿真数据,可以初步估算出晶体管 Q2N2222 的放大倍数 $\beta\approx158$,然后由(2)和(3)可以计算得出

$$I_{BQ}=20 \mu A$$
$$I_{BQ}=20 \mu A$$
$$U_{CEQ}=4-0.5\times3.16=2.42V$$

不难看出,图 11.1.1 所示的直流通路的 Q 点的计算既可以使用式(11-1-1)～式(11-1-3)计算得到,也可以在晶体管输出特性曲线上画直流负载线,通过观察得到。

[练习与思考]

11.1.1　改变 R_C 和 V_{CC} 对放大电路的直流负载线有什么影响?

11.1.2　分析图 11.1.1,设 V_{CC} 和 R_C 为定值:

(1)当 I_B 增加时,I_C 是否成正比地增加？最后接近何值？这时 U_{CE} 的大小如何？

(2)当 I_B 减小时,I_C 做何变化？最后达到何值？这时 U_{CE} 约等于多少？

11.1.3 图 11.1.1 所示的电路中,如果调节 R_B 使基极电位升高。试问此时 I_C、U_{CE} 及集电极电位 V_C 将如何变化？

11.2 共射极放大电路的交流通路

1. 共射极放大电路的工作原理

在图 11.1.1 的基础上,继续添加输入信号源 u_i、输入电容 C_i、输出电容 C_o 和负载电阻 R_L,如图 11.2.1 所示。

先来讨论第一种输入信号源为零的情况。如果输入和输出电容足够大,在电路进入稳态之后,基极电压和集电极电压与图 11.1.1 中的相同,均为直流电压。整个电路只存在直流信号。其中,输入电容 C_i 上的电压为 U_{BEQ}；输出电容 C_o 上的电压为 U_{CEQ}；负载电阻 R_L 上的电压为 0。

再继续讨论有交流信号 u_i 输入的情况。由于此时输入电容 C_i 足够大,且为 U_{BEQ},则此时三极管的基极电位如式(11-2-1)所示,为输入电容 C_i 上的静态电压 U_{BEQ} 与输入的交流电压 u_i 之和。这就意味着,输入的交流信号通过输入电容到达了三极管的基极上。此时,基极的电位是一个直流信号和一个交流信号的叠加,即

$$u_B = U_{BEQ} + u_i \qquad (11-2-1)$$

如图 11.2.2 所示的晶体管输入特性曲线可以看出,基极电位变化必然引起基极电流的变化。假设在 $\Delta U_{BE} = u_i$ 时,引起的基极电流变化 $\Delta I_B = i_i$,结合式(11-1-3),晶体管的基极电流和集电极电压为

$$i_B = I_{BQ} + i_i \qquad (11-2-2)$$

$$u_C = V_{CC} - \beta I_{BQ} R_C - \beta i_i R_C /\!/ R_L = U_{CEQ} - \beta i_i R_C /\!/ R_L \qquad (11-2-3)$$

注意,放大电路中的 R_L 和 R_C 对于交流信号 i_i 而言是并联关系,故式(11-2-3)中的输出电压是集电极变化的电流,与 R_L 和 R_C 的并联等效电阻 $R_C /\!/ R_L$ 的乘积。

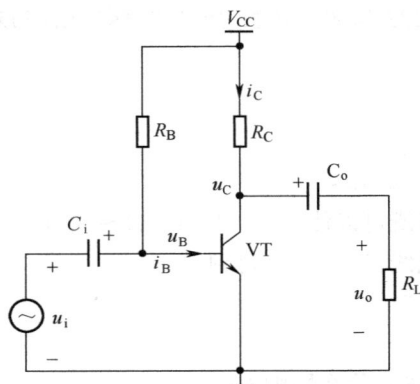

图 11.2.1 共射极放大电路

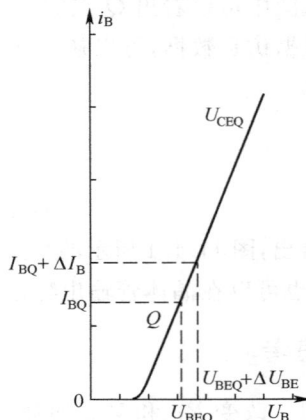

图 11.2.2 晶体管输入特性曲线

此时,在输出的负载电阻 R_L 上的电压即集电极电压 u_C 减去输出电容上的电压 U_{CEQ}

$$u_o = u_C - U_{CEQ} = -\beta i_i R_C // R_L \qquad (11-2-4)$$

可见,输入的交流信号 u_i 一般在毫伏级别时,其引起的基极变化电流 i_i 在微安级别,晶体管的放大倍数 β 一般为几十到几百,集电极负载电阻 R_C 一般为千欧级别,所以到达输出的负载电阻 R_L 上的电压 u_o 应为伏级别。很明显,交流信号 u_i 从图 11.2.1 所示的电路的左侧输入,到达右侧负载电阻 R_L 上时,电压被放大了几十或几百倍。这就是放大电路对交流信号进行放大的基本工作原理。

2. 共射极放大电路交流通路

继续观察图 11.2.1 所示的电路,结合式(11-2-1)~式(11-2-4)不难看出共射极放大电路的几个基本特征:输入电容左侧和输出电容右侧的电路中只有交流信号;剩下部分的电路中既有交流信号也有直流信号。可见,输入电容和输出电容 C_o 的作用是隔离直流信号,通过交流信号。

输入输出电容的容量一般选择微法级别,主要原因是为了满足减小交流信号源对电容上电压的影响。或者说为了更好地让交流信号进入或离开放大电路。因为对单一频率的正弦交流信号而言,电容的容量越大,容抗越小,交流信号在电容上的电压损耗就越小。本书中所讨论的放大电路均为低频放大电路。

(2) 当输入电压 u_i 正向增加时,基极电流亦正向增加 i_i,而集电极电位却反向减少 $\beta i_i R_C$ $// R_L$。也就是说,输入电压 u_i 为正时,输出电压 u_o 为负。这是共射极放大电路的一大特征——反向放大。

(3) 对于图 11.2.1 所示的共射极放大电路运用叠加定理,可以得到两种通路。一种是输入交流信号为零时,整个电路中只有直流信号,输入输出电容相当于断路,得到如图 11.1.1 所示的直流通路。而只考虑有交流信号输入时,如果忽略在输入输出电容上的损耗电压,则两个电容相当于短路,直流电压源相当于接地,可以得到如图 11.2.3 所示的交流通路。

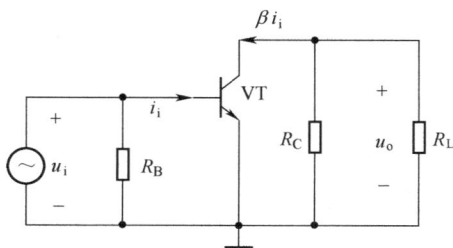

图 11.2.3　共射极放大电路的交流通路

(4)观察交流通路,可以看到晶体管的发射极既存在于输入回路中,也存在于输出回路中,可见发射极对于输入输出回路是公共的,这也是共射极放大电路名称的由来。

3. 共射极放大电路的微变等效电路

观察图 11.2.2 所示的输入特性曲线,在叠加在 U_{BEQ} 上的输入交流信号电压 u_i 很小的情况下,不难看出 i_i 和 u_i 之间近似为线性关系。说明在交流通路中,三极管的基极和发射极之间可以用一个线性电阻 r_{be} 来等效,如式(11-2-5)所示。这种等效最重要的前提是输入信号要很小,频率是低频,故这种假设下得出的等效电路称为小信号等效电路,也称微变等效电路。

$$r_{be} = \frac{\Delta U_{BE}}{\Delta I_B} = \frac{u_i}{i_i} \tag{11-2-5}$$

低频小信号等效电路中的交流输入电阻 r_{be} 一般用下式进行估算

$$r_{be} \approx 200 + (1+\beta)\frac{26}{I_{EQ}}\Omega \tag{11-2-6}$$

在图 11.2.3 所示的交流通路中,集电极电流为 βi_i,故在集电极和发射极之间可以用一个流控电流源来等效。而观察图 11.1.2 所示的晶体管输出特性曲线的放大区可以看出,在基极电流确定的情况下,随着 U_{CE} 的增加,集电极电流 I_{CE} 是会缓慢上升的。交流小信号 u_i 输入电路后会引起晶体管集电极和发射极之间的电压变化量 ΔU_{CE} 和集电极电流变化量为 ΔI_C,从图 11.1.2 可以看出,它们之间在小信号的情况下,近似是线性的关系,也就是说,在晶体管的发射极和集电极之间还有一个等效的线性电阻 r_{ce} 存在。一般,由于晶体管放大区的线过于平坦,使得 r_{ce} 的值很大,可以省略。

$$r_{ce} = \frac{\Delta U_{CE}}{\Delta I_C}\bigg|_{I_B} \tag{11-2-7}$$

综上所述,最终针对于共射极放大电路交流通路的微变等效电路如图 11.2.4 所示,用相量表示的微变等效电路如图 11.2.5 所示。

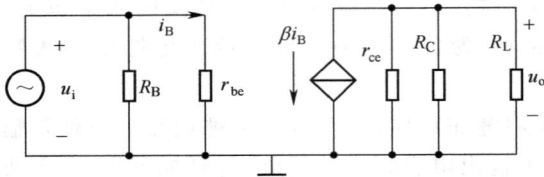

图 11.2.4　微变等效电路　　　　　　图 11.2.5　相量表示的微变等效电路

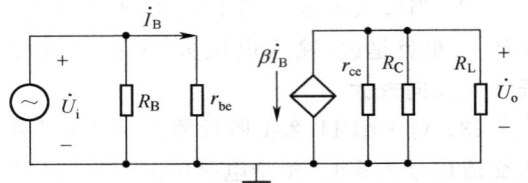

4. 共射极放大电路的动态分析

针对图 11.2.5 所示的相量表示的微变等效电路,可以分析它的输入电阻、输出电阻和电压放大倍数。

1) 电压放大倍数的计算

$$A_u = \frac{\dot{U}_o}{\dot{U}_i} = \frac{-\beta \dot{I}_B}{r_{be}\dot{I}_B}r_{ce}//R_C//R_L \approx -\beta\frac{R_C//R_L}{r_{be}} \tag{11-2-8}$$

表面上看,影响放大电路的电压放大倍数的因素很多,如更大的集电极电阻 R_C 和负载电阻 R_L,更小的输入等效电阻 r_{be} 和更大的电压放大倍数 β。但实际上,把式(11-2-6)代入式(11-2-8)后会得到式(11-2-9)。可见,当 β 足够大时,A_u 与 β 没有关系。

$$A_u \approx \frac{-\beta R_C//R_L}{200+(1+\beta)\dfrac{26\,\mathrm{mV}}{I_{EQ}\,\mathrm{mA}}} \xrightarrow{\beta\text{足够大}} \frac{-R_C//R_L}{\dfrac{26\,\mathrm{mV}}{I_{EQ}\,\mathrm{mA}}} \tag{11-2-9}$$

提升集电极电阻 R_C 固然会提升 A_u,但是带来的缺点是会使图 11.1.2 中的直流负载线的斜率降低,进而使得直流通路的 Q 点下降。而提升负载电阻 R_L 会对 A_u 的提升有一定帮助,但缺点是使得输出到负载上的电流变小,影响输出的功率。至于对输出功率的影响有多少,要由具体的输出电阻来决定。

最后一个提升的方法就是减小 r_{be}，也就是增加发射极静态电流 I_{EQ}。但是这种增加，会引起 Q 点的上移，也有限制。

所以对于提升 A_u，不能只靠调节放大电路的一种因素来实现，要根据具体情况，选择一种最优的综合方案才能达到目的。

2）共射极放大电路输入电阻

$$r_i = \frac{\dot{U}_i}{\dot{I}_i} = R_B /\!/ r_{be} \qquad (11-2-10)$$

放大电路的输入电阻 r_i 应该越大越好，不论对电压源型信号源还是电流型信号源，均能保证放大电路获得最大的电压输入信号。提升 r_i 的方法是提升基极偏置电阻 R_B 和 r_{be}。提升 r_{be} 会降低 A_u，因此，提升 r_i 的重担就落在了提升 R_B 上。但是同时带来的缺点就是，R_B 的提升必然引起基极电流变小，Q 点下移，所以要酌情考虑。

3）共射极放大电路的输出电阻

可以在信号源短路、负载开路的情况下，在负载处添加一个假想的电压源 $\dot{U}_o$，根据式(11-2-11)求得共射极放大电路的输出电阻。此处注意考虑信号源内阻 R_S。

$$r_o = \frac{\dot{U}_o}{\dot{I}_o} = R_C /\!/ r_{ce} \approx R_C \qquad (11-2-11)$$

根据图 11.2.6 可求得输出电阻。如果以诺顿等效电路来等效放大电路，则输出电阻越大越好，这样负载上可以获得更多的电流；如果以戴维南等效电路来等效放大电路，则输出电阻越小越好，这样负载可以获得更大的电压。但由于输出电阻为集电极电阻，故提升或者降低输出电阻要综合考虑 Q 点的情况。

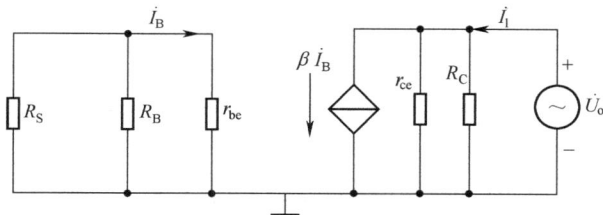

图 11.2.6　求输出电阻

5. 直流和交流负载线

图 11.1.2 中的直流负载线反映的是直流通路中 U_{CE} 和 I_C 的变化关系。但在交流通路中，u_o 和 i_C 的关系由式(11-2-12)给出。晶体管的输出特性曲线也可以作一条斜线——交流负载线。直流负载线和交流负载线最终如图 11.2.7 所示。

$$i_C = -\frac{u_o}{R_C /\!/ R_L} \qquad (11-2-12)$$

当输入的交流信号为 0 时，电路工作于 Q 点，故直流负载线和交流负载线都会经过 Q 点。直流负载线的斜率为 $-\frac{1}{R_C}$，交流负载线的斜率为 $-\frac{1}{R_C /\!/ R_L}$。

6. 非线性失真

图 11.2.8 描述了交流放大电路在 Q 点设置合理的情况下，输入的交流电压 u_i 引起 Q 点

在交流负载线上的 Q_1 和 Q_2 范围内来回滑动。此处的 Q 点设置合理,表现在:最高的 Q_1 点在放大电路工作的过程中不会进入晶体管的饱和区;最低的 Q_2 点在放大电路工作的过程中不会进入晶体管的截止区。但如果 u_i 足够大时,会导致 Q_1 和 Q_2 分别进入饱和区和截止区,使得输出的 i_C 出现正负方向的削顶失真。正向削顶的饱和失真原因在于,晶体管饱和导通时,集电极电流为一个恒定值,故尽管输入 u_i 持续增加,但是 i_C 在进入饱和区内为一个恒定值;反向的削顶失真原因在于,晶体管进入截止区后,集电极电流会恒定在 0。这类饱和失真和截止失真与放大电路本身没什么关系,只要把输入交流信号电压调小到合适的值即可。

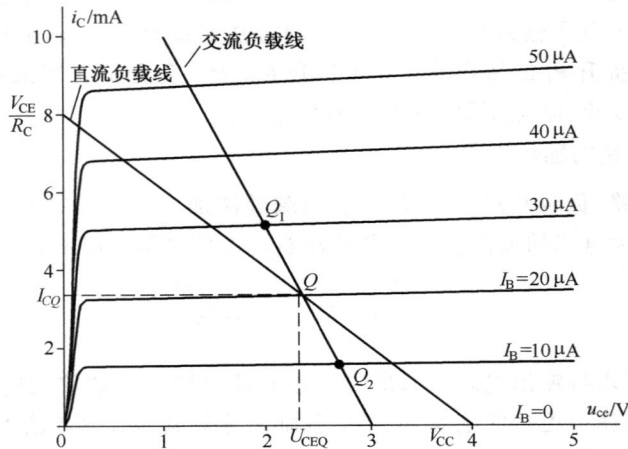

图 11.2.7 直流负载线和交流负载线

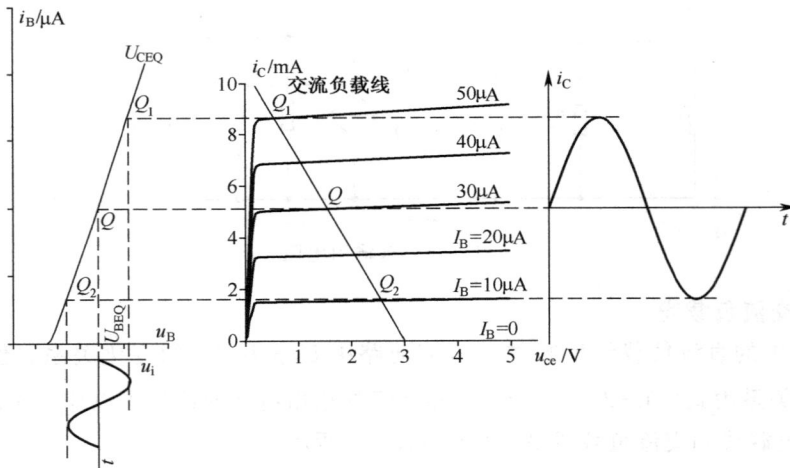

图 11.2.8 交流放大电路图解分析

当放大电路的 Q 点设置过低时,如图 11.2.9 所示,负半周的 u_i 会使得晶体管进入截止区,引起集电极电流 i_C 在负半周出现削顶现象,称为截止失真。

当放大电路的 Q 点设置过高时,如图 11.2.10 所示,正半周的 u_i 会使得晶体管进入饱和区,引起集电极电流在正半周出现削顶现象,称为饱和失真。

输入信号 u_i 过大引起的双向削顶失真,Q 点过低引起的截止失真和 Q 点过高引起的饱和失真都是晶体管进入非线性区域造成的,故统称为非线性失真。为了避免非线性失真,设置合适的 Q 点是至关重要的。

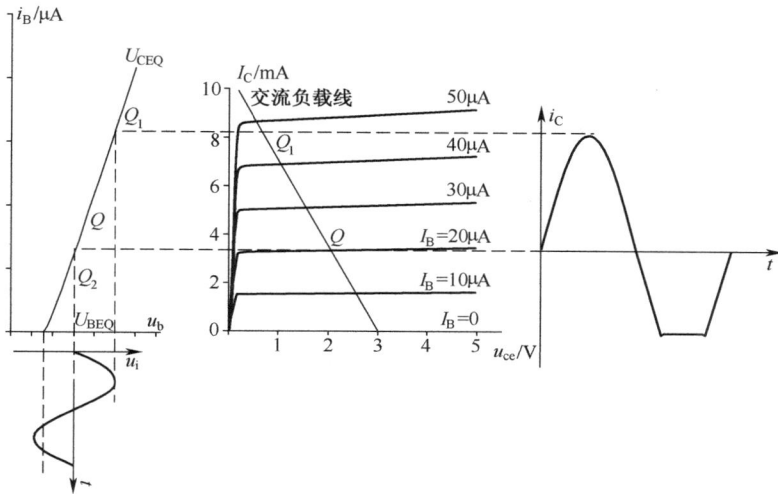

图 11.2.9 Q 点偏低引起的截止失真

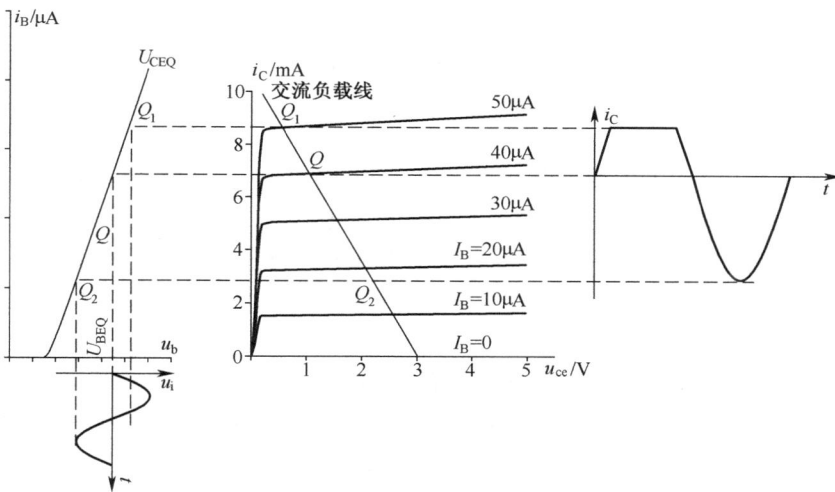

图 11.2.10 Q 点偏高引起的饱和失真

[练习与思考]

11.2.1 区分交流放大电路的(1)静态工作与动态工作;(2)直流通路与交流通路;(3)直流负载线与交流负载线;(4)电压和电流的直流分量与交流分量。

11.2.2 在图 11.2.1 中,电容器 C_i 和 C_o 两端的直流电压和交流电压各应等于多少?说明其上电流电压的极性。

11.2.3 在图 11.2.1 中用直流电压表测得的集电极对"地"电压和负载电阻 R_L 上的电压是否一样?用示波器观察集电极对"地"的交流电压波形和集电极电阻 R_C 及负载电阻 R_L 上的交流电压波形是否一样?分析原因。

11.2.4 晶体管用微变等效电路来代替,条件是什么?

11.2.5 电压放大倍数 A_u 是不是与 β 成正比？

11.2.6 为什么说当 β 一定时通过增大 I_{EQ} 来提高电压放大倍数是有限制的？试从 I_C 和 r_{be} 两方面来说明。

11.2.7 能否增大 R_C 来提高放大电路的电压放大倍数？

11.2.8 当 R_C 过大时对放大电路的工作有何影响？设 I_{EQ} 不变。

11.2.9 r_{be}、r_{ce}、r_i、r_o 是交流电阻，还是直流电阻？它们各是什么电阻？在 r_o 中是否包括负载电阻 R_L？

11.2.10 通常希望放大电路的输入电阻高一些好，对输出电阻呢？放大电路的带负载能力是指什么？

11.2.11 图 11.2.1 所示的放大电路在工作时用示波器观察发现输出波形失真严重，当用直流电压表测量时：

(1) 若测得 $U_{CE} \approx U_{BE}$，试分析晶体管工作在什么状态，怎样调节 R_B 才能使电路正常工作？

(2) 若测得 $U_{CE} < U_{BE}$，这时晶体管又是工作在什么状态，怎样调节 R_B 才能使电路正常工作？

11.2.12 发现输出波形失真，是否说明静态工作点一定不合适？

11.3 静态工作点稳定

在图 11.2.1 所示的共射极放大电路中，一旦基极偏置电阻 R_B 确定，则基极电流 I_B 也随之确定，称为固定偏置放大电路。但是，考虑放大电路在工作过程中，由于某些原因引起 Q 点的变化，如温度对基极电流的影响，则非线性失真就无可避免地出现了。解决这一问题的基本思路就是，使温度升高，基极电流减少，抑制集电极电流上升，进而起到稳定 Q 点的作用。

新的分压式偏置电路如图 11.3.1 所示，直流通路如图 11.3.2 所示。为了对温升引起的 I_C 电流的上升趋势起到抑制作用，分压式偏置电路在晶体管的发射极添加了一个采样电阻 R_E。这样，在 I_C 电流上升时，I_E 也会随之上升，进而晶体管集电极的电位上升。为了达到抑制集电极电流上升的趋势，要保证此时晶体管的基极电位不变。

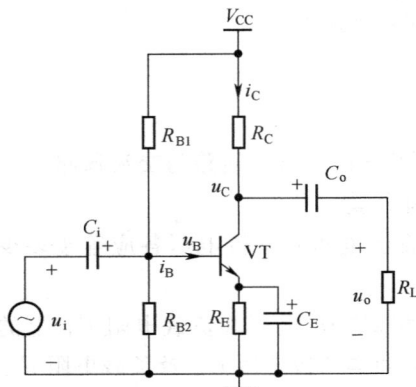

图 11.3.1 分压式偏置放大电路

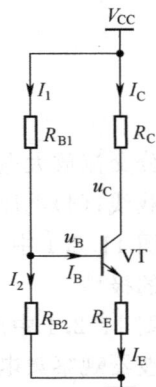

图 11.3.2 分压式偏置放大电路的直流通路

[练习与思考]

11.3.1　在放大电路中,静态工作点不稳定对放大电路的工作有何影响?

11.3.2　在分压式偏置电路中,为什么只要满足 $I_2 \gg I_B$ 和 $V_B \gg U_{BE}$ 两个条件,静态工作点就能得以基本稳定?

11.3.3　在分压式偏置电路中,更换晶体管对放大电路的静态值有无影响?试说明之。

11.3.4　在实际中调整分压式偏置电路的静态工作点时应调节哪个元件的参数比较方便?接上发射极电阻的旁路电容 C_E 后是否影响静态工作点?

11.4　放大电路的频率特性

前面讲到交流放大电路时,为了分析简便起见,设输入信号是单一频率的正弦信号。实际上,放大电路的输入信号往往是非正弦量。例如,广播的语音和音乐信号、电视的声像和伴音信号以及非电量通过传感器变换所得的信号等都含有基波和各种频率的谐波分量。由于在放大电路中一般都有电容元件,如耦合电容、发射极电阻、交流旁路电容,以及晶体管的极间电容和连线分布电容等,它们对不同频率的信号所呈现的容抗值是不相同的。因而,放大电路对不同频率的信号在幅度上和相位上放大的效果并不完全一样,输出信号不能重现输入信号的波形,这就产生了幅度失真和相位失真,统称为频率失真。因此,我们要讨论放大电路的频率特性。

频率特性又分为幅频特性和相频特性。前者表示电压放大倍数的模 $|A_u|$ 与频率 f 的关系;后者表示输出电压相对于输入电压的相位移 φ 与频率 f 的关系。

图 11.4.1 是共发射极放大电路的幅频特性及相频特性。图 11.4.1 说明,在放大电路的某一段频率范围内,电压放大倍数 $|A_u| = |A_{u0}|$,与频率无关。输出电压相对于输入电压的相位移为 $-180°$。随着频率的升高或降低,电压放大倍数都要减小,相位移也要发生变化。当放大倍数下降为 $\dfrac{|A_{u0}|}{\sqrt{2}}$ 时所对应的两个频率,分别为下限频率 f_1 和上限频率 f_2。在这两个频率之间的频率范围,称为放大电路的通频带,它是表明放大电路频率特性的一个重要指标。对放大电路而言,希望通频带宽一些,使非正弦信号中幅值较大的各次谐波频率都在通频带的范围内,尽量减小频率失真。另外,有些测量仪器(如晶体管电压表)测量不同频率的信号,电压放大倍数应该尽量做到一样,以免引起误差。同时也希望放大电路有较宽的通频带。下面对幅频特性进行简单说明。注意图 11.4.1 中的幅频特性曲线的 Y 轴的单位是 dB,它和 A_u 之间的关系如下式,上下限频率对应的数值为通频带的数值减去 3dB。

$$20\lg \frac{|A_{u0}|}{\sqrt{2}} = 20\lg|A_{u0}| - 10\lg 2 = 20\lg|A_{u0}| - 3 \text{ (dB)} \qquad (11-4-1)$$

在工业电子技术中,最常用的是低频放大电路,其频率范围约为 $20 \sim 10000\mathrm{Hz}$。在分析放大电路的频率特性时,再将低频范围分为低、中、高三个频段。

在中频段,由于耦合电容和发射极电阻旁路电容的容量较大,故对中频段信号来讲其容抗很小,可视作短路。此外,尚有晶体管的极间电容和连线分布电容等。这些电容都很小,约为几皮法到几百皮法,可认为它们的等效电容 C_0 并联在输出端上。由于 C_0 的容量很小,它对中频段信号的容抗很大,可视作开路。所以,在中频段,可认为电容不影响交流信号的传送,放大电路的放大倍数与信号频率无关。

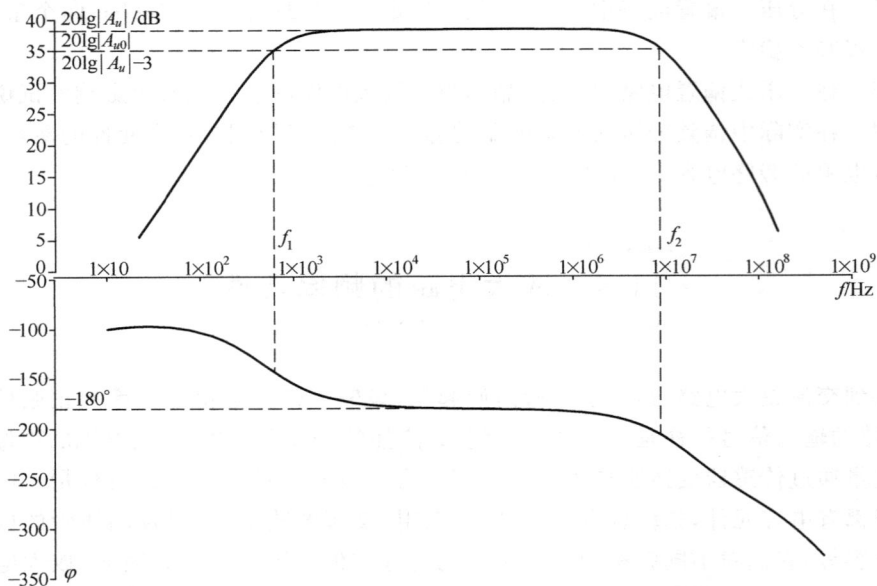

图 11.4.1 共发射极放大电路的幅频特性及相频特性

在低频段,由于信号频率较低,耦合电容的容抗较大,其分压作用不能忽略,以致实际送到晶体管输入端的电压比输入信号 u_i 小,故放大倍数要降低。同样,发射极电阻旁路电容的容抗不能忽略,其上有交流压降,这也使放大倍数降低。在低频段,C_0 的容抗比中频段更大,仍可视作开路。

在高频段,由于信号频率较高,耦合电容和发射极电阻旁路电容的容抗比中频段更小,故皆可视作短路。但 C_0 的容抗将减小,它与输出端的电阻并联后,使总阻抗减小,因而使输出电压减小,电压放大倍数降低。此外,在高频段电压放大倍数的降低,还由于高频时电流放大系数 β 下降之故。这主要是因为载流子从发射区到集电区需要一定的时间。如果频率高,在正半周时载流子尚未全部到达集电区,而输入信号就已改变极性,使集电极电流的变化幅度下降,因而 β 值降低。

只有在中频段,可认为电压放大倍数与频率无关,并且单级放大电路的输出电压与输入电压反相。前面所讨论的都是指放大电路工作在中频段的情况。在本书的习题和例题中计算交流放大电路的电压放大倍数,也都是指中频段的电压放大倍数。

[练习与思考]

11.4.1 从放大电路的幅频特性上看,高频段和低频段放大倍数的下降主要影响因素是什么?

11.4.2 为什么通常要求低频放大电路的通频带要宽一些,而在串联谐振时又希望通频带要窄一些?

11.5　射极输出器

常见的放大电路的第二种形态就是射极输出器,又称为共集电极放大电路,如图 11.5.1 所示,其直流通路如图 11.5.2 所示。

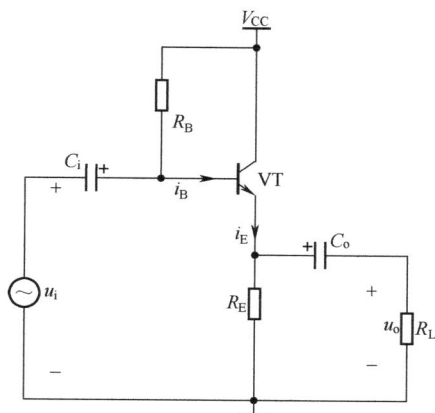

图 11.5.1　射极输出器

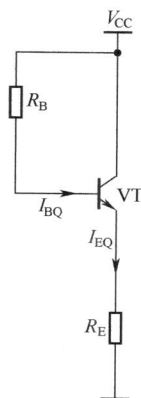

图 11.5.2　射极输出器的直流通路

11.5.1　静态分析

如图 11.5.2 所示,射极输出器的静态分析如下:

$$I_{BQ}=\frac{V_{CC}-U_{BE}}{R_B+(1+\beta)R_E} \tag{11-5-1}$$

$$I_{EQ}=(1+\beta)I_{BQ} \tag{11-5-2}$$

$$U_{CEQ}=V_{CC}-I_{EQ}R_E \tag{11-5-3}$$

11.5.2　动态分析

对应图 11.5.3 所示的射极输出器的交流通路,画出微变等效电路如图 11.5.4 所示。

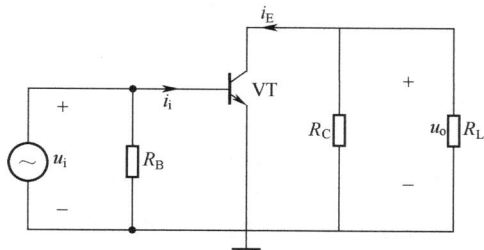

图 11.5.3　射极输出器的交流通路

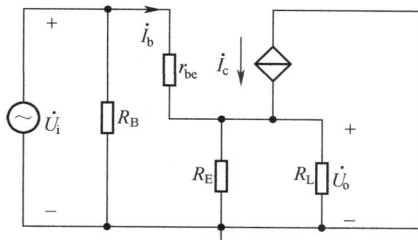

图 11.5.4　射极输出器的微变等效电路

1. 电压放大倍数

$$A_u = \frac{\dot{U}_o}{\dot{U}_i} = \frac{(\dot{I}_b + \dot{I}_c)R_L /\!/ R_E}{(\dot{I}_b + \dot{I}_c)R_L /\!/ R_E + \dot{I}_b r_{be}} = \frac{(1+\beta)\dot{I}_b R_L /\!/ R_E}{(1+\beta)\dot{I}_b R_L /\!/ R_E + \dot{I}_b r_{be}} = \frac{(1+\beta)R_L /\!/ R_E}{(1+\beta)R_L /\!/ R_E + r_{be}} \approx 1$$

$$(11-5-4)$$

从式(11-5-4)可以看出:

(1) 电压放大倍数 $A_u \approx 1$。

(2) 输入电压永远都比输出电压大,且电压极性相同,是同相的,这也是电压跟随器名称的由来。

2. 输入电阻

从式(11-5-4)的分母可得

$$\dot{U}_i = (1+\beta)\dot{I}_b R_L /\!/ R_E + \dot{I}_b r_{be}$$

故输入电阻为

$$r_i = \frac{\dot{U}_i}{\dot{i}_i} = \frac{\dot{U}_i}{\dfrac{\dot{U}_i}{R_B} + \dot{i}_b} = \frac{1}{\dfrac{1}{R_B} + \dfrac{\dot{i}_b}{\dot{U}_i}} = \frac{1}{\dfrac{1}{R_B} + \dfrac{1}{(1+\beta)R_L /\!/ R_E + r_{be}}} = R_B /\!/ ((1+\beta)R_L /\!/ R_E + r_{be})$$

$$(11-5-5)$$

可见,射极输出器的输入电阻很高,取决于 R_B,而不同于共射极放大电路的输入电阻取决于 r_{be}。

3. 输出电阻

计算射极输出器的输出电阻的微变等效电路如图 11.5.5 所示。此时,注意输入信号短路后,要考虑输入信号源的内阻 R_S,否则输入端就短路了。

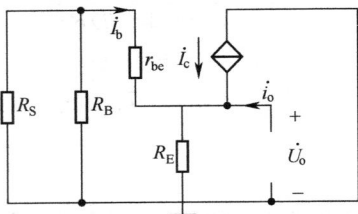

图 11.5.5　计算射极输出器的输出电阻的微变等效电路

$$r_o = \frac{\dot{U}_o}{\dot{i}_o} = \frac{\dot{U}_o}{\dfrac{\dot{U}_o}{R_E} + (1+\beta)\dfrac{\dot{U}_o}{r_{be} + R_S /\!/ R_E}} = \frac{r_{be} + R_S /\!/ R_E}{1+\beta} /\!/ R_E \qquad (11-5-6)$$

由式(11-5-6)不难看出,射极输出器的输出阻抗取决于 $\dfrac{r_{be} + R_S /\!/ R_E}{1+\beta}$,值很小。

综上所述,射极输出器的主要特点为:电压放大倍数接近1,输入电阻高,输出电阻低。

射极输出器的应用十分广泛,主要在于它具有高输入电阻和低输出电阻的特点。因为输入电阻高,它常被用作多级放大电路的输入级,这对高内阻的信号源更为有意义。如果信号源的内阻较高,而它接一个低输入电阻的共发射极放大电路,那么信号电压主要降在信号源本身的内阻上,送到放大电路输入端的电压就很小。如果测量仪器里的放大电路要求有高的输入电阻,以减小仪器接入时对被测电路产生的影响,也常用射极输出器作为输入级。另外,如果放大电路的输出电阻较低,则当负载接入后或当负载增大时,输出电压的下降就较小,或者说它带负载的能力较强。所以射极输出器也常用作多级放大电路的输出级,在后面要讲的运算放大器中就是这样。有时还将射极输出器接在两级共发射极放大电路之间,则对前级放大电路而言,它的高输入电阻对前级的影响甚小(前级提供的信号电流小);而对后级放大电路而言,由于它的输出电阻低,正好与输入电阻低的共发射极电路配合。这就是射极输出器的阻抗变换作用。这一级射极输出器称为缓冲级或中间隔离级。

放大器的输入信号一般都很微弱,因此常采用多级放大,才可在输出端获得必要的电压幅度或足够的功率,以带动负载工作。此外,多级放大的输入级或输出级也常采用射极输出器以获得高输入电阻或低输出电阻,从而改善工作性能。

[练习与思考]

11.5.1　何谓共集电极电路? 如何看出射极输出器是共集电极电路?

11.5.2　射极输出器有何特点? 有何用途?

11.5.3　为什么射极输出器又称为射极跟随器,跟随什么?

11.6　差分放大器

在处理缓慢变化的低频信号时,阻容耦合方式不再适用,必须采用直接耦合方式。否则,缓慢变化的低频信号大部分会被耦合电容分走,加到放大电路输入端上的电压就会很少,不利于放大信号。但直接耦合式放大电路各级的 Q 点是相互影响的,由于各级的放大作用,第一级的微弱变化,会使输出级产生很大的变化。当放大电路输入信号为零(即没有交流电输入)时,由于受温度变化,电源电压不稳等因素的影响,使静态工作点发生变化,并被逐级放大和传输,导致电路输出端电压偏离原固定值而上下漂动的现象被称为零点漂移。

产生零点漂移的原因很多,如电源电压不稳、元器件参数变化、环境温度变化等。其中,最主要的因素是温度的变化,因为晶体管是温度敏感器件,当温度变化时,其参数 U_{BE}、β、I_{CBO} 都将发生变化,最终导致放大电路静态工作点产生偏移。此外,在诸因素中,最难控制的也是温度的变化。

除精选元件、对元件进行老化处理、选用高稳定度电源以及用11.3节中讨论的稳定静态工作点的方法外,在实际电路中常采用补偿和调制两种手段。补偿是指用另外一个元器件的漂移来抵消放大电路的漂移,如果参数配合得当,就能把漂移抑制在较低的限度内。在分立元件组成的电路中常用二极管补偿方式来稳定静态工作点。在集成电路内部应用最广的单元电路就是基于参数补偿原理构成的差分放大电路。

调制是指将直流变化量转换为其他形式的变化量(如正弦波幅度的变化),并通过漂移很小的阻容耦合电路放大,再设法将放大了的信号还原为直流成分的变化。这种方式电路结构复杂、成本高、频率特性差。下面重点介绍第一种补偿方式差分放大器。

11.6.1 差分放大器的工作原理

1. 静态工作点分析

典型的差分放大电路如图 11.6.1 所示。电路由左右参数完全对称的共射极放大电路组成。其中,电阻 R_P 的作用主要是在具体电路中用以调零使用的。原因在于左右电路不能做到完全对称,这样是为了保证左右电路 Q 点值,故设置了调零电阻 R_P。一般 R_P 的值比 R_E 小,故在计算工作点时可以忽略。

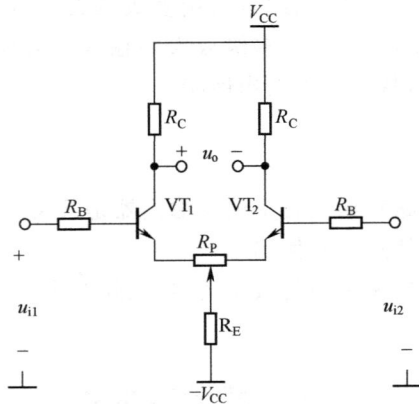

图 11.6.1 典型的差分放大电路

现在分析该电路的静态工作点。由于参数完全对称,在输入交流信号 $u_{i1} = u_{i2} = 0$ 的情况下,VT_1 和 VT_2 两个晶体管的各项直流参数完全相等。

$$I_{EQ} = I_{EQ1} = I_{EQ2} = \frac{1}{2}\frac{0 - U_{BE} - (-V_{CC})}{R_E} = \frac{V_{CC} - U_{BE}}{2R_E} \tag{11-6-1}$$

$$I_{BQ} = I_{BQ1} = I_{BQ2} = \frac{I_{EQ}}{1+\beta} \tag{11-6-2}$$

$$U_{CEQ} = V_{CC} - I_{CQ}R_C - (-U_{BE}) \approx V_{CC} - I_{EQ}R_C + U_{BE} \tag{11-6-3}$$

2. 抑制零点漂移的原理

当温度变化影响放大电路的 Q 点时,对于左右两个对称的共射极放大电路影响是一样的。$u_{i1} = u_{i2} = 0$,当电路没有零点漂移现象时,由于参数对称,有

$$V_{CQ} = V_{CQ1} = V_{CQ2} \tag{11-6-4}$$

$$u_o = V_{CQ1} - V_{CQ2} = 0 \tag{11-6-5}$$

当有零点漂移现象使得左侧的 V_{CQ1} 变为 $V_{CQ} + \Delta U$ 时,右侧的 V_{CQ2} 亦变成 $V_{CQ} + \Delta U$。

$$u_o = (V_{CQ} + \Delta U) - (V_{CQ} + \Delta U) = 0 \tag{11-6-6}$$

这就说明,在差分放大电路中,零点漂移对于最终的输出没有带来任何影响。以上也是差分放大器抑制零点漂移的基本原理。

3. 信号的输入输出

差分放大器是通过增加 1 倍的硬件开销的情况下实现对零点漂移的抑制。这使得差分放大器的输入端有两个,输出端也有两个。从信号接入输入端和信号接出输出端的方式组合来

看,差分放大器的工作方式主要有 4 种:双端输入双端输出方式、双端输入单端输出方式、单端输入双端输出方式和单端输入单端输出方式。

下面讨论双端输入的 3 种情况对差分放大电路双端输出的影响。

1) 共模输入

当有信号输入,且满足 $u_{i1}=u_{i2}$ 时,称为共模输入。由于差分放大电路的对称性,共模输入时,左右两个电路的参数变化完全一致,由式(11-6-4)~式(11-6-6)可以得出差分放大器的输出为 0。这就说明差分放大电路对共模信号的放大倍数是 0。

零点漂移现象其实就相当于给差分放大电路的两个输入端加入了共模信号,所以输出的电压是 0,差分放大电路抑制了零点漂移现象。

2) 差模输入

当有信号输入,且满足 $u_{i1}=-u_{i2}$ 时,称为差模输入。由于差分放大电路的对称性,共模输入时,左右两个电路的参数变化相反。

$$\begin{cases} V_{CQ1}=V_{CQ}+\Delta U \\ V_{CQ2}=V_{CQ}-\Delta U \end{cases} \tag{11-6-7}$$

式中,ΔU 为左侧的共射极放大电路输入 u_{i1} 的情况下,集电极电位在 Q 点处的变化量,此时左侧单个共射极放大电路的放大倍数为 $\dfrac{\Delta U}{u_i}$。

$$u_o=(V_{CQ}+\Delta U)-(V_{CQ}-\Delta U)=2\Delta U \tag{11-6-8}$$

$$u_i=u_{i1}-u_{i2}=2u_{i1} \tag{11-6-9}$$

式(11-6-8)求得的 $2\Delta U$ 为差分放大器在差模信号输入的情况下总的输出电压,很明显是单个共射极放大电路变化量的 2 倍。但是,由于差分放大器输入差模信号的时候,总的输入电压如式(11-6-9)所示为 $2u_{i1}$。所以双端输入差模信号,双端输出时,最终的电压放大倍数依然为 $\dfrac{\Delta U}{u_i}$。

3) 比较输入

差分放大电路左右输入信号不等的情况,$u_{i1}\neq u_{i2}$,称为比较输入。根据以上讨论的结果,差分放大电路对共模信号的放大倍数是 0,对差模信号才有放大作用,所以,在处理比较输入时,可以利用叠加定理,把比较输入分解成一个差模信号和一个共模信号的叠加。

$$\begin{cases} u_{i1}=u_{ic}+u_{id} \\ u_{i2}=u_{ic}-u_{id} \\ u_{ic}=\dfrac{u_{i1}+u_{i2}}{2} \\ u_{id}=\dfrac{u_{i1}-u_{i2}}{2} \end{cases} \tag{11-6-10}$$

式中,u_{ic} 为共模信号,u_{id} 为差模信号。

11.6.2　差分放大电路的动态分析

此处主要分析差模信号输入的情况,比较输入时可以根据公式(11-6-10)转换到差模信号输入的求解情况中。在图 11.6.1 所示的差分放大电路中,有差模信号输入的情况下,左右两侧发射极电流总是一个增加,一个减少,这种变化的量是一样的。而在 R_E 中的电流是左右两侧射极电流之和,因此 R_E 中的电流是不变的。这就导致了在交流通路中,R_E 上端可视为接地,而 R_P 的电阻阻值相对 R_E 和 R_C 小很多,故交流通路中也没有画出 R_P。在以下的 4 种情况分析中,微变等效电路均没有画出 R_P。

1. 双端输入双端输出的情况

微变等效电路如图 11.6.2 所示。

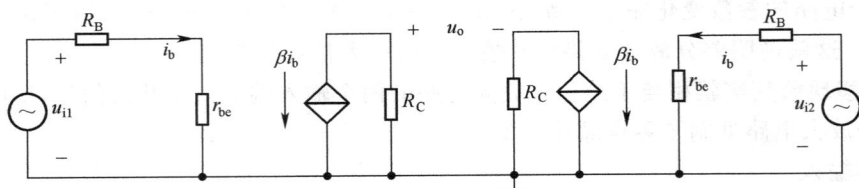

图 11.6.2　双端输入双端输出微变等效电路

此时,电路输入差模信号满足 $u_{i1} = -u_{i2}$,总的输入信号为 $u_i = u_{i1} - u_{i2} = 2u_{i1}$。图 11.6.2 中的微变等效电路左右两侧的放大倍数均为 $-\dfrac{\beta R_C}{R_B + r_{be}}$。最终的总电压放大倍数为

$$A_u = \frac{u_o}{u_i} = \frac{-\dfrac{\beta R_C}{R_B + r_{be}} u_{i1} - \left(-\dfrac{\beta R_C}{R_B + r_{be}} u_{i2}\right)}{u_{i1} - u_{i2}} = -\frac{\beta R_C}{R_B + r_{be}} \tag{11-6-11}$$

结果与单个共射极放大电路的电压放大倍数是一致的。电路的输入阻抗 r_i 和输出阻抗 r_o 为

$$r_i = \frac{u_i}{i_i} = 2(R_B + r_{be}) \tag{11-6-12}$$

$$r_o = \frac{u_o}{i_o} = 2R_C \tag{11-6-13}$$

2. 双端输入单端输出的情况

双端输入单端输出微变等效电路如图 11.6.3 所示。分析电压放大倍数、输入电阻和输出电阻为

$$A_u = \frac{u_o}{u_i} = \frac{-\dfrac{\beta R_C}{R_B + r_{be}} u_{i1}}{u_{i1} - u_{i2}} = \frac{-\dfrac{\beta R_C}{R_B + r_{be}} u_{i1}}{2u_{i1}} = -\frac{1}{2}\frac{\beta R_C}{R_B + r_{be}} \tag{11-6-14}$$

$$r_i = \frac{u_i}{i_i} = 2(R_B + r_{be}) \tag{11-6-15}$$

$$r_o = \frac{u_o}{i_o} = R_C \tag{11-6-16}$$

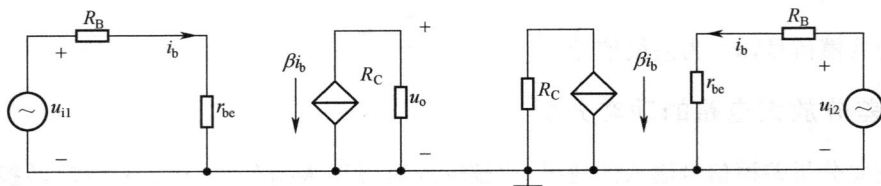

图 11.6.3　双端输入单端输出微变等效电路

可见,电压放大倍数和输出电阻均下降为双端输入双端输出的 $\frac{1}{2}$。此时,如果输出电压从右侧集电极引出,则电压放大倍数为正。

3. 单端输入双端输出的情况

此种情况下,$u_i = u_{i1}$,$u_{i2} = 0$,对应于比较输入。根据式(11-6-10)可以计算出:差模信号为 $u_{id} = \dfrac{u_i}{2}$,共模信号为 $u_{ic} = \dfrac{u_i}{2}$。此处只考虑差模信号时相当于差分放大电路,$u_{i1} = \dfrac{u_i}{2}$,$u_{i2} = -\dfrac{u_i}{2}$,故最终的电压放大倍数、输入电阻和输出电阻与双端输入双端输出情况一致。

4. 单端输入单端输出的情况

此种情况和双端输入单端输出的情况相同,分析略。

以上对差分放大电路的 4 种工作情况进行了分析,两个双端输出的情况的动态分析指标是一样的,两个单端输出的动态指标分析是一致的。这 4 种情况针对的都是空载的情况,如果带有负载 R_L,情况又如何呢?

对于双端输出的情况,由于负载电阻 R_L 中心点的位置是交流信号的地,相当于左右两个共射极放大电路的输出都接了一个 $\dfrac{R_L}{2}$ 的负载,而单端输出的情况就简单多了。据此可以在原来的电压放大倍数公式上做出相应调整。

11.6.3　共模抑制比

对差分放大电路而言,差模信号是有用信号,要求对它有较大的放大倍数;共模信号是需要抑制的,因此对它的放大倍数要越小越好。对共模信号的放大倍数越小,就意味着零点漂移越小,抗共模干扰能力越强,当用作比较放大时,就越能准确、灵敏地反映出信号的偏差值。为了全面衡量差分放大电路放大差模信号和抑制共模信号的能力,通常引用共模抑制比 K_{CMR} 来表征。其定义为放大电路对差模信号的放大倍数 A_d 和对共模信号的放大倍数 A_c 之比,即

$$K_{CMR} = \frac{A_d}{A_c} \tag{11-6-17}$$

或用对数形式表示

$$K_{CMR} = 20\lg\frac{A_d}{A_c}\text{dB} \tag{11-6-18}$$

显然,共模抑制比越大,差分放大电路分辨差模信号的能力越强,而受共模信号的影响越小。对于双端输出差分电路,若电路完全对称,则 $A_c = 0$,$K_{CMR} \to \infty$,这是理想情况。而实际情况是,电路完全对称并不存在,共模抑制比也不可能趋于无穷大。

原则上,提高双端输出差分放大电路共模抑制比的途径为:一方面要使电路参数尽量对称,另一方面则应尽可能地加大共模抑制电阻 R_E。对于单端输出的差分电路而言,主要的手段只能是加强共模抑制电阻 R_E 的作用。

[练习与思考]

11.6.1　差分放大电路在结构上有何特点?

11.6.2　什么是共模信号和差模信号,差分放大电路对这两种输入信号是如何区别对待的?

11.6.3　双端输入—双端输出差分放大电路为什么能抑制零点漂移,为什么共模抑制电阻 R_E 能提高抑制零点漂移的效果?是不是 R_E 越大越好?为什么 R_E 不影响差模信号的放大效果?

11.7　互补对称功率放大电路

功率放大器的主要功能是在保证信号不失真(或失真较小)的前提下获得尽可能大的信号输出功率。由于通常工作在大信号状态下,所以常用图解法进行分析。在功率放大器研究中需要关注的主要问题如下。

1. 输出功率 P_o 尽可能大

$$P_o = V_o I_o \qquad (11-7-1)$$

为了获得大的功率输出,要求功放管的电压和电流都有足够大的输出幅度,因此,功放管往往在接近极限状态下工作。

2. 效率 η 要高

$$\eta = \frac{P_o}{P_V} \times 100\% \qquad (11-7-2)$$

式中,P_o 为功放电路输出的功率,P_V 为直流电源供给功率。

3. 正确处理输出功率与非线性失真之间的矛盾

同一功放管随着输出功率增大,非线性失真往往越严重,因此应根据不同的应用场合,合理考虑对非线性失真的要求。

4. 功放管的散热与保护问题

在功率放大器中,有相当大的功率消耗在功放管的集电结上,使结温和管壳温度升高。为了充分利用允许的管耗而使功放管输出足够大的功率,功放管的散热是一个很重要的问题。

此外,在功率放大器中,为了输出大的功率信号,功放管承受的电压要高,通过的电流要大,功放管损坏的可能性也就比较大,所以,功放管的保护问题也不容忽视。

11.7.1　低频功率放大器的分类

通常在加入输入信号后,按照输出级晶体管集电极电流的导通情况,低频功率放大器可分为甲类、乙类、甲乙类,如图 11.7.1 所示。

(1) 甲类。在信号的一个周期内,功放管始终导通,其导电角 $\theta = 360°$。该类电路的主要优点是输出信号的非线性失真较小。主要缺点是:直流电源在静态时的功耗较大,效率 η 较低。在理想情况下,甲类功放的最高效率只能达到 50%。

(2) 乙类。在信号的一个周期内,功放管只有半个周期导通,其导电角 $\theta = 180°$。该类电路的主要优点是直流电源的静态功耗为零,效率 η 较高,在理想情况下,最高效率可达 78.5%。主要缺点是输出信号中会产生交越失真。

(3) 甲乙类。在信号的一个周期内,功放管导通的时间略大于半个周期,其导电角 $180° < \theta < 360°$。功放管的静态电流大于零,但非常小。这类电路保留了乙类功放的优点,且克服了乙类

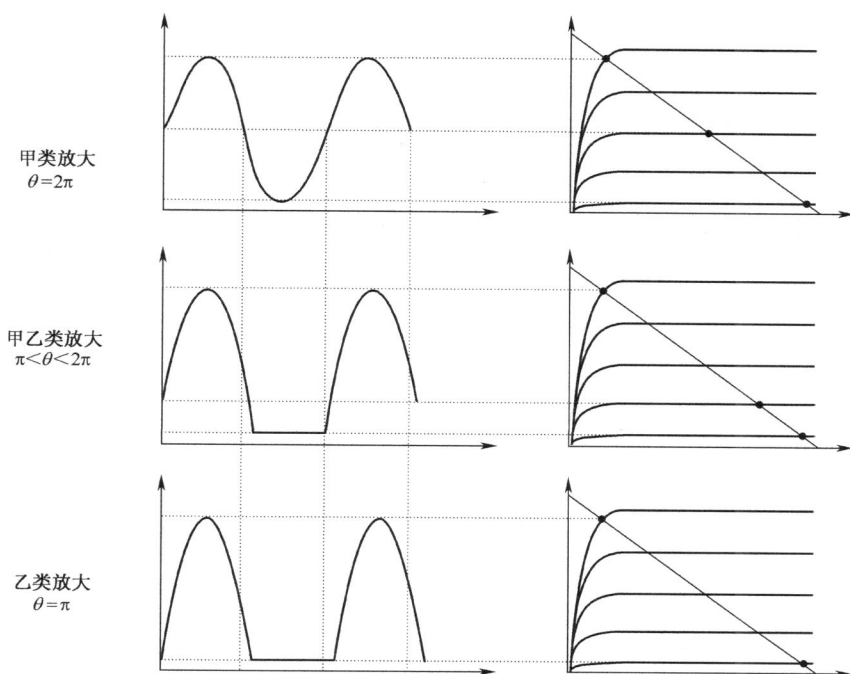

图 11.7.1　低频功率放大器的分类

功放的交越失真,是最常用的低频功率放大器类型。

11.7.2　乙类双电源(OCL)互补对称功率放大电路

1. 电路组成

电路组成如图 11.7.2 所示。由两射极输出器组成基本的互补对称电路。OCL 为 Output Capacitorless(无输出电容器)的缩写。

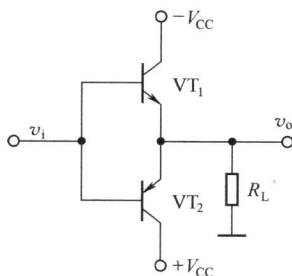

图 11.7.2　乙类 OCL 电路

2. 工作原理

在输入信号 v_i 的整个周期内,VT_1、VT_2 轮流导电半个周期,使输出 v_o 和 i_L 是一个完整的信号波形,如图 11.7.3 所示。

3. 电路的性能分析

(1) 输出功率 P

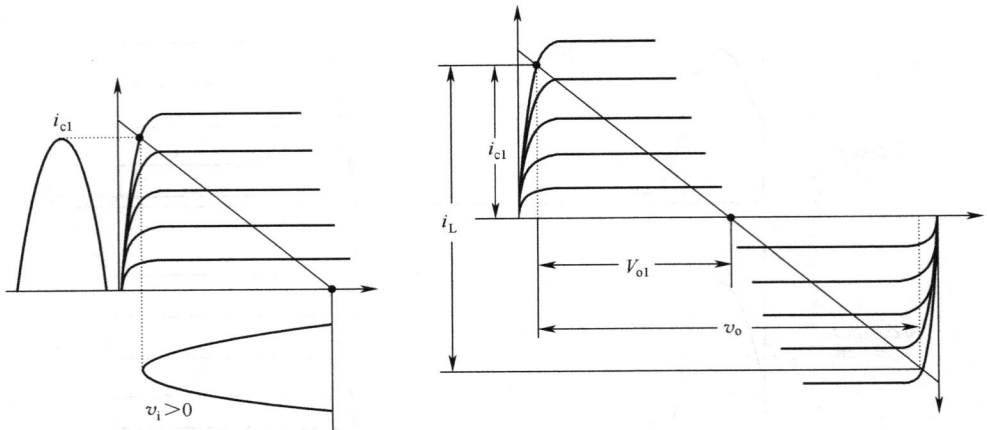

(a)$v_i>0$ 时 VT_1 的工作情况　　　　　　(b)互补对称电路的工作情况

图 11.7.3　工作原理

$$P_o = V_o I_o = \frac{1}{2}\frac{V_{om}^2}{R_L} \qquad (11-7-3)$$

最大输出功率为

$$P_o = \frac{1}{2}\frac{V_{CC}^2}{R_L} \qquad (11-7-4)$$

（2）晶体管管耗 P_T

$$P_T = P_{T1} + P_{T2} = \frac{2}{R_L}\left[\frac{V_{CC}V_{om}}{\pi} - \frac{V_{om}^2}{4}\right] \qquad (11-7-5)$$

当 $V_{om} \approx 0.6V_{CC}$ 时，具有最大管耗，最大管耗 P_{T1M} 为 $P_{T1M} = 0.2P_{om}$。

（3）直流电源供给的功率 P_V

$$P_V = P_o + P_T = \frac{2V_{CC}V_{om}}{\pi R_L} \qquad (11-7-6)$$

电源供给的最大输出功率为

$$P_{VM} = \frac{2V_{CC}^2}{\pi R_L} \qquad (11-7-7)$$

（4）效率 η

$$\eta = \frac{P_o}{P_V} = \frac{\pi V_{om}}{4V_{CC}} \qquad (11-7-8)$$

当 $V_{om} \approx V_{CC}$ 时，效率最高，最大效率为

$$\eta = \frac{P_o}{P_V} = \frac{\pi}{4} = 78.5\% \qquad (11-7-9)$$

由于电路没有直流偏置，而功率三极管的输入特性又存在死区，所以输出信号在零点附近会产生交越失真现象，如图 11.7.4 所示。

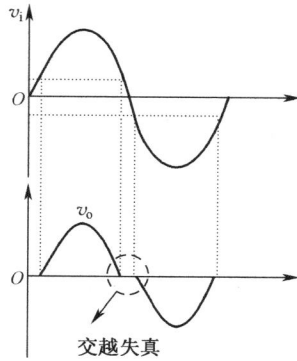

图 11.7.4　交越失真

11.7.3　甲乙类双电源（OCL）互补对称功率放大电路

为了克服交越失真，在静态时，为输出管 VT_1、VT_2 提供适当的偏置电压，使之处于微导通，从而使电路工作在甲乙类状态。甲乙类 OCL 电路静态点的设置方案如图 11.7.5 所示。

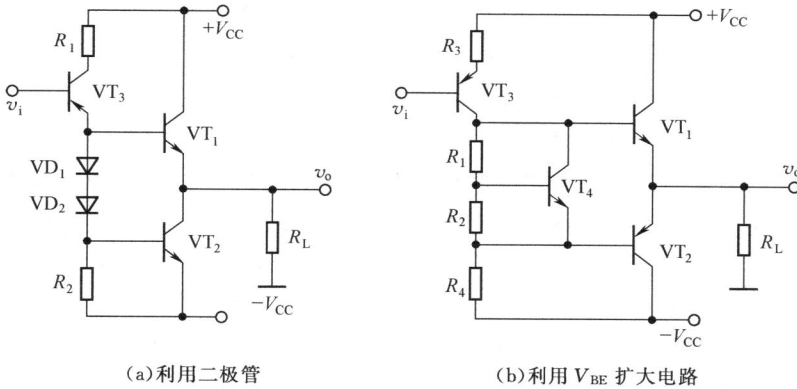

（a）利用二极管　　　　（b）利用 V_{BE} 扩大电路

图 11.7.5　甲乙类 OCL 电路的静态点设置

图 11.7.5（b）所示的方法在集成电路中常用到。可以证明

$$V_{CE4}=\left(1+\frac{R_1}{R_2}\right)V_{BE4}$$

(11 − 7 − 10)

适当调节 R_1、R_2 的比值，即可改变 VT_1、VT_2 的偏压值。

上述电路的静态工作电流虽不为零，但仍然很小，因此，其性能指标仍可用乙类互补对称电路的公式近似进行计算。

11.7.4　单电源（OTL）互补对称功率放大电路

如图 11.7.6 所示，OTL 是 Output Transformerless（无输出变压器）的缩写。

图 11.7.6 与图 11.7.2 的最大区别在于输出端接有大容量的电容 C。当 $v_i=0$ 时，由于 VT_1、VT_2 特性相同，即有 $V_C=\dfrac{V_{CC}}{2}$，

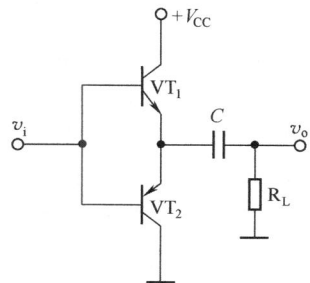

图 11.7.6　单电源（OTL）互补对称功率放大电路

电容 C 被充电到 $V_{CC}/2$。设 $R_L C$ 远大于输入信号 v_i 的周期,则 C 上的电压可视为固定不变,电容 C 对交流信号而言可看作短路。因此,用单电源和 C 就可以代替 OCL 电路的双电源。

OTL 电路的工作情况与 OCL 电路完全相同,偏置电路也可采用类似的方法处理。估算其性能指标时,用 $V_{CC}/2$ 代替 OCL 电路计算公式中的 V_{CC} 即可。

11.7.5 集成功率放大器

随着线性集成电路的发展,集成功率放大器的应用也日益广泛。OTL、OCL 电路均有各种不同输出功率和不同电压增益的多种型号的集成电路。应当注意,在使用 OTL 集成电路时,需外接输出电容。

[练习与思考]

11.7.1 从放大电路的甲类、甲乙类和乙类三种工作状态分析效率和失真。

11.7.2 在 OTL 电路中,为什么 C_L 的电容量必须足够大?

11.8 场效应管及其放大电路

许多电子设备中除了要用到三极管放大器,还经常使用场效应管放大器,尤其在功率放大、射频放大及集成电路中的应用较多。

场效应管(FET)是一种仍具有 PN 结但工作机理与三极管全然不同的新型半导体器件。它利用输入回路的电场效应来控制输出回路的电流大小,故以此命名。这种器件不仅兼有体积小、重量轻、耗电省、寿命长等特点,而且还有输入阻抗高($10^7 \sim 10^{12}\,\Omega$)、噪声低、热稳定性好、抗辐射能力强和制造工艺简单等优点,因而广泛地应用于各种电子电路中。

由于场效应管几乎仅靠半导体中的多数载流子导电,故又称单极型晶体管。根据结构的不同,场效应管可分为两大类,即结型场效应管(JFET)和金属—氧化物—半导体场效应管(MOS-FET)。本节主要介绍场效应管的基本特性及其基本放大电路。

11.8.1 结型场效应管

1. JFET 的工作原理

场效应管器件的外形与封装基本类同于三极管。场效应管按导电类型(电子型或空穴型)的不同可分为两大类,即 N 沟道场效应管和 P 沟道场效应管。

N 沟道结型场效应管的剖面结构示意图如图 11.8.1(a)所示。它是在一块 N 型半导体材料两侧分别扩散出高浓度的 P 型区(用 P^+ 表示)并形成两个 PN 结而构成的。两个 P^+ 型区外侧各引出一个电极并连接在一起,作为一个电极,称为栅极 G。在 N 型半导体材料的两端各引出一个电极,分别称为源极 S 和漏极 D。G、S、D 三个电极的作用分别类似于 BJT 的 B、E、C。两个 PN 结中间的 N 型区域称为导电沟道。由于该导电沟道为 N 型沟道,因此这种结构的场效应管称为 N 沟道结型场效应管。图 11.8.1(b)所示为它的电路符号,其中箭头的方向表示 PN 结正偏的方向,即由 P 指向 N。因此,从符号上可直接看出 D、S 之间是 N 沟道,同时箭头位置在水平方向与 S 极对齐,所以也可从符号上直接读出 G、S、D 极。

　　按照类似的方法,在一块 P 型半导体材料两侧分别扩散出高浓度的 N 型区(用 N$^+$ 表示),并引出相应的 G、S、D 极,就可以得到 P 沟道结型场效应管,其电路符号如图 11.8.1(c)所示(其中箭头的方向与 N 沟道管相反)。

　　N 沟道 JFET 的直流偏置电路如图 11.8.1(d)所示(P 沟道 JFET 的直流电源极性与之相反)。N 沟道 JFET 正常工作时,栅极与源极之间应加负电压,即 $u_{GS}<0$,使栅极、沟道间的 PN 结任何一处都处于反偏状态。因此,栅极电流 $i_G≈0$,场效应管可呈现高达 $10^7\,\Omega$ 以上的输入电阻。而漏极与源极之间则加正电压,即 $u_{DS}>0$,使 N 沟道中的多数载流子(电子)在电场作用下由源极向漏极运动(与"源"和"漏"的字面含义相吻合),形成漏极电流 i_D。

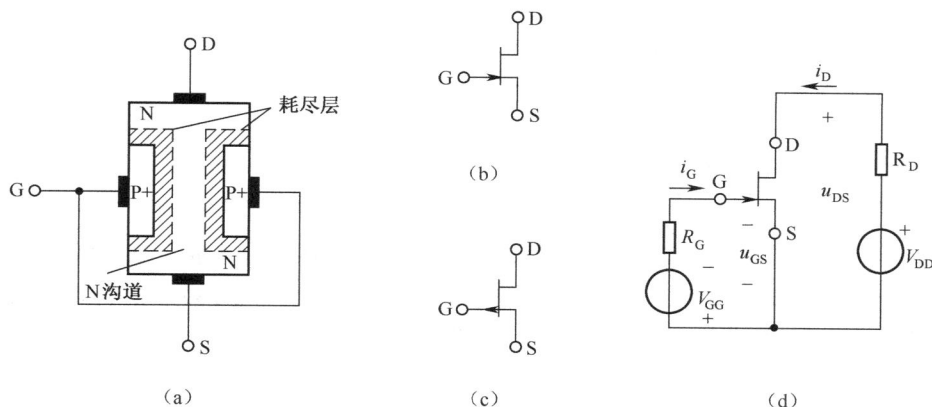

图 11.8.1　结型场效应管结构、符号及其偏置

　　下面以 N 沟道 JFET 为例,讨论 JFET 的工作原理。N 沟道 JFET 正常工作时,偏置电压为 $u_{GS}<0$,$u_{DS}>0$。分析 JFET 的工作原理,主要是讨论 u_{GS} 对 i_D 的控制作用以及 u_{DS} 对 i_D 的影响。

　　为讨论方便,首先假设 $u_{DS}=0$。当 u_{GS} 由 0 向负值增大时,反向偏置加大,耗尽层变宽,导电沟道变窄,沟道电阻增大,反之亦然,如图 11.8.2(a)所示(因为 P$^+$ 区杂质浓度远高于 N 区,则 N 区耗尽层要比 P 区宽得多,因此图中只画出了 N 区的耗尽层)。

　　当 $|u_{GS}|$ 进一步增加到某一数值时,两侧耗尽层相遇,沟道被耗尽层完全夹断,导电沟道的宽度为零,如图 11.8.2(b)所示,此时漏源极间的电阻将趋于无穷大。两侧耗尽层正好相遇时的栅源电压称为夹断电压,用 $U_{GS(off)}$ 表示。显然,N 沟道 JFET 的 $U_{GS(off)}<0$。

　　由以上讨论可知,通过改变 u_{GS} 可以有效地控制沟道电阻的大小,从而控制漏源极之间的导电性能和漏极电流 i_D 的大小(在外加一定的正向电压 u_{DS} 的情况下)。

　　为讨论方便,首先假设 $u_{GS}=0$。

　　当 $u_{GS}=0$ 时,导电沟道最宽,沟道电阻最小,在一定 u_{DS} 作用下的 i_D 也最大。粗略地看,沟道呈现线性电阻特性,i_D 将随 u_{DS} 增大而线性增大,反之亦然。不过实际情况并非如此简单。

　　显然,若开始 $u_{DS}=0$,则 $i_D=0$。但随着 u_{DS} 的逐渐增大,一方面,i_D 随之增大;另一方面,当 i_D 流过沟道时,沿着沟道产生电压降,使沟道各点电位不再相等,即沟道各点 PN 结的反向电压也不相等,而是沿沟道从源极到漏极逐渐增加,在源端 PN 结的反向电压为 0(最小),在漏端 PN 结的反向电压为 u_{DS}(最大),这就使得耗尽层从源端到漏端逐渐加宽,形成源端较宽、漏

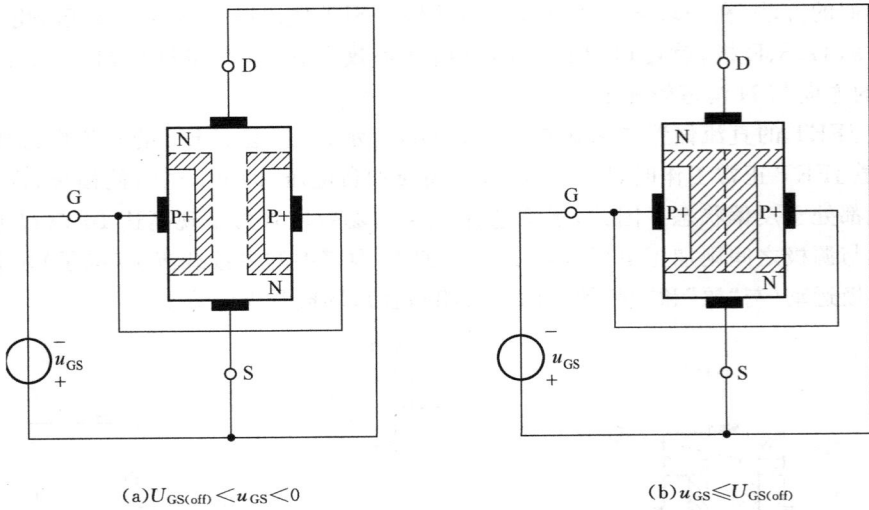

(a)$U_{GS(off)} < u_{GS} < 0$　　　　　　　　　　　(b)$u_{GS} \leqslant U_{GS(off)}$

图 11.8.2　$u_{DS} = 0$ 时 u_{GS} 对沟道的影响

端较窄的楔形沟道,并使沟道电阻有所增大,如图 11.8.3(a)所示。由此可见,u_{DS} 的增大,一方面促使了 i_D 的增大,另一方面又减缓了 i_D 的增加速度。不过在 u_{DS} 较小时,导电沟道在漏端区的区域仍较宽,减缓的作用并不明显,因此 i_D 基本上随 u_{DS} 增大而线性增大,在输出特性曲线上表现为线性上升特性,如图 11.8.4(a)所示。

随着 u_{DS} 的进一步增大,漏端区的沟道变得更加狭窄。当 u_{DS} 增大到 $|U_{GS(off)}|$(即 $u_{GD} = U_{GS(off)}$)时,漏端区的耗尽层在 A 点相遇,如图 11.8.3(b)所示,这种情况称为预夹断(点夹断,区别于 $u_{GS} = U_{GS(off)}$ 时的全夹断),此时的 i_D 称为饱和漏电流,用 I_{DSS} 表示。I_{DSS} 下标中的第 2 个 S 表示栅源极间短路的意思。

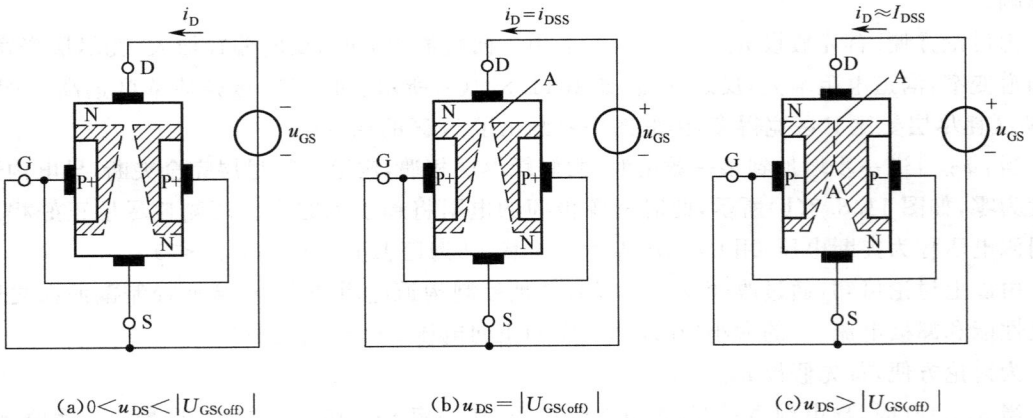

(a)$0 < u_{DS} < |U_{GS(off)}|$　　　　(b)$u_{DS} = |U_{GS(off)}|$　　　　(c)$u_{DS} > |U_{GS(off)}|$

图 11.8.3　$u_{GS} = 0$ 时 u_{DS} 对沟道的影响

当 u_{DS} 继续增大时,夹断长度会有所增加,A 点向源极方向延伸,形成夹断区,如图 11.8.3(c)所示。需要指出的是,夹断区的形成并不意味着 i_D 将下降甚至为零,因为若 i_D 下降为零,则夹断区也不复存在。实际上,出现预夹断以后,u_{DS} 超过 $|U_{GS(off)}|$ 那部分电压将落在夹断区上,使夹断区的电场很强,仍能将电子拉过夹断区(即为耗尽层),并形成漏极电流 i_D。在未被夹断的沟道上,沟道内电场基本上不随 u_{DS} 的改变而变化,所以 i_D 基本上不随 u_{DS} 增大而上升,而

大致保持 I_{DSS} 值,管子呈现恒流(饱和)特性,在输出特性曲线上表现为线性水平特性,如图 11.8.4(a)所示。

当 $U_{GS(off)} < u_{GS} < 0$ 时,相对于 $u_{GS}=0$ 而言,整个沟道在一开始就相对较窄,因此在相同 u_{DS} 的作用下 i_D 也相对较小,在输出特性曲线上表现为对应的曲线整体均在 $u_{GS}=0$ 所对应的曲线下方,如图 11.8.4(a)所示。显然,由于加在漏栅区 PN 结的反向电压 $|u_{GD}| = |u_{GS}-u_{DS}|$,而 $U_{GS(off)}$ 是固定的,因此,随着 $|u_{GS}|$ 的增大,发生预夹断所对应的 u_{DS} 也减小,相应地 i_D 也随之减小。

当 $u_{GS} \leqslant U_{GS(off)}$ 时,整个沟道被全夹断,此时无论 u_{DS} 大小如何,均有 $i_D=0$。

综上所述,可得 JFET 的基本特点如下:

(1) JFET 的 PN 结应为反向偏置,即 $u_{GS} < 0$,因此其 $i_G \approx 0$,输入电阻很高。

(2) 预夹断前,i_D 与 u_{DS} 呈线性关系;预夹断后,i_D 趋于饱和(不受 u_{DS} 控制)。

(3) JFET 是电压控制电流型器件,i_D 受 u_{GS} 控制(当 u_{DS} 较大时)。

2. JFET 的特性曲线

JFET 的输出电流 i_D 不但取决于输出电压 u_{DS},而且还与输入电压 u_{GS} 有关,即

$$i_D = f(u_{DS}, u_{GS}) \tag{11-8-1}$$

为了在二维平面上绘出它们的关系曲线,可以把 u_{GS} 或 u_{DS} 作为参变量,从而可以得到 JFET 的输出特性和转移特性曲线。

JFET 的输出特性是指当栅源电压 u_{GS} 为某一定值时,漏极电流 i_D 与漏源电压 u_{DS} 之间的关系,即

$$i_D = f(u_{DS})|_{u_{GS}} = 常数 \tag{11-8-2}$$

图 11.8.4(a)所示为某 N 沟道 JFET 的输出特性曲线。其中,管子的工作情况可分为 4 个区域,现分别加以讨论。

(1) 可变电阻区。即图 11.8.4(a)中预夹断轨迹左边的区域(满足 $u_{GS} > U_{GS(off)}$ 和 $u_{DS} < u_{GS}-U_{GS(off)}$ 的条件)。该区域 u_{DS} 较小,管子工作在预夹断前的状态。工作在这一区域的场效应管可看成一个受栅源电压 u_{GS} 控制的可变电阻,所以该区被称为可变电阻区。

(2) 恒流区或饱和区。即图 11.8.4(a)中预夹断轨迹右边但尚未击穿的区域(满足 $u_{GS} > U_{GS(off)}$ 和 $u_{DS} > u_{GS}-U_{GS(off)}$ 的条件)。该区域 u_{DS} 较大,管子工作在预夹断后的状态,其工作原理已如前所述。当 JFET 用在放大电路中时,就工作在这一区域,因此该区又称为线性放大区。

(3) 击穿区。随着 u_{DS} 的继续增大,PN 结将因反向电压过大而击穿,i_D 急剧增加,管子处于击穿状态,所以这个区域称为击穿区。由于击穿时管子不能正常工作且容易烧毁,因此 JFET 不允许工作在这个区域。

(4) 夹断区。当 $u_{GS} \leqslant U_{GS(off)}$(即 $|u_{GS}| \geqslant |U_{GS(off)}|$)时,沟道被全部夹断,$i_D \approx 0$。图 11.8.4(a)中靠近横轴的部分就是夹断区,它相当于 BJT 的截止区。

【例 11.8.1】　电路中 3 个 N 沟道 JFET 的 $U_{GS(off)} = -3.5V$,若测得直流电压 U_{GS}、U_{DS} 分别为下列各组数值,试判断它们各自的工作区域。

(1) $U_{GS} = -2V$,$U_{DS} = 4V$。

(2) $U_{GS} = -2V$,$U_{DS} = 1V$。

(3) $U_{GS} = -4V$,$U_{DS} = 3V$。

解:(1)由于$U_{GS}>U_{GS(off)}$,又$U_{GD}=U_{GS}-U_{DS}=-2-4=-6V$,即$U_{GD}<U_{GS(off)}$,故漏极出现夹断区,管子工作在恒流区。

(2)由于$U_{GS}>U_{GS(off)}$,又$U_{GD}=U_{GS}-U_{DS}=-2-1=-3V$,即$U_{GD}>U_{GS(off)}$,故管子工作在可变电阻区。

(3)由于$U_{GS}<U_{GS(off)}$,$U_{DS}>0$,故管子工作在夹断区。

由于JFET是电压控制型器件,不同于电流控制型器件BJT,其输入电流(i_G)几乎等于0,所以讨论JFET的输入特性是没有意义的。

这里所讨论的转移特性是指当漏源电压u_{DS}为某一定值时,漏极电流i_D与栅源电压u_{GS}的关系,即

$$i_D=f(u_{GS})|_{u_{DS}}=常数 \qquad (11-8-3)$$

容易看出,转移特性与输出特性都是反映i_D与u_{GS}、u_{DS}的关系,只不过自变量与参变量对换而已。显然,可以直接由输出特性转换而得到转移特性。图11.8.4(b)所示为与图11.8.4(a)所示的输出特性相对应的转移特性曲线。实际上,每改变一次u_{DS}值,就可以得到一条转移特性曲线。但是当u_{DS}较大时,管子工作在恒流区,此时i_D几乎不随u_{DS}而变化,因此不同的转移特性曲线几乎重合,因此可用图11.8.4(b)所示的一条转移特性曲线来代表恒流区的所有转移特性曲线,从而使分析得以简化。该曲线直观地反映了u_{GS}对i_D的控制作用。

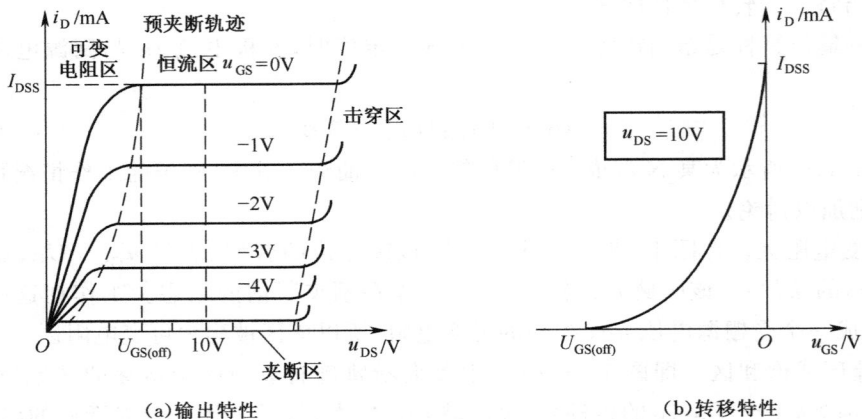

(a)输出特性　　　　　　　　　　　　(b)转移特性

图11.8.4　N沟道结型场效应管的特性曲线

若$U_{GS(off)}\leqslant u_{GS}\leqslant 0$,则恒流区的转移特性可用下式近似表示

$$i_D=I_{DSS}\left(1-\frac{u_{GS}}{U_{GS(off)}}\right)^2 \qquad (11-8-4)$$

由式(11-8-4)可知,只要给出I_{DSS}和$U_{GS(off)}$值,就可以得到转移特性曲线中的任意一点的值。

与BJT相似,FET也有3种组态,即共源、共漏和共栅。场效应管的共源组态如图11.8.5(a)所示。

如果输入信号很小,FET工作在线性放大区,即输出特性中的恒流区,与BJT一样,也可用微变电路来等效分析。

对于输入回路,由于FET的栅极电流$i_G\approx 0$,其输入电阻很高,因此可近似认为栅、源极间开路。输入回路的微变等效电路如图11.8.5(b)所示。

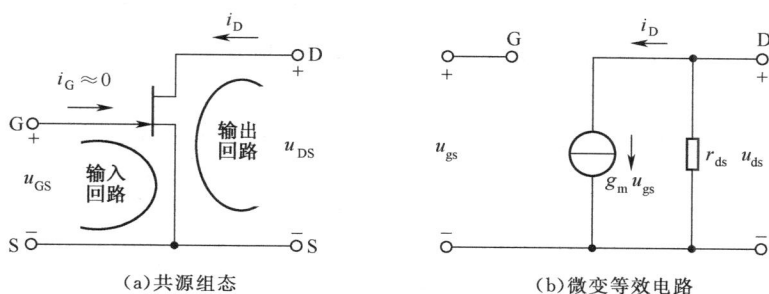

(a)共源组态　　　　　　　　(b)微变等效电路

图 11.8.5　场效应管的共源组态与输入回路的微变等效电路

对于输出回路,由于 FET 工作在恒流区,输出电流 i_D 主要由 u_{GS} 决定,即有一个输入电压 u_{GS},就必有一个相应的输出电流 i_D 与之对应。因此,为了能定量描述 FET 的放大能力,即 u_{GS} 对 i_D 的控制能力,这里引入参数 g_m。其定义为,u_{DS} 一定时漏极电流的微变量 Δi_D 和引起这个变化的栅源电压的微变量 Δu_{GS} 之比,即

$$g_m = \frac{\Delta i_D}{\Delta u_{GS}}\bigg|_{u_{DS}=常数} \qquad (11-8-5)$$

g_m 称为低频跨导,简称跨导(或互导)。跨导反映了栅源电压对漏极电流的控制能力,它相当于转移特性曲线上工作点处的切线斜率,单位为 mS。g_m 值一般在 0.1~20mS 范围内,同一管子的 g_m 值与其工作电流有关。显然,g_m 越大,放大能力越强。

当 $\Delta u_{GS} \to 0$ 时,$g_m = \dfrac{\mathrm{d}i_D}{\mathrm{d}u_{GS}}\bigg|_{u_{DS}=常数}$,于是,由式(11-7-14)得

$$g_m = -\frac{2I_{DSS}}{U_{GS(off)}}\left(1-\frac{u_{GS}}{U_{GS(off)}}\right) \quad ,若 U_{GS(off)} \leqslant u_{GS} \leqslant 0 \qquad (11-8-6)$$

或

$$g_m = -\frac{2}{U_{GS(off)}}\sqrt{I_{DSS}i_D} \quad ,若 U_{GS(off)} \leqslant u_{GS} \leqslant 0 \qquad (11-8-7)$$

由式(11-8-7)可以看出,工作点电流($i_D=I_D$)越大,g_m 越大。

在这里,可以把 BJT 和 FET 的放大能力作一个对比。为使两者的放大能力具有可比性,可以在三极管中也引入参数 g_m。显然,工作在放大区的三极管 $g_m = \dfrac{\Delta i_C}{\Delta u_{BE}} = \dfrac{\Delta i_C}{\Delta i_B r_{be}} = \dfrac{\beta}{r_{be}}$。典型地,设某一 BJT 的 $\beta=100$,$r_{be}=1k\Omega$,则该 BJT 的 $g_m=100mS$,比一般的 FET 的 g_m 要大得多,即 BJT 的放大能力要比 FET 强得多。

引入参数 g_m 后,就可以在输出回路中用受控电流源 $g_m u_{gs}$ 来表示 i_d 受 u_{gs} 控制的关系。另外,在输出回路中还应包含一个较大的漏电阻 r_{ds}。显然,r_{ds} 是与受控电流源相并联的。通过上述分析,可以得到 FET 输出回路的等效电路如图 11.8.5(b)所示。电路中,由于 r_{ds} 往往比与之并联的输出回路负载大得多,因此实际分析时常可以忽略。

11.8.2　金属—氧化物—半导体场效应管

JFET 的栅源极间输入电阻虽然可达 $10^6 \sim 10^9\ \Omega$,但这个电阻从本质上来说是 PN 结的反向电阻,而 PN 结反向电流的存在和温度对它的影响,都使输入电阻的进一步提高受到限制。

针对这一问题,可以考虑将栅极绝缘起来,但电场效应对导电沟道的基本作用依然保持,这样就可以极大地提高输入电阻。金属—氧化物—半导体场效应管即 MOSFET 就是根据这种设想制成的。

由于 MOSFET 的栅极与源极、漏极都是绝缘的,故又称为绝缘栅型场效应管(IGFET)。目前,应用最广泛的绝缘栅型场效应管是以二氧化硅作为金属(铝)栅极和半导体之间的绝缘层,由于这种绝缘栅型场效应管是由金属、氧化物和半导体组成的,所以称为 MOSFET,简称 MOS 管。MOS 管的输入阻抗很高,最高可达 10^{15} Ω。绝缘栅型场效应管除了用得最广泛的 MOS 管外,还有以氮化硅为绝缘层的 MNS 管,以氧化铝为绝缘层的 MALS 管等,这里只讨论 MOS 管。

MOS 管也有 N 沟道和 P 沟道两类,其中每一类又可分成增强型和耗尽型两种。增强型就是 $u_{GS}=0$ 时,没有导电沟道,不论 u_{DS} 大小,均有 $i_D=0$,只有当 $u_{GS}>0$(N 沟道)或 $u_{GS}<0$(P 沟道)时才可能出现导电沟道。耗尽型就是 $u_{GS}=0$ 时就存在导电沟道(JFET 属于耗尽型),$u_{DS}\neq0$,则 $i_D\neq0$。

1. N 沟道增强型 MOSFET

N 沟道增强型 MOS 管的结构示意图如图 11.8.6(a)所示。它是在一块 P 型硅衬底(低掺杂,电阻率较高)的基础上扩散两个高掺杂的 N^+ 区,在 N^+ 区表面上覆盖一层铝并引出电极,分别作为源极 S 和漏极 D;在 P 型硅表面生成一层很薄的二氧化硅绝缘层,在绝缘层上面覆盖一层铝,并引出电极作为栅极 G;管子的衬底也引出一个电极 B。由于栅极与源极和漏极均无电接触,因此称为绝缘栅极。

N 沟道增强型 MOS 管的电路符号如图 11.8.6(b)所示,其中的箭头方向表示由 P(衬底)指向 N(沟道)。P 沟道增强型 MOS 管的电路符号如图 11.8.6(c)所示,其箭头方向与 N 沟道 MOS 管相反。

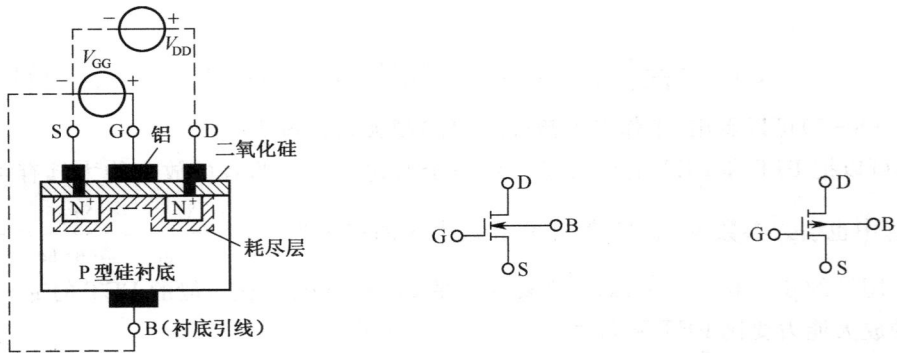

(a)N 沟道增强型 MOS 管结构示意图　(b)N 沟道增强型 MOS 管符号　(c)P 沟道增强型 MOS 管符号

图 11.8.6　增强型 MOS 管的结构及符号

由图 11.8.6(a)可以看出,当栅源极短路(即 $u_{GS}=0$)时,源区(N^+ 型)、衬底(P 型)和漏区(N^+ 型)就形成两个背向串联的 PN 结,因此,不论 u_{DS} 的极性如何,其中总有一个 PN 结是反偏的,所以漏源极之间没有形成导电沟道,$i_D\approx0$。实际上,N 沟道增强型 MOS 管是在一定的 u_{GS} 的作用下才能形成导电沟道并可控制沟道的宽窄变化。

N 沟道增强型 MOS 管的偏置电压的极性如图 11.8.6(a)所示(MOS 管的衬底和源极通常

直接相连),栅源极之间加正电压(为了形成导电沟道),即 $u_{GS}>0$。为了使 P 型硅衬底和漏极 N^+ 区之间的 PN 结处于反偏状态,漏源极之间也应加正电压,即 $u_{DS}>0$。

为讨论方便,首先假设 $u_{DS}=0$,即漏极与源极短接。

如图 11.8.7(a)所示,当栅源极间加上一定的 $u_{GS}(>0)$ 时,由于栅极(铝层)和 P 型硅衬底构成了相当于以二氧化硅为介质的平板电容器,在正的 u_{GS} 作用下,介质中便产生一个垂直于半导体表面的由栅极指向 P 型硅衬底的电场,这个电场是排斥空穴而吸引电子的,因此 P 型衬底靠近栅极的多子空穴被排斥向衬底内运动,在其表面留下带负电的受主离子,形成耗尽层,并与原 PN 结耗尽层相连。与此同时,这个电场将吸引少量的 P 型衬底中的少子电子到衬底表面。

随着 u_{GS} 的增大,耗尽层加宽,同时被吸引到衬底表面的电子也增多。当 u_{GS} 增大到一个临界值时,足够大的电场吸引更多的电子到表面层,这些电子在耗尽层和绝缘层之间形成一个 N 型薄层,它和 P 型衬底的导电类型相反,故称为反型层。反型层与两侧的 N^+ 区相连,构成了漏源极之间的 N 型导电沟道,如图 11.8.7(b)所示。由于这个沟道是栅源电压感应产生的,所以也称为感生沟道。显然,如果 u_{GS} 再进一步增大,反型层即 N 沟道将加宽,即可以用 u_{GS} 来控制导电沟道的宽窄。

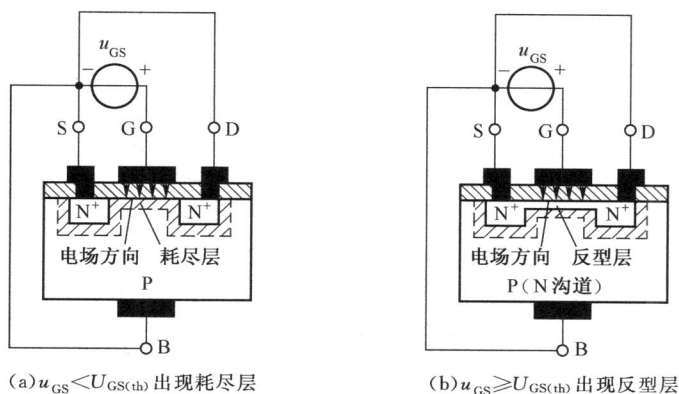

(a) $u_{GS}<U_{GS(th)}$ 出现耗尽层　　　　　　(b) $u_{GS}\geqslant U_{GS(th)}$ 出现反型层

图 11.8.7　$u_{DS}=0$ 时 N 沟道增强型 MOS 管导电沟道的形成

使导电沟道(反型层)开始形成的栅源电压称为开启电压 $U_{GS(th)}$。假设 $u_{GS}>U_{GS(th)}$,$u_{DS}>0$。如图 11.8.8(a)所示,导电沟道形成后(即 $u_{GS}>U_{GS(th)}$),漏源正电压 u_{DS} 对沟道和 i_D 的影响与 JFET 相似。当 u_{DS} 较小时,由于漏极电流 i_D 沿沟道产生的压降使沟道中各点的电位不相等,因此,沟道宽度是不均匀的,靠近源端处宽,靠近漏端处窄。此时,i_D 随 u_{DS} 的增大而迅速增加。若 u_{DS} 增大到 $u_{GD}=U_{GS(th)}$,即 $u_{DS}=u_{GS}-U_{GS(th)}$ 时,沟道在漏端出现预夹断,如图 11.8.8(b)所示。若 u_{DS} 再继续增大,则 $u_{GD}<U_{GS(th)}$,漏端出现向源端延伸的夹断区,如图 11.8.8(c)所示,此时 i_D 趋于饱和。

N 沟道增强型 MOS 管的输出特性曲线和转移特性曲线分别如图 11.8.9(a)和(b)所示。

与 JFET 类似,该输出特性曲线也分为可变电阻区、恒流区、击穿区和夹断区,其中可变电阻区和恒流区的分界线为预夹断轨迹,即 $u_{DS}=u_{GS}-U_{GS(th)}$,或 $u_{GD}=U_{GS(th)}$。这时漏端处于反型层刚形成的临界状态。由于 $u_{GS}\geqslant U_{GS(th)}$ 时沟道才形成,即有 i_D 产生,因此转移特性曲线从 $U_{GS(th)}$ 开始,而当 $u_{GS}<U_{GS(th)}$ 时 $i_D=0$。显然,恒流区需满足 $u_{GS}\geqslant U_{GS(th)}$ 和 $u_{DS}\geqslant u_{GS}-U_{GS(th)}$。

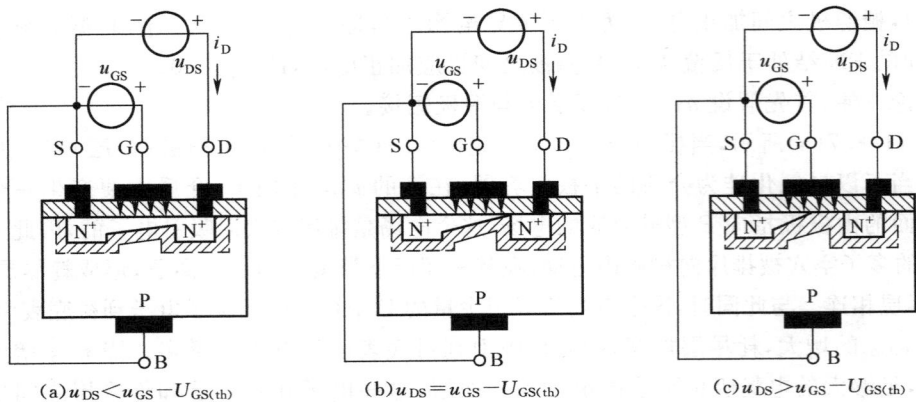

(a) $u_{DS} < u_{GS} - U_{GS(th)}$ (b) $u_{DS} = u_{GS} - U_{GS(th)}$ (c) $u_{DS} > u_{GS} - U_{GS(th)}$

图 11.8.8 $u_{GS} \geqslant U_{GS(th)}$ 时 u_{DS} 对 N 沟道的影响

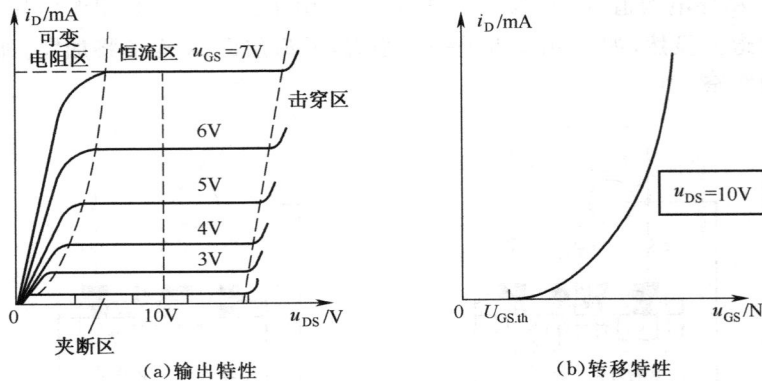

(a) 输出特性   (b) 转移特性

图 11.8.9   N 沟道增强型 MOS 管的特性曲线

与 JFET 类似,恒流区内,N 沟道增强型 MOS 管的 i_D 可近似表示为

$$i_D = I_{DO} \left(\frac{u_{GS}}{U_{GS(th)}} - 1 \right)^2 \quad , \quad u_{GS} > U_{GS(th)} \qquad (11-8-8)$$

式中,I_{DO} 为 $u_{GS} = 2U_{GS(th)}$ 时的 i_D 值。增强型 MOSFET 的微变等效电路同 JFET 完全相同,如图 11.8.5(b) 所示。

2. N 沟道耗尽型 MOSFET

N 沟道耗尽型 MOS 管的结构如图 11.8.10(a) 所示。可以看出,它与 N 沟道增强型 MOS 管的结构基本相同,不过在制造时,在两个 N^+ 区之间的 P 型衬底表面掺入少量 5 价元素,预先形成局部的低掺杂的 N 区。其电路符号如图 11.8.10(b) 所示。图 11.8.10(c) 所示为 P 沟道耗尽型 MOS 管的符号。

1) 偏置

N 沟道耗尽型 MOS 管工作时,漏源极之间的偏置电压为正,即 $u_{DS} > 0$,但栅源极之间的偏置电压 u_{GS} 可正可负。

2) 工作原理

如图 11.8.10(a) 所示,由于局部低掺杂 N 区的存在,因此即使 $u_{GS} = 0$,P 型衬底的表面层已含有一定数量的电子,即已经形成导电沟道(反型层),此时若在漏源极之间加正电压 u_{DS},就有 i_D 产生。当正电压 u_{DS} 为某一固定值时,如果 $u_{GS} > 0$,则 P 型衬底表面层的电子增多,沟道变宽，i_D 增大；反之，如果 $u_{GS}<0$，则 P 型衬底表面层的电子减少，沟道变窄，i_D 减小。当 u_{GS} 减小到某一临界值时反型层消失，漏源极之间失去导电沟道，$i_D=0$，这时的栅源电压 u_{GS} 称为夹断电压 $U_{GS(off)}$。

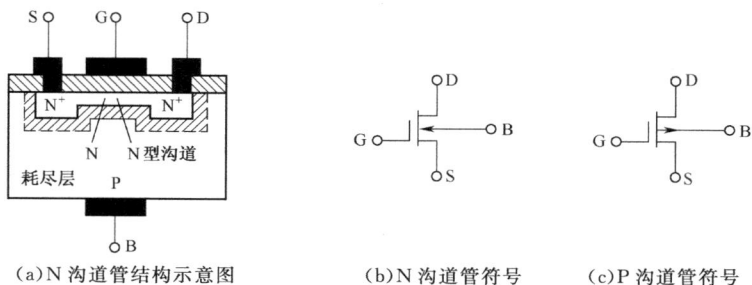

(a)N 沟道管结构示意图　　　　　(b)N 沟道管符号　　(c)P 沟道管符号

图 11.8.10　耗尽型 MOS 管的结构与符号

对于耗尽型 MOSFET，当 $u_{GS}>0$ 时，由于绝缘层的存在，它不是像 N 沟道 JFET 那样，因 PN 结正偏而产生较大的栅极电流，失去了对 i_D 的控制作用，而是在沟道中产生更多的电子，使 i_D 增加，并且不会产生栅极电流。因此，在一定范围内无论栅源电压为正或为负，都能控制 i_D 的大小，而且基本上无栅极电流，这是耗尽型 MOSFET 的一个重要特点。

3）特性曲线

N 沟道耗尽型 MOS 管的特性曲线如图 11.8.11(a)和图 11.8.11(b)所示，与 N 沟道 JFET 的特性曲线相似。其输出特性曲线也可分为可变电阻区、恒流区、击穿区和夹断区。由恒流区的转移特性曲线可知，在 $u_{GS}=0$ 时，$i_D=I_{DSS}$ 较大；随着 u_{GS} 的减小，i_D 也减小，当 $u_{GS}=U_{GS(off)}$ 时，$i_D\approx 0$；当 $u_{GS}>0$ 时，$i_D>I_{DSS}$。恒流区的转移特性也可近似地用式(11-8-4)表示。

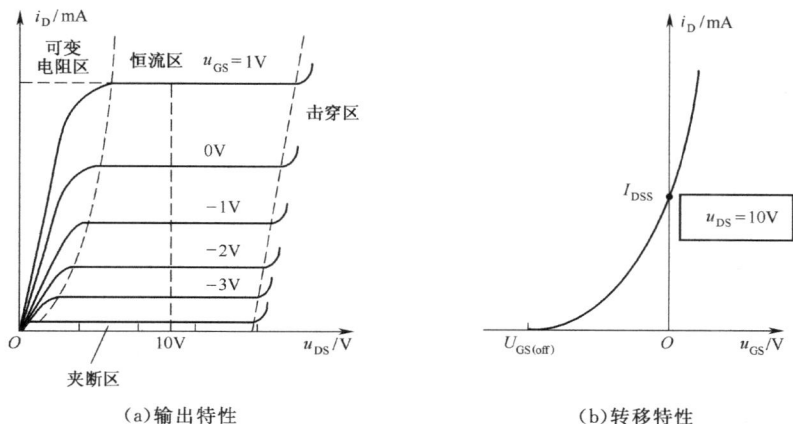

(a)输出特性　　　　　　　　　　(b)转移特性

图 11.8.11　N 沟道耗尽型 MOS 管的特性曲线

4）微变等效电路

耗尽型 MOSFET 的微变等效电路同 JFET 完全相同，如图 11.8.5(b)所示。

11.8.3　场效应管的主要参数

1. 直流参数

1）开启电压 $U_{GS(th)}$

开启电压 $U_{GS(th)}$ 指在 u_{DS} 为一常量时（如 10V），使 $i_D > 0$ 所需的最小 u_{GS} 值。手册中给出的是在 I_D 为规定的微小电流（如 5μA）时的 u_{GS}。$U_{GS(th)}$ 是增强型 MOSFET 的参数。

2）夹断电压 $U_{GS(off)}$

与 $U_{GS(th)}$ 相类似，$U_{GS(off)}$ 是在 u_{DS} 为常量的情况下，i_D 为规定的微小电流（如 5μA）时的 u_{GS}，它是 JFET 和耗尽型 MOSFET 的参数。

3）饱和漏电流 I_{DSS}

在 $u_{GS} = 0$ 的条件下，$|u_{DS}| \geqslant |U_{GS(off)}|$ 时的漏极电流称为饱和漏电流 I_{DSS}。通常令 $u_{DS} = 10V$，$u_{GS} = 0V$ 测出的 i_D 就是 I_{DSS}。此定义适用于 JFET 和耗尽型 MOSFET。对于增强型 MOSFET，对应的参数是 I_{DO}（$u_{GS} = 2U_{GS(th)}$，$|u_{DS}| \geqslant |U_{GS(off)}|$ 条件下所测出的 I_D）。

4）直流输入电阻 R_{GS}

在栅源极之间加一定电压时，该电压与它产生的栅极电流的比值，即 R_{GS}，它是栅源极之间的直流电阻。JFET 一般 $R_{GS} > 10\text{M}\Omega$，MOS 一般 $R_{GS} > 10^3\text{M}\Omega$。

2. 交流参数

1）低频跨导（互导）g_m

g_m 的概念及其意义前已述及，这里不再重复。需要指出的是，手册上给出的 g_m 值是在给定的参考测试条件下得到的，而实际的工作条件往往与之有一定的差别，这一点请务必注意。

2）输出电阻 r_{ds}

在 u_{GS} 为某一固定值时，漏源电压的微变量 Δu_{DS} 与它所引起的漏极电流的微变量 Δi_D 之比，称为漏极输出电阻 r_{ds}，即

$$r_{ds} = \frac{\Delta u_{DS}}{\Delta i_D} \bigg|_{u_{GS}} = 常数 \qquad (11-8-9)$$

r_{ds} 表明了 u_{DS} 对 i_D 的影响，是输出特性上某点切线斜率的倒数，它是漏源极之间的交流电阻。由于恒流区中 i_D 几乎不随 u_{DS} 变化，因此 r_{ds} 很大，一般在几十千欧到几百千欧之间。

3. 极限参数

1）最大漏极电流 I_{DM}

I_{DM} 是指场效应管正常工作时漏极电流的上限值。若 i_D 超过此值，管子将过热而烧坏。

2）击穿电压

场效应管进入恒流区后，使 i_D 骤然增大的 u_{DS} 称为漏源击穿电压 $U_{BR,DS}$，u_{DS} 超过此值会使管子损坏。

对于 JFET，使栅极与沟道间的 PN 结反向击穿的 u_{GS} 称为栅源击穿电压 $U_{BR,GS}$；对于 MOSFET，使绝缘层击穿的 u_{GS} 称为栅源击穿电压 $U_{BR,GS}$。

3）最大耗散功率 P_{DM}

场效应管的耗散功率等于 u_{DS} 与 i_D 的乘积，即 $P_D = u_{DS} i_D$，它将转化为热能使管子温度升高。为了使管子的温度不要升得太高，就要限制它的耗散功率不得超过最大允许的耗散功率 P_{DM}，即 $P_D < P_{DM}$。因此，P_{DM} 受管子最高工作温度的限制。

除上述参数外，场效应管还有噪声系数（很小）、高频参数、极间电容等其他参数。场效应管放大电路 FET 和 BJT 一样，也具有放大作用，因此在有些场合可以取代 BJT 组成放大电路。与 BJT 放大电路类似，FET 放大电路也存在 3 种组态，即共源、共漏和共栅组态，分别对应于 BJT 放大电路的共射、共集和共基组态。

11.8.4　场效应管放大电路的静态分析

与 BJT 放大电路一样,FET 放大电路也需要有合适的静态工作点,以保证管子工作在恒流区。不过由于 FET 是电压控制型器件,栅极电流为零,因此只需要合适的栅极电压。下面以 N 沟道 JFET(也为耗尽型)为例,介绍两种常用的偏置电路及其静态工作点的计算。

1. 自偏压电路

典型的自偏压电路如图 11.8.12 所示。由于 N 沟道 JFET 的栅源电压不能为正,因此由正电源 V_{DD} 引入栅极偏置是行不通的。当然可以考虑再引入一组负电源,但电路复杂且成本高,因此采用自偏压电路是最为简便有效的方法。静态工作时,耗尽型 FET 无栅极电源但有漏极电流 I_D。当 I_D 流过源极电阻 R_S 时,在它两端产生电压降 $U_S = I_D R_S$。由于栅极电流 $I_G \approx 0$,栅极电阻 R_G 上的电压降 $U_G \approx 0$,因此有

$$U_{GS} = U_G - U_S = -I_D R_S \qquad (11-8-10)$$

可见,栅源极之间的直流偏压 U_{GS} 是由场效应管自身的电流 I_D 流过 R_S 产生的,故称为自偏压电路。

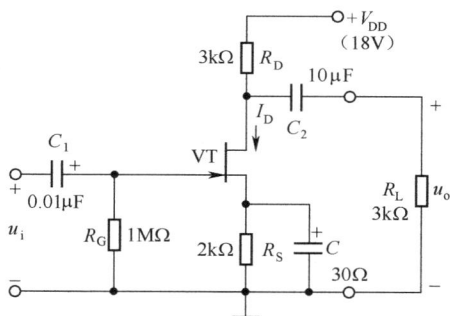

图 11.8.12　FET 放大器的自偏压电路

电路中,大电容 C 对 R_S 起旁路作用,称为源极旁路电容。需要指出的是,自偏压电路不适用于增强型 FET 放大电路,因为增强型 FET 栅源电压 $U_{GS} = 0$ 时,漏极电流 $I_D = 0$,且 U_{GS} 先达到某个开启电压 $U_{GS(th)}$ 时才有漏极电流。

通过简单计算可确定自偏压电路的静态工作点。由式(11-8-4)可知,静态时 I_D 的表达式为

$$I_D = I_{DSS}\left(1 - \frac{U_{GS}}{U_{GS(off)}}\right)^2 \qquad (11-8-11)$$

式(11-8-10)和式(11-8-11)可构成二元二次方程组,联立求解可得到两组根,即有两组 I_D 和 U_{GS} 值,可根据管子工作在恒流区的条件,舍弃无用根,保留合理的 I_D 和 U_{GS} 值。

从图 11.8.12 所示电路还可求得

$$U_{DS} = V_{DD} - I_D(R_D + R_S) \qquad (11-8-12)$$

2. 分压式自偏压电路

虽然自偏压电路比较简单,但当工作点 U_{GS} 和 I_D 值确定后,源极电阻 R_S 就基本被确定了,选择的范围很小。为了克服这一缺点,可采用图 11.8.13 所示的分压式自偏压电路,该电路是在自偏压电路的基础上加接栅极分压电阻 R_{G1}、R_{G2} 而组成的。其中,漏极电源 V_{DD} 经 R_{G1}、

R_{G2} 分压后通过栅极电阻 R_{G3} 提供栅极电压 U_G（R_{G3} 上电压降为 0）。

$$U_G = \frac{R_{G2}V_{DD}}{R_{G1}+R_{G2}} \qquad (11-8-13)$$

而源极电压 $U_S = I_D R_S$，因此，静态时栅源电压为

$$U_{GS} = U_G - U_S = \frac{R_{G2}V_{DD}}{R_{G1}+R_{G2}} - I_D R_S \qquad (11-8-14)$$

对于分压式自偏压电路，通过求解下述联立方程组

$$\begin{cases} U_{GS} = \dfrac{R_{G2}V_{DD}}{R_{G1}+R_{G2}} - I_D R_S \\ I_D = I_{DSS}\left(1 - \dfrac{U_{GS}}{U_{GS(off)}}\right)^2 \end{cases} \qquad (11-8-15)$$

可解出 I_D 和 U_{GS} 的值（舍去一组无用根）。

需要强调的是，分压式自偏压电路除适用于耗尽型 FET 外，也适用于增强型 FET（当分压 $|U_G|$ 值较大，自偏压 $|U_S|$ 值较小时）。

【例 11.8.2】 设图 11.8.13 中，FET 的参数为 $U_{GS(off)} = -7V$，$I_{DSS} = 4mA$，其他元件参数均标在电路中，试确定其静态工作点。

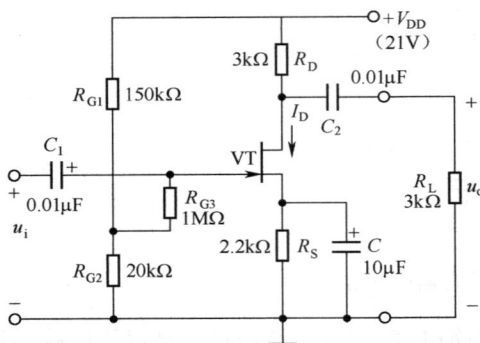

图 11.8.13　例 11.8.2 图

解：$U_G = \dfrac{R_{G2}V_{DD}}{R_{G1}+R_{G2}} = \dfrac{20 \times 21}{21+150} \approx 2.5V$

把有关参数代入式（11-8-15），可得

$$\begin{cases} U_{GS} = 2.5 - 2.2 I_D \\ I_D = 4\left(1 + \dfrac{1}{7}U_{GS}\right)^2 \end{cases}$$

解这个方程组，可得 $I_D \approx (5.6 \pm 3.6)mA$，而 $I_{DSS} = 4mA$，I_D 应小于 I_{DSS}，故 $I_D = 2mA$，于是 $U_{GS} = -1.9V$，故有

$$U_{DS} = V_{DD} - I_D(R_D + R_S) = 21 - 2 \times (3.9 + 2.2)$$
$$= 8.8V$$

11.8.5　场效应管放大电路的动态分析

与 BJT 一样，若 FET 工作在线性放大区（恒流区），且输入信号为小信号，可用微变等效电路模型来进行动态分析。

1. 共源放大电路

共源放大电路如图 11.8.14(a) 所示，其微变等效电路如图 11.8.14(b) 所示，漏极输出电阻 r_{ds} 被忽略。

设 $R'_L = R_D /\!/ R_L$，由图 11.8.14(b) 所示电路可得

$$i_d = g_m u_{gs} = g_m u_i$$
$$u_o = -i_d R'_L = -g_m R'_L u_i$$

则电压放大倍数为

$$A_u = \frac{u_o}{u_i} = -g_m R'_L$$

输入电阻为

$$R_i = R_{G3} + (R_{G1} /\!/ R_{G2})$$

输出电阻为

$$R_o \approx R_D$$

当源极电阻 R_S 两端不并联旁路电容 C 时,共源放大电路的微变等效电路如图 11.8.14(c) 所示。由图 11.8.14(c)所示电路可得

$$i_d = g_m u_{gs}$$
$$u_i = u_{gs} + i_d R_S = u_{gs} + g_m R_S u_{gs} = (1 + g_m R_S)u_{gs}$$
$$u_o = -i_d R'_L = -g_m R'_L u_{gs}$$

此时,电压放大倍数为

$$A_u = \frac{u_o}{u_i} = -\frac{g_m R'_L}{1 + g_m R_S}$$

显然,当源极电阻 R_S 两端不并联旁路电容 C 时,电压放大倍数变小了。

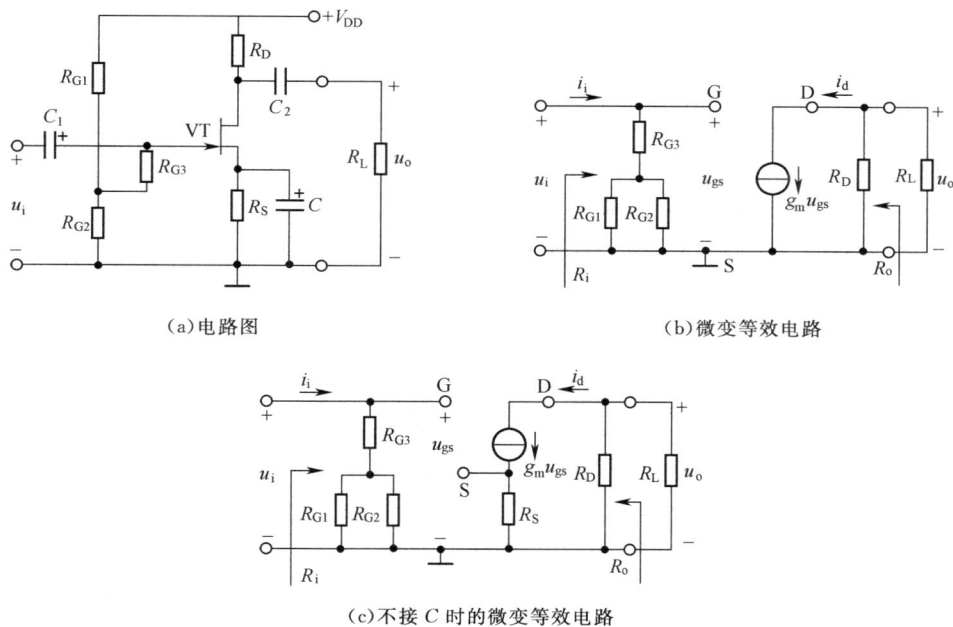

(a)电路图　　　　(b)微变等效电路

(c)不接 C 时的微变等效电路

图 11.8.14　共源放大电路

【例 11.8.3】　电路如图 11.8.14(b)所示,其中 $R_{G1}=100\text{k}\Omega$,$R_{G2}=20\text{k}\Omega$,$R_{G3}=1\text{M}\Omega$,$R_D=10\text{k}\Omega$,$R_S=2\text{k}\Omega$,$R_L=10\text{k}\Omega$,$V_{DD}=18\text{V}$,场效应管的 $I_{DSS}=5\text{mA}$,$U_{GS(off)}=-4\text{V}$。求电路的 A_u、R_i 和 R_o。

解:将有关参数代入式(11-8-15),可得

$$\begin{cases} U_{GS} = 3 - 2I_D \\ I_D = 5(1 + 0.25U_{GS})^2 \end{cases}$$

解上述二元二次方程组,可得 $U_{GS} \approx -1.4\text{V}$ 和 $U_{GS} = -8.2\text{V}$(小于 $U_{GS(off)} = -4\text{V}$,舍去),取 $U_{GS} = -1.4\text{V}$,则可求得跨导为

$$g_{\mathrm{m}}=-\frac{2I_{\mathrm{DSS}}}{U_{\mathrm{GS(off)}}}\left(1-\frac{U_{\mathrm{GS}}}{U_{\mathrm{GS(off)}}}\right)=-\frac{2\times5}{-4}\left(1-\frac{-1.4}{-4}\right)\approx1.6\mathrm{mS}$$

$$A_u=\frac{u_{\mathrm{o}}}{u_{\mathrm{i}}}=-g_{\mathrm{m}}R'_{\mathrm{L}}=-1.6\times(10/\!/10)=-8.0$$

$$R_{\mathrm{i}}=R_{\mathrm{G3}}+R_{\mathrm{G1}}/\!/R_{\mathrm{G2}}=1+(0.1/\!/0.02)\approx1\mathrm{M}\Omega$$

$$R_{\mathrm{o}}\approx R_{\mathrm{D}}=10(\mathrm{k}\Omega)$$

场效应管共源放大电路的性能与三极管共射放大电路相似,但共源电路的输入电阻远大于共射电路,而它的电压放大能力不及共射电路。

2. 共漏放大电路

图 11.8.15(a)所示为共漏放大电路,它与射极输出器相似,具有输入电阻高、输出电阻低和电压放大倍数略小于 1 的特点。由于该电路是从源极输出的,所以又称为源极输出器。

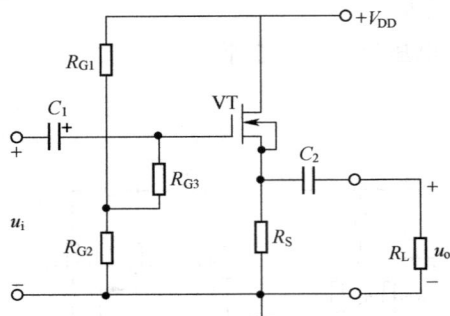

(a)电路图

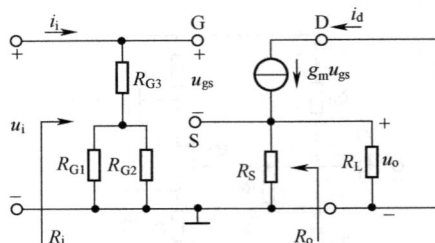

(b)微变等效电路

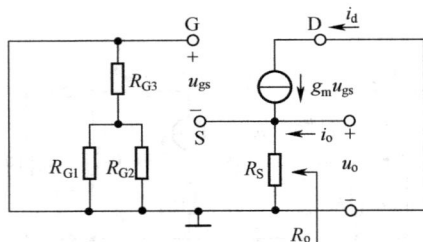

(c)求输出电阻的微变等效电路

图 11.8.15　共漏放大电路

在忽略 r_{ds} 的情况下,源极输出器的微变等效电路如图 11.8.15(b)所示。设 $R'_{\mathrm{L}}=R_{\mathrm{S}}/\!/R_{\mathrm{L}}$,由该图可得

$$u_{\mathrm{o}}=i_{\mathrm{d}}R'_{\mathrm{L}}=g_{\mathrm{m}}R'_{\mathrm{L}}u_{\mathrm{gs}}$$

$$u_{\mathrm{i}}=u_{\mathrm{gs}}+u_{\mathrm{o}}=(1+g_{\mathrm{m}}R'_{\mathrm{L}})u_{\mathrm{gs}}$$

电压放大倍数为

$$A_u=\frac{u_{\mathrm{o}}}{u_{\mathrm{i}}}=\frac{g_{\mathrm{m}}R'_{\mathrm{L}}}{1+g_{\mathrm{m}}R'_{\mathrm{L}}}$$

显然,$A_u<1$,但当 $g_{\mathrm{m}}R'_{\mathrm{L}}\gg1$ 时,$A_u\approx1$。

输入电阻为

$$R_{\mathrm{i}}=R_{\mathrm{G3}}+R_{\mathrm{G1}}/\!/R_{\mathrm{G2}}$$

根据放大电路输出电阻的求法,可得到图 11.8.15(c)所示求输出电阻的等效电路。由电路可得

$$i_o = \frac{u_o}{R_S} - g_m u_{gs}$$

$$u_{gs} = -u_o$$

$$i_o = \frac{u_o}{R_S} + g_m u_o = \left(g_m + \frac{1}{R_S}\right)u_o$$

输出电阻为

$$R_o = \frac{u_i}{i_o} = \frac{1}{g_m + \dfrac{1}{R_S}} = \frac{1}{g_m} /\!/ R_S$$

场效应管共漏放大电路的性能与三极管共集放大电路相似,但共漏电路的输入电阻远大于共集电路,而它的输出电阻也比共集电路大,电压跟随作用比共集电路差。

综上所述,场效应管放大电路的突出特点是输入电阻高,因此特别适用于对微弱信号进行处理的放大电路的输入级。

习题

11.1　试判断如题 11.1 图所示的各电路能否放大交流电压信号,为什么?

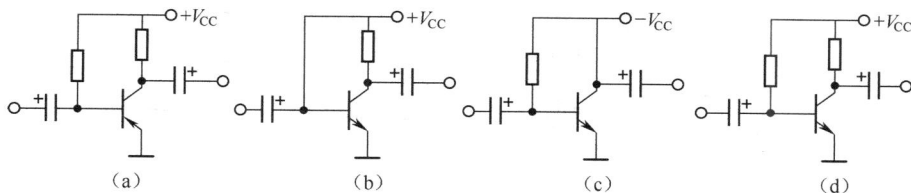

题 11.1 图

11.2　已知如题 11.2 图所示电路中,三极管均为硅管,且 $\beta = 50$,试估算静态值 I_B、I_C、U_{CE}。

11.3　晶体管放大电路如题 11.3 图所示,已知 $V_{CC} = 15V$,$R_B = 500k\Omega$,$R_C = 5k\Omega$,$R_L = 5k\Omega$,$\beta = 50$,$r_{be} = 1k\Omega$。(1)求静态工作点;(2)画出微变等效电路;(3)求电压放大倍数 A_u、输入电阻 r_i、输出电阻 r_o。

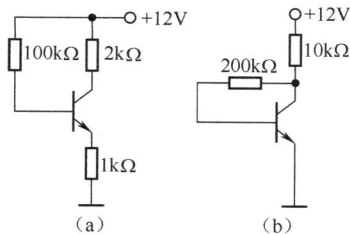

题 11.2 图

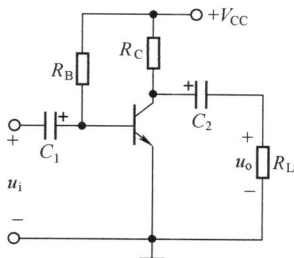

题 11.3 图

11.4　在题 11.3 图的电路中,已知 $I_C = 1.5mA$,$V_{CC} = 12V$,$\beta = 37.5$,$r_{be} = 1k\Omega$,输出端开

路,若要求 $A_u = -150$,求该电路的 R_B 和 R_C 值。

11.5 试问在题 11.5 图所示的各电路中,三极管工作在什么状态?

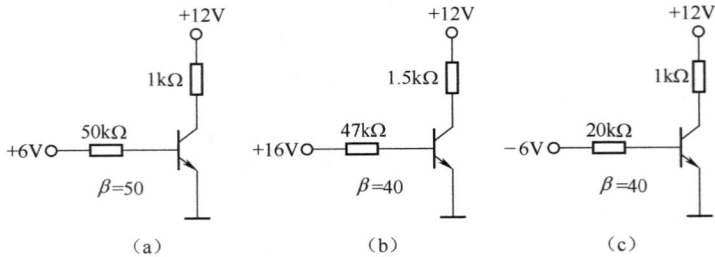

题 11.5 图

11.6 三极管放大电路如题 11.6 图(a)所示,已知 $V_{CC} = 12V$, $R_B = 300k\Omega$, $R_C = 3k\Omega$,三极管的 $\beta = 40$。(1)试用直流通路估算各静态值 I_B、I_C、U_{CE};(2)如三极管的输出特性如题 11.6 图(b)所示,试用图解法求放大电路的静态工作点;(3)在静态($u_i = 0$)时 C_1 和 C_2 上的电压各为多少? 并标出极性。

11.7 在题 11.6 图(a)所示电路中,设三极管的 $\beta = 40$、$V_{CC} = 10V$,要求 $U_{CE} = 5V$,$I_C = 2mA$,求该电路的 R_C 和 R_B 值。

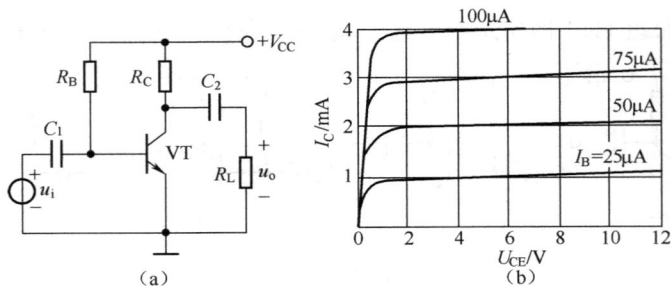

题 11.6 图

11.8 实验时,用示波器测得由 NPN 管组成的共射放大电路的输出波形如题 11.8 图所示。(1)说明它们各属于什么性质的失真(饱和、截止)? (2)怎样调节电路参数才能消除失真?

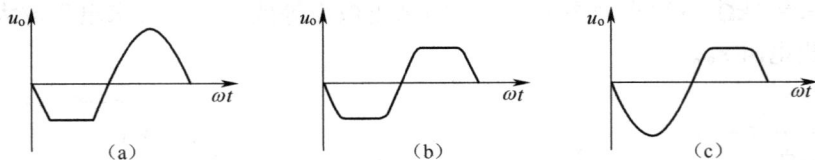

题 11.8 图

11.9 在题 11.9 图所示的电路中,已知 $V_{CC} = 12V$, $R_B = 300k\Omega$, $R_C = 2k\Omega$, $R_E = 2k\Omega$,三极管的 $\beta = 50$, $r_{be} = 1k\Omega$。试画出该放大电路的微变等效电路,分别计算由集电极输出和由发射极输出时的电压放大倍数,求出 $U_i = 1V$ 时的 U_{o1} 和 U_{o2}。

11.10 在如题 11.10 图所示放大电路中,已知 $V_{CC} = 24V$, $R_{B1} = 10k\Omega$, $R_{B2} = 33k\Omega$, $R_C = 3.3k\Omega$, $R_E = 1.5k\Omega$, $R_L = 5.1k\Omega$, $r_{be} = 1k\Omega$, $\beta = 66$。(1)试估算静态工作点,若换上一只 $\beta = 100$ 的管子,放大器能否工作在正常状态;(2)画出微变等效电路;(3)求电压放大倍数 A_u、输入

电阻 r_i、输出电阻 r_o；(4)求开路时的电压放大倍数 A_u；(5)若 $R_S=1\text{k}\Omega$，求对源信号的放大倍数 A_{us}。

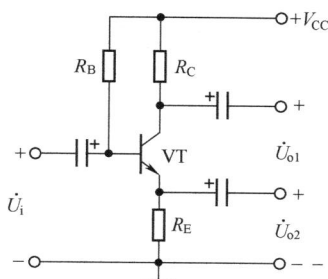

题 11.9 图

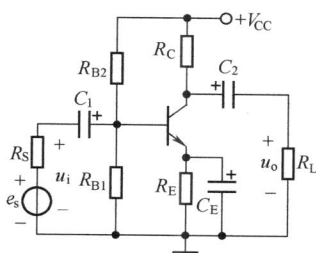

题 11.10 图

11.11 在题 11.10 图中，若将图中的发射极交流旁路电容 C_E 除去，(1)试问静态工作值有无变化；(2)画出微变等效电路；(3)求电压放大倍数 A_u、输入电阻 r_i、输出电阻 r_o，并说明发射极电阻 R_E 对电压放大倍数的影响。

11.12 已知某放大电路的输出电阻为 $3.3\text{k}\Omega$，输出端的开路电压的有效值 $U_o=2\text{V}$，试问该放大电路接有负载电阻 $R_L=5.1\text{k}\Omega$ 时，输出电压将下降到多少？

11.13 如题 11.10 图所示分压式放大电路中，已知 $V_{CC}=12\text{V}$，$R_{B1}=20\text{k}\Omega$，$R_{B2}=10\text{k}\Omega$，$R_C=R_E=2\text{k}\Omega$，$R_L=4\text{k}\Omega$，$r_{be}=1\text{k}\Omega$，$\beta=40$。(1)试估算静态工作点 I_C、U_{CE}；(2)画出微变等效电路；(3)求放大器带负载时的电压放大倍数 A_u。

11.14 在题 11.14 图所示的射极输出电路中，已知 $V_{CC}=20\text{V}$，$R_B=39\text{k}\Omega$，$R_E=300\Omega$，$r_{be}=1\text{k}\Omega$，$\beta=50$，$R_L=20\text{k}\Omega$，试求静态工作点以及输入电阻 r_i、输出电阻 r_o，并画出微变等效电路。

11.15 在题 11.14 图所示的射极输出电路中，已知 $V_{CC}=12\text{V}$，$R_{B1}=100\text{k}\Omega$，$R_{B2}=20\text{k}\Omega$，$R_E=1\text{k}\Omega$，$r_{be}=1\text{k}\Omega$，$\beta=50$，$U_{BE}=0\text{V}$，试求(1)静态工作点 Q 值；(2)动态参数 A_u、r_i 和 r_o。

11.16 题 11.16 图所示为两级交流放大电路，已知 $V_{CC}=12\text{V}$，$R_{B1}=30\text{k}\Omega$，$R_{B2}=15\text{k}\Omega$，$R_{B3}=20\text{k}\Omega$，$R_{B4}=10\text{k}\Omega$，$R_{C1}=3\text{k}\Omega$，$R_{C2}=2.5\text{k}\Omega$，$R_{E1}=3\text{k}\Omega$，$R_{E2}=2\text{k}\Omega$，$R_L=5\text{k}\Omega$，晶体管的 $\beta_1=\beta_2=40$，$r_{be1}=1.4\text{k}\Omega$，$r_{be2}=1\text{k}\Omega$。(1)画出放大电路的微变等效电路；(2)求各级电压放大倍数 A_{u1}、A_{u2} 和总电压放大倍数 A_u。

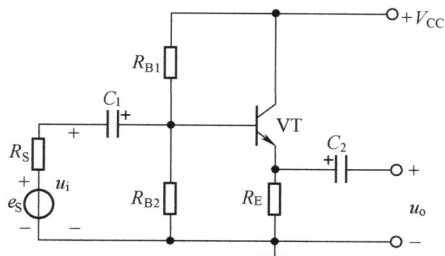

题 11.14 图

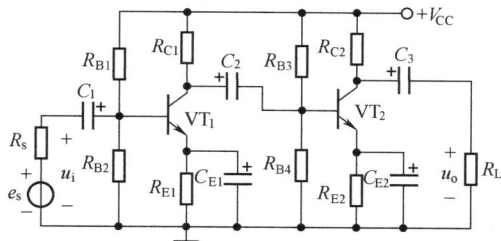

题 11.16 图

11.17 题 11.17 图(1)所示为一个两级放大电路，已知硅三极管的 $\beta_1=40$，$\beta_2=50$，$r_{be1}=$

$1.7\text{k}\Omega$，$r_{be2}=1.1\text{k}\Omega$，$U_{BE1}=U_{BE2}=0\ \text{V}$，$V_{CC}=12\text{V}$，$R_{B1}=56\text{k}\Omega$，$R_{B2}=40\text{k}\Omega$，$R_{B3}=10\text{k}\Omega$，$R_{E1}=5.6\text{k}\Omega$，$R_{E2}=1.5\text{k}\Omega$，$R_C=3\text{k}\Omega$。试求(1)前后两级放大电路的静态工作点；(2)放大器的总电压放大倍数 A_u、输入电阻 r_i 和输出电阻 r_o。

乙类互补对称功率放大器输出波形产生失真属于何种失真？应如何消除？

在题 11.17 图(2)所示的单电源的 OTL 电路中，设 $R_L=8\Omega$，若要求最大不失真输出功率为 6W，管子饱和压降忽略不计，试确定电源电压 V_{CC} 的值。

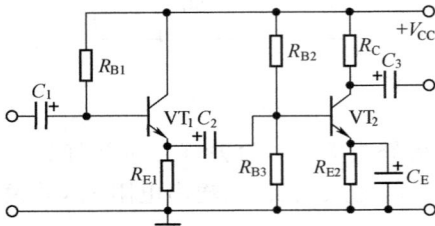

题 11.17 图(1)

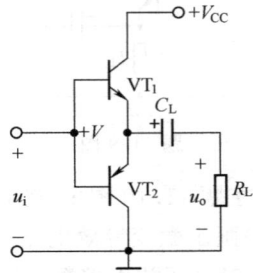

题 11.17 图(2)

11.18 在题 11.18 图所示电路中，VT_1 与 VT_2 的特性完全相同，所有晶体管的 β 值均相同，R_{C1} 远大于二极管的正向电阻。当 $u_{i1}=u_{i2}=0\text{V}$ 时，$u_o=0\text{V}$。试回答下列问题：

(1) 求解电压放大倍数的表达式；

(2) 当有共模输入电压时，输出电压 $u_o=$？简要说明原因。

11.19 在题 11.19 图所示电路中，假设三极管的 $\beta=100$，$r_{be}=11.3\text{k}\Omega$，$V_{CC}=V_{EE}=15\text{V}$，$R_C=75\text{k}\Omega$，$R_E=36\text{k}\Omega$，$R=2.7\text{k}\Omega$，$R_W=100\Omega$，$R_W$ 的滑动端位于中点，负载 R_W。

(1) 求静态工作点；

(2) 求差模电压放大倍数；

(3) 求差模输入电阻。

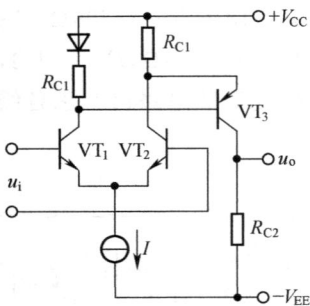

题 11.18 图

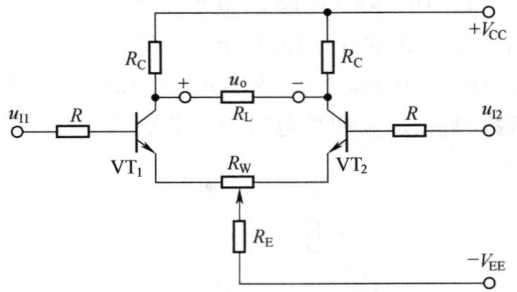

题 11.19 图

11.20 在题 11.20 图所示放大电路中，已知 $V_{CC}=V_{EE}=9\text{V}$，$R_C=47\text{k}\Omega$，$R_E=13\text{k}\Omega$，$R_{B1}=3.6\text{k}\Omega$，$R_{B2}=16\text{k}\Omega$，$R=10\text{k}\Omega$，负载电阻，三极管的 $\beta=30$，$U_{BEQ}=0.7\text{V}$。

(1) 试估算静态工作点；

(2) 估算差模电压放大倍数。

11.21 在题 11.21 图所示差动放大电路中，假设 $R_C=30\text{k}\Omega$，$R_S=5\text{k}\Omega$，$R_E=20\text{k}\Omega$，$V_{CC}=V_{EE}=15\text{V}$，$R_L=30\text{k}\Omega$，三极管的 $\beta=50$，$r_{be}=4\text{k}\Omega$，求：

（1）双端输出时的差模放大倍数 A_{ud}；

（2）改双端输出为从 VT_1 的集电极单端输出，试求此时的差模放大倍数 A_{ud}；

（3）在（2）的情况下，设 $U_{i1}=5mV$，$U_{i2}=1mV$，则输出电压 $U_o=$？

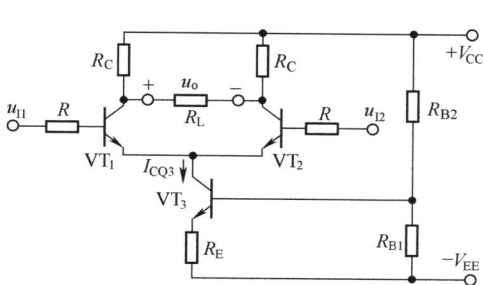

题 11.20 图

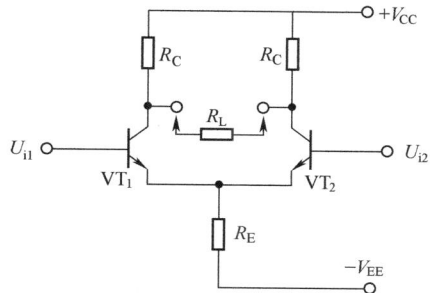

题 11.21 图

11.22　在题 11.22 图所示电路中，已知 $V_{CC}=V_{EE}=15V$，三极管的 β 均为 20，$U_{BEQ}=0.7V$，$r_{be}=1.2k\Omega$，$R_C=15k\Omega$，$R_E=3.3k\Omega$，$R_1=R_2=R=2k\Omega$，滑动变阻器 $R_W=200\Omega$，滑动端调在中间，稳压管的 $U_Z=4V$，$R_1=20k\Omega$。

（1）试估算静态时的 I_{BQ1}、I_{CQ1} 和 U_{CQ1}（对地）；

（2）试估算放大电路的差模电压放大倍数 A_{ud} 和差模输入电阻 R_{id}，输出电阻 R_o。

11.23　在题 11.23 图所示电路中，设两个三极管参数相同：β 均为 60，$U_{BEQ}=0.7V$，其中 $V_{CC}=12V$，$V_{EE}=6V$，$R_{C1}=R_{C2}=10k\Omega$，$R_E=5.1k\Omega$，$R_1=R_2=R_W=2k\Omega$，R_W 滑动端在中点，$\Delta U_{i1}=1V$，$\Delta U_{i2}=1.01V$，计算：

（1）双端输出时，$\Delta U_o=$？

（2）从 VT_1 单端输出时的 $\Delta U_{o1}=$？

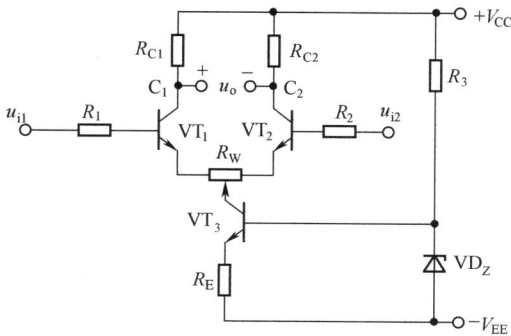

题 11.22 图

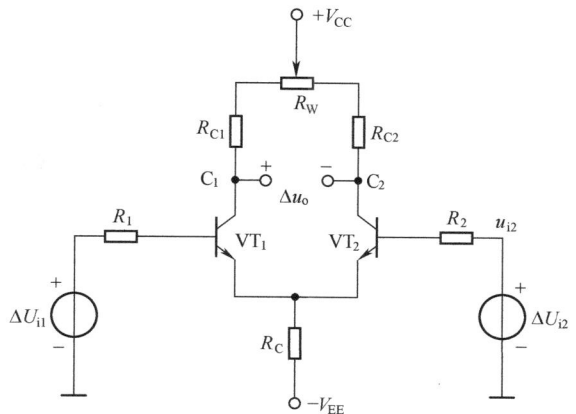

题 11.23 图

11.24　已知电路参数如题 11.24 图所示，FET 工作点上的互导 $g_m=1mS$，设 $r_{ds}\gg R_D$。

（1）画出电路的小信号等效电路。

（2）求电压增益 A_u。

（3）求放大器的输入电阻 R_i。

11.25　源极输出器电路如题 11.25 图所示，已知 FET 工作点上的互导 $g_m=0.9mS$，其他参数如电路中所示。求电压增益 A_u,输入电阻 R_i 和输出电阻 R_o。

11.26　已知电路及其参数如题 11.25 图所示,场效应管在工作点上的跨导 $g_m=1\text{mS}$。(1)画出电路的微变等效电路;(2)求电压放大倍数 A_u;(3)输入电阻 r_i。

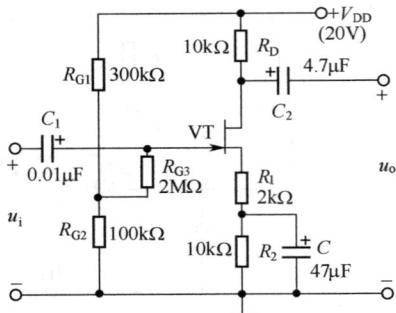 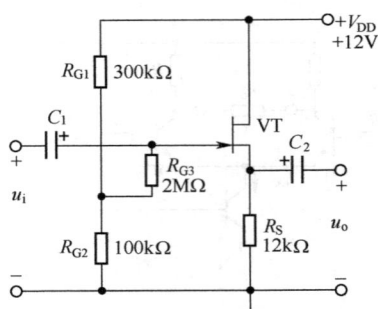

题 11.24 图　　　　　　　　　　　题 11.25 图

11.27　源极输出器电路如题 11.27 图所示,设场效应管的参数 $U_P=-2\text{V}$,$I_{DSS}=1\text{mA}$。

(1) 用估算法确定静态工作点 I_D、U_{GS}、U_{DS} 及工作点上的跨导 g_m。

(2) 计算 A_u、r_i、r_o。

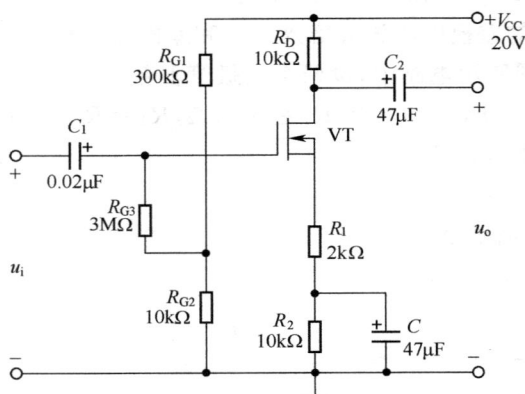

题 11.27 图

第12章
集成运算放大器及其应用

在半导体制造工艺的基础上,把整个电路中的元器件制作在一块硅基片上,构成具有特定功能的电子电路,称为集成电路。

集成电路具有体积小、重量轻、引出线和焊接点少、寿命长、可靠性高、性能好等优点,同时成本低,便于大规模生产,因此其发展速度极为惊人。目前集成电路的应用几乎遍及所有产业的各种产品中。在军事设备、工业设备、通信设备、计算机和家用电器等中都采用了集成电路。

集成电路按其功能可分为数字集成电路和模拟集成电路。模拟集成电路种类繁多,有运算放大器、宽频带放大器、功率放大器、模拟乘法器、模拟锁相环、模/数和数/模转换器、稳压电源和音像设备中常用的其他模拟集成电路等。

在模拟集成电路中,集成运算放大器(简称集成运放)是应用极为广泛的一种,也是其他各类模拟集成电路应用的基础,因此这里首先给予介绍。

12.1　集成电路与运算放大器简介

12.1.1　集成运算放大器概述

集成运放是模拟集成电路中应用最为广泛的一种,它实际上是一种高增益、高输入电阻和低输出电阻的多级直接耦合放大器。之所以被称为运算放大器,是因为该器件最初主要用于模拟计算机中实现数值运算的缘故。实际上,目前集成运放的应用早已远远超出了模拟运算的范围,但仍沿用了运算放大器(简称运放)的名称。

集成运放的发展十分迅速。通用型产品经历了四代更替,各项技术指标不断改进。同时,发展出了适应特殊需要的各种专用型集成运放。

第一代集成运放以 μA709(我国的 FC3)为代表,特点是采用了微电流的恒流源、共模负反馈等电路,它的性能指标比一般的分立元件要高。主要缺点是内部缺乏过电流保护,容易发生输出短路而被损坏。

第二代集成运放以 20 世纪 60 年代的 μA741 型高增益运放为代表,它的特点是普遍采用了有源负载,因而在不增加放大级的情况下可获得很高的开环增益。电路中还有过流保护措施。但是输入失调参数和共模抑制比指标不理想。

第三代集成运放以 20 世纪 70 年代的 AD508 为代表,其特点是输入级采用了"超 β 管",且工作电流很低,从而使输入失调电流和温漂等参数值大大下降。

第四代集成运放以 20 世纪 80 年代的 HA2900 为代表,它的特点是制造工艺达到大规模集成电路的水平。将场效应管和双极型管兼容在同一块硅片上,输入级采用 MOS 场效应管,输入电阻达 100MΩ 以上,而且采取调制和解调措施,成为自稳零运算放大器,使失调电压和温漂进一步降低,一般无须调零即可使用。

目前,集成运放和其他模拟集成电路正向高速、高压、低功耗、低零漂、低噪声、大功率、大规模集成、专业化等方向发展。

除了通用型集成运放外,有些特殊需要的场合要求使用某一特定指标相对比较突出的运放,即专用型运放。常见的专用型运放有高速型、高阻型、低漂移型、低功耗型、高压型、大功率型、高精度型、跨导型、低噪声型等。

12.1.2　模拟集成电路的特点

由于受制造工艺的限制,模拟集成电路与分立元件电路相比具有如下特点。

1. 采用有源器件

由于制造工艺的原因,在集成电路中制造有源器件比制造大电阻容易实现。因此大电阻多用有源器件构成的恒流源电路代替,以获得稳定的偏置电流。BJT 比二极管更易制作,一般用集—基短路的 BJT 代替二极管。

2. 采用直接耦合作为级间耦合方式

由于集成工艺不易制造大电容,集成电路中电容量一般不超过 100pF,至于电感,只能限于极小的数值(1 μH 以下)。因此,在集成电路中,级间不能采用阻容耦合方式,均采用直接耦合方式。

3. 采用多管复合或组合电路

集成电路制造工艺中的一些特性使得晶体管特别是 BJT 或 FET 很容易被制作,而复合和组合结构的电路性能较好。因此,在集成电路中多采用复合管(一般为两管复合)和组合(共射—共基、共集—共基组合等)电路。

12.1.3　集成运放的基本组成

集成运放的类型很多,电路也不尽相同,但结构具有共同之处,其一般的内部组成原理框图如图 12.1.1 所示,它主要由输入级、中间级和输出级和偏置电路四个主要环节组成。输入级主要由差分放大电路构成,以减小运放的零漂和保证其他方面的性能,它的两个输入端分别构成整个电路的同相输入端和反相输入端。中间级的主要作用是获得高的电压增益,一般由一级或多级放大器构成。输出级一般由电压跟随器(电压缓冲放大器)或互补电压跟随器组成,以降低输出电阻,提高运放的带负载能力和输出功率。偏置电路则是为各级提供合适的工作点及能源的。此外,为获得电路性能的优化,集成运放内部还增加了一些辅助环节,如电平移动电路、过载保护电路和频率补偿电路等。

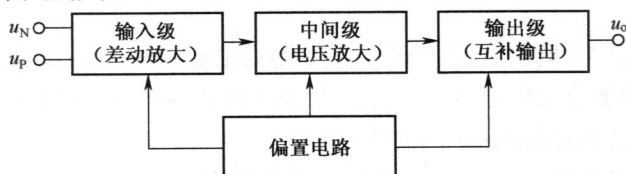

图 12.1.1　集成运放的组成框图

集成运放的电路符号如图 12.1.2 所示(省略了电源端、调零端等)。集成运放有两个输入端分别称为同相输入端 u_P 和反相输入端 u_N；一个输出端 u_o。其中的一、十分别表示反相输入端 u_N 和同相输入端 u_P。在实际应用时,需要了解集成运放外部各引出端的功能及相应的接法,但一般不需要画出其内部电路。常见运放封装如图 12.1.3 所示。

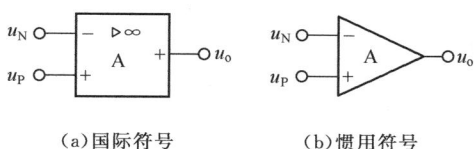

(a)国际符号　　　　　(b)惯用符号

图 12.1.2　集成运放的电路符号

(a)圆壳式　　　(b)双列直插式　　　(c)扁平式

图 12.1.3　常见运放封装

12.1.4　集成运放的主要参数

正确、合理地选择集成运放的参数是使用运放的基本依据,因此了解其各性能参数及其意义是十分必要的。集成运放的主要参数有以下几种。

1. 开环差模电压增益 A_{od}

开环差模电压增益 A_{od} 是指运放在开环、线性放大区并在规定的测试负载和输出电压幅度的条件下的直流差模电压增益(绝对值)。一般运放的 A_{od} 为 $60 \sim 120$dB,性能较好的运放 $A_{od} > 140$dB。

值得注意的是,一般希望 A_{od} 越大越好,实际的 A_{od} 与工作频率有关,当频率大于一定值后,A_{od} 随频率升高而迅速下降。

2. 温度漂移

放大器的零点漂移的主要来源是温度漂移,而温度漂移对输出的影响可以折合为等效输入失调电压 U_{IO} 和输入失调电流 I_{IO},因此可以用以下指标来表示放大器的温度稳定性即温漂指标。

在规定的温度范围内,输入失调电压的变化量 ΔU_{IO} 与引起 U_{IO} 变化的温度变化量 ΔT 之比,称为输入失调电压/温度系数 $\Delta U_{IO}/\Delta T$。$\Delta U_{IO}/\Delta T$ 越小越好,一般为 $\pm(10 \sim 20)$ μV/℃。

3. 最大差模输入电压 $U_{id,max}$

最大差模输入电压 $U_{id,max}$ 是指集成运放的两个输入端之间所允许的最大输入电压值。若输入电压超过该值,则可能使运放输入级 BJT 的其中一个发射结产生反向击穿。显然这是不允许的。$U_{id,max}$ 大一些好,一般为几伏到几十伏。

4. 最大共模输入电压 $U_{ic,max}$

最大共模输入电压 $U_{ic,max}$ 是指运放输入端所允许的最大共模输入电压。若共模输入电压超过该值,则可能造成运放工作不正常,其共模抑制比 K_{CMR} 将明显下降。显然,$U_{ic,max}$ 大一些好,高质量运放最大共模输入电压可达十几伏。

5. 单位增益带宽 f_T

f_T 是指使运放开环差模电压增益 A_{od} 下降到 0dB(即 $A_{od}=1$)时的信号频率,它与三极管的特征频率 f_T 相类似,是集成运放的重要参数。

6. 开环带宽 f_H

f_H 是指使运放开环差模电压增益 A_{od} 下降为直流增益的 $1/\sqrt{2}$(相当于 -3dB)时的信号频率。由于运放的增益很高,因此 f_H 一般较低,为几赫兹至几百赫兹(宽带高速运放除外)。

7. 转换速率 S_R

转换速率 S_R 是指运放在闭环状态下,输入为大信号(如矩形波信号等)时,其输出电压对时间的最大变化速率,即

$$S_R = \left| \frac{\mathrm{d}u_o(t)}{\mathrm{d}t} \right|_{\max} \qquad (12-1-1)$$

转换速率 S_R 反映运放对高速变化的输入信号的响应情况,主要与补偿电容、运放内部各管的极间电容、杂散电容等因素有关。S_R 大一些好,S_R 越大,则说明运放的高频性能越好。一般运放 S_R 小于 $1\mathrm{V/\mu s}$,高速运放可达 $65\ \mathrm{V/\mu s}$ 以上。

需要指出的是,转换速率 S_R 是由运放瞬态响应情况得到的参数,而单位增益带宽 f_T 和开环带宽 f_H 是由运放频率响应(即稳态响应)情况得到的参数,它们均反映了运放的高频性能,从这一点来看,它们的本质是一致的。但它们分别是在大信号和小信号的条件下得到的,从结果看,它们之间有较大的差别。

8. 最大输出电压 $U_{o,\max}$

最大输出电压 $U_{o,\max}$ 是指在一定的电源电压下,集成运放的最大不失真输出电压的峰—峰值。

除上述指标外,集成运放的参数还有共模抑制比 K_{CMR}、差模输入电阻 r_{id}、共模输入电阻 r_{ic}、输出电阻 r_o、电源参数、静态功耗 P_C 等,其含义可查阅相关手册,这里不再赘述。

12.2　集成运放的应用

集成运放应用十分广泛,电路的接法不同,集成运放电路所处的工作状态也不同,电路也就呈现出不同的特点。因此可以把集成运放的应用分为线性应用和非线性应用。

在集成运放的线性应用电路中,集成运放与外部电阻、电容和半导体器件等一起构成深度负反馈电路或兼有正反馈而以负反馈为主。此时,集成运放本身处于线性工作状态,即其输出量和净输入量成线性关系,但整个应用电路的输出和输入也可能是非线性关系。

需要说明的是,在实际的电路设计或分析过程中常常把集成运放理想化。理想运放具有以下理想参数。

(1)开环电压增益 $A_{od} \to \infty$。

(2)差模输入电阻 $r_{id} \to \infty$。

(3)输出电阻 $r_{od} = 0$。

(4)共模抑制比 $K_{CMR} \to \infty$,即没有温度漂移。

(5)开环带宽 $f_H \to \infty$。

(6)转换速率 $S_R \to \infty$。

(7)输入端的偏置电流 $I_{BN} = I_{BP} = 0$。

(8)干扰和噪声均不存在。

在一定的工作参数和运算精度要求范围内,采用理想运放进行设计或分析的结果与实际情况相差很小,误差可以忽略,但却大大简化了设计或分析过程。

集成运放实际是一种高增益的电压放大器,其电压增益可达 $10^4 \sim 10^6$。另外其输入阻抗

很高,BJT 型运放达几百千欧以上,MOS 型运放则更高;而输出电阻较小,一般在几十欧左右,并具有一定的输出电流驱动能力,最大可达几十到几百毫安。

　　由于集成运放的开环增益很高,且通频带很低(几赫到几百赫,宽带高速运放除外),因此当集成运放工作在线性放大状态时,均引入外部负反馈,而且通常为深度负反馈。由前面关于深度负反馈放大器计算的讨论可知,运放两个输入端之间的实际输入(净输入)电压可以近似看成为 0,相当于短路,即

$$u_{\mathrm{P}} = u_{\mathrm{N}}$$

　　但由于两输入端之间不是真正的短路,故称为"虚短"。

　　另外,由于集成运放的输入电阻很高,而净输入电压又近似为 0,因此,流经运放两输入端的电流可以近似看成为 0,即

$$i_{\mathrm{IN}} = i_{\mathrm{IP}} = 0$$

　　以后 i_{IN} 和 i_{IP} 都用 i_{I} 表示,$i_{\mathrm{I}} = 0$,相当于开路。但由于两输入端间不是真正的开路,故称为"虚断"。

　　利用"虚短"和"虚断"的概念,可以十分方便地对集成运放的线性应用电路进行快速简捷的分析。

　　集成运放的线性应用主要有模拟信号的产生、运算、放大、滤波等。下面首先从基本运算电路开始讨论。

1. 比例运算电路

　　比例运算电路是运算电路中最简单的电路,其输出电压与输入电压成比例关系。比例运算电路有反相输入和同相输入两种。

　　1) 反相输入比例运算电路

　　图 12.2.1 所示为反相输入比例运算电路,该电路输入信号加在反相输入端上,输出电压与输入电压的相位相反,故得名。在实际电路中,为减小温漂,提高运算精度,同相端必须加接平衡电阻 R_{P} 接地,R_{P} 的作用是保持运放输入级差分放大电路具有良好的对称性,减小温漂提高运算精度,其阻值应为 $R_{\mathrm{P}} = R_1 /\!/ R_{\mathrm{f}}$。后面电路同理。

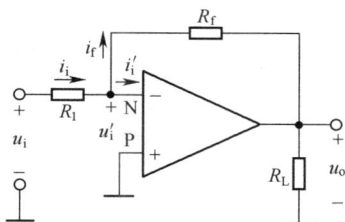

图 12.2.1　反相输入比例运算电路

　　由于运放工作在线性区,净输入电压和净输入电流都为零。

　　由"虚短"的概念可知,在 P 端接地时,$u_{\mathrm{P}} = u_{\mathrm{N}} = 0$,称 N 端为"虚地"。

　　由"虚断"的概念可知 $i_{\mathrm{i}} = i_{\mathrm{f}}$,有

$$\frac{u_{\mathrm{i}}}{R_1} = \frac{-u_{\mathrm{o}}}{R_{\mathrm{f}}}$$

该电路的电压增益为

$$A_{u\mathrm{f}} = \frac{u_{\mathrm{o}}}{u_{\mathrm{i}}} = -\frac{R_{\mathrm{f}}}{R_1}$$

即

$$u_{\mathrm{o}} = -\frac{R_{\mathrm{f}}}{R_1} u_{\mathrm{i}} \tag{12-2-1}$$

　　输出电压 u_{o} 与输入电压 u_{i} 之间成比例(负值)关系。

该电路引入了电压并联深度负反馈,电路输入阻抗(为 R_1)较小,但由于出现"虚地",放大电路不存在共模信号,对运放的共模抑制比要求也不高,因此该电路应用场合较多。

值得注意的是,虽然电压增益只与 R_f 和 R_1 的比值有关,但是电路中电阻 R_1、R_f 的取值应有一定的范围。若 R_1、R_f 的取值太小,由于一般运算放大器的输出电流一般为几十毫安,若 R_1、R_f 的取值为几欧,输出电压最大只有几百毫伏。若 R_1、R_P、R_f 的取值太大,虽然能满足输出电压的要求,但同时又会带来饱和失真和电阻热噪声的问题。通常取 R_1 的值为几百至几千欧。取 R_f 的值为几千至几百千欧。后面电路同理。

2) 同相输入比例运算电路

图 12.2.2 所示为同相输入比例运算电路,由于输入信号加在同相输入端,输出电压和输入电压的相位相同,因此将它称为同相放大器。

由"虚断"的概念可知 $i_P = i_N = 0$,由"虚短"的概念可知 $u_i = u_P = u_N$,其电压增益为

$$A_{uf} = \frac{u_o}{u_i} = \frac{u_o}{u_f} = 1 + \frac{R_f}{R_1}$$

即

$$u_o = \left(1 + \frac{R_f}{R_1}\right) u_i \qquad (12-2-2)$$

同相输入电路为电压串联负反馈电路,其输入阻抗极高,但由于两个输入端均不能接地,放大电路中存在共模信号,不允许输入信号中包含有较大的共模电压,且对运放的共模抑制比要求较高,否则很难保证运算精度。

图 12.2.2 所示的同相输入比例运算电路中,若 R_1 不接,或 R_f 短路,组成如图 12.2.3 所示电路。此电路是同相比例运算的特殊情况,此时的同相比例运算电路称为电压跟随器。电路的输出完全跟随输入变化。$u_i = u_P = u_N = u_o$,$A_u = 1$,输入阻抗大,输出阻抗小。在电路中作用与分立元件的射极输出器相同,但是比电压跟随性能好。常用于多级放大器的输入级和输出级。

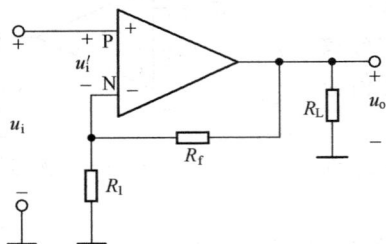

图 12.2.2　同相输入比例运算电路

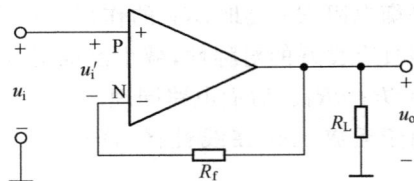

图 12.2.3　电压跟随器

2. 加法电路

若多个输入电压同时作用于运放的反相输入端或同相输入端,则实现加法运算;若多个输入电压有的作用于反相输入端,有的作用于同相输入端,则实现减法运算。

图 12.2.4 所示为加法电路,该电路可实现两个电压 u_{S1} 与 u_{S2} 相加。输入信号从反相端输入,同相端"虚地",则有 $u_P = u_N = 0$;又由"虚断"的概念可知 $i_I = 0$。

因此,在反相输入节点 N 可得节点电流方程

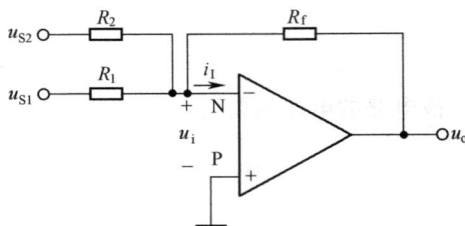

图 12.2.4　加法电路

$$\frac{u_{S1} - u_N}{R_1} + \frac{u_{S2} - u_N}{R_2} = \frac{u_N - u_o}{R_f}$$

即

$$\frac{u_{S1}}{R_1} + \frac{u_{S2}}{R_2} = \frac{-u_o}{R_f}$$

整理可得

$$u_o = -\left(\frac{R_f}{R_1}u_{S1} + \frac{R_f}{R_2}u_{S2}\right)$$

若 $R_1 = R_2 = R_f$，则上式变为

$$u_o = -(u_{S1} + u_{S2}) \tag{12-2-3}$$

实现了真正意义的反相求和。

图 12.2.4 所示的加法电路也可以扩展到实现多个输入电压相加的电路。利用同相放大电路也可以组成加法电路。

3. 减法电路

1）减法电路（一）

图 12.2.5 所示电路第一级为反相比例放大电路，设 $R_{f1} = R_1$，则 $u_{o1} = -u_{S1}$。第二级为反相加法电路。

可导出

$$u_o = -\frac{R_{f2}}{R_2}(u_{o1} + u_{S2}) \tag{12-2-4}$$

$$u_o = \frac{R_{f2}}{R_2}(u_{S1} - u_{S2})$$

若 $R_2 = R_{f2}$，则式（12-2-4）变为

$$u_o = u_{S1} - u_{S2} \tag{12-2-5}$$

即实现了两信号 u_{S1} 与 u_{S2} 的相减。

此电路优点是调节比较灵活方便。由于反相输入端与同相输入端"虚地"，因此在选用集成运放时，对其最大共模输入电压的指标要求不高，此电路应用比较广泛。

2）减法电路（二）

另一种减法电路如图 12.2.6 所示。该电路是反相输入和同相输入相结合的放大电路。

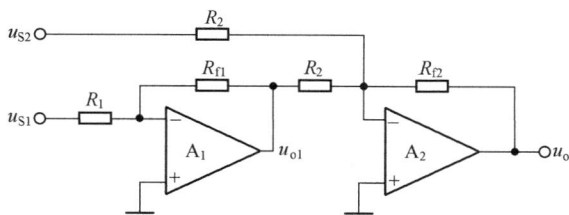

图 12.2.5　减法电路（一）

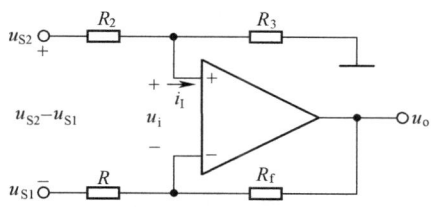

图 12.2.6　减法电路（二）

根据"虚短"和"虚断"的概念可知

$$u_P = u_N, u_i = 0, i_I = 0$$

并可得下列方程式

$$\frac{u_{S1} - u_N}{R} = \frac{u_N - u_o}{R_f}$$

$$\frac{u_{S2} - u_P}{R_2} = \frac{u_P}{R_3}$$

利用 $u_N = u_P$，并联解可得

$$u_o = \left(\frac{R + R_f}{R}\right)\left(\frac{R_3}{R_2 + R_3}\right) u_{S2} - \frac{R_f}{R}u_{S1}$$

在上式中，若满足 $R_f // R = R_3 // R_2$，$R = R_2$，则该式可简化为

$$u_o = \frac{R_f}{R}(u_{S2} - u_{S1}) \tag{12-2-6}$$

当 $R_f = R$，有

$$u_o = u_{S2} - u_{S1} \tag{12-2-7}$$

式(12-2-7)表明，输出电压 u_o 与两输入电压之差 $(u_{S2} - u_{S1})$ 成比例，实现了两信号 u_{S2} 与 u_{S1} 的相减。

从原理上说，求和电路也可以采用双端输入(或称差动输入)方式，此时只用一个集成运放，即可同时实现加法和减法运算。但由于电路系数的调整非常麻烦，所以实际上很少采用。如需同时进行加法，通常宁可多用一个集成运放，而仍采用反相求和电路的结构形式。

4. 积分电路

在电子电路中，常用积分运算电路和微分运算电路作为调节环节，此外，积分运算电路还用于延时、定时和非正弦波发生电路中。积分电路有简单积分电路、同相积分电路、求和积分电路等。下面重点介绍一下简单积分电路。

简单积分电路如图 12.2.7 所示。反相比例运算电路中的反馈电阻由电容所取代，便构成了积分电路。

根据"虚短"和"虚断"的概念有：$u_i = 0$，$i_I = 0$，$i_1 = i_2 = u_S/R$。

电流 i_2 对 C 进行充电，且为恒流充电(充电电流与电容 C 及电容上电压无关)。假设电容 C 初始电压为 0，则

图 12.2.7   积分电路

$$u_o = -\frac{1}{C}\int i_2 \mathrm{d}t = -\frac{1}{C}\int i_1 \mathrm{d}t$$

$$u_o = -\frac{1}{C}\int \frac{u_S}{R} = -\frac{1}{RC}\int u_S \mathrm{d}t \tag{12-2-8}$$

式(12-2-8)表明，输出电压与输入电压的关系满足积分运算要求，负号表示它们在相位上是相反的。RC 称为积分时间常数，记为 τ。

实际的积分器因集成运算放大器不是理想特性和电容有漏电等原因而产生积分误差，严重时甚至使积分电路不能正常工作。最简便的解决措施是，在电容两端并联一个电阻 R_f，引入直流负反馈来抑制由上述各种原因引起的积分漂移现象，但 $R_f C$ 的数值应远大于积分时间。通常在精度要求不高、信号变化速度适中的情况下，只要积分电路功能正常，对积分误差可不加考虑。若要提高精度，则可采用高性能集成运放和高质量积分电容器。

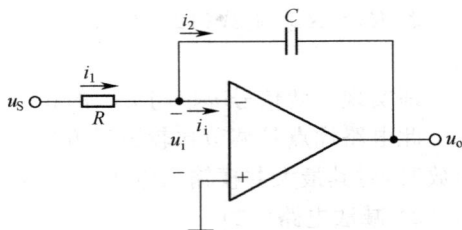

利用积分运算电路能够将输入的正弦电压,变换为输出的余弦电压,实现了波形的移相;将输入的方波电压变换为输出的三角波电压,实现了波形的变换;对低频信号增益大,对高频信号增益小,当信号频率趋于无穷大时增益为零,实现了滤波功能。

5. 微分电路

微分是积分的逆运算。将图 12.2.7 所示积分电路的电阻和电容元件互换位置,即构成微分电路,微分电路如图 12.2.8 所示。微分电路选取相对较小的时间常数 RC。

同样根据"虚地"和"虚断"的概念有:$u_i=0$,$i_I=0$,$i_1=i_2$。

设 $t=0$ 时,电容 C 上的初始电压为 0,则接入信号电压 u_S 时,有

$$i_1=C\frac{du_S}{dt}$$

$$u_o=-i_2R=-RC\frac{du_S}{dt} \quad (12-2-9)$$

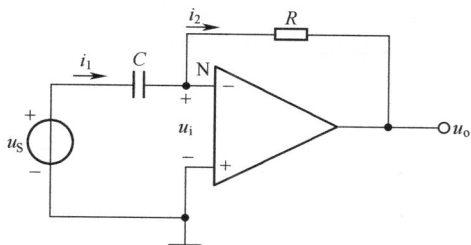

图 12.2.8　微分电路

式(12-2-9)表明,输出电压与输入电压的关系满足微分运算的要求。因此微分电路对高频噪声和突然出现的干扰(如雷电)等非常敏感,故它的抗干扰能力较差,限制了其应用。

12.3　集成运算放大器在信号处理方面的应用

1. 有源滤波器

允许某一部分频率的信号顺利通过,而使另一部分频率的信号急剧衰减(即被滤掉)的电子器件称为滤波器。

滤波器按照其功能,可以分为低通、带通、高通、带阻滤波器。图 12.3.1 所示为 4 种滤波器的幅频特性。图中 f_H 为上限截止频率;f_L 为下限截止频率;f_0 为中心频率,即带通和带阻的中点。

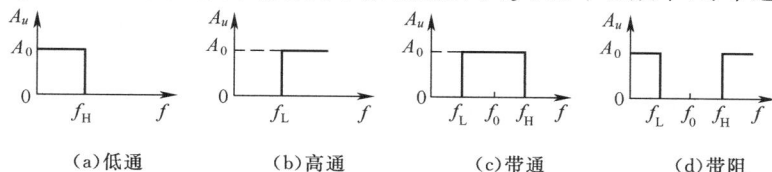

(a)低通　　　(b)高通　　　(c)带通　　　(d)带阻
图 12.3.1　4 种滤波器的幅频特性

滤波器具有"选频"的功能。在电子通信、电子测试及自动控制系统中,常常利用滤波器具有"选频"的功能来进行模拟信号的处理(用于数据传送、抑制干扰等)。此外,滤波器在无线电通信、信号检测和自动控制中对信号处理、数据传输和干扰抑制等方面也获得了广泛应用。

滤波器可分为有源滤波器和无源滤波器两种。一般主要采用无源元件 R、L 和 C 组成的模拟滤波器称为无源滤波器;由集成运放和 R、C 组成的滤波器称为有源滤波器。有源滤波器具有不用电感,体积、质量小等优点。此外,由于集成运放的开环电压增益和输入阻抗均很高,输出阻抗又很低,构成有源滤波电路后还具有一定的电压放大和缓冲作用。不过,有源滤波器的工作频率不高,一般在几千赫以下。在频率较高的场合,常采用 LC 无源滤波器或固态滤波器。

无源滤波器一般不存在噪声问题,而有源滤波器由于使用了放大器,滤波器的噪声性能就比较突出,信噪比很差的有源滤波器也很常见。因此,使用有源滤波器时要注意:①滤波器的电阻尽可能小一些,电容则要大一些;②反馈量尽可能大一些,以减小增益;③放大器的开环频率特性应该比滤波器的通频带要宽。

图 12.3.2 所示为一个简单的一阶 RC 有源低通滤波电路。该电路在一级无源 RC 低通滤波电路的输出端再加上一个同相比例放大器,使之与负载很好地隔离开来,由于同相比例放大器的输入阻抗很高,输出阻抗很低,因此,其带负载能力很强,同时该电路还具有电压放大作用。

2. 集成运放的非线性应用

在集成运放的非线性应用电路中,运放一般工作在开环或仅正反馈状态,而运放的增益很高,在非负反馈状态下,其线性区的工作状态是极不稳定的,因此主要工作在非线性区,实际上这正是非线性应用电路所需要的工作区。

电压比较电路是用来比较两个电压大小的电路,在自动控制、越限报警、波形变换等电路中得到应用。

由集成运放所构成的比较电路,其重要特点是运放工作于非线性状态。开环工作时,由于其开环

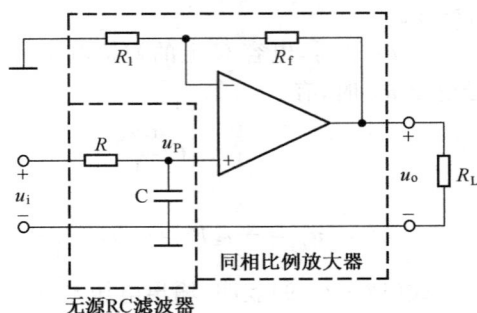

图 12.3.2 一阶 RC 有源低通滤波电路

电压放大倍数很高,因此,在两个输入端之间有微小的电压差异时,其输出电压就偏向于饱和值;当运放电路引入适时的正反馈时,更加速了输出状态的变化,即输出电压不是处于正饱和状态(接近正电源电压 $+V_{CC}$),就是处于负饱和状态(接近负电源电压 $-V_{EE}$),处于运放电压传输特性的非线性区。由此可见,分析比较电路时应注意:①比较器中的运放,“虚短”的概念不再成立,而“虚断”的概念依然成立。②应着重抓住输出发生跳变时的输入电压值来分析其输入/输出关系,画出电压传输特性。

电压比较器简称比较器,它常用来比较两个电压的大小,比较的结果(大或小)通常由输出的高电平 U_{OH} 或低电平 U_{OL} 来表示。

1)简单电压比较器

简单电压比较器的基本电路如图 12.3.3 所示,它将一个模拟量的电压信号 u_i 和一个参考电压 U_{REF} 相比较。模拟量信号可以从同相端输入,也可从反相端输入。图 12.3.3(a)所示的信号为反相端输入,参考电压接于同相端。

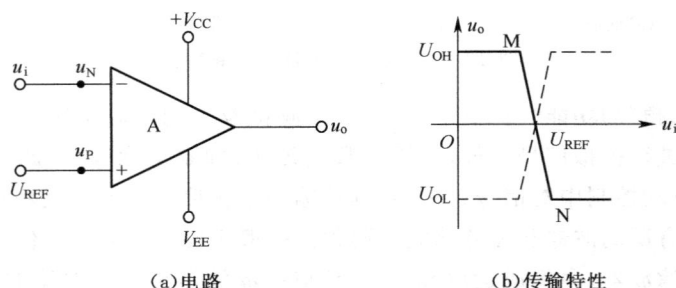

(a)电路   (b)传输特性

图 12.3.3 简单电压比较器的基本电路

当输入信号 $u_i < U_{REF}$,输出即为高电平 $u_o = U_{OH}(+V_{CC})$。

当输入信号 $u_i > U_{REF}$,输出即为低电平 $u_o = U_{OL}(-V_{EE})$。

显然,当比较器输出为高电平时,表示输入电压 u_i 比参考电压 U_{REF} 小;反之当输出为低电平时,则表示输入电压 u_i 比参考电压 U_{REF} 大。

根据上述分析,可得到该比较器的传输特性如图 12.3.3(b)中实线所示。可以看出,传输特性中的线性放大区(MN 段)输入电压变化范围极小,因此可近似认为 MN 与横轴垂直。

通常把比较器的输出电压从一个电平跳变到另一个电平时对应的临界输入电压称为阈值电压或门限电压,简称为阈值,用符号 U_{TH} 表示。对这里所讨论的简单比较器,有 $U_{TH}=U_{REF}$。

也可以将图 12.3.3(a)所示电路中的 U_{REF} 和 u_i 的接入位置互换,即 u_i 接同相输入端, U_{REF} 接反相输入端,则得到同相输入电压比较器。不难理解,同相输入电压比较器的阈值仍为 U_{REF},其传输特性如图 12.3.3(b)中虚线所示。

作为上述两种电路的一个特例,如果参考电压 $U_{REF}=0$(该端接地),则输入电压超过零时,输出电压将产生跃变,这种比较器称为过零比较电路。

2) 迟滞电压比较器

当基本电压比较电路的输入电压正好在参考电压附近上下波动时,不论这种波动是信号本身引起的还是干扰引起的,输出电平必然会跟着变化翻转。这表明虽然简单电压比较器结构简单、灵敏度高,但抗干扰能力差。在实际运用中,有的电路过分灵敏会对执行机构产生不利的影响,甚至使之不能正常工作。实际电路希望输入电压在一定的范围内,输出电压保持原状不变。迟滞电压比较器电路就具有这一特点。

迟滞电压比较器电路如图 12.3.4(a)所示,由于输入信号由反相端加入,因此为反相迟滞电压比较器。为限制和稳定输出电压幅值,在电路的输出端并接了两个互为串联反向连接的稳压二极管,同时通过 R_3 将输出信号引到同相输入端即引入了正反馈。正反馈的引入可加速比较电路的转换过程。由运放的特性可知,外接正反馈时,迟滞电压比较电路工作于非线性区,即输出电压不是正饱和电压(高电平 U_{OH}),就是负饱和电压(低电平 U_{OL}),二者大小不一定相等。设稳压二极管的稳压值为 U_Z,忽略正向导通电压,则比较器的输出高电平 $U_{OH}\approx U_Z$,输出低电平 $U_{OL}\approx -U_Z$。

当运放输出高电平时($u_o=U_{OH}\approx U_Z$),根据"虚断",有 $u_N=u_P$,运放同相端输入电压为参考电压 U_{REF} 和输出电压 U_Z 共同作用的结果,利用叠加定理,有

$$u_P=\frac{R_2u_o}{R_2+R_3}+\frac{R_3U_{REF}}{R_2+R_3}=\frac{R_3U_{REF}+R_2u_o}{R_2+R_3}=\frac{R_3U_{REF}+R_2U_z}{R_2+R_3}$$

又因为输入信号 $u_i=u_N$,所以此时的输入电压和 u_P 比较,令 $u_P=U_{TH1}$ 称为上阈值电压。

$$U_{TH1}=\frac{R_3U_{REF}+R_2U_Z}{R_2+R_3}$$

当运放输出低电平时($u_o=U_{OL}\approx -U_Z$),根据"虚断",有 $u_N=u_P$,同理可得

$$u_P=\frac{R_2u_o}{R_2+R_3}+\frac{R_3U_{REF}}{R_2+R_3}=\frac{R_3U_{REF}+R_2u_o}{R_2+R_3}=\frac{R_3U_{REF}-R_2U_z}{R_2+R_3}$$

令 $u_P=U_{TH2}$ 称为下阈值电压,则

$$U_{TH2}=\frac{R_3U_{REF}-R_2U_Z}{R_2+R_3}$$

得到了两个阈值电压,显然有 $U_{TH1}>U_{TH2}$。

(a)反相迟滞电压比较器电路　　　　　(b)传输特性

(c)$U_{REF}=0$ 时的传输特性　　　　(d)$U_{REF}=0$ 时 u_i 与 u_o 的波形

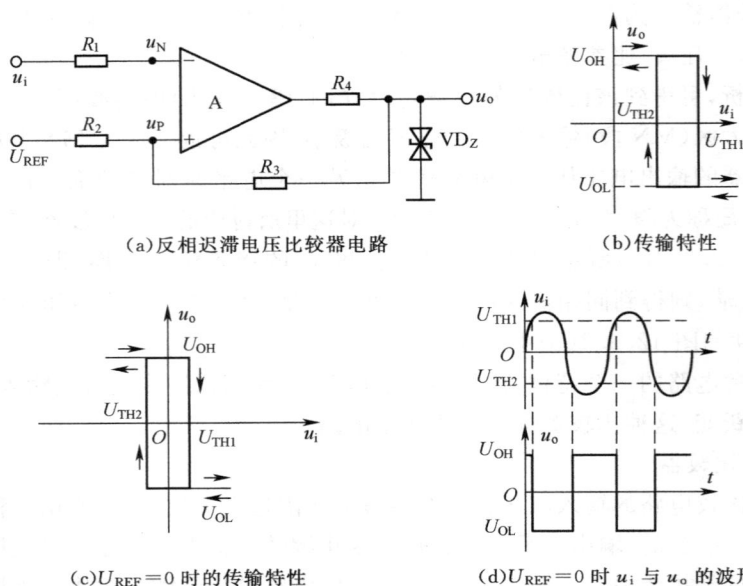

图 12.3.4　迟滞电压比较器

当输入信号 $u_i = u_N$ 很小时，$u_N < u_P$，则比较器输出高电平 $u_o = U_{OH}$，此时比较器的阈值为 U_{TH1}；当增大 u_i 直到 $u_i = u_N > U_{TH1}$ 时，才有 $u_o = U_{OL}$，输出高电平翻转为低电平，此时比较器的阈值变为 U_{TH2}；若 u_i 反过来又由较大值（$> U_{TH1}$）开始减小，在略小于 U_{TH1} 时，输出电平并不翻转，而是减小 u_i 直到 $u_i = u_N < U_{TH2}$ 时，才有 $u_o = U_{OH}$，输出低电平翻转为高电平，此时比较器的阈值又变为 U_{TH1}。以上过程可以简单概括为输出高电平翻转为低电平的阈值为 U_{TH1}，输出低电平翻转为高电平的阈值为 U_{TH2}。

由上述分析可得到迟滞电压比较器的传输特性，如图 12.3.4(b)所示。可见，该比较器的传输特性与磁滞回线类似，故称为迟滞（或滞回）比较器。

特别是当 $U_{REF} = 0$ 时，相应的传输特性如图 12.3.4(c)所示，两个阈值则为

$$U_{TH1} = \frac{R_2 U_Z}{R_2 + R_3}$$

$$U_{TH2} = \frac{-R_2 U_Z}{R_2 + R_3}$$

显然有　　　　　　　　　　　　　　$U_{TH2} = -U_{TH1}$

如图 12.3.4(d)所示为 $U_{REF} = 0$ 的迟滞电压比较器在 u_i 为正弦电压时的输入和输出电压波形。显然，其输出的方波较过零比较器延迟了一段时间。

由于迟滞电压比较器输出高、低电平相互翻转的阈值不同，因此具有一定的抗干扰能力。当输入信号值在某一阈值附近时，只要干扰量不超过两个阈值之差的范围，输出电压就可保持高电平或低电平不变。

两个阈值之差

$$\Delta U = U_{TH1} - U_{TH2} = \frac{2R_2 U_Z}{R_2 + R_3}$$

称为回差电压。回差电压是表明迟滞电压比较器抗干扰能力的一个参数。

另外,由于迟滞电压比较器输出高、低电平相互翻转的过程是在瞬间完成的,即具有触发器的特点,因此又称为施密特触发器。

电压比较器将输入的模拟信号转换成输出的高、低电平,输入模拟电压可能是温度、压力、流量、液面等通过传感器采集的信号,因而它首先广泛用于各种报警电路;其次,在自动控制、电子测试、模数转换、各种非正弦波的产生和变换电路中也得到广泛应用。

12.4　集成电压比较器

随着集成技术的不断发展,根据比较器的工作特点和要求,集成电压比较器得到了广泛应用,现在市场上用的比较多的产品有 LM239/LM339 系列、LM293/LM393 系列和 LM111/LM211/LM311 系列。LM293/LM393 系列为双电压比较器;LM239/LM339 系列为四电压比较器。LM111/LM211/LM311 系列为单电压比较器。它们都是集电极开路输出,均可采用双电源或单电源方式供电,供电电压为 $+5\sim\pm15\mathrm{V}$。LM111/LM211/LM311 的不同在于工作温度分别为 $-55\sim+125\,^{\circ}\mathrm{C}$ 、$-25\sim+85\,^{\circ}\mathrm{C}$,$0\sim70\,^{\circ}\mathrm{C}$。图 12.4.1 所示为 LM311 的引脚。

图 12.4.2 所示为 LM311 在超声波接收器中的应用电路。JSQ 为超声波接收器,接收发射器发射过来的超声波信号,TL082 为双集成运放,由于信号比较微弱,经过两级放大后至 LM311 电压比较器的反相输入端,调节电位器,使当没有超声波时 LM311 输出为零,当有超声波信号时,电压比较器有输出,由于是集电极开路门,输出端通过一个上拉电阻至 $+5\mathrm{V}$,以便与单片机电源相匹配。

集成电压比较器除了用作比较器功能外,通过不同的接法,还可以组成不同用途的电路,如继电器驱动电路、振荡器、电平检测电路等。

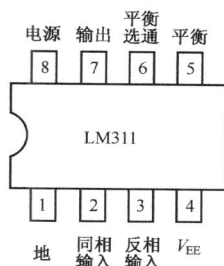

图 12.4.1　LM311 的引脚

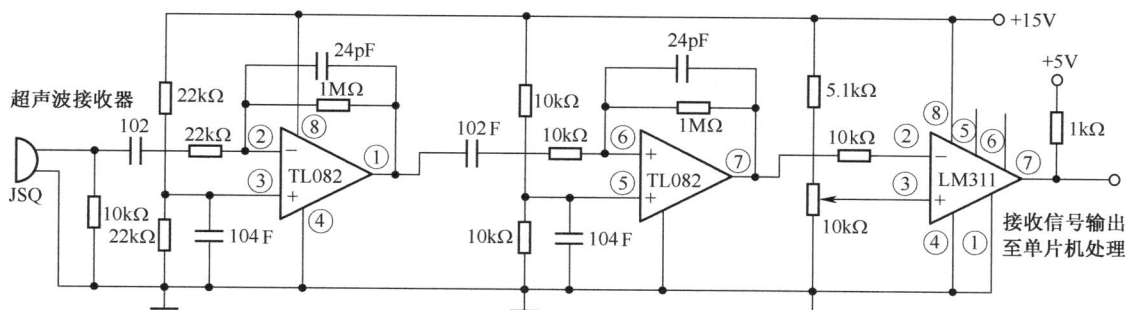

图 12.4.2　LM311 的应用电路

习题

12.1　集成运放电路结构有什么特点? 集成运放由哪几部分组成? 各部分的作用是什么?

12.2　集成运算放大电路实际上是一个高增益的多级直接耦合放大电路,直接耦合放大电路存在零点漂移问题,怎样衡量放大电路的零点漂移?

12.3　集成运放的输入级为什么采用差分式放大电路? 对集成运放的中间级和输出级各有什么要求? 一般采用什么样的电路形式?

12.4　集成电路运放的输入失调电压 U_{IO}、输入失调电流 I_{IO} 和输入偏置电流 I_{IB} 是如何定义的? 它们对运放的工作会产生什么影响?

12.5　集成运放的温度漂移能否外接调零装置来补偿?

12.6　试说明在下列情况下,应选用何种类型的集成运放,并列出器件型号和满足要求的主要性能指标。

(1) 作为一般交流放大电路。

(2) 高阻信号源($R_s = 10M\Omega$)的放大电路。

(3) 微弱电信号($u_s = 10\ \mu V$)的放大器。

12.7　电路结构由 BiFET 和全 MOSFET 组成的集成运放的输入阻抗范围各为多少? 一般用于什么场合?

12.8　高精度、低漂移型,高速型,低功耗型和高压型等专用型集成电路,它们的主要性能指标是什么? 由有关集成运放手册查找出器件型号,并列出主要参数值。

12.9　比例运算电路有哪些? 其计算放大倍数的关键是什么?

12.10　在反相求和电路中,集成运放的反相输入端是如何形成"虚地"的? 该电路属于何种反馈类型?

12.11　说明在差分式减法电路中,运放的两输入端存在共模电压。为提高运算精度,应选用何种运放?

12.12　在分析反相加法、差分式减法、反相积分和微分电路中,所根据的基本概念是什么? KCL 是否得到应用? 如何导出它们输入与输出的关系?

12.13　为减小共模信号对运算精度的影响,应选用何种运算电路和何种运放?

12.14　为减小运算电路的温度漂移,应选用何种运放? 温度漂移产生的输出误差电压能否用外接人工调零电路的办法完全抵消?

12.15　为减小积分电路的积分误差,应选用何种运放?

12.16　什么叫无源和有源滤波电路?

12.17　求题 12.17 图所示电路的输出电压 u_o,设各运放均为理想的。

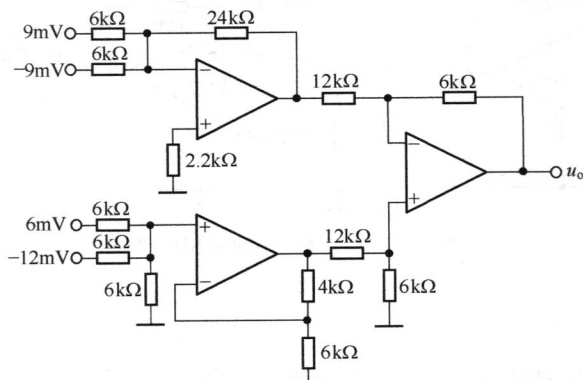

题 12.17 图

12.18　求题 12.18 图所示电路的输出电压 u_o，设运放是理想的。

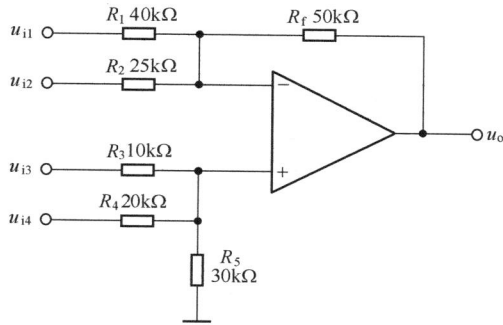

题 12.18 图

12.19　画出实现下述运算的电路：$u_o = 2u_{i1} - 6u_{i2} + 3u_{i3} - 0.8u_{i4}$。

12.20　若题 12.20 图所示运放是理想的。

（1）求证：

$$u_o = \frac{1}{RC} \int (u_{i2} - u_{i1}) \mathrm{d}t$$

（2）若 $u_{i1} = 0$，则该电路为一同相积分器。

12.21　题 12.21 图所示为积分求和运算电路，设运放是理想的，试推导输出电压与各输入电压的关系式。

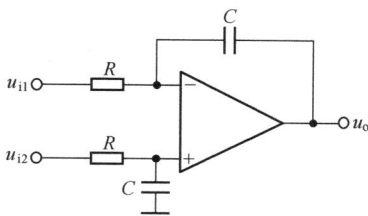

题 12.20 图

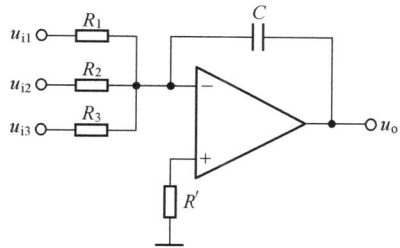

题 12.21 图（一）

实用积分电路如题 12.21 图（二）图所示，设运放和电容均为理想的。

（1）试求证：$u_o = -\dfrac{R_2}{R_1 RC} \int u_i \mathrm{d}t$。

（2）说明运放 A_1，A_2 各起什么作用？

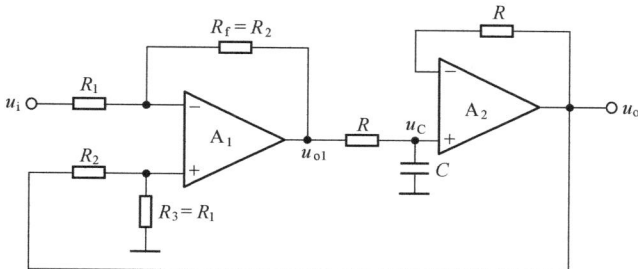

题 12.21 图（二）

12.22 求题 12.22 图所示比较器的阈值,画出传输特性。若输入电压 u_i 波形如题 12.22 图(b)所示时,画出 u_o 波形(在时间上必须与 u_i 对应)。

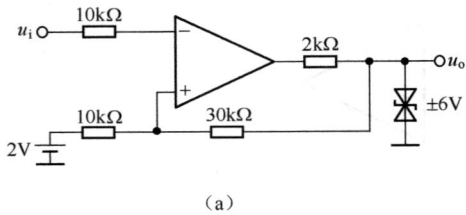

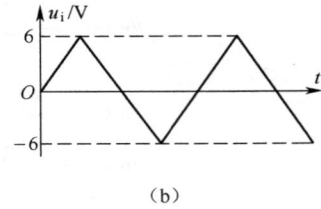

（a）   （b）

题 12.22 图

第13章
直流稳压电源

市网供电都是交流电,但在某些场合需要用直流电源供电。为了得到直流电,除用直流发电机外,目前广泛采用各种半导体直流稳压电源。

半导体直流稳压电源的原理方框图如图 13.1 所示,它表示把交流电变换为直流电的过程。

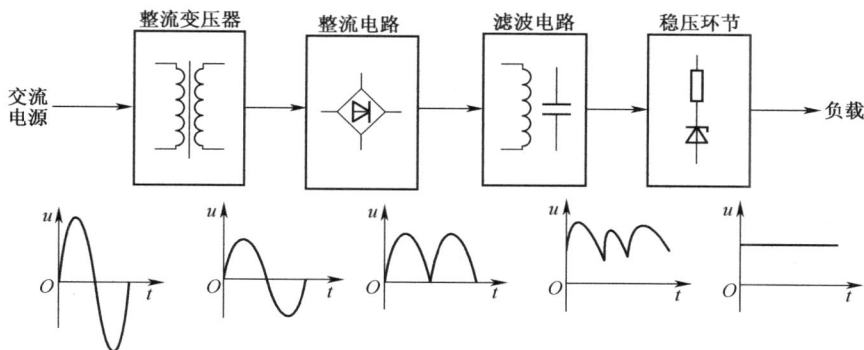

图 13.1　半导体直流电源的原理方框图

图中各环节的功能如下。

(1) 整流变压器:将交流电源电压变换为符合整流需要的电压。

(2) 整流电路:将交流电压变换为单向脉动电压。其中的整流元件(晶体二极管)之所以能整流,是因为它具有单向导电的特性。

(3) 滤波电路:减小整流电压的脉动程度,以适合负载的需要。

(4) 稳压环节:在交流电源电压波动或负载变动时,使直流输出电压稳定。

下面对图中各环节进行介绍。

13.1　整　流　电　路

1. 单相半波整流电路

图 13.1.1 所示为单相半波整流电路,它是最简单的整流电路,由整流变压器、整流二极管及负载电阻组成。设整流变压器二次侧的电压为

$$u = \sqrt{2}U\sin\omega t$$

其波形如图 13.1.2(a)所示。

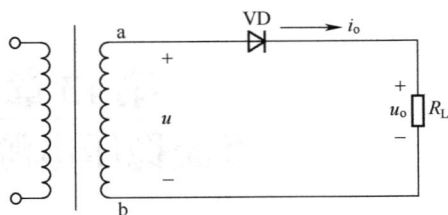

图 13.1.1 单相半波整流电路

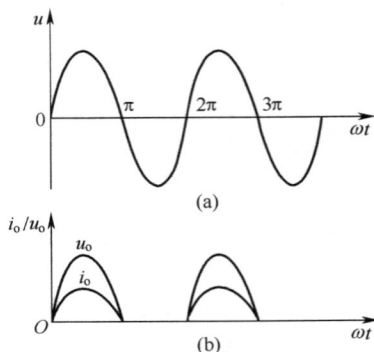

图 13.1.2 单相半波整流电路的电压与电流的波形

由于二极管 VD 具有单向导电性,只有当它的阳极电位高于阴极电位时才能导通。在变压器二次侧电压的正半周时,其极性为上正下负,即 a 点的电位高于 b 点,二极管因承受正向电压而导通。这时负载电阻 R_L 上的电压为 u_o,通过的电流为 i_o,在电压的负半周时,a 点的电位低于 b 点,二极管因承受反向电压而截止,负载电阻上没有电压。因此,在负载电阻 R_L 上得到的是半波整流电压 u_o。在导通时,二极管的正向压降很小,可以忽略不计。因此,可以认为 u_o 的波形和 u 的正半周波形是相同的,波形如图 13.1.2(b)所示。

负载上得到的整流电压虽然是单方向的,但其大小是变化的。这种所谓的单向脉动电压,常用一个周期的平均值来说明它的大小。单相半波整流电压的平均值为

$$U_o = \frac{1}{2\pi}\int_0^\pi \sqrt{2}U\sin\omega t\, d(\omega t) = \frac{\sqrt{2}}{\pi}U = 0.45U \qquad (13-1-1)$$

式(13-1-1)表示单相半波整流电压平均值与变压器二次侧的交流电压有效值之间的关系。由此得出整流电流的平均值为

$$I_o = \frac{U_o}{R_L} = 0.45\frac{U}{R_L} \qquad (13-1-2)$$

二极管 VD 上通过的电流 $i_D = i_o$,所以二极管 VD 上通过电流的平均值为

$$I_D = I_o = 0.45\frac{U}{R_L} \qquad (13-1-3)$$

除根据负载所需要的直流电压(即整流电压 U_o)和直流电流(即 I_o)选择整流元件外,还要考虑整流元件截止时所承受的最高反向电压 U_{RM}。显然,在单相半波整流电路中,二极管不导通时承受的最高反向电压就是变压器二次侧交流电压 u 的最大值 U_m,即

$$U_{RM} = U_m = \sqrt{2}U \qquad (13-1-4)$$

这样,根据 U_o、I_o 和 U_{RM} 就可以选择合适的整流元件了。

【例 13.1.1】 有一单相半波整流电路,如图 13.1.1 所示。已知负载电阻 $R_L = 750\Omega$,变压器二次侧电压 $U = 20V$,试求 U_o、I_o 和 U_{RM},并选用二极管。

解:
$$U_o = 0.45U = 0.45 \times 20 = 9V$$

$$I_o = \frac{U_o}{R_L} = \frac{9}{750} = 0.012A = 12mA$$

$$U_{RM} = \sqrt{2}U = \sqrt{2} \times 20 = 28.2V$$

查相关手册,二极管选用 2AP4(16mA,50V)。为了使用安全,二极管的反向工作峰值电压要选得比 U_{RM} 大 1 倍左右。

2. 单相桥式整流电路

单相半波整流电路只利用了电源的半个周期,同时整流电压的脉动较大。常采用全波整流电路,其中最常用的是单相桥式整流电路,如图 13.1.3(a)所示,它是由 4 只二极管接成电桥的形式构成的。图 13.1.3(b)是其简化画法。

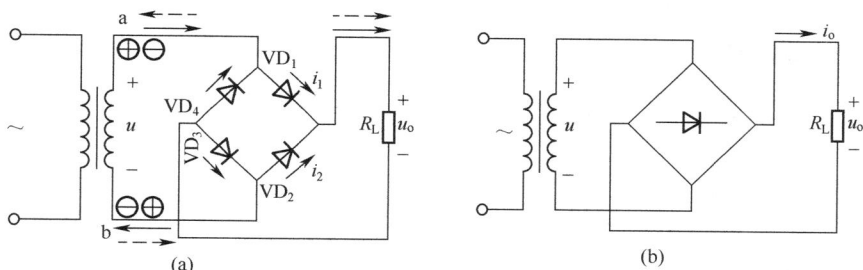

图 13.1.3　单相桥式整流电路

其工作原理是:电源提供的交流电压经过变压器变换为所需要的交流电压 u , $u = \sqrt{2}U\sin\omega t$,在正半周内其极性为上正下负,即 a 点的电位高于 b 点,二极管 VD$_1$、VD$_3$ 导通,VD$_2$、VD$_4$ 截止,电流 i_1 的通路为 a—VD$_1$—R_L—VD$_3$—b。这时,R_L 上得到一个半波电压,$u_o = u$。在负半周内其极性为上负下正,即 b 点的电位高于 a 点,二极管 VD$_1$、VD$_3$ 截止,VD$_2$、VD$_4$ 导通,电流 i_2 的通路为 b—VD$_2$—R_L—VD$_4$—a。同样,R_L 上得到一个半波电压,$u_o = -u$。可见,在 R_L 上流过的电流始终是单一方向的脉动电流。电压、电流波形如图 13.1.4 所示。

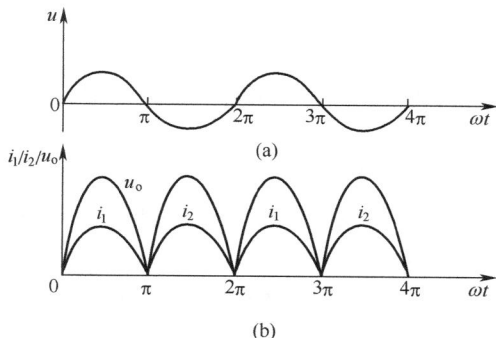

图 13.1.4　单相桥式整流电路的电压与电流的波形

单相桥式整流电路输出电压平均值为

$$U_o = \frac{1}{\pi} \int_0^{\pi} \sqrt{2}U\sin\omega t\, d(\omega t) = \frac{2\sqrt{2}}{\pi}U = 0.9U \qquad (13-1-5)$$

输出电流平均值为

$$I_0 = \frac{0.9U}{R_L} \qquad (13-1-6)$$

由于在桥式整流电路中 4 个二极管两两轮流导通,所以流经每一个二极管的平均电流为

$$I_D = \frac{1}{2}I_0 = \frac{0.45U}{R_L} \qquad (13-1-7)$$

每个二极管承受的最大反向电压为

$$U_{RM} = \sqrt{2}U \qquad (13-1-8)$$

式中,U 为变压器二次电压有效值。式(13-1-5) ～ 式(13-1-8)是设计整流电路元器件参数的依据。整流桥可以用 4 个二极管连接构成,也可以直接选用硅整流全桥器件。

【例 13.1.2】 有一单相桥式整流电路如图 13.1.3 所示。已知负载电阻 $R_L = 80\Omega$,负载电压 $U_o = 110V$,交流电源电压为 380V。(1)如何选用二极管? (2)试求整流变压器的变比和容量。

解:(1)负载电流为

$$I_0 = \frac{U_o}{R_L} = \frac{110}{80} = 1.4A$$

流经每一个二极管的平均电流为

$$I_D = \frac{1}{2}I_0 = 0.7A$$

变压器二次电压的有效值为

$$U = \frac{U_o}{0.9} = \frac{110}{0.9} = 122V$$

考虑到变压器二次绕组及管子上的电压降,变压器的二次电压大约要高出 10%,即 $U = 122 \times 1.1 = 134V$。 于是

$$U_{RM} = \sqrt{2}U = \sqrt{2} \times 134 = 189V$$

因此可选用二极管 2CZ55E,其最大整流电流为 1A,反向工作峰值电压为 300V。

(2) 变压器的变比为

$$K = \frac{380}{134} = 2.8$$

变压器二次电流的有效值为

$$I = 1.11I_0 = 1.11 \times 1.4 = 1.55A$$

变压器的容量为

$$S = UI = 134 \times 1.55 = 208VA$$

【例 13.1.3】 试分析图 13.1.5 所示单相全波整流电路工作情况,设 $u = \sqrt{2}U\sin\omega t$ 。

解:在 u 的正半周,VD_1 导通,VD_2 截止,电流路径:a—VD_1—R_L—b—a,此时 VD_2 承受的最高反向电压 $U_{RM} = 2\sqrt{2}U$ 。

在 u 的负半周,VD_1 截止,VD_2 导通,电流路径:c—VD_2—R_L—b—c,此时 VD_1 承受的最高反向电压 $U_{RM} = 2\sqrt{2}U$。

可见

$$U_o = 0.9U$$

$$I_0 = \frac{U_o}{R_L} = 0.9\frac{U}{R_L}$$

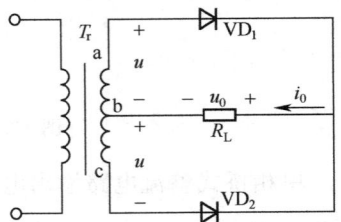

图 13.1.5　单相全波整流电路

$$I_{\mathrm{D}} = \frac{1}{2}I_0 = 0.45\frac{U}{R_{\mathrm{L}}}$$

$$U_{\mathrm{RM}} = 2\sqrt{2}U$$

13.2　滤　波　电　路

前面分析的几种整流电路虽然都可以把交流电转换为直流电,但是所得到的输出电压是单向脉动电压。在某些设备(如电镀、蓄电池充电设备)中,这种电压的脉动式是允许的。但是在大多数电子设备中,整流电路后都要加接滤波器,以改善输出电压的脉动程度。下面介绍几种常用的滤波器。

1. 电容滤波电路

电容滤波是通过电容器的充放电滤除整流电压中的交流分量,使之趋于平直。桥式整流电容滤波电路和输出电压的波形如图 13.2.1 所示。

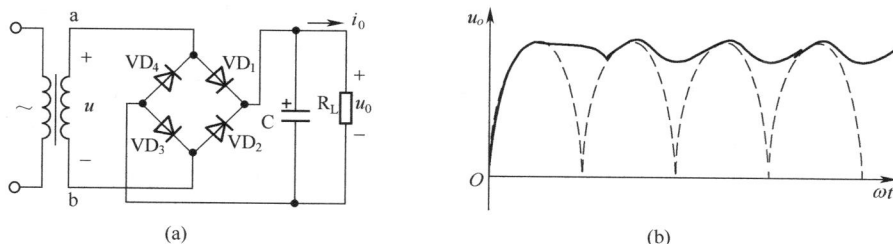

图 13.2.1　桥式整流电容滤波电路和输出电压的波形

滤波电容器 C 选用电解电容或钽电容,它们是有极性电容,接入电路时要把带有"＋"号的引线连接到高电位端。

由图 13.2.1(b)可见,加电容滤波后,输出电压平均值明显增大,当然它也和负载有关,输出电压的脉动程度与电容器的放电时间常数 $R_{\mathrm{L}}C$ 有关。$R_{\mathrm{L}}C$ 大一些,脉动就小一些。为了得到比较平直的输出电压,在一般情况下满足

$$R_{\mathrm{L}}C \geqslant (3\sim5)\frac{T}{2} \tag{13-2-1}$$

T 为交流电的周期。滤波电容的选取可以依照式(13-2-1),一般容量为几十到几千微法,电容器的耐压应该大于 $\sqrt{2}U$。

在电流较小、负载变动不大的情况下,输出电压平均值可以按照以下公式近似估算

$$U_{\circ} = U（半波整流电容滤波）$$

$$U_{\circ} = 1.2U（桥式或全波整流电容滤波） \tag{13-2-2}$$

二极管承受的最高反向电压 $U_{\mathrm{RM}} = 2\sqrt{2}U$（半波整流）、$U_{\mathrm{RM}} = \sqrt{2}U$（单相桥式整流）、$U_{\mathrm{RM}} = 2\sqrt{2}U$（全波整流）。

总之,电容滤波电路简单,输出电压 $U_{\circ}$ 较高,脉动较小,但是外特性较差,且有电流冲击,因此,电容滤波器一般用于要求输出电压较高,负载电流较小并且变化也较小的场合。

【例 13.2.1】 一台半导体收音机原来使用 4 节 1.5V 电池供电,最大输出电流为 80 mA,现在想改为用 220V 交流电源供电。试设计一个整流电路,要求采用电容滤波,试选择整流元件、滤波电容,并确定变压器二次侧电压 U。

解: 据已知条件 $U_o=6V$,如果采用桥式整流电容滤波电路,则

$$U_o=1.2U \ , \ U=\frac{U_o}{1.2}=\frac{6}{1.2}=5V$$

$$I_D=\frac{80}{2}=40 \ (mA), \ U_{RM}=\sqrt{2}U=\sqrt{2}\times 5=7.07 \ V$$

通过查手册或上网查询,选用 1N4001 型二极管 4 只(参数为 1A,50V)。

$$R_L=\frac{6}{0.08}=75(\Omega), \ C\geqslant 5\times\frac{T}{2R_L}=5\times\frac{0.02}{2\times 75}F\approx 670 \ \mu F$$

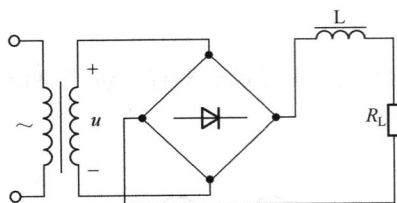

图 13.2.2 桥式整流电感滤波电路

2. 电感滤波电路

电感元件中电流发生变化时,产生的感应电动势总是阻碍电流的变化,电感滤波就是利用这一原理。因此在需要减小电流波动的电路中串联大电感,有时还把它称为平波电抗器。滤波用的线圈为了增大电感,一般都有铁芯。桥式整流电感滤波电路如图 13.2.2 所示。

电感滤波的整流电路适用于电流较大、要求输出电压脉动较小的场合,用于高频时更为适合。对半波整流 $U_o=0.45U$,对桥式整流 $U_o=0.9U$,对全波整流 $U_o=0.9U$。 二极管承受的最高反向电压 $U_{RM}=\sqrt{2}U$(半波整流)、$U_{RM}=\sqrt{2}U$(单相桥式整流)、$U_{RM}=2\sqrt{2}U$(全波整流)。

3. 复式滤波电路

为了进一步减小输出电压中的脉动成分,有时需要将几种滤波电路组合使用,常见的几种复式滤波电路如图 13.2.3 所示。图中 u_o 为整流后的电压,u_L 是滤波后的电压。

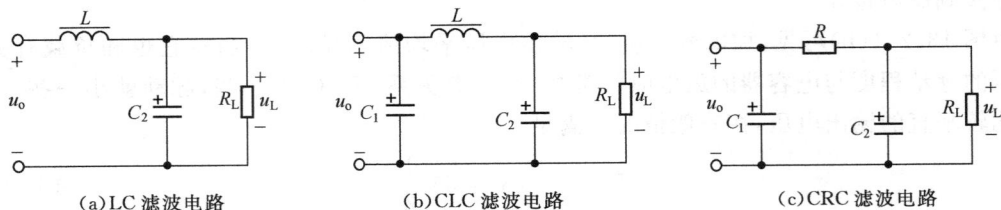

(a)LC 滤波电路　　　　(b)CLC 滤波电路　　　　(c)CRC 滤波电路

图 13.2.3 几种常见的复式滤波电路

13.3 集成稳压器

经整流和滤波后的电压往往会随交流电源电压的波动和负载的变化而变化。为了获得稳定的直流电源供电,就需要增加稳压电路。

1. 串联型稳压电路

串联型稳压电路如图 13.3.1 所示,它是由采样环节、基准电压、比较放大电路、调整环节 4

部分组成。采样环节由电位器 R_1 和电阻 R_2 组成的分压电路构成,它将输出电压 U_o 分出一部分作为采样电压 U_F,送到运算放大器的反相输入端;基准电压由稳压二极管 VD_Z 和电阻 R_3 组成的稳压电路构成,它提供一个稳定的基准电压 U_Z,送到运算放大器的同相输入端,作为调整和比较的标准;比较放大电路由运算放大器构成,它将 U_Z 和 U_F 之差放大后去控制调整管 VT;调整环节由工作在线性放大区的功率管 VT 组成,VT 称为调整管,其基极电压 U_B 即运算放大器的输出电压,由它来改变调整管的集电极电流 I_C 和管压降 U_{CE},从而达到自动调整稳定输出电压的目的。设由于电源电压或负载电阻的变化而使输出电压 U_o 升高时,由图 13.3.1 可见

$$U_- = U_F = \frac{R_1'' + R_2}{R_1 + R_2} U_o$$

U_F 也就升高,而 $U_B = A_{uo}(U_Z - U_F)$,可见 U_B 随着降小,其稳压过程如下

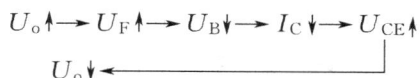

$$U_o\uparrow \longrightarrow U_F\uparrow \longrightarrow U_B\downarrow \longrightarrow I_C\downarrow \longrightarrow U_{CE}\uparrow$$
$$U_o\downarrow$$

使 U_o 保持稳定。当输出电压 U_o 降低时,其稳压过程相反。这个自动调节过程实质上是一个负反馈过程。U_F 即为反馈电压。图 13.3.1 中引入的是串联电压负反馈,故称为串联型稳压电路。

改变电位器就可调节输出电压。由同相比例运算电路可知

$$U_o \approx U_B = \left(1 + \frac{R_1'}{R_1'' + R_2}\right)U_2$$

2. 集成稳压电源

本节主要讨论的是金属封装 W7800 系列(输出电压为正)和 W7900 系列(输出电压为负)稳压器的使用。金属封装 W7800 系列稳压器的外形及其接线图如图 13.3.2 所示,其内部电路是串联型晶体管稳压电路,这种稳压器只有输入端 1、输出端 2 和公共端 3 三个引出端,故称为三端集成稳压器,使用时在其输入端 1 和公共端 3 之间接电容 C_i,用以抵消输入端较长接线的电感效应,防止产生自激振荡,接线不长时可不用。在输出端 2 和公共端 3 接电容 C_o,C_o 是为了瞬时增减负载电流时不致引起输出电压有较大的波动。C_i 一般在 0.1～1μF 之间,如 0.33μF,C_o 可用 1μF,W7800 系列输出固定的正电压,有 5V、8V、12V、15V、18V 和 24V 多种,如 W7815 的输出电压为 15V,最高输入电压为 35V,最小输入电压为输出电压加上 2～3V。集成稳压器具有过电流、过热等保护功能,所以使用安全可靠。

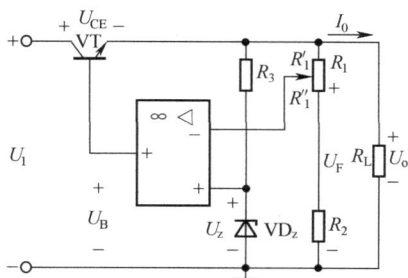

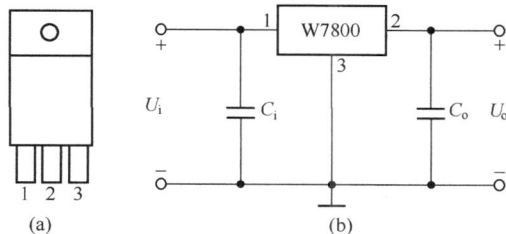

图 13.3.1　串联型稳压电路　　　　图 13.3.2　金属封装 W7800 系列稳压器的外形及接线图

W7900 系列输出固定的负电压,内部电路也是串联型晶体管稳压电路,其参数与 W7800 基本相同。表 13.3.1 是 W 系列集成稳压器的引脚排列。

表 13.3.1　W 系列集成稳压器的引脚排列

引脚编号	金属封装			塑料封装		
系列	1	2	3	1	2	3
W7800	I	O	GND	I	GND	O
W7900	GND	O	I	GND	I	O

使用时,三端集成稳压器接整流滤波电路之后。下面介绍两种三端集成稳压器的应用电路。

(1) 正、负电压同时输出的电路如图 13.3.3 所示。

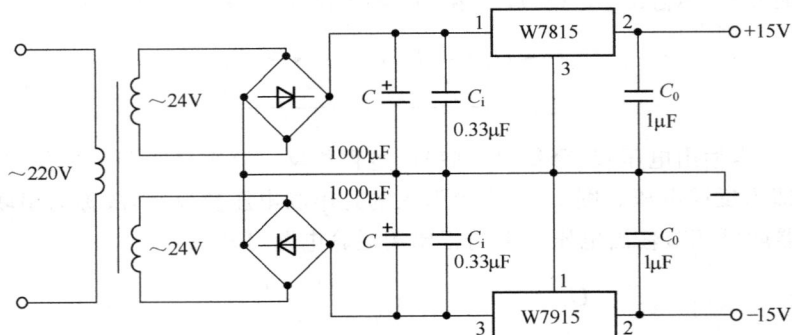

图 13.3.3　正、负电压同时输出的电路

(2) 输出电压可调的电路如图 13.3.4 所示。

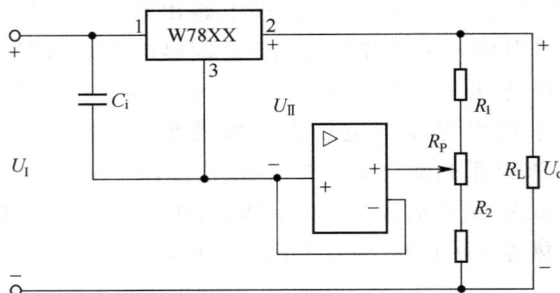

图 13.3.4　输出电压可调的电路

由于 $U_- \approx U_+$,于是由基尔霍夫电压定律可得

$$U_o = \left(1 + \frac{R_2}{R_1}\right) U_{\mathrm{II}}$$

可见,用电位器 R_P 来调整上下两部分电阻 R_2 与 R_1 的比值,便可调节输出电压 U_o 的大小。

习题

13.1　在图 13.1.1 的单相半波整流电路中,$u = 141\sin\omega t$ V,整流电压平均值 U_o 为多少?

13.2　在图 13.1.3 的单相桥式整流电路中,$u = 141\sin\omega t$ V,若有一个二极管断开,整流电

压平均值 U_o 为多少?

13.3　在图 13.1.5 的单相全波整流电路中, $u = 141\sin\omega t$ V ,整流电压平均值 u_o 为多少? 截止时二极管承受的最高反向电压 U_{RM} 为多少?

13.4　在图 13.1.1 的单相半波整流电路中,已知变压器二次电压的有效值 $U = 30$V ,负载电阻 $R_L = 100\Omega$ 。试问:(1)输出电压和输出电流的平均值 U_o 和 I_o 各为多少? (2)若电源电压波动 $\pm 10\%$,二极管承受的最高反向电压 U_{RM} 为多少?

13.5　若采用图 13.1.3 所示的单相桥式整流电路,试计算上题。

13.6　有一电压为 110V ,电阻 55Ω 的直流负载,采用单相桥式整流电路(不带滤波器)供电,试求变压器二次电压和二次电流的有效值,并选用二极管。

13.7　桥式整流、电容滤波电路如图 13.2.1 所示,已知交流电源电压 $U = 220$V 、50Hz, $R_L = 50\Omega$,要求输出直流电压为 24V ,纹波较小。(1)选择整流管的型号;(2)选择滤波电容器(容量和耐压);(3)确定电源变压器二次侧的电压和电流。

13.8　在题 13.8 图所示的整流电路中,变压器二次电压的有效值 $U_1 = 20$V , $U_2 = 50$V ; $R_1 = 100\Omega$, $R_2 = 30\Omega$;二极管最大整流电流 I_{oM} 和反向工作峰值电压 U_{RM} 如表中所列。(1)试校核电路中各整流桥所选用的二极管型号是否合适。(2)若将绕组 2-2 的极性接反,对整流电路有无影响,为什么? (3)若将 a、b 间连线去掉,电路是否仍能工作? 此时输出电压 U_o 和输出电流 I_o 等于多少? 所选用的二极管是否合适?

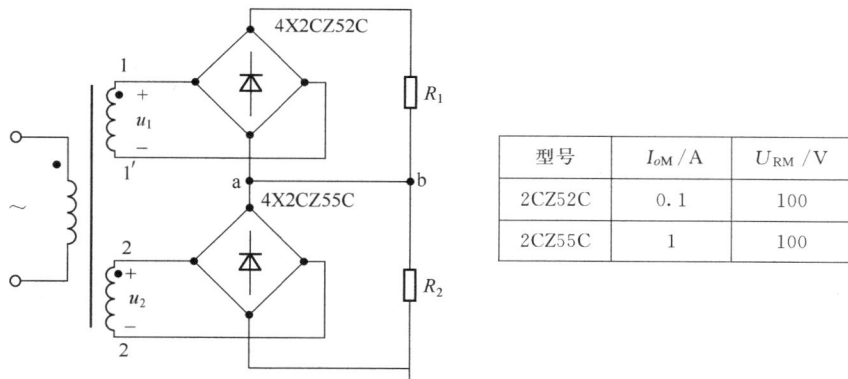

型号	I_{oM}/A	U_{RM}/V
2CZ52C	0.1	100
2CZ55C	1	100

题 13.8 图

13.9　试证明单相半波整流时变压器二次电流的有效值 $I = 1.57 I_o$ 。

13.10　题 13.10 图所示为变压器二次绕组有中心抽头的单相整流电路,二次绕组两段的电压有效值均为 U :

(1)试分析在交流电压的正半周和负半周时电流的通路,并标出负载电阻 R_L 上的电压 u_o 和滤波电容器 C 的极性。

(2)分别画出无滤波电容器和有滤波电容器两种情况下负载电阻上电压 u_o 的波形,是全波还是半波整流?

(3)如无滤波电容器,负载整流电压的平均

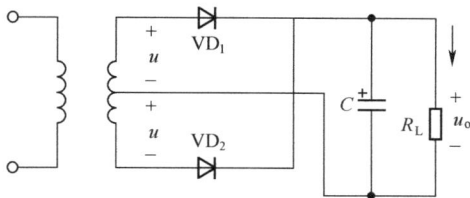

题 13.10 图

值 U_o 和变压器二次绕组每段的平均值 U 之间的数值关系如何？ 如有滤波电容,则又如何？

　　(4) 分别说明有滤波电容器和无滤波电容器两种情况下截止时二极管所承受的最高反向电压 U_{RM} 是否都等于 $2\sqrt{2}U$ 。

　　(5) 如果整流二极管 VD_2 虚焊, U_o 是否是正常情况下的 $\frac{1}{2}$？ 如果变压器二次绕组中心抽头虚焊,这时有输出电压吗？

　　(6) 如果把 VD_2 的极性接反,是否能正常工作？ 会出现什么问题？

　　(7) 如果 VD_2 因过载损坏造成短路,还会出现什么其他问题？

　　(8) 如果输出端短路,又将出现什么问题？

　　(9) 如果把图中的 VD_1 和 VD_2 都反接,是否能有整流作用？ 所不同的是什么？

　　13.11　今要求负载电压 $U_o=30V$,负载电流 $I_o=150mA$ 。采用单相桥式整流电路,带电容滤波器。已知交流频率为 $50Hz$,试选用管子型号和滤波电容器,并与单相半波整流电路比较,带电容滤波器后,管子承受的最高反向电压是否相同？

　　13.12　电路如图 13.3.1 所示。已知 $U_Z=6V$; $R_1=2k\Omega$, $R_2=1k\Omega$, $R_3=2k\Omega$, $U_1=30V$, VT 的电流放大倍数 $\beta=50$ 。 试求:(1)电压输出范围;(2) $U_o=15V$; $R_L=150\Omega$ 时,调整管 VT 的管耗和运算放大器的输出电流。

　　13.13　在题 13.13 图中,试求输出电压 U_o 的可调范围。

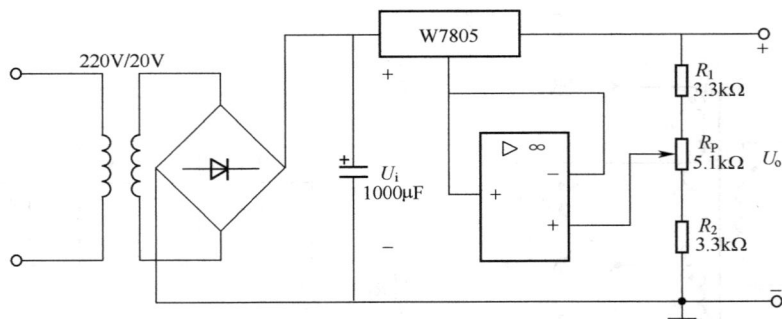

题 13.13

第 14 章
基本门电路和组合逻辑电路

组成数字系统的基本单元是逻辑门电路,它包括与门、或门、非门、与非门、或非门和异或门等,逻辑代数是分析与设计逻辑电路的数学工具,常用的组合逻辑电路有加法器、编码器和译码器。

14.1　数字电路概述

1. 数字电路和模拟电路

前面几章讨论的电子电路中的信号都是随时间连续变化的电信号,它们都看做是各种连续变化物理量(如声音、压力、流量等)变化规律的模拟。这类信号称为模拟信号,处理模拟信号的电路称为模拟电路。电子电路中还有一类随时间不连续变化的信号,这类信号称为数字脉冲信号,简称数字信号,处理数字信号的电路称为数字电路。在数字电路中,信号(电压和电流)是脉冲的。脉冲是一种跃变信号,并且持续时间短暂,可短至几微秒甚至几纳秒。图 14.1.1 是最常见的矩形波和尖顶波。实际波形并不像图 14.1.1 所示那样理想,实际的矩形波如图 14.1.2 所示。

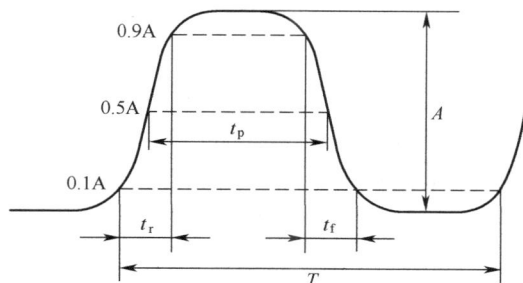

下面以图 14.1.2 所示的矩形波为例,来说明脉冲信号波形的一些参数。

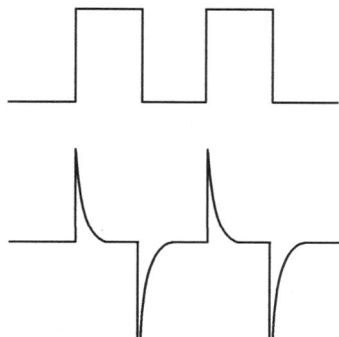

图 14.1.1　矩形波和尖顶波　　　　　图 14.1.2　实际的矩形波

(1)脉冲幅度 A:脉冲信号变化的最大值。

(2)脉冲上升时间 t_r:从脉冲幅度的 10% 上升到 90% 所需的时间。

(3)脉冲下降时间 t_f:从脉冲幅度的 90% 下降到 10% 所需的时间。

(4)脉冲宽度 t_p:从上升沿的脉冲幅度的 50% 到下降沿脉冲幅度的 50% 所需的时间,这段时间也称为脉冲持续时间。

（5）脉冲周期 T :周期性脉冲信号相邻两个上升沿（或下降沿）的脉冲幅度的 10% 两点之间的时间间隔。

（6）脉冲频率 f :单位时间的脉冲数, $f=\dfrac{1}{T}$ 。

在数字电路中,通常是根据脉冲信号的有无、个数、宽度和频率来进行工作的,所以抗干扰能力较强（干扰往往只影响脉冲幅度）,准确度较高。

此外,脉冲信号还有正和负之分。如果脉冲跃变后的值比初始值高,则为正脉冲,如图 14.1.3(a)所示;反之,则为负脉冲,如图 14.1.3(b)所示。

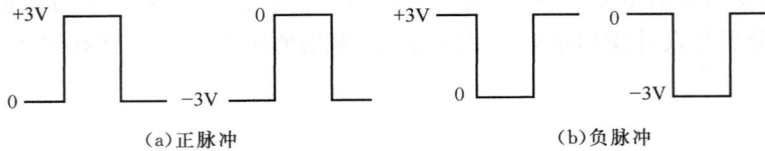

图 14.1.3　正脉冲和负脉冲

图 14.1.4 是计程车计价器的方框图。来自车轴上的脉冲信号,经过整形电路形成一个数字电路能够接受的脉冲序列,输入计数器进行累加,累加到某个数值,就输入计算器。计算器将输入的二进制数乘以倍率,折合成乘车价格,然后输入译码器,译成能用显示器显示出的十进制数。乘车结束,显示器就显示出最终乘车价格,并由存储器将这次乘车时间、行程和价格储存下来,以备查考。本例是一个比较完整的数字系统。

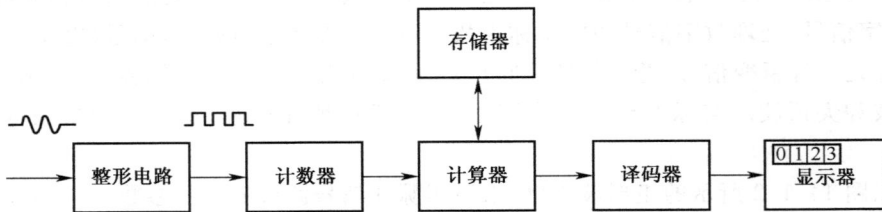

图 14.1.4　计程车计价器方框图

2. 数制

在数字电路中,经常遇到计数问题。在日常生活中,人们通常使用的是十进制数。但是,为了简化电路设计,提高电路可靠性,在数字电路中主要采用二进制数。二进制数只有 0 和 1 两个数码,电路只需表示和辨别两种独立的状态。这两种状态可以是电路中开关断开(0)或开关闭合(1),低电平(0)或高电平(1)等。

二进制数是以 2 为基数,利用数码所处的不同位置代表不同的数值（权值）,如 $(1101)_2=1\times2^3+1\times2^2+0\times2^1+1\times2^0=(13)_{10}$,上式中括号的下标表示数制。二进制的计数特点是:"逢二进一",如 $0+1=1$, $11+1=100$,即每当本位是 1,再加 1 时,本位就变成 0,而向高位进 1。

二进制数具有计数简单且容易被电路识别的优点,但是用它来表示一个数所需的位数较多,书写麻烦,且容易出错。所以,在数字技术中有时还采用八进制数和十六进制数。八进制数有 8 个数码,它们分别用阿拉伯数字 0～7 表示,其计数特点是:逢八进一,十六进制数有 16 个数码,它们分别用阿拉伯数字 0～9 和英文字母 A、B、C、D、E、F 来表示,其计数特点是:逢十六进一,表 14.1.1 列出了同一数值而用不同进制表示的一些数。

表 14.1.1　不同进制的数

十进制		二进制					八进制		十六进制	
10^1	10^0	2^4	2^3	2^2	2^1	2^0	8^1	i^0	16^1	16^0
	0		0	0	0	0	0	0	0	0
	1		0	0	0	1	0	1	0	1
	2		0	0	1	0	0	2	0	2
	3		0	0	1	1	0	3	0	3
	4		0	1	0	0	0	4	0	4
	5		0	1	0	1	0	5	0	5
	6		0	1	1	0	0	6	0	6
	7		0	1	1	1	0	7	0	7
	8		1	0	0	0	1	0	0	8
	9		1	0	0	1	1	1	0	9
1	0		1	0	1	0	1	2	0	A
1	1		1	0	1	1	1	3	0	B
1	2		1	1	0	0	1	4	0	C
1	3		1	1	0	1	1	5	0	D
1	4		1	1	1	0	1	6	0	E
1	5		1	1	1	1	1	7	0	F
1	6	1	0	0	0	0	2	0	1	0

14.2　逻辑门电路

在数字电路中,门电路是最基本的逻辑元件,它的应用极为广泛。"门"就是一种开关,在一定条件下它能允许信号通过,条件不满足,信号就通不过。因此,门电路的输入信号与输出信号之间存在一定的逻辑关系,所以门电路又称为逻辑门电路。门电路的输入和输出信号都是用电位(或称电平)的高低来表示的,而电位的高低则用 1 和 0 两种状态来区别。若规定高电位为 1,低电位为 0,则称为正逻辑系统。若规定低电位为 1,高电位为 0,则称为负逻辑系统。本书中采用的都是正逻辑。

基本逻辑门电路有与门、或门和非门。下面分别介绍它们的逻辑功能。

1. 与门电路

只有决定事物结果的全部条件同时具备时,结果才会发生。这种因果关系(或称逻辑关系)就是与逻辑。

在图 14.2.1 中,开关 A 和 B 串联,只有当 A 与 B 同时接通时(条件),电灯才亮(结果)。这两个串联开关所组成的就是一个与门电路,与门电路是具有两个或两个以上输入端和一个输出端的逻辑电路。

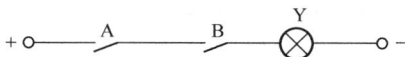

图 14.2.1　由开关组成的与门电路

　　图 14.2.2(a)所示为二极管与门电路,它有两个输入端 A 和 B ,一个输出端 Y 。也可认为 A 和 B 是它的两个输入信号或称输入变量,Y 是输出信号或称输出变量。图 14.2.2(b)和(c)分别为与门电路的逻辑符号和波形图。

　　当输入变量 A 和 B 全为 1 时(设两个输入端的电位均为 3V),电源＋5V 的正端经电阻 R 向两个输入端流通电流(电源的负端接"地",图中未标出),VD_A 和 VD_B 两管都导通,输出端 Y 的电位略高于 3V (因为二极管的正向压降有零点几伏),因此输出变量 Y 为 1。

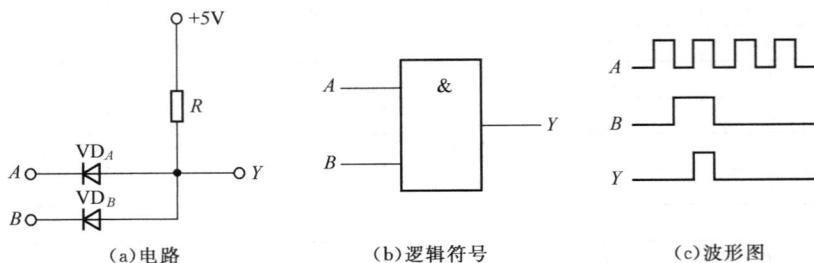

(a)电路　　　　　　　　　(b)逻辑符号　　　　　　　　(c)波形图

图 14.2.2　二极管与门电路

　　当输入变量不全为 1,而有一个或两个为 0 时,即该输入端的电位在 0V 附近。例如,A 为 0,B 为 1,则 VD_A 优先导通。这时输出端 Y 的电位也在 0V 附近,因此 Y 为 0。VD_B 因承受反向电压而截止。

　　只有当输入变量全为 1 时,输出变量 Y 才为 1,这合乎与门的要求。与逻辑关系式为

$$Y = A \cdot B \tag{14-2-1}$$

　　图 14.2.2(a)有两个输入端,输入信号有 1 和 0 两种状态,共有 4 种组合,因此可用表 14.2.1 完整地列出四种输入、输出逻辑状态。它可与图 14.2.2(c)的波形图相对照。

表 14.2.1　与门逻辑状态

A	B	Y	A	B	Y
0	0	0	1	0	0
0	1	0	1	1	1

2. 或门电路

　　在决定事物结果的几个条件中只要有一个或一个以上条件具备时,结果就会发生。这种因果关系就是或逻辑。

　　在图 14.2.3 中,开关 A 和 B 并联,当 A 接通或 B 接通,或 A 和 B 同时接通时,电灯都亮。这两个并联开关所组成的就是一个或门电路,或门电路是具有两个或两个以上输入端和一个输出端的逻辑电路。

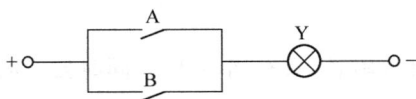

图 14.2.3　由开关组成的或门电路

　　图 14.2.4 (a)所示为二极管或门电路。比较一下图 14.2.2(a)和图 14.2.4(a)就可看出,后者二极管的极性与前者接得相反,其阴极相连经电阻 R 接"地"。

　　输入变量只要有一个为 1,输出就为 1。例如,A 为 1,B 为 0,则 VD_A 优先导通,输出变量

Y 也为 1。VD_B 因承受反向电压而截止。

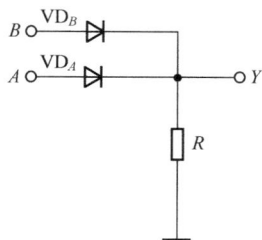 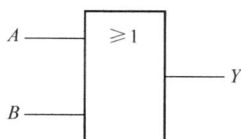 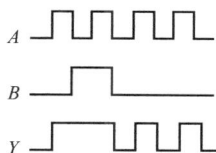

(a)电路 (b)逻辑符号 (c)波形图

图 14.2.4 二极管或门电路

只有当输入变量全为 0 时,输出变量 Y 才为 0,此时两个二极管都截止。或逻辑关系式为

$$Y = A + B \qquad (14-2-2)$$

表 14.2.2 是或门的输入、输出逻辑状态表,它可与图 14.2.4(c) 的波形图相对照。图 14.2.4(b) 是或门电路的逻辑符号。

表 14.2.2 或门逻辑状态

A	B	Y	A	B	Y
0	0	0	1	0	1
0	1	1	1	1	1

3. 非门电路

条件具备了,结果不发生;而条件不具备时,结果却发生了。这种因果关系就是非逻辑。

在图 14.2.5 中,开关 A 和电灯并联,当 A 接通时,电灯不亮;当 A 断开时,电灯就亮。这个开关所组成的就是一个非门电路,非门电路是只有一个输入端和一个输出端的逻辑电路。

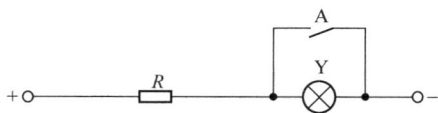

图 14.2.5 由开关组成的非门电路

图 14.2.6(a) 所示为晶体管非门电路。晶体管非门电路不同于放大电路,管子的工作状态或从截止转为饱和,或从饱和转为截止。非门电路只有一个输入端 A。当 A 为 1(设其电位为 3V)时,晶体管饱和,其集电极,即输出端 Y 为 0(其电位在 0V 附近);当 A 为 0 时,晶体管截止,输出端 Y 为 1(其电位近似等于 V_{CC})。所以非门电路也称反向器。加负电源 V_{BB} 是为了使晶体管可靠截止。非逻辑关系式为

$$Y = \overline{A} \qquad (14-2-3)$$

表 14.2.3 所示为非门逻辑状态表,它可与图 14.2.6(c) 所示的波形图相对照。图 14.2.6(b) 是非门电路的逻辑符号。

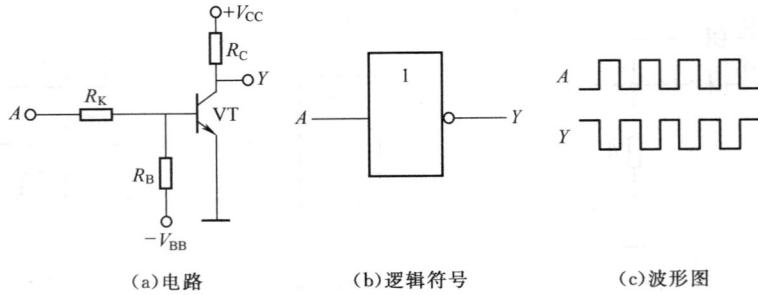

(a)电路　　　　　　　(b)逻辑符号　　　　　　　(c)波形图

图 14.2.6　晶体管非门电路

表 14.2.3　非门逻辑状态

A	Y	A	Y
0	1	1	0

4. 复合门电路

为了扩展逻辑功能以适应电路设计的需要,由与门、或门和非门 3 种基本逻辑门可以组成多种复合门。

如图 14.2.7(a)所示,与门和非门串联组成与非门,它的逻辑符号如图 14.2.7(b)所示,它的波形图如图 14.2.7(c)所示。

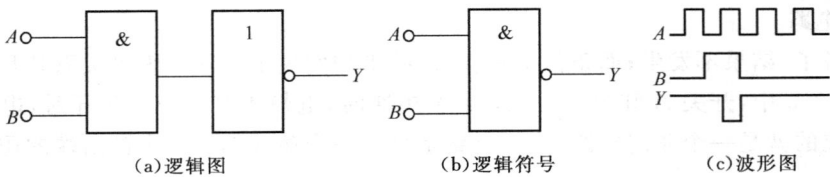

(a)逻辑图　　　　　　　(b)逻辑符号　　　　　　　(c)波形图

图 14.2.7　与非门电路

根据与门和非门的逻辑关系可列出与非门的逻辑状态表,如表 14.2.4 所列。与非门最为常用,应熟记其逻辑功能;当输入变量全为 1 时,输出为 0;当输入变量有一个或几个为 0 时,输出为 1。简言之,即全 1 出 0,有 0 出 1。与非逻辑关系式为

$$Y = \overline{A \cdot B} \tag{14-2-4}$$

表 14.2.4　与非门逻辑状态

A	B	Y	A	B	Y
0	0	1	1	0	1
0	1	1	1	1	0

如图 14.2.8(a)所示,或门和非门串联组成或非门,它的逻辑符号如图 14.2.8(b)所示,它的波形图如图 14.2.8(c)所示。

根据或门和非门的逻辑关系可列出或非门的逻辑状态表,如表 14.2.5 所列。或非门也较为常用,应熟记其逻辑功能;当输入变量全为 0 时,输出为 1;当输入变量有一个或几个为 1 时,

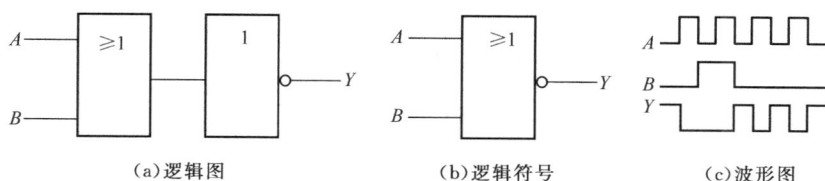

(a)逻辑图　　　　　　(b)逻辑符号　　　　　(c)波形图

图 14.2.8　或非门电路

输出为 0。简言之,即全 0 出 1,有 1 出 0。或非逻辑关系式为

$$Y = \overline{A + B} \qquad\qquad (14-2-5)$$

表 14.2.5　或非门逻辑状态

A	B	Y	A	B	Y
0	0	1	1	0	0
0	1	0	1	1	0

　　如图 14.2.9(a)所示,与门、或门和非门连接组成与或非门,它的逻辑符号如图 14.2.9(b)所示。与或非逻辑关系式为

$$Y = \overline{A \cdot B + C \cdot D} \qquad\qquad (14-2-6)$$

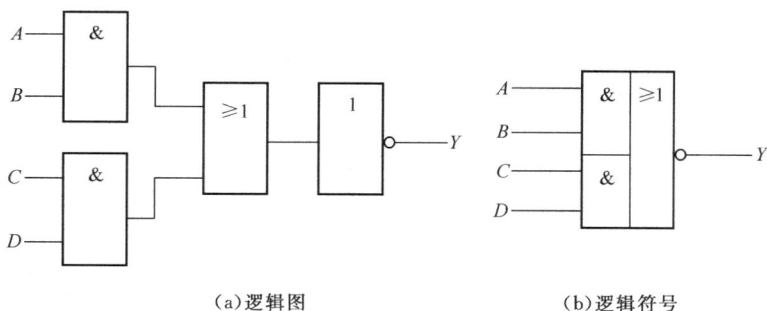

(a)逻辑图　　　　　　　　　(b)逻辑符号

图 14.2.9　与或非门电路

　　根据与门、或门和非门的逻辑关系,可列出与或非门的逻辑状态表。利用上面介绍的几种门电路,可组成许多不同逻辑功能的电路。

　　【例 14.2.1】　在图 14.2.10 所示的三个与门电路中,A 为信号端,B 为控制端,试说明输出信号 Y 的波形。

　　【说明】　图 14.2.10(a)所示的电路:

　　当 $B=1$ 时,$A=1$,$Y=1$;$A=0$,$Y=0$。此时与门开通,A 端信号能通过。

　　图 14.2.10(b)所示的电路:

　　当 $B=0$ 时,不论 $A=0$ 或 $A=1$,输出信号 Y 总为 0。此时与门关断,A 端信号不能通过。

　　图 14.2.10(c)所示的电路读者自行分析。

　　如果是与非门,则又如何?

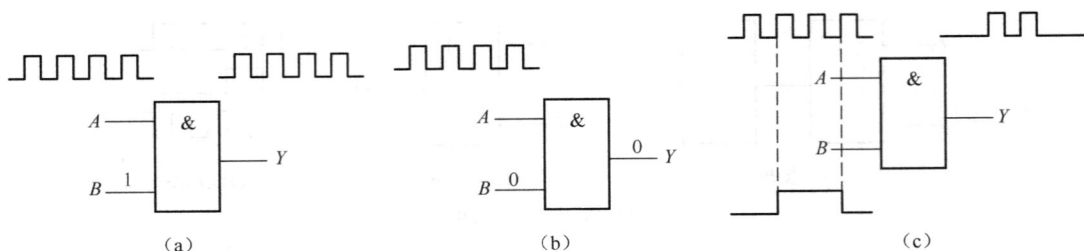

图 14.2.10　例题 14.2.1 的图

14.3　TTL 门电路

　　上面讨论的门电路都是由二极管、晶体管组成的,它们称为分立元件门电路。随着微电子技术的发展,将门电路的所有元件和连线都制作在一块很小的半导体基片上,这就是集成门电路。由于集成门电路具有高可靠性和微型化等优点,现已很少使用分立元件门电路。集成门电路的种类很多,本书主要介绍集成 TTL(Transistor Transistor Logic)与非门电路。

1. TTL 与非门电路

　　图 14.3.1 是标准 TTL74 系列与非门电路及其逻辑符号和外形。VT_1 是多发射极晶体管,可把它的集电结看成一个二极管,而把发射结看成与前者背靠背的两个二极管,如图 14.3.2 所示。这样,VT_1 的作用和二极管与门的作用完全相似,晶体管 VT_2 起非门作用。下面介绍 TTL 门电路的工作原理及主要参数。

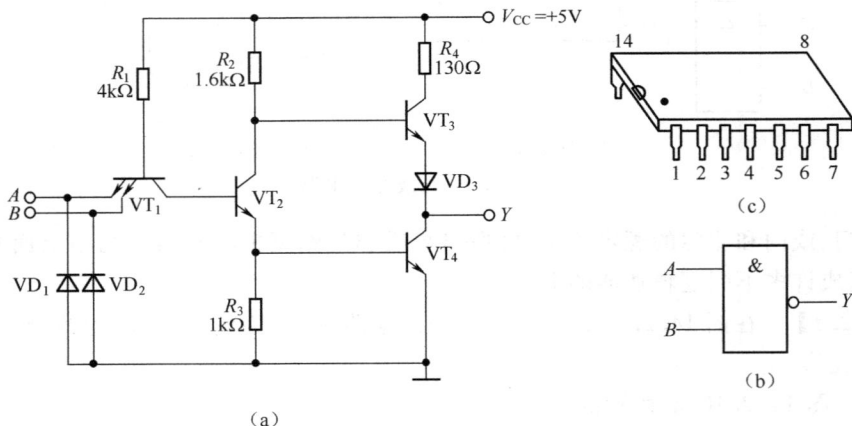

图 14.3.1　TTL 与非门电路及其逻辑符号和外形

1) 工作原理

　　当输入端 A 或 B 为 0,或者 A 和 B 均为 0(约为 0.3V)时,VT_1 的基极与输入端为低电平的发射极之间的 PN 结承受较大的正向电压而优先导通,使 VT_1 的基极电位 V_{B1} 被钳位在 1V,它不足以向 VT_2 提供正向基极电流,所以 VT_2 截止,以致 VT_4 也截止。VT_2 的集电极电位接近于 +5V,VT_3 因而导通,所以输出端的电位为

$$V_Y = 5 - R_2 I_{B3} - U_{BE3} - U_{D3}$$

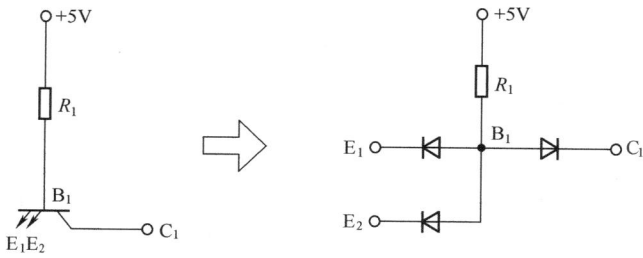

图 14.3.2　多发射极晶体管

因为 $R_2 I_{B3}$ 很小,可以略去不计,于是

$$V_Y = 5 - 0.7 - 0.7 = 3.6V$$

即 $Y=1$。

由于 VT_4 截止,当接负载后,有电流从 V_{CC} 经 R_4 流向每个负载门,这种电流称为拉电流。

当输入端 A 和 B 全为 1(约为 3.6V)时,VT_1 的两个发射结都处于反向偏置,电源通过 R_1 和 VT_1 的集电结向 VT_2 提供足够的基极电流,使 VT_2 饱和导通。VT_2 的发射极电流在 R_3 上产生的压降又为 VT_4 提供足够的基极电流,使 VT_4 也饱和导通,所以输出端的电位为

$$V_Y = 0.3V \qquad 即 \quad Y = 0$$

VT_2 的集电极电位为

$$V_{C2} = U_{CE2} + U_{BE4} \approx 0.3 + 0.7 = 1V$$

此即 VT_3 的基极电位,它不足以使 VT_3 和 VD_3 导通,所以 VT_3 截止。

由于 VT_3 截止,当接负载后,VT_4 的集电极电流全部由外接负载门灌入,这种电流称为灌电流。

从上面的分析可以看出,这个电路只有当输入端全为高电平时,输出才为低电平。它符合与非的逻辑关系,即 $Y = \overline{A \cdot B}$。

值得注意的是,在图 14.3.1 中,当某个输入端悬空时,由于相应的发射结不能导通,所以它与该输入端加高电平等效。

图 14.3.3 所示为 74LS20 和 74LS00 两种 TTL 与非门的外引线排列图,一片集成电路内的各个逻辑门互相独立,可以单独使用,但共用一根电源引线和一根地线。

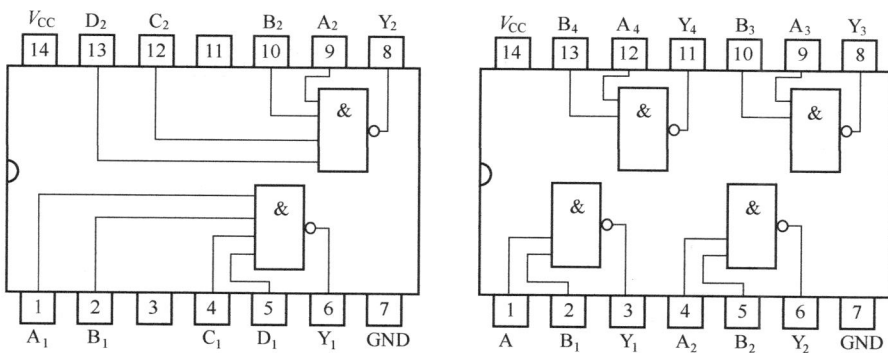

(a)74LS20(4 输入 2 门)　　　　　(b)74LS00(2 输入 4 门)

图 14.3.3 TTL 与非门外引线排列图

2) 电压传输特性和主要参数

首先分析 TTL 与非门的输出电压 U_O 与输入电压 U_I 之间的关系，即电压传输特性，如图 14.3.4 所示，它是通过实验得出的，即将某一输入端的电压由零逐渐增大，而将其他输入端接在电源正极保持恒定高电位。

当 $U_I < 0.5V$ 时，输出电压 $U_O \approx 3.6V$，此即图中的 AB 段。当 U_I 在 $0.5 \sim 1.3V$，U_O 随 U_I 的增大而线性地减小，即 BC 段。当 U_I 增至 $1.4V$ 左右时，输出管 VT_4 开始导通，输出迅速转为低电平，$U_O \approx 0.3V$，即 CD 段。当 $U_I > 1.4V$ 时，保持输出为低电平，即 DE 段。

下面根据 TTL 与非门的电压传输特性来介绍它的主要参数。

(1) 输出高电平电压 U_{OH}。指当输入电压有一个或多个为低电平时，与非门的输出电压值，即传输特性曲线上对应于 AB 段的输出电压。U_{OH} 的典型值约为 $3.6V$，产品规范值 $U_{OH} \geqslant 2.4V$。

(2) 输出低电平电压 U_{OL}。指当输入电压全为高电平时，与非门的输出电压值，即传输特性曲线上对应于 DE 段的输出电压。通常 $U_{OL} \leqslant 0.3V$，产品规范值 $U_{OL} \leqslant 0.4V$。

(3) 关门电压 U_{OFF}。指保证输出高电平所允许的最大输入低电平的电压值，通常 $U_{OFF} \geqslant 0.8V$。当输入端的低电平受正向干扰而升高时，只要不超过关门电压 U_{OFF}，输出仍能保持高电平。可见关门电压愈大，表明电路抗正向干扰的能力愈强。

(4) 开门电压 U_{ON}。指保证输出低电平所允许的最小输入高电平的电压值，通常 $U_{ON} \leqslant 1.8V$。当输入端的高电平受负向干扰而降低时，只要不低于开门电压 U_{ON}，输出仍能保持低电平。可见开门电压 U_{ON} 愈小，表明电路抗负向干扰的能力愈强。

(5) 扇出系数 N。指一个与非门能带同类门的最大数目，它表示电路带负载能力。对 TTL 与非门，$N \geqslant 8$。

(6) 平均传输延迟时间 t_{pd}。在与非门某一输入端加上一个脉冲电压，其他输入端接在电源正极保持恒定高电位，则输出电压将有一定的时间延迟，如图 14.3.5 所示。从输入脉冲上升沿的 50% 处起到输出脉冲下降沿的 50% 处的时间称为上升延迟时间 t_{pd1}；从输入脉冲下降沿的 50% 处到输出脉冲上升沿的 50% 处的时间称为下降延迟时间 t_{pd2}。t_{pd1} 与 t_{pd2} 的平均值称为平均传输延迟时间 t_{pd}，此值愈小愈好。

$$t_{pd} = \frac{t_{pd1} + t_{pd2}}{2}$$

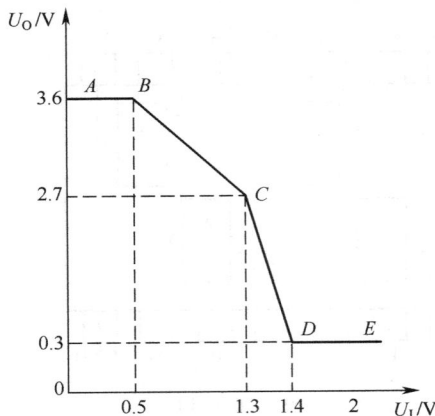

图 14.3.4 TTL 与非门的电压传输特性

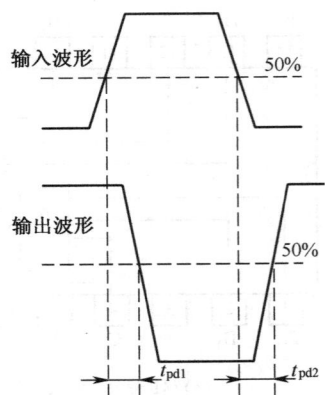

图 14.3.5 表明延迟时间的输入、输出电压的波形

2. 三态输出与非门电路

三态输出与非门电路与上述的与非门电路不同,它的输出端除出现高电平和低电平外,还可以出现第 3 种状态——高阻状态。在这种状态下,三态门的输出对电源 V_{CC} 和地都呈开路状态,输出端处于悬空状态。图 14.3.6 是 TTL 三态输出与非门电路及其逻辑符号。它与图 14.3.1 比较,只多出了二极管 VD,其中 A 和 B 是输入端,E 是控制端或称使能端。

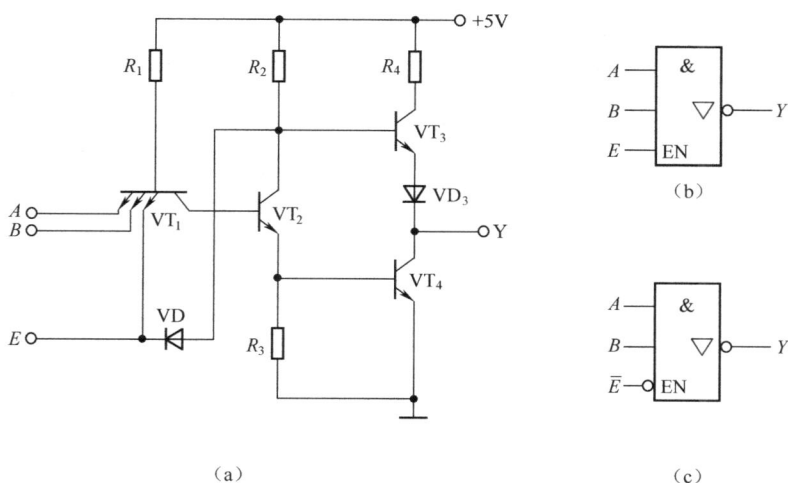

图 14.3.6　TTL 三态输出与非门电路及其逻辑符号

当控制端 $E=1$ 时,三态门的输出状态取决于输入端 A、B 的状态,实现与非逻辑关系,即全 1 出 0,有 0 出 1。此时电路处于工作状态。

当 $E=0$(约为 0.3V)时,VT_1 的基极电位约为 1V,致使 VT_2 和 VT_4 截止。同时,二极管 VD 将 VT_2 的集电极电位箝位在 1V,而使 VT_3 也截止。因为这时与输出端相连的两个晶体管 VT_3 和 VT_4 都截止(不论输入端 A、B 的状态如何),所以输出端开路而处于高阻状态。逻辑符号如图 14.3.6(b)所示。

表 14.3.1 是三态输出与非门的逻辑状态表。

表 14.3.1　三态输出与非门及其逻辑状态表

控制端 E	输入端		输出端 Y
	A	B	
1	0	0	1
	0	1	1
	1	0	1
	1	1	0
0	×	×	高阻

由于电路结构不同,如在控制端串接一非门,状态就与上述相反,即当控制端为高电平时出现高阻状态,而在低电平时电路处于工作状态。这时的逻辑符号则如图 14.3.6(c)所示,在逻

辑符号中控制端 $\overline{E}$ 的小圈表示低电平时三态门被选通。

　　三态门最重要的一个用途是可以实现用一根导线轮流传送几个不同的数据或控制信号,如图 14.3.7 所示,这根导线称为母线或总线。只要让各门的控制端轮流处于高电平,即任何时间只能有一个三态门处于工作状态,而其余三态门均处于高阻状态,这样,总线就会轮流接受各三态门的输出。这种用总线来传送数据或信号的方法,在计算机中被广泛采用。

3. 集电极开路与非门电路

　　集电极开路与非门(OC 门)电路及逻辑符号如图 14.3.8 所示,它与图 14.3.1 的普通 TTL 与非门相比,少了 VT_3 晶体管,并将输出管 VT_4 的集电极开路。工作时,VT_4 的集电极(即输出端)外接电源 U 和电路 R_L,作为 OC 门的有源负载。

　　在 OC 门的输出端可以直接接负载,如继电器、指示灯、发光二极管等,如图 14.3.9 所示(图中接有继电器线圈 KA)。而普通TTL 与非门不允许直接驱动电压高于 5V 的负载,否则与非门将被破坏。

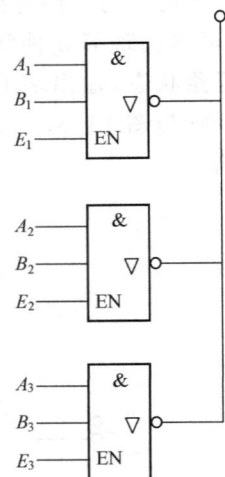

图 14.3.7　三态输出与非门的应用

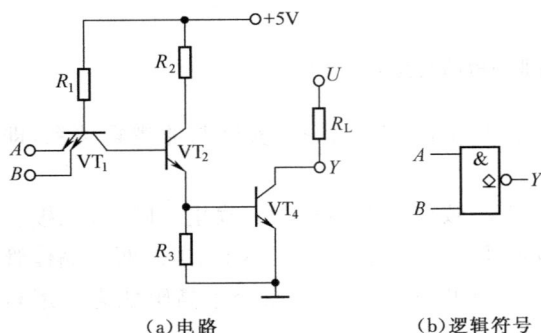

(a)电路　　　　　　　(b)逻辑符号

图 14.3.8　集电极开路与非门电路及逻辑符号

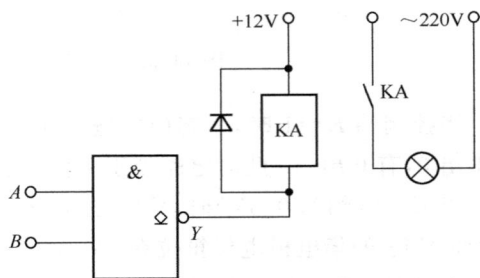

图 14.3.9　OC 门的输出端直接接继电器

　　此外,可将几个 OC 门的输出端相连,而后接电源 U 和负载电阻 R_L,如图 14.3.10 所示。当 OC_1 门的输入全为高电平,而其他门的输入中都有低电平时,OC_1 门的输出管 VT_4 饱和导通($Y_1=0$),其他门的输出管截止($Y_2=1$)。这时负载电流全部流入 OC_1 门的输出管,$Y=0$。当每个门的输入中都有低电平时,则每个门的输出管都截止($Y_1=1$,$Y_2=1$),$Y=1$。这样。就实现了"线与"的功能,即将多个输出信号(1 或 0)再按与逻辑输出。

　　普通与非门的输出端不允许直接相连。否则,当一个门的 VT_4 管截止输出高电平,而另一个门的 VT_4 管导通输出低电平时,将有较大电流从截止门流到导通门(见图 14.3.11),可能会将两个门损坏。

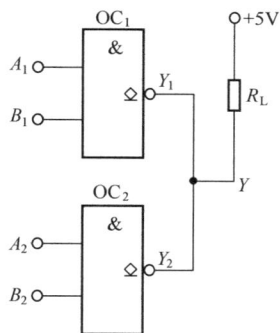

图 14.3.10　"线与"电路图

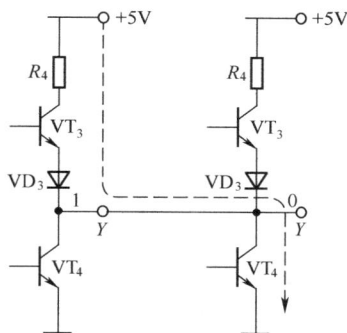

图 14.3.11　两个门的输出端直接相连

14.4　逻 辑 代 数

1. 逻辑代数运算法则

逻辑代数或称布尔代数,它是分析与设计逻辑电路的数学工具。它和普通代数不同,它的变量只有逻辑 1 和逻辑 0 两种变量,其含义并不表示数字关系,而是代表两种相反的逻辑状态,如高电平与低电平,开关的接通与断开等。

在逻辑代数中只有逻辑乘(与运算)、逻辑加(或运算)和求反(非运算)3 种基本运算。根据这 3 种基本运算可以推导出逻辑运算的一些法则。

1)基本运算法则

(1)逻辑加(或运算):

$$0 + A = A$$
$$1 + A = 1$$
$$A + A = A$$

(2)逻辑乘(与运算):

$$0 \cdot A = 0$$
$$1 \cdot A = A$$
$$A \cdot A = A$$

(3)逻辑非(非运算):

$$A \cdot \overline{A} = 0$$
$$\overline{\overline{A}} = A$$

2)交换律

$$AB = BA$$
$$A + B = B + A$$

3)结合律

$$ABC = (AB)C = A(BC)$$

$$A + B + C = A + (B + C) = (A + B) + C$$

4）分配律

$$A(B + C) = AB + AC$$
$$A + BC = (A + B)(A + C)$$

5）吸收律

$$A(A + B) = A$$
$$A + AB = A$$

6）反演律（摩根定律）

$$\overline{AB} = \overline{A} + \overline{B}$$
$$\overline{A + B} = \overline{A}\,\overline{B}$$

以上公式都可通过状态表来证明。

2. 逻辑函数的表示方法

在前面介绍的与、或、非、与非和或非逻辑关系式中，A 和 B 是输入变量，Y 是输出变量；字母上面无反号的称为原变量；有反号的称为反变量。输出变量 Y 也就是输入变量 A 和 B 的逻辑函数。逻辑函数常用逻辑状态表、逻辑式、逻辑图等方法表示，它们之间可以相互转换。现举例进一步说明。

有一 T 形走廊，在相会处有一路灯，在进入走廊的 A、B、C 三地各有控制开关，都能独立进行控制。任意闭合一个开关，灯亮；任意闭合两个开关，灯灭；三个开关同时闭合，灯亮。设 A、B、C 代表三个开关（输入变量），开关闭合其状态为 1，断开为 0；灯亮 Y（输出变量）为 1，灯灭为 0。下面分别用逻辑状态表、逻辑式、逻辑图表示逻辑函数 Y。

1）逻辑状态表

按照上述逻辑要求，可以列出逻辑状态表 14.4.1。逻辑状态表是用输入、输出变量的逻辑状态（1 或 0）以表格形式来表示逻辑函数的，十分直观明了。

表 14.4.1　三地控制一灯的逻辑状态表

A	B	C	Y	A	B	C	Y
0	0	0	0	1	0	0	1
0	0	1	1	1	0	1	0
0	1	0	1	1	1	0	0
0	1	1	0	1	1	1	1

输入变量有各种组合：二变量有 4 种；三变量有 8 种；四变量有 16 种。如果有 n 个输入变量，则有 2^n 种组合。

2）逻辑式

逻辑式是用与、或、非等运算来表达逻辑函数的表达式。

（1）由逻辑状态表写出逻辑式。

① 取 $Y = 1$（或 $Y = 0$）列逻辑式。

② 对一种组合而言，输入变量之间是与逻辑关系。对应于 $Y = 1$，如果输入变量为 1，则取其原变量（如 A）；如果输入变量为 0，则取其反变量（如 $\overline{A}$）。而后取乘积项。

③ 各种组合之间,是或逻辑关系,故取以上乘积项之和。

由此,从表 14.4.1 的逻辑状态表写出相应的三地控制一灯的逻辑式

$$Y = \overline{A}\,\overline{B}C + \overline{A}B\overline{C} + A\overline{B}\,\overline{C} + ABC$$

反之,也可以由逻辑式列出逻辑状态表。

(2) 最小项。设 A、B、C 是 3 个输入变量,有八种组合,相应的乘积项也有 8 个:$\overline{A}\,\overline{B}\,\overline{C}$ 、$\overline{A}\,\overline{B}C$ 、$\overline{A}B\overline{C}$ 、$\overline{A}BC$ 、$A\overline{B}\,\overline{C}$ 、$A\overline{B}C$ 、$AB\overline{C}$ 和 ABC 。它们的特点如下:

① 每项都含有 3 个输入变量,每个变量是它的一个因子;

② 每项中每个因子或以原变量(A,B,C)的形式或以反变量($\overline{A}$,$\overline{B}$,$\overline{C}$)的形式出现一次。

这样,这 8 个乘积项是输入变量 A、B、C 的最小项(n 个输入变量有 2^n 个最小项)。

【例 14.4.1】　写出 $Y = AB + BC + CA$ 的最小项逻辑式。

解:$Y = AB + BC + CA = AB(C + \overline{C}) + BC(A + \overline{A}) + CA(B + \overline{B})$

$$= ABC + AB\overline{C} + ABC + \overline{A}BC + ABC + A\overline{B}C$$

$$= ABC + AB\overline{C} + \overline{A}BC + A\overline{B}C$$

同一个逻辑函数可以用不同的逻辑式来表达,但由最小项组成的与或逻辑式则是唯一的,而逻辑状态表是用最小项表示的,因此也是唯一的。

③ 逻辑图。一般由逻辑式画出逻辑图。逻辑乘用与门实现,逻辑加用或门实现,求反用非门实现。式 $Y = \overline{A}\,\overline{B}C + \overline{A}B\overline{C} + A\overline{B}\,\overline{C} + ABC$ 就可用 3 个非门、4 个与门和 1 个或门来实现,如图 14.4.1 所示。

因为逻辑式不是唯一的,所以逻辑图也不是唯一的。反之,由逻辑图也可以写出逻辑式。

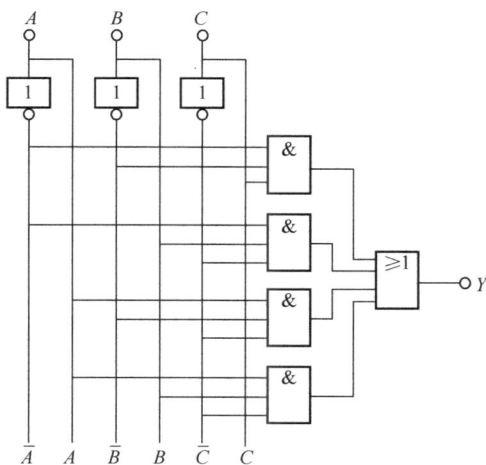

图 14.4.1　三地控制一灯的逻辑图

3. 逻辑函数的化简

由逻辑状态表写出的逻辑式,以及由此而画出的逻辑图,往往比较复杂。如果对写出的逻辑式进行化简,实现该逻辑函数所使用的器件就越少,电路就越简单,可靠性就越高,所以对复杂的逻辑函数式,必要时要用逻辑代数运算法则进行化简。下面介绍几种常用的化简方法。

1) 并项法

运用 $A + \overline{A} = 1$,将两项合并为一项,并可消去一个或两个变量。例如

$$Y = ABC + AB\overline{C} + A\overline{B}C + A\overline{B}\,\overline{C}$$

$$= AB(C + \overline{C}) + A\overline{B}(C + \overline{C})$$

$$= AB + A\overline{B} = A(B + \overline{B}) = A$$

2) 配项法

将函数式的某一项乘以 $A + \bar{A}$ 或加上 $A\bar{A}$,通过增加的项,得最简化简结果。例如

$$Y = AB + \bar{A}\bar{C} + B\bar{C}$$

$$= AB + \bar{A}\bar{C} + B\bar{C}(A + \bar{A})$$

$$= AB + \bar{A}\bar{C} + AB\bar{C} + \bar{A}B\bar{C}$$

$$= AB(1 + \bar{C}) + \bar{A}\bar{C}(1 + B) = AB + \bar{A}\bar{C}$$

3) 加项法

根据 $A + A = A$,可以在逻辑函数式中加相同的项,而后合并化简。例如

$$Y = ABC + \bar{A}BC + A\bar{B}C$$

$$= ABC + \bar{A}BC + A\bar{B}C + ABC$$

$$= BC(A + \bar{A}) + AC(B + \bar{B}) = BC + AC$$

4) 吸收法

运用 $A + AB = A$,消去多余的与项。例如

$$Y = \bar{B}C + A\bar{B}C(D + E) = \bar{B}C$$

5) 消因子法

运用 $A + \bar{A}B = A + B$,消去多余的因子。例如

$$Y = \bar{A}C + A + \bar{A}C = C + A + \bar{A}C = A + C$$

【例 14.4.2】　应用逻辑代数运算法则化简下列逻辑式

$$Y = ABC + ABD + \bar{A}B\bar{C} + CD + B\bar{D}$$

解:简化得

$$Y = ABC + \bar{A}B\bar{C} + CD + B(\bar{D} + DA)$$

由法则 $A + \bar{A}B = A + B$ 得 $\bar{D} + DA = \bar{D} + A$,所以

$$Y = ABC + \bar{A}B\bar{C} + CD + B\bar{D} + AB$$

$$= AB(1 + C) + \bar{A}B\bar{C} + CD + B\bar{D}$$

由法则 $1 + A = 1$ 得 $1 + C = 1$,所以

$$Y = AB + \bar{A}B\bar{C} + CD + B\bar{D}$$

$$= B(A + \bar{A}\bar{C}) + CD + B\bar{D}$$

由法则得 $A + \bar{A}\bar{C} = A + \bar{C}$,所以

$$Y = AB + B\bar{C} + CD + B\bar{D}$$

$$= AB + B(\bar{C} + \bar{D}) + CD$$

由法则 $\bar{A}+\bar{B}=\overline{AB}$ 得 $\bar{C}+\bar{D}=\overline{CD}$,所以

$$Y=AB+B\overline{CD}+CD$$

由法则得 $CD+\overline{CD}B=CD+B$,所以

$$Y=AB+CD+B$$
$$=B(1+A)+CD$$
$$=B+CD$$

【例 14.4.3】　试证明 $ABC\bar{D}+ABD+BC\bar{D}+ABC+BD+B\bar{C}=B$ 。

证: $ABC\bar{D}+ABD+BC\bar{D}+ABC+BD+B\bar{C}$

$=ABC(1+\bar{D})+BD(1+A)+BC\bar{D}+B\bar{C}$

$=ABC+BD+BC\bar{D}+B\bar{C}$

$=B(AC+D+C\bar{D}+\bar{C})$

$=B(AC+D+C+\bar{C})$

$=B(AC+D+1)$

$=B$

14.5　组合逻辑电路的分析和设计

实际应用的逻辑系统往往具有较复杂的逻辑关系。它需要用一些基本门电路和复合门电路组合起来,以实现一定的逻辑功能。在任何时刻,输出状态只取决于同一时刻各输入状态的组合,而与先前状态无关的逻辑电路称为组合逻辑电路。本节将讨论组合逻辑电路的分析和简单设计。

1. 组合逻辑电路的分析

组合逻辑电路的分析就是由给定的逻辑图获得输入、输出之间的逻辑关系,分析出电路的功能。分析步骤:已知逻辑图—写逻辑式—运用逻辑代数化简或变换—列逻辑状态表—分析逻辑功能。

【例 14.5.1】　逻辑图如图 14.5.1(a)所示,试分析该电路的逻辑功能。

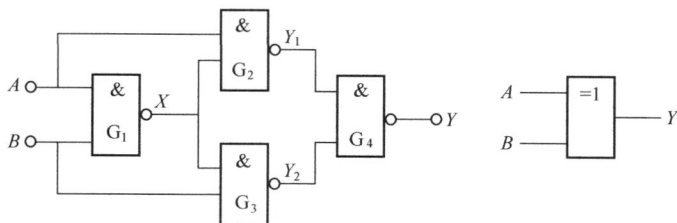

(a)逻辑图　　　　　　　　(b)异或门的逻辑符号

图 14.5.1　例 14.5.1 的图

解:(1)由逻辑图写出逻辑式,并化简。

从输入端到输出端,依次写出各个门的逻辑式,最后写出输出变量 Y 的逻辑式

G_1 门 $X = \overline{AB}$

G_2 门 $Y_1 = \overline{AX} = \overline{A \cdot \overline{AB}}$

G_3 门 $Y_2 = \overline{BX} = \overline{B \cdot \overline{AB}}$

G_4 门 $Y = \overline{Y_1 Y_2} = \overline{\overline{A \cdot \overline{AB}} \cdot \overline{B \cdot \overline{AB}}} = \overline{\overline{A \cdot \overline{AB}}} + \overline{\overline{B \cdot \overline{AB}}}$

$$= A \cdot \overline{AB} + B \cdot \overline{AB} = A(\overline{A} + \overline{B}) + B(\overline{A} + \overline{B})$$

$$= A\overline{A} + A\overline{B} + B\overline{A} + B\overline{B} = A\overline{B} + B\overline{A}$$

(2)由逻辑式列出逻辑状态表。根据化简后的逻辑表达式,得到如表 14.5.1 所列的逻辑状态表。

表 14.5.1　例 14.5.1 逻辑状态

A	B	Y	A	B	Y
0	0	0	1	0	1
0	1	1	1	1	0

(3)分析逻辑功能。由逻辑状态表可见,当输入端 A 和输入端 B 不是同为 1 或 0 时,输出为 1;否则,输出为 0。这种电路称为异或门电路,其逻辑符号如图 14.5.1(b)所示。逻辑式也可写成

$$Y = A\overline{B} + B\overline{A} = A \oplus B$$

上式中的符号⊕表示异或运算符。

顺便说明一下,如果对异或逻辑关系再取反,就变成同或逻辑关系。

【例 14.5.2】　某一组合逻辑电路如图 14.5.2 所示,试分析其逻辑功能。

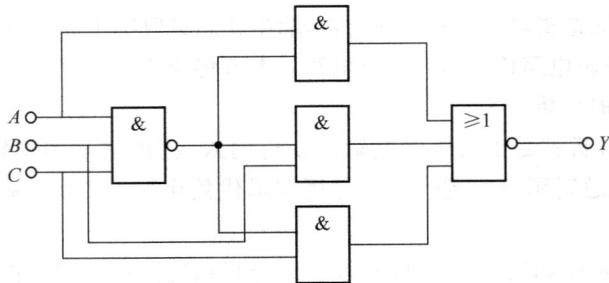

图 14.5.2　例 14.5.2 的图

解:(1)由逻辑图写出逻辑式,并化简。

$$Y = \overline{\overline{ABC} \cdot A + \overline{ABC} \cdot B + \overline{ABC} \cdot C}$$

$$= \overline{\overline{ABC}(A + B + C)}$$

$$= \overline{\overline{ABC}} + \overline{(A + B + C)}$$

$$= ABC + \overline{A}\overline{B}\overline{C}$$

(2)由逻辑式列出逻辑状态表。根据化简后的逻辑表达式,得到如表 14.5.2 所列的逻辑状态。

表 14.5.2　例 14.5.2 的逻辑状态

A	B	C	Y	A	B	C	Y
0	0	0	1	1	0	0	0
0	0	1	0	1	0	1	0
0	1	0	0	1	1	0	0
0	1	1	0	1	1	1	1

（3）分析逻辑功能。由逻辑状态表可见，只当 A、B、C 全为 0 或者全为 1 时，输出 Y 才为 1，否则为 0。故该电路称为判一致电路，可用于判断三个输出端的状态是否一致。

2. 组合逻辑电路的设计

组合逻辑电路的设计就是根据要解决的实际问题的逻辑要求获得简单实际的逻辑电路。分析步骤：已知逻辑要求—列逻辑状态表—写逻辑式—运用逻辑代数化简或变换—画逻辑图。

【例 14.5.3】　试设计一个逻辑电路供三人（A，B，C）表决使用。每人有一电键，如果赞成，就按电键，表示 1；如果不赞成，不按电键，表示 0。表决结果用指示灯来表示，如果多数赞成，则指示灯亮，$Y=1$；反之则不亮，$Y=0$。

解：（1）由题意列出逻辑状态表。

共有 8 种组合，$Y=1$ 的只有 4 种。逻辑状态如表 14.5.3 所示。

表 14.5.3　例 14.5.3 的逻辑状态

A	B	C	Y	A	B	C	Y
0	0	0	0	1	0	0	0
0	0	1	0	1	0	1	1
0	1	0	0	1	1	0	1
0	1	1	1	1	1	1	1

（2）由逻辑状态表写出逻辑式

$$Y = \bar{A}BC + A\bar{B}C + AB\bar{C} + ABC$$

（3）变换和化简逻辑式

$$Y = AB\bar{C} + A\bar{B}C + \bar{A}BC + ABC + ABC + ABC$$

$$= AB(C + \bar{C}) + BC(A + \bar{A}) + CA(B + \bar{B})$$

$$= AB + BC + CA$$

（4）由逻辑式画出逻辑图。由上式画出的逻辑图如图 14.5.3 所示。

【例 14.5.4】　在集成电路中，与非门是最基本器件之一。在上例中试用与非门来构成逻辑图。

解：将与或逻辑式变换为与非逻辑式

$$Y = AB + BC + CA$$

$$= \overline{\overline{AB + BC + CA}}$$

$$= \overline{\overline{AB} \cdot \overline{BC} \cdot \overline{CA}}$$

由此可画出逻辑图如图 14.5.4 所示。

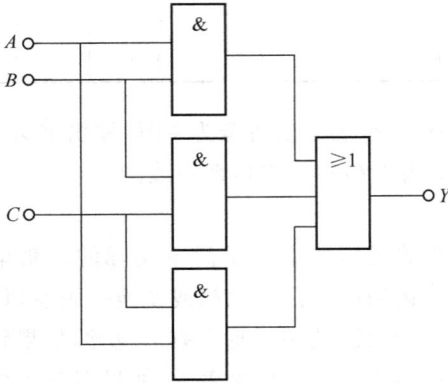

图 14.5.3　例 14.5.3 的图　　　　　　　　　　图 14.5.4　例 14.5.4 的图

【例 14.5.5】　本例为医院优先照顾重患者的呼唤电路。设医院某科有 1、2、3、4 四间病室,患者按病情由重至轻依次住进 1～4 号病室。为了优先照顾重患者,设计如下呼唤电路,即在每室分别装有 A、B、C、D 四个呼唤按钮,按下为 1。值班室里对应的四个指示灯为 L_1、L_2、L_3、L_4,灯亮为 1。现要求 1 号病室的按钮 A 按下时,无论其他病室的按钮是否按下,只有 L_1亮;当 1 号病室未按按钮,而 2 号病室的按钮 B 按下时,无论 3、4 号病室的按钮是否按下,只有 L_2 亮;当 1、2 号病室均未按按钮,而 3 号病室的按钮 C 按下时,无论 4 号病室的按钮是否按下,只有 L_3 亮;只有在 1、2、3 号病室的按钮均未按下,而只按下 4 号病室的按钮 D 时,L_4 才亮。试画出满足上述要求的逻辑图。

解:(1) 按照要求列出逻辑状态表。

根据题目要求,得逻辑状态如表 14.5.4 所列。

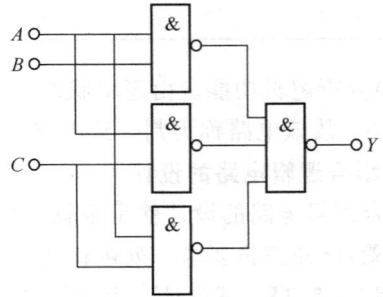

表 14.5.4　例 14.5.5 的逻辑状态

A	B	C	D	L_1	L_2	L_3	L_4
1	$\times$	$\times$	$\times$	1	0	0	0
0	1	$\times$	$\times$	0	1	0	0
0	0	1	$\times$	0	0	1	0
0	0	0	1	0	0	0	1

(2) 由逻辑状态表写出逻辑式:

$$L_1 = A, L_2 = \overline{A}B, L_3 = \overline{A}\overline{B}C, L_4 = \overline{A}\overline{B}\overline{C}D$$

(3) 由逻辑式画出逻辑图。由上式画出的逻辑图如图 14.5.5 所示。

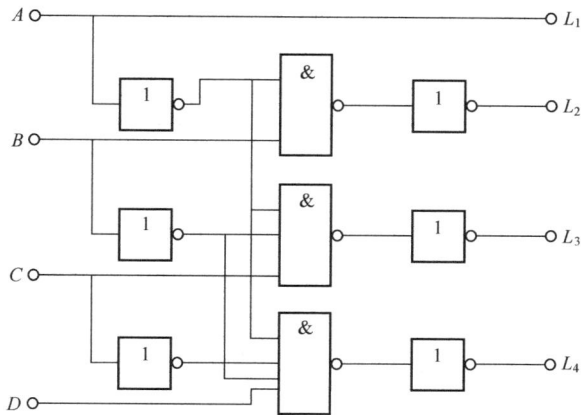

图 14.5.5　例 14.5.5 的图

14.6　常用组合逻辑电路

在解决逻辑问题的过程中,有些逻辑电路会经常、大量使用。为了使用方便,人们已经把这些逻辑电路制成了中、小规模的标准化集成电路产品。本节将介绍加法器、编码器、译码器等常用组合逻辑器件。

1. 加法器

两个二进制数之间的加、减、乘、除的算术运算,在数字计算机中的实现都要进行加法运算。因此加法器是构成算术运算器的基本单元。

1) 半加器

两个 1 位二进制数相加,不考虑低位来的进位,称为半加。实现半加运算的电路称为半加器,即

$$A + B \to 半加和$$
$$0 + 0 = 0$$
$$0 + 1 = 1$$
$$1 + 0 = 1$$
$$1 + 1 = 10$$

由此得出半加器的逻辑状态如表 14.6.1 所示,其中,A 和 B 是相加的两个数,S 是半加和数,C 是进位数。

由逻辑状态表可写出逻辑式

$$S = A\bar{B} + \bar{A}B = A \oplus B$$
$$C = AB$$

由逻辑式可画出逻辑图,如图 14.6.1(a)所示,由一个异或门和一个与门组成。半加器是一种组合逻辑电路,其逻辑符号如图 14.6.1(b)所示。

表 14.6.1   半加器逻辑状态

A	B	S	C	A	B	S	C
0	0	0	0	1	0	1	0
0	1	1	0	1	1	0	1

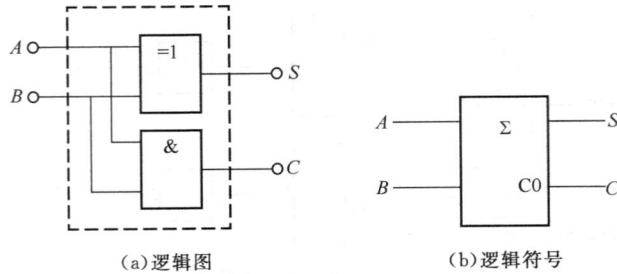

(a)逻辑图   (b)逻辑符号

图 14.6.1   半加器的逻辑图和逻辑符号

2）全加器

当多位二进制数相加时,半加器可用于最低位求和,并给出进位数,其他各位相加都要考虑低位来的进位,即将加数、被加数和相邻低位来的进位 3 个数相加,得到本位的和及向高位的进位输出,称为全加。实现全加运算的电路称为全加器,全加器的逻辑状态如表 14.6.2 所列,其中,A_i、B_i 是相加的两个数,C_{i-1} 表示相邻低位来的进位,S_i 表示本位的和,C_i 表示向相邻高位的进位。

表 14.6.2   全加器逻辑状态

A_i	B_i	C_{i-1}	S_i	C_i	A_i	B_i	C_{i-1}	S_i	C_i
0	0	0	0	0	1	0	0	1	0
0	0	1	1	0	1	0	1	0	1
0	1	0	1	0	1	1	0	0	1
0	1	1	0	1	1	1	1	1	1

由逻辑状态表可写出逻辑式

$$S_i = \overline{A_i} \overline{B_i} C_{i-1} + \overline{A_i} B_i \overline{C_{i-1}} + A_i \overline{B_i} \overline{C_{i-1}} + A_i B_i C_{i-1}$$
$$= \overline{A_i \oplus B_i} C_{i-1} + (A_i \oplus B_i) \overline{C_{i-1}} = A_i \oplus B \oplus C_{i-1}$$

$$C_i = \overline{A_i} B_i C_{i-1} + A_i \overline{B_i} C_{i-1} + A_i B_i \overline{C_{i-1}} + A_i B_i C_{i-1} = \overline{A_i \oplus B_i} C_{i-1} + A_i B_i$$

由逻辑式可画出逻辑图,如图 14.6.2(a)所示。全加器的逻辑符号如图 14.6.2(b)所示。

2. 编码器

用文字、数码等字符来表示某一对象或信号的过程称为编码。例如,装电话要提供电话号码,寄信要有邮政编码等都是编码。

十进制编码或某种文字和符号的编码难于用电路来实现。数字电路中,一般用多位二进制数码的组合对具有某种含义的信号进行编码,完成编码功能的逻辑器件称为编码器。编码器是多输入多输出电路,对每一个有效的输入信号,输出唯一的二进制编码与之对应。一位二进制代码有 0 和 1 两种,可以表示 2 个信号;两位二进制代码有 00、01、10、11 四种,可以表示 4 个信号。n 位二进制代码有 2^n 种,可以表示 2^n 个信号。

常用的编码器有二进制编码器和二—十进制编码器。

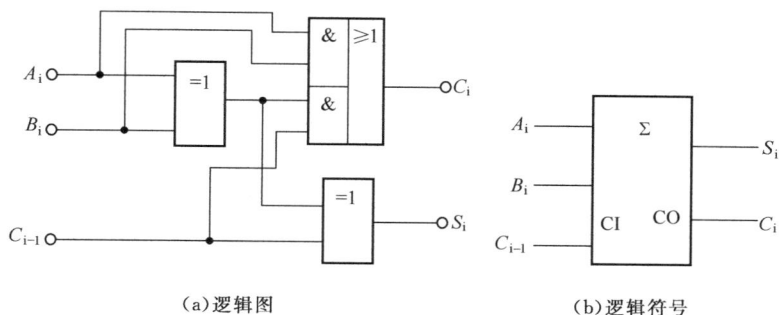

（a)逻辑图　　　　　　　　　　　（b)逻辑符号

图 14.6.2　全加器逻辑图和逻辑符号

1）二进制编码器

二进制编码器是将某种信号变成二进制代码的电路。例如,要把 I_0、I_1、I_2、I_3、I_4、I_5、I_6、I_7 这 8 个输入信号编成二进制代码而输出,其编码过程如下:

（1）确定二进制代码的位数。因为输入有 8 个输入信号,所以输出的是 3 位二进制代码。这种编码器通常称为 8/3 线编码器。

（2）列编码表。编码表是把待编码的 8 个信号和对应的二进制代码列成的表格。这种对应关系是人为的。用 3 位二进制代码表示 8 个信号的方案很多,表 14.6.3 所列的是其中一种。每种方案都有一定的规律性,便于记忆。

表 14.6.3　3 位二进制编码器的编码表

输入	输　　出			输入	输　　出		
	Y_2	Y_1	Y_0		Y_2	Y_1	Y_0
I_0	0	0	0	I_4	1	0	0
I_1	0	0	1	I_5	1	0	1
I_2	0	1	0	I_6	1	1	0
I_3	0	1	1	I_7	1	1	1

（3）由编码表写出逻辑式

$$Y_2 = I_4 + I_5 + I_6 + I_7 = \overline{\overline{I_4 + I_5 + I_6 + I_7}} = \overline{\overline{I_4} \cdot \overline{I_5} \cdot \overline{I_6} \cdot \overline{I_7}}$$

$$Y_1 = I_2 + I_3 + I_6 + I_7 = \overline{\overline{I_2 + I_3 + I_6 + I_7}} = \overline{\overline{I_2} \cdot \overline{I_3} \cdot \overline{I_6} \cdot \overline{I_7}}$$

$$Y_0 = I_1 + I_3 + I_5 + I_7 = \overline{\overline{I_1 + I_3 + I_5 + I_7}} = \overline{\overline{I_1} \cdot \overline{I_3} \cdot \overline{I_5} \cdot \overline{I_7}}$$

（4）由逻辑式画出逻辑图。

逻辑图如图 14.6.3 所示。输入信号一般不允许出现 2 个或 2 个以上同时输入。例如,当 $I_1 = 1$,其余为 0 时,则输出为 001;当 $I_6 = 1$,其余为 0 时,则输出为 110 。二进制代码 001 和 110 分别表示输入信号 I_1 和 I_6。当 $I_1 \sim I_7$ 均为 0 时,输出为 000,即表示 I_0。

2）二—十进制编码器

（1）8421 编码。二—十进制编码器是将十进制的十个数码 0,1,2,3,4,5,6,7,8,9 编成二进制代码的电路。输入的是 0～9 十个数码,输出的是对应的二进制代码。这二进制代码又称二—十进制代码,简称 BCD 码。

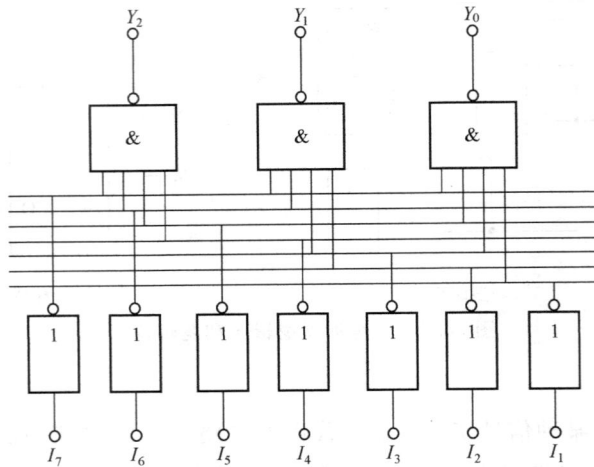

图 14.6.3　三位二进制编码器的逻辑图

因为输入有 10 个数码,而 3 位二进制代码只有 8 种组合,所以输出的应是 4 位二进制代码。

4 位二进制代码共有 16 种状态,其中任何 10 种状态都可表示 0～9 十个数码,方案很多。最常用的是 8421 编码方式,就是在 4 位二进制代码的 16 种状态中取出前面 10 种状态,表示 0～9 十个数码,后面 6 种状态去掉,如表 14.6.4 所列。二进制代码各位的 1 所代表的十进制数从高位到低位依次为 8、4、2、1,称为"权",而后把每个数码乘以各位的"权"并相加,即得出该二进制代码所表示的 1 位十进制数。例如 1001,这个二进制代码就表示 $1\times8+0\times4+0\times2+1\times1=9$。

表 14.6.4　8421 码编码

输入	输出				输入	输出			
十进制数	Y_3	Y_2	Y_1	Y_0	十进制数	Y_3	Y_2	Y_1	Y_0
$0(I_0)$	0	0	0	0	$5(I_5)$	0	1	0	1
$1(I_1)$	0	0	0	1	$6(I_6)$	0	1	1	0
$2(I_2)$	0	0	1	0	$7(I_7)$	0	1	1	1
$3(I_3)$	0	0	1	1	$8(I_8)$	1	0	0	0
$4(I_4)$	0	1	0	0	$9(I_9)$	1	0	0	1

(2) 二—十进制优先编码器。

上述编码器每次只允许一个输入端上有信号,而实际上常常出现多个输入端上同时有信号的情况。例如,计算机有许多输入设备,可能多台设备同时向主机发出中断请求,希望输入数据。这就要求主机能自动识别这些请求信号的优先级别,按次序进行编码。这里就需要优先编码器。74LS147 型 10/4 线优先编码器是常用的,表 14.6.5 是其功能表。由表可见,有 9 个输入变量 $\overline{I_1}\sim\overline{I_9}$,4 个输出变量 $\overline{Y_0}\sim\overline{Y_3}$,它们都是反变量。输入的反变量对低电平有效,即有信号时,输入为 0。输出的反变量组成反码,对应于 0～9 十个十进制数码。例如,表中第一行,所有输入端无信号,输出的不是与十进制数码 0 对应的二进制数 0000,而是其反码 1111。输入信号的优先次序为 $\overline{I_9} \sim \overline{I_1}$。当 $\overline{I_9} = 0$ 时,无论其他输入端是 0 还是 1(表中×表示任意态),输出端只对 $\overline{I_9}$ 编码,输出为 0110(原码为 1001)。当 $\overline{I_9} = 1, \overline{I_8} = 0$ 时,无论其他输入端为何值,输出端只对 $\overline{I_8}$ 编码,输出为 0111(原码为 1000)。以此类推。

表 14.6.5　74LS147 型优先编码器的功能表

输入									输出			
$\overline{I_9}$	$\overline{I_8}$	$\overline{I_7}$	$\overline{I_6}$	$\overline{I_5}$	$\overline{I_4}$	$\overline{I_3}$	$\overline{I_2}$	$\overline{I_1}$	$\overline{Y_3}$	$\overline{Y_2}$	$\overline{Y_1}$	$\overline{Y_0}$
1	1	1	1	1	1	1	1	1	1	1	1	1
0	×	×	×	×	×	×	×	×	0	1	1	0
1	0	×	×	×	×	×	×	×	0	1	1	1
1	1	0	×	×	×	×	×	×	1	0	0	0
1	1	1	0	×	×	×	×	×	1	0	0	1
1	1	1	1	0	×	×	×	×	1	0	1	0
1	1	1	1	1	0	×	×	×	1	0	1	1
1	1	1	1	1	1	0	×	×	1	1	0	0
1	1	1	1	1	1	1	0	×	1	1	0	1
1	1	1	1	1	1	1	1	0	1	1	1	0

图 14.6.4 所示为十键 8421 码编码器的逻辑图,按下某个按键,输入相应的一个十进制数码。例如,按下 S_5 键,输入 5,即 $\overline{I_5} = 0$,输出为 0101。按下 S_0 键,则输出为 0000。

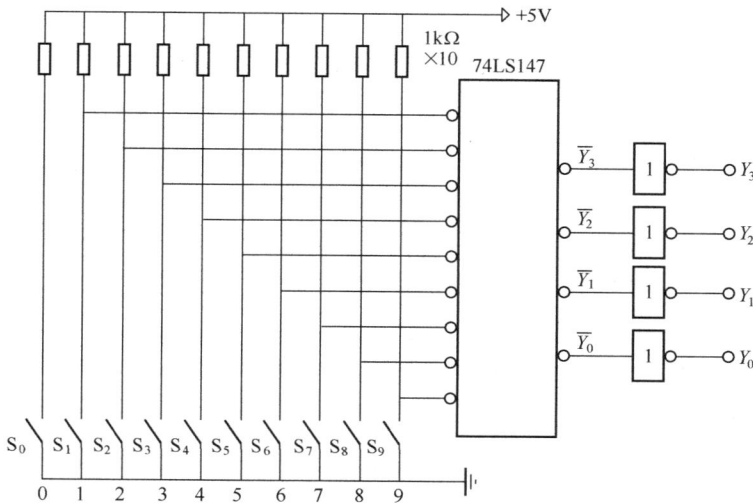

图 14.6.4　十键 8421 码编码器的逻辑图

3. 译码器

译码和编码的过程相反。编码是将某种信号或十进制的十个数码(输入)编成二进制代码(输出)。译码是将二进制代码(输入)按其编码时的原意译成对应的信号或十进制数码(输出)。具有译码功能的逻辑电路称为译码器。

常用的译码器分为二进制译码器、二—十进制译码器和显示译码器。

1) 二进制译码器

二进制译码器的输入是一组二进制代码,输出中只有 1 个输出端是有效电平,其余输出端都是无效电平。例如,要把输入的一组 3 位二进制代码译成对应的 8 个输出信号,其译码过程如下。

(1) 列出译码器的状态表。设输入 3 位二进制代码为 ABC,输出 8 个信号低电平有效,设为 $\overline{Y_0} \sim \overline{Y_7}$。每个输出代表输入的一种组合,并设 $ABC=000$ 时,$\overline{Y_0}=0$,其余输出为 1;$ABC=001$ 时,$\overline{Y_1}=0$,其余输出为 1;…;$ABC=111$ 时,$\overline{Y_7}=0$,其余输出为 1,则列出的状态表如表 14.6.6 所示。

(2) 由状态表写出逻辑式:

$$\overline{Y_0}=\overline{\overline{A}\,\overline{B}\,\overline{C}} \ , \ \overline{Y_1}=\overline{\overline{A}\,\overline{B}C}$$

$$\overline{Y_2}=\overline{\overline{A}B\overline{C}} \ , \ \overline{Y_3}=\overline{\overline{A}BC}$$

$$\overline{Y_4}=\overline{A\overline{B}\,\overline{C}} \ , \ \overline{Y_5}=\overline{A\overline{B}C}$$

$$\overline{Y_6}=\overline{AB\overline{C}} \ , \ \overline{Y_7}=\overline{ABC}$$

表 14.6.6　3 位二进制译码器的状态

使能	控制		输入			输出							
S_1	$\overline{S_2}$	$\overline{S_3}$	A	B	C	$\overline{Y_0}$	$\overline{Y_1}$	$\overline{Y_2}$	$\overline{Y_3}$	$\overline{Y_4}$	$\overline{Y_5}$	$\overline{Y_6}$	$\overline{Y_7}$
0	×	×											
×	1	×	×	×	×	1	1	1	1	1	1	1	1
×	×	1											
1	0	0	0	0	0	0	1	1	1	1	1	1	1
1	0	0	0	0	1	1	0	1	1	1	1	1	1
1	0	0	0	1	0	1	1	0	1	1	1	1	1
1	0	0	0	1	1	1	1	1	0	1	1	1	1
1	0	0	1	0	0	1	1	1	1	0	1	1	1
1	0	0	1	0	1	1	1	1	1	1	0	1	1
1	0	0	1	1	0	1	1	1	1	1	1	0	1
1	0	0	1	1	1	1	1	1	1	1	1	1	0

(3) 由逻辑式画出逻辑图(见图 14.6.5)。

这种 3 位二进制译码器也称为 3/8 线译码器,最常用的是 74LS138 型译码器,表 14.6.6 就是它的功能表。它还有一个使能端 S_1 和两个控制端 $\overline{S_2}$、$\overline{S_3}$。S_1 高电平有效,$S_1=1$ 时,可以译码;$S_1=0$ 时,禁止译码,输出全为 1。$\overline{S_2}$ 和 $\overline{S_3}$ 低电平有效,若均为 0,可以译码;若其中有 1 或全 1,则禁止译码,输出也全为 1。

二进制译码器除了 3/8 线译码器外,还有 2/4 线译码器和 4/16 线译码器。

【例 14.6.1】 图 14.6.6 所示为 74LS139 型双 2/4 线译码器的逻辑图和逻辑符号。该译码器内部含有两个独立的 2/4 线译码器,图 14.6.6 中所示的是其中一个译码器的逻辑图。A_0、A_1 是输入端,$\overline{Y_0} \sim \overline{Y_3}$ 是输出端。$\overline{S}$ 是使能端,低电平有效,当 $\overline{S}=0$ 时,可以译码;$\overline{S}=1$ 时,无论 A_0 和 A_1 是 0 还是 1,都禁止译码,输出全为 1。试写出逻辑式和逻辑功能表。

解:由逻辑图可写出逻辑式

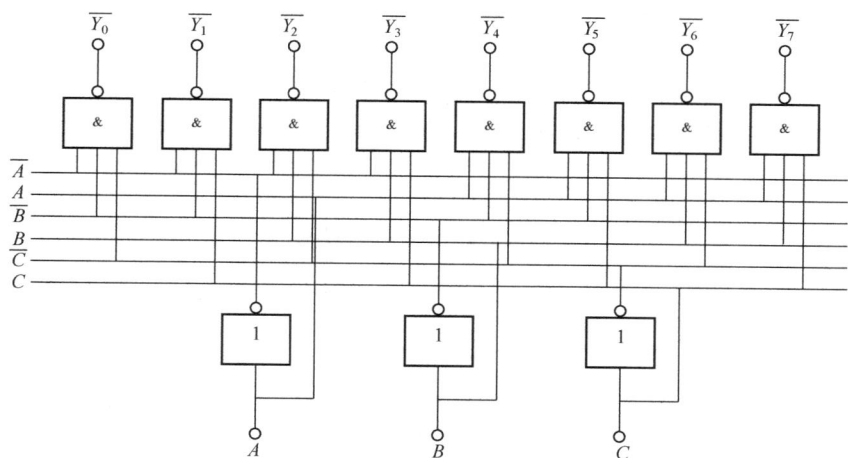

图 14.6.5　3 位二进制译码器

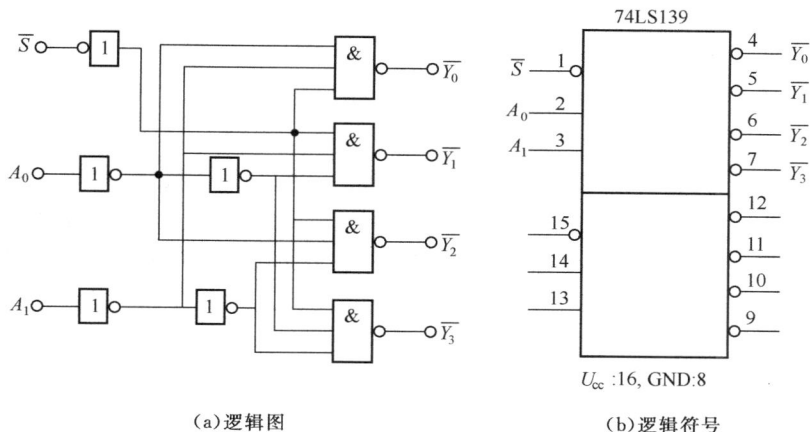

(a)逻辑图　　　　　　　(b)逻辑符号

图 14.6.6　74LS139 型译码器

$$\overline{Y_0} = \overline{\overline{S}\,\overline{A_1}\,\overline{A_0}}\,, \quad \overline{Y_1} = \overline{\overline{S}\,\overline{A_1}\,A_0}$$

$$\overline{Y_2} = \overline{\overline{S}\,A_1\,\overline{A_0}}\,, \quad \overline{Y_3} = \overline{\overline{S}\,A_1\,A_0}$$

表 14.6.7 是它的功能表,可由上述逻辑式列出。对应于每一组输入二进制代码,4 个输出信号只有 1 个为 0,其余为 1。

表 14.6.7　74LS139 型译码器的功能表

输入			输出			
$\overline{S}$	A_1	A_0	$\overline{Y_3}$	$\overline{Y_2}$	$\overline{Y_1}$	$\overline{Y_0}$
1	×	×	1	1	1	1
0	0	0	1	1	1	0
0	0	1	1	1	0	1
0	1	0	1	0	1	1
0	1	1	0	1	1	1

【例 14.6.2】　逻辑式可用门电路来实现。此外,也可以用译码器来实现。试用译码器实现逻辑式 $Y = AB + BC + CA$ 。

解：由于是三变量函数，故选用 74LS138 型 3/8 线译码器。

由于

$$Y = AB + BC + CA = \overline{A}BC + A\overline{B}C + AB\overline{C} + ABC$$

将输入变量 A、B、C 分别对应地接到译码器的输入端 A_2、A_1，A_0。由表 14.6.6 的状态表或逻辑式可得出

$$\overline{Y_3} = \overline{\overline{A}BC}\ ,\ \overline{Y_5} = \overline{A\overline{B}C}$$

$$\overline{Y_6} = \overline{AB\overline{C}}\ ,\ \overline{Y_7} = \overline{ABC}$$

因此得出

$$Y = Y_3 + Y_5 + Y_6 + Y_7 = \overline{\overline{Y_3Y_5Y_6Y_7}}$$

用 74LS138 型译码器实现上式的逻辑图如图 14.6.7 所示。

2）二—十进制显示译码器

在数字仪表、计算机和其他数字系统中，常常要把测量数据和运算结果用十进制数显示出来。这就要用显示译码器，它能够把 8421 二—十进制代码译成能用显示器件显示出的十进制数。

常用的显示器件有半导体数码管、液晶数码管和荧光数码管等。下面只介绍半导体数码管一种。

（1）半导体数码管。半导体数码管的每一段都是一个发光二极管（简称 LED 数码管），它将十进制数码分为 7 个字段，其外引脚示意图如图 14.6.8 所示。选择不同字段发光，可显示出不同的字形。例如，当 a、b、c、d、e、f、g 这 7 个字段全亮时，显示出 8；b、c 段亮时，显示出 1。

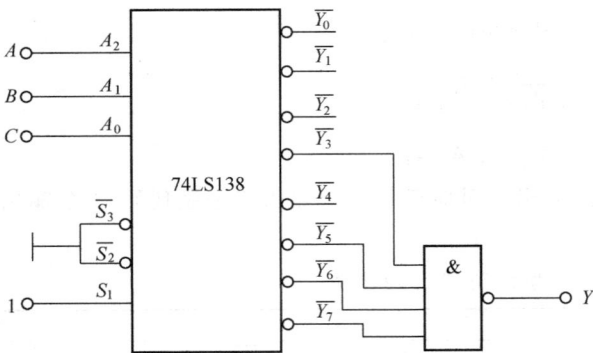

图 14.6.7 例 14.6.2 的图

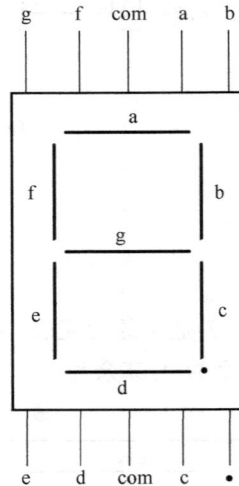

图 14.6.8 半导体数码管外引脚示意图

半导体数码管中 7 个发光二极管有共阴极和共阳极两种接法，如图 14.6.9 所示。图 14.6.9(a)所示为共阴极接法，某一字段接高电平时发光；图 14.6.9(b)为共阳极接法，接低电平时发光。使用时每个半导体数码管要串联限流电阻。

（2）七段显示译码器。七段显示译码器的功能是把 8421 二—十进制代码译成对应于数码管的 7 个字段信号，驱动数码管，显示相应的十进制数码。如果采用共阳极接法数码管，则七段

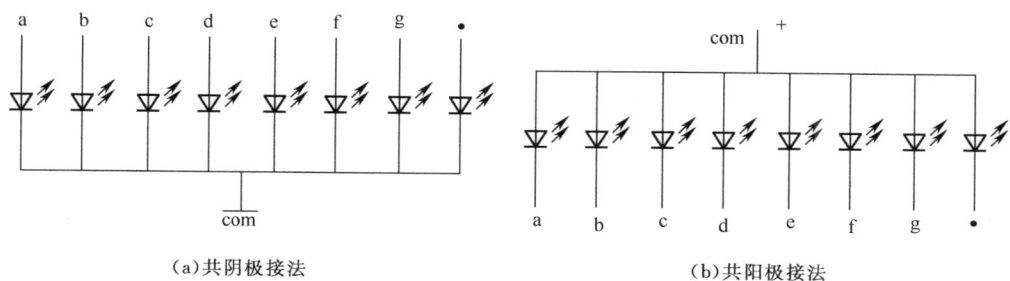

（a）共阴极接法　　　　　　　　　　　（b）共阳极接法

图 14.6.9　半导体数码管的两种接法

显示译码器的功能表如表 14.6.8 所列；如采用共阴极接法数码管，则输出状态应与表 14.6.8 所列的相反，即 1 和 0 对换。

表 14.6.8　74LS247 型七段译码器的功能表

功能和十进制数	输　入							输　出							显示
	$\overline{LT}$	$\overline{RBI}$	$\overline{BI}$	A_3	A_2	A_1	A_0	$\overline{a}$	$\overline{b}$	$\overline{c}$	$\overline{d}$	$\overline{e}$	$\overline{f}$	$\overline{g}$	
试灯	0	×	1	×	×	×	×	0	0	0	0	0	0	0	8
灭灯	×	×	0	×	×	×	×	1	1	1	1	1	1	1	全灭
灭 0	1	0	1	0	0	0	0	1	1	1	1	1	1	1	灭 0
0	1	1	1	0	0	0	0	0	0	0	0	0	0	1	0
1	1	×	1	0	0	0	1	1	0	0	1	1	1	1	1
2	1	×	1	0	0	1	0	0	0	1	0	0	1	0	2
3	1	×	1	0	0	1	1	0	0	0	0	1	1	0	3
4	1	×	1	0	1	0	0	1	0	0	1	1	0	0	4
5	1	×	1	0	1	0	1	0	1	0	0	1	0	0	5
6	1	×	1	0	1	1	0	0	1	0	0	0	0	0	6
7	1	×	1	0	1	1	1	0	0	0	1	1	1	1	7
8	1	×	1	1	0	0	0	0	0	0	0	0	0	0	8
9	1	×	1	1	0	0	1	0	0	0	1	1	0	0	9

表 14.6.8 所列的是 74LS247 型译码器的功能表，图 14.6.10 是它的外引脚排列图。它有 4 个输入端 A_0、A_1、A_2、A_3 和 7 个输出端 $\overline{a} \sim \overline{g}$（低电平有效），后者接数码管七段。此外，还有 3 个输入控制端，其功能如下：

① 试灯输入端 $\overline{LT}$。用来检验数码管的七段是否正常工作。当 $\overline{BI}=1$，$\overline{LT}=0$ 时，无论 A_0、A_1、A_2、A_3 为何状态，输出 $\overline{a} \sim \overline{g}$ 均为 0，数码管七段全亮，显示"8"字。

② 灭灯输入端 $\overline{BI}$。当 $\overline{BI}=0$ 时，无论其他输入信号为何状态，输出 $\overline{a} \sim \overline{g}$ 均为 1，七段全灭，无显示。

③ 灭 0 输入端 $\overline{RBI}$。当 $\overline{LT}=1$，$\overline{BI}=1$，$\overline{RBI}=0$，只有当 $A_3A_2A_1A_0=0000$ 时，输出 $\overline{a} \sim \overline{g}$ 均为 1，不显示"0"；这时，如果 $\overline{RBI}=1$，则译码器正常输出，显示"0"。当 $A_3A_2A_1A_0$ 为其他组

合时,不论 $\overline{RBI}$ 为 0 还是 1,译码器均可正常输出。此输入控制信号常用来消除无效 0。例如,可消除 000.001 前两个 0,则显示出 0.001。

上述 3 个输入控制端均为低电平有效,在正常工作时均接高电平。

图 14.6.11 是 74LS247 型译码器和共阳极 BS204 型半导体数码管的连接图。

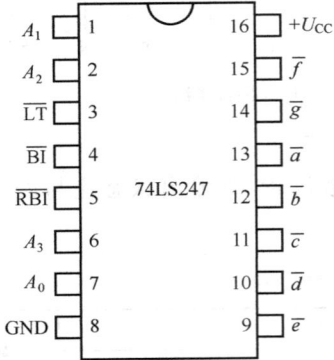

图 14.6.10　74LS247 型译码器的引脚排列图

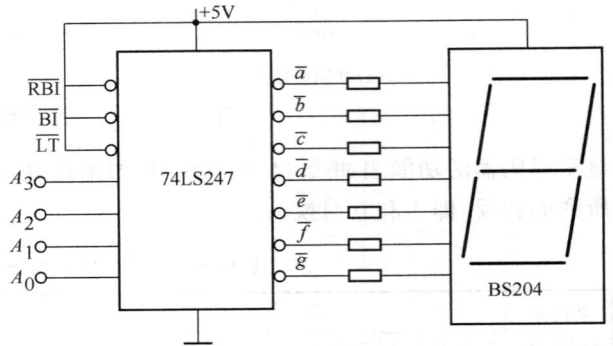

图 14.6.11　七段译码器和数码管的连接图

14.7　组合逻辑电路应用实例

1. 交通信号灯故障检测电路

交通信号灯在正常情况下:红灯(R)亮——停车;黄灯(Y)亮——准备;绿灯(G)亮——通行;正常时只有一个灯亮。如果灯全不亮或两个灯同时亮,都是故障。

输入变量为 1,表示灯亮;输入变量为 0,表示灯不亮。有故障时输出为 1,正常时输出为 0。由此,可列出逻辑状态如表 14.7.1 所列。

表 14.7.1　信号灯故障的逻辑状态

R	Y	G	F	R	Y	G	F
0	0	0	1	1	0	0	0
0	0	1	0	1	0	1	1
0	1	0	0	1	1	0	1
0	1	1	1	1	1	1	1

由逻辑状态表写出故障时的逻辑式

$$F = \overline{R}\,\overline{Y}\,\overline{G} + \overline{R}Y G + R\overline{Y}G + RY\overline{G} + RYG$$

化简上式,得

$$F = \overline{R}\,\overline{Y}\,\overline{G} + RG + RY + YG$$

为减少所用门数,将上式变换为

$$F = \overline{\overline{RYG} + R(G+Y) + YG}$$
$$F = \overline{\overline{R+Y+G} + R(G+Y) + YG}$$

由此可画出交通信号灯故障检查电路,如图 14.7.1 所示。发生故障时组合电路输出 F 为高电平,晶体管导通,继电器 KA 通电,其触点闭合,故障指示灯亮。

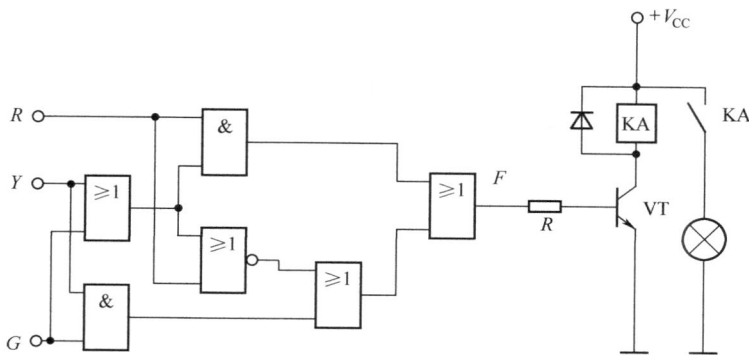

图 14.7.1　交通信号灯故障检查电路

信号灯旁的光电检测元件经放大器,而后接到 R,Y,G 三端,灯亮则为高电平。

2. 故障报警电路

图 14.7.2 是一故障报警电路。当工作正常时,输入端 A、B、C、D 均为 1(表示温度或压力等参数均正常)。这时:(1)晶体管 VT_1 导通,电动机 M 转动;(2)晶体管 VT_2 截止,蜂鸣器 HA 不响;(3)各路状态指示灯 $HL_A \sim HL_D$ 全亮。如果系统中某路出现故障,如 A 路,则 A 的状态从 1 变为 0。这时:(1)VT_1 截止,电动机停转;(2)VT_2 导通,蜂鸣器发出报警声响;(3)HL_A 熄灭,表示 A 路发生故障。

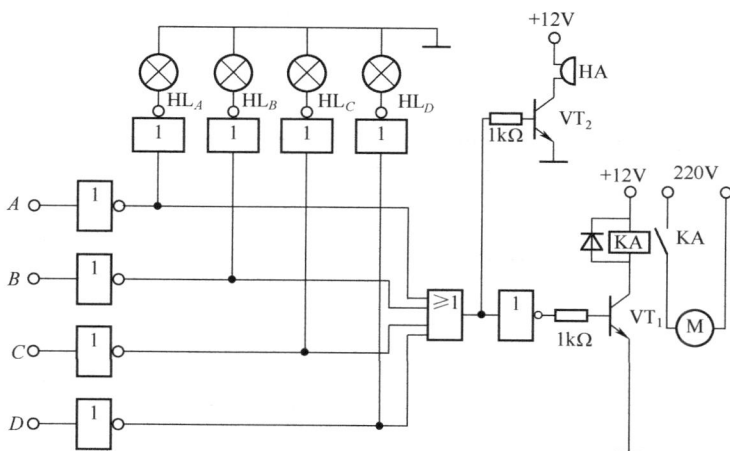

图 14.7.2　故障报警电路

3. 两地控制一灯的电路

图 14.7.3 是在 A、B 两地控制一个照明灯的电路。当 $Y=1$ 时,灯亮;反之则灭。

由图 14.7.3 可写出逻辑式

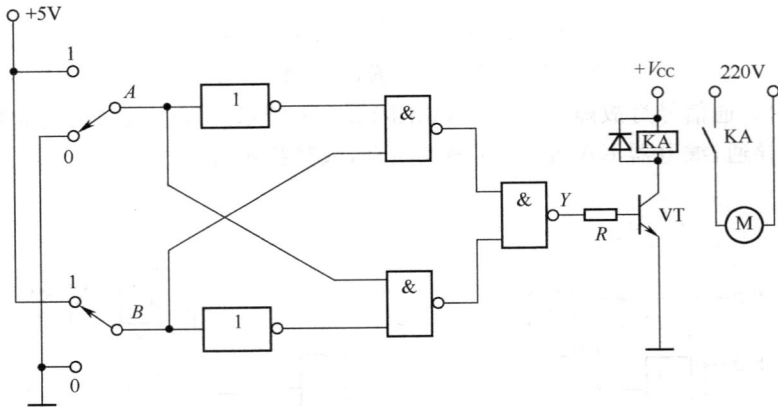

图 14.7.3 两地控制一灯的电路

$$Y = \overline{\overline{\overline{A}B} \cdot \overline{A\overline{B}}}$$

由逻辑式可列出逻辑状态表 14.7.2。

表 14.7.2 两地控制一灯的逻辑状态

开 关		输 出	照明灯	开 关		输 出	照明灯
A	B	Y		A	B	Y	
0	0	0	灭	1	0	1	亮
0	1	1	亮	1	1	0	灭

图 14.7.3 中的逻辑图可用一片 74LS20 型双 4 输入与非门和一片 74LS00 型四 2 输入与非门组成图 14.7.4 所示的电路。

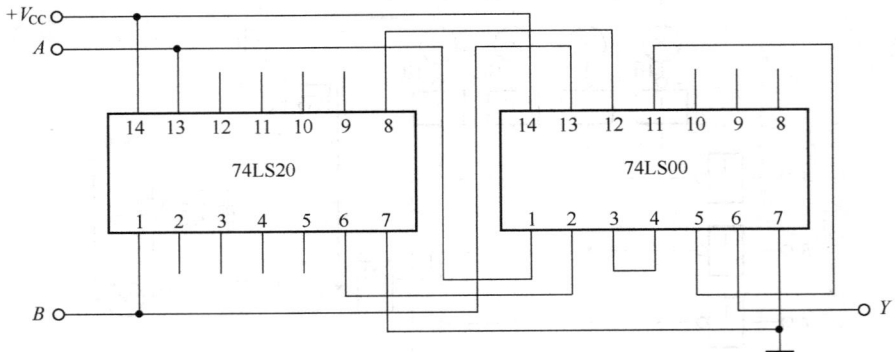

图 14.7.4 由 74LS20 和 74LS00 接成的电路

习题

14.1 如果与门的两个输入端中,A 为信号输入端,B 为控制端。设输入 A 的信号波形如题 14.1 图所示,当控制端 $B=1$ 和 $B=0$ 两种状态时,试画出输出波形。如果是与非门、或门、或非门则又如何,分别画出输出波形。最后总结上述 4 种门电路的控制作用。

14.2 画出题 14.2 图中与非门输出 Y 的波形。

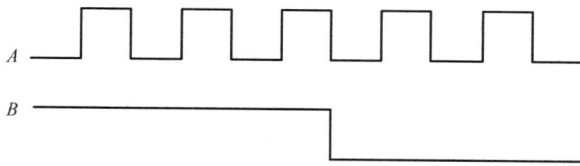

题 14.1 图

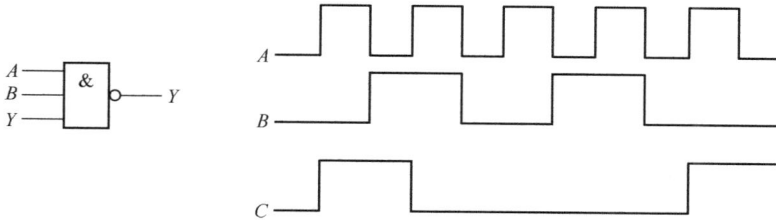

题 14.2 图

14.3 在题 14.3 图的门电路中,当控制端 $C=1$ 和 $C=0$ 时,试求输出 Y 的逻辑式和波形,并说明该电路的功能。输入 A 和 B 的波形如图中所示。

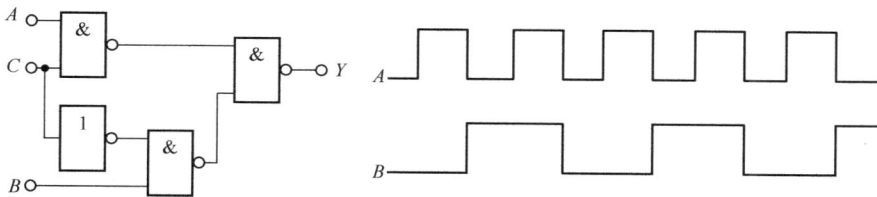

题 14.3 图

14.4 试写出题 14.4 图电路的逻辑式,并画出输出波形 Y。

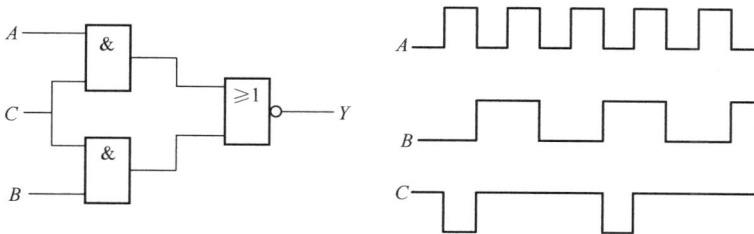

题 14.4 图

14.5 在题 14.5 图所示的电路中,试画出输出信号 Y 的波形。

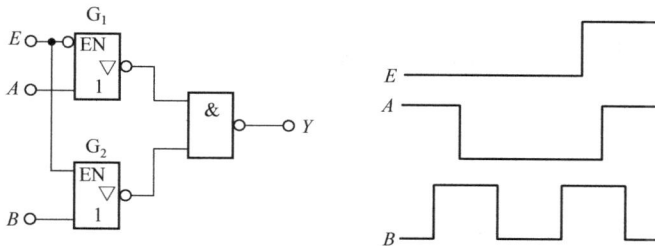

题 14.5 图

14.6 根据下列各逻辑式,画出逻辑图:

(1) $Y = (A + B)C$;　　　　　　　　(2) $Y = AB + BC$;

(3) $Y = (A + B)(A + C)$;　　　　　(4) $Y = A + BC$。

14.7 用与非门和非门实现以下逻辑关系,画出逻辑图:

(1) $Y = AB + \bar{A}C$;　　　　　　　(2) $Y = A + B + \bar{C}$;

(3) $Y = \overline{AB} + (\bar{A} + B)\bar{C}$;　　　(4) $Y = A\bar{B} + A\bar{C} + \bar{A}BC$。

14.8 由逻辑式 $Y = \bar{A}BC + A\bar{B}C + AB\bar{C}$ 列出逻辑状态表,并说明具有判偶(偶数个 1)逻辑功能。

14.9 计算下列各式:(1) $Y = 1 \oplus 1 \oplus 0 \oplus 1 \oplus 0$;(2) $Y = 1 \oplus 1 \oplus 1 \oplus 1$;

　　　　　　　(3) $Y = 1 \oplus 1 \oplus 1 \oplus 1 \oplus 1$。

14.10 某机床电动机由电源开关 S_1、过载保护开关 S_2 和安全开关 S_3 控制。三个开关同时闭合时,电动机转动;任一开关断开时,电动机停转。试用逻辑门实现,画出控制电路。

14.11 写出题 14.11 图所示电路的逻辑式。

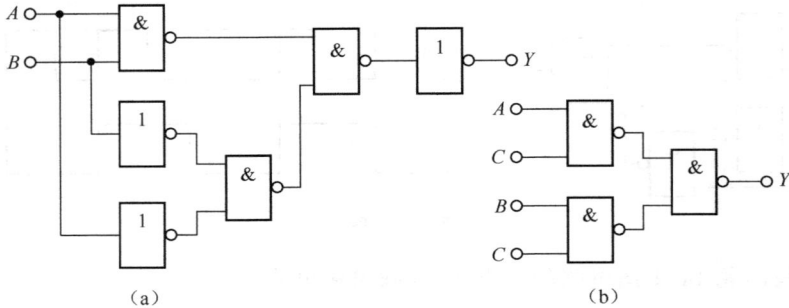

(a)　　　　　　　　　　　　(b)

题 14.11 图

14.12 应用逻辑代数运算法则化简下列各式:

(1) $Y = AB + \bar{A}\bar{B} + A\bar{B}$;

(2) $Y = \overline{(\overline{A + B}) + AB}$;

(3) $Y = (AB + \bar{A}B + A\bar{B})(A + B + D + \bar{A}\bar{B}\bar{D})$;

(4) $Y = ABC + \bar{A} + \bar{B} + \bar{C} + D$。

14.13 试证明 $\overline{A\bar{B} + \bar{A}B} = AB + \bar{A}\bar{B}$。

14.14 应用逻辑代数运算法则推证下列各式:

(1) $ABC + \bar{A} + \bar{B} + \bar{C} = 1$;

(2) $\bar{A}\bar{B} + \bar{A}B + A\bar{B} = \bar{A} + \bar{B}$;

(3) $\overline{(\bar{A} + B)} + \overline{(A + \bar{B})} + \overline{(\bar{A}B)}\overline{(A\bar{B})} = 1$。

14.15 题 14.15 图是两处控制照明灯的电路,单刀双投开关 A 装在一处,B 装在另一处,两处都可以开闭电灯。设 $Y = 1$ 表示灯亮,$Y = 0$ 表示灯灭;$A = 1$ 表示开关向上扳,$A = 0$ 表示开关向下扳,B 亦如此。试写出灯亮的逻辑式。

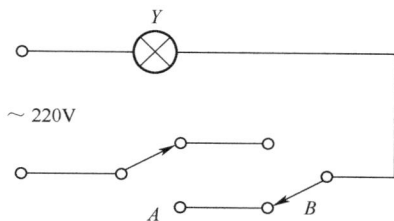

题 14.15 图

14.16　(1)根据逻辑式 $Y=AB+\bar{A}\bar{B}$ 列出逻辑状态表,说明其逻辑功能,并画出其用非门和与非门组成的逻辑图。

(2) 将上式求反后得出的逻辑式具有何种逻辑功能?

14.17　证明题 14.17 图(a)和(b)两电路具有相同的逻辑功能。

14.18　列出逻辑状态表分析题 14.18 图所示电路的逻辑功能。

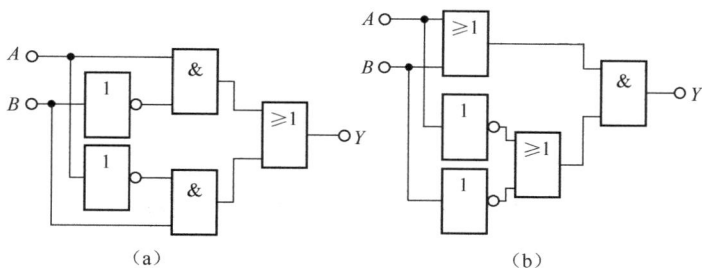

(a) 　　　　　(b)

题 14.17 图

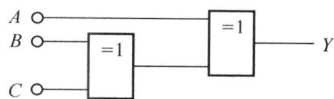

题 14.18 图

14.19　化简 $Y=AD+\bar{C}\bar{D}+\bar{A}\bar{C}+\bar{B}C+D\bar{C}$,并用 74LS20 双 4 输入与非门组成电路。

14.20　某一组合逻辑电路如题 14.20 图所示,试分析其逻辑功能。

14.21　保险柜的两层门上各装有一个开关,当任何一层门打开时,报警灯亮,试用一逻辑门来实现。

14.22　旅客列车分特快、直快和普快,并依此为优先通行次序。某站在同一时间只能有一趟列车从车站开出,即只能给出一个开车信号,试画出满足上述要求的逻辑电路。设 A、B、C 分别代表特快、直快、普快,开车信号分别为 Y_A、Y_B、Y_C。

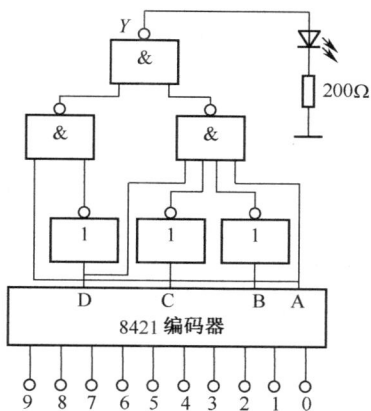

题 14.20 图

14.23　甲、乙两校举行联欢会,入场券分红、黄两种,甲校学生持红票入场,乙校学生持黄票入场。会场入口处如设一自动检票机:符合条件者可放行,否则不准入场。试画出此检票机的放行逻辑电路。

14.24　某汽车驾驶员培训班进行结业考试,有三名评判员,其中 A 为主评判员,B 和 C 为副评判员。在评判时,按照少数服从多数的原则通过,但主评判员认为合格,亦可通过。试用与非门构成逻辑电路实现此评判规定。

14.25　某同学参加四门课程考试,规定如下:

(1) 课程 A 及格得 1 分,不及格得 0 分;

(2) 课程 B 及格得 2 分,不及格得 0 分;

(3) 课程 C 及格得 4 分,不及格得 0 分;

(4) 课程 D 及格得 5 分,不及格得 0 分。

若总得分大于 8 分(含 8 分),就可结业。试用与非门画出实现上述要求的逻辑电路。

14.26　设 A、B、C、D 是一个 8421 码的四位,若此码表示的数字 x 符合 $x<3$ 或 $x>6$,则输出为 1,否则为 0。试用与非门组成逻辑图。

14.27　试设计一个 4/2 线二进制编码器,输入信号为 $\overline{I_3}$、$\overline{I_2}$、$\overline{I_1}$、$\overline{I_0}$,低电平有效。输出的二进制代码用 Y_1、Y_0 表示。

14.28　在题 14.28 图中,若 u 为正弦电压,其频率 f 为 1Hz,试问七段 LED 数码管显示什么字母?

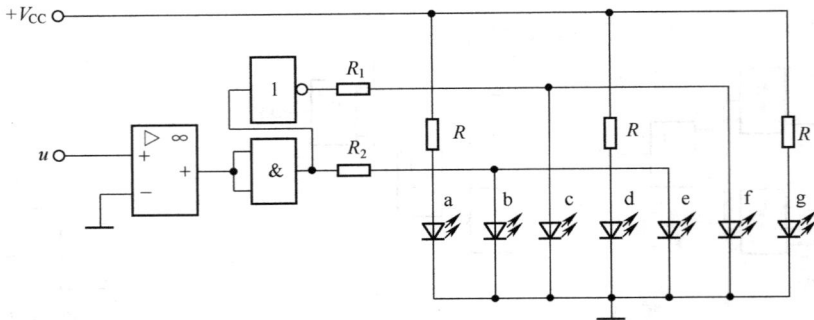

题 14.28 图

14.29　试设计一个能驱动七段 LED 数码管的译码电路,输入变量 A、B、C 来自计数器,按顺序 000～111 计数。当 $ABC=000$ 时,全灭;以后要求一次显示 H,O,P,E,F,U,L 七个字母。采用共阴极数码管。

14.30　试用 74LS138 型译码器实现 $Y=\overline{A}B\overline{C}+\overline{A}\overline{B}C+A\overline{B}$ 的逻辑函数。

14.31　试设计一个用 74LS138 型译码器监测信号灯工作状态的电路。信号灯分为红(A)、黄(B)、绿(C)三种,正常工作时,只能是红,或绿,或红黄,或绿黄灯亮,其他情况视为故障,电路报警,报警输出为 1。

第15章
触发器与时序逻辑电路

前面介绍的组合逻辑电路无记忆功能。而时序逻辑电路的输出状态不仅取决于当时的输入信号,而且与电路原来的状态有关,或者说与电路以前的输入状态有关,具有记忆功能。触发器是时序逻辑电路的基本单元。

本章讨论的内容为触发器、时序逻辑电路的分析方法、寄存器和计数器的原理及应用。

15.1　触　发　器

触发器(Flip - Flop)——一种具有"记忆"功能的存储器件。它有两个稳定的输出状态,主要特性有:

(1) 两个稳定的输出状态,即 1 状态($Q=1$)和 0 状态($Q=0$),在无外部信号作用时,触发器保持原有的状态不变。

(2) 在外部信号(触发信号和时钟信号)作用下,触发器由一种稳定状态翻转成另一种稳定状态,并保持到另一次触发信号到来。

实验项目——三位选手抢答器,可以使用仿真软件或者 JK 触发器搭建如图 15.1.1 所示电路,并用发光二极管观察 $Q_2 Q_1 Q_0$ 的电平。

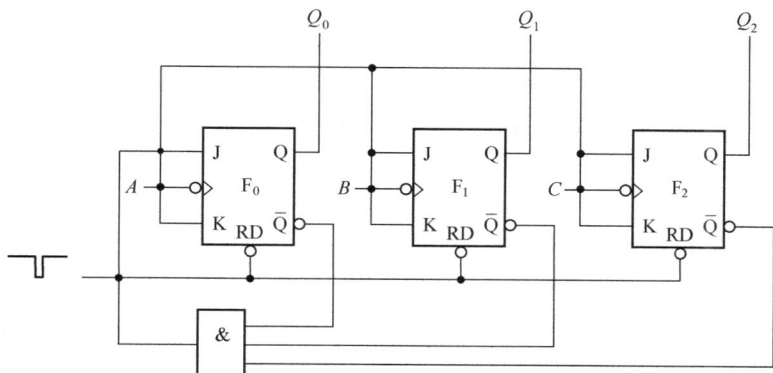

图 15.1.1　三位选手抢答电路原理

15.1.1　基本 RS 触发器

1. 用与非门组成的基本 RS 触发器

(1) 电路结构:由两个与非门的输入输出端交叉耦合(见图 15.1.2)。它与组合电路的根本区别在于,电路中有反馈线。

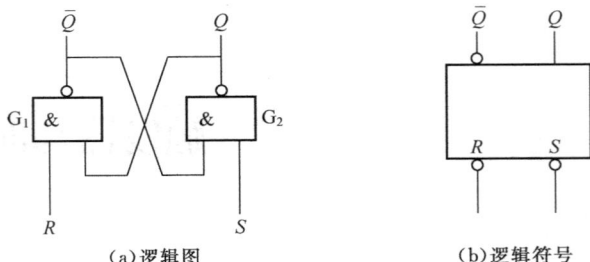

(a)逻辑图　　　　　　　　(b)逻辑符号

图 15.1.2　由与非门组成的基本 RS 触发器

它有两个输入端 R、S 和两个输出端 Q、$\bar{Q}$。一般情况下,Q、$\bar{Q}$ 是互补的。

定义:当 $Q=1$,$\bar{Q}=0$ 时,称为触发器的 1 状态;

当 $Q=0$,$\bar{Q}=1$ 时,称为触发器的 0 状态。

（2）逻辑功能。基本 RS 触发器的逻辑功能如表 15.1.1 所列。

表 15.1.1　基本 RS 触发器的逻辑功能

R	S	Q^n	Q^{n+1}	功能说明	R	S	Q^n	Q^{n+1}	功能说明
0	0	0	$\times$	不定状态	1	0	0	1	置1（置位）
0	0	1	$\times$		1	0	1	1	
0	1	0	0	置0（复位）	1	1	0	0	保持原状态
0	1	1	0		1	1	1	1	

可见,触发器的新状态 Q^{n+1}（也称次态）不仅与输入状态有关,也与触发器原来的状态 Q^n（也称现态或初态）有关。

基本 RS 触发器的特点:

① 有两个互补的输出端,有两个稳态。

② 有复位（$Q=0$）、置位（$Q=1$）、保持原状态 3 种功能。

③ R 为复位（Reset）输入端,S 为置位（Set）输入端,均为低电平有效。

④ 由于反馈线的存在,无论是复位还是置位,有效信号只需作用很短的一段时间,即"一触即发"。

2. 用或非门组成的基本 RS 触发器（自学）

综上所述,基本 RS 触发器具有复位（$Q=0$）、置位（$Q=1$）、保持原状态 3 种功能,R 为复位输入端,S 为置位输入端,可以是低电平有效,也可以是高电平有效,取决于触发器的结构。

15.1.2　同步 RS 触发器

在实际应用中,触发器的工作状态不仅要由 R、S 端的信号来决定,而且还希望触发器按一定的节拍翻转。为此,给触发器加一个时钟控制端 CP,只有在 CP 端上出现时钟脉冲时,触发器的状态才能变化。

具有时钟脉冲控制的触发器状态的改变与时钟脉冲同步,所以称为同步触发器,也称钟控触发器。

（1）电路结构如图 15.1.3 所示。

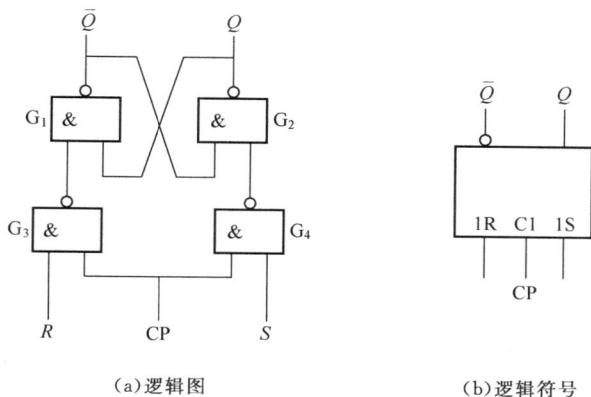

（a）逻辑图　　　　　　　　　（b）逻辑符号

图 15.1.3　同步 RS 触发器

（2）逻辑功能

当 CP＝0 时，控制门 G_3、G_4 关闭，都输出 1。这时，不论 R 端和 S 端的信号如何变化，触发器的状态保持不变。

当 CP＝1 时，G_3、G_4 打开，R、S 端的输入信号才能通过这两个门，使基本 RS 触发器的状态翻转，其输出状态由 R、S 端的输入信号决定，如表 15.1.2 所列。

表 15.1.2　同步 RS 触发器的逻辑功能表

R	S	Q^n	Q^{n+1}	功能说明	R	S	Q^n	Q^{n+1}	功能说明
0	0	0	0	保持原状态	1	0	0	0	置 0（复位）
0	0	1	1		1	0	1	0	
0	1	0	1	置 1（置位）	1	1	0	$\times$	不定状态
0	1	1	1		1	1	1	$\times$	

由此可以看出，同步 RS 触发器的状态转换分别由 R、S 和 CP 控制。其中，R、S 控制状态转换的方向，即转换为何种次态；CP 控制状态转换的时刻，即何时发生转换。

（3）触发器功能的几种表示方法

① 特性方程。触发器次态 Q^{n+1} 与输入状态 R、S 及现态 Q^n 之间关系的逻辑表达式称为触发器的特性方程。

如同步 RS 触发器的特性方程为

$$Q^{n+1} = S + \overline{R}Q^n$$

$$RS = 0（约束条件）\tag{15-1-1}$$

同步 RS 触发器 Q^{n+1} 的卡诺图如图 15.1.4 所示。

② 状态转换图。表示触发器从一个状态变化到另一个状态或保持原状不变时对输入信号的要求，如图 15.1.5 所示。

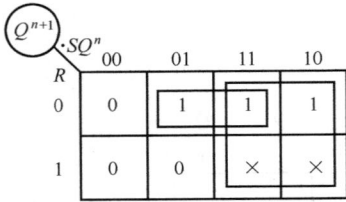

图 15.1.4　同步 RS 触发器 Q^{n+1} 的卡诺图

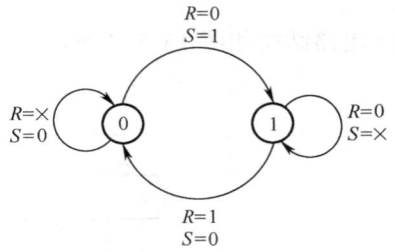

图 15.1.5　同步 RS 触发器的状态转换图

③ 驱动表。用表格的方式表示触发器从一个状态变化到另一个状态或保持原状态不变时对输入信号的要求,如表 15.1.3 所列。

④ 波形图。触发器的功能也可以用输入输出波形图直观地表示出来,图 15.1.6 所示为同步 RS 触发器的波形图。

表 15.1.3　同步 RS 触发器的驱动表

$Q^n \to Q^{n+1}$		R	S
0	0	×	0
0	1	0	1
1	0	1	0
1	1	0	×

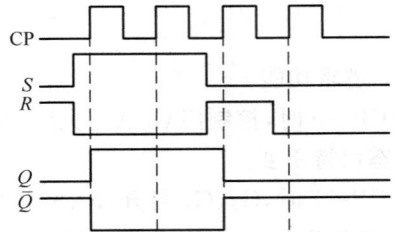

图 15.1.6　同步 RS 触发器的波形图

15.1.3　主从 RS 触发器

主从触发器由两级触发器构成,其中一级直接接收输入信号,称为主触发器;另一级接收主触发器的输出信号,称为从触发器。两级触发器的时钟信号互补,从而有效地克服了空翻现象。

1. 电路结构

具体电路如图 15.1.7 所示。电路由主从两级同步 RS 触发器构成,门控时钟取反相接,这样使得主从触发器门控时钟一个打开时,另一个处于保持状态。

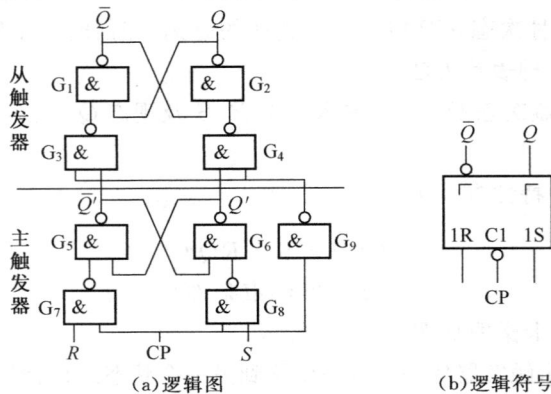

（a）逻辑图　　　　　　　　（b）逻辑符号

图 15.1.7　主从 RS 触发器

2. 工作原理

主从触发器的触发翻转分为两个节拍：

(1) 当 CP＝1 时，CP′＝0，从触发器被封锁，保持原状态不变。这时，G_7、G_8 被打开，主触发器工作，接收 R 端和 S 端的输入信号。

(2) 当 CP 由 1 跃变到 0 时，即 CP＝0、CP′＝1。主触发器被封锁，输入信号 R、S 不再影响主触发器的状态。而这时，由于 CP′＝1，G_3、G_4 被打开，从触发器接收主触发器输出端的状态。

由上分析可知，主从触发器的翻转是在 CP 由 1 变 0 时刻（CP 下降沿）发生的，CP 一旦变为 0 后，主触发器被封锁，其状态不再受 R、S 影响，故主从触发器对输入信号的敏感时间大大缩短，只在 CP 由 1 变 0 的时刻触发翻转，因此不会有空翻现象。

15.1.4　主从 JK 触发器

1. 电路结构

主从 JK 触发器的逻辑图和逻辑符号如图 15.1.8 所示。

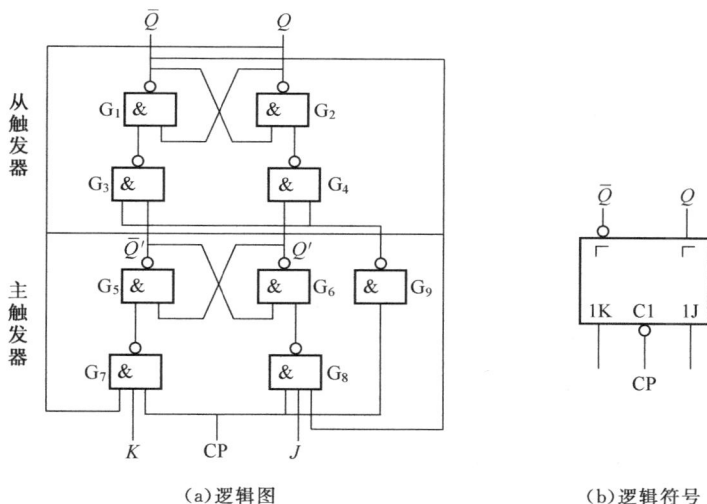

(a) 逻辑图　　　　　　　　　　(b) 逻辑符号

图 15.1.8　主从 JK 触发器

RS 触发器的特性方程中有一个约束条件 SR＝0，即在工作时，不允许输入信号 R、S 同时为 1。这一约束条件使得 RS 触发器在使用时，有时感觉不方便。如何解决这一问题呢？我们注意到，触发器的两个输出端 Q、$\overline{Q}$ 在正常工作时是互补的，即一个为 1，另一个一定为 0。因此，如果把这两个信号通过两根反馈线分别引到输入端的 G_7、G_8 门，就一定有一个门被封锁，这时，就不怕输入信号同时为 1 了。这就是主从 JK 触发器的构成思路。

在主从 RS 触发器的基础上增加两根反馈线，一根从 Q 端引到 G_7 门的输入端，一根从 $\overline{Q}$ 端引到 G_8 门的输入端，并把原来的 S 端改为 J 端，把原来的 R 端改为 K 端。

2. 逻辑功能

主从 JK 触发器的逻辑功能（见表 15.1.4）与主从 RS 触发器的逻辑功能基本相同，不同之处是主从 JK 触发器没有约束条件，在 J＝K＝1 时，每输入一个时钟脉冲后，触发器的状态就翻转一次。

主从 JK 触发器的特性方程为

$$Q^{n+1} = J\overline{Q^n} + \overline{K}Q^n \qquad (15-1-2)$$

表 15.1.4　主从 JK 触发器的逻辑功能表

J	K	Q^n	Q^{n+1}	功能说明	J	K	Q^n	Q^{n+1}	功能说明
0	0	0	0	保持原状态	1	0	0	1	置1(置位)
0	0	1	1		1	0	1	1	
0	1	0	0	置0(复位)	1	1	0	1	每输入一个脉冲,输出状态翻转变化一次
0	1	1	0		1	1	1	0	

主从 JK 触发器 Q^{n+1} 的卡诺图如图 15.1.9 所示,其状态转换图如图 15.1.10 所示。

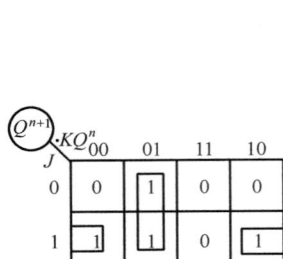

图 15.1.9　主从 JK 触发器 Q^{n+1} 的卡诺图

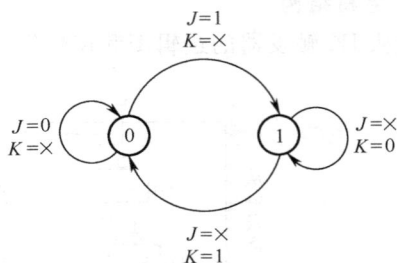

图 15.1.10　主从 JK 触发器的状态转换图

根据表 15.1.4 可得主从 JK 触发器的驱动表如表 15.1.5 所列。

表 15.1.5　主从 JK 触发器的驱动表

$Q^n \rightarrow Q^{n+1}$		J	K	$Q^n \rightarrow Q^{n+1}$		J	K
0	0	0	×	1	0	×	1
0	1	1	×	1	1	×	0

【例 15.1.1】　设主从 JK 触发器的初始状态为 0,已知输入 J、K 的波形图如图 15.1.11 所示,画出输出 Q 的波形图。

解:如图 15.1.11 所示。

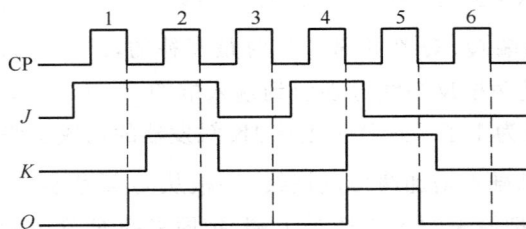

图 15.1.11　例 15.1.1 波形图

在画主从触发器的波形图时,应注意以下两点:

(1) 触发器的触发翻转发生在时钟脉冲的触发沿(这里是下降沿)。

(2) 在 CP＝1 期间,如果输入信号的状态没有改变,判断触发器次态的依据是时钟脉冲下降沿前一瞬间输入端的状态。

15.1.5　主从 T 触发器和 T′触发器

如果将 JK 触发器的 J 和 K 相连作为 T 输入端,就构成了 T 触发器(见图 15.1.12)。T 触发器特性方程为

$$Q^{n+1} = T\,\overline{Q^n} + \overline{T}Q^n$$

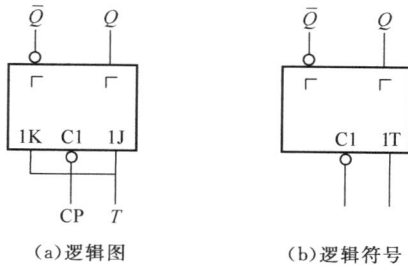

(a)逻辑图　　　　　　　(b)逻辑符号

图 15.1.12　用 JK 触发器构成的 T 触发器

T 触发器的功能表如表 15.1.6 所列。

表 15.1.6　T 触发器的功能表

T	Q^n	Q^{n+1}	功能说明
0	0	0	保持原状态
0	1	1	
1	0	1	每输入一个脉冲输出状态
1	1	0	翻转改变一次

T 触发器的状态转换图如图 15.1.13 所示,驱动表如表 15.1.7 所列。

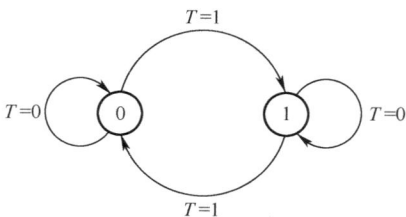

图 15.1.13　T 触发器的状态转换图

表 15.1.7　T 触发器的驱动表

Q^n	$\rightarrow$	Q^{n+1}	T
0		0	0
0		1	1
1		0	1
1		1	0

当 T 触发器的输入控制端为 $T=1$ 时,则触发器每输入一个时钟脉冲 CP,状态便翻转一次,这种状态的触发器称为 T′触发器。T′触发器的特性方程为

$$Q^{n+1} = \overline{Q^n} \qquad\qquad\qquad (15-1-3)$$

15.1.6　维持—阻塞边沿 D 触发器

边沿触发器不仅将触发器的触发翻转控制在 CP 触发沿到来前的一瞬间,而且将接收输入信号的时间也控制在 CP 触发沿到来的前一瞬间。因此,边沿触发器既没有空翻现象,也没有一次变化问题,从而大大提高了触发器工作的可靠性和抗干扰能力。

1. 维持—阻塞边沿 D 触发器的逻辑功能

维持—阻塞边沿 D 触发器(简称维阻 D 触发器)只有一个触发输入端 D,因此,逻辑关系非常简单,如表 15.1.8 所列。维阻 D 触发器的特性方程为 $Q^{n+1} = D$。维阻 D 触发器的状态转换图如图 15.1.14 所示,驱动表如表 15.1.9 所列。

表 15.1.8　维阻 D 触发器的逻辑功能表

D	Q^n	Q^{n+1}	功能说明
0	0	0	
0	1	0	输出状态与 D
1	0	1	状态相同
1	1	1	

表 15.1.9　维阻 D 触发器的驱动表

$Q^n \rightarrow Q^{n+1}$		D
0	0	0
0	1	1
1	0	0
1	1	1

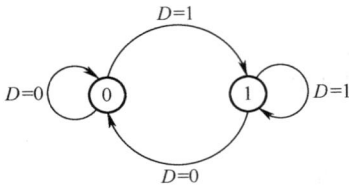

图 15.1.14　维阻 D 触发器的状态转换图

2. 维持—阻塞边沿 D 触发器的结构

【例 15.1.2】　维持—阻塞 D 触发器如图 15.1.15(b)所示,设初始状态为 0,已知输入 D 的波形图如图 15.1.16 所示,画出输出 Q 的波形图。

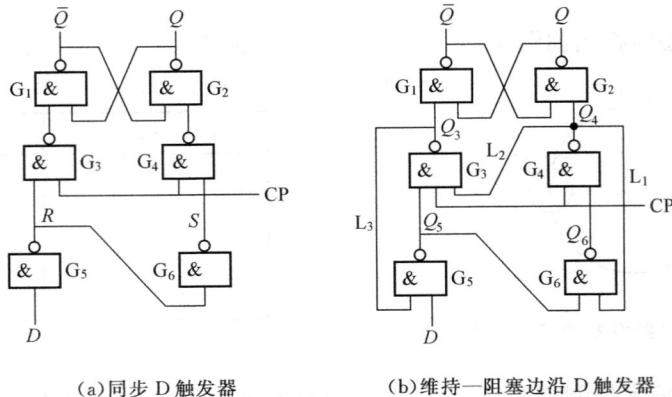

(a)同步 D 触发器　　　　　(b)维持—阻塞边沿 D 触发器

图 15.1.15　D 触发器的逻辑图

解:由于是边沿触发器,在画波形图时,应注意以下两点:

(1) 触发器的触发翻转发生在时钟脉冲的触发沿(这里是上升沿)。

(2) 判断触发器次态的依据是时钟脉冲触发沿前一瞬间(这里是上升沿前一瞬间)输入端的状态。

根据 D 触发器的功能表或特性方程或状态转换图可画出输出端 Q 的波形图如图 15.1.16 所示。

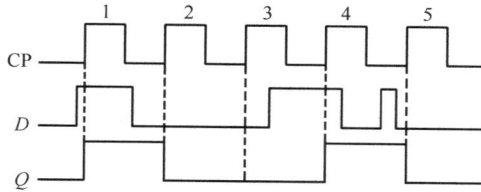

图 15.1.16　例 15.1.2 波形图

3. 触发器的直接置 0 和直接置 1 端

带有 R_D 和 S_D 端的维持—阻塞 D 触发器如图 15.1.17 所示。

直接置 0 端 R_D，直接置 1 端 S_D。该电路 R_D 和 S_D 端都为低电平有效。R_D 和 S_D 信号不受时钟信号 CP 的制约，具有最高的优先级。R_D 和 S_D 的作用主要是用来给触发器设置初始状态，或对触发器的状态进行特殊的控制。在使用时要注意，在任何时刻，只能一个信号有效，不能同时有效。

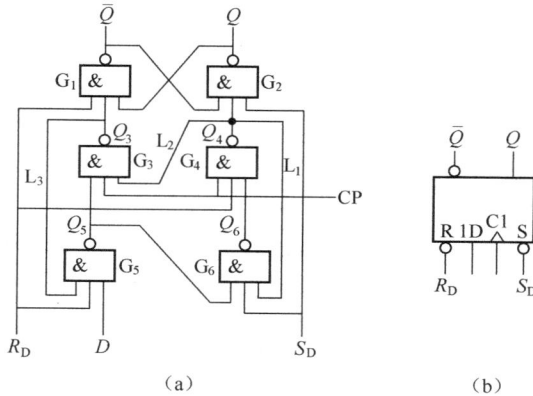

图 15.1.17　带有 R_D 和 S_D 端的维持—阻塞 D 触发器

15.2　时序逻辑电路

15.2.1　概述

1. 时序逻辑电路的组成

时序逻辑电路由组合逻辑电路和存储电路两部分组成，结构框图如图 15.2.1 所示。图中外部输入信号用 $X(x_1, x_2, \cdots, x_n)$ 表示；电路的输出信号用 $Y(y_1, y_2, \cdots, y_m)$ 表示；存储电路的输入信号用 $Z(z_1, z_2, \cdots, z_k)$ 表示；存储电路的输出信号和组合逻辑电路的内部输入信号用 $Q(q_1, q_2, \cdots, q_j)$ 表示。

可见，为了实现时序逻辑电路的逻辑功能，电路中必须包含存储电路，而且存储电路的输出还必须反馈到输入端，与外部输入信号一起决定电路的输出状态。存储电路通常由触发器组成。

2. 时序逻辑电路逻辑功能的描述方法

用于描述触发器逻辑功能的各种方法,一般也适用于描述时序逻辑电路的逻辑功能,主要有以下几种。

(1)逻辑表达式。图 15.2.1 中的几种信号之间的逻辑关系可用下列逻辑表达式来描述

$$Y = F(X, Q^n)$$

$$Z = G(X, Q^n)$$

$$Q^{n+1} = H(Z, Q^n)$$

图 15.2.1 时序逻辑电路结构框图

它们依次为输出方程、存储电路的驱动方程和状态方程。由逻辑表达式可见,电路的输出 Y 不仅与当时的输入 X 有关,而且与存储电路的状态 Q^n 有关。

(2)状态转换真值表。该表反映了时序逻辑电路的输出 Y、次态 Q^{n+1} 与其输入 X、现态 Q^n 的对应关系,又称状态转换表。状态转换表可由逻辑表达式获得。

(3)状态转换图。状态转换图又称状态图,是状态转换表的图形表示,反映了时序逻辑电路状态的转换与输入、输出取值的规律。

(4)波形图。波形图又称为时序图,是电路在时钟脉冲序列 CP 的作用下,电路的状态、输出随时间变化的波形。应用波形图,便于通过实验的方法检查时序逻辑电路的逻辑功能。

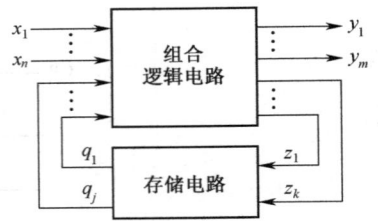

15.2.2 时序逻辑电路的分析

1. 时序逻辑电路的分类

时序逻辑电路按存储电路中的触发器是否同时动作分为同步时序逻辑电路和异步时序逻辑电路两种。在同步时序逻辑电路中,所有的触发器都由同一个时钟脉冲 CP 控制,状态变化同时进行。而在异步时序逻辑电路中,各触发器没有统一的时钟脉冲信号,状态变化不是同时发生的,而是有先有后。

2. 时序逻辑电路的分析步骤

分析时序逻辑电路就是找出给定时序逻辑电路的逻辑功能和工作特点。分析同步时序逻辑电路时可不考虑时钟,分析步骤如下:

(1)根据给定电路写出其状态方程、驱动方程、输出方程。

(2)将各触发器的驱动方程代入相应触发器的特性方程,得出与电路相一致的状态方程。

(3)进行状态计算。把电路的输入和现态各种可能取值组合代入状态方程和输出方程进行计算,得到相应的次态和输出。

(4)列状态转换表。画状态图或时序图。

(5)用文字描述电路的逻辑功能。

3. 分析举例

【例 15.2.1】 分析图 15.2.2 所示的时序逻辑电路的逻辑功能。

解:该时序电路的存储电路由一个主从 JK 触发器和一个 T 触发器构成,受统一的时钟 CP 控制,为同步时序逻辑电路。T 触发器 T 端悬空相当于置 1。

(1)列逻辑表达式。输出方程及触发器的驱动方程分别为

$$Y = Q_0^n \cdot Q_1^n$$

$$T = 1, J = K = Q_0^n$$

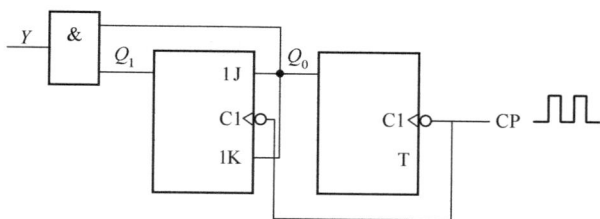

图 15.2.2　例 15.2.1 时序电路

将驱动方程代入 T 触发器和 JK 触发器的特性方程,得电路的状态方程为

$$Q_0^{n+1} = \bar{Q}_0^n$$

$$Q_1^{n+1} = Q_0^n \bar{Q}_1^n + \bar{Q}_0^n Q_1^n$$

(2)列状态转换表。设初始状态 $Q_1 Q_0 = 00$,代入输出方程得到 $Y = 0$。在第一个时钟 CP 下降沿到来时,由状态方程计算出次态 $Q_0^{n+1} = \bar{Q}_0^n = \bar{0} = 1$、$Q_1^{n+1} = 0$;再以得到的次态作为新的初态代入状态方程得到下一个次态。以此类推,便可得到表 15.2.1 的状态转换表。

表 15.2.1　例 15.2.1 的状态转换表

现　态		次　态		输出
Q_1^n	Q_0^n	Q_1^{n+1}	Q_0^{n+1}	Y
0	0	0	1	0
0	1	1	0	0
1	0	1	1	0
1	1	0	0	1

(3)画状态转换图和波形图。状态转换图和波形图如图 15.2.3 所示。

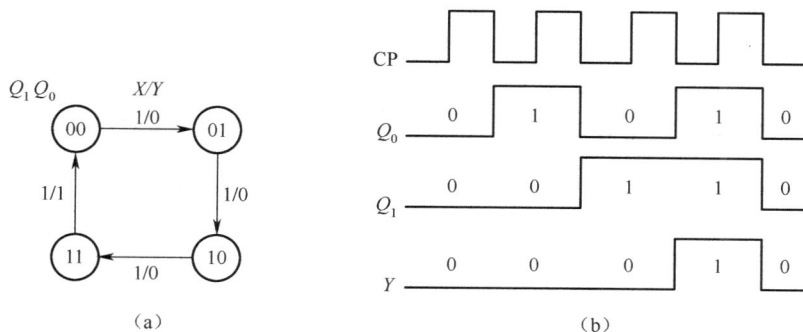

图 15.2.3　例 15.2.1 的状态转换图和波形图

(4)电路的逻辑功能。由以上分析可知,此电路是一个两位二进制计数器。每出现一个时钟脉冲 CP,$Q_1 Q_0$ 的值就按二进制数加法法则加 1,当 4 个时钟脉冲作用后,又恢复到初态,而每经过这样一个周期性变化,电路就输出一个高电平。

15.2.3　计数器

计数器——用以统计输入脉冲 CP 个数的电路。计数器的分类:按计数进制可分为二进制计数器和非二进制计数器。非二进制计数器中最典型的是十进制计数器。按数字的增减趋势可分为加法计数器、减法计数器和可逆计数器。按计数器中触发器翻转是否与计数脉冲同步分为同步计数器和异步计数器。

1. 二进制计数器

1) 二进制异步计数器

(1) 二进制异步加法计数器。图 15.2.4 所示为由 4 个下降沿触发的 JK 触发器组成的 4 位异步二进制加法计数器的逻辑图。图中,JK 触发器都接成 T' 触发器(即 $J=K=1$)。最低位触发器 FF_0 的时钟脉冲输入端接计数脉冲 CP,其他触发器的时钟脉冲输入端接相邻低位触发器的 Q 端。

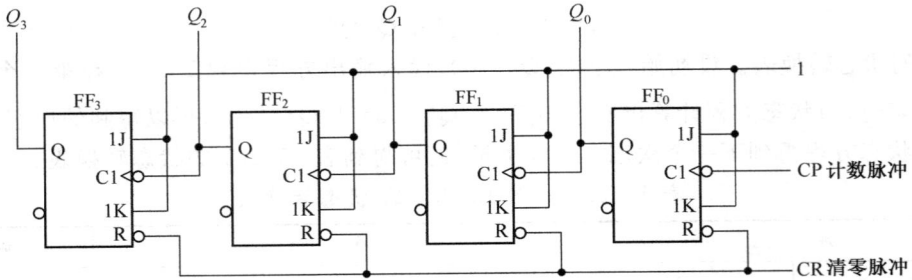

图 15.2.4　由 JK 触发器组成的 4 位异步二进制加法计数器的逻辑图

由于该电路的连线简单且规律性强,无须用前面介绍的分析步骤进行分析,只需作简单的观察与分析就可画出时序波形图或状态图,这种分析方法称为"观察法"。

用"观察法"作出该电路的时序波形图如图 15.2.5 所示,状态图如图 15.2.6 所示。由状态图可见,从初态 0000(由清零脉冲所置)开始,每输入一个计数脉冲,计数器的状态按二进制加法规律加 1,所以是二进制加法计数器(4 位)。又因为该计数器有 0000～1111 共 16 个状态,所以也称 16 进制加法计数器或模 16($M=16$)加法计数器。

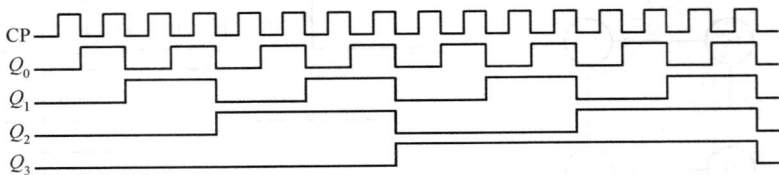

图 15.2.5　图 15.2.4 所示电路的时序图

另外,从时序图可以看出,Q_0、Q_1、Q_2、Q_3 的周期分别是计数脉冲(CP)周期的 2 倍、4 倍、8 倍、16 倍,也就是说,Q_0、Q_1、Q_2、Q_3 分别对 CP 波形进行了二分频、四分频、八分频、十六分频,因而计数器也可作为分频器。

异步二进制计数器结构简单,改变级联触发器的个数,可以很方便地改变二进制计数器的位数,n 个触发器构成 n 位二进制计数器或模 2^n 计数器,或 2^n 分频器。

(2)二进制异步减法计数器。将图 15.2.7 所示电路中 FF_1、FF_2、FF_3 的时钟脉冲输入端改接到相邻低位触发器的 $\overline{Q}$ 端就可构成二进制异步减法计数器。

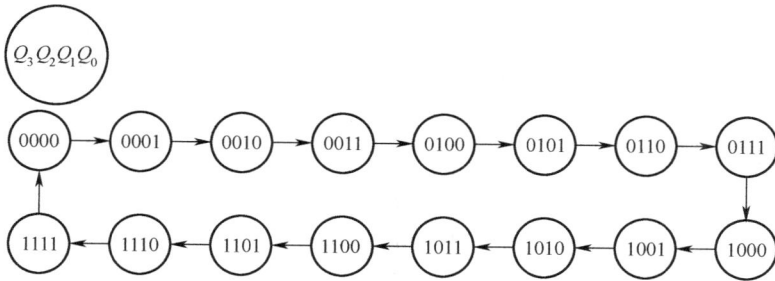

图 15.2.6　图 15.2.4 所示电路的状态图

图 15.2.7 所示是用 4 个上升沿触发的 D 触发器组成的 4 位异步二进制减法计数器的逻辑图,其时序图如图 15.2.8 所示,其状态图如图 15.2.9 所示。

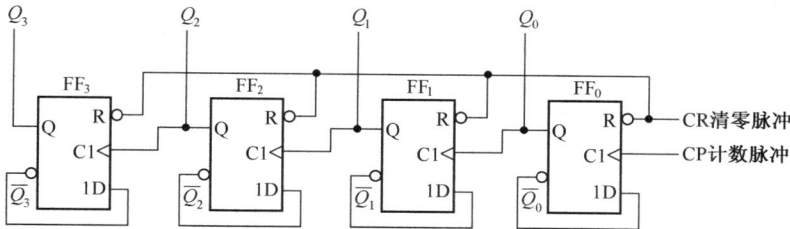

图 15.2.7　D 触发器组成的 4 位异步二进制减法计数器的逻辑图

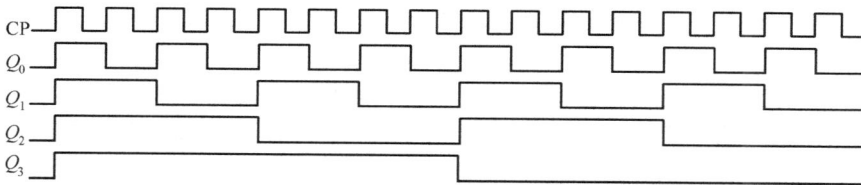

图 15.2.8　图 15.2.7 电路的时序图

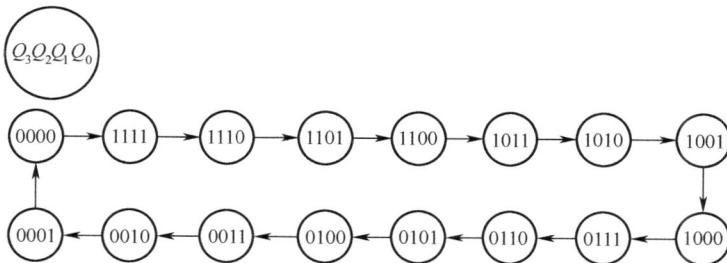

图 15.2.9　图 15.2.7 电路的状态图

从图可见,用 JK 触发器和 D 触发器都可以很方便地组成二进制异步计数器。方法是先将触发器都接成 T' 触发器,然后根据加、减计数方式及触发器为上升沿还是下降沿触发来决定各触发器之间的连接方式。

在二进制异步计数器中,高位触发器的状态翻转必须在相邻触发器产生进位信号(加计数)或借位信号(减计数)之后才能实现,所以异步计数器的工作速度较低。为了提高计数速度,可采用同步计数器。

2）二进制同步计数器。

（1）二进制同步加法计数器。图 15.2.10 所示为由 4 个 JK 触发器组成的 4 位同步二进制加法计数器的逻辑图。图中各触发器的时钟脉冲输入端接同一计数脉冲 CP,显然,这是一个同步时序电路。

各触发器的驱动方程分别为

$$J_0 = K_0 = 1$$
$$J_1 = K_1 = Q_0$$
$$J_2 = K_2 = Q_0 Q_1$$
$$J_3 = K_3 = Q_0 Q_1 Q_2$$

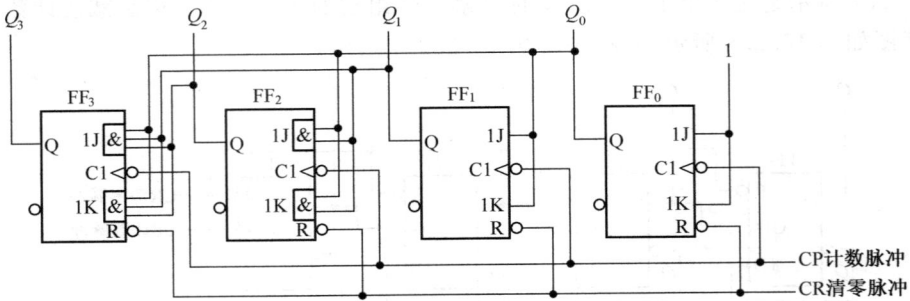

图 15.2.10　4 位同步二进制加法计数器的逻辑图

由于该电路的驱动方程规律性较强,也只需用"观察法"就可画出时序波形图或状态表（见表 15.2.2）。

表 15.2.2　图 15.2.10 所示 4 位二进制同步加法计数器的状态表

计数脉冲序号	电 路 状 态				等效十进制数	计数脉冲序号	电 路 状 态				等效十进制数
	Q_3	Q_2	Q_1	Q_0			Q_3	Q_2	Q_1	Q_0	
0	0	0	0	0	0	8	1	0	0	0	8
1	0	0	0	1	1	9	1	0	0	1	9
2	0	0	1	0	2	10	1	0	1	0	10
3	0	0	1	1	3	11	1	0	1	1	11
4	0	1	0	0	4	12	1	1	0	0	12
5	0	1	0	1	5	13	1	1	0	1	13
6	0	1	1	0	6	14	1	1	1	0	14
7	0	1	1	1	7	15	1	1	1	1	15

由于同步计数器的计数脉冲 CP 同时接到各位触发器的时钟脉冲输入端,当计数脉冲到来时,应该翻转的触发器同时翻转,所以速度比异步计数器高,但电路结构比异步计数器复杂。

（2）二进制同步减法计数器。4 位二进制同步减法计数器的状态表如表 15.2.3 所列,分析其翻转规律并与 4 位二进制同步加法计数器相比较,很容易看出,只要将图 15.2.10 所示电路的各触发器的驱动方程改为

$$J_0 = K_0 = 1$$
$$J_1 = K_1 = \overline{Q_0}$$

$$J_2 = K_2 = \overline{Q_0 Q_1}$$
$$J_3 = K_3 = \overline{Q_0 Q_1 Q_2}$$

就构成了 4 位二进制同步减法计数器。

表 15.2.3　4 位二进制同步减法计数器的状态表

计数脉冲序号	电　路　状　态				等效十进制数	计数脉冲序号	电　路　状　态				等效十进制数
	Q_3	Q_2	Q_1	Q_0			Q_3	Q_2	Q_1	Q_0	
0	0	0	0	0	0	9	0	1	1	1	7
1	1	1	1	1	15	10	0	1	1	0	6
2	1	1	1	0	14	11	0	1	0	1	5
3	1	1	0	1	13	12	0	1	0	0	4
4	1	1	0	0	12	13	0	0	1	1	3
5	1	0	1	1	11	14	0	0	1	0	2
6	1	0	1	0	10	15	0	0	0	1	1
7	1	0	0	1	9	16	0	0	0	0	0
8	1	0	0	0	8						

（3）二进制同步可逆计数器。既能作加计数又能作减计数的计数器称为可逆计数器。将前面介绍的 4 位二进制同步加法计数器和减法计数器合并起来，并引入一加/减控制信号 X 便构成 4 位二进制同步可逆计数器，如图 15.2.11 所示。由图可知，各触发器的驱动方程为

$$J_0 = K_0 = 1$$
$$J_1 = K_1 = X Q_0 + \overline{X Q_0}$$
$$J_2 = K_2 = X Q_0 Q_1 + \overline{X Q_0 Q_1}$$
$$J_3 = K_3 = X Q_0 Q_1 Q_2 + \overline{X Q_0 Q_1 Q_2}$$

当控制信号 $X=1$ 时，$FF_1 \sim FF_3$ 中的各 J、K 端分别与低位各触发器的 Q 端相连，作加法计数；当控制信号 $X=0$ 时，$FF_1 \sim FF_3$ 中的各 J、K 端分别与低位各触发器的 $\overline{Q}$ 端相连，作减法计数，实现了可逆计数器的功能。

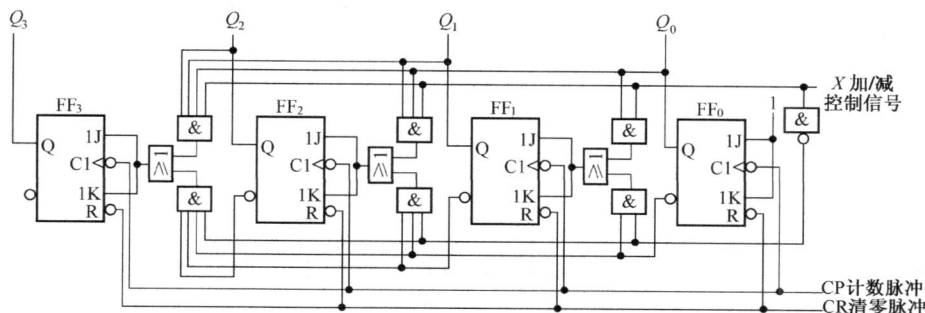

图 15.2.11　二进制可逆计数器的逻辑图

3）集成二进制计数器举例

（1）4 位二进制同步加法计数器 74161。其功能表如表 15.2.4 所列，其时序图如图 15.2.12 所示。

表 15.2.4　74161 的功能表

清零	预置	使能		时钟	预置数据输入				输出				工作模式
R_D	L_D	EP	ET	CP	D_3	D_2	D_1	D_0	Q_3	Q_2	Q_1	Q_0	
0	×	×	×	×	×	×	×	×	0	0	0	0	异步清零
1	0	×	×	↑	d_3	d_2	d_1	d_0	d_3	d_2	d_1	d_0	同步置数
1	1	0	×	×	×	×	×	×	保　持				数据保持
1	1	×	0	×	×	×	×	×	保　持				数据保持
1	1	1	1	↑	×	×	×	×	计　数				加法计数

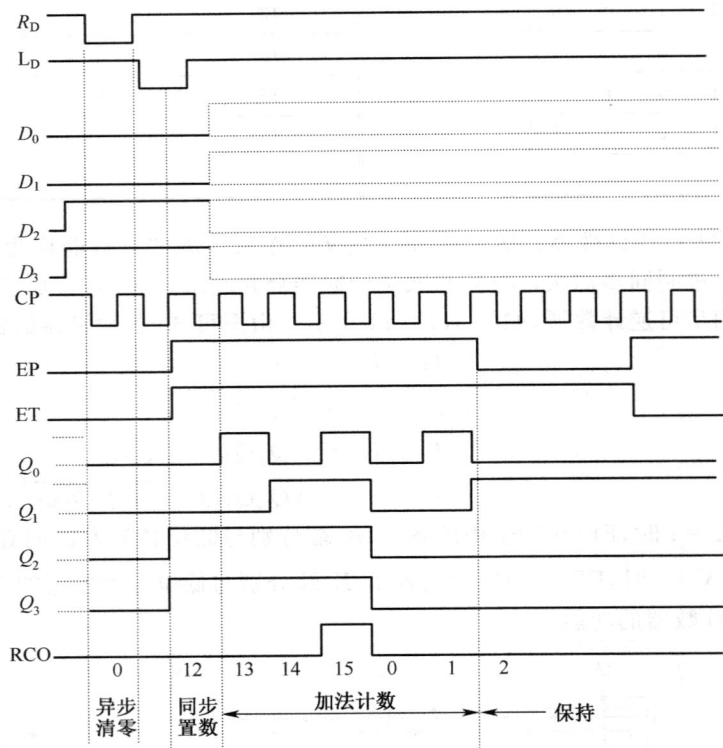

图 15.2.12　74161 的时序图

由表 15.2.4 可知，74161 具有以下功能：

① 异步清零。当 $R_D=0$ 时，不论其他输入端的状态如何，不论有无时钟脉冲 CP，计数器输出都将被直接置零（$Q_3Q_2Q_1Q_0=0000$），称为异步清零。

② 同步并行预置数。当 $R_D=1$、$L_D=0$ 时，在输入时钟脉冲 CP 上升沿的作用下，并行输入端的数据 $d_3d_2d_1d_0$ 被置入计数器的输出端，即 $Q_3Q_2Q_1Q_0=d_3d_2d_1d_0$。由于这个操作要与 CP 上升沿同步，所以称为同步预置数。

③ 计数。当 $R_D=L_D=EP=ET=1$ 时，在 CP 端输入计数脉冲，计数器进行二进制加法

计数。

④ 保持。当 $R_D=L_D=1$,且 EP·ET=0,即两个使能端中有 0 时,则计数器保持原来的状态不变。这时,如 EP=0、ET=1,则进位输出信号 RCO 保持不变;如 ET=0 则不论 EP 状态如何,进位输出信号 RCO 为低电平 0。

(2) 4 位二进制同步可逆计数器 74191。图 15.2.13(a)是集成 4 位二进制同步可逆计数器 74191 的逻辑功能示意图,图 15.2.13(b)是其引脚排列图。其中 L_D 是异步预置数控制端;D_3、D_2、D_1、D_0 是预置数据输入端;EN 是使能端,低电平有效;$D/\overline{U}$ 是加/减控制端,为 0 时作加法计数,为 1 时作减法计数;MAX/MIN 是最大/最小输出端,RCO 是进位/借位输出端。

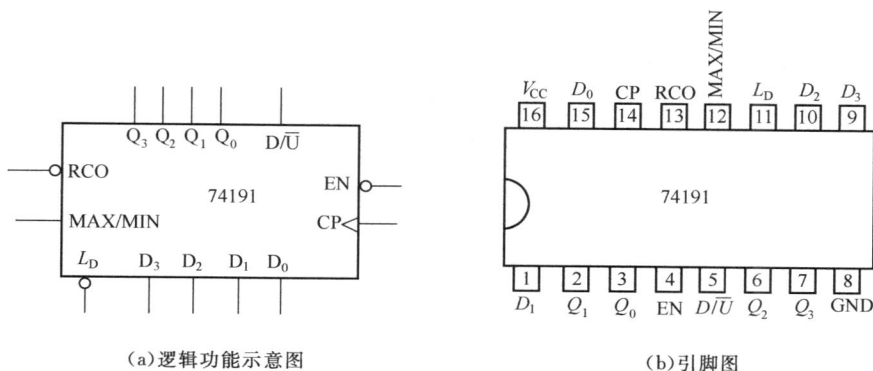

(a)逻辑功能示意图　　　　(b)引脚图

图 15.2.13　74191 的逻辑功能示意图及引脚图

表 15.2.5 是 74191 的功能表。由表可知,74191 具有以下功能:

① 异步置数。当 $L_D=0$ 时,不管其他输入端的状态如何,不论有无时钟脉冲 CP,并行输入端的数据 $d_3d_2d_1d_0$ 被直接置入计数器的输出端,即 $Q_3Q_2Q_1Q_0=d_3d_2d_1d_0$。由于该操作不受 CP 控制,所以称为异步置数。注意,该计数器无清零端,需清零时可用预置数的方法置零。

② 保持。当 $L_D=1$ 且 EN=1 时,计数器保持原来的状态不变。

③ 计数。当 $L_D=1$ 且 EN=0 时,在 CP 端输入计数脉冲,计数器进行二进制计数。当 $D/\overline{U}=0$ 时作加法计数;当 $D/\overline{U}=1$ 时作减法计数。

表 15.2.5　74191 的功能表

预置	使能	加/减控制	时钟	预置数据输入				输出				工作模式
L_D	EN	$D/\overline{U}$	CP	D_3	D_2	D_1	D_0	Q_3	Q_2	Q_1	Q_0	
0	×	×	×	d_3	d_2	d_1	d_0	d_3	d_2	d_1	d_0	异步置数
1	1	×	×	×	×	×	×	保　持				数据保持
1	0	0	↑	×	×	×	×	加法计数				加法计数
1	0	1	↑	×	×	×	×	减法计数				减法计数

另外,该电路还有最大/最小控制端 MAX/MIN 和进位/借位输出端 RCO。它们的逻辑表达式为

$$MAX/MIN = (D/\overline{U}) \cdot Q_3 Q_2 Q_1 Q_0 + \overline{D/U} \cdot \overline{Q_3 Q_2 Q_1 Q_0}$$

$$RCO = \overline{\overline{EN} \cdot \overline{CP} \cdot MAX/MIN \cdot}$$

即当加法计数计到最大值 1111 时，MAX/MIN 端输出 1，如果此时 CP＝0，则 RCO＝0，发一个
进位信号；当减法计数计到最小值 0000 时，MAX/MIN 端也输出 1。如果此时 CP＝0，则 RCO
＝0，发一个借位信号。

2. 非二进制计数器

　　N 进制计数器又称模 N 计数器，当 $N=2^n$ 时，就是前面讨论的 n 位二进制计数器；当 $N \neq 2^n$
时，为非二进制计数器。非二进制计数器中最常用的是十进制计数器，下面讨论 8421BCD 码十
进制计数器。

　　1) 8421BCD 码同步十进制加法计数器

　　图 15.2.14 所示为由 4 个下降沿触发的 JK 触发器组成的 8421BCD 码同步十进制加法计
数器的逻辑图。用前面介绍的同步时序逻辑电路分析方法对该电路进行分析。

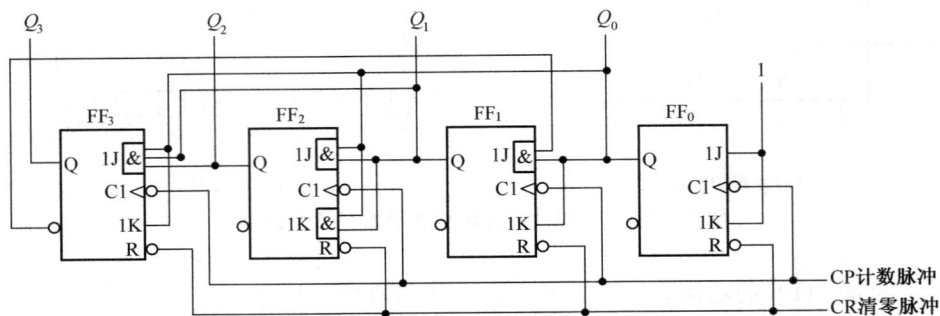

图 15.2.14　8421BCD 码同步十进制加法计数器的逻辑图

　　(1) 写出驱动方程

$$J_0 = 1 \qquad , \qquad K_0 = 1$$
$$J_1 = \overline{Q_3^n Q_0^n} \qquad , \qquad K_1 = Q_0^n$$
$$J_2 = Q_1^n Q_0^n \qquad , \qquad K_2 = Q_1^n Q_0^n$$
$$J_3 = Q_2^n Q_1^n Q_0^n \qquad , \qquad K_3 = Q_0^n$$

　　(2) 写出 JK 触发器的特性方程 $Q^{n=1} = J\overline{Q^n} + \overline{K}Q^n$，然后将各驱动方程代入 JK 触发器的
特性方程，得各触发器的次态方程

$$Q_0^{n+1} = J_0 \overline{Q_0^n} + \overline{K_0} Q_0^n = \overline{Q_0^n}$$
$$Q_1^{n+1} = J_1 \overline{Q_1^n} + \overline{K_1} Q_1^n = \overline{Q_3^n Q_0^n} \overline{Q_1^n} + \overline{Q_0^n} Q_1^n$$
$$Q_2^{n+1} = J_2 \overline{Q_2^n} + \overline{K_2} Q_2^n = Q_1^n Q_0^n \overline{Q_2^n} + \overline{Q_1^n Q_0^n} Q_2^n$$
$$Q_3^{n+1} = J_3 \overline{Q_3^n} + \overline{K_3} Q_3^n = Q_2^n Q_1^n Q_0^n \overline{Q_3^n} + \overline{Q_0^n} Q_3^n$$

　　(3) 作状态转换表。设初态为 $Q_3 Q_2 Q_1 Q_0 = 0000$，代入次态方程进行计算，得状态转换表
如表 15.2.6 所列。

表 15.2.6　图 15.2.14 电路的状态表

计数脉冲序号	现 态				次 态			
	Q_3^n	Q_2^n	Q_1^n	Q_0^n	Q_3^{n+1}	Q_2^{n+1}	Q_1^{n+1}	Q_0^{n+1}
0	0	0	0	0	0	0	0	1
1	0	0	0	1	0	0	1	0
2	0	0	1	0	0	0	1	1
3	0	0	1	1	0	1	0	0
4	0	1	0	0	0	1	0	1
5	0	1	0	1	0	1	1	0
6	0	1	1	0	0	1	1	1
7	0	1	1	1	1	0	0	0
8	1	0	0	0	1	0	0	1
9	1	0	0	1	0	0	0	0

　　（4）作状态图及时序图。根据状态转换表作出电路的状态图如图 15.2.15 所示,时序图如图 15.2.16 所示。由状态表、状态图或时序图可见,该电路为 8421BCD 码十进制加法计数器。

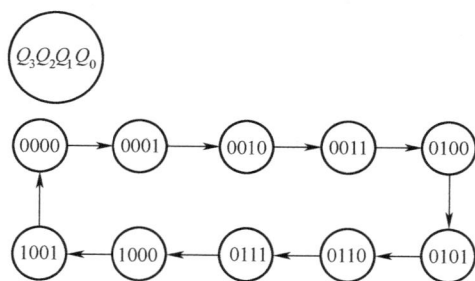

图 15.2.15　图 15.2.14 的状态图

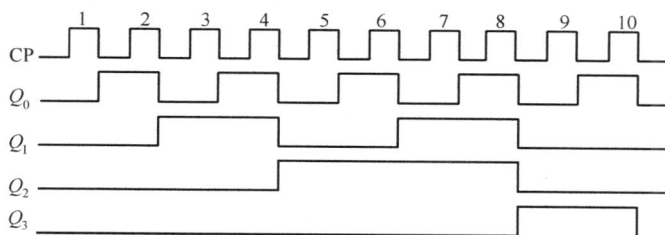

图 15.2.16　图 15.2.14 的时序图

　　（5）检查电路能否自启动。由于图 15.2.14 所示的电路中有 4 个触发器,它们的状态组合共有 16 种,而在 8421BCD 码计数器中只用了 10 种,称为有效状态,其余 6 种状态称为无效状态。在实际工作中,由于某种原因,使计数器进入无效状态时,如果能在时钟信号作用下,最终进入有效状态,就称该电路具有自启动能力。

　　用同样的分析方法分别求出 6 种无效状态下的次态,补充到状态图中,得到完整的状态转换图,可见,电路能够自启动。

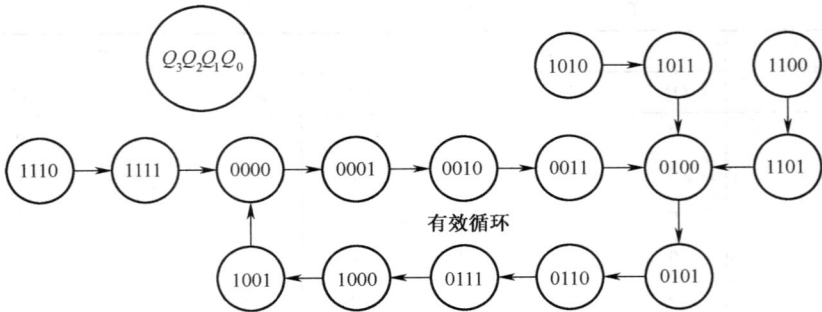

图 15.2.17　图 15.2.14 完整的状态图

2）8421BCD 码异步十进制加法计数器

图 15.2.18 为由 4 个下降沿触发的 JK 触发器组成的 8421BCD 码异步十进制加法计数器的逻辑图。用前面介绍的异步时序逻辑电路分析方法对该电路进行分析。

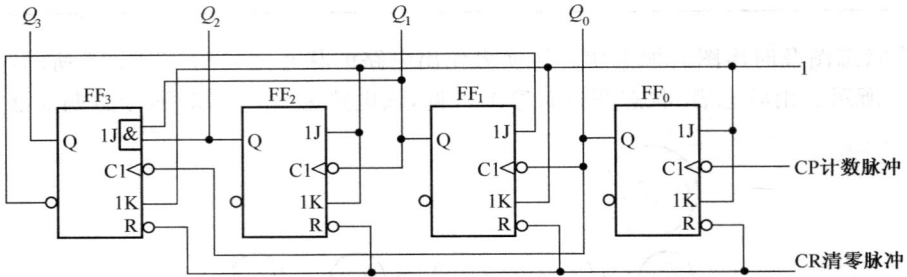

图 15.2.18　8421BCD 码异步十进制加法计数器的逻辑图

（1）写出各逻辑方程式。

① 时钟方程

$CP_0 = CP$（时钟脉冲源的上升沿触发。）

$CP_1 = Q_0$（当 FF_0 的 Q_0 由 1→0 时，Q_1 才可能改变状态，否则 Q_1 将保持原状态不变。）

$CP_2 = Q_1$（当 FF_1 的 Q_1 由 1→0 时，Q_2 才可能改变状态，否则 Q_2 将保持原状态不变。）

$CP_3 = Q_0$（当 FF_0 的 Q_0 由 1→0 时，Q_3 才可能改变状态，否则 Q_3 将保持原状态不变。）

② 各触发器的驱动方程

$$J_0 = 1 \qquad , \qquad K_0 = 1$$
$$J_1 = \overline{Q_3^n} \qquad , \qquad K_1 = 1$$
$$J_2 = 1 \qquad , \qquad K_2 = 1$$
$$J_3 = Q_2^n Q_1^n \qquad , \qquad K_3 = 1$$

（2）将各驱动方程代入 JK 触发器的特性方程，得各触发器的次态方程。

$$Q_0^{n+1} = J_0 \overline{Q_0^n} + \overline{K_0} Q_0^n = \overline{Q_0^n} \qquad \text{（CP 由 1→0 时此式有效）}$$

$$Q_1^{n+1} = J_1 \overline{Q_1^n} + \overline{K_1} Q_1^n = \overline{Q_3^n} \overline{Q_1^n} \qquad \text{（Q_0 由 1→0 时此式有效）}$$

$$Q_2^{n+1} = J_2 \overline{Q_2^n} + \overline{K_2} Q_2^n = \overline{Q_2^n} \qquad \text{（Q_1 由 1→0 时此式有效）}$$

$$Q_3^{n+1} = J_3 \overline{Q_3^n} + \overline{K_3} Q_3^n = Q_2^n Q_1^n \overline{Q_3^n} \qquad \text{（Q_0 由 1→0 时此式有效）}$$

（3）作状态转换表。设初态为 $Q_3Q_2Q_1Q_0 = 0000$，代入次态方程进行计算，得状态转换表如表 15.2.7 所列。

表 15.2.7　图 15.2.18 电路的状态转换表

计数脉冲序号	现态				次态				时钟脉冲			
	Q_3^n	Q_2^n	Q_1^n	Q_0^n	Q_3^{n+1}	Q_2^{n+1}	Q_1^{n+1}	Q_0^{n+1}	CP$_3$	CP$_2$	CP$_1$	CP$_0$
0	0	0	0	0	0	0	0	1	0	0	0	↓
1	0	0	0	1	0	0	1	0	↓	0	↓	↓
2	0	0	1	0	0	0	1	0	0	0	0	↓
3	0	0	1	1	0	0	1	1	0	0	0	↓
4	0	1	0	0	0	1	0	0	↓	↓	↓	↓
5	0	1	0	1	0	1	1	0	↓	↓	0	↓
6	0	1	1	0	0	1	1	0	0	0	0	↓
7	0	1	1	1	1	1	0	0	0	↓	↓	↓
8	1	0	0	0	1	0	0	1	0	0	0	↓
9	1	0	0	1								

3）集成十进制计数器举例

（1）8421BCD 码同步加法计数器 74160（见图 15.2.19）。其功能表如表 15.2.8 所列。各功能实现的具体情况参见 74161 的逻辑图。其中进位输出端 RCO 的逻辑表达式为

$$\mathrm{RCO} = \mathrm{ET} \cdot Q_3 \cdot Q_0$$

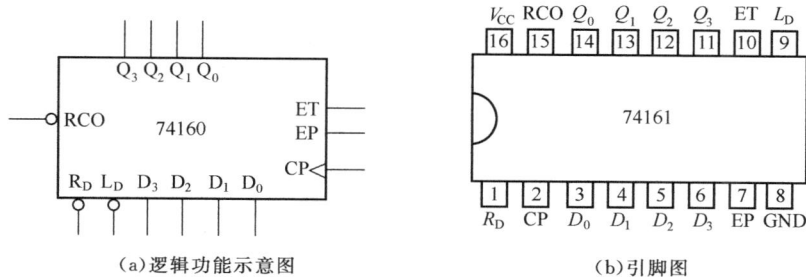

（a）逻辑功能示意图　　　　　（b）引脚图

图 15.2.19　74160 的逻辑功能示意图和引脚图

表 15.2.8　74160 的功能表

清零	预置	使能		时钟	预置数据输入				输出				工作模式
R_D	L_D	EP	ET	CP	D_3	D_2	D_1	D_0	Q_3	Q_2	Q_1	Q_0	
0	×	×	×	×	×	×	×	×	0	0	0	0	异步清零
1	0	×	×	↑	d_3	d_2	d_1	d_0	d_3	d_2	d_1	d_0	同步置数
1	1	0	×	×	×	×	×	×	保　　持				数据保持
1	1	×	0	×	×	×	×	×	保　　持				数据保持
1	1	1	1	↑	×	×	×	×	十进制计数				加法计数

（2）二—五—十进制异步加法计数器 74290。74290 的逻辑图如图 15.2.20 所示。它包含

一个独立的 1 位二进制计数器和一个独立的异步五进制计数器。二进制计数器的时钟输入端为 CP_1，输出端为 Q_0；五进制计数器的时钟输入端为 CP_2，输出端为 Q_1、Q_2、Q_3。如果将 Q_0 与 CP_2 相连，CP_1 作时钟脉冲输入端，$Q_0 \sim Q_3$ 作输出端，则为 8421BCD 码十进制计数器。

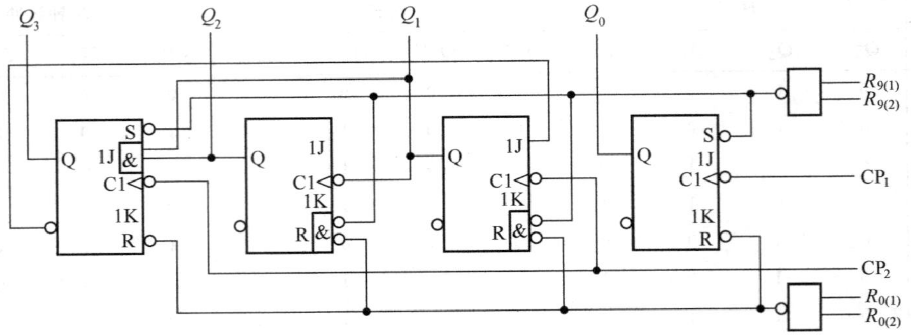

图 15.2.20　二—五—十进制异步加法计数器 74290

表 15.2.9 是 74290 的功能表。由表可知，74290 具有以下功能：

① 异步清零。当复位输入端 $R_{0(1)} = R_{0(2)} = 1$，且置位输入 $R_{9(1)} \cdot R_{9(2)} = 0$ 时，不论有无时钟脉冲 CP，计数器输出将被直接置零。

② 异步置数。当置位输入 $R_{9(1)} = R_{9(2)} = 1$ 时，无论其他输入端状态如何，计数器输出将被直接置 9（即 $Q_3 Q_2 Q_1 Q_0 = 1001$）。

③ 计数。当 $R_{0(1)} \cdot R_{0(2)} = 0$，且 $R_{9(1)} \cdot R_{9(2)} = 0$ 时，在计数脉冲（下降沿）作用下，进行二—五—十进制加法计数。

表 15.2.9　74290 的功能表

复位输入		置位输入		时钟	输出				工作模式
$R_{0(1)}$	$R_{0(2)}$	$R_{9(1)}$	$R_{9(2)}$	CP	Q_3	Q_2	Q_1	Q_0	
1	1	0	×	×	0	0	0	0	异步清零
1	1	×	0	×	0	0	0	0	
×	×	1	1	×	1	0	0	1	异步置数
0	×	0	×	↓		计数			加法计数
0	×	×	0	↓		计数			
×	0	0	×	↓		计数			
×	0	×	0	↓		计数			

3. 集成计数器的应用

1）计数器的级联

两个模 N 计数器级联，可实现 $N \times N$ 的计数器。

（1）同步级联。图 15.2.21 是用两片 4 位二进制加法计数器 74161 采用同步级联方式构成的 8 位二进制同步加法计数器，模为 $16 \times 16 = 256$。

（2）异步级联。用两片 74191 采用异步级联方式构成的 8 位二进制异步可逆计数器如图 15.2.22 所示。

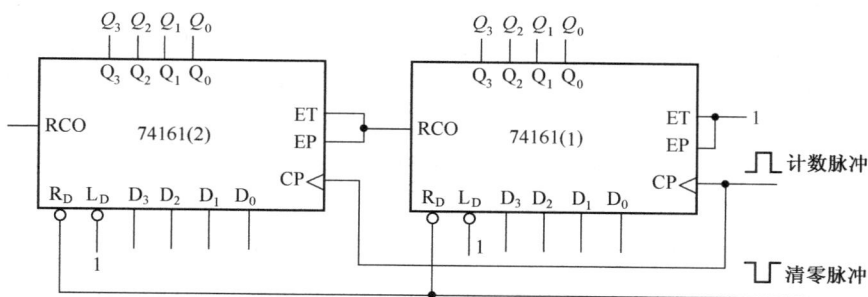

图 15.2.21　74161 同步级联组成 8 位二进制加法计数器

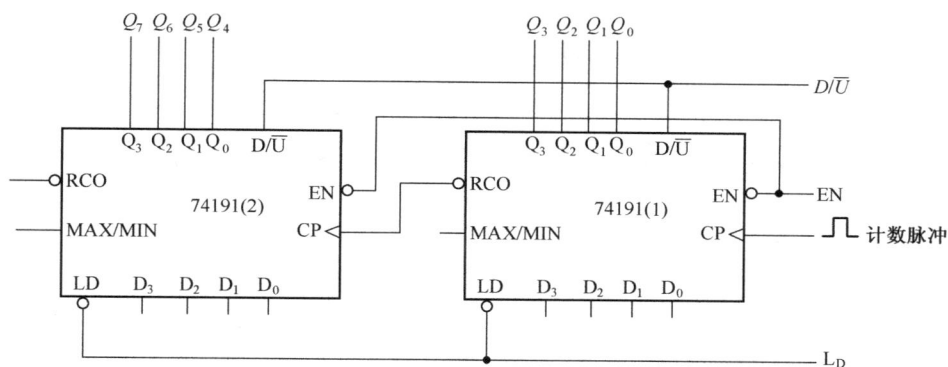

图 15.2.22　74191 异步级联组成 8 位二进制异步可逆计数器

有的集成计数器没有进位/借位输出端,这时可根据具体情况,用计数器的输出信号 Q_3、Q_2、Q_1、Q_0 产生一个进位/借位。如用两片二—五—十进制异步加法计数器 74290 采用异步级联方式组成的 2 位 8421BCD 码十进制加法计数器如图 15.2.23 所示,模为 $10 \times 10 = 100$。

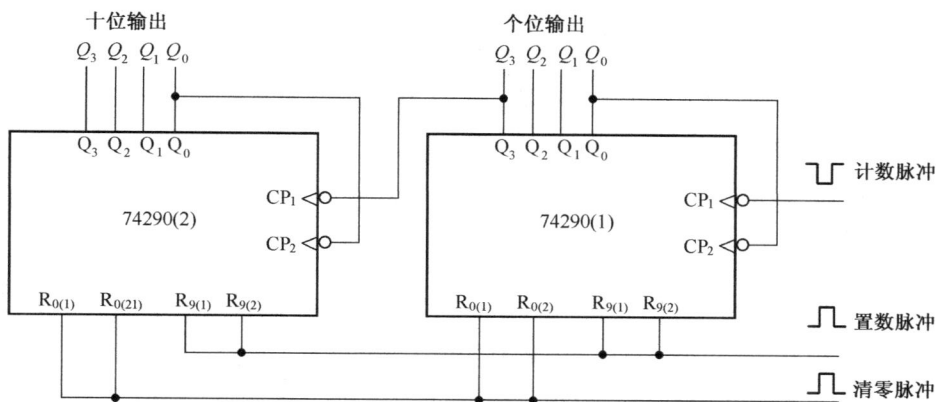

图 15.2.23　74290 异步级联组成 100 进制计数器

2）组成任意进制计数器

市场上能买到的集成计数器一般为二进制和 8421BCD 码十进制计数器,如果需要其他进制的计数器,可用现有的二进制或十进制计数器,利用其清零端或预置数端,外加适当的门电路连接而成。

（1）异步清零法。适用于具有异步清零端的集成计数器。图 15.2.24（a）所示为用集成计数器 74161 和与非门组成的六进制计数器。

（2）同步清零法。适用于具有同步清零端的集成计数器。图 15.2.25（a）所示为用集成计数器 74163 和与非门组成的六进制计数器。

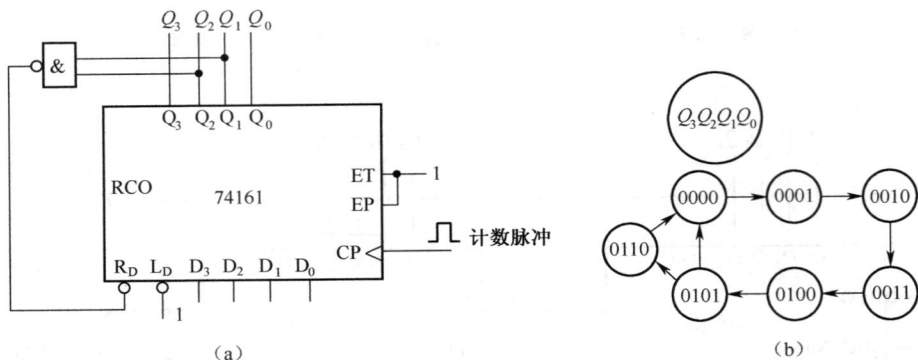

图 15.2.24　异步清零法组成六进制计数器

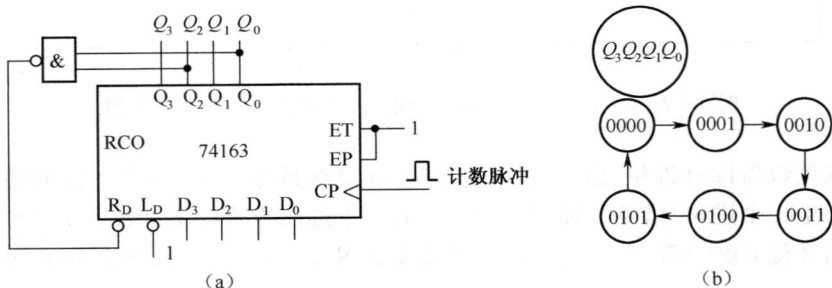

图 15.2.25　同步清零法组成六进制计数器

（3）异步预置数法。适用于具有异步预置端的集成计数器。图 15.2.26（a）所示是用集成计数器 74191 和与非门组成的十进制计数器。该电路的有效状态是 0011～1100,共 10 个状态,可作为余 3 码计数器。

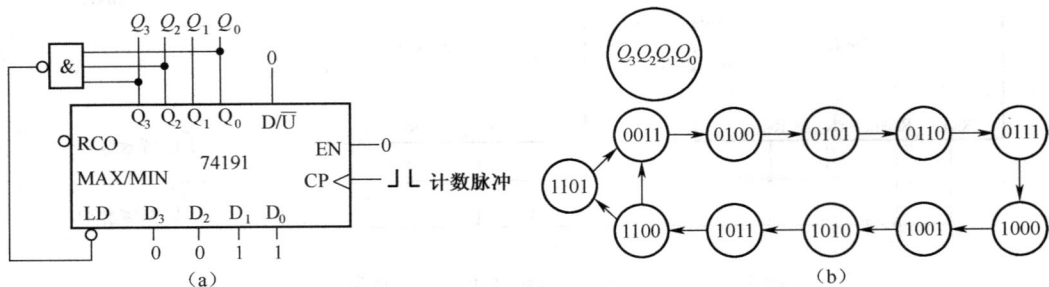

图 15.2.26　异步置数法组成余 3 码十进制计数器

（4）同步预置数法。适用于具有同步预置端的集成计数器。图 15.2.27(a)所示是用集成计数器 74160 和与非门组成的七进制计数器。

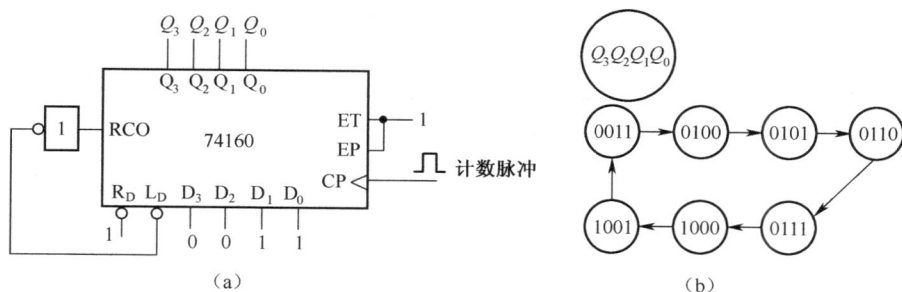

图 15.2.27　同步预置数法组成七进制计数器

综上所述,改变集成计数器的模可用清零法,也可用预置数法。清零法比较简单,预置数法比较灵活。但不管用哪种方法,都应首先搞清所用集成组件的清零端或预置端是异步还是同步工作方式,根据不同的工作方式选择合适的清零信号或预置信号。

【例 15.2.2】　用 74160 组成 48 进制计数器。

解:因为 $N=48$,而 74160 为模 10 计数器,所以要用两片 74160 构成此计数器。

先将两芯片采用同步级联方式连接成 100 进制计数器,然后再借助 74160 异步清零功能,在输入第 48 个计数脉冲后,计数器输出状态为 01001000 时,高位片(2)的 Q_2 和低位片(1)的 Q_3 同时为 1,使与非门输出 0,加到两芯片异步清零端上,使计数器立即返回 00000000 状态,状态 01001000 仅在极短的瞬间出现,为过渡状态,这样,就组成了 48 进制计数器,其逻辑电路如图 15.2.28 所示。

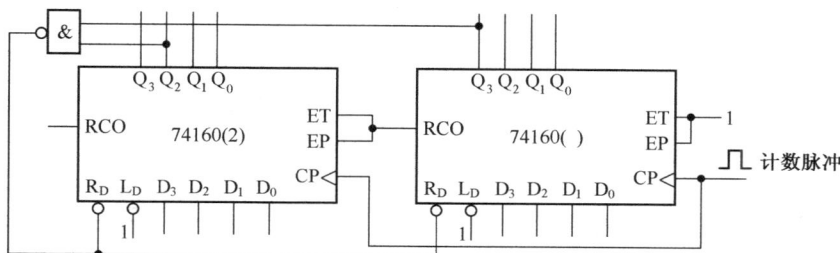

图 15.2.28　例 15.2.2 的逻辑电路

3）组成分频器

前面提到,模 N 计数器进位输出端输出脉冲的频率是输入脉冲频率的 $1/N$,因此可用模 N 计数器组成 N 分频器。

【例 15.2.3】　某石英晶体振荡器输出脉冲信号的频率为 32768Hz,用 74161 组成分频器,将其分频为频率为 1Hz 的脉冲信号。

解:因为 $32768=2^{15}$,经 15 级二分频,就可获得频率为 1Hz 的脉冲信号。因此将 4 片 74161 级联,从高位片(4)的 Q_2 输出即可,其逻辑电路如图 15.2.29 所示。

4）组成序列信号发生器(略)

计数器组成序列信号发生器如图 15.2.30 所示。

序列信号是在时钟脉冲作用下产生的一串周期性的二进制信号。

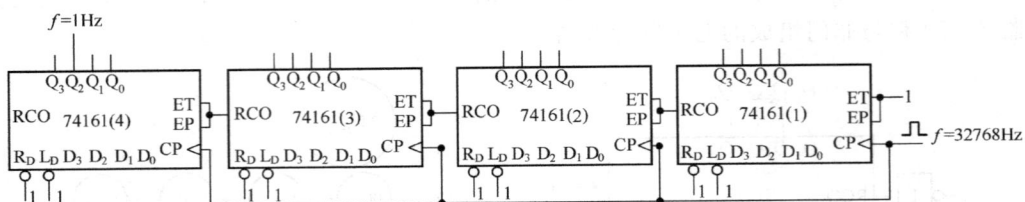

图 15.2.29　例 15.2.3 的逻辑电路

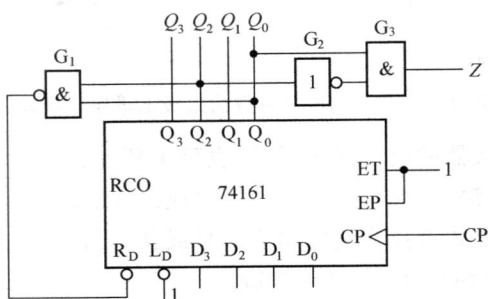

图 15.2.30　计数器组成序列信号发生器

5）组成脉冲分配器

脉冲分配器是数字系统中定时部件的组成部分，它在时钟脉冲作用下，顺序地使每个输出端输出节拍脉冲，用以协调系统各部分的工作。

图 15.2.31(a)所示为一个由计数器 74161 和译码器 74138 组成的脉冲分配器。74161 构成模 8 计数器，输出状态 $Q_2Q_1Q_0$ 在 $000\sim111$ 之间循环变化，从而在译码器输出端 $Y_0\sim Y_7$ 分别得到如图 15.2.31(b)所示的脉冲序列。

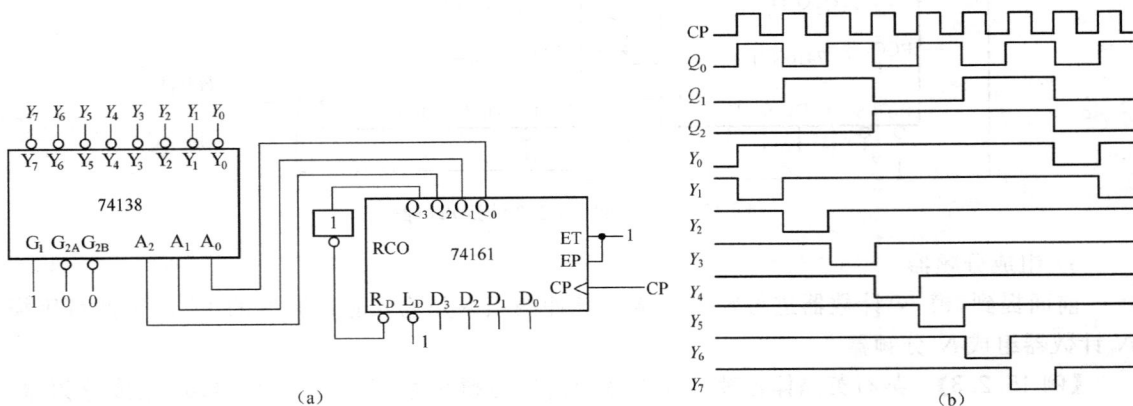

图 15.2.31　计数器和译码器组成脉冲分配器及输出序列

15.2.4　数码寄存器与移位寄存器

1. 数码寄存器

数码寄存器——存储二进制数码的时序电路组件，具有接收和寄存二进制数码的逻辑功能。前面介绍的各种集成触发器,就是一种可以存储一位二进制数的寄存器,用 n 个触发器就可以存储 n 位二进制数。

图 15.2.32(a)所示是由 D 触发器组成的 4 位集成寄存器 74LSl75 的逻辑电路图,其引脚图如图 15.2.32(b)所示。其中,R_D 是异步清零控制端;$D_0 \sim D_3$ 是并行数据输入端;CP 为时钟脉冲端;$Q_0 \sim Q_3$ 是并行数据输出端;$\overline{Q_0} \sim \overline{Q_3}$ 是数据输出端。

该电路的数码接收过程为:将需要存储的四位二进制数码送到数据输入端 $D_0 \sim D_3$,在 CP 端送一个时钟脉冲,脉冲上升沿作用后,四位数码并行地出现在 4 个触发器 Q 端。

74LS175 的功能表列于表 15.2.10 中。

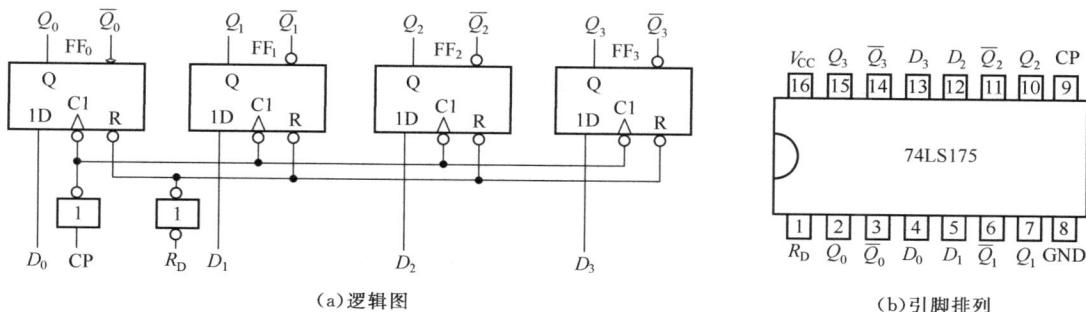

(a)逻辑图　　　　　　(b)引脚排列

图 15.2.32　4 位集成寄存器 74LSl75

表 15.2.10　74LS175 的功能表

清零	时钟	输　入				输　出				工作模式
R_D	CP	D_0	D_1	D_2	D_3	Q_0	Q_1	Q_2	Q_3	
0	×	×	×	×	×	0	0	0	0	异步清零
1	↑	D_0	D_1	D_2	D_3	D_0	D_1	D_2	D_3	数码寄存
1	1	×	×	×	×	保　持				数据保持
1	0	×	×	×	×	保　持				数据保持

2. 移位寄存器

移位寄存器不但可以寄存数码,而且在移位脉冲作用下,寄存器中的数码可根据需要向左或向右移动 1 位。移位寄存器也是数字系统和计算机中应用很广泛的基本逻辑部件。

1)单向移位寄存器

(1)4 位右移寄存器(见图 15.2.23)。设移位寄存器的初始状态为 0000,串行输入数码 $D_I=1101$,从高位到低位依次输入。在 4 个移位脉冲作用后,输入的 4 位串行数码 1101 全部存入了寄存器中。电路的状态表如表 15.2.11 所列,时序图如图 15.2.34 所示。

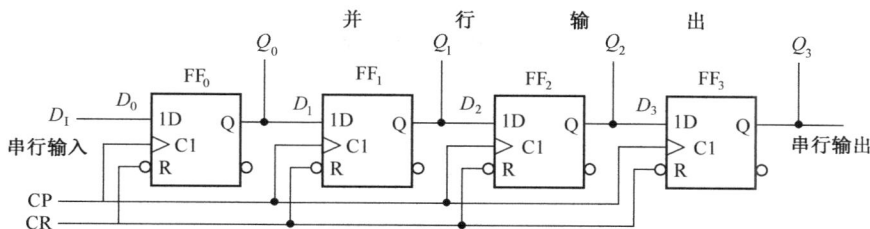

图 15.2.33　D 触发器组成的 4 位右移寄存器

移位寄存器中的数码可由 Q_3、Q_2、Q_1 和 Q_0 并行输出,也可从 Q_3 串行输出。串行输出时,要继续输入 4 个移位脉冲,才能将寄存器中存放的 4 位数码 1101 依次输出。图 15.2.34 中第 5 到第 8 个 CP 脉冲及所对应的 Q_3、Q_2、Q_1、Q_0 波形,就是将 4 位数码 1101 串行输出的过程。所以,移位寄存器具有串行输入—并行输出和串行输入—串行输出两种工作方式。

表 15.2.11　　右移寄存器的状态表

移位脉冲	输入数码	输 出				移位脉冲	输入数码	输 出			
CP	D_I	Q_0	Q_1	Q_2	Q_3	CP	D_I	Q_0	Q_1	Q_2	Q_3
0	1	0	0	0	0	3	0	0	1	1	0
1	1	1	0	0	0	4	1	1	0	1	1
2	1	1	1	0	0						

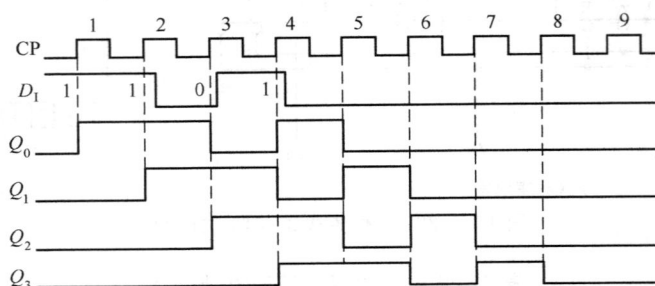

图 15.2.34　图 15.2.33 电路的时序图

(2) 左移寄存器(见图 15.2.35)。

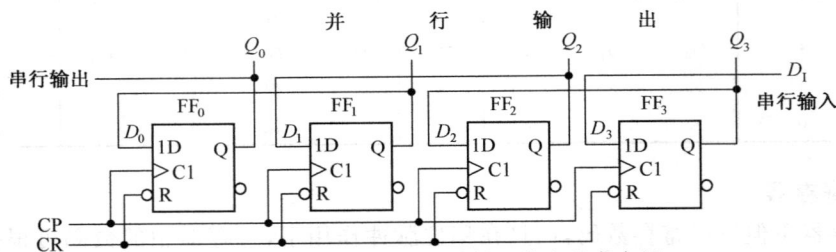

图 15.2.35　D 触发器组成的 4 位左移寄存器

2) 双向移位寄存器

将图 15.2.33 所示的右移寄存器和图 15.2.35 所示的左移寄存器组合起来,并引入一控制端 S 便构成既可左移又可右移的双向移位寄存器,如图 15.2.36 所示。

由图可知,该电路的驱动方程为

$$D_0 = \overline{S\overline{D_{SR}} + \overline{S}\,\overline{Q_1}}$$

$$D_1 = \overline{S\overline{Q_0} + \overline{S}\,\overline{Q_2}}$$

$$D_2 = \overline{S\overline{Q_1} + \overline{S}\,\overline{Q_3}}$$

$$D_3 = \overline{S\overline{Q_2} + \overline{S}\,\overline{D_{SL}}}$$

图 15.2.36 中,D_{SR} 为右移串行输入端,D_{SL} 为左移串行输入端。当 $S=1$ 时,$D_0=$

D_{SR}、$D_1 = Q_0$、$D_2 = Q_1$、$D_3 = Q_2$,在 CP 脉冲作用下,实现右移操作;当 $S = 0$ 时,$D_0 = Q_1$、$D_1 = Q_2$、$D_2 = Q_3$、$D_3 = D_{SL}$,在 CP 脉冲作用下,实现左移操作。

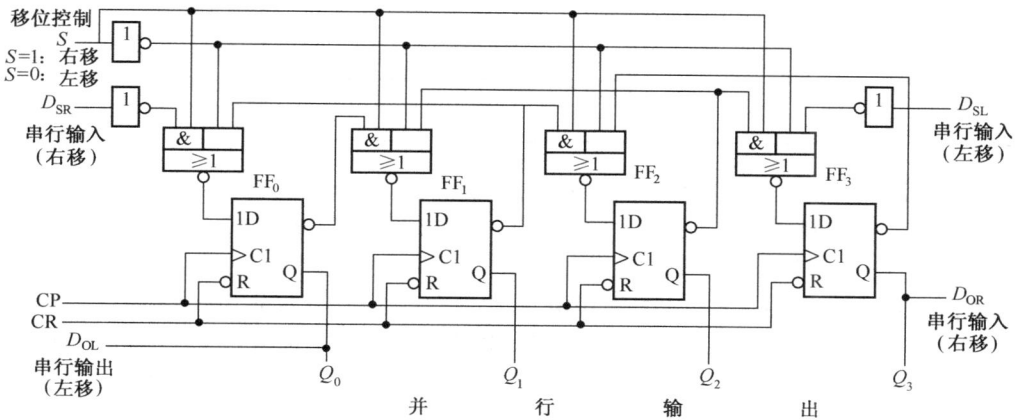

图 15.2.36 D 触发器组成的 4 位双向移位寄存器

3. 集成移位寄存器 74194

74194 是由 4 个触发器组成的功能很强的 4 位移位寄存器(见图 15.2.37),其功能表如表 15.2.12 所列。由表 15.2.12 可以看出 74194 具有如下功能。

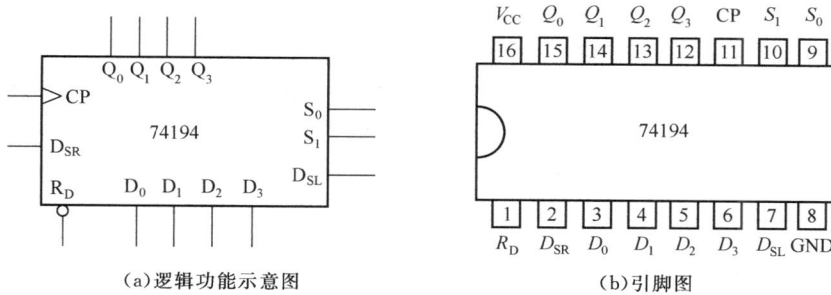

(a)逻辑功能示意图   (b)引脚图

图 15.2.37 集成移位寄存器 74194

表 15.2.12 74194 的功能表

输 入								输 出				工 作 模 式
清零	控制	串行输入	时钟	并行输入								
R_D	$S_1 S_0$	D_{SL} D_{SR}	CP	D_0	D_1	D_2	D_3	Q_0	Q_1	Q_2	Q_3	
0	× ×	× × ×	×	×	×	×	×	0	0	0	0	异 步 清 零
1	0 0	× × ×	×	×	×	×	×	Q_0^n	Q_1^n	Q_2^n	Q_3^n	保 持
1	0.1	× × 1 ×	↑	×	×	×	×	1	Q_0^n	Q_1^n	Q_2^n	右移,D_{SR} 为串行输入,Q_3 为串行输出
1	0.1	× × 0	↑	×	×	×	×	0	Q_0^n	Q_1^n	Q_2^n	
1	1.0	1 × 0	↑	×	×	×	×	Q_1^n	Q_2^n	Q_3^n	1	左移,D_{SL} 为串行输入,Q_0 为串行输出
1	1.0	× ×	↑	×	×	×	×	Q_1^n	Q_2^n	Q_3^n	0	

（续）

输　入								输　出				工作模式
清零	控制	串行输入	时钟	并行输入								
R_D	S_1S_0	D_{SL}　D_{SR}	CP	D_0	D_1	D_2	D_3	Q_0	Q_1	Q_2	Q_3	
1	1　1	× ×	↑	D_0	D_1	D_2	D_3	D_0	D_1	D_2	D_3	并行置数

（1）异步清零。当 $R_D=0$ 时即刻清零，与其他输入状态及 CP 无关。

（2）S_1、S_0 是控制输入。当 $R_D=1$ 时，74194 有如下 4 种工作方式：

① 当 $S_1S_0=00$ 时，不论有无 CP 到来，各触发器状态不变，保持工作状态。

② 当 $S_1S_0=01$ 时，在 CP 的上升沿作用下，实现右移操作，流向是 $S_R \to Q_0 \to Q_1 \to Q_2 \to Q_3$。

③ 当 $S_1S_0=10$ 时，在 CP 的上升沿作用下，实现左移操作，流向是 $S_L \to Q_3 \to Q_2 \to Q_1 \to Q_0$。

④ 当 $S_1S_0=11$ 时，在 CP 的上升沿作用下，实现置数操作：$D_0 \to Q_0$，$D_1 \to Q_1$，$D_2 \to Q_2$，$D_3 \to Q_3$。

D_{SL} 和 D_{SR} 分别是左移和右移串行输入。D_0、D_1、D_2 和 D_3 是并行输入端。Q_0 和 Q_3 分别是左移和右移时的串行输出端，Q_0、Q_1、Q_2 和 Q_3 为并行输出端。

4. 移位寄存器构成的移位型计数器

1）环形计数器

图 15.2.38 是用 74194 构成的环形计数器的逻辑图和状态图。当正脉冲启动信号 START 到来时，使 $S_1S_0=11$，从而不论移位寄存器 74194 的原状态如何，在 CP 作用下总是执行置数操作使 $Q_0Q_1Q_2Q_3=1000$。当 START 由 1 变 0 之后，$S_1S_0=01$，在 CP 作用下移位寄存器进行右移操作。在第四个 CP 到来之前 $Q_0Q_1Q_2Q_3=0001$。这样在第 4 个 CP 到来时，由于 $D_{SR}=Q_3=1$，故在此 CP 作用下 $Q_0Q_1Q_2Q_3=1000$。可见该计数器共 4 个状态，为模 4 计数器。

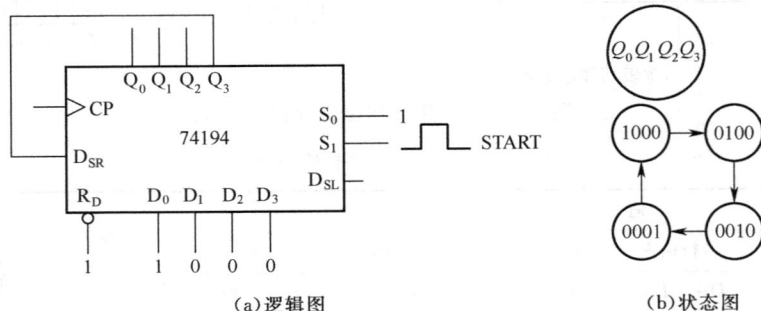

（a）逻辑图　　　　（b）状态图

图 15.2.38　用 74194 构成的环形计数器

环形计数器的电路十分简单，N 位移位寄存器可以计 N 个数，实现模 N 计数器，且状态为 1 的输出端的序号即代表收到的计数脉冲的个数，通常不需要任何译码电路。

2）扭环形计数器

为了增加有效计数状态，扩大计数器的模，将上述接成右移寄存器的 74194 的末级输出 Q_3 反相后，接到串行输入端 D_{SR}，就构成了扭环形计数器，如图 15.2.39（a）所示，图（b）为其状态图。可见该电路有 8 个计数状态，为模 8 计数器。一般而言，N 位移位寄存器可以组成模 $2N$ 的扭环形计数器，只需将末级输出反相后，接到串行输入端。

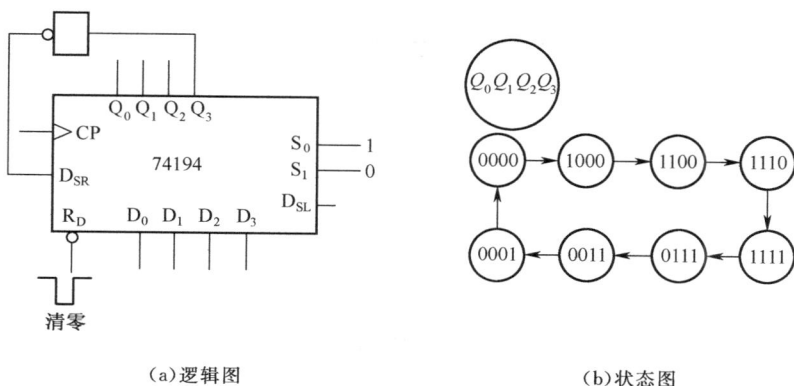

（a）逻辑图　　　　　　　　　　　　　（b）状态图

图 15.2.39　用 74194 构成的扭环形计数器

15.2.5　同步时序逻辑电路的设计方法

1. 同步时序逻辑电路的设计步骤

（1）根据设计要求，设定状态，导出对应状态图或状态表。

（2）状态化简。原始状态图（表）通常不是最简的，往往可以消去一些多余状态。消去多余状态的过程叫做状态化简。

（3）状态分配，又称状态编码。

（4）选择触发器的类型。触发器的类型选得合适，可以简化电路结构。

（5）根据编码状态表以及所采用的触发器的逻辑功能，导出待设计电路的输出方程和驱动方程。

（6）根据输出方程和驱动方程画出逻辑图。

（7）检查电路能否自启动。

2. 同步计数器的设计举例

由于计数器没有外部输入变量 X，则设计过程比较简单。

【例 15.2.4】　设计一个同步五进制加法计数器。

解：设计步骤如下。

（1）根据设计要求，设定状态，画出状态转换图。由于是五进制计数器，所以应有 5 个不同的状态，分别用 $S_0, S_1, \cdots, S_4$ 表示。在计数脉冲 CP 作用下，5 个状态循环翻转，在状态为 S_4 时，进位输出 $Y=1$，状态转换图如图 15.2.40 所示。

（2）状态化简。五进制计数器应有 5 个状态，不须化简。

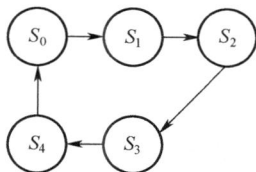

图 15.2.40　例 15.2.4 的状态转换图

（3）状态分配，列状态转换编码表。由式 $2^n \geqslant N > 2^{n-1}$ 可知，应采用 3 位二进制代码。该计数器选用 3 位自然二进制加法计数编码，即 $S_0 = 000, S_1 = 001, \cdots, S_4 = 100$。由此可列出状态转换表如表 15.2.13 所列。

表 15.2.13　例 15.2.4 的状态转换表

状态转换顺序	现态			次态			进位输出
	Q_2^n	Q_1^n	Q_0^n	Q_2^{n+1}	Q_1^{n+1}	Q_0^{n+1}	Y
S_0	0	0	0	0	0	1	0
S_1	0	0	1	0	1	0	0
S_2	0	1	0	0	1	1	0
S_3	0	1	1	1	0	0	0
S_4	1	0	0	0	0	0	1

（4）选择触发器。本例选用功能比较灵活的 JK 触发器。

（5）求各触发器的驱动方程和进位输出方程。

列出 JK 触发器的驱动表如表 15.2.14 所列。画出电路的次态卡诺图如图 15.2.41 所示，3 个无效状态 101、110、111 作无关项处理。根据次态卡诺图和 JK 触发器的驱动表可得各触发器的驱动卡诺图如图 15.2.42 所示。

表 15.2.14　JK 触发器的驱动表

Q^n	$\rightarrow$	Q^{n+1}	J	K
0		0	0	×
0		1	1	×
1		0	×	1
1		1	×	0

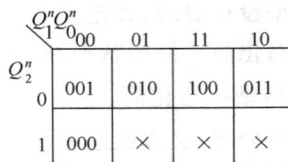

图 15.2.41　电路的次态卡诺图

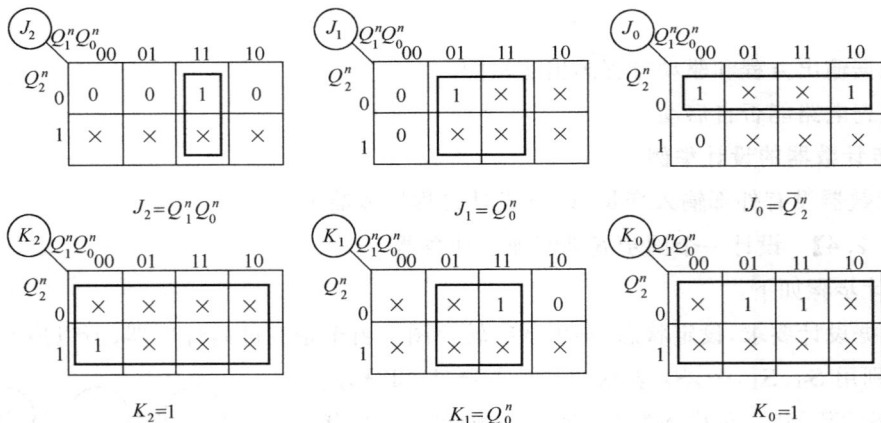

图 15.2.42　各触发器的驱动卡诺图

再画出输出卡诺图如图 15.2.43 所示，可得电路的输出方程：$Y = Q_2$

将各驱动方程与输出方程归纳如下：

$J_0 = \overline{Q_2}, K_0 = 1$

$J_1 = Q_0, K_1 = Q_0$

$J_2 = Q_0 Q_1, K_2 = 1$

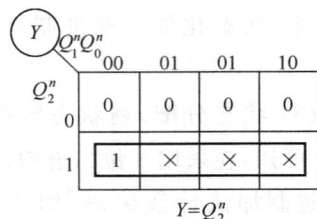

图 15.2.43　例 15.2.4 的输出卡诺图

$$Y = Q_2$$

（6）画逻辑图。根据驱动方程和输出方程，画出五进制计数器的逻辑图如图 15.2.44 所示。

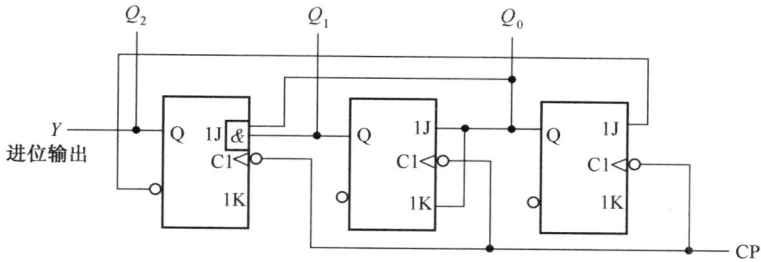

图 15.2.44　例 15.2.4 的逻辑图

（7）检查能否自启动。利用逻辑分析的方法画出电路完整的状态图如图 15.2.45 所示。可见，如果电路进入无效状态 101、110、111 时在 CP 脉冲作用下，分别进入有效状态 010、010、000。所以电路能够自启动。

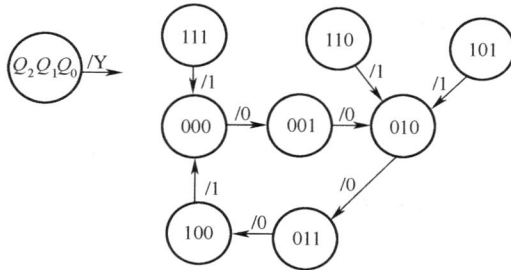

图 15.2.45　例 15.2.4 完整的状态图

15.3　施密特触发器

15.3.1　特点与电压传输特性

1. 特点

施密特触发器是典型的脉冲整形电路。施密特触发器在性能上有两个重要特点。

（1）电平触发。触发信号 U_I 可以是变化缓慢的模拟信号，U_I 达某一电平值时，输出电压 U_O 突变。所以 U_O 为脉冲信号。

（2）电压滞后传输：输入信号 U_I 从低电平上升过程中，电路状态转换时对应的输入电平，与 U_I 从高电平下降过程中电路状态转换时对应的输入电平不同。

利用上述两个特点，施密特触发器不仅能将边沿缓慢变化的信号波形整形为边沿陡峭的矩形波，还可以将叠加在矩形脉冲高、低电平上的噪声信号有效地清除。

2. 电压传输特性

1）同相传输特性

同相传输特性和图形符号如图 15.3.1(a)所示。

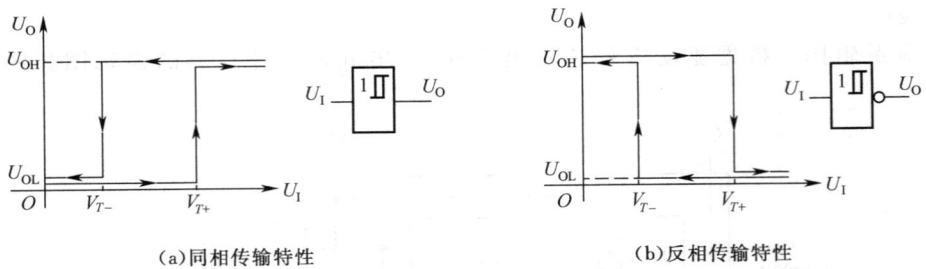

(a)同相传输特性 (b)反相传输特性

图 15.3.1 施密特触发器的电压传输特性

(1) 当 $U_I = 0$ 时，$U_O = U_{OL}$；

(2) 当 U_I 上升到大于等于 V_{T+} 时，U_O 突变为 U_{OH}；

(3) 当 U_I 从最大值下降到小于等于 V_{T-} 时，U_O 突变为 U_{OL}。

V_{T+} 是 U_I 上升过程中电路状态发生转换时对应的输入电平，称为正向阈值电平；

V_{T-} 是 U_I 下降过程中电路状态发生转换时对应的输入电平，称为负向阈值电平。

2) 反相传输特性

反相传输特性和图形符号如图 15.3.1(b)所示。

(1) 当 $U_I = 0$ 时，$U_O = U_{OH}$；

(2) 当 U_I 上升到大于等于 V_{T+} 时，U_O 突变为 U_{OL}。

(3) 当 U_I 从最大值下降到小于等于 V_{T-} 时，U_O 突变为 U_{OH}。

15.3.2 用门电路构成施密特触发器

1. 构成

用 CMOS 非门构成的施密特触发器如图 15.3.2 所示。

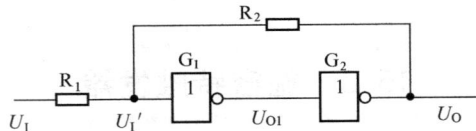

图 15.3.2 CMOS 非门构成的施密特触发器

2. 工作原理

设 U_I 是变化缓慢的三角波，其工作原理如下。

(1) $U_I = 0\text{V}$ 时，$U_I' = 0$，$U_{O1} = 1$，所以 $U_O = U_{OL}$，电路输出低电平。

(2) U_I 上升时，U_I' 也上升；当 U_I 上升使 U_I' 趋于 G_1 门的阈值电平 V_{TH} 时，G_1 门和 G_2 门处在要翻转的边缘；当 U_I 上升使 $U_I' = V_{TH}$ 时，$U_{O1} = 0$，$U_{O1} = U_{OH} \approx V_{DD}$。由此可求出此电路的正向阈值电平 V_{T+}。因为这时有

$$U_I' = V_{TH} \approx \frac{R_2}{R_1 + R_2} V_{T+}$$

所以

$$V_{T+} = \frac{R_1 + R_2}{R_2} V_{TH} = \left(1 + \frac{R_1}{R_2}\right) V_{TH}$$

(3) 当 U_I 从高电平下降时，U_I' 也下降；当 U_I 下降使 U_I' 趋于 G_1 门的阈值电平 V_{TH} 时，G_1

门和 G_2 门又处在要翻转的边缘；当 U_I 下降使 $U_I'=V_{TH}$ 时，$U_{O1}=1$，$U_{O1}=U_{OL}\approx 0$。由此可求出此电路的负向阈值电平 V_{T-}。因为这时有

$$U_I'=V_{TH}\approx V_{DD}-(V_{DD}-V_{T-})\frac{R_2}{R_1+R_2}$$

所以

$$V_{T-}=\frac{R_1+R_2}{R_2}V_{TH}-\frac{R_1}{R_2}V_{DD}$$

将 $V_{DD}=2V_{TH}$ 代入上式后得

$$V_{T-}=\left(1-\frac{R_1}{R_2}\right)V_{TH}$$

U_O 波形如图 15.3.3 所示。

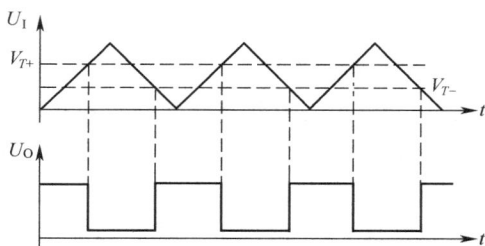

图 15.3.3　工作原理波形

V_{T+} 与 V_{T-} 之差定义为回差电压 ΔV_T，即

$$\Delta V_T=V_{T+}-V_{T-}=2\frac{R_1}{R_2}V_{TH}$$

常用 TTL 集成施密特触发器有 7413 等，常用 CMOS 集成施密特触发器有 CC40106 等。

15.3.3　施密特触发器的应用举例

1. 用作接口电路
将缓慢变化的输入信号，转换成为符合 TTL 系统要求的脉冲波形，如图 15.3.4 所示。

2. 用作整形电路
将不规则的输入信号整形成为矩形脉冲，如图 15.3.5 所示。

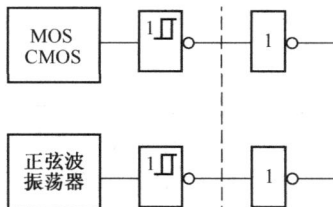

图 15.3.4　慢输入波形的 TTL 系统接口

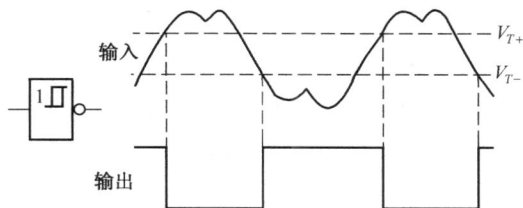

图 15.3.5　脉冲整形电路的输入输出波形

3. 用于脉冲鉴幅
将幅值大于 V_{T+} 的脉冲选出，如图 15.3.6 所示。

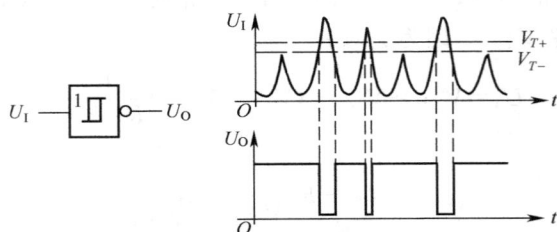

图 15.3.6　用施密特触发器鉴别脉冲幅度

15.4　单稳态触发器与 555 定时器电路

单稳态触发器具有下列特点：

（1）它有一个稳定状态和一个暂稳状态。

（2）在外来触发脉冲作用下，能够由稳定状态翻转到暂稳状态。

（3）暂稳状态维持一段时间后，自动返回到稳定状态。暂稳态时间的长短，与触发脉冲以及电源电压无关，仅取决于电路本身的参数。

单稳态触发器在数字系统和装置中，一般用于定时（产生一定宽度的脉冲）、整形（把不规则的波形转换成等宽、等幅的脉冲）以及延时（将输入信号延迟一定的时间之后输出）等。

15.4.1　用门电路组成单稳态触发器

用门电路组成单稳态触发器有微分型和积分型两大类，下面介绍微分型单稳态触发器。

1. 构成

用 CMOS 或非门构成的微分型单稳态触发器如图 15.4.1 所示。

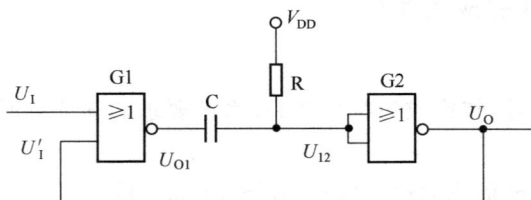

图 15.4.1　微分型单稳态触发器

2. 工作原理

微分型单稳态触发器电路用负脉冲触发无效，只有在正的窄脉冲触发时，电路才有响应。

接通电源 V_{DD} 不触发时，$U_I = 0$，而 $U_{I2} = V_{DD} = 1$，所以 $U_{O2} = 0$。故有自然稳态 $U_O = 0$。

这时 $U_I' = 0$，$U_{O1} = 1 \approx V_{DD}$，自然稳态时，电容 C 两端均为 V_{DD}，C 中无电荷。C 中无电荷是稳态的标志。

触发时，$U_I = 1$，$U_{O1} = 0$，由于电容 C 两端的电压在触发瞬间不能突变，所以 $U_{I2} = 0$，使 $U_{O2} = 1$。故有暂态 $U_O = 1$。

接下来，C 充电，充电回路为 V_{DD}—R—C—U_{O1}，充电使 U_{I2} 上升。当 U_{I2} 上升到等于 G_2 门的阈值电平 V_{TH} 时，U_{O2} 突跳为 0，电路返回到自然稳态 $U_O = 0$。

当 $U_O=0$ 时，$U_I'=0$，$U_I=0$（因为触发高电平已经消逝），所以 U_{O1} 从 0 突跳为 1（即上升了 V_{DD}）；由于电容 C 两端的电压瞬间不能突变，所以 U_{I2} 也应该从 V_{TH} 突跳为 $U_{I2}=V_{TH}+V_{DD}$；但实际上由于 G_2 门输入端有钳位二极管，所以 U_{I2} 实为 $U_{I2}=V_{DD}+0.7$。

接下来，C 放电，放电回路为：U_{I2}—V_{DD}—U_{O1}—C—U_{I2}，放电使 U_{I2} 下降，当 U_{I2} 下降到等于 V_{DD} 时（此时，C 两端均为 V_{DD}，C 中无电荷），电路稳定，保证 $U_O=0$。

根据以上的分析，即可画出电路中各点的电压波形，如图 15.4.2 所示。

3. 输出电压脉宽 T_W 的计算

由图 15.4.2 可知，T_W 等于 U_{I2} 从 0 上升到 V_{TH} 所对应的时间。

这里，电容 C 的充电时间常数 $\tau=RC$，起始值 $U_{I2}(0^+)=0$，稳定值 $U_{I2}(\infty)=V_{DD}$，转换值 $U_{I2}(T_W)=V_{TH}$，代入 RC 过渡过程计算公式进行计算可得

$$T_W=\tau\ln\frac{U_{I2}(\infty)-U_{I2}(0^+)}{U_{I2}(\infty)-U_{I2}(T_W)}=0.69RC$$

15.4.2　单稳态触发器的应用

1. 延时与定时

1）延时

在图 15.4.2 中，U_O' 的下降沿比 U_I 的下降沿滞后了时间 t_W，即延迟了时间 t_W。单稳态触发器的这种将脉冲延时的作用常被应用于时序控制中。

2）定时

在图 15.4.2 中，单稳态触发器的输出电压 U_O'，用作与门的输入定时控制信号，当 U_O' 为高电平时，与门打开，$U_O=U_F$，当 U_O' 为低电平时，与门关闭，U_O 为低电平，这显示了单稳态触发器的定时选通作用。显然，与门打开的时间是恒定不变的，就是单稳态触发器输出脉冲 U_O' 的宽度 t_W。

2. 整形

单稳态触发器还能够把不规则的输入信号 U_I，整形成幅度和宽度都相同的标准矩形脉冲 U_O。U_O 的幅度取决于单稳态电路输出的高、低电平，U_O 的宽度 t_W 取决于暂稳态时间。图 15.4.3 是单稳态触发器用于波形的整形的一个简单例子。

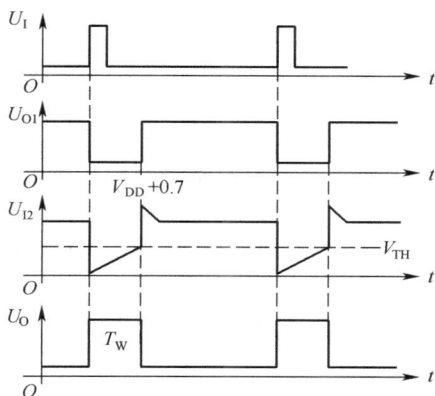

图 15.4.2　电压波形

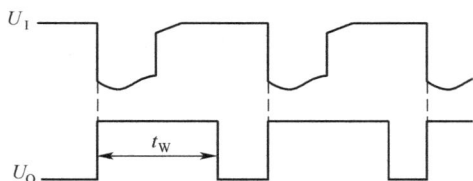

图 15.4.3　单稳态触发器用于波形的整形

15.5　555 定时器及其应用

　　555 定时器是一种多用途的单片中规模集成电路。该电路使用灵活、方便,只需外接少量的阻容元件就可以构成施密特触发器、单稳态触发器和多谐振荡器。因而在波形的产生与变换、测量与控制、家用电器和电子玩具等许多领域中都得到了广泛的应用。

　　目前,生产的定时器有双极型(TTL 类)和单极型(CMOS 类)两种类型,其型号分别有 NE555(或 5G555)和 C7555 等多种。通常,双极型产品型号的后三位数字是 555,单极型产品型号的后四位数字是 7555,它们的结构、工作原理以及外部引脚排列基本相同。

1. 555 定时器的电路结构与工作原理

1) 555 定时器内部结构

555 定时器内部结构可见图 15.5.1(a),其组成如下:

(1) 三个阻值为 5kΩ 的电阻组成分压器,分得的电压分别为 V_{R1} 和 V_{R2}。

(2) 两个电压比较器 C_1 和 C_2,比较原理为

$$v_+ > v_-, v_o = 1;$$
$$v_+ < v_-, v_o = 0。$$

(3) 一个基本 RS 触发器,0 触发有效。

(4) 一个放电三极管 VT_D。

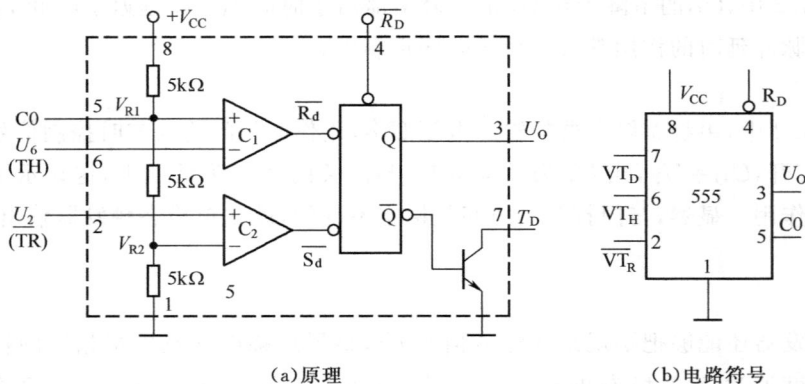

(a)原理　　　　　(b)电路符号

图 15.5.1　555 定时器电原理图和电路符号

2) 工作原理

　　当引脚 5 悬空时,比较器 C_1 的比较电压为 $V_{R1} = \dfrac{2}{3}V_{CC}$;比较器 C_2 的比较电压为 $V_{R2} = \dfrac{1}{3}V_{CC}$。

(1) 当 $U_6 > \dfrac{2}{3}V_{CC}$,$U_2 > \dfrac{1}{3}V_{CC}$ 时,比较器 C_1 输出低电平,C_2 输出高电平,基本 RS 触发器被置 0,输出端 U_O 为低电平,放电三极管 VT_D 导通。

(2) 当 $U_6 < \frac{2}{3}V_{CC}$, $U_2 < \frac{1}{3}V_{CC}$ 时, 比较器 C_1 输出高电平, C_2 输出低电平, 基本 RS 触发器被置 1, 输出端 U_O 为高电平, 放电三极管 VT_D 截止。

(3) 当 $U_6 < \frac{2}{3}V_{CC}$, $U_2 > \frac{1}{3}V_{CC}$ 时, 比较器 C_1 输出高电平, C_2 也输出高电平, 基本 RS 触发器状态不变, 电路亦保持原状态不变。

如果在外接电压控制端(引脚 5)施加一个外加电压 U_{CO}(其值在 $0 \sim V_{CC}$ 之间), 比较器 C_1 的比较电压 $V_{R1} = U_{CO}$; 比较器 C_2 的比较电压 $V_{R2} = \frac{1}{2}U_{CO}$。由于比较器的参考电压发生了变化, 所以电路的工作状态也将发生变化(读者可自行分析)。

另外, $\overline{R_D}$ 端为复位输入端, 当 $\overline{R_D} = 0$ 时, 不论其他输入端的状态如何, 输出 U_O 为低电平, 即 $\overline{R_D}$ 的控制级别最高。正常工作时, 一般应将其接高电平。

2. 555 定时器的功能表

555 定时器的电源电压变化范围很宽, 双极型的电源电压范围为 $5 \sim 16V$, 最大负载电流可达 200mA, 具有较大的驱动能力; 单极型的电源电压范围为 $3 \sim 18V$, 最大负载电流在 4mA 以下, 驱动能力相对小一些, 但它具有功耗低、输入阻抗高等优点。表 15.5.1 所列为 555 定时器功能表。

表 15.5.1　555 定时器功能表

阈值输入 (U_6)	触发输入 (U_2)	复位(R_D)	输出(v_O)	放电管 VT	阈值输入 (U_6)	触发输入 (U_2)	复位(R_D)	输出(v_O)	放电管 VT
$\times$	$\times$	0	0	导通	$> \frac{2}{3}V_{CC}$	$> \frac{1}{3}V_{CC}$	1	0	导通
$< \frac{2}{3}V_{CC}$	$< \frac{1}{3}V_{CC}$	1	1	截止	$< \frac{2}{3}V_{CC}$	$> \frac{1}{3}V_{CC}$	1	不变	不变

15.5.1　用 555 定时器构成的施密特触发器

1. 电路组成及工作原理

555 定时器构成的施密特触发器如图 15.5.2 (a)所示。

设 U_I 是变化缓慢的三角波, 其工作原理如下。

(1) $U_I = 0V$ 时, 由于 $U_6 = 0 < \frac{2}{3}V_{CC}$, $U_2 = 0 < \frac{1}{3}V_{CC}$, 所以 U_O 输出高电平。

(2) 当 U_I 上升到 $\frac{2}{3}V_{CC}$ 时, U_O 跳变为低电平。当 U_I 由 $\frac{2}{3}V_{CC}$ 继续上升时, U_O 保持不变。

(3) 当 U_I 下降到 $\frac{1}{3}V_{CC}$ 时, U_O 跳变为高电平。当 U_I 继续下降到 0V 时, U_O 保持不变。

U_O 波形如图 15.5.2(b) 所示。

2. 电压滞回特性和主要参数

555 定时器构成的施密特触发器的电压滞回特性如图 15.5.3 所示。其主要静态参数如下。

(1) 正向阈值电平 $V_{T+} = \frac{2}{3}V_{CC}$。

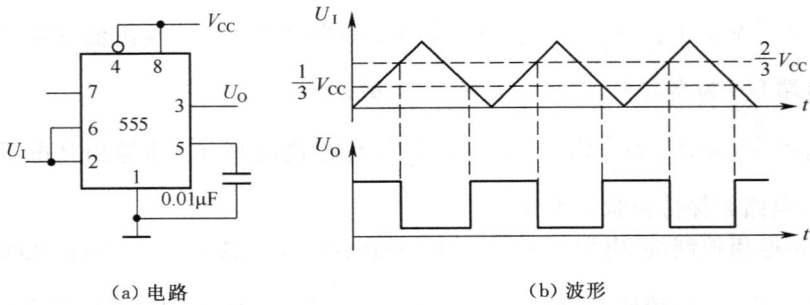

(a) 电路　　　　　　　　(b) 波形

图 15.5.2　555 定时器构成的施密特触发器

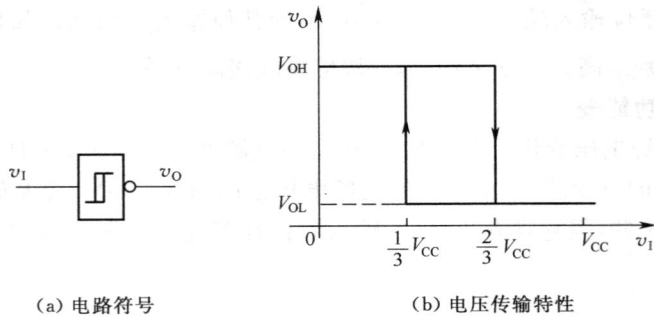

(a) 电路符号　　　　　　(b) 电压传输特性

图 15.5.3　555 定时器构成的施密特触发器的电路符号和电压传输特性

(2) 负向阈值电平 $V_{T-}=\dfrac{1}{3}V_{CC}$。

(3) 回差电压 $\Delta V_T = V_{T+}-V_{T-}=\dfrac{1}{3}V_{CC}$。

若在电压控制端(引脚 5)外加电压 U_{CO}，则将有 $V_{T+}=U_{CO}$ 和 $V_{T-}=\dfrac{1}{2}U_{CO}$。$\Delta V_T=\dfrac{1}{2}U_{CO}$，当改变 U_{CO} 时，它们的值也将随之改变。

15.5.2　用 555 定时器构成的单稳态触发器

1. 电路组成及工作原理

555 定时器构成单稳态触发器如图 15.5.4 所示，它有一个触发端，低电平触发有效，工作原理如下：

(1) 无触发信号输入时电路工作在稳定状态。当电路无触发信号时，U_I 保持高电平，电路工作在稳定状态，即输出端 U_O 保持低电平，555 内放电三极管 VT 饱和导通，引脚 7"接地"，电容电压 U_C 为 0V。

(2) U_I 下降沿触发。当 U_I 下降沿到达时，555 触发输入端(引脚 2)由高电平跳变为低电平，电路被触发，U_O 由低电平跳变为高电平，电路由稳态 0 转入暂稳态 1。

(3) 暂稳态的维持时间。在暂稳态期间，555 内放电三极管 VT 截止，V_{CC} 经 R 向 C 充电。其充电回路为 V_{CC}—R—C—地，时间常数 $\tau_1=RC$，电容电压 U_C 由 0V 开始上升，在电容电压 U_C 上升到阈值电压 $\dfrac{2}{3}V_{CC}$ 之前，电路将保持暂稳态不变。U_C 由 0V 上升到 $\dfrac{2}{3}V_{CC}$ 所对应的时间即暂稳态的维持时间(t_W)。

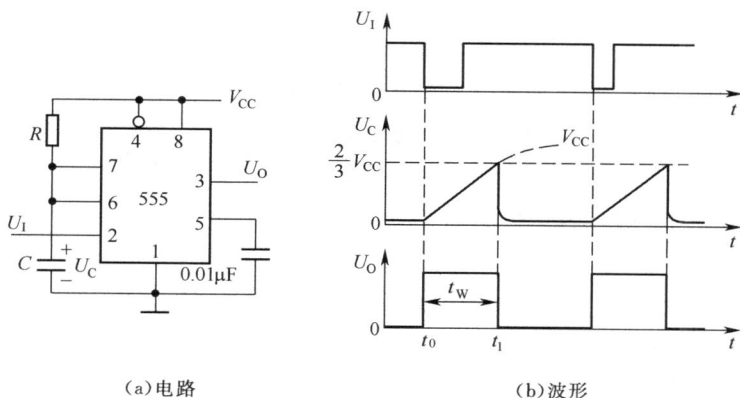

（a）电路　　　　　　　（b）波形

图 15.5.4　用 555 定时器构成的单稳态触发器及工作波形

（4）自动返回稳态。当 U_C 上升至阈值电压 $\dfrac{2}{3}V_{CC}$ 时,输出电压 U_O 由高电平跳变为低电平,555 内放电三极管 VT 由截止转为饱和导通,引脚 7"接地",电容 C 经放电三极管对地迅速放电,电压 U_C 由 $\dfrac{2}{3}V_{CC}$ 迅速降至 0V（放电三极管的饱和压降）,电路由暂稳态重新转入稳态。

（5）恢复过程。当暂稳态结束后,电容 C 通过饱和导通的三极管 VT_D 放电,时间常数 $\tau_2 = R_{CES}C$,式中 R_{CES} 是 VT_0 的饱和导通电阻,其阻值非常小,因此 τ_2 之值亦非常小。经过 $(3\sim5)\tau_2$ 后,电容 C 放电完毕,恢复过程结束。

恢复过程结束后,电路返回到稳定状态,单稳态触发器又可以接收新的触发信号。

2. 主要参数估算

（1）输出脉冲宽度 T_W。输出脉冲宽度就是暂稳态维持时间,也就是定时电容的充电时间。由图 6.5.3(b)所示电容电压 U_C 的工作波形不难看出 $U_C(0^+)\approx 0V$, $U_C(\infty)=V_{CC}$, $U_C(t_W)=\dfrac{2}{3}V_{CC}$,代入 RC 过渡过程计算公式,可得

$$T_W = \tau_1 \ln\frac{U_C(\infty)-U_C(0^+)}{U_C(\infty)-U_C(t_W)} = \tau_1 \ln\frac{V_{CC}-0}{V_{CC}-\dfrac{2}{3}V_{CC}} = \tau_1 \ln3 = 1.1RC$$

上式说明,单稳态触发器输出脉冲宽度 T_W 仅取决于定时元件 R、C 的取值,与输入触发信号和电源电压无关,调节 R、C 的取值,即可方便地调节 T_W。

（2）恢复时间 t_{re}。一般取 $t_{re}=(3\sim5)\tau_2$,即认为经过 3～5 倍的时间常数电容就放电完毕。

（3）最高工作频率 f_{max}。若输入触发信号 U_I 是周期为 T 的连续脉冲时,为保证单稳态触发器能够正常工作,应满足下列条件:

$$T > t_W + t_{re}$$

即 U_I 周期的最小值 T_{min} 应为 $t_W + t_{re}$,即

$$T_{min} = t_W + t_{re}$$

因此,单稳态触发器的最高工作频率应为

$$f_{\max}=\frac{1}{T_{\min}}=\frac{1}{t_{\mathrm{w}}+t_{\mathrm{re}}}$$

　　需要指出的是,在图 15.5.4 所示电路中,输入触发信号 U_{I} 的脉冲宽度(低电平的保持时间),必须小于电路输出 U_{O} 的脉冲宽度(暂稳态维持时间 T_{W}),否则电路将不能正常工作。因为当单稳态触发器被触发翻转到暂稳态后,如果 U_{I} 端的低电平一直保持不变,那么 555 定时器的输出端将一直保持高电平不变。解决这一问题的简单方法,就是在电路的输入端加一个 RC 微分电路,即当 U_{I} 为宽脉冲时,让 U_{I} 经 RC 微分电路之后再接到 2 端。不过微分电路的电阻应接到 V_{CC},以保证在 U_{I} 下降沿未到来时,2 端为高电平。

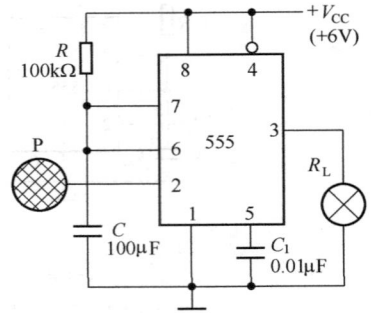

图 15.5.5　触摸式定时控制开关电路

3. 555 定时器组成的单稳态触发器应用举例

　　图 15.5.5 是触摸定时控制开关。利用 555 定时器构成的单稳态触发器,只要用手触摸一下金属片 P,由于人体感应电压相当于在触发输入端(引脚 2)加入一个负脉冲,555 输出端(引脚 3)输出高电平,灯泡(R_{L})发光,当暂稳态时间(t_{w})结束时,555 输出端恢复低电平,灯泡熄灭。该触摸开关可用于夜间定时照明,定时时间可由 RC 参数调节。

15.5.3　用 555 定时器构成的多谐振荡器

1. 电路组成及工作原理

　　用 555 定时器构成的多谐振荡器如图 15.5.6(a)所示。它没有输入端,一旦电源接通,就自激振荡。

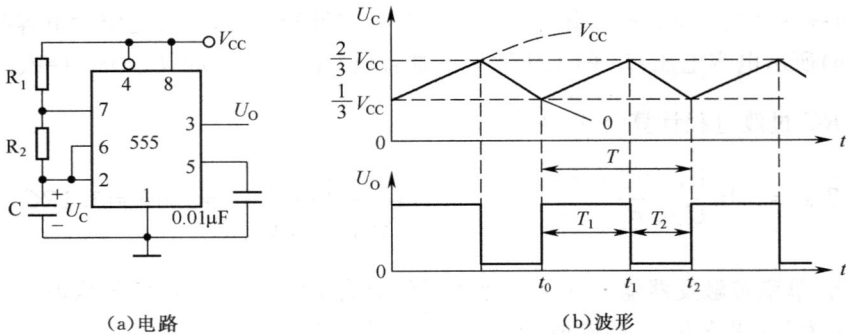

（a）电路　　　　　　　　　　　（b）波形

图 15.5.6　用 555 定时器构成的多谐振荡器

　　当电源刚刚接通时,$U_{\mathrm{C}}=0$,$U_6=U_2=0$,$U_{\mathrm{O}}=U_{\mathrm{OH}}$,放电管 VT_{D} 截止。接下来,电容 C 被充电,充电回路:$V_{\mathrm{CC}}{-}R_1{-}R_2{-}C{-}$公共端$-V_{\mathrm{CC}}$,充电到 $\frac{2}{3}V_{\mathrm{CC}}$ 时,$U_{\mathrm{O}}=U_{\mathrm{OL}}$,放电管 VT_{D} 导通。

　　放电管 VT_{D} 导通,电容 C 就会放电,充电回路:$C{-}R_2{-}VT_{\mathrm{D}}{-}$公共端$-C$,放电到 $\frac{1}{3}V_{\mathrm{CC}}$ 时,$U_{\mathrm{O}}=U_{\mathrm{OH}}$,放电管 VT_{D} 截止。

放电管 VT_D 截止,电容 C 又被充电,如此循环往复,直到关机。由此,555 定时器构成的多谐振荡器的工作波形图如图 15.5.6(b)所示。

2. 参数估算

(1) 输出脉冲宽度 T_1。电容充电时,时间常数 $\tau_1=(R_1+R_2)C$,起始值 $U_C(0^+)=\frac{1}{3}V_{CC}$,稳定值 $U_C(\infty)=V_{CC}$,转换值 $U_C(T_1)=\frac{2}{3}V_{CC}$,代入 RC 过渡过程计算公式进行计算

$$T_1=\tau_1\ln\frac{U_C(\infty)-U_C(0^+)}{U_C(\infty)-U_C(T_1)}=\tau_1\ln\frac{V_{CC}-\frac{1}{3}V_{CC}}{V_{CC}-\frac{2}{3}V_{CC}}=\tau_1\ln2=0.7(R_1+R_2)C$$

(2) 输出脉冲宽度间歇时间 T_2。电容放电时,时间常数 $\tau_2=R_2C$,起始值 $U_C(0^+)=\frac{2}{3}V_{CC}$,稳定值 $U_C(\infty)=0$,转换值 $U_C(T_2)=\frac{1}{3}V_{CC}$,代入 RC 过渡过程计算公式进行计算为 $T_2=0.7R_2C$。

(3) 电路振荡周期为
$$T=T_1+T_2=0.7(R_1+2R_2)C$$

(4) 电路振荡频率
$$f=\frac{1}{T}\approx\frac{1.43}{(R_1+2R_2)C}$$

(5) 输出波形占空比为
$$q=\frac{T_1}{T}=\frac{0.7(R_1+R_2)C}{0.7(R_1+2R_2)C}=\frac{R_1+R_2}{R_1+2R_2}$$

3. 占空比可调的多谐振荡器电路

在图 15.5.7 所示电路中,由于电容 C 的充电时间常数 $\tau_1=(R_1+R_2)C$,放电时间常数 $\tau_2=R_2C$,所以 T_1 总是大于 T_2,U_O 的波形不仅不可能对称,而且占空比 q 不易调节。利用半导体二极管的单向导电特性,把电容 C 充电和放电回路隔离开来,再加上一个电位器,便可构成占空比可调的多谐振荡器,如图 15.5.7 所示。

由于二极管的引导作用,电容 C 的充电时间常数 $\tau_1=R_1C$,放电时间常数 $\tau_2=R_2C$。通过与上面相同的分析计算过程可得

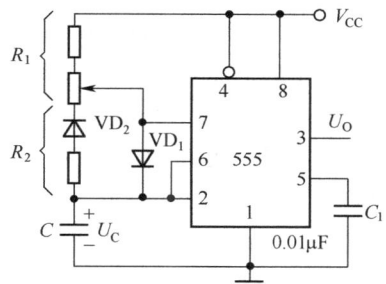

图 15.5.7　占空比可调的多谐振荡器

$$T_1=0.7R_1C$$
$$T_2=0.7R_2C$$
$$q=\frac{T_1}{T}=\frac{T_1}{T_1+T_2}=\frac{0.7R_1C}{0.7R_1C+0.7R_2C}=\frac{R_1}{R_1+R_2}$$

只要改变电位器滑动端的位置,就可以方便地调节占空比 q。当 $R_1=R_2$ 时,$q=0.5$,U_O 就成为对称的矩形波。

4. 多谐振荡器应用实例

（1）简易温控报警器。图 15.5.8 是利用多谐振荡器构成的简易温控报警电路。其中,555 构成的是可控音频振荡电路,扬声器用来发声报警。

图中晶体管 VT 可选用锗管 3AX31、3AX81 或 3AG 类,也可选用 3DU 型光敏管。3AX31 等锗管在常温下,集电极和发射极之间的穿透电流 I_{CEO} 一般在 $10\sim50\mu A$,且随温度的升高而增大较快。当温度低于设定温度值时,晶体管 T 的穿透电流 I_{CEO} 较小,555 复位端 R_D（引脚4）的电压较低,电路工作在复位状态,多谐振荡器停振,扬声器不发声。当温度升高到设定温度值时,晶体管 VT 的穿透电流 I_{CEO} 较大,555 复位端 R_D 的电压升高到解除复位状态之电位,多谐振荡器开始振荡,扬声器发出报警声。

需要指出的是,不同的晶体管,其 I_{CEO} 值相差较大,故需改变 R_3 的阻值来调节控温点。方法是先把测温元件 VT 置于要求报警的温度下,调节 R_1 使电路刚发出报警声。报警的音调取决于多谐振荡器的振荡频率,由元件 R_1、R_2 和 C 决定,改变这些元件值,可改变音调。

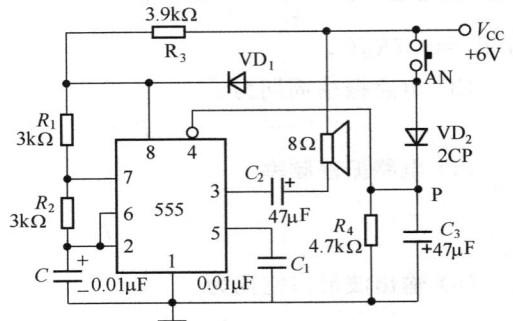

（2）双音门铃。图 15.5.9 是用多谐振荡器构成的电子双音门铃电路。

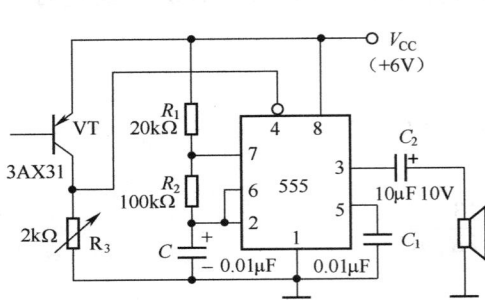

图 15.5.8　多谐振荡器用作简易温控报警电路　　　图 15.5.9　用多谐振荡器构成的双音门铃电路

当按钮开关 AN 按下时,开关闭合,V_{CC} 经 VD_2 向 C_3 充电,P 点（管脚4）电位迅速充至 V_{CC},复位解除;由于 VD_1 将 R_3 旁路,V_{CC} 经 VD_1、R_1、R_2 向 C 充电,充电时间常数为（R_1+R_2）C,放电时间常数为 R_2C,多谐振荡器产生高频振荡,喇叭发出高音。

当按钮开关 AN 松开时,开关断开,由于电容 C_3 储存的电荷经 R_4 放电要维持一段时间,在 P 点电位降至复位电平之前,电路将继续维持振荡;但此时 V_{CC} 经 R_3、R_1、R_2 向 C 充电,充电时间常数增加为（$R_3+R_1+R_2$）C,放电时间常数仍为 R_2C,多谐振荡器产生低频振荡,喇叭发出低音。当电容 C_3 持续放电,使 P 点电位降至 555 的复位电平以下时,多谐振荡器停止振荡,喇叭停止发声。

调节相关参数,可以改变高、低音发声频率以及低音维持时间。

习题

15.1　若在题 15.1 图电路中的 CP、S、R 输入端,加入如题 15.1 图所示波形的信号,试画出其 Q 和 $\bar{Q}$ 端波形,设初态 $Q=0$。

15.2　设题 15.2 图中各触发器的初始状态皆为 $Q=0$,画出在 CP 脉冲连续作用下个各触发器输出端的波形图。

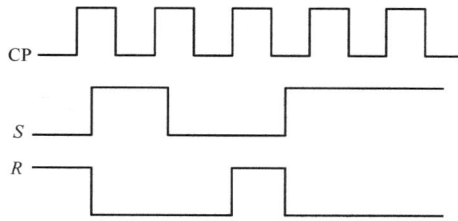

题 15.1 图

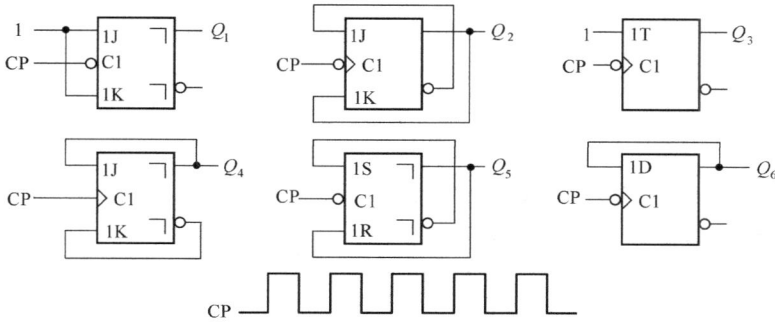

题 15.2 图

15.3　试写出题 15.3 图(a)中各触发器的次态函数(即 Q_1^{n+1}、Q_2^{n+1} 与现态和输入变量之间的函数式),并画出在题 15.3 图(b)给定信号的作用下 Q_1、Q_2 的波形。假定各触发器的初始状态均为 $Q=0$。

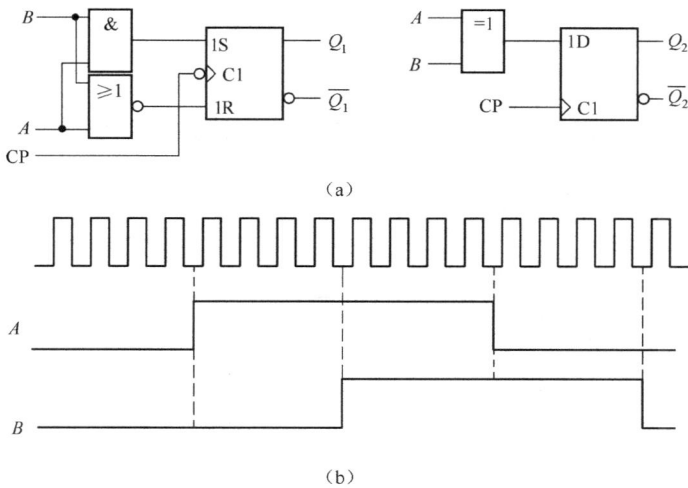

题 15.3 图

15.4　题 15.4 图(a)、(b)分别示出了触发器和逻辑门构成的脉冲分频电路,CP 脉冲如题 15.4 图(c)所示,设各触发器的初始状态均为 0。

(1) 试画出图(a)中的 Q_1、Q_2 和 F 的波形。

(2) 试画出图(b)中的 Q_3、Q_4 和 Y 的波形。

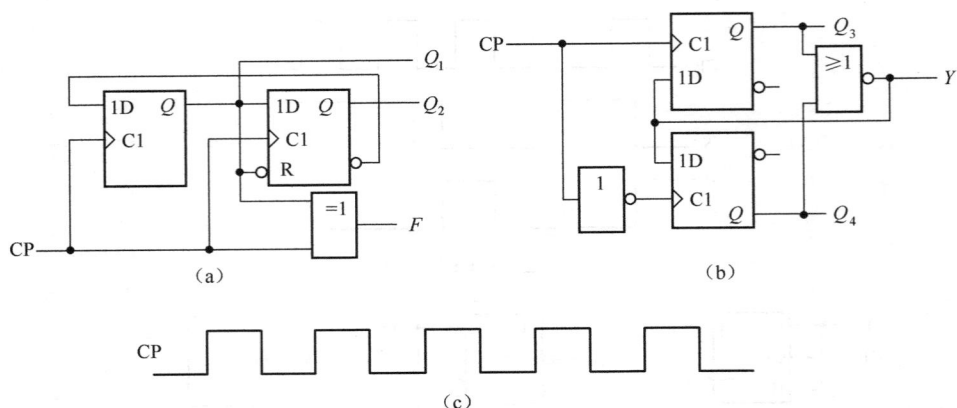

题 15.4 图

15.5 电路如题 15.5 图所示,设各触发器的初始状态均为 0。已知 CP 和 A 的波形,试分别画出 Q_1、Q_2 的波形。

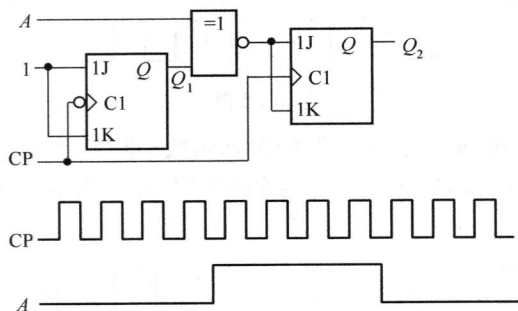

题 15.5 图

15.6 电路如题 15.6 图所示,设各触发器的初始状态均为 0。已知 CP_1、CP_2 的波形如图所示,试分别画出 Q_1、Q_2 的波形。

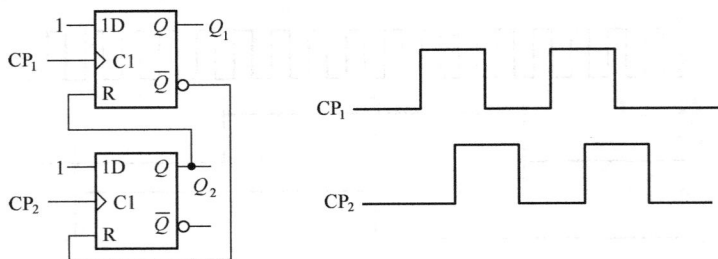

题 15.6 图

15.7 时序逻辑电路与组合逻辑电路的根本区别是什么? 同步时序逻辑电路与异步时序电路的根本区别是什么?

15.8 利用主从 JK 触发器构成 4 位二进制加法计数器电路和 4 位二进制减法计数器电路,两者连接规律有何不同?

15.9 利用 74LS160 芯片分别构成 60 进制计数器和 24 进制计数器。

15.10 采用直接清零法构成任意 N 进制计数器时,使用 74LS162/163 芯片和使用 74LS160/161 芯片有什么不同? 请画出 $N＝12$ 时两者的接线图。

15.11　环形计数设置初态可以通过哪几种方法？画图举例说明。

15.12　已知计数器的输出端 $Q_2Q_1Q_0$ 的输出波形如题 15.12 图所示，试画出其对应的状态转换图，并判断该计数为几进制计数器？

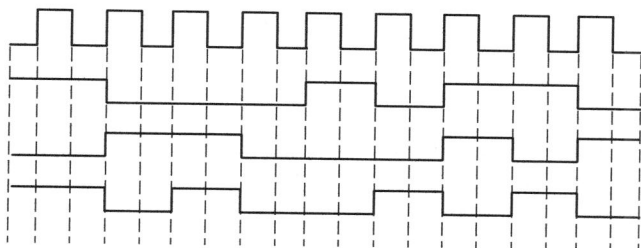

题 15.12 图

15.13　分析题 15.13 图时序电路的逻辑功能，写出电路的驱动方程、状态方程，设各触发器的初始状态为 0，画出电路的状态转换图，说明电路能否自启动。

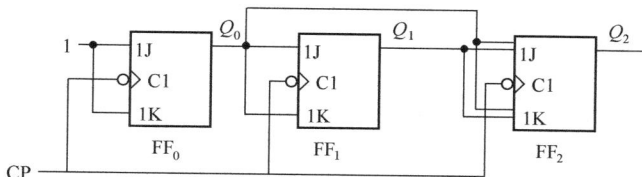

题 15.13 图

15.14　用 JK 触发器和门电路设计满足题 15.14 图所示要求的两相脉冲发生电路。

15.15　如图 15.5.2 所示由 555 定时器构成的施密特触发器中，若电源 $V_{CC}=9\text{V}$，V_M 不加电压时，正、负向阈值电平 V_{T+} 和 V_{T-} 及回差 ΔV 各为何值？

15.16　上题中，若 $V_M=5\text{V}$，正、负向阈值电平 V_{T+} 和 V_{T-} 及回差 ΔV 各为何值？

15.17　如图 15.5.4 所示的 555 定时器构成的单稳态触发器中，R_i 和 C_i 是什么环节，它起什么作用？在什么情况下可不用此环节？

15.18　请用两个 555 定时器构成的单稳态触发器设计一个能实现题 15.18 图所示输入 V_I 和输出 V_O 波形关系的电路。并请提出定时电阻和电容的数值。

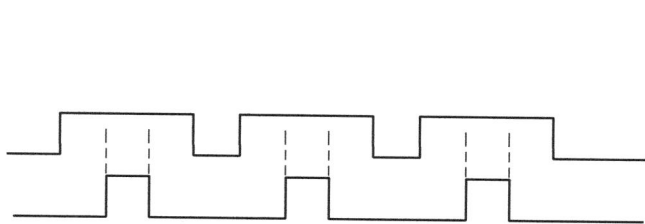

题 15.14 图

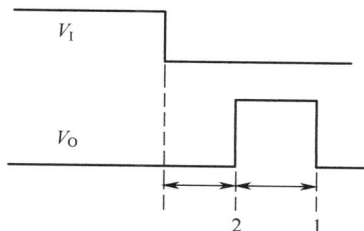

题 15.18 图

15.19　在 555 定时器构成的单稳态触发器中，若 $V_{CC}=5\text{V}$，$R_L=16\text{k}\Omega$，$R=10\text{k}\Omega$，$C=0.1\mu\text{F}$，则在图示输入脉冲 V_I 作用下，其电容上电压 V_C 及输出电压 V_O 的波形是怎样的？请画出波形图，并计算出这个单稳态触发器的输出脉冲宽度 t_{po} 为何值？

参 考 文 献

[1] 秦曾煌.电工学[M].7版.北京:高等教育出版社,2009.

[2] 朱伟兴.电路与电子技术[M].北京:高等教育出版社,2008.

[3] 唐介.电工学(少学时)[M].北京:高等教育出版社,2005.

[4] 邱关源,罗先觉.电路[M].5版.北京:高等教育出版社,2006.

[5] 曾建唐.电工电子技术简明教程[M].北京:高等教育出版社,2009.

[6] 毕淑娥.电工与电子技术基础[M].3版.哈尔滨:哈尔滨工业大学出版社,2008.

[7] 孙骆生.电工学基本教程[M].4版.北京:高等教育出版社,2008.

[8] 叶挺秀,张伯尧.电工电子学[M].3版.北京:高等教育出版社,2008.

[9] 俟世英.电工学Ⅰ(电路与电子技术)[M].北京:高等教育出版社,2007.

[10] 张南.电工学[M].3版.北京:高等教育出版社,2007.

[11] 渠云田.电工电子技术[M].2版.北京:高等教育出版社,2008.